Übungs- und Arbeitsbuch

Statistik

Von

Professor Dr. Karl Bosch

Institut für angewandte Mathematik und Statistik
der Universität
Stuttgart-Hohenheim

R. Oldenbourg Verlag München Wien

Die Deutsche Bibliothek - CIP-Einheitsaufnahme

Bosch, Karl:
Übungs- und Arbeitsbuch Statistik / von Karl Bosch. -
München ; Wien : Oldenbourg, 2002
  ISBN 3-486-25867-2

© 2002 Oldenbourg Wissenschaftsverlag GmbH
Rosenheimer Straße 145, D-81671 München
Telefon: (089) 45051-0
www.oldenbourg-verlag.de

Gedruckt auf säure- und chlorfreiem Papier
Druck: R. Oldenbourg Graphische Betriebe Druckerei GmbH

ISBN 3-486-25867-2
ISBN 978-3-486-25867-7

Inhaltsverzeichnis

Vorwort

Ziel dieses Lehr-, Arbeits- und Übungsbuches ist es, mit Hilfe von 228 vollständig durchgerechneten Beispielen (bezeichnet mit B) und 180 Übungsaufgaben (A), deren ausführliche Lösungswege am Ende des Buches angegeben sind, den Studierenden eine anschauliche und praxisnahe Einführung in die Wahrscheinlichkeitsrechnung und Statistik in die Hand zu geben. In insgesamt 18 Abschnitten werden die verschiedensten Bereiche der Wahrscheinlichkeitsrechnung und Statistik behandelt. Durch diese Feineinteilung ist es möglich, einzelne Abschnitte, die (zunächst) nicht interessieren, zu überlesen. Behandelt werden die drei klassischen Teile der Statistik:

In der beschreibenden Statistik (Kap. I) wird Zahlenmaterial aufbereitet. Ferner werden Kenngrößen bestimmt, die Informationen über das im Allgemeinen unübersichtliche Zahlenmaterial liefern sollen.

Die Wahrscheinlichkeitsrechnung (Kap. II) ist für eine sinnvolle statistische Auswertung und Interpretation unumgänglich. Hier werden auch einige Glücksspiele behandelt, die von allgemeinem Interesse sind.

In der beurteilenden Statistik (Kap. III) werden mit den Ergebnissen der beschreibenden Statistik und der Wahrscheinlichkeitsrechnung aus repräsentativen Stichproben statistisch abgesicherte Aussagen über größere Grundgesamtheiten gemacht.

Meistens wird der Theorie ein einfaches einführendes Beispiel vorangestellt. Wer bereits Kenntnisse in Statistik hat, sollte versuchen, das Beispiel zu lösen und anschließend die erhaltene Lösung mit der des Buches vergleichen. Der Laie soll durch das Beispiel näher an die Theorie herangebracht werden. Nach ein oder zwei einführenden Beispielen wird der Stoff in Kästen zusammengestellt. Wer mit dem Beispiel nicht zurechtkommt, kann sich zunächst auch mit der Theorie beschäftigen und anschließend das Beispiel durchrechnen.

Manchmal wird auf ein einführendes Beispiel verzichtet, insbesondere wenn der entsprechende Stoff etwas anspruchsvoller ist. Die benötigten Tabellen für die statistische Auswertung sind im Anhang zusammengestellt. Das Register soll es ermöglichen, Begriffe oder Formeln sowie interessante Aufgaben schnell zu finden.

Das Buch eignet sich einerseits zum Selbststudium. Für Studierende mit mehr oder weniger guten Kenntnissen in Statistik kann es aber auch als Übungs- und Arbeitsbuch für eine gründliche Vorbereitung auf eine bevorstehende Klausur dienen.

Wegen möglicher Rundungen ist es möglich, dass die von Ihnen berechneten Lösungen von denen des Buches etwas abweichen. Die im Buch benutzten Quantile der Testfunktionen wurden in einem Taschenrechner auf vier bis sechs Stellen genau berechnet. Da die Quantile in den Tabellen oft nur auf drei Stellen angegeben wurden, müssen bei deren Übernahme in der Regel Abweichungen von den im Buch erhaltenen Ergebnissen auftreten. Eine weitere Ungenauigkeit kann dadurch entstehen, dass mit dem gerundeten Werten weitergerechnet wird.

Bei Frau Dipl. Math. Regina Ritz und Herrn Dipl. Math. Alexander Meister möchte ich mich für das sehr sorgfältige Korrekturenlesen sowie für manche wertvolle Hinweise sehr herzlich bedanken.

Schließlich bin für Hinweise auf Fehler und Unkorrektheiten sowie für Verbesserungsvorschläge sehr dankbar.

Stuttgart-Hohenheim   Karl Bosch

Teil I:
Beschreibende Statistik

1. Merkmale und Skalierung

B 1.1 Handelt es sich bei den nachfolgenden Merkmalen um diskrete oder
stetige Merkmale? Geben Sie die Art des jeweiligen Merkmals an. In
welcher Skala können die Merkmale skaliert werden?
a) Beruf, Konfession, Geschlecht, Steuerklasse;
b) Tabellenplätze der 18 Fußballvereine in der 1. Bundesliga;
c) Zensuren: mangelhaft, ausreichend, befriedigend, gut, sehr gut;
d) Gewichte bestimmter Gegenstände.

Lösung:

a) Diese Merkmale sind alle diskret und qualitativ, die nur verbal
beschrieben werden können. Sie können in einer Nominalskala
ohne Rangordnung dargestellt werden.

b) Beim Tabellenplatz handelt es sich um ein diskretes, qualitatives
Merkmal mit einer Rangordnung.

c) Das Merkmal ist diskret und qualitativ mit einer Rangordnung.

d) Das Merkmal ist stetig und quantitativ. Es ist in einer met-
rischen Skala (Kardinalskala) darstellbar. Daher ist es metrisch
skaliert oder kardinal.

Ein Merkmal heißt *diskret*, falls die Anzahl der verschiedenen Merkmalsausprägungen endlich oder (wie die Menge der natürlichen Zahlen) abzählbar unendlich ist. Die Anzahl der Ausprägungen kann also höchstens abzählbar unendlich sein.

Bei *stetigen* Merkmalen bilden die Ausprägungen ein ganzes Intervall
der reellen Zahlenachse.

Quantitative oder *zahlenmäßige* Merkmale sind solche, deren Ausprägungen durch reelle Zahlen dargestellt und in bestimmten Einheiten gemessen werden.

Qualitative oder *artmäßige* Merkmale sind Merkmale, die nicht quantitativ sind.

Skalierung:

In einer *Nominalskala* kann nur die Verschiedenheit der Ausprägungen eines Merkmals zum Ausdruck gebracht werden. Dabei gibt es keine natürliche Rangordnung. Es handelt sich um die niedrigste Stufe einer Skala. Merkmale, für die es nur eine Nominalskala gibt, nennt man *nominal.*

Eine *Ordinal-* oder *Rangskala* liegt vor, wenn die verschiedenen Merkmalsausprägungen in einer natürlichen Rangordnung (Reihenfolge) angeordnet werden können. Dann heißt das Merkmal *ordinal.*

Falls in einer Skala zwischen den verschiedenen Ausprägungen eines Merkmals eine Rangordnung besteht und die Abstände zwischen den Merkmalsausprägungen miteinander verglichen werden können, heißt die Skala *metrische Skala* oder *Kardinalskala.* Dann nennt man das Merkmal *metrisch skaliert* oder *kardinal.*

B 1.2   Klassifizieren Sie die nachfolgenden Merkmale:

    a) Zensuren in der Schule: 1 (sehr gut), 2 (gut), 3 (befriedigend), 4 (ausreichend), 5 (mangelhaft), 6 (ungenügend);

    b) Güteklassen von Lebensmitteln, eingeteilt in A, B, C und D ;

    c) Alter von Personen angegeben in vollendeten ganzen Jahren;

    d) Börsenkurse von Aktien, angegeben auf zwei Stellen nach dem Komma;

    e) Erträge auf bestimmten Parzellen.

Lösung:

    a) Das Merkmal ist diskret, qualitativ und ordinal mit einer natürlichen Rangordnung. Obwohl den einzelnen Zensuren Zahlen zugeordnet werden, ist das Merkmal nicht quantitativ, da die Unterschiede zwischen den einzelnen Zensuren nicht direkt vergleichbar sind.

    b) Das Merkmal ist diskret, qualitativ und ordinal mit der Rangordnung: A "besser als" B "besser als" C "besser als" D.

    c) Das Merkmal ist diskret, quantitativ und metrisch skaliert (kardinal).

    d) Das Merkmal ist quantitativ und metrisch skaliert. Da die Kurse auf zwei Dezimalstellen angegeben werden, ist das Merkmal nicht stetig, sondern diskret (diskretisiert).

    e) Das Merkmal ist stetig, quantitativ und kardinal.

A 1.1 Welche der Eigenschaften"stetig, diskret, qualitativ, quantitativ, nominal, ordinal, kardinal" besitzen die nachfolgenden Merkmale?

(1)   Geschlecht;

(2)   Beruf;

(3)   Konfession;

(4)   Körpergröße auf ganze cm gerundet;

(5)   Fettanteil einer Wurstsorte (exakt gemessen);

(6)   Anzahl der Kinder einer Familie;

(7)   Platzziffern der Tanzpaare in einem Tanzturnier;

(8)   Studiendauer (in Semestern);

(9)   Güteklassen I, II, III, IV von Lebensmitteln;

(10) Lebensdauer von Glühlampen;

(11) Farbe eines Teppichbodens, für die es 25 Muster gibt;

(12) Gewicht eines Apfels;

(13) Konzentration einer Salzlösung;

(14) Weizenertrag pro Hektar;

(15) Gehalt (in EURO) der Angestellten in einem Betrieb.

A 1.2 Eine Klausur wird mit Punkten von 0 bis 40 bewertet. Ist das Merkmal "erzielte Punkte" ordinal oder kardinal? Geben Sie eine genaue Begründung dafür an.

A 1.3 Bei einer Qualitätskontrolle werde festgestellt, ob ein Erzeugnis fehlerhaft oder brauchbar ist. Die Bestimmung der nicht fehlerhaften Stücke erfolge durch die Zuordnung

fehlerhaft $\rightarrow$ 0;   brauchbar $\rightarrow$ 1.

Dadurch erhält man ein Merkmal mit den beiden Ausprägungen 0 und 1. Ist dieses Merkmal ordinal bzw. kardinal (Begründung)?

2. Eindimensionale Stichproben

B 2.1 Die Schüler einer Klasse erhielten in einer Klassenarbeit in alphabetischer Reihenfolge die Zensuren
2, 1, 5, 3, 2, 4, 3, 3, 3, 4, 3, 4, 2, 3, 4, 4, 3, 4, 3, 6, 4, 2, 3, 5, 4.

a) Fertigen Sie eine Strichliste und Häufigkeitstabelle für die absoluten und relativen Häufigkeiten an.

b) Zeichnen Sie ein Stabdiagramm und ein Häufigkeitspolygon für die absoluten Häufigkeiten.

c) Zeichnen Sie für die relativen Häufigkeiten ein Histogramm.

Lösung:

a)

Zensur	Strichliste	absolute Häufigkeit	relative Häufigkeit
1	|	1	0,04
2	||||	4	0,16
3	卌 ||||	9	0,36
4	卌 |||	8	0,32
5	||	2	0,08
6	|	1	0,04
Summe	25	25	1,00

b)

c)

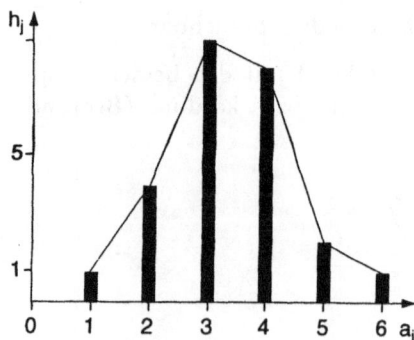

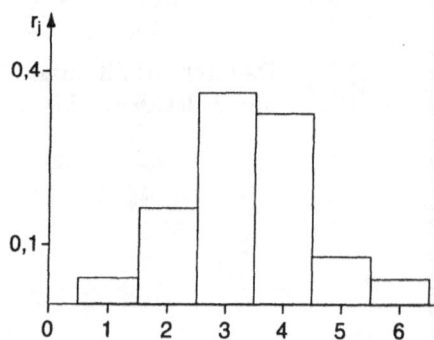

In einer *Strichliste* wird für jeden Wert der Stichprobe (Urliste) ein senkrechter Strich | eingetragen, wobei der Übersicht halber jeweils fünf Striche durch den Block ⫼⫼ dargestellt werden.

Die Anzahl derjenigen Werte einer Stichprobe vom Umfang n, welche gleich der Merkmalsausprägung a_j sind, heißt die *absolute Häufigkeit* von a_j, bezeichnet mit $h_n(a_j)$ oder h_j. Der Quotient $r_j = r_n(a_j) = h_j/n$ ist die *relative Häufigkeit* von a_j und $100 \cdot r_j$ die *prozentuale Häufigkeit*.

Bei quantitativen Merkmalen werden in einem *Stabdiagramm* über den Merkmalswerten senkrecht nach oben Stäbe eingetragen, deren Längen gleich den absoluten bzw. relativen Häufigkeiten sind. In einem *Häufigkeitspolygon* werden die Endpunkte der einzelnen Stäbe geradlinig miteinander verbunden.

In einem *Histogramm* stellt man die absoluten bzw. relativen Häufigkeiten durch Flächen von Rechtecken senkrecht über den einzelnen Merkmalsausprägungen dar. Die Rechteckshöhen werden so gewählt, dass die Inhalte der einzelnen Rechtecke proportional zu den Häufigkeiten sind *(flächenproportional)*.

B 2.2 Mit einem verfälschten Würfel wurde 100 mal geworfen. Dabei erhielt man folgende Häufigkeiten:

Augenzahl	1	2	3	4	5	6
absolute Häufigkeit	11	14	18	16	17	24

Zeichnen Sie ein Stabdiagramm und ein Histogramm der relativen Häufigkeiten.

Lösung:

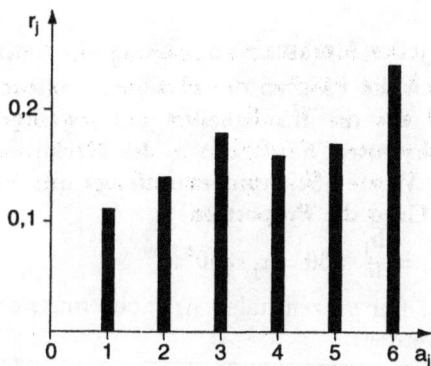 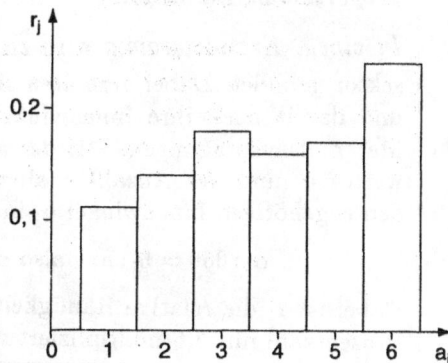

B 2.3 Bei einer Landtagswahl gab es folgende Stimmenanteile (in %):

Partei	A	B	C	D	E	Sonstige
Stimmenanteil in %	40,1	33,9	8,5	6,2	5,8	5,5

Zeichnen Sie für die prozentualen Stimmenanteile
a) ein Rechteckdiagramm; b) ein Kreisdiagramm.

Lösung:

    a)   b)

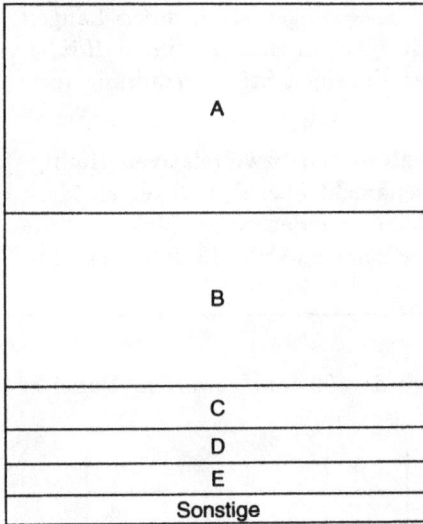
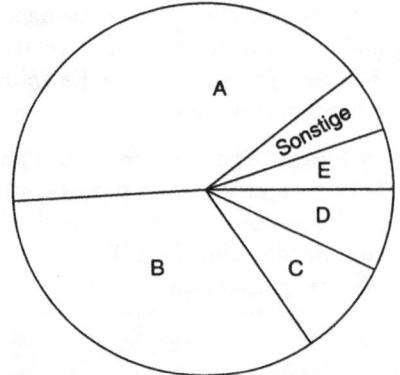

Innenwinkel:
A: 144,36°; B: 122,04°; C: 30,6°;
D: 22,32° ; E: 20,88°; S: 19,8°.

Diagramme:
Bei ordinalen Merkmalen benutzt man die graphischen Darstellungen:
In einem *Rechteckdiagramm* wird eine vorgegebene Rechtecksfläche durch Parallelen zur gleichen Seite des Rechtecks proportional zu den Häufigkeiten aufgeteilt. Damit verhalten sich die Häufigkeiten zweier Merkmalswerte wie die Inhalte der ihnen zugeordneten Flächen *(flächenproportionale Darstellung)*.

In einem Kreisdiagramm wird zu jeder Merkmalsausprägung ein Kreissektor gebildet. Dabei verhalten sich die Flächen der einzelnen Sektoren und damit auch ihre Innenwinkel wie die Häufigkeiten der jeweiligen Merkmalsausprägungen. Mit der absoluten Häufigkeit h_j des Merkmalswertes a_j und der Anzahl n aller Werte (Stichprobenumfang) gilt für den zugehörigen Innenwinkel α_j in Grad die Proportion

$$\alpha_j : 360 = h_j : n; \quad \text{also } \alpha_j = \frac{h_j}{n} \cdot 360 = r_j \cdot 360°.$$

Dabei ist r_j die relative Häufigkeit. Bei prozentualen Angaben muss die Prozentzahl mit 3,6 multipliziert werden.

B 2.4 Skizzieren Sie die (empirische) Verteilungsfunktion der folgenden Stichprobe:

Werte	0	2	5	10	20
absolute Häufigkeiten	12	25	35	18	10

Lösung:

Stichprobenumfang n = 100;
relative Häufigkeiten: 0,12; 0,25; 0,35; 0,18; 0,1;
Funktionswerte (relative Summenhäufigkeiten) $F_{100}(0) = 0,12$; $F_{100}(2) = 0,37$; $F_{100}(5) = 0,72$; $F_{100}(10) = 0,9$; $F_{100}(20) = 1$.

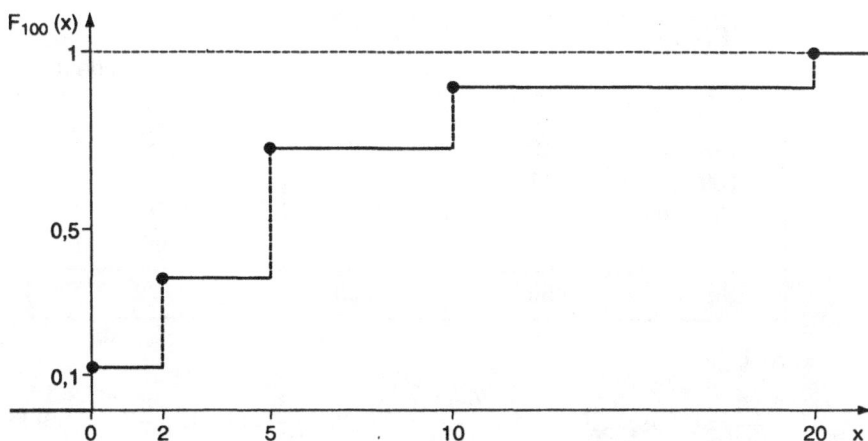

Verteilungsfunktion:
Für eine Stichprobe $(x_1, x_2, \ldots, x_n)$ vom Umfang n eines metrisch skalierten Merkmals heißt die durch

$$F_n(x) = \frac{\text{Anzahl der Stichprobenwerte } x_i \text{ mit } x_i \leq x}{n}$$

für jedes reelle x definierte Funktion F_n die *Verteilungsfunktion* oder *relative Summenhäufigkeitsfunktion*.

Für jede reelle Zahl x stellt der Funktionswert $F_n(x)$ den relativen Anteil derjenigen Stichprobenwerte dar, die kleiner oder gleich x sind.

Zur Bestimmung von F_n müssen die n Stichprobenwerte der Größe nach geordnet werden. Links vom kleinsten Stichprobenwert ist $F_n(x) = 0$. Vom größten Stichprobenwert an ist $F_n(x)$ identisch gleich 1. F_n ist eine von 0 bis 1 ansteigende rechtsseitig stetige Treppenfunktion. Dabei sind die Werte der Stichprobe die Sprungstellen und die relativen Häufigkeiten der jeweiligen Stichprobenwerte die Sprunghöhen.

B 2.5 a) Zeichnen Sie für die nachfolgende Klasseneinteilung ein flächenproportionales Histogramm.
b) Skizzieren Sie die klassierte Verteilungsfunktion.

Klasse	absolute Klassenhäufigkeit
(0 ; 20]	8
(20 ; 40]	10
(40 ; 50]	11
(50 ; 60]	8
(60 ; 100]	13

Lösung:

Klasse	absolute Häufigkeit	relative Häufigkeit	relative Summenhäufigkeit
(0 ; 20]	8	0,16	0,16
(20 ; 40]	10	0,20	0,36
(40 ; 50]	11	0,22	0,58
(50 ; 60]	8	0,16	0,74
(60 ; 100]	13	0,26	1,00
Summe	50	1,00	

a) Höhen:

$$\frac{0,16}{20} = 0,008; \frac{0,20}{20} = 0,01; \frac{0,22}{10} = 0,022; \frac{0,16}{10} = 0,016; \frac{0,26}{40} = 0,0065.$$

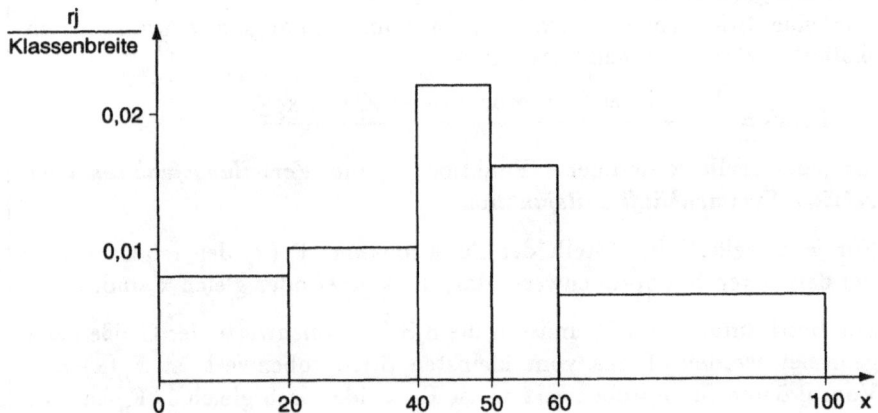

b)

$F_{50}(x)$

1

0 20 40 50 60 100 x

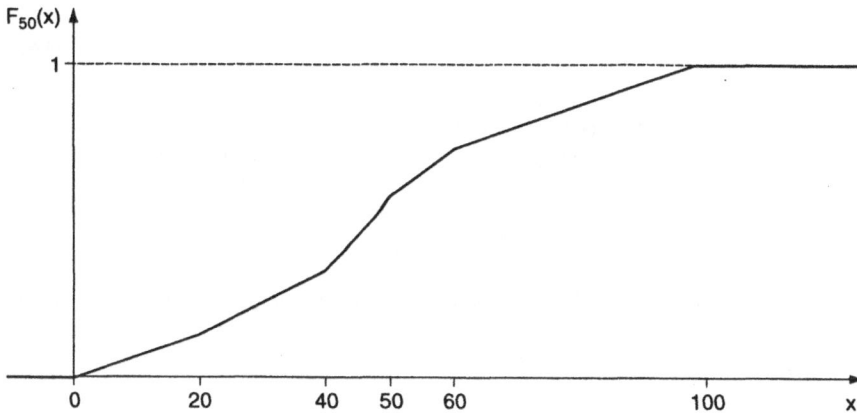

Histogramm und klassierte Verteilungsfunktion:
In einem *flächenproportionalen Histogramm* für eine Klasseneinteilung werden die Rechteckshöhen so gewählt, dass die Flächeninhalte der Rechtecke proportional zu den relativen Klassenhäufigkeiten sind. Bis auf den Maßstab kann als Höhe der Quotient der relativen Klassenhäufigkeit und der Klassenbreite gewählt werden. Nur wenn alle Klassen gleich breit sind, kann man als Höhen die gleichen Vielfachen der relativen Klassenhäufigkeiten wählen.

Bei einer Klasseneinteilung wird an jeder oberen Klassengrenze die relative Summenhäufigkeit bestimmt, also die relative Häufigkeit der links davon liegenden Stichprobenwerte. Die so erhaltenen Werte werden geradlinig verbunden. Dadurch erhält man die *klassierte Verteilungsfunktion*. Durch sie wird die tatsächliche Verteilungsfunktion der Ausgangsstichprobe approximiert. Je feiner die Klasseneinteilung ist, umso besser stimmt die klassierte Verteilungsfunktion mit der Verteilungsfunktion der Ausgangsstichprobe überein.

B 2.6 Berechnen Sie die Mittelwerte der folgenden Stichproben:

a) 120; 200; 300; 350; 1000.

b)

Werte	1	4	9	16	25
absolute Häufigkeiten	10	12	17	15	16

Lösung:

a) $\bar{x} = \frac{1}{5}(120 + 200 + 300 + 350 + 1000) = 394$;

b) $\bar{x} = \frac{1}{70}(10 \cdot 1 + 12 \cdot 4 + 17 \cdot 9 + 15 \cdot 16 + 16 \cdot 25) = \frac{851}{70} = 12{,}16$.

Arithmetisches Mittel (der Mittelwert):

$x = (x_1, x_2, \ldots, x_n)$ sei eine Stichprobe eines metrisch skalierten Merkmals. Dann heißt

$$\bar{x} = \frac{1}{n}(x_1 + x_2 + \ldots + x_n) = \frac{1}{n}\sum_{i=1}^{n} x_i$$

das *arithmetische Mittel* oder *der Mittelwert* der Stichprobe. Es gilt also

$$\sum_{i=1}^{n} x_i = n \cdot \bar{x}.$$

Falls die Stichprobe in einer Häufigkeitstabelle gegeben ist mit den verschiedenen Werten $a_1, a_2, \ldots, a_m$ und den absoluten Häufigkeiten $h_1, h_2, \ldots, h_m$, berechnet man den Mittelwert durch

$$n = \sum_{j=1}^{m} h_j; \quad \bar{x} = \frac{1}{n}\sum_{j=1}^{m} h_j \cdot a_j = \sum_{j=1}^{m} r_j \cdot a_j.$$

Dabei sind $r_j = \frac{h_j}{n}$ die relativen Häufigkeiten.

Falls die Stichprobe in Form einer Klasseneinteilung gegeben ist, werden sämtliche Stichprobenwerte der gleichen Klasse mit der Klassenmitte identifiziert. Der Mittelwert dieser Werte ist ein Näherungswert für den Mittelwert der Urliste. Diese Näherung ist umso besser, je feiner die Klasseneinteilung gewählt wird. Dazu muss allerdings der Stichprobenumfang n hinreichend groß sein.

B 2.7 Berechnen Sie das arithmetische Mittel und den Median der Stichproben:

a) 2000; 1000; 2500; 1500; 20000;

b) 3000; 2000; 4000; 1000; 12000; 20000.

Lösung:

a) Geordnete Stichprobe: 1000; 1500; **2000**; 2500; 20000;

Mittelwert: $\bar{x} = 5400$; Median: $\tilde{x} = 2000$;

b) Geordnete Stichprobe: 1000; 2000; **3000**; **4000**; 12000; 20000;

Mittelwert: $\bar{x} = 7000$;   Mediane: $\tilde{x} = 3000$ und $\tilde{x} = 4000$.

B 2.8 a) 9 Kisten einer bestimmten Obstsorte haben die Handelsklassen
III I II I I II I II II. Gesucht ist der Median.

b) Bestimmen Sie den Median, falls zu den 9 Kisten aus a) noch
eine mit der Handelsklasse I hinzukommt.

Lösung:

a) geordnet: I I I I **II** II II II III ; Median $\tilde{x} = $ II

b) geordnet: I I I I **I II** II II II III; Mediane $\tilde{x} = $ I; $\tilde{x} = $ II.

Median (Zentralwert):
Gegeben sei eine Stichprobe $x = (x_1, x_2, \ldots, x_n)$ eines ordinalen Merkmals mit einer durch $\leq$ erklärten Rangordnung. Die Stichprobenwerte werden bezüglich dieser Rangordnung (der Größe nach) angeordnet:

$$x_{(1)} \leq x_{(2)} \leq x_{(3)} \leq x_{(4)} \leq \cdots \leq x_{(n)}.$$

Bei ungeradem Stichprobenumfang n ist der *Median* oder *Zentralwert* $\tilde{x}$ der in der Mitte der geordneten Reihe stehende Beobachtungswert, also

$$\tilde{x} = x_{\left(\frac{n+1}{2}\right)}, \quad \text{falls n ungerade ist.}$$

Bei geradem Stichprobenumfang n sind die beiden in der Mitte stehenden Merkmalswerte $x_{\left(\frac{n}{2}\right)}$ und $x_{\left(\frac{n}{2}+1\right)}$ die Mediane.

Bei ordinalen Merkmalen kann nur der Median $\tilde{x}$, nicht jedoch der Mittelwert $\bar{x}$ bestimmt werden (s. B 2.8). Bei metrisch skalierten Merkmalen können Mittelwert und Median berechnet werden. Während der Mittelwert sehr empfindlich ist gegenüber Ausreißern (s. B 2.7), liegt der Median im Zentrum der Stichprobe.

Bei einer Klasseneinteilung wird als Näherungswert für den Median $\tilde{x}$ der Ausgangsstichprobe derjenige Wert gewählt, für den im flächenproportionalen Histogramm links und rechts davon jeweils die Fläche mit dem gleichen Inhalt 0,5 liegt.

B 2.9 Gegeben sind die beiden Stichproben

Werte	1	2	3	4
a) absolute Häufigkeiten	8	7	13	12
b) absolute Häufigkeiten	11	14	13	12

Bestimmen Sie die jeweiligen Mediane aus den Tabellen der relativen Häufigkeiten sowie aus den Verteilungsfunktionen.

Lösung:

a)

Werte	relative Häufigkeit	Summen- häufigkeit
1	0,200	0,200
2	0,175	**0,375**
3	0,325	**0,700** ←
4	0,300	1,000

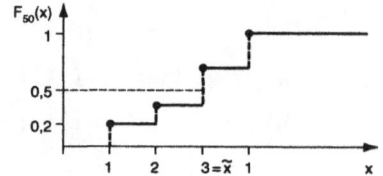

Median: $\tilde{x} = 3$.

b)

Werte	relative Häufigkeit	Summen- häufigkeit
1	0,22	0,22
2	0,28	**0,50** ←
3	0,26	0,76 ←
4	0,24	1,00

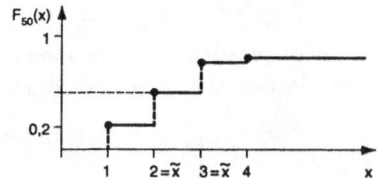

Mediane: $\tilde{x} = 2$ und $\tilde{x} = 3$.

Bestimmung des Medians:

Springt bei einem Merkmalswert die relative Summenhäufigkeit von unter 0,5 (erstmals) auf über 0,5, so ist dieser Merkmalswert der Median. Falls bei einem Merkmalswert die relative Summenhäufigkeit gleich 0,5 ist, so ist dieser und der nächst größere Merkmalswert ein Median.

Falls bei metrisch skalierten Merkmalen die empirische Verteilungsfunktion (auf einer ganzen Treppenstufe) den Wert 0,5 annimmt, so sind die beiden Merkmalswerte an den Enden dieser Treppenstufen Mediane. Falls die empirische Verteilungsfunktion den Wert 0,5 nicht annimmt, ist der Median gleich dem kleinsten Merkmalswert, an dem die Verteilungsfunktion erstmals größer als 0,5 ist.

Bei einer Klasseneinteilung erhält man als Näherungswert für den Median diejenige Stelle, an der die klassierte Verteilungsfunktion den Wert 0,5 annimmt.

B 2.10 Bestimmen Sie rechnerisch einen Näherungswert für den Median der in B 2.5 angegebenen Klasseneinteilung.

Lösung:

Die relative Summenhäufigkeit springt in der Klasse $(40;50]$ von unter 0,5 auf über 0,5. Daher liegt der Median in dieser Klasse mit

Summenhäufigkeiten: linke Grenze 0,36; rechte Grenze 0,58.

Von der rel. Klassenhäufigkeit 0,22 wird für den Median der Anteil 0,14 benötigt. Für die Entfernung x von der linken Klassengrenze 40 gilt damit die Proportion: $x:10 = 14:22$ mit der Lösung

$x = \frac{14}{22} \cdot 10 = 6,36$. Für den Median erhält man daraus den Näherungswert $\tilde{x} \approx 40 + 6,36 = 46,36$. An dieser Stelle nimmt die klassierte Verteilungsfunktion den Wert 0,5 an.

B 2.11 Von einer geordneten Stichprobe vom Umfang $n = 100$ sind nachfolgend die 12 kleinsten und die 12 größten Werte angegeben:

100,1; 100,5; 100,9; 101; 101,3; 101,8; 102,3; 102,8; 103,1; 103,9; 104,1; 105,2; ....; 130,1; 130,4; 130,6; 130,8; 131; 131,5; 132,1; 132,9; 133,4; 133,8; 134,1; 135,2.

a) Bestimmen Sie die 0,05-, 0,9- und 0,95-Quantile.
b) Bestimmen Sie die entsprechenden Quantile, falls die obigen Werte Anfang und Ende einer Stichprobe vom Umfang 110 sind.

Lösung:

a) 100,1; 100,5; 100,9; 101; **101,3**; **101,8**; 102,3; 102,8; 103,1; 103,9; 104,1; 105,2;

0,05-Quantile: $\tilde{x}_{0,05} = x_{(5)} = 101,3$ und $\tilde{x}_{0,05} = x_{(6)} = 101,8$;

130,1; **130,4**; **130,6**; 130,8; 131; 131,5; **132,1**; **132,9**; 133,4; 133,8; 134,1; 135,2.

0,9-Quantile: $\tilde{x}_{0,9} = x_{(90)} = 130,4$ und $\tilde{x}_{0,9} = x_{(91)} = 130,6$;

0,95-Quantile: $\tilde{x}_{0,95} = x_{(95)} = 132,1$ und $\tilde{x}_{0,95} = x_{(96)} = 132,9$.

b) 100,1; 100,5; 100,9; 101; 101,3; **101,8**; 102,3; 102,8; 103,1; 103,9; 104,1; 105,2;

0,05-Quantil: $\tilde{x}_{0,05} = x_{(6)} = 101,8$;

130,1; 130,4; 130,6; 130,8; 131; 131,5; **132,1**; 132,9; 133,4; 133,8; 134,1; 135,2.

0,90-Quantile: $\tilde{x}_{0,9} = x_{(99)} = 130,1$ und $\tilde{x}_{0,9} = x_{(100)} = 130,4$;

0,95-Quantil: $\tilde{x}_{0,95} = x_{(105)} = 132,1$.

Quantile:
Gegeben sei eine Stichprobe $(x_1, x_2, \ldots, x_n)$ eines ordinalen Merkmals mit einer durch $\leq$ erklärten Rangordnung. Dann heißt für $0 < q < 1$ jeder Stichprobenwert $\tilde{x}_q$ *q - Quantil* oder *$100 \cdot q\%$ - Quantil*, falls die gleichwertigen Eigenschaften erfüllt sind:

a) Mindestens $100 \cdot q$ % der Beobachtungswerte sind kleiner oder gleich $\tilde{x}_q$ und mindestens $100 \cdot (1 - q)$ % der Werte größer oder gleich $\tilde{x}_q$.

b) Höchstens $100 \cdot q$ % der Beobachtungswerte sind kleiner als $\tilde{x}_q$ und höchstens $100 \cdot (1 - q)$ % größer als $\tilde{x}_q$.

Im Falle $q = 0,25$ und $q = 0,75$ nennt man die Quantile auch *Quartile.*

$\tilde{x}_{0,25}$ heißt das *untere* und $\tilde{x}_{0,75}$ das *obere Quartil.*

Aus der geordneten Stichprobe

$$x_{(1)} \leq x_{(2)} \leq x_{(3)} \leq \cdots \leq x_{(n)}$$

kann das q - Quantil $\tilde{x}_q$ folgendermaßen bestimmt werden:

1. Fall: nq sei nicht ganzzahlig. Es sei k die auf nq folgende ganze Zahl, d. h. die kleinste ganze Zahl, welche größer als nq ist. Dann gilt

$$\tilde{x}_q = x_{(k)}; \quad k = \text{kleinste ganze Zahl mit } k > nq.$$

2. Fall: $nq = k$ sei ganzzahlig. Dann sind sowohl $x_{(k)}$ als auch $x_{(k+1)}$ q - Quantile.

B 2.12 Gegeben ist die Stichprobe

Werte	0	1	2	3	4	5
absolute Häufigkeiten	12	17	9	6	4	2

Bestimmen Sie die 0,25-, 0,5- (Median), 0,75- und 0,96- Quantile
a) aus der Häufigkeitstabelle;
b) mit Hilfe der Verteilungsfunktion.

Lösung: a)

Werte	0	1	2	3	4	5
relative Häufigkeiten	0,24	0,34	0,18	0,12	0,08	0,04
Summenhäufigkeiten	0,24	0,58	0,76	0,88	0,96	1,00

$\tilde{x}_{0,25} = x_{(13)} = 1; \quad \tilde{x}_{0,5} = \tilde{x} = x_{(25)} = x_{(26)} = 1;$

$\tilde{x}_{0,75} = x_{(38)} = 2; \quad \tilde{x}_{0,96} = x_{(48)} = 4; \quad \tilde{x}_{0,96} = x_{(49)} = 5.$

b)

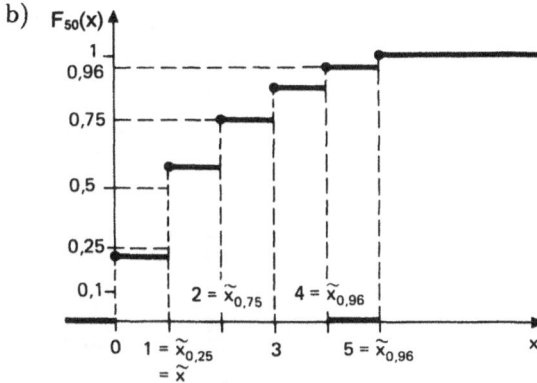

Bestimmung eines Quantils:

Springt bei einem Merkmalswert die relative Summenhäufigkeit von unter q (erstmals) auf über q, so ist dieser Merkmalswert das q‑Quantil $\tilde{x}_q$. Falls die relative Summenhäufigkeit den Wert q annimmt, so ist der zugehörige und der nachfolgende Merkmalswert ein q‑Quantil.

Falls bei kardinalen Merkmalen die empirische Verteilungsfunktion (auf einer ganzen Treppenstufe) den Wert q annimmt, so sind die beiden Merkmalswerte an den Enden dieser Treppenstufen q‑Quantile. Falls die empirische Verteilungsfunktion den Wert q nicht annimmt, ist das q‑Quantil $\tilde{x}_q$ der kleinste Merkmalswert, an dem die Verteilungsfunktion erstmals den Wert q überschreitet.

Bei einer Klasseneinteilung erhält man als Näherungswerte für das q‑Quantil $\tilde{x}_q$ den Wert, an dem die klassierte Verteilungsfunktion den Wert q annimmt. Im Histogramm besitzt die Fläche links von $\tilde{x}_q$ den Inhalt q und rechts von $\tilde{x}_q$ den Inhalt $1 - q$.

B 2.13 Bestimmen Sie rechnerisch Näherungswerte für die 0,05- und 0,60-Quantile für die Klasseneinteilung aus B 2.5.

Lösung:

Die relative Summenhäufigkeit ist in der ersten Klasse $(0\,;20]$ bereits größer als $q = 0,05$. Daher liegt das 0,05-Quantil in der ersten Klasse. Aus $x : 20 = 0,05 : 0,16$ erhält man den Näherungswert $\tilde{x}_{0,05} \approx 0 + x = \dfrac{0,05}{0,16} \cdot 20 = 6,25$. An dieser Stelle nimmt die klassierte Verteilungsfunktion den Wert 0,05 an. In der Klasse $(50\,;60]$ überspringt die relative Summenhäufigkeit erstmals den Wert $q = 0,6$. Daher liegt das 0,6-Quantil in dieser Klasse. Aus $x : 10 = 0,02 : 0,16$ erhält man den Näherungswert $\tilde{x}_{0,6} \approx 50 + x = 50 + \dfrac{0,02}{0,16} \cdot 10 = 51,25$. An dieser Stelle besitzt die klassierte Verteilungsfunktion den Wert 0,6.

B 2.14 Ein Spekulant hat n-mal für den gleichen Betrag K gleiche Aktien gekauft und zwar zu den Kursen $x_1, x_2, x_3, \ldots, x_n$. Leiten Sie eine Formel für den durchschnittlichen Einkaufskurs ab.

Lösung:

Anzahl der gekauften Aktien zum Kurs x_i: $\dfrac{K}{x_i}$;

Gesamtanzahl der gekauften Aktien: $m = \sum\limits_{i=1}^{n} \dfrac{K}{x_i}$;

Gesamtbetrag: $n \cdot K$;

Durchschnittskurs: $\dfrac{n \cdot K}{\sum\limits_{i=1}^{n} \dfrac{K}{x_i}} = \dfrac{n}{\sum\limits_{i=1}^{n} \dfrac{1}{x_i}} = \dfrac{1}{\dfrac{1}{n}\sum\limits_{i=1}^{n} \dfrac{1}{x_i}} = \bar{x}_h$.

Harmonisches Mittel:
Für eine Stichprobe $x = (x_1, x_2, x_3, \ldots, x_n)$ eines kardinalen Merkmals mit $x_i \neq 0$ für alle i heißt

$$\bar{x}_h = \dfrac{1}{\dfrac{1}{n}\sum\limits_{i=1}^{n} \dfrac{1}{x_i}}$$

das *harmonische Mittel*. Es ist der Kehrwert (reziproke Wert) des arithmetischen Mittels der reziproken Beobachtungswerte $\dfrac{1}{x_i}$, $i = 1, 2, \ldots, n$.

B 2.15 Jemand fährt mit dem Auto eine bestimme Strecke s. Dabei fährt er jeweils den n-ten Teil der Strecke mit den jeweiligen Geschwindigkeiten [km/h] $v_1, v_2, \ldots, v_n$.
a) Leiten Sie eine Formel für die durchschnittliche Geschwindigkeit ab.
b) Zahlenbeispiel: $n = 4$; $v_1 = 100$; $v_2 = 110$; $v_3 = 120$; $v_4 = 130$.

Lösung:

a) Benötigte Zeiten für die einzelnen Teilstrecken:

$$t_1 = \dfrac{s}{n \cdot v_1}; \quad t_2 = \dfrac{s}{n \cdot v_2}; \quad t_3 = \dfrac{s}{n \cdot v_3}; \quad \ldots; \quad t_n = \dfrac{s}{n \cdot v_n};$$

Gesamtzeit: $t = \sum\limits_{i=1}^{n} t_i = \sum\limits_{i=1}^{n} \dfrac{s}{n \cdot v_i}$;

Durchschnittsgeschwindigkeit:

$$\dfrac{s}{t} = \dfrac{s}{\sum\limits_{i=1}^{n} \dfrac{s}{n \cdot v_i}} = \dfrac{1}{\dfrac{1}{n}\sum\limits_{i=1}^{n} \dfrac{1}{v_i}} = \bar{v}_h \quad \text{(harmonisches Mittel)}.$$

b) $\bar{v}_h = \dfrac{1}{\dfrac{1}{4}\left(\dfrac{1}{100} + \dfrac{1}{110} + \dfrac{1}{120} + \dfrac{1}{130}\right)} = 113{,}9064 \ [\text{km/h}]$.

B 2.16 Während 5 Jahren betrugen die jährlichen prozentualen Preissteigerungen in einem Land der Reihe nach

$p_1 = 2,1\%$; $p_2 = 2,9\%$; $p_3 = 3,1\%$; $p_4 = 3,8\%$; $p_5 = 3,4\%$.

Gesucht ist die mittlere Preissteigerungsrate während dieser fünf Jahre.

Lösung:

Die jährlichen Preissteigerungsfaktoren betragen:

$q_1 = 1 + \dfrac{p_1}{100} = 1,021$; $q_2 = 1,029$; $q_3 = 1,031$; $q_4 = 1,038$; $q_5 = 1,034$.

Der mittlere Preissteigerungsfaktor q ist das geometrische Mittel

$$q = \sqrt[5]{q_1 \cdot q_2 \cdot \ldots \cdot q_5} = \sqrt[5]{1,021 \cdot 1,029 \cdot 1,031 \cdot 1,038 \cdot 1,034}$$

$$= 1,03058433.$$

Aus $q = 1 + \dfrac{p}{100}$ erhält man die mittlere prozentuale Preissteigerungsrate

$p = 100 \cdot (q - 1) = 3,058433\ \%$.

Geometrisches Mittel:

Das *geometrische Mittel* der n positiven kardinalen Beobachtungswerte $x_1, x_2, \ldots, x_n$ ist erklärt durch

$$\overline{x}_g = \sqrt[n]{x_1 \cdot x_2 \cdot \ldots \cdot x_n} \ .$$

B 2.17 Ein Student sollte von einer Stichprobe mit nur positiven metrisch skalierten Werten das arithmetische, das harmonische und das geometrische Mittel berechnen. Er schrieb sich leider nur seine berechneten drei Zahlenwerte auf und vernichtete die Berechnungsunterlagen. Ihm liegen also nur noch die berechneten Zahlenwerte 3,30975; 3,5 und 3,11688 vor. Weshalb kann daraus trotzdem der jeweilige Mittelwert angegeben werden, falls kein Rechenfehler vorliegt? Um welche Mittelwerte handelt es sich dabei?

Lösung:

Falls nicht sämtliche Stichprobenwerte übereinstimmen, gilt für das harmonische, das geometrische und das arithmetische Mittel allgemein die Ungleichung

$$\overline{x}_h < \overline{x}_g < \overline{x} \ .$$

Damit gilt $\overline{x}_h = 3,11688$; $\overline{x}_g = 3,30975$; $\overline{x} = 3,5$.

Vergleich der Mittelwerte:

Bei Stichproben mit nur positiven metrisch skalierten Stichprobenwerten gilt für das harmonische Mittel $\bar{x}_h$, das geometrische Mittel $\bar{x}_g$ und das arithmetische Mittel $\bar{x}$ allgemein die Ungleichung

$\bar{x}_h < \bar{x}_g < \bar{x}$, falls nicht alle Stichprobenwerte übereinstimmen;

$\bar{x}_h = \bar{x}_g = \bar{x}$, falls alle n Stichprobenwerte identisch sind.

Der Median ist mit den übrigen drei Mittelwerten nicht vergleichbar.

B 2.18 Auf je einer von n unterschiedlich modernen Maschinen werden Werkstücke gefertigt. Die Bearbeitungszeit (in vorgegebenen Zeiteinheiten) betrage bei der i-ten Maschine t_i. Auf der i-ten Maschine werden s_i Stücke hergestellt für $i = 1, 2, \ldots, n$.

a) Bestimmen Sie für diesen allgemeinen Fall die durchschnittliche Herstellungszeit pro Werkstück.

b) Wie lautet die Formel für die mittlere Herstellungszeit, falls auf jeder Maschine die gleiche Anzahl m hergestellt wird?

c) Geben Sie die Formel an für den Fall, dass die i-te Maschine K_i Zeiteinheiten im Einsatz ist für $i = 1, 2 \ldots, n$.

Lösung:

a) Gesamtanzahl der Werkstücke: $s = \sum_{i=1}^{n} s_i$;

gesamte Herstellungszeit für sämtliche s Werkstücke:

$$t_{ges} = \sum_{i=1}^{n} s_i \cdot t_i ;$$

durchschnittliche Herstellungszeit:

$$\frac{t_{ges}}{s} = \sum_{i=1}^{n} \frac{s_i}{s} \cdot t_i = \bar{t}^{\,w} \quad \text{mit} \quad s = \sum_{i=1}^{n} s_i$$

(gewichtetes arithmetisches Mittel).

b) Mit $s_i = m$ für alle i erhält man

$$\sum_{i=1}^{n} \frac{s_i}{s} \cdot t_i = \sum_{i=1}^{n} \frac{m}{n \cdot m} \cdot t_i = \frac{1}{n} \sum_{i=1}^{n} t_i = \bar{t} \quad \text{(arithmetisches Mittel).}$$

c) Mit $s_i \cdot t_i = K_i$ erhält man die mittlere Herstellungszeit

$$\frac{\sum_{j=1}^{n} K_j}{\sum_{i=1}^{n} s_i} = \frac{\sum_{j=1}^{n} K_j}{\sum_{i=1}^{n} \frac{K_i}{t_i}} = \frac{1}{\sum_{i=1}^{n} \frac{w_i}{t_i}} = \bar{t}_h^{\,w} \quad \text{mit} \quad w_i = \frac{K_i}{\sum_{j=1}^{n} K_j} \quad \text{für } i = 1, \ldots, n$$

(gewichtetes harmonisches Mittel).

B 2.19 Für ein bestimmtes Produkt betrug 5 Jahre lang die mittlere Preissteigerung 3,1 %, während der nachfolgenden 7 Jahre 3,6 % und in den anschließenden 8 Jahren 4,2 %. Gesucht ist die mittlere Preissteigerung in den gesamten 20 Jahren.

Lösung:

Für den gesuchten mittleren Preissteigerungsfaktor q gilt

$$q^{20} = 1,031^5 \cdot 1,036^7 \cdot 1,042^8 \quad \text{mit der Lösung}$$

$$q = \sqrt[20]{1,031^5 \cdot 1,036^7 \cdot 1,042^8} = 1,031^{\frac{5}{20}} \cdot 1,036^{\frac{7}{20}} \cdot 1,042^{\frac{8}{20}}$$

$$= 1,037141 = \overline{x}_g^w \quad \text{(gewichtetes geometrisches Mittel)}.$$

Die mittlere Preissteigerung betrug daher 3,7141 %.

Gewichtete Mittelwerte:

Mit n Gewichten $w_1, w_2, \ldots, w_n$ mit $0 \leq w_i \leq 1$ für alle i und $\sum_{i=1}^{n} w_i = 1$ heißt

$$\overline{x}^w = \sum_{i=1}^{n} w_i \cdot x_i$$

ein *gewichtetes (gewogenes) arithmetisches Mittel* der Stichprobe x.

Bei positiven Stichprobenwerten nennt man

$$\overline{x}_g^w = \prod_{i=1}^{n} x_i^{w_i}$$

ein *gewichtetes geometrisches* und

$$\overline{x}_h^w = \frac{1}{\sum_{i=1}^{n} \frac{w_i}{x_i}}$$

ein *gewichtetes harmonisches Mittel.*

Mit den gleichen Gewichten $w_i = \frac{1}{n}$ für alle i gehen die gewichteten Mittelwerte in die gewöhnlichen über.

B 2.20 Ein Autofahrer fahre n Strecken der Längen $s_1, s_2, \ldots, s_n$ [km] jeweils mit den konstanten Geschwindigkeiten $v_1, v_2, \ldots, v_n$ [km/h]. Leiten Sie eine Formel für die mittlere Geschwindigkeit ab.

Lösung:

Erforderliche Zeiten für die einzelnen Teilstrecken:

$$\frac{s_1}{v_1}; \ \frac{s_2}{v_2}; \ \ldots; \ \frac{s_n}{v_n}; \ \text{Gesamtzeit } t = \sum_{i=1}^{n} \frac{s_i}{v_i};$$

gesamte Strecke: $s = \sum_{i=1}^{n} s_i;$

Durchschnittsgeschwindigkeit:

$$\frac{s}{t} = \frac{s}{\sum\limits_{i=1}^{n} \frac{s_i}{v_i}} = \frac{1}{\sum\limits_{i=1}^{n} \frac{s_i}{s} \cdot \frac{1}{v_i}} = \overline{x}_h^w \quad \text{mit} \quad s = \sum\limits_{i=1}^{n} s_i$$

(gewichtetes harmonisches Mittel).

B 2.21 Berechnen Sie die Varianz und Standardabweichung der Stichprobe:

Werte	1	2	3	4	5
absolute Häufigkeiten	10	22	27	25	16

Lösung:

$$\overline{x} = \frac{1}{100}\Big(10 \cdot 1 + 22 \cdot 2 + 27 \cdot 3 + 25 \cdot 4 + 16 \cdot 5\Big) = 3,15\,;$$

$$\sum\limits_{i=1}^{n} x_i^2 = 10 \cdot 1^2 + 22 \cdot 2^2 + 27 \cdot 3^2 + 25 \cdot 4^2 + 16 \cdot 5^2 = 1\,141\,;$$

$$\text{Varianz:} \; s^2 = \frac{1}{99}\Big(1\,141 - 100 \cdot 3,15^2\Big) = 1,502525\,;$$

Standardabweichung: $s = \sqrt{1,502525} = 1,2258\,.$

Varianz und Standardabweichung:
Gegeben ist die Stichprobe $(x_1, x_2, \ldots, x_n)$ eines metrisch skalierten Merkmals mit dem Mittelwert $\overline{x}$. Dann heißt

$$s^2 = \frac{1}{n-1} \sum\limits_{i=1}^{n} (x_i - \overline{x})^2 = \frac{1}{n-1} \left[\sum\limits_{i=1}^{n} x_i^2 - n \cdot \overline{x}^2 \right]$$

die (*empirische*) *Varianz* und

$$s = +\sqrt{s^2} \; \text{die } \textit{Standardabweichung} \text{ oder } \textit{Streuung} \text{ der Stichprobe.}$$

B 2.22 Eine Stichprobe vom Umfang $n = 100$ besitze den Mittelwert $\overline{x} = 15,1$, den Median $\tilde{x} = 18,5$ und die Varianz $s^2 = 25,8$. Berechnen Sie daraus das Abweichungsmaß bezüglich des Medians $\frac{1}{n-1} \sum\limits_{i=1}^{n} (x_i - \tilde{x})^2$.

Lösung:

Aus dem Steinerschen Verschiebungssatz folgt

$$\frac{1}{n-1} \sum\limits_{i=1}^{n} (x_i - \tilde{x})^2 = \frac{1}{n-1} \sum\limits_{i=1}^{n} (x_i - \overline{x})^2 + \frac{n}{n-1} \cdot (\overline{x} - \tilde{x})^2$$

$$= 25,8 + \frac{100}{99} \cdot (15,1 - 18,5)^2 = 37,476768\,.$$

Steinerscher Verschiebungssatz:

Für jede Konstante c gilt

$$\sum_{i=1}^{n}(x_i - c)^2 = \sum_{i=1}^{n}(x_i - \overline{x})^2 + n \cdot (\overline{x} - c)^2 \, .$$

Für $c = \tilde{x}$ erhält man hieraus

$$\frac{1}{n-1}\sum_{i=1}^{n}(x_i - \tilde{x})^2 > \frac{1}{n-1}\sum_{i=1}^{n}(x_i - \overline{x})^2 = s^2 \quad \text{für } \tilde{x} \neq \overline{x}.$$

B 2.23 Die Stichprobe x besitze den Mittelwert $\overline{x} = 25$ und die Standardabweichung $s_x = 3,89$. Berechnen Sie die Varianz und Standardabweichung der transformierten Stichprobe $y = 5 \cdot x + 100$.

Lösung:

$$\overline{y} = 5 \cdot \overline{x} + 100 = 225; \quad s_y = 5 \cdot s_y = 19,45.$$

Lineare Transformation:

Die Stichprobe $x = (x_1, x_2, \ldots, x_n)$ besitze den Mittelwert $\overline{x}$ und die Varianz s_x^2. Dann besitzt die *linear transformierte Stichprobe*

$$y = a \cdot x + b = (a \cdot x_1 + b, \, a \cdot x_2 + b, \, a \cdot x_3 + b, \ldots, \, a \cdot x_n + b)$$

mit beliebigen reellen Zahlen a und b die Kenngrößen:

Mittelwert: $\overline{y} = \overline{a \cdot x + b} = a \cdot \overline{x} + b$;

Varianz: $s_y^2 = a^2 \cdot s_x^2$; Standardabweichung: $s_y = s_{ax+b} = |a| \cdot s_x$.

Dabei ist $|a|$ der Betrag von a.

B 2.24 Ein Forscher berechnete aus einer Stichprobe x vom Umfang 30 den Mittelwert $\overline{x} = 125,8$ und die Standardabweichung $s = 20,4$. Später stellt er fest, dass er die beiden Messwerte 131,5 und 135,9 bei der Berechnung versehentlich vergessen und die übrigen Messwerte vernichtet hat. Berechnen Sie den Mittelwert und die Standardabweichung der gesamten Stichprobe vom Umfang $n = 32$.

Lösung:

Aus $\overline{x} = \frac{1}{30}\sum_{i=1}^{30} x_i$ erhält man $\sum_{i=1}^{30} x_i = 30 \cdot 125,8 = 3774$.

$s^2 = \frac{1}{n-1}\left[\sum_{i=1}^{n} x_i^2 - n \cdot \overline{x}^2\right]$ ergibt $\sum_{i=1}^{n} x_i^2 = n \cdot \overline{x}^2 + (n-1) \cdot s^2$;

$$\sum_{i=1}^{30} x_i^2 = 30 \cdot 125,8^2 + 29 \cdot 20,4^2 = 486\,837,84.$$

Damit gilt für die gesamte Stichprobe y: $n = 32$;

$$\sum_{i=1}^{32} y_i = 3774 + 131,5 + 135,9 = 4\,041,4;$$

$$\sum_{i=1}^{32} y_i^2 = 486\,837{,}84 + 131{,}5^2 + 135{,}9^2 = 522\,598{,}9.$$

Hieraus erhält man für die gesamte Stichprobe y die Parameter

$$\bar{y} = \frac{4\,041{,}4}{32} = 126{,}29375\,;$$

$$s_y^2 = \frac{1}{31}\left[\sum_{i=1}^{32} y_i^2 - 32 \cdot \bar{y}^2\right] = \frac{1}{31}(522\,598{,}9 - 32 \cdot 126{,}29375^2) = 393{,}398\,;$$

$$s_y = 19{,}8343.$$

Zusammengesetzte Stichprobe:

Die Stichprobe $x = (x_1, x_2, \ldots, x_{n_1})$ vom Umfang n_1 besitze den Mittelwert $\bar{x}$ und die Varianz s_x^2 und die Stichprobe $y = (y_1, y_2, \ldots, y_{n_2})$ vom Umfang n_2 den Mittelwert $\bar{y}$ und die Varianz s_y^2.

Dann besitzt die *zusammengesetzte Stichprobe*

$z = (x_1, x_2, \ldots, x_{n_1}, y_1, y_2, \ldots, y_{n_2})$ vom Umfang $n = n_1 + n_2$

den Mittelwert

$$\bar{z} = \frac{n_1}{n_1 + n_2} \cdot \bar{x} + \frac{n_2}{n_1 + n_2} \cdot \bar{y} \quad \text{(gewichtetes Mittel)}$$

und die Varianz

$$s_z^2 = \frac{1}{n_1 + n_2 - 1} \cdot \left[(n_1 - 1)\,s_x^2 + (n_2 - 1)\,s_y^2 + n_1\,\bar{x}^2 + n_2\,\bar{y}^2 - (n_1 + n_2)\,\bar{z}^2\right].$$

B 2.25 In einem Betrieb sind 100 Personen beschäftigt mit einem Durchschnittsgehalt von 3150 € und der Standardabweichung der Gehälter von 450 € . In einem zweiten Betrieb erhalten 300 Beschäftigte ein Durchschnittsgehalt von 3490 € bei einer Standardabweichung von 610 € . Berechnen Sie für beide Betriebe zusammen das Durchschnittsgehalt sowie die Standardabweichung aller Gehälter.

Lösung:

Mit $n_1 = 100$; $\bar{x} = 3150$; $s_x^2 = 450^2$; $n_2 = 300$; $\bar{y} = 3490$; $s_y^2 = 610^2$

erhält man für die Stichprobe aller 400 Gehälter das

Durchschnittsgehalt $\bar{z} = \frac{100}{400} \cdot 3150 + \frac{300}{400} \cdot 3490 = 3\,405$ €

und die Varianz

$$s_z^2 =$$

$$\frac{1}{399} \cdot (99 \cdot 450^2 + 299 \cdot 610^2 + 100 \cdot 3\,150^2 + 300 \cdot 3\,490^2 - 400 \cdot 3\,405^2)$$

$$= 350\,815{,}5388 \ €^2 \text{ sowie die Standardabweichung } s_z = 592{,}3 \ € .$$

B 2.26 Eine Stichprobe $x = (x_1, x_2, \ldots, x_n)$ besitze den Mittelwert $\bar{x}$ und die Standardabweichung $s \neq 0$. Zeigen Sie mit Hilfe der Cauchy-Schwarzschen Ungleichung

$$\sum_{i=1}^{n} |a_i| \cdot |b_i| \leq \sqrt{\sum_{i=1}^{n} a_i^2} \cdot \sqrt{\sum_{i=1}^{n} b_i^2} \, ,$$

dass für die mittlere absolute Abweichung

$$d_{\bar{x}} = \frac{1}{n} \sum_{i=1}^{n} |x_i - \bar{x}|$$

allgemein gilt: $d_{\bar{x}} < s$.

Lösung:

Mit $a_1 = a_2 = \ldots = a_n = \frac{1}{n}$ und $b_i = |x_i - \bar{x}|$ für $i = 1, 2, \ldots, n$

erhält man aus der Cauchy-Schwarzschen Ungleichung

$$\frac{1}{n} \sum_{i=1}^{n} |x_i - \bar{x}| \leq \sqrt{\frac{1}{n}} \cdot \sqrt{\sum_{i=1}^{n} (x_i - \bar{x})^2}$$

$$= \sqrt{\frac{n-1}{n}} \cdot \sqrt{\frac{1}{n-1} \sum_{i=1}^{n} (x_i - \bar{x})^2} = \sqrt{\frac{n-1}{n}} \cdot s < s.$$

A 2.1 Zeichnen Sie ein Stabdiagramm sowie die Verteilungsfunktion und berechnen Sie Mittelwert, Median, die 0,1- und 0,75-Quantile sowie die Standardabweichung der Stichprobe

6 3 2 2 5 2 1 4 6 3 5 1 3 4 3 4 5 4 6 4 4 6 5 4 2 5 3 5 6 6 5 3 4 6 1.

A 2.2 Gegeben ist die Klasseneinteilung

Klasse	absolute Klassenhäufigkeit
(0 ; 50]	18
(50 ; 75]	15
(75 ; 85]	15
(85 ; 100]	17
(100 ; 150]	35

a) Skizzieren Sie ein flächenproportionales Histogramm und die klassierte Verteilungsfunktion.
b) Berechnen Sie Näherungswerte für den Median sowie die 0,1- und 0,75-Quantile.

A 2.3 Ein Angestellter erhält nach jeweils einem Jahr 5%, 3,5%, 2,5%, 4%, 3,9 % Gehaltserhöhung. Berechnen Sie die durchschnittliche jährliche Gehaltssteigerung in %.

A 2.4 Ein Großhändler kauft eine bestimmte Ware bei 5 Lieferanten zu verschiedenen Preisen. Die Preise je Mengeneinheit (in Euro) betragen dabei der Reihe nach $p_1 = 438,5$; $p_2 = 439,8$; $p_3 = 436,2$; $p_4 = 440,2$; $p_5 = 441,3$. Bestimmen Sie den durchschnittlichen Einkaufspreis je Mengeneinheit, falls der Händler bei jedem Lieferanten a) die gleiche Menge; b) für den gleichen Betrag einkauft.

A 2.5 Ein Schüler soll von einer Stichprobe das arithmetische, das harmonische und das geometrische Mittel berechnen. Dabei erhielt er das Ergebnis: $\bar{x} = 125,8$; $\bar{x}_g = 132,5$ und $\bar{x}_h = 116,7$. Weshalb können diese drei berechneten Werte nicht alle richtig sein?

A 2.6 Ein Angestellter erhält nach einem Jahr 3%, nach zwei Jahren 3,5% und nach drei Jahren 4,1% Gehaltserhöhung. Nach dem vierten Jahr wird die Gehaltserhöhung so festgelegt, dass die durchschnittliche Gehaltserhöhung für die vier Jahre 5 % beträgt. Bestimmen Sie die Höhe der vierten Gehaltserhöhung.

A 2.7 Ein Schiff fährt fünf Teilstrecken hintereinander jeweils mit folgenden Geschwindigkeiten [in Knoten/h]:

$$v_1 = 40; \quad v_2 = 46; \quad v_3 = 49; \quad v_4 = 53; \quad v_5 = 55.$$

Berechnen Sie die Durchschnittsgeschwindigkeit für folgende Fälle:
a) Jeweils die gleiche Zeit wird mit den einzelnen Geschwindigkeiten gefahren.
b) Mit den jeweiligen Geschwindigkeiten wird jeweils der fünfte Teil der gesamten Strecke gefahren.
c) Mit den jeweiligen Geschwindigkeiten wird der Reihe nach 20%, 25%, 30%, 15% und 10% der gesamten Strecke gefahren.

A 2.8 Gegeben sind r Stichproben mit den jeweiligen Größen für die j-te Stichprobe:

n_j = Stichprobenumfang; $\bar{y}_j$ = Mittelwert; s_j^2 = Varianz.

Die Werte aller r Stichproben werden zu einer einzigen Stichprobe z vereinigt. Geben Sie unter Verwendung der auf Seite 22 für $r = 2$ angegebenen Formel einen geschlossenen Ausdruck für den Mittelwert $\bar{z}$ und die Varianz s_z^2 der zusammengesetzten Stichprobe z an.

A 2.9 Von einer Stichprobe $x = (x_1, x_2, \ldots, x_{1000})$ vom Umfang $n = 1000$ seien folgende Werte bekannt:

Mittelwert: $\bar{x} = 105{,}22$; Median $\tilde{x} = 108{,}4$;

Quadratsumme: $\displaystyle\sum_{i=1}^{1000} x_i^2 = 15\,875\,431{,}25$.

Berechnen Sie daraus die Stichprobenvarianz s^2 sowie die mittlere Abweichungsquadratsumme der Stichprobenwerte vom Median $\tilde{x}$

$$\frac{1}{n-1} \sum_{i=1}^{n} (x_i - \tilde{x})^2 .$$

A 2.10 Eine Stichprobe besitzt die empirische Verteilungsfunktion

$$F(x) = \begin{cases} 0 & \text{für } x < 1 ; \\ 0{,}2 & \text{für } 1 \le x < 3 ; \\ 0{,}5 & \text{für } 3 \le x < 5 ; \\ 1 & \text{für } x \ge 5 . \end{cases}$$

a) Berechnen Sie den Mittelwert und die Standardabweichung.
b) Bestimmen Sie den Median.
c) Bestimmen Sie die 0,2- und 0,9-Quantile.

A 2.11 Für die Werte einer Stichprobe vom Umfang $n = 10$ gilt:

$$\sum_{i=1}^{10} x_i = 150; \quad \sum_{i=1}^{10} x_i^2 = 2\,250 .$$

Berechnen Sie hieraus den Mittelwert sowie die Varianz der Stichprobe.
Welcher Schluss kann aus dem Ergebnis gezogen werden?

A 2.12 Zeigen Sie mit Hilfe der Differenzialrechnung, dass die Funktion

$$f(c) = \sum_{i=1}^{n} (x_i - c)^2$$

an der Stelle $c = \bar{x}$ das Minimum annimmt. Was kann hieraus über die Größen der beiden Abweichungsmaße

$$s^2 = s_{\bar{x}}^2 = \frac{1}{n-1} \sum_{i=1}^{n} (x_i - \bar{x})^2 \quad \text{und} \quad s_{\tilde{x}}^2 = \frac{1}{n-1} \sum_{i=1}^{n} (x_i - \tilde{x})^2$$

ausgesagt werden?

3. Zweidimensionale Stichproben

B 3.1 Gegeben ist die zweidimensionale (verbundene) Stichprobe (x, y)

x_i	10,1	22,5	30,1	38,9	53,4	64,0	70,5	78,6	85,1
y_i	22,3	25,1	18,8	38,5	31,2	44,5	29,4	58,1	46,4

89,2	92,1	98,4	105,4	110,1	115,4	125,4	140,1
42,6	53,7	59,3	46,6	60,2	49,1	66,1	74,9

a) Zeichnen Sie ein Streuungsdiagramm.
b) Berechnen Sie die Mittelwerte und Standardabweichungen der beiden Randstichproben x und y.
c) Berechnen Sie die Kovarianz der Stichprobe (x, y).
d) Berechnen Sie den Korrelationskoeffizienten von (x, y).

<u>Lösung:</u>

a)

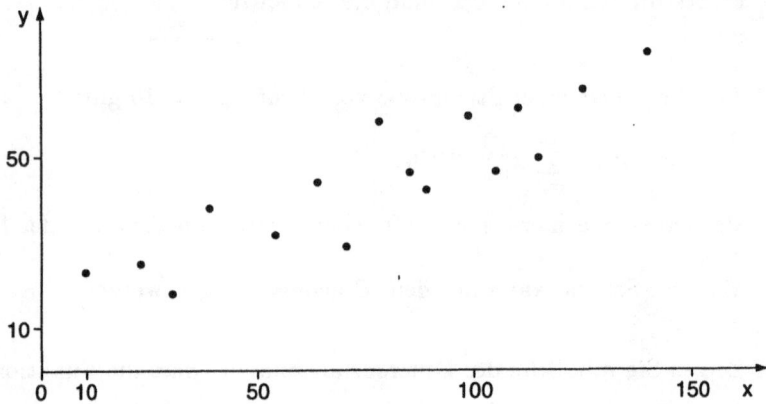

b) $\sum_{i=1}^{17} x_i = 1329,3$; $\quad \sum_{i=1}^{17} x_i^2 = 126\,388,37$; $\quad \bar{x} = \dfrac{1329,3}{17} = 78,1941$;

$s_x^2 = \dfrac{1}{16} \cdot \left(126\,388,37 - 17 \cdot \dfrac{1329,3^2}{17^2}\right) = 1\,402,8081;\ s_x = 37,4541;$

$$\sum_{i=1}^{17} y_i = 766,8\,; \quad \sum_{i=1}^{17} y_i^2 = 38\,710,18\,; \quad \overline{y} = \frac{766,8}{17} = 45,1059\,;$$

$$s_y^2 = \frac{1}{16} \cdot \left(38\,710,18 - 17 \cdot \frac{766,8^2}{17^2}\right) = 257,6868\,; \quad s_y = 16,0526.$$

c) $\displaystyle\sum_{i=1}^{17} x_i \cdot y_i = 68\,524,63\,;$

$$s_{xy} = \frac{1}{16} \cdot \left(68\,524,63 - 17 \cdot \frac{1329,3}{17} \cdot \frac{766,8}{17}\right) = 535,3363.$$

d) $\displaystyle r = \frac{s_{xy}}{s_x \cdot s_y} = 0,8904.$

Kovarianz und Korrelationskoeffizient:

Es sei $(x\,,y) = \left((x_1,y_1)\,,(x_2,y_2)\,,\dots,(x_n,y_n)\right)$ eine zweidimensionale (verbundene) Stichprobe von zwei kardinalen Merkmalen. Dann heißt

$$s_{xy} = \frac{1}{n-1} \sum_{i=1}^{n} (x_i - \overline{x}) \cdot (y_i - \overline{y}) = \frac{1}{n-1} \left[\sum_{i=1}^{n} x_i \cdot y_i - n \cdot \overline{x} \cdot \overline{y} \right]$$

die *Kovarianz* der Stichprobe. Für $s_x > 0$ und $s_y > 0$ heißt

$$r = r_{xy} = \frac{s_{xy}}{s_x \cdot s_y} = \frac{\displaystyle\sum_{i=1}^{n} (x_i - \overline{x}) \cdot (y_i - \overline{y})}{\sqrt{\left(\displaystyle\sum_{i=1}^{n} (x_i - \overline{x})^2\right)} \cdot \sqrt{\left(\displaystyle\sum_{i=1}^{n} (y_i - \overline{y})^2\right)}}$$

$$= \frac{\displaystyle\sum_{i=1}^{n} x_i \cdot y_i - n \cdot \overline{x} \cdot \overline{y}}{\sqrt{\left(\displaystyle\sum_{i=1}^{n} x_i^2 - n \cdot \overline{x}^2\right)} \cdot \sqrt{\left(\displaystyle\sum_{i=1}^{n} y_i^2 - n \cdot \overline{y}^2\right)}}$$

der *Korrelationskoeffizient* der Stichprobe.

B 3.2 Zeigen Sie mit Hilfe der Cauchy-Schwarzschen Ungleichung

$$\sum_{i=1}^{n} |a_i| \cdot |b_i| \le \sqrt{\sum_{i=1}^{n} a_i^2} \cdot \sqrt{\sum_{i=1}^{n} b_i^2}\,,$$

dass für den Korrelationskoeffizienten r allgemein $r^2 \le 1$ gilt, also $|r| \le 1$, d.h. $-1 \le r \le 1$.

Lösung:

Mit $a_i = |x_i - \overline{x}|$ und $b_i = |y_i - \overline{y}|$ für $i = 1, 2, \dots, n$

erhält man aus der Cauchy-Schwarzschen Ungleichung

$$\sum_{i=1}^{n} |x_i - \overline{x}| \cdot |y_i - \overline{y}| \le \sqrt{\left(\sum_{i=1}^{n}(x_i - \overline{x})^2\right)} \cdot \sqrt{\left(\sum_{i=1}^{n}(y_i - \overline{y})^2\right)}.$$

Nach der Dreiecksungleichung gilt

$$|\sum_{i=1}^{n}(x_i - \overline{x}) \cdot (y_i - \overline{y})| \le \sum_{i=1}^{n}|x_i - \overline{x}| \cdot |y_i - \overline{y}|.$$

Damit ist in der Darstellung für r der Betrag des Zählers kleiner oder gleich dem Nenner. Es gilt also $r^2 \le 1$.

B 3.3 Bestimmen Sie den Korrelationskoeffizienten der Stichprobe

x_i	5	6	7	10	15
y_i	30	28	26	20	10

Interpretieren Sie das Ergebnis.

Lösung:

$$\sum_{i=1}^{5} x_i = 43; \quad \sum_{i=1}^{5} y_i = 114; \quad \overline{x} = 8{,}6; \quad \overline{y} = 22{,}8;$$

$$\sum_{i=1}^{5} x_i^2 = 435; \quad \sum_{i=1}^{5} y_i^2 = 2\,860; \quad \sum_{i=1}^{5} x_i \cdot y_i = 850;$$

$$r = \frac{850 - 5 \cdot 8{,}6 \cdot 22{,}8}{\sqrt{(435 - 5 \cdot 8{,}6^2) \cdot (2\,860 - 5 \cdot 22{,}8^2)}} = -1.$$

Die fünf Punkte liegen auf einer Geraden mit negativer Steigung.

Für den Korrelationskoeffizienten gilt allgemein

$-1 \le r \le +1$, also $|r| \le 1$; gleichwertig $r^2 \le 1$.

Allgemein ist $|r| = 1$ genau dann erfüllt, wenn alle n Punkte auf einer Geraden liegen. Für $r = +1$ hat diese Gerade eine positive, für $r = -1$ eine negative Steigung (s. Regressionsgerade S. 29). Daher ist der Korrelationskoeffizient r ein *Maß für die lineare Abhängigkeit.*

B 3.4 a) Bestimmen Sie die Gleichung der Regressionsgeraden von y bezüglich x für die zweidimensionale Stichprobe aus B 3.1.
b) Zeichnen Sie die Regressionsgerade in die Punktwolke ein.
c) Berechnen Sie die Summe der vertikalen Abstandsquadrate der Punkte von der Regressionsgeraden.

Lösung:

a) Steigung: $b = \dfrac{s_{xy}}{s_x^2} = \dfrac{535{,}3363}{1\,402{,}8081} = 0{,}3816\,;$

$\hat{y} - 45{,}1059 = 0{,}3816 \cdot (x - 78{,}1941)\,;$

$\hat{y} = 0{,}3816\,x + 15{,}2670.$

b)

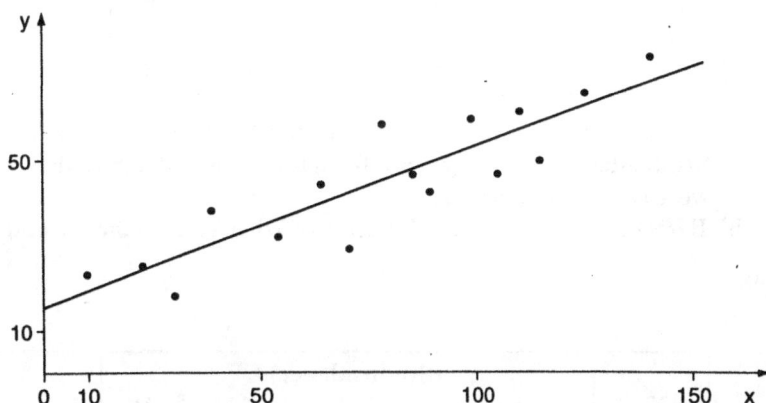

c) $Q = (n-1) \cdot s_y^2 \cdot (1 - r^2) = 16 \cdot 257{,}6868 \cdot (1 - 0{,}8904^2) = 854{,}23.$

Regressionsgerade von y bezüglich x:
Die Regressionsgerade von y bezüglich x besitzt die Gleichung

$$\hat{y} - \overline{y} = b \cdot (x - \overline{x})$$

mit der Steigung

$$b = \frac{\displaystyle\sum_{i=1}^{n}(x_i - \overline{x}) \cdot (y_i - \overline{y})}{\displaystyle\sum_{i=1}^{n}(x_i - \overline{x})^2} = \frac{s_{xy}}{s_x^2} = r \cdot \frac{s_y}{s_x}\,.$$

Die Summe der vertikalen Abstandsquadrate der n Punkte von der Regressionsgeraden lautet

$$Q^2 = (n-1) \cdot s_y^2 \cdot (1 - r^2)\,.$$

Nur für $r^2 = 1$ liegen alle Punkte auf der Regressionsgeraden.

B 3.5 Bei Studierenden des gleichen Studiengangs wurde das Alter beim Beginn des Studiums (Merkmal X) und die Anzahl der benötigten Semester (Merkmal Y) festgestellt. In der nachfolgenden Kontingenztafel sind die gemeinsamen Häufigkeiten zusammengestellt.

X	Y (Studiendauer) 8	9	10	11	12
20	11	13	11	3	2
21	21	37	32	21	13
22	29	39	32	25	10
23	27	31	24	10	5
24	14	13	12	6	2

a) Bestimmen Sie von den beiden Randstichproben x (Alter beim Studienbeginn) und y (Studiendauer) den Median, den Mittelwert sowie die Varianz.

b) Berechnen Sie den Korrelationskoeffizienten zwischen x und y.

Lösung:

a)

X	Y (Studiendauer) 8	9	10	11	12	Summe
20	11	13	11	3	2	40
21	21	37	32	21	13	124
22	29	39	32	25	10	135
23	27	31	24	10	5	97
24	14	13	12	6	2	47
Summe	102	133	111	65	32	443

Stichprobenumfang $n = 443$; $\tilde{x} = 22$; $\tilde{y} = 9$;

Summe der x - Werte:

$40 \cdot 20 + 124 \cdot 21 + 135 \cdot 22 + 97 \cdot 23 + 47 \cdot 24 = 9\,733$;

Quadratsumme:

$40 \cdot 20^2 + 124 \cdot 21^2 + 135 \cdot 22^2 + 97 \cdot 23^2 + 47 \cdot 24^2 = 214\,409$;

$\bar{x} = \dfrac{9\,733}{443} = 21{,}9707$; $\quad s_x^2 = \dfrac{1}{442}\left(214\,409 - \dfrac{9\,733^2}{443}\right) = 1{,}2865$;

Summe der y - Werte:

$102 \cdot 8 + 133 \cdot 9 + 111 \cdot 10 + 65 \cdot 11 + 32 \cdot 12 = 4\,222$;

Quadratsumme:

$$102 \cdot 8^2 + 133 \cdot 9^2 + 111 \cdot 10^2 + 65 \cdot 11^2 + 32 \cdot 12^2 = 40\,874;$$

$$\bar{y} = \frac{4\,222}{443} = 9,5305; \quad s_y^2 = \frac{1}{442} \cdot \left(40\,874 - \frac{4\,222^2}{443} \right) = 1,4397;$$

b) Summe der Produkte der Werte x_i und y_i:

$$20 \cdot (11 \cdot 8 + 13 \cdot 9 + 11 \cdot 10 + 3 \cdot 11 + 2 \cdot 12)$$

$$+ 21 \cdot (21 \cdot 8 + 37 \cdot 9 + 32 \cdot 10 + 21 \cdot 11 + 13 \cdot 12)$$

$$+ 22 \cdot (29 \cdot 8 + 39 \cdot 9 + 32 \cdot 10 + 25 \cdot 11 + 10 \cdot 12)$$

$$+ 23 \cdot (27 \cdot 8 + 31 \cdot 9 + 24 \cdot 10 + 10 \cdot 11 + 5 \cdot 12)$$

$$+ 24 \cdot (14 \cdot 8 + 13 \cdot 9 + 12 \cdot 10 + 6 \cdot 11 + 2 \cdot 12) = 92\,715;$$

$$r = \frac{\frac{1}{442} \cdot (92\,715 - 443 \cdot 21,9707 \cdot 9,5305)}{\sqrt{1,2865 \cdot 1,4397}} = -0,0757.$$

Kontingenztafel:

Für die x-Stichprobe gebe es nur die Ausprägungen $a_1, a_2, \ldots a_m$ und für die y-Stichprobe nur $b_1, b_2, \ldots, b_r$, wobei das Merkmalspaar (a_j, b_k) die absolute Häufigkeit h_{ij} besitzt für $j = 1, 2, \ldots, m$ und $k = 1, 2, \ldots, r$. Diese Häufigkeiten werden in einer *Kontingenztafel* übersichtlich dargestellt.

	b_1	b_2	$\ldots$	b_k	$\ldots$	b_r	Summe
a_1	h_{11}	h_{12}	$\ldots$	h_{1k}	$\ldots$	h_{1r}	$h_{1\cdot}$
a_2	h_{21}	h_{22}	$\ldots$	h_{2k}	$\ldots$	h_{2r}	$h_{2\cdot}$
$\vdots$	$\vdots$	$\vdots$		$\vdots$		$\vdots$	$\vdots$
a_j	h_{j1}	h_{j2}	$\ldots$	h_{jk}	$\ldots$	h_{jr}	$h_{j\cdot}$
$\vdots$	$\vdots$	$\vdots$		$\vdots$		$\vdots$	$\vdots$
a_m	h_{m1}	h_{m2}	$\ldots$	h_{mk}	$\ldots$	h_{mr}	$h_{m\cdot}$
Summe	$h_{\cdot 1}$	$h_{\cdot 2}$	$\ldots$	$h_{\cdot k}$	$\ldots$	$h_{\cdot r}$	$h_{\cdot\cdot} = n$

Summe der j-ten Zeile $\sum\limits_{k=1}^{r} h_{jk} = h_{j\cdot}$ ergibt die absolute Häufigkeit des x-Stichprobenwertes a_j,

die Summe der k-ten Spalte $\sum\limits_{j=1}^{m} h_{jk} = h_{\cdot k}$ ist die absolute Häufigkeit des y-Stichprobenwertes b_k.

Die Summe aller Häufigkeiten $\sum\limits_{j=1}^{m} \sum\limits_{k=1}^{r} h_{jk} = \sum\limits_{j=1}^{m} h_{j\cdot} = \sum\limits_{k=1}^{r} h_{\cdot k} = h_{\cdot\cdot} = n$ ergibt den Stichprobenumfang.

B 3.6 Bestimmen Sie für B 3.5 folgende Größen:

a) Die Gleichung der Regressionsgeraden der Studiendauer y bezüglich der Alters x bei Studienbeginn sowie die Summe der vertikalen Abstandquadrate aller Punkte von dieser Regressionsgeraden.

b) Die Gleichung der Regressionsgeraden des Alters x bei Studienbeginn bezüglich der Studiendauer y sowie die Summe der horizontalen Abstandquadrate aller Punkte von dieser Regressionsgeraden.

Lösung:

a) $\hat{y} - \bar{y} = b \cdot (x - \bar{x})$;

$$b = \frac{s_{xy}}{s_x^2} = r \cdot \frac{s_y}{s_x} = -0,0757 \cdot \sqrt{\frac{1,4397}{1,2865}} = -0,0801;$$

$$\hat{y} - 9,5305 = -0,0801 \cdot (x - 21,9707);$$

$$\hat{y} = -0,0801\,x + 11,2904;$$

$$Q^2 = (n-1) \cdot s_y^2 \cdot (1 - r^2) = 442 \cdot 1,4397 \cdot (1 - 0,0757^2) = 632,70.$$

a) $\hat{x} - \bar{x} = b \cdot (y - \bar{y})$;

$$b = \frac{s_{xy}}{s_y^2} = r \cdot \frac{s_x}{s_y} = -0,0757 \cdot \sqrt{\frac{1,2865}{1,4365}} = -0,0716;$$

$$\hat{x} - 21,9707 = -0,0716 \cdot (y - 9,5305);$$

$$\hat{x} = -0,0716\,y + 22,6531;$$

$$Q^2 = (n-1) \cdot s_x^2 \cdot (1 - r^2) = 442 \cdot 1,2865 \cdot (1 - 0,0757^2) = 565,37.$$

Regressionsgerade von x bezüglich y:

Die Regressionsgerade von x bezüglich y besitzt die Gleichung

$$\hat{x} - \bar{x} = b \cdot (y - \bar{y})$$

mit der Steigung

$$b = \frac{s_{xy}}{s_y^2} = r \cdot \frac{s_x}{s_y}.$$

Die Summe der horizontalen Abstandsquadrate der n Punkte von der Regressionsgeraden lautet

$$Q^2 = (n-1) \cdot s_x^2 \cdot (1 - r^2).$$

Diese Darstellungen erhält man aus der Regressionsgeraden von y bezüglich x durch formales Vertauschen der x- und y- Werte.

Falls die zweidimensionale Stichprobe in Form einer Häufigkeitstabelle vorgegeben ist, müssen bei der Berechnung der entsprechenden Parameter die Häufigkeiten berücksichtigt werden.

B 3.7 Gegeben ist die zweidimensionale Stichprobe metrisch skalierter Werte

x_i	0,5	1,0	1,5	2,0	3,0	3,5	4,0	4,5	5,0	6,0	6,5	7,0	7,5	8,0	9,0
y_i	0,3	0,6	0,4	0,9	0,6	1,4	0,9	1,8	1,4	2,4	1,6	2,0	2,9	2,6	2,4

a) Zeichnen Sie die Punktwolke.
b) Bestimmen Sie die Regressionsgerade, welche durch den Koordinatenursprung geht, und zeichnen Sie diese in das Diagramm ein.

Lösung:

a)

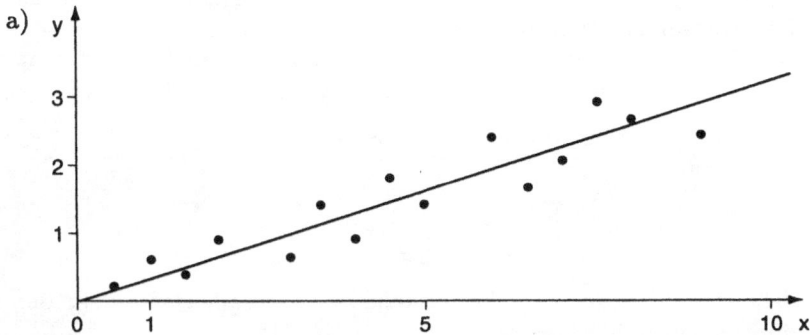

b) $\hat{y} = c \cdot x$ mit $c = \dfrac{\sum\limits_{i=1}^{n} x_i \cdot y_i}{\sum\limits_{i=1}^{n} x_i^2} = \dfrac{131,5}{418,5} = 0{,}3142$; $\hat{y} = 0{,}3142\,x$.

Regressionsgerade durch einen vorgegebenen Punkt:
Die Gleichung der Regressionsgeraden von y bezüglich x durch den Punkt $P(x_0, y_0)$, für welche die Summe der vertikalen Abstandsquadrate der n Punkte minimal ist, besitzt die Gleichung

$$\hat{y} - y_0 = c \cdot (x - x_0) \quad \text{mit} \quad c = \frac{\sum\limits_{i=1}^{n} (y_i - y_0)(x_i - x_0)}{\sum\limits_{i=1}^{n} (x_i - x_0)^2}.$$

Die Formel unterscheidet sich von derjenigen für die allgemeinen Regressionsgerade von y bezüglich x nur dadurch, dass anstelle der Mittelwerte $\bar{x}$ und $\bar{y}$ die Koordinaten x_0 und y_0 des Punktes stehen, durch den die Regressionsgerade gehen soll.

B 3.8 a) Berechnen Sie für die Stichprobe aus B 3.5 den Wert der gemeinsamen Verteilungsfunktion $F_{443}(x,y)$ an der Stelle $x = 22$ und $y = 10$, also $F_{443}(22;10)$.

b) Welchen Wert nimmt die Verteilungsfunktion an jeder Stelle (x,y) mit $x \geq 24$ und $y \geq 12$ an?

Lösung:

a)
$$F_{443}(22;10) = \frac{\text{Anzahl der Stichprobenwerte mit } x_i \leq 22 \text{ und } y_i \leq 10}{443}$$

$$= \frac{1}{443}(11 + 13 + 11 + 21 + 37 + 32 + 29 + 39 + 32) = 0{,}5079.$$

b) Für $x \geq 24$ und $y \geq 12$ gilt $F_{443}(x,y) = 1$.

Gemeinsame Verteilungsfunktion:

Gegeben sei eine zweidimensionale Stichprobe vom Umfang n mit kardinalen Merkmalen. Dann heißt die für jedes $(x,y) \in \mathbb{R}^2$ durch

$$F_n(x,y) = \frac{\text{Anzahl der Stichprobenwerte mit } x_i \leq x \text{ und } y_i \leq y}{n}$$

$$= \frac{1}{n} \cdot \sum_{j \,:\, a_j \leq x} \sum_{k \,:\, b_k \leq y} h_{jk} = \sum_{j \,:\, a_j \leq x} \sum_{k \,:\, b_k \leq y} r_{jk}$$

definierte Funktion F_n die *gemeinsame Verteilungsfunktion* der zweidimensionalen Stichprobe.
Dabei ist h_{jk} die absolute und $r_{jk} = \frac{h_{jk}}{n}$ die relative Häufigkeit des Merkmalpaares (a_j, b_k) für $j = 1, 2, \dots, m$ und $k = 1, 2, \dots, r$.

B 3.9 Bei einer Lebensmittelverkostung mussten zwei Prüfer A und B zehn Sorten bezüglich eines bestimmten Merkmals in eine eindeutige Reihenfolge bringen. Dabei vergaben sie folgende Plätze

Sorte i	1	2	3	4	5	6	7	8	9	10
Reihenfolge von A	2	7	6	1	8	3	10	9	5	4
Reihenfolge von B	1	5	7	3	8	2	4	10	9	6

a) Berechnen Sie den gewöhnlichen Korrelationskoeffizienten r der jeweiligen Rangzahlen nach der Ausgangsformel. Wie nennt man diesen Korrelationskoeffizienten?

b) Nach welcher Formel läßt sich dieser Korrelationskoeffizient einfacher berechnen?

Lösung:

a) x_i seien die Rangzahlen (Platzziffern) des Prüfers A und y_i die des Prüfers B für $i = 1, 2, \ldots, 10$.

Wegen $1 + 2 + \ldots + 10 = \dfrac{10 \cdot 11}{2} = 55$ (arithmetische Reihe) gilt

$$\sum_{i=1}^{10} x_i = \sum_{i=1}^{10} y_i = 55, \text{ also } \bar{x} = \bar{y} = 5{,}5.$$

Aus der allgemein gültigen Summenformel

$$1^2 + 2^2 + 3^2 + \ldots + n^2 = \sum_{k=1}^{n} k^2 = \frac{n \cdot (n+1) \cdot (2n+1)}{6}$$

folgt

$$\sum_{i=1}^{10} x_i^2 = \sum_{i=1}^{10} y_i^2 = \frac{10 \cdot 11 \cdot 21}{6} = 385; \text{ ferner ist } \sum_{i=1}^{10} x_i \cdot y_i = 351;$$

$$r = \frac{351 - 10 \cdot 5{,}5^2}{\sqrt{385 - 10 \cdot 5{,}5^2} \cdot \sqrt{385 - 10 \cdot 5{,}5^2}} = \frac{351 - 10 \cdot 5{,}5^2}{385 - 10 \cdot 5{,}5^2}$$

$$= 0{,}5879 = r_S \text{ (Spearmanscher Rangkorrelationskoeffizient)}.$$

b) Da die Platznummern gleich den Rangzahlen sind und diese in beiden Gruppen jeweils verschieden sind, also keine Bindungen auftreten, kann folgende Formel benutzt werden:

$$r_S = 1 - \frac{6 \sum_{i=1}^{n} [R(x_i) - R(y_i)]^2}{n \cdot (n^2 - 1)} = 1 - \frac{6 \sum_{i=1}^{10} (x_i - y_i)^2}{10 \cdot (100 - 1)}$$

$$= 1 - \frac{6 \cdot 68}{990} = 0{,}5879.$$

B 3.10 Bei einer Qualitätsprüfung wurde jede von 8 verschiedenen Proben von zwei Prüfern in eine der 3 Güteklassen A, B, C eingestuft. Dabei ist A die beste Qualität. Die Prüfer erhielten das Ergebnis

Probe i	1	2	3	4	5	6	7	8
Klasse von Prüfer I	B	C	A	A	B	B	A	C
Klasse von Prüfer II	A	B	A	B	A	C	A	B

a) Bestimmen Sie die mittleren Rangzahlen für die von den jeweiligen Prüfern angegebenen Güteklassen.
b) Berechnen Sie den Spearmanschen Rangkorrelationskoeffizienten.

Lösung:

a)

Probe i	1	2	3	4	5	6	7	8
x_i (Prüfer I)	B	C	A	A	B	B	A	C
y_i (Prüfer II)	A	B	A	B	A	C	A	B
Rangzahlen $R(x_i)$	5	7,5	2	2	5	5	2	7,5
Rangzahlen $R(x_i)$	2,5	6	2,5	6	2,5	8	2,5	6

b) $\sum\limits_{i=1}^{8} R(x_i) = \sum\limits_{i=1}^{8} R(y_i) = 36; \quad \overline{R}(x) = \overline{R}(y) = 4,5;$

$\sum\limits_{i=1}^{8} R^2(x_i) = 199,5; \quad \sum\limits_{i=1}^{8} R^2(y_i) = 197; \quad \sum\limits_{i=1}^{8} R(x_i) \cdot R(y_i) = 177;$

$$r_S = \frac{177 - 8 \cdot 4,5 \cdot 4,5}{\sqrt{(199,5 - 8 \cdot 4,5^2) \cdot (197 - 8 \cdot 4,5^2)}} = 0,4140.$$

Spearmanscher Rangkorrelationskoeffizient:
Gegeben sei die zweidimensionale Stichprobe zweier ordinal skalierter Merkmale mit einer Rangordnung

$$(x,y) = ((x_1, y_1), (x_2, y_2), \ldots, (x_n, y_n)).$$

In jeder der beiden getrennten Randstichproben

$$x = (x_1, x_2, \ldots, x_n) \quad \text{und} \quad y = (y_1, y_2, \ldots, y_n)$$

wird jedem Beobachtungswert z_i der Urliste als *Rang* $R(z_i)$ die Platznummer zugewiesen, die z_i in der geordneten Reihe einnimmt. Falls eine Merkmalsausprägung öfters auftritt, wird jeder Ausprägung der gleichen Gruppe das arithmetische Mittel derjenigen Ränge zugeordnet, welche die gleichen Beobachtungswerte einnehmen (*Bindungen*). Auch bei Bindungen gilt allgemein

$$\sum_{i=1}^{n} R(x_i) = \sum_{i=1}^{n} R(y_i) = \frac{n \cdot (n+1)}{2}; \quad \overline{R}(x) = \overline{R}(y) = \frac{n+1}{2}.$$

Der Korrelationskoeffizient der Stichprobe der Rangzahlenpaare

$$(R(x), R(y)) = ((R(x_1), R(y_1)), (R(x_2), R(y_2)), \ldots, (R(x_n), R(y_n)))$$

heißt *Spearmanscher Rangkorrelationskoeffizient*

$$r_S = \frac{\sum\limits_{i=1}^{n} R(x_i) \cdot R(y_i) - \frac{n}{4}(n+1)^2}{\sqrt{\left(\sum\limits_{i=1}^{n} R^2(x_i) - \frac{n}{4}(n+1)^2\right) \cdot \left(\sum\limits_{i=1}^{n} R^2(y_i) - \frac{n}{4}(n+1)^2\right)}}.$$

Auch für den Spearmanschen Rangkorrelationskoeffizient gilt allgemein

$$-1 \le r_S \le +1 \, .$$

$r_S = +1$ ist genau dann erfüllt, wenn die Ränge völlig gleichsinnig verlaufen, also für $R(x_i) = R(y_i)$ für $1 \le i \le n$. Im Falle $r_S = -1$ verhalten sich die Rangnummern vollständig gegensinnig. Falls sie bei den x-Werten steigen, fallen sie bei den y-Werten und umgekehrt.

Nur bei **Rangzahlen ohne Bindungen** (alle Rangzahlen verschieden) darf r_S nach folgender Formel berechnet werden:

$$r_S = 1 - \frac{6 \sum\limits_{i=1}^{n} [\, R(x_i) - R(y_i) \,]^2}{n \cdot (n^2 - 1)} \, .$$

B 3.11 Bei 100 Ehepaaren in einem bestimmten Wohngebiet wurde jeder Ehepartner nach seiner Schulbildung befragt. Mögliche Antworten waren: Hauptschulabschluss, Mittelschulabschluss, Abitur oder Studium. Davon sollte jeweils die höchste Stufe angegeben werden. Dabei erhielt man die folgende Häufigkeitstabelle.

a_j b_k	Ehemann Hauptsch.	Mittelsch.	Abitur	Studium
Hauptsch.	18	8	4	2
Mittelsch.	4	13	7	4
Frau **Abitur**	1	3	9	10
Studium	0	2	4	11

Für die Schulabschlüsse soll folgende Rangordnung gelten

Hauptschulabschluss $\prec$ Mittelschulabschluss $\prec$ Abitur $\prec$ Studium.

Berechnen Sie den Spearmanschen Rangkorrelationskoeffizienten.

Lösung:

Die verschiedenen Merkmalswerte in der Häufigkeitstabelle sind:
$a_1 = b_1 =$ Hauptschulabschluss; $a_2 = b_2 =$ Mittelschulabschluss;
$a_3 = b_3 =$ Abitur; $a_4 = b_4 =$ Studium.

Die vier Zeilensummen liefern die Häufigkeiten der Merkmalsausprägungen der Ehefrauen, Spaltensummen die für die Ehemänner (s. nachfolgende Tabelle).
Mit den jeweiligen Randhäufigkeiten treten a_j bzw. b_k auf.

Rangzahlen bei den Ehefrauen:

Den Merkmalswert a_1 (Hauptschulabschluss) besitzen 32 der Ehefrauen mit den Platznummern $1, 2, \ldots, 32$. Ihnen wird der Durchschnittsrang $(1 + 32)/2 = 16,5$ zugeordnet. Die 28 Frauen mit der Merkmalsausprägung a_2 (Mittelschulabschluss) haben die Platznummern $33, 34, \ldots, 60$. Damit besitzen diese den mittleren Rang $(33 + 60)/2 = 46,5$. Die den nächsten 23 Frauen mit der Merkmalsausprägung a_3 (Abitur) haben die Platznummern $61, 62, \ldots, 83$ mit dem Durchschnittsrang $(61 + 83)/2 = 72$. Die 17 Frauen mit der Merkmalsausprägung a_4 (Studium) mit den Platznummern $84, 85, \ldots, 100$ besitzen den mittleren Rang $(84 + 100)/2 = 92$. Damit erhält man die

Durchschnittsränge $R(a_j)$	16,5	46,5	72	92
Häufigkeiten	32	28	23	17

Bei den Männern erhält man analog die mittleren Rangzahlen:

Durchschnittsränge $R(b_k)$	12	36,5	61,5	87
Häufigkeiten	23	26	24	27

Für die Durchschnittsrangzahlen erhält man die Kontingenztafel

		Rangzahlen Ehemänner				Summe
		12	36,5	61,5	87	
	16,5	18	8	4	2	32
Ehe-	46,5	4	13	7	4	28
frauen	72	1	3	9	10	23
	92	0	2	4	11	17
Summe		23	26	24	27	100

Ablesebeispiele: Bei 18 Ehepaaren haben die Ehefrauen den Durchschnittsrang 16,5 und die Ehemänner der Durchschnittsrang 12. Bei 13 Ehepaaren haben die Ehefrauen den Durchschnittsrang 46,5 und die Ehemänner den Durchschnittsrang 36,5.

Bei der Berechnung des Spearmanschen Korrelationskoeffizienten müssen die einzelnen Häufigkeiten wie in B 3.5 berücksichtigt werden.

$R(x_i)$ sei der Rang der Frau und $R(y_i)$ der Rang des Mannes beim i-ten Ehepaar für $i = 1, 2, \ldots 100$. Damit erhält man aus der Kontingenztafel mit $n = 100$ die einzelnen Werte

$$\sum_{i=1}^{100} R(x_i) \cdot R(y_i)$$

$$= 16,5 \cdot (18 \cdot 12 + 8 \cdot 36,5 + 4 \cdot 61,5 + 2 \cdot 87)$$

$$+ 46,5 \cdot (4 \cdot 12 + 13 \cdot 36,5 + 7 \cdot 61,5 + 4 \cdot 87)$$

$$+ 72 \cdot (1 \cdot 12 + 3 \cdot 36,5 + 9 \cdot 61,5 + 10 \cdot 87)$$

$$+ 92 \cdot (0 \cdot 12 + 2 \cdot 36,5 + 4 \cdot 61,5 + 11 \cdot 87) = 304\,440,5\,;$$

$$\sum_{i=1}^{100} R^2(x_i) = 32 \cdot 16,5^2 + 28 \cdot 46,5^2 + 23 \cdot 72^2 + 17 \cdot 92^2 = 332\,375\,;$$

$$\sum_{i=1}^{100} R^2(y_i) = 23 \cdot 12^2 + 26 \cdot 36,5^2 + 24 \cdot 61,5^2 + 27 \cdot 87^2 = 333\,087,5\,.$$

Mit diesen Summen erhält man den Spearmanschen Korrelationskoeffizienten

$$r_S = \frac{304\,440,5 - \frac{100}{4} \cdot 101^2}{\sqrt{(332\,375 - \frac{100}{4} \cdot 101^2) \cdot (333\,087,5 - \frac{100}{4} \cdot 101^2)}} = 0,635934\,.$$

A 3.1 Hühnern wurden verschiedene Mengen X eines bestimmten Zusatzmittels ins Futter gegeben, das die Härte Y der Eierschalen beeinflusst. Dabei erhielt man folgende Werte

x_i	0,12	0,21	0,34	0,61	0,13	0,17	0,21	0,34	0,62	0,71
y_i	0,70	0,98	1,16	1,75	0,76	0,82	0,95	1,24	1,75	1,95

Bestimmen Sie den Korrelationskoeffizienten, die Gleichung der Regressionsgeraden von y bezüglich x und die Summe der vertikalen Abstandsquadrate der Punkte von der Regressionsgeraden. Zeichnen Sie die Regressionsgerade in die Punktwolke ein.

A 3.2 Von einer Stichprobe (x, y) vom Umfang $n = 1\,000$ sind folgende Größen bekannt:

$$\sum_{i=1}^{1000} x_i = 140\,141\,; \qquad \sum_{i=1}^{1000} x_i^2 = 22\,214\,719\,;$$

$$\sum_{i=1}^{1000} y_i = 42\,151\,; \qquad \sum_{i=1}^{1000} y_i^2 = 1\,948\,215\,; \qquad \sum_{i=1}^{1000} x_i \cdot y_i = 6\,309\,452\,.$$

a) Berechnen Sie den Korrelationskoeffizienten r.

b) Bestimmen Sie die Gleichung der Regressionsgeraden von y bezüglich x sowie die Summe der vertikalen Abstandsquadrate der 1000 Punkte von der Regressionsgeraden.

c) Bestimmen Sie die Gleichung der Regressionsgeraden von x bezüglich y sowie die Summe der horizontalen Abstandsquadrate
der 1000 Punkte von der Regressionsgeraden.

A 3.3 In der nachfolgenden Tabelle sind die Bewertungen 6 verschiedener
Vorlesungen durch 3 Studierende A, B und C, von 1 (sehr gut) bis
10 (sehr schlecht), aufgelistet.

Vorlesung:	1	2	3	4	5	6
Punkte von A	1	5	7	3	8	6
Punkte von B	7	9	6	4	8	5
Punkte von C	1	2	3	1	2	4

Bestimmen Sie den Spearmanschen Rangkorrelationskoeffizienten
zwischen den Bewertungen a) von A und B; b) von B und C.

A 3.4 Gegeben ist die Stichprobe

x_i	1,1	1,6	2,0	2,5	3,1	3,5	4,0	5,0
y_i	5,1	5,8	6,1	6,4	6,2	6,9	7,4	8,1

Passen Sie den Werten nach der Methode der Summe der kleinsten
vertilalen Abstandsquadrate eine Funktion an vom Typ

$$\hat{y} = a + b \cdot \sqrt{x} \ .$$

A 3.5 Zwei Lebensmittelprüfer I und II mussten 100 Proben nach den drei
Güteklassen A, B und C einteilen. Das Ergebnis ist in der nachfolgenden Kontingenztafel zusammengestellt

		Prüfer II		
		$b_1 = A$	$b_2 = B$	$b_3 = C$
	$a_1 = A$	30	8	2
Prüfer I	$a_2 = B$	6	25	4
	$a_3 = C$	0	5	20

Berechnen Sie den Spearmanschen Korrelationskoeffizienten.

A 3.6 Eine zweidimensionale Stichprobe (x, y) vom Umfang $n = 150$ besitze die Mittelwerte $\bar{x} = 154{,}5$ und $\bar{y} = 74{,}8$.
Welchen Wert muss die Summe $\sum_{i=1}^{150} x_i \cdot y_i$ annehmen, damit der Korrelationskoeffizient r verschwindet?

A 3.7   Gegeben sei eine zweidimensionale Stichprobe vom Umfang n

$$(x,y) = \big((x_1,y_1),(x_2,y_2),\ldots,(x_n,y_n)\big),$$

bei der man aufgrund von Erfahrungswerten einen quadratischen Zusammenhang

$$\hat{y} = b_0 + b_1\,x + b_2\,x^2$$

annimmt, wobei die auftretenden Abweichungen auf den Zufall zurückzuführen sind. Die Koeffizienten b_0, b_1, b_2 sollen nach dem Prinzip der kleinsten vertikalen Abstandsquadrate bestimmt werden. Zeigen Sie, dass die gesuchten Koeffizienten die Lösungen des folgenden linearen Gleichungssystems sind

$$
\begin{aligned}
b_0 \cdot n \;\; &+\; b_1 \cdot \sum_{i=1}^{n} x_i \;\; &+\; b_2 \cdot \sum_{i=1}^{n} x_i^2 \;\; &=\; \sum_{i=1}^{n} y_i \\[2mm]
b_0 \cdot \sum_{i=1}^{n} x_i \;\; &+\; b_1 \cdot \sum_{i=1}^{n} x_i^2 \;\; &+\; b_2 \cdot \sum_{i=1}^{n} x_i^3 \;\; &=\; \sum_{i=1}^{n} x_i \cdot y_i \\[2mm]
b_0 \cdot \sum_{i=1}^{n} x_i^2 \;\; &+\; b_1 \cdot \sum_{i=1}^{n} x_i^3 \;\; &+\; b_2 \cdot \sum_{i=1}^{n} x_i^4 \;\; &=\; \sum_{i=1}^{n} x_i^2 \cdot y_i \,.
\end{aligned}
$$

A 3.8   Der Bremsweg y [m] eines PKW's hängt bekanntlich von der Geschwindigkeit x [km/h] ab. Bei einem bestimmten Kraftfahrzeug wurde bei 20 Bremsversuchen der Bremsweg in Abhängigkeit von der Geschwindigkeit gemessen:

x_i	20,1	24,1	28,4	34,2	42,3	48,5	55,4	61,2	76,8	83,5
y_i	9,4	11,2	13,8	17,1	21,6	26,4	32,4	35,7	48,5	56,1
	88,7	94,5	99,9	109,7	112,4	117,8	125,4	134,6	149,1	155,0
	61,3	65,1	69,5	84,8	88,4	89,7	104,3	117,3	133,9	143,7

a) Bestimmen Sie nach A 3.7 die Koeffizienten der Regressionsparabel $\hat{y} = b_0 + b_1\,x + b_2\,x^2$.

b) Skizzieren im Streuungsdiagramm die Regressionsparabel.

A 3.9   Einer zweidimensionalen Stichprobe vom Umfang n soll wie in A 3.7 eine Regressionsparabel angepasst werden, die allerdings durch den Koordinatenursprung O gehen soll, also

$$\hat{y} = a_1\,x + a_2\,x^2\,.$$

Stellen Sie ein Gleichungssystem für die beiden Koeffizienten auf.

A 3.10 Bestimmen Sie nach A 3.9 die Koeffizienten der Regressionsparabel $\hat{y} = a_1\,x + a_2\,x^2$ für die in A 3.8 angegebene Stichprobe.

Teil II:

Wahrscheinlichkeitsrechnung

4. Wahrscheinlichkeiten

B 4.1 Auf der Ergebnismenge $\Omega = \{1, 2, 3, \ldots, 10\}$ sei durch

$$p_i = P(\{i\}) = \frac{c}{2^i} \quad \text{für } i = 1, 2, \ldots, 10$$

mit einer Konstanten c eine Wahrscheinlichkeit erklärt.
a) Bestimmen Sie die Konstante c.
b) Berechnen Sie die Wahrscheinlichkeiten für die Ereignisse
   G : gerade Zahl, U : ungerade Zahl.

Lösung:

a) $1 = \sum_{i=1}^{10} p_i = \sum_{i=1}^{10} \frac{c}{2^i} = c \cdot \sum_{i=1}^{10} \left(\frac{1}{2}\right)^i = \frac{c}{2} \cdot \sum_{k=0}^{9} \left(\frac{1}{2}\right)^k = \frac{c}{2} \cdot \dfrac{1 - \left(\frac{1}{2}\right)^{10}}{1 - \frac{1}{2}}$

$= \frac{c}{2} \cdot \dfrac{1 - \frac{1}{2^{10}}}{\frac{1}{2}} = c \cdot \frac{2^{10} - 1}{2^{10}} = c \cdot \frac{1\,023}{1\,024} \;\Rightarrow\; c = \frac{1\,024}{1\,023}.$

b) $G = \{2, 4, 6, 8, 10\};$

$P(G) = \frac{1\,024}{1\,023} \cdot \left[\left(\frac{1}{2}\right)^2 + \left(\frac{1}{2}\right)^4 + \left(\frac{1}{2}\right)^6 + \left(\frac{1}{2}\right)^8 + \left(\frac{1}{2}\right)^{10}\right]$

$= \frac{1\,024}{1\,023} \cdot \left(\frac{1}{2}\right)^2 \cdot \left[1 + \left(\frac{1}{2}\right)^2 + \left(\frac{1}{2}\right)^4 + \left(\frac{1}{2}\right)^6 + \left(\frac{1}{2}\right)^8\right]$

$= \frac{256}{1\,023} \cdot \left[1 + \left(\frac{1}{4}\right)^1 + \left(\frac{1}{4}\right)^2 + \left(\frac{1}{4}\right)^3 + \left(\frac{1}{4}\right)^4\right] = \frac{256}{1\,023} \cdot \dfrac{1 - \left(\frac{1}{4}\right)^5}{1 - \frac{1}{4}}$

$= \frac{256}{1\,023} \cdot \frac{4}{3} \cdot \left[1 - \left(\frac{1}{4}\right)^5\right] = \frac{1\,024}{3\,069} \cdot \left(1 - \frac{1}{1\,024}\right) = \frac{1\,023}{3\,069} = \frac{1}{3};$

Aus $U = \overline{G}$ folgt $P(U) = 1 - P(G) = 1 - \frac{1}{3} = \frac{2}{3}.$

Axiome der Wahrscheinlichkeit:
Eine Wahrscheinlichkeit P muss folgende Axiome erfüllen:

$$0 \le P(A) \le 1 \quad \text{für jedes Ereignis A};$$

$$P(\Omega) = 1; \quad P\left(\bigcup_{i=1}^{\infty} A_i\right) = \sum_{i=1}^{\infty} P(A_i)$$

für paarweise unvereinbare Ereignisse A_i, A_k mit $A_i \cap A_k = \emptyset$ für $i \ne k$.

B 4.2 Die fünf Ereignisse A , B , C , D und E bilden eine *vollständige Er-eignisdisjunktion*. Sie sind also paarweise unvereinbar, wobei bei jeder Versuchsdurchführung eines dieser Ereignisse eintritt. Für die zugehörigen Wahrscheinlichkeiten gelte dabei die Proportion

$$P(A):P(B):P(C):P(D):P(E) = 1:2:5:4:3 .$$

Berechnen Sie hieraus die einzelnen Wahrscheinlichkeiten.

Lösung:

Aus $\Omega = P(A) \cup P(B) \cup P(C) \cup P(D) \cup P(E)$ und der paarweisen Unvereinbarkeit der Ereignisse folgt

$$P(A) + P(B) + P(C) + P(D) + P(E) = 1 .$$

Mit dem Ansatz $p = P(A)$ erhält man aus der obigen Proportion

$$P(B) = 2p; \quad P(C) = 5p; \quad P(D) = 4p; \quad P(E) = 3p;$$

$$1 = p + 2p + 5p + 4p + 3p = 15\,p \quad \Rightarrow \quad p = \frac{1}{15};$$

$$P(A) = \frac{1}{15}; \quad P(B) = \frac{2}{15}; \quad P(C) = \frac{5}{15}; \quad P(D) = \frac{4}{15}; \quad P(E) = \frac{3}{15} .$$

B 4.3 Gegeben seien folgende Wahrscheinlichkeiten

$$P(A) = 0{,}3 ; \; P(B) = 0{,}2 ; \text{ dabei seien A und B unvereinbar} ;$$

$$P(A \cap C) = 0{,}1 ; \; P(C) = 0{,}4 .$$

Berechnen Sie daraus folgende Wahrscheinlichkeiten:

$$P(A \cup B); \; P(A \cup C); \; P(A \setminus B) = P(A \cap \overline{B}); \; P(C \setminus A) = P(C \cap \overline{A});$$

$$P(\overline{A} \cup \overline{B}); \; P(\overline{A} \cap \overline{B}); \; P(\overline{A} \cup \overline{C});$$

Lösung:

Wegen $A \cap B = \emptyset$ gilt $P(A \cup B) = P(A) + P(B) = 0{,}3 + 0{,}2 = 0{,}5;$

$$P(A \cup C) = P(A) + P(C) - P(A \cap C) = 0{,}3 + 0{,}4 - 0{,}1 = 0{,}6 ;$$

$$P(A \setminus B) = P(A) - P(A \cap B) = 0{,}3 - 0 = 0{,}3 ;$$

$$P(C \setminus A) = P(C) - P(A \cap C) = 0{,}4 - 0{,}1 = 0{,}3 ;$$

mit den Regeln von de Morgan $\overline{A \cup B} = \overline{A} \cap \overline{B}$ und $\overline{A \cap B} = \overline{A} \cup \overline{B}$ erhält man

$$P(\overline{A} \cup \overline{B}) = P(\overline{A \cap B}) = 1 - P(A \cap B) = 1 - 0 = 1 ;$$

$$P(\overline{A} \cap \overline{B}) = P(\overline{A \cup B}) = 1 - P(A \cup B) = 1 - 0{,}5 = 0{,}5 ;$$

$$P(\overline{A} \cup \overline{C}) = P(\overline{A \cap C}) = 1 - P(A \cap C) = 1 - 0{,}1 = 0{,}9 .$$

Für Wahrscheinlichkeiten gelten allgemein die Eigenschaften:

$P(\emptyset) = 0$; $P(\overline{A}) = 1 - P(A)$; aus $A \subseteq B$ folgt $P(A) \le P(B)$;

$P(A \cup B) = P(A) + P(B) - P(A \cap B) = P(A) + P(\overline{A} \cap B)$;

$P(A \backslash B) = P(A) - P(A \cap B)$; $P(A \backslash B) = P(A) - P(B)$, falls $B \subseteq A$;

$P(\overline{A \cup B}) = P(\overline{A} \cap \overline{B})$; $P(\overline{A \cap B}) = P(\overline{A} \cup \overline{B})$ *(de Morgansche Regeln)*.

B 4.4 Auf der Ergebnismenge $\Omega = \mathbb{N} = \{1, 2, 3, \dots\}$ sei durch

$$p_i = P(\{i\}) = \frac{1}{2^i} \text{ für } i = 1, 2, \dots \text{ eine Wahrscheinlichkeit erklärt.}$$

a) Zeigen Sie, dass die Summe der Wahrscheinlichkeiten gleich 1 ist.
b) Berechnen Sie die Wahrscheinlichkeiten für folgende Ereignisse
   G : gerade Zahl, U : ungerade Zahl.
c) Berechnen Sie die Wahrscheinlichkeit für die Menge derjenigen
   Zahlen, die durch 3 oder 5 teilbar sind.

<u>Lösung:</u>

a) $\displaystyle\sum_{i=1}^{\infty} \frac{1}{2^i} = \sum_{i=1}^{\infty} \left(\frac{1}{2}\right)^i = \frac{1}{2} \cdot \sum_{k=0}^{\infty} \left(\frac{1}{2}\right)^k = \frac{1}{2} \cdot \frac{1}{1 - \frac{1}{2}} = 1$.

b) $G = \{2, 4, 6, 8, \dots\}$;

$$P(G) = \frac{1}{2^2} + \frac{1}{2^4} + \frac{1}{2^6} + \frac{1}{2^8} + \dots = \sum_{k=1}^{\infty} \left(\frac{1}{2}\right)^{2k} = \sum_{k=1}^{\infty} \left(\frac{1}{4}\right)^k$$

$$= \frac{1}{4} \cdot \sum_{j=0}^{\infty} \left(\frac{1}{4}\right)^j = \frac{1}{4} \cdot \frac{1}{1 - \frac{1}{4}} = \frac{1}{3};$$

$$P(U) = 1 - P(G) = \frac{2}{3}.$$

c) C: Menge der durch 3 teilbaren Zahlen;

$$P(C) = \frac{1}{2^3} + \frac{1}{2^6} + \frac{1}{2^9} + \frac{1}{2^{12}} + \dots = \sum_{k=1}^{\infty} \left(\frac{1}{2}\right)^{3k} = \sum_{k=1}^{\infty} \left[\left(\frac{1}{2}\right)^3\right]^k$$

$$= \frac{1}{8} \cdot \sum_{j=0}^{\infty} \left(\frac{1}{8}\right)^j = \frac{1}{8} \cdot \frac{1}{1 - \frac{1}{8}} = \frac{1}{7};$$

D: Menge der durch 5 teilbaren Zahlen;

$$P(D) = \frac{1}{2^5} + \frac{1}{2^{10}} + \frac{1}{2^{15}} + \frac{1}{2^{20}} + \dots = \sum_{k=1}^{\infty} \left(\frac{1}{2}\right)^{5k} = \sum_{k=1}^{\infty} \left[\left(\frac{1}{2}\right)^5\right]^k$$

$$= \sum_{k=1}^{\infty} \left(\frac{1}{32}\right)^k = \frac{1}{32} \cdot \sum_{j=0}^{\infty} \left(\frac{1}{32}\right)^j = \frac{1}{32} \cdot \frac{1}{1 - \frac{1}{32}} = \frac{1}{31};$$

$C \cap D$ ist die Menge der durch 15 teilbaren Zahlen mit

$$P(C \cap D) = \frac{1}{2^{15}} + \frac{1}{2^{30}} + \frac{1}{2^{45}} + \frac{1}{2^{60}} + \ldots = \sum_{k=1}^{\infty} \left(\frac{1}{2}\right)^{15k}$$

$$= \sum_{k=1}^{\infty} \left[\left(\frac{1}{2}\right)^{15}\right]^{k} = \sum_{k=1}^{\infty} \left(\frac{1}{32\,768}\right)^{k} = \frac{1}{32\,768} \cdot \sum_{j=0}^{\infty} \left(\frac{1}{32\,768}\right)^{j}$$

$$= \frac{1}{32\,768} \cdot \frac{1}{1 - \frac{1}{32\,768}} = \frac{1}{32\,767};$$

$$P(C \cup D) = P(C) + P(D) - P(C \cap D) = \frac{1}{7} + \frac{1}{31} - \frac{1}{32\,767}$$

$$= \frac{4\,681 + 1\,057 - 1}{32\,767} = \frac{5\,737}{32\,767}.$$

B 4.5 Sowohl in B 4.1 als auch in B 4.4 gilt $P(G) = \frac{1}{3}$ und $P(U) = \frac{2}{3}$, wobei G der Bereich der geraden und U der der ungeraden Zahlen ist.
a) Beweisen Sie diesen Sachverhalt allgemein mit Hilfe einer Proportion für die Wahrscheinlichkeiten $P(G)$ und $P(U)$.
b) Welche Werte kann N annehmen, so dass für $\Omega = \{1, 2, \ldots, N\}$ mit $p_i = P(\{i\}) = \frac{c}{2^i}$ für $i = 1, 2, \ldots, N$ ebenfalls $P(G) = \frac{1}{3}$ und $P(U) = \frac{2}{3}$ gilt?

Lösung:

a) Die Wahrscheinlichkeit für jede gerade Zahl ist genau die Hälfte der Wahrscheinlichkeit der vorangehenden ungeraden Zahl. Damit gilt $P(G) : P(U) = 1:2$. Hieraus folgt $P(G) = \frac{1}{3}$ und $P(U) = \frac{2}{3}$.
b) N muss gerade sein.

B 4.6 In einer Lostrommel befinden sich 2 500 Lose mit den Nummern 1 bis 2 500. Jedes Los, dessen Nummer mit einer 1 oder einer 2 beginnt, gewinnt. Wie groß ist die Wahrscheinlichkeit p, dass ein zufällig gezogenes Los gewinnt?

Lösung:

Anzahl der möglichen Fälle: 2 500.

Günstige Fälle: $1; 2; 10, 11, \ldots 19; 20, 21, \ldots, 29;$
$100, 101, \ldots, 199; 200, 201, \ldots, 299; 1000, 1001, \ldots, 2500.$

Gesamtanzahl: $2 + 2 \cdot 10 + 2 \cdot 100 + 1\,501 = 1\,723;$

$$p = \frac{1\,723}{2\,500} = 0{,}6892.$$

Klassische Wahrscheinlichkeit:

Falls es nur endlich viele verschiedene Versuchsergebnisse gibt, und bei jeder Versuchsdurchführung kein Ergebnis bevorzugt auftreten kann, also alle Versuchsergebnisse gleichwahrscheinlich sind, darf die Formel für die *klassische Wahrscheinlichkeit*

$$P(A) = \frac{|A|}{|\Omega|} = \frac{\text{Anzahl der für A günstigen Fälle}}{\text{Anzahl der insgesamt möglichen Fälle}}$$

benutzt werden. Dabei ist $|A|$ die Anzahl der in A enthaltenen Versuchsergebnisse und $|\Omega|$ die Anzahl aller möglichen Versuchsergebnisse. Solche Zufallsexperimente nennt man *Laplace-Experimente.*

B 4.7 Auf der Ergebnismenge $\Omega = \{1, 2, 3, \ldots, N\}$ sei durch

$$p_i = P(\{i\}) = \frac{c}{m^i} \text{ für } i = 1, 2, \ldots, N; \quad m > 0, \text{ N ganzzahlig}$$

mit einer Konstanten c eine Wahrscheinlichkeit erklärt.

a) Bestimmen Sie die Konstante c. Vergleichen Sie das Ergebnis mit der Lösung von B 4.1.

b) Berechnen Sie die Wahrscheinlichkeiten für die Ereignisse
G : gerade Zahl, U : ungerade Zahl. Benutzen Sie dabei die Fallunterscheidungen: N gerade oder N ungerade. Versuchen Sie das Ergebnis ohne Verwendung von Summenformeln zu erreichen (Hinweis: B 4.5). Spezialfall: N = 3.

Lösung:

a) $$1 = \sum_{i=1}^{N} p_i = \sum_{i=1}^{N} \frac{c}{m^i} = c \cdot \sum_{i=1}^{N} \left(\frac{1}{m}\right)^i = \frac{c}{m} \cdot \sum_{k=0}^{N-1} \left(\frac{1}{m}\right)^k$$

$$= \frac{c}{m} \cdot \frac{1 - \left(\frac{1}{m}\right)^N}{1 - \frac{1}{m}} = c \cdot \frac{1 - \frac{1}{m^N}}{m - 1} = \frac{c}{m - 1} \cdot \frac{m^N - 1}{m^N} ;$$

$$c = \frac{(m - 1) \cdot m^N}{m^N - 1} .$$

m = 2 und N = 10 ergibt den Spezialfall aus B 4.1

$$c = \frac{1 \cdot 2^{10}}{2^{10} - 1} = \frac{1\,024}{1\,023} .$$

b) 1. Fall: N gerade:

$$G = \{2, 4, \ldots, N\}; \quad U = \{1, 3, \ldots, N - 1\};$$

$$p_{i+1} = P(\{i + 1\}) = \frac{c}{m^{i+1}} = \frac{1}{m} \cdot \frac{c}{m^i} = \frac{1}{m} \cdot P(\{i\}) .$$

Da G und U jeweils $\frac{N}{2}$ Elemente besitzen, folgt hieraus

$$P(U) = m \cdot P(G); \quad 1 = P(U) + P(G) = P(G) \cdot (m+1);$$

$$P(G) = \frac{1}{m+1}; \quad P(U) = 1 - P(G) = \frac{m}{m+1}.$$

2. Fall: N ungerade: $G = \{2, 4, \ldots, N-1\}$;

$U = \{1, 3, \ldots, N-2, N\} = \{1, 3, \ldots, N-2\} \cup \{N\} = U_1 \cup \{N\}.$

Analog zu Fall 1 gilt $P(U_1) = m \cdot P(G)$;

$$P(\{N\}) = \frac{c}{m^N} = \frac{(m-1) \cdot m^N}{m^N - 1} \cdot \frac{1}{m^N} = \frac{m-1}{m^N - 1};$$

$$1 = P(G) + P(U_1) + P(\{N\}) = P(G) + m \cdot P(G) + \frac{m-1}{m^N - 1};$$

$$P(G) \cdot (1 + m) = 1 - \frac{m-1}{m^N - 1} = \frac{m^N - 1 - m + 1}{m^N - 1} = \frac{m^N - m}{m^N - 1};$$

$$P(G) = \frac{m^N - m}{(m+1) \cdot (m^N - 1)} = \frac{m}{m+1} \cdot \frac{m^{N-1} - 1}{m^N - 1};$$

$$P(U) = 1 - P(G) = 1 - \frac{m}{m+1} \cdot \frac{m^{N-1} - 1}{m^N - 1}.$$

Spezialfall: N = 3:

$$P(G) = \frac{m}{m+1} \cdot \frac{m^2 - 1}{m^3 - 1} = \frac{m \cdot (m-1)}{m^3 - 1};$$

$$P(\{2\}) = \frac{(m-1) \cdot m^3}{m^3 - 1} \cdot \frac{1}{m^2} = \frac{(m-1) \cdot m}{m^3 - 1} = P(G).$$

B 4.8 Mit dem nebenstehenden **Glücksrad** können durch Drehen Zahlen 1 bis 6 zufällig erzeugt werden. Berechnen Sie die Wahrscheinlichkeiten für die einzelnen Zahlen sowie für die Ereignisse G: gerade Zahl; U: ungerade Zahl; C = {4, 5, 6}. Wie groß müssten die Innenwinkel sein, damit alle Zahlen gleichwahrscheinlich sind?

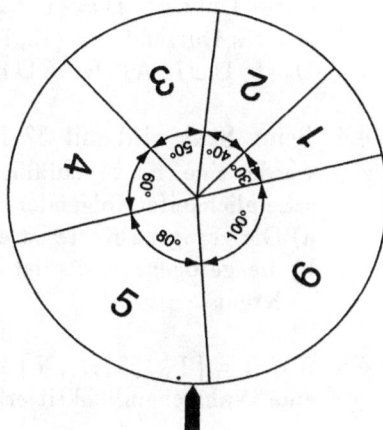

Lösung:

Die Wahrscheinlichkeiten sind proportional zu den Innenwinkeln. Daraus erhält man die Wahrscheinlichkeiten

Zahl	1	2	3	4	5	6
Wahrscheinlichkeit	$\frac{3}{36}$	$\frac{4}{36}$	$\frac{5}{36}$	$\frac{6}{36}$	$\frac{8}{36}$	$\frac{10}{36}$

$$P(G) = \frac{4}{36} + \frac{6}{36} + \frac{10}{36} = \frac{5}{9}; \quad P(U) = 1 - P(G) = \frac{4}{9};$$

$$P(C) = \frac{6}{36} + \frac{8}{36} + \frac{10}{36} = \frac{2}{3}.$$

Falls alle Winkel gleich groß, also jeweils $60°$ sind, besitzen alle 6 Zahlen die gleiche Wahrscheinlichkeit $p = \frac{1}{6}$.

A 4.1 Gegeben sind folgende Wahrscheinlichkeiten:
$P(A) = 0{,}6; \quad P(B) = 0{,}7$ und $P(A \cap \overline{B}) = 0{,}15$.

Berechnen Sie hieraus die Wahrscheinlichkeiten für die Ereignisse
$A \cap B; \quad \overline{A} \cup \overline{B}; \quad \overline{A} \cap B; \overline{A} \cap \overline{B}; A \cup B$.

A 4.2 Gegeben sind die Wahrscheinlichkeiten

$P(A) = 0{,}5; \quad P(B) = 0{,}6; \quad P(A \cup B) = 0{,}8$.

Berechnen Sie $P(A \cap B); \quad P(\overline{A} \cap \overline{B}); \quad P(\overline{A} \cap B); \quad P(A \cap \overline{B})$.

A 4.3 Beim **Roulett** ist die Ergebnismenge $\Omega = \{0, 1, 2, 3, \ldots, 35, 36\}$. Dabei soll davon ausgegangen werden, dass auf Dauer keine Zahl bevorzugt ausgespielt wird. Berechnen Sie die Wahrscheinlichkeiten für folgende Ereignisse:
erstes Dutzend: $D = \{1, 2, 3, \ldots, 11, 12\}$; Impair: $I = \{1, 3, \ldots, 33, 35\}$;
zweites Dutzend: $A = \{13, 14, \ldots, 23, 24\}$; $B = \{22, 23, 24, 25, 26, 27\}$;
$D \cap I; \quad D \cup I; \quad A \cap B; \quad A \cup B; D \cap B; I \setminus A = I \cap \overline{A}$.

A 4.4 Beim **Skat** wird mit 32 Karten gespielt. Aus dem gesamten Spiel werde eine Karte zufällig ausgewählt. Berechnen Sie die Wahrscheinlichkeiten folgender Ereignisse:
a) Die gezogene Karte ist ein König oder eine Dame;
b) die gezogene Karte ist ein Ass, ein Bube oder besitzt die Farbe Kreuz.

A 4.5 Auf $\Omega = \{1, 2, 3, \ldots, N\}$ sei durch $P(\{i\}) = c \cdot i$ für $i = 1, 2, \ldots, N$ eine Wahrscheinlichkeit erklärt. Berechnen Sie die Konstante c.

5. Kombinatorik

B 5.1 Gesucht ist die Anzahl aller höchstens fünfstelligen Zahlen, bei denen
a) beliebig viele Ziffern übereinstimmen dürfen;
b) alle Ziffern verschieden sind.

Lösung:

a) Führende Nullen werden weggelassen. 00012 ergibt z.B. die zweistellige Zahl 12. Für jede der fünf Stellen gibt es 10 Auswahlmöglichkeiten. Daher lautet die gesuchte Anzahl
$x = 10 \cdot 10 \cdot 10 \cdot 10 \cdot 10 = 10^5 = 100\,000$.
Es handelt sich um die Zahlen $0, 1, 2, \ldots, 99\,999$.

b) Für die erste Stelle gibt es 10 Auswahlmöglichkeiten. Da die zweite Ziffer von der ersten verschieden sein muss, gibt es hierfür nur noch 9 Auswahlmöglichkeiten. Für die dritte Stelle verbleiben noch 8, für die vierte 7 und für die fünfte Stelle 6 Auswahlmöglichkeiten. Produktbildung ergibt die gesuchte Anzahl
$x = 10 \cdot 9 \cdot 8 \cdot 7 \cdot 6 = 30\,240$.

B 5.2 Gesucht ist die Anzahl aller genau fünfstelligen Zahlen, bei denen
a) beliebig viele Ziffern übereinstimmen dürfen;
b) alle fünf Ziffern verschieden sind.

Lösung:

Zunächst werde die Zehntausenderstelle ausgewählt. Diese darf nicht gleich Null sein, da sonst keine fünfstellige Zahl entstehen würde. Damit gibt es nur 9 Auswahlmöglichkeiten.

a) Für die restlichen 4 Stellen gibt es jeweils 10 Auswahlmöglichkeiten. Damit lautet die gesuchte Anzahl $x = 9 \cdot 10^4 = 90\,000$. Es handelt sich um die Zahlen $10\,000, 10\,001, \ldots, 99\,999$.

b) Da die Tausenderstelle auch mit 0 besetzt sein kann, gibt es für sie 9 Möglichkeiten, nämlich alle 9 von der ersten Auswahl verschiedenen Ziffern. Für die nächsten Stellen gibt es der Reihe nach noch 8, 7, 6 Auswahlmöglichkeiten. Daher lautet die gesuchte Anzahl $x = 9 \cdot 9 \cdot 8 \cdot 7 \cdot 6 = 27\,216$.

Produktregel der Kombinatorik:
Bei einem m - stufigen Zufallsexperiment sei die Anzahl der möglichen Versuchsergebnisse bei der i - ten Stufe gleich n_i für $i = 1, 2, \ldots, m$.
Dann besitzt das m - stufige Gesamtexperiment insgesamt

$n = n_1 \cdot n_2 \cdot \ldots \cdot n_m$ verschiedene Ergebnisse.

B 5.3 a) An einem Pferderennen beteiligen sich 6 Pferde. Bestimmen Sie die Anzahl der verschiedenen möglichen Zieleinläufe, falls die Einlaufzeiten aller 6 Pferde verschieden sind.

b) Bei dem Pferderennen beteiligen sich 4 Pferde aus dem Rennstall A, 3 Pferde aus dem Rennstall B und 6 Pferde aus dem Rennstall C. Beim Einlauf interessiere für jeden Rennstall nur, ob eines seiner Pferde eine bestimmte Position inne hat. Um welches Pferd des Rennstalls es sich dabei handelt, spiele keine Rolle. Gesucht ist die Anzahl aller möglichen Zieleinläufe unter Berücksichtigung dieser Tatsache.

Lösung:

a) Da alle 6 Pferde unterscheidbar sind, gibt es insgesamt

$$x = 6 \cdot 5 \cdot 4 \cdot 3 \cdot 2 \cdot 1 = 6! = 720 \text{ verschiedene Einlaufmöglichkeiten.}$$

b) Da jeweils zwischen 4, 3 und 6 Pferden nicht unterschieden wird, lautet die gesuchte Anzahl

$$x = \frac{13!}{4! \cdot 3! \cdot 6!} = \frac{1 \cdot 2 \cdot 3 \cdot 4 \cdot 5 \cdot 6 \cdot 7 \cdot 8 \cdot 9 \cdot 10 \cdot 11 \cdot 12 \cdot 13}{(1 \cdot 2 \cdot 3 \cdot 4) \cdot (1 \cdot 2 \cdot 3) \cdot (1 \cdot 2 \cdot 3 \cdot 4 \cdot 5 \cdot 6)}$$
$$= 60\,060.$$

Anordnungsmöglichkeiten:

n verschiedene Elemente lassen sich auf

$$n! = 1 \cdot 2 \cdot \ldots \cdot n$$

verschiedene Arten *anordnen* (Anzahl der *Permutationen*).

Das Symbol n! spricht man dabei als "*n-Fakultät*" aus.

Von n Elementen seien jeweils $n_1, n_2, \ldots, n_r$ gleich.

Dann gibt es für diese n Elemente

$$\frac{n!}{n_1! \cdot n_2! \cdot \ldots \cdot n_r!} \quad \text{mit} \quad n = n_1 + n_2 + \ldots + n_r$$

verschiedene *Anordnungsmöglichkeiten*.

B 5.4 Fünf Studentinnen und vier Studenten stellen sich in zufälliger Reihenfolge an einer Theaterkasse an. Gesucht sind die Wahrscheinlichkeiten dafür, dass
a) die fünf Studentinnen nebeneinander stehen;
b) jeder Student zwischen zwei Studentinnen steht.

Lösung:

Insgesamt gibt es $\dfrac{9!}{5! \cdot 4!} = \dfrac{1 \cdot 2 \cdot 3 \cdot 4 \cdot 5 \cdot 6 \cdot 7 \cdot 8 \cdot 9}{2 \cdot 3 \cdot 4 \cdot 5 \cdot 2 \cdot 3 \cdot 4} = \dfrac{6 \cdot 7 \cdot 8 \cdot 9}{2 \cdot 3 \cdot 4} = 126$

mögliche Anordnungen bezüglich des Geschlechts. Für Studentin soll w und für Student m stehen.

a) Hierfür gibt es nur die fünf günstigen Fälle

w w w w w m m m m ;   m w w w w w m m m ;   m m w w w w w m m ;
m m m w w w w w m ;   m m m m w w w w w .

Daher lautet die gesuchte Wahrscheinlichkeit $p = \frac{5}{126}$.

b) Hier gibt es nur den einen günstigen Fall w m w m w m w m w.

Die Wahrscheinlichkeit dafür ist $p = \frac{1}{126}$.

B 5.5 Geburtstagsproblem:
Gesucht ist die Wahrscheinlichkeit dafür, dass von n beliebig ausgewählten Personen mindestens zwei am gleichen Tag Geburtstag haben, unter der Modellannahme, dass das Jahr 365 Tage hat, die als Geburtstage für jede der n Personen gleichwahrscheinlich sind. Hinweis: Berechnen Sie zuerst die Wahrscheinlichkeit des Komplementärereignisses, dass alle n Personen an verschiedenen Tagen Geburtstag haben.

Lösung:

A_n sei das Ereignis, dass mindestens 2 der n Personen am gleichen Tag Geburtstag haben. Ohne Brücksichtigung der Schaltjahre müssen bei mehr als 365 Personen mindestens zwei davon am gleichen Tag Geburtstag haben. Daher gilt $P(A_n) = 1$ für $n > 365$.

Für $n \leq 365$ erhält man:

Anzahl der möglichen Fälle: 365^n ;

Anzahl der für $\overline{A}_n$ (alle n Geburtstage verschieden) günstigen Fälle:

$365 \cdot 364 \cdot 363 \cdot \ldots \cdot (365 - n + 1)$.

$$P(\overline{A}_n) = \frac{365 \cdot 364 \cdot \ldots \cdot (365 - n + 1)}{365^n} \quad .$$

$$P(A_n) = 1 - P(\overline{A}_n) = 1 - \frac{365 \cdot 364 \cdot \ldots \cdot (365 - n + 1)}{365^n} \quad \text{für } n \leq 365.$$

Für $n = 23$ erhält man den Wert $P(A_{23}) \approx 0{,}507$.

B 5.6 Aus acht Personen sollen drei ausgewählt werden, die einen Preis erhalten. Bestimmen Sie die Anzahl der verschiedenen Auswahlmöglichkeiten für folgende Modelle:
a) Die drei Preise sind verschieden und die gleiche Person kann
   a1) höchstens einen; a2) gleichzeitig mehrere Preise erhalten.

b) Die drei Preise sind gleich und dieselbe Person kann
   b1) höchstens einen, b2) gleichzeitig mehrere Preise erhalten.

Lösung:

a) Die zuerst ausgewählte Person erhält den ersten Preis, die zweite Person den zweiten Preis, der dritte Preis geht an die Person bei der dritten Auswahl.

a1) Gesuchte Anzahl: $x = 8 \cdot 7 \cdot 6 = 336$ (ohne Wiederholung);

a2) Gesuchte Anzahl: $x = 8 \cdot 8 \cdot 8 = 8^3 = 512$ (mit Wiederholung);

b1) Da die Preise gleich sind, spielt die Reihenfolge der Ziehung keine Rolle.

$$x = \binom{8}{3} = \frac{8 \cdot 7 \cdot 6}{1 \cdot 2 \cdot 3} = 56 \text{ (Ziehen ohne Wiederholung)};$$

b2) $x = \binom{8+3-1}{3} = \binom{10}{3} = \frac{10 \cdot 9 \cdot 8}{1 \cdot 2 \cdot 3} = 120$ (mit Wiederholung).

Formeln der Kombinatorik:

Aus n verschiedenen Dingen sollen k ausgewählt werden. Dann erhält man für die Anzahl der verschiedenen Auswahlmöglichkeiten in Abhängigkeit vom Auswahlverfahren folgende Werte:

	mit Berücksichtigung der Reihenfolge (geordnet)	ohne Berücksichtigung der Reihenfolge (ungeordnet)
ohne Wiederholung (ohne Zurücklegen)	$n \cdot (n-1) \cdot \ldots \cdot (n-k+1)$	$\binom{n}{k}$
mit Wiederholung (mit Zurücklegen)	n^k	$\binom{n+k-1}{k}$

Beim Ziehen ohne Zurücklegen muss naturgemäß $k \leq n$ erfüllt sein.

Für die Binomialkoeffizienten gilt allgemein

$$\binom{n}{0} = 1; \quad \binom{n}{k} = \binom{n}{n-k}; \quad \binom{n}{k} = \frac{n! \cdot (n-k)!}{k!} \text{ mit } 0! = 1.$$

B 5.7 In einer Schulklasse mit 17 Mädchen und 13 Jungen wird viermal hintereinander eine Personen ausgewählt, die jeweils einen von vier gleichen Preisen erhält. Mit welcher Wahrscheinlichkeit gehen zwei Preise an Jungens und zwei Preise an Mädchen, falls
a) die gleiche Person höchstens einen der Preise;
b) die gleiche Person gleichzeitig mehrere Preise erhalten kann?

Lösung:

a) Die Wahrscheinlichkeit, dass die Gruppe der Mädchen genau zwei Preise (und damit die andere Gruppe ebenfalls zwei Preise) erhält, lautet

$$p_2 = \frac{\binom{17}{2} \cdot \binom{13}{2}}{\binom{30}{4}} = \frac{\frac{17 \cdot 16}{1 \cdot 2} \cdot \frac{13 \cdot 12}{1 \cdot 2}}{\frac{30 \cdot 29 \cdot 28 \cdot 27}{1 \cdot 2 \cdot 3 \cdot 4}} = \frac{136 \cdot 78}{27\,405} = 0{,}387083\,.$$

b) $p_2 = \binom{4}{2} \cdot \left(\frac{17}{30}\right)^2 \cdot \left(1 - \frac{17}{30}\right)^2 = 0{,}361785.$

Urnenmodelle:
Eine Urne enthalte N Kugeln, von denen M schwarz und die restlichen $N - M$ weiß sind. Aus dieser Urne werden n Kugeln zufällig ausgewählt. p_k sei die Wahrscheinlichkeit dafür, dass sich unter den n ausgewählten Kugeln genau k schwarze befinden. Diese Wahrscheinlichkeit lautet

beim *Ziehen ohne Zurücklegen* (ohne Wiederholung)

$$p_k = \frac{\binom{M}{k} \cdot \binom{N-M}{n-k}}{\binom{N}{n}} \quad \text{für } k = 0, 1, \ldots, n;$$

beim **Ziehen mit Zurücklegen** (mit Wiederholung)

$$p_k = \binom{n}{k} \cdot \left(\frac{M}{N}\right)^k \cdot \left(1 - \frac{M}{N}\right)^{n-k} \quad \text{für } k = 0, 1, \ldots, n.$$

B 5.8 Beim **Zahlenlotto "6 aus 49"** müssen von 49 Zahlen sechs getippt werden. Neben den 6 Gewinnzahlen wird noch eine Zusatzzahl sowie als Superzahl eine der Zahlen $0, 1, 2, \ldots, 9$ ausgespielt. Als getippte Superzahl gilt die Endziffer der auf dem Tippzettel aufgedruckten Registriernummer. Bestimmen Sie die Anzahl der Tippmöglichkeiten (Tippreihen)
a) ohne Berücksichtigung der Superzahl;
b) mit Berücksichtigung der Superzahl.
c) Mit welcher Wahrscheinlichkeit erzielt man mit einer einzigen Tippreihe vier Richtige (mit oder ohne Zusatzzahl)?
d) Mit welcher Wahrscheinlichkeit hat man mit einer einzigen Tippreihe weder eine Gewinnzahl noch die Zusatzzahl?

Lösung:

a) $\binom{49}{6} = \dfrac{49 \cdot 48 \cdot 47 \cdot 46 \cdot 45 \cdot 44}{1 \cdot 2 \cdot 3 \cdot 4 \cdot 5 \cdot 6} = 13\,983\,816\,.$

b) Jede Tippreihe kann mit jeweils 10 Tipps für die Superzahl abgegeben werden. Daher gibt es unter Berücksichtigung der Superzahl $10 \cdot 13\,983\,816 = 139\,838\,160$ verschiedene Tippmöglichkeiten.

c) Durch die Zuordnung
Gewinnzahl $\Leftrightarrow$ schwarze Kugel; andere Zahl $\Leftrightarrow$ weiße Kugel
erhält man mit $N = 49$, $M = 6$, $n = 6$ und $k = 3$ aus dem Urnenmodell ohne Zurücklegen

$$p_4 = \frac{\binom{6}{4} \cdot \binom{43}{2}}{\binom{49}{6}} = \frac{\frac{6 \cdot 5}{1 \cdot 2} \cdot \frac{43 \cdot 42}{1 \cdot 2}}{13\,983\,816} = \frac{15 \cdot 903}{13\,983\,816} = 0,000969 \,.$$

d) $$p_0 = \frac{\binom{7}{0} \cdot \binom{42}{6}}{\binom{49}{6}} = \frac{1 \cdot \frac{42 \cdot 41 \cdot 40 \cdot 39 \cdot 38 \cdot 37}{1 \cdot 2 \cdot 3 \cdot 4 \cdot 5 \cdot 6}}{13\,983\,816} = 0,375133 \,.$$

A 5.1 In einem Behälter sind die Metallbuchstaben A G R S T T T T U
a) Alle Buchstaben werden der Reihe nach zufällig ausgewählt. Mit welcher Wahrscheinlichkeit bilden diese Buchstaben in der gezogenen Reihenfolge das Wort STUTTGART?
b) Aus dem Behälter werden der Reihe nach drei Buchstaben entnommen.
b1) Mit welcher Wahrscheinlichkeit ergeben diese Buchstaben in der gezogenen Reihenfolge das Wort RAT?
b2) Mit welcher Wahrscheinlichkeit kann aus diesen drei ausgewählten Buchstaben das Wort RAT gebildet werden?

A 5.2 Bei einer Feier stößt jeder der 10 Teilnehmer mit jedem anderen mit dem Weinglas an. Wie oft klingen die Gläser?

A 5.3 In einer Mathematik-Klausur werden 7 Aufgaben aus der Analysis und 5 Aufgaben aus der Algebra gestellt. Die Studierenden sollen sich aus der Analysis 3 und aus der Algebra 2 Aufgaben aussuchen. Wie viele verschiedene Möglichkeiten gibt es dafür?

A 5.4 Für zwei freie Studienplätze gibt es 6 Bewerber, für die es eine eindeutige Reihenfolge bezüglich ihrer Qualifikation gibt. Die beiden Studienplätze werden unter den 6 Bewerbern verlost. Berechnen Sie die Wahrscheinlichkeiten für folgende Ereignisse:
A: die beiden qualifiziertesten Bewerber werden ausgelost;
B: der beste Bewerber wird mit ausgelost;
C: keiner der beiden qualifiziertesten Bewerber wird ausgelost.

A 5.5 In einem Lotterietopf befinden sich 50 Lose, von denen nur 5 gewinnen. Berechnen Sie die Wahrscheinlichkeit, dass Sie kein Gewinnlos ziehen beim Kauf a) von 5; b) von 10 Losen.

A 5.6 Beim **Fußballtoto** muss bei 11 Spielen jeweils entweder eine 1 (die Platzmannschaft gewinnt), eine 2 (die Gastmannschaft gewinnt) oder eine 0 (das Spiel endet unentschieden) getippt werden.
a) Bestimmen Sie die Anzahl der möglichen Tippreihen.
b) Wie oft hat man 10 bzw. 9 Spiele richtig getippt, falls man alle möglichen Tippreihen abgibt.

A 5.7 Aus 5 Ehepaaren werden a) 4 Personen, b) 5 Personen, c) 6 Personen zufällig ausgewählt. Berechnen Sie jeweils die Wahrscheinlichkeit dafür, dass sich unter den ausgewählten Personen kein Ehepaar befindet.

A 5.8 In einer **Multiple-Choice**-Prüfung werden einem Kandidaten 8 Fragen vorgelegt. Zu jeder Frage sind in zufälliger Reihenfolge drei Antworten angegeben, von denen nur eine richtig ist. Zum Bestehen der Prüfung werden mindestens 6 richtige Antworten verlangt. Ein Prüfling geht völlig unvorbereitet in die Prüfung und kreuzt daher bei jeder der 8 Fragen je eine der drei möglichen Antworten zufällig an. Mit welcher Wahrscheinlichkeit besteht er die Prüfung durch Raten? Lösen Sie die Aufgabe mit Hilfe des Urnenmodells mit Zurücklegen. Geben Sie eine Zuordnung zu den schwarzen bzw. weißen Kugeln an.

A 5.9 Beim **Skat** wird mit 32 Karten gespielt. Jeder der 3 Spieler bekommt 10 Karten, 2 Karten kommen in den Skat.
a) Mit welcher Wahrscheinlichkeit liegen zwei Buben im Skat, falls über die Karten der drei Spieler nichts bekannt ist.
b) Ein Spieler hat vor Aufnahme des Skats zwei Buben auf der Hand. Mit welcher Wahrscheinlichkeit liegen die beiden anderen Buben im Skat?
c) Ein Spieler hat nach Aufnahme des Skats zwei Buben. Mit welcher Wahrscheinlichkeit hat jeder der beiden Gegenspieler genau einen Buben?

A 5.10 In einer Warenlieferung von 50 Stück befinden sich zwei fehlerhafte. Aus der ganzen Lieferung werden drei Stück zufällig ausgewählt. Mit welcher Wahrscheinlichkeit befinden sich darunter 0 bzw. 1 bzw. 2 fehlerhafte Stücke?

6. Bedingte Wahrscheinlichkeiten

B 6.1 In der nachfolgenden Kontingenztafel ist aufgeführt, wie viele der untersuchten Personen das Merkmal A oder $\overline{A}$ bzw. B oder $\overline{B}$ haben.

	Merkmal B	Merkmal $\overline{B}$	Summe
Merkmal A	40	70	110
Merkmal $\overline{A}$	35	55	90
Summe	75	125	200

Aus der Gruppe dieser 200 Personen werde eine zufällig ausgewählt.
a) Bestimmen Sie die Wahrscheinlichkeiten dafür, dass die ausgewählte Person das Merkmal A besitzt, falls sie das Merkmal B hat. Wie nennt man diese Wahrscheinlichkeit?
b) Mit welcher Wahrscheinlichkeit hat die ausgewählte Person das Merkmal $\overline{A}$, falls sie das Merkmal B besitzt?

Lösung:

a) Es handelt sich um die bedingte Wahrscheinlichkeit

$$P(A\,|\,B) = \frac{P(A \cap B)}{P(B)} = \frac{\frac{40}{200}}{\frac{75}{200}} = \frac{40}{75} = \frac{8}{15};$$

b) $P(\overline{A}\,|\,B) = 1 - P(A\,|\,B) = \frac{7}{15}$.

B 6.2 Gilt in B 6.1 die Eigenschaft $P(A\,|\,\overline{B}) = 1 - P(A\,|\,B)$?

Lösung: Nein, wegen

$$P(A\,|\,\overline{B}) = \frac{P(A \cap \overline{B})}{P(\overline{B})} = \frac{\frac{70}{200}}{\frac{125}{200}} = \frac{70}{125} = \frac{14}{25} \neq 1 - P(A\,|\,B) = \frac{7}{15}.$$

Bedingte Wahrscheinlichkeit:
Es sei $P(B) > 0$. Dann ist die *bedingte Wahrscheinlichkeit* des Ereignisses A unter der Bedingung B erklärt durch

$$P(A\,|\,B) = \frac{P(A \cap B)}{P(B)}.$$

Dabei handelt es sich um die Wahrscheinlichkeit dafür, dass A eintritt, unter der Bedingung, dass B eintritt (eingetreten ist).

Eigenschaften der bedingten Wahrscheinlichkeit:
Bei festgehaltenem Ereignis B mit $P(B) > 0$ und variablen Ereignissen $A \subset \Omega$ können alle Regeln für die normale (absolute) Wahrscheinlichkeit übernommen werden. Dabei gilt

$$P(B \,|\, B) = 1 \,;$$

$$P\left(\bigcup_{i=1}^{\infty} A_i \,|\, B\right) = \sum_{i=1}^{\infty} P(A_i \,|\, B)$$

für paarweise unvereinbare Ereignisse A_i mit $A_j \cap A_k = \emptyset$ für $j \neq k$.

Bei der bedingten Wahrscheinlichkeit findet eine Einschränkung auf die Ergebnismenge B statt.

B 6.3 Ich ziehe aus dem Skatkartenspiel mit 32 Karten zufällig eine Karte und halte das Ergebnis zunächst geheim. Berechnen Sie die Wahrscheinlichkeiten für das Ereignis B: "Ein Bube wird gezogen"
   a) ohne jegliche Information von mir;
   b) mit der Information, dass kein König gezogen wurde.

Lösung:

   a) Ohne Information handelt es sich um die absolute Wahrscheinlichkeit $P(B) = \frac{4}{32} = \frac{1}{8}$.

   b) Durch die Information "kein König" wurde bekannt, dass die Karte aus 28 Karten (ohne Könige) gezogen wurde, unter denen sich noch alle vier Buben befunden haben. Damit lautet die bedingte Wahrscheinlichkeit

$$p = \frac{4}{28} = \frac{1}{7} = P(B \,|\, \overline{K}) = \frac{P(B \cap \overline{K})}{P(\overline{K})} = \frac{4/32}{28/32}\,.$$

Bedingte Wahrscheinlichkeiten hängen vom *Informationsstand* über eingetretene Teilereignisse des Zufallsexperiments ab.

B 6.4 In einer Kiste befinden sich 10 Werkstücke, von denen 3 fehlerhaft sind. Daraus werden nacheinander ohne zwischenzeitliches Zurücklegen zwei Stück ausgewählt. Berechnen Sie die Wahrscheinlichkeiten für folgende Ereignisse:
   a) Beim ersten Zug wird ein fehlerhaftes und beim zweiten Zug ein brauchbares Werkstück gezogen.
   b) Beim ersten Zug wird ein brauchbares und beim zweiten Zug ein fehlerhaftes Werkstück gezogen.
   c) Beide ausgewählten Werkstücke sind fehlerhaft.
   d) Beide ausgewählten Werkstücke sind fehlerfrei.

Lösung:

F_1 sei das Ereignis, das zuerst gezogene Werkstück ist fehlerhaft, und F_2 das Ereignis, dass beim zweiten Zug ein fehlerhaftes Werkstück gezogen wird. Dann lauten die absoluten Wahrscheinlichkeiten beim 1. Zug: $P(F_1) = \frac{3}{10}$; $P(\overline{F}_1) = \frac{7}{10}$.

Falls beim ersten Zug ein fehlerhaftes Stück gezogen wird, bleiben für den zweiten Zug noch 9 Werkstücke mit 2 fehlerhaften übrig. Wird beim ersten Zug ein brauchbares Stück gezogen, so befinden sich unter den 9 Werkstücken für den 2. Zug noch alle 3 fehlerhaften. Daraus erhält man die bedingten Wahrscheinlichkeiten

$$P(F_2 \mid F_1) = \frac{2}{9}; \ P(\overline{F}_2 \mid F_1) = \frac{7}{9}; \ P(F_2 \mid \overline{F}_1) = \frac{3}{9}; \ P(\overline{F}_2 \mid \overline{F}_1) = \frac{6}{9}.$$

Aus dem Multiplikationssatz bei bedingten Wahrscheinlichkeiten erhält man hiermit die gesuchten Wahrscheinlichkeiten

a) $P(\overline{F}_2 \cap F_1) = P(\overline{F}_2 \mid F_1) \cdot P(F_1) = \frac{7}{9} \cdot \frac{3}{10} = \frac{7}{30}$;

b) $P(F_2 \cap \overline{F}_1) = P(F_2 \mid \overline{F}_1) \cdot P(\overline{F}_1) = \frac{3}{9} \cdot \frac{7}{10} = \frac{7}{30}$;

c) $P(F_2 \cap F_1) = P(F_2 \mid F_1) \cdot P(F_1) = \frac{2}{9} \cdot \frac{3}{10} = \frac{2}{30}$;

d) $P(\overline{F}_2 \cap \overline{F}_1) = P(\overline{F}_2 \mid \overline{F}_1) \cdot P(\overline{F}_1) = \frac{6}{9} \cdot \frac{7}{10} = \frac{14}{30}$ (Summe=1).

Multiplikationssatz (Produktregel) bei bedingten Wahrscheinlichkeiten:
Bei bedingten Wahrscheinlichkeiten gilt die *Produktregel*

$$P(A \cap B) = P(A \mid B) \cdot P(B) = P(B \mid A) \cdot P(A) \quad \text{für} \quad P(A), P(B) > 0.$$

Diese Eigenschaft folgt unmittelbar aus der Definition der bedingten Wahrscheinlicheit. Übertragung auf mehrere Ereignisse ergibt

$$P(A_n \cap A_{n-1} \cap \dots \cap A_1) = P(A_n \mid A_{n-1} \cap \dots \cap A_1) \cdot P(A_{n-1} \mid A_{n-2} \cap \dots \cap A_1)$$
$$\cdot \dots \cdot P(A_3 \mid A_2 \cap A_1) \cdot P(A_2 \mid A_1) \cdot P(A_1).$$

B 6.5 In einem Lotterietopf befinden sich 20 Lose, darunter sei nur ein Gewinnlos. 5 Schüler einer Schulklasse dürfen jeweils ein Los ziehen. Die Lehrerin schlägt vor, dass die Schüler in alphabetischer Reihenfolge ziehen. Der Schüler Zimmermann ist allerdings der Meinung, dass seine Gewinnchance erheblich kleiner ist als bei denjenigen, die vor ihm ziehen. Als Begründung gibt er an, dass er ja gar keine Chance hat, falls vor ihm das Gewinnlos gezogen wird. Hat Zimmermann recht? Berechnen Sie dazu die Wahrscheinlichkeit dafür, dass die Person beim k-ten Zug das Gewinnlos erhält für $k = 1, 2, \dots, 5$.

Lösung:

Es sei p_k die Wahrscheinlichkeit, dass der k-te Schüler das Gewinnlos zieht und N_i das Ereignis, dass beim i-ten Zug eine Niete gezogen wird für $i = 1, 2, \ldots, 5$. Dann gilt

$$p_1 = P(\overline{N}_1) = \frac{1}{20}.$$

Der 2. Schüler gewinnt, wenn der erste eine Niete zieht und er das Gewinnlos erhält. Damit erhält man mit dem Multiplikationssatz

$$p_2 = P(\overline{N}_2 \cap N_1) = P(\overline{N}_2 \,|\, N_1) \cdot P(N_1) = \frac{1}{19} \cdot \frac{19}{20} = \frac{1}{20} = p_1.$$

Damit der dritte Schüler gewinnt, müssen seine beiden Vorgänger jeweils eine Niete und er das Gewinnlos ziehen. Damit gilt nach der Produktregel

$$p_3 = P(\overline{N}_3 \cap N_2 \cap N_1) = P(\overline{N}_3 \,|\, N_2 \cap N_1) \cdot P(N_2 \,|\, N_1) \cdot P(N_1)$$
$$= \frac{1}{18} \cdot \frac{18}{19} \cdot \frac{19}{20} = \frac{1}{20} = p_1.$$

Entsprechend gilt

$$p_4 = \frac{1}{17} \cdot \frac{17}{18} \cdot \frac{18}{19} \cdot \frac{19}{20} = \frac{1}{20} = p_1; \quad p_5 = \frac{1}{16} \cdot \frac{16}{17} \cdot \frac{17}{18} \cdot \frac{18}{19} \cdot \frac{19}{20} = \frac{1}{20} = p_1.$$

Alle Schüler haben somit die gleiche Gewinnchance. Dies würde auch gelten, falls bis zu 20 Schüler ziehen dürfen.

B 6.6 Das in B 6.4 beschriebene Zufallsexperiment werde folgendermaßen durchgeführt: Zunächst wird ein Werkstück zufällig ausgewählt. Dabei wird aber nicht festgestellt oder nicht bekanntgegeben, ob dieses Stück fehlerhaft ist oder nicht. Danach wird ohne zwischenzeitliches Zurücklegen ein zweites Stück ausgewählt und untersucht, ob es fehlerhaft ist. Mit welcher Wahrscheinlichkeit ist es fehlerhaft?

Lösung:

Gesucht ist die absolute Wahrscheinlichkeit $P(F_2)$, dass beim zweiten Zug ein fehlerhaftes Stück gezogen wird. Das Stück aus dem ersten Zug ist entweder fehlerhaft oder fehlerfrei. Damit gilt

$$F_2 = (F_2 \cap F_1) \cup (F_2 \cap \overline{F}_1).$$

Mit Hilfe der Produktregel erhält man hieraus

$$P(F_2) = P(F_2 \cap F_1) + P(F_2 \cap \overline{F}_1)$$
$$= P(F_2 \,|\, F_1) \cdot P(F_1) + P(F_2 \,|\, \overline{F}_1) \cdot P(\overline{F}_1)$$
$$= \frac{2}{9} \cdot \frac{3}{10} + \frac{3}{9} \cdot \frac{7}{10} = \frac{2}{30} + \frac{7}{30} = \frac{9}{30} = \frac{3}{10} = P(F_1).$$

Die absolute Wahrscheinlichkeit, beim zweiten Zug ein fehlerhaftes Stück zu ziehen ohne Information über das Ergebnis des ersten Zuges, ist genau so groß wie die entsprechende Wahrscheinlichkeit beim 1. Zug. Falls jedoch das Ergebnis aus dem ersten Zug bekannt ist, müssen bedingte Wahrscheinlichkeiten benutzt werden.

Satz von der totalen (vollständigen) Wahrscheinlichkeit:
Es sei $A_1, A_2, \ldots, A_n$ eine vollständige Ereignisdisjunktion
mit $P(A_i) > 0$ für alle i. Es sei also

$$\Omega = \bigcup_{i=1}^{n} A_i \quad \text{mit} \quad A_j \cap A_k = \emptyset \text{ für } j \neq k.$$

Dann gilt für jedes beliebige Ereignis B

$$P(B) = \sum_{i=1}^{n} P(B \mid A_i) \cdot P(A_i).$$

B 6.7: In einem Betrieb werde das gleiche Produkt von drei verschiedenen modernen Maschinen hergestellt. Die erste Maschine erzeuge 20 %, die zweite 30 % und die dritte 50 % der Produktion. Die erste Maschine habe einen Ausschussanteil von 4 %, die zweite einen von 5 % und die dritte einen von 6 %. Nach der Fertigung werden die Werkstücke vermischt, so dass nicht mehr feststellbar ist, von welcher der drei Maschinen ein Stück gefertigt wurde. Aus der Gesamtproduktion werde ein Stück zufällig ausgewählt.
a) Mit welcher Wahrscheinlichkeit ist es fehlerhaft?
Ein zufällig ausgewähltes Werkstück sei
b) fehlerhaft; c) fehlerfrei.
Berechnen Sie die Wahrscheinlichkeiten, mit denen es von den einzelnen Maschinen gefertigt wurde.

Lösung:

M_i sei das Ereignis: "das Werkstück wurde von der i-ten Maschine produziert" für $i = 1, 2, 3$; und F: "das Werkstück ist fehlerhaft".

Dann sind folgende Wahrscheinlchkeiten gegeben.

$P(M_1) = 0{,}2; \quad P(M_2) = 0{,}3; \quad P(M_3) = 0{,}5;$

$P(F \mid M_1) = 0{,}04; \quad P(F \mid M_2) = 0{,}05; \quad P(F \mid M_3) = 0{,}06.$

a) Aus dem Satz von der vollständigen Ereignisdisjunktion erhält man die gesuchte Wahrscheinlichkeit

$$P(F) = \sum_{i=1}^{3} P(F \mid M_i) \cdot P(M_i)$$

$$= 0{,}04 \cdot 0{,}2 + 0{,}05 \cdot 0{,}3 + 0{,}06 \cdot 0{,}5 = 0{,}053.$$

b) Aus der Bayesschen Formel erhält man

$$P(M_k \mid F) = \frac{P(F \mid M_k) \cdot P(M_k)}{P(F)} \quad \text{für } k = 1, 2, 3.$$

$$P(M_1 \mid F) = \frac{0{,}04 \cdot 0{,}2}{0{,}053} = 0{,}150943 \, ;$$

$$P(M_2 \mid F) = \frac{0{,}05 \cdot 0{,}3}{0{,}053} = 0{,}283019 \, ;$$

$$P(M_3 \mid F) = \frac{0{,}06 \cdot 0{,}5}{0{,}053} = 0{,}566038 \quad (\text{Summe} = 1).$$

c) Aus der Bayesschen Formel folgt

$$P(M_k \mid \overline{F}) = \frac{P(\overline{F} \mid M_k) \cdot P(M_k)}{P(\overline{F})} \quad \text{für } k = 1, 2, 3.$$

$$P(\overline{F}) = 1 - P(F) = 0{,}947; \quad P(\overline{F} \mid M_k) = 1 - P(F \mid M_k) \, ;$$

$$P(M_1 \mid \overline{F}) = \frac{0{,}96 \cdot 0{,}2}{0{,}947} = 0{,}202746 \, ;$$

$$P(M_2 \mid \overline{F}) = \frac{0{,}95 \cdot 0{,}3}{0{,}947} = 0{,}300950 \, ;$$

$$P(M_3 \mid \overline{F}) = \frac{0{,}94 \cdot 0{,}5}{0{,}947} = 0{,}496304 \quad (\text{Summe} = 1).$$

Bayessche Formel:
Es sei $A_1, A_2, \ldots, A_n$ eine vollständige Ereignisdisjunktion mit $P(A_i) > 0$ für alle i und B ein beliebiges Ereignis mit $P(B) > 0$. Dann gilt für jedes $k = 1, 2, \ldots, n$

$$P(A_k \mid B) = \frac{P(B \mid A_k) \cdot P(A_k)}{P(B)} = \frac{P(B \mid A_k) \cdot P(A_k)}{\sum\limits_{i=1}^{n} P(B \mid A_i) \cdot P(A_i)} \, .$$

B 6.8 Drei einer ansteckenden Krankheit verdächtigen Personen A, B, C wurde eine Blutprobe entnommen. Das Untersuchungsergebnis sollte vorläufig nicht bekanntgegeben werden. A erfuhr jedoch, dass sich nur bei einer Person der Verdacht bestätigt hat. Er bat den Arzt, ihm im Vertrauen den Namen einer der beiden Personen B oder C zu nennen, die gesund sind. Der Arzt lehnt die Auskunft mit der Begründung ab, dass damit die Wahrscheinlichkeit dafür, dass A erkrankt sei, von $\frac{1}{3}$ auf $\frac{1}{2}$ ansteigen würde. A bestreitet dies. Schlichten Sie den Streit unter der Annahme, dass der Arzt, wenn A an der ansteckenden Krankheit leidet, mit gleicher Wahrscheinlichkeit B oder C nennen würde.

Lösung:

$\hat{A}$, $\hat{B}$, $\hat{C}$ sei das Ereignis, A, B bzw. C leidet an der Krankheit.

$P(\hat{A}) = P(\hat{B}) = P(\hat{C}) = \frac{1}{3}$.

A^*, B^*, C^* sei das Ereignis, dass der Arzt A, B bzw. C nennt.

Gesucht sind die bedingten Wahrscheinlichkeiten

$P(\hat{A} \mid B^*)$ und $P(\hat{A} \mid C^*)$.

Nach dem Satz von der vollständigen Ereignisdisjunktion gilt

$$P(B^*) = P(B^* \mid \hat{A}) \cdot P(\hat{A}) + P(B^* \mid \hat{B}) \cdot P(\hat{B}) + P(B^* \mid \hat{C}) \cdot P(\hat{C});$$

$$P(C^*) = P(C^* \mid \hat{A}) \cdot P(\hat{A}) + P(C^* \mid \hat{B}) \cdot P(\hat{B}) + P(C^* \mid \hat{C}) \cdot P(\hat{C}).$$

Nach den Angaben lauten die bedingten Wahrscheinlichkeiten

$P(B^* \mid \hat{A}) = P(C^* \mid \hat{A}) = \frac{1}{2}$.

Da der Arzt keine kranke Person nennt, gilt weiter

$P(B^* \mid \hat{B}) = P(C^* \mid \hat{C}) = 0$; $P(B^* \mid \hat{C}) = P(C^* \mid \hat{B}) = 1$.

Hieraus folgt

$$P(B^*) = \frac{1}{2} \cdot \frac{1}{3} + 0 + 1 \cdot \frac{1}{3} = \frac{1}{2}; \quad P(C^*) = \frac{1}{2} \cdot \frac{1}{3} + 1 \cdot \frac{1}{3} + 0 = \frac{1}{2}.$$

Die Bayessche Formel ergibt

$$P(\hat{A} \mid B^*) = \frac{P(B^* \mid \hat{A}) \cdot P(\hat{A})}{P(B^*)} = \frac{\frac{1}{2} \cdot \frac{1}{3}}{\frac{1}{2}} = \frac{1}{3} = P(\hat{A});$$

$$P(\hat{A} \mid C^*) = \frac{P(C^* \mid \hat{A}) \cdot P(\hat{A})}{P(C^*)} = \frac{\frac{1}{2} \cdot \frac{1}{3}}{\frac{1}{2}} = \frac{1}{3} = P(\hat{A}).$$

Der Arzt hat nicht recht. Unabhängig davon, ob der Arzt B oder C nennt, die Wahrscheinlichkeit, dass A an der Krankheit leidet, ist $\frac{1}{3}$.

B 6.9 Das Drei-Türen-Problem oder Ziegenproblem

In einem Fernseh-Quiz darf eine Person eine von drei verschlossenen Türen auswählen. Hinter einer Tür befindet sich als Preis ein Auto, hinter den beiden anderen Türen ist jeweils ein kleiner Trostpreis. Manchmal ist der Trostpreis eine Ziege, daher auch der Name Ziegenproblem. Der Spielleiter weiß, hinter welcher der Türen sich das Auto befindet. Nach der Entscheidung des Kandidaten lässt er eine der beiden vom Kandidaten nicht ausgewählten Türen öffnen, hinter der das Auto nicht steht, und fragt den Kandidaten: „Bleiben Sie bei ihrer Entscheidung oder wollen Sie zu der anderen nicht geöffneten Tür wechseln?". Ein Kandidat lehnt einen Wechsel mit der Begründung ab, dass es für ihn ja nur noch zwei Fälle gibt, und somit seine Gewinnchance bei einem Wechsel bei $\frac{1}{2}$ bleibt. Zeigen Sie, dass der Spieler sich irrt unter der Modellannahme: Die Tür, welche der Kandidat auswählt, wird mit T_1 bezeichnet. Falls sich hinter der vom Spieler ausgewählten Tür tatsächlich das Auto befindet, öffnet der Spielleiter jeweils mit Wahrscheinlichkeit $\frac{1}{2}$ eine der beiden anderen Türen. Falls das Auto nicht hinter T_1 steht, öffnet er (mit Wahrscheinlichkeit 1) die Tür, hinter der sich das Auto nicht befindet. Übernehmen Sie die Idee aus B 6.8. Versuchen Sie anschließend, das Ergebnis plausibel zu machen.

Lösung:

Die Tür, welche der Kandidat auswählt, nennen wir T_1. Die anderen beiden Türen werden mit T_2 bzw. T_3 bezeichnet.

$\hat{T}_1, \hat{T}_2, \hat{T}_3$ seien die Ereignisse, dass hinter der entsprechenden Tür das Auto steht (vollständige Ereignisdisjunktion). Dann gilt

$$P(\hat{T}_1) = P(\hat{T}_2) = P(\hat{T}_3) = \frac{1}{3}.$$

T_2^*, T_3^* sei das Ereignis, dass der Spielleiter die Türe T_2 bzw. T_3 öffnet. Die vom Spieler ausgewählte Tür wird nicht geöffnet. Gesucht sind die Wahrscheinlichkeiten, dass sich das Auto hinter der anderen nicht geöffneten Tür befindet, also hinter T_2, falls T_3 geöffnet wird bzw. hinter T_3, falls T_2 geöffnet wird. Dies sind die bedingten Wahrscheinlichkeiten

$$P(\hat{T}_3 \,|\, T_2^*) \quad \text{bzw} \quad P(\hat{T}_2 \,|\, T_3^*).$$

Allgemein gilt nach dem Satz der vollständigen Ereignisdisjunktion

$$P(T_2^*) = P(T_2^* \,|\, \hat{T}_1) \cdot P(\hat{T}_1) + P(T_2^* \,|\, \hat{T}_2) \cdot P(\hat{T}_2) + P(T_2^* \,|\, \hat{T}_3) \cdot P(\hat{T}_3);$$

$$P(T_3^*) = P(T_3^* \,|\, \hat{T}_1) \cdot P(\hat{T}_1) + P(T_3^* \,|\, \hat{T}_2) \cdot P(\hat{T}_2) + P(T_3^* \,|\, \hat{T}_3) \cdot P(\hat{T}_3).$$

Nach den Angaben gilt

$$P(T_2^* \,|\, \hat{T}_1) = P(T_3^* \,|\, \hat{T}_1) = \frac{1}{2};$$

$$P(T_2^* \,|\, \hat{T}_3) = P(T_3^* \,|\, \hat{T}_2) = 1; \quad P(T_2^* \,|\, \hat{T}_2) = P(T_3^* \,|\, \hat{T}_3) = 0.$$

Damit erhält man

$$P(T_2^*) = \frac{1}{2} \cdot \frac{1}{3} + 0 + 1 \cdot \frac{1}{3} = \frac{1}{2}; \quad P(T_3^*) = \frac{1}{2} \cdot \frac{1}{3} + 1 \cdot \frac{1}{3} + 0 = \frac{1}{2}.$$

Die Bayessche Formel ergibt

$$P(\hat{T}_3 \,|\, T_2^*) = \frac{P(T_2^* \,|\, \hat{T}_3) \cdot P(\hat{T}_3)}{P(T_2^*)} = \frac{1 \cdot \frac{1}{3}}{\frac{1}{2}} = \frac{2}{3};$$

$$P(\hat{T}_2 \mid T_3^*) = \frac{P(T_3^* \mid \hat{T}_2) \cdot P(\hat{T}_2)}{P(T_3^*)} = \frac{1 \cdot \frac{1}{3}}{\frac{1}{2}} = \frac{2}{3}.$$

Durch einen Wechsel wird die Gewinnwahrscheinlichkeit verdoppelt.

Ohne dass eine Tür geöffnet wird, hat sich der Spieler für eine Tür entschieden, hinter der sich das Auto mit Wahrscheinlichkeit $\frac{1}{3}$ befindet. Mit Wahrscheinlichkeit $\frac{2}{3}$ befindet sich also das Auto hinter einer der beiden anderen Türen. Da mindestens hinter einer der beiden vom Kandidaten nicht ausgewählten Türen kein Auto steht, kann sich die gesamte Wahrscheinlichkeitsmasse $\frac{2}{3}$ für diese beiden Türen durch das Öffnen einer Tür nicht ändern. Das Öffnen der Tür hat zur Folge, dass die entsprechende Wahrscheinlichkeit $\frac{1}{3}$ aus der geöffneten der nichtgeöffneten Tür "zugewiesen" wird. Damit befindet sich mit Wahrscheinlichkeit $\frac{2}{3}$ das Auto hinter der nicht geöffneten anderen Tür. Hinter der vom Kandidaten ausgewählten Tür ist das Auto weiterhin nur mit Wahrscheinlichkeit $\frac{1}{3}$.

B 6.10: An einer bestimmten Krankheit leiden 3 % der Menschen. Ein Diagnosetest habe die Eigenschaft, dass er bei Kranken mit Wahrscheinlichkeit 0,96 und bei Gesunden mit Wahrscheinlichkeit 0,999 die richtige Diagnose liefert. Gesucht ist die Wahrscheinlichkeit dafür, dass eine Person, bei der auf Grund des Tests die Krankheit (nicht) diagnostiziert wird, auch tatsächlich (nicht) an der Krankheit leidet.

Lösung:

K sei das Ereignis "eine zufällig ausgewählte Person leidet an der Krankheit" und D das Ereignis "die Krankheit wird diagnostiziert". Dann gilt $P(K) = 0{,}03$; $P(\overline{K}) = 0{,}97$. Folgende bedingte Wahrscheinlichkeiten sind gegeben:

$P(D \mid K) = 0{,}96 \quad \Rightarrow \quad P(\overline{D} \mid K) = 0{,}04$;

$P(\overline{D} \mid \overline{K}) = 0{,}999 \quad \Rightarrow \quad P(D \mid \overline{K}) = 0{,}001$.

Gesucht sind die bedingten Wahrscheinlichkeiten

$P(K \mid D) \quad$ und $\quad P(\overline{K} \mid \overline{D})$.

Die Berechnung erfolgt mit Hilfe der Bayesschen Formel mit der vollständigen Ereignisdisjunktion K und $\overline{K}$.

$$P(D) = P(D \mid K) \cdot P(K) + P(D \mid \overline{K}) \cdot P(\overline{K})$$

$$= 0{,}96 \cdot 0{,}03 + 0{,}001 \cdot 0{,}97 = 0{,}02977;$$

$$P(\overline{D}) = 1 - P(D) = 0{,}97023;$$

$$P(K \mid D) = \frac{P(D \mid K) \cdot P(K)}{P(D)} = \frac{0{,}96 \cdot 0{,}03}{0{,}02977} = 0{,}967417 \, ;$$

$$P(\overline{K} \mid \overline{D}) = \frac{P(\overline{D} \mid \overline{K}) \cdot P(\overline{K})}{P(\overline{D})} = \frac{0{,}999 \cdot 0{,}97}{0{,}97023} = 0{,}998763.$$

B 6.11 a) Bestimmen Sie beim **Lotto** "6 aus 49" die Anzahl aller möglichen Tippreihen, die mit 1 beginnen.

b) Bestimmen Sie die Wahrscheinlichkeit, dass bei einer Einzelziehung die Gewinnreihe mit der Zahl 1 beginnt.

c) Aufgrund des Ergebnisses aus b) gibt ein Lotto-Spieler nur noch Tippreihen mit der Anfangszahl 1 ab. Zeigen Sie, dass die Gewinnchance mit einer solchen Reihe auch nicht größer ist als die mit einer beliebig ausgewählten anderen Reihe.

Lösung:

a) Um eine Tippreihe mit der Anfangszahl 1 zu erhalten, müssen neben der Zahl 1 von den restlichen 48 Zahlen 5 ausgewählt werden. Dafür gibt es

$$\binom{48}{5} = \frac{48 \cdot 47 \cdot 46 \cdot 45 \cdot 44}{1 \cdot 2 \cdot 3 \cdot 4 \cdot 5} = 1\,712\,304 \quad \text{Möglichkeiten.}$$

b) Es sei B_1 das Ereignis, dass eine Tippreihe mit 1 beginnt. Damit gilt

$$P(B_1) = \frac{1\,712\,304}{13\,983\,816} = 0{,}122449.$$

Ungefähr 12,24 % aller Tippreihen beginnen mit der Zahl 1.

c) Es sei G das Ereignis, dass eine Tippreihe, die mit 1 beginnt, bei einer Einzelausspielung die Gewinnreihe ist. Mit der vollständigen Ereignisdisjunktion B_1 (s. b)) und $\overline{B}_1$ erhält man aus dem Satz von der vollständigen Wahrscheinlichkeit

$$P(G) = P(G \mid B_1) \cdot P(B_1) + P(G \mid \overline{B}_1) \cdot P(\overline{B}_1).$$

Falls keine Gewinnreihe mit der Anfangszahl 1 gezogen wird, kann das Ereignis G nicht eintreten. Das Ereignis B_1 besteht aus insgesamt 1 712 304 Reihen. Damit gilt

$$P(G \mid B_1) = \frac{1}{1\,712\,304} \, ; \quad P(G \mid \overline{B}_1) = 0 \, ;$$

$$P(G) = P(G \mid B_1) \cdot P(B_1) = \frac{1}{1\,712\,304} \cdot \frac{1\,712\,304}{13\,983\,816} = \frac{1}{13\,983\,816}.$$

Dies ist aber die Wahrscheinlichkeit, mit einer beliebigen Reihe einen Sechser zu erzielen.

A 6.1 Ein Kästchen hat drei Schubladen. Eine davon enthält zwei Gold-
münzen, eine zwei Silbermünzen und die dritte eine Gold- und eine
Silbermünze. Eine Schublade werde zufällig ausgewählt und daraus
wiederum zufällig eine Münze entnommen, von der sich herausstellt,
dass es eine Goldmünze ist. Berechnen Sie die Wahrscheinlichkeit
dafür, dass die andere Münze in der geöffneten Schublade ebenfalls
eine Goldmünze ist.

A 6.2 Bei einer Lieferung werden Werkstücke in drei Körben geliefert mit
folgendem Inhalt

	fehlerhaft	fehlerfrei	Summe
Korb 1	5	95	100
Korb 2	10	140	150
Korb 3	15	185	200

Einer der drei Körbe wird zufällig ausgewählt und daraus ein Werkstück zufällig entnommen.
a) Mit welcher Wahrscheinlichkeit ist es fehlerhaft?
Mit welcher Wahrscheinlichkeit stammt ein ausgewähltes Werkstück aus den jeweiligen Körben, falls es
b) fehlerhaft,
c) fehlerfrei ist?

A 6.3 In einem Produktionsprozess können zwei verschiedene Fehler auftreten. Mit Wahrscheinlichkeit 0,05 hat ein Werkstück den Fehler
F_1. Werkstücke mit dem Fehler F_1 haben mit Wahrscheinlichkeit
0,06 den Fehler F_2, bei den anderen Stücken tritt der Fehler F_2 mit
Wahrscheinlichkeit 0,01 auf. Gesucht sind die Wahrscheinlichkeiten,
dass ein zufällig der Produktion entnommenes Werkstück keinen,
nur einen oder beide von diesen Fehlern hat.

A 6.4 Ein Falschspieler besitzt drei äußerlich nicht unterscheidbare Würfel. Die Wahrscheinlichkeiten für die einzelnen Augenzahlen sind in
der nachfolgenden Tabelle zusammengestellt.

Augenzahl	1	2	3	4	5	6
Würfel 1	0,10	0,12	0,15	0,20	0,20	0,23
Würfel 2	0,05	0,08	0,10	0,15	0,20	0,42
Würfel 3	0,05	0,06	0,06	0,06	0,06	0,71

Durch ein Versehen sind die Würfel für den Falschspieler nicht mehr identifizierbar. Daher wählt er einen zufällig aus und würfelt mit diesem einmal.

a) Berechnen Sie die Wahrscheinlichkeiten für die einzelnen Augenzahlen bei diesem Zufallsexperiment.

b) Mit dem zufällig ausgewählten Würfel werde eine 6 geworfen. Mit welcher Wahrscheinlichkeit wurde mit dem Würfel 1, Würfel 2 bzw. Würfel 3 geworfen?

A 6.5 Eine Urne enthalte 4 schwarze und 11 weiße Kugeln. Jemand zieht daraus eine Kugel und legt diese beiseite, ohne ihre Farbe festgestellt zu haben. Danach wird eine zweite Kugel gezogen.

a) Mit welcher Wahrscheinlichkeit ist die Kugel beim 2. Zug schwarz bzw. weiß (absolute Wahrscheinlichkeit)?

b) Beim zweiten Zug werde eine schwarze (weiße) Kugel gezogen. Mit welcher Wahrscheinlichkeit war die Kugel aus dem ersten Zug dann schwarz bzw. weiß?

c) Nach dem ersten Zug wird nochmals eine Kugel gezogen und deren Farbe auch nicht festgestellt. Bestimmen Sie die absoluten Wahrscheinlichkeiten (ohne Information über das Ergebnis der beiden ersten Züge) dafür, dass beim dritten Zug eine schwarze bzw. weiße Kugel gezogen wird.

A 6.6 Lösen Sie B 6.11, falls jemand nur Tippreihen abgibt, die alle mit der gleichen Zahl k beginnen für $k = 1, 2, \ldots, 43, 44$.

A 6.7 Ein **Lotto-Vollsystem** bestehe aus n Systemzahlen mit $n \geq 7$. Damit man mit dem System garantiert einen Sechser hat, falls sich unter den n Systemzahlen tatsächlich einmal alle 6 Gewinnzahlen befinden, müssen aus diesen n Zahlen alle Auswahlmöglichkeiten für 6 Zahlen getippt werden.

a) Aus wie vielen Tippreihen muss dieses Vollsystem bestehen?

b) Wie viele verschiedene Vollsysteme mit n Systemzahlen gibt es insgesamt?

c) Bestimmen Sie die Anzahl derjenigen Vollsysteme mit n Systemzahlen, die alle sechs Gewinnzahlen enthalten.

d) Mit welcher Wahrscheinlichkeit erzielt man mit einem Vollsystem mit n Systemzahlen einen Sechser? Zeigen Sie durch Umformung der Binomialkoeffizienten unter Verwendung der Fakultäten, dass diese Wahrscheinlichkeit genau so groß ist, wie mit der entsprechenden Anzahl zufällig ausgewählter verschiedener Tippreihen.

e) Berechnen Sie diese Werte für $n = 8$.

A 6.8 In einem Produktionsprozess sind erfahrungsgemäß 6 % der produzierten Stücke fehlerhaft. Bei der Endprüfung wird ein fehlerhaftes Stück mit Wahrscheinlichkeit 0,98 als fehlerhaft erkannt, ein einwandfreies mit Wahrscheinlichkeit 0,01 irrtümlicherweise als fehlerhaftes Stück ausgesondert. Berechnen Sie die Wahrscheinlichkeit, dass

a) ein bei der Endprüfung beanstandetes Stück auch fehlerhaft ist;

b) ein nicht beanstandetes Stück tatsächlich fehlerfrei ist.

A 6.9 Von einer bestimmten Bevölkerungsgruppe ließen sich 25 % gegen Grippe impfen. Die Wahrscheinlichkeit, dass eine Person an Grippe erkrankt, betrage bei den geimpften 0,1 und bei den nicht geimpften Personen 0,2.

a) Eine Person sei an dieser Grippe erkrankt. Mit welcher Wahrscheinlichkeit ließ sie sich impfen?

b) Mit welcher Wahrscheinlichkeit ließ sich jemand, der nicht an der Grippe erkrankt ist, nicht impfen?

A 6.10 Bei einer Serienherstellung von wertvollen Werkstücken wird von einer Kontrolle ein Werkstück mit Wahrscheinlichkeit 0,1 als Ausschuss ausgesondert. Bei der Überprüfung dieser Kontrollstelle wurde festgestellt, dass von ihr ein fehlerfreies Werkstück mit Wahrscheinlichkeit 0,04 und ein fehlerhaftes mit Wahrscheinlichkeit 0,9 als Ausschuss deklariert wird. Arbeitet die Kontrollstelle zufriedenstellend? Berechnen Sie dazu die Wahrscheinlichkeit dafür, dass ein Werkstück fehlerhaft ist, wenn es von der Kontrollstelle ausgesondert bzw. nicht ausgesondert wird.

A 6.11 Ein Medikament in Tablettenform zeige unabhängig voneinander zwei Wirkungen, die nicht sofort erkennbare Heilwirkung mit Wahrscheinlichkeit 0,8 und die sofort erkennbare Nebenwirkung mit Wahrscheinlichkeit 0,25. Durch ein Versehen bei der Herstellung besitzen 2 % der Tabletten eine falsche Dosierung, wobei die Heilwirkung mit Wahrscheinlichkeit 0,25 und die Nebenwirkung mit Wahrscheinlichkeit 0,8 eintritt. Dabei sei das Eintreten der Heilwirkung nur von der Dosierung und nicht vom Eintreten der Nebenwirkung abhängig. Mit welcher Wahrscheinlichkeit kann man mit der Heilwirkung rechnen, wenn nach Einnahme des Medikaments

a) die Nebenwirkung eintritt;

b) die Nebenwirkung ausbleibt?

7. Unabhängige Ereignisse

B 7.1 Beim Werfen eines idealen Würfels interessieren folgende Ereignisse:

A: "Die Augenzahl ist ungerade"; B: "Die Augenzahl ist durch 3 teilbar"; C: "Die Augenzahl ist eine Primzahl". Welche der Ereignispaare (A, B) , (A, C), (B, C) sind unabhängig?

Lösung:

$A = \{1,3,5\}$; $B = \{3,6\}$; $C = \{2,3,5\}$.

$P(A) = \frac{1}{2}$; $P(B) = \frac{1}{3}$; $P(C) = \frac{1}{2}$;

$P(A \cap B) = P(\{3\}) = \frac{1}{6} = P(A) \cdot P(B)$; A und B unabhängig;

$P(A \cap C) = P(\{3,5\}) = \frac{1}{3} \neq P(A) \cdot P(C)$; A und C nicht unabhängig;

$P(B \cap C) = P(\{3\}) = \frac{1}{6} = P(B) \cdot P(C)$; B und C unabhängig.

Unabhängigkeit:

Zwei Ereignisse A und B mit $0 < P(A), P(B) < 1$ sind unabhängig, wenn gilt

$P(A \cap B) = P(A) \cdot P(B)$.

Gleichwertig damit sind folgende Eigenschaften

$P(A \mid B) = P(A \mid \overline{B}) = P(A)$;

$P(B \mid A) = P(B \mid \overline{A}) = P(B)$.

Bei unabhängigen Ereignissen hat die Information, dass eines von beiden Ereignissen eingetreten ist, keinen Einfluss auf die Wahrscheinlichkeit für das Eintreten des anderen Ereignisses.

Mit (A, B) sind auch $(A, \overline{B})$, $(\overline{A}, B)$ und $(\overline{A}, \overline{B})$ unabhängig.

B 7.2 Drei Ärzte stellen in 85, 90 bzw. 97 % der Fälle beim Auftreten einer bestimmten Krankheit die richtige Diagnose. Unabhängig voneinander untersuchen die Ärzte eine an der Krankheit leidende Person. Mit welcher Wahrscheinlichkeit stellen k der Ärzte die richtige Diagnose für k = 0, 1, 2, 3 ?

Lösung:

A, B, C sei das Ereignis, dass der jeweilige Arzt die richtige Diagnose stellt. Dann gilt

$P(A) = 0{,}85$; $P(\overline{A}) = 0{,}15$; $P(B) = 0{,}9$; $P(\overline{B}) = 0{,}1$;

$P(C) = 0{,}97$; $P(\overline{C}) = 0{,}03$.

p_k sei die gesuchte Wahrscheinlichkeit für $k = 0, 1, 2, 3$.

Wegen der Unabhängigkeit der Ereignisse A, B, C gilt

$p_0 = P(\overline{A} \cap \overline{B} \cap \overline{C}) = P(\overline{A}) \cdot P(\overline{B}) \cdot P(\overline{C}) = 0,15 \cdot 0,1 \cdot 0,03 = 0,00045;$

$p_1 = P(A \cap \overline{B} \cap \overline{C}) + P(\overline{A} \cap B \cap \overline{C}) + P(\overline{A} \cap \overline{B} \cap C)$

$\quad = P(A) \cdot P(\overline{B}) \cdot P(\overline{C}) + P(\overline{A}) \cdot P(B) \cdot P(\overline{C}) + P(\overline{A}) \cdot P(\overline{B}) \cdot P(C)$

$\quad = 0,85 \cdot 0,1 \cdot 0,03 + 0,15 \cdot 0,9 \cdot 0,03 + 0,15 \cdot 0,1 \cdot 0,97 = 0,02115;$

$p_2 = P(\overline{A} \cap B \cap C) + P(A \cap \overline{B} \cap C) + P(A \cap B \cap \overline{C})$

$\quad = P(\overline{A}) \cdot P(B) \cdot P(C) + P(A) \cdot P(\overline{B}) \cdot P(C) + P(A) \cdot P(B) \cdot P(\overline{C})$

$\quad = 0,15 \cdot 0,9 \cdot 0,97 + 0,85 \cdot 0,1 \cdot 0,97 + 0,85 \cdot 0,9 \cdot 0,03 = 0,23635;$

$p_3 = P(A \cap B \cap C) = P(A) \cdot P(B) \cdot P(C) = 0,74205 \quad (\text{Summe} = 1).$

B 7.3 Mit zwei idealen Würfeln werde gleichzeitig geworfen, wobei zur Unterscheidung der eine weiß und der andere rot ist. Dabei sollen folgende Ereignisse untersucht werden:
A: "Die Augenzahl des weißen Würfels ist gerade";
B: "Die Augenzahl des roten Würfels ist ungerade";
C: "Die Augensumme ist gerade".
Zeigen Sie, dass von den drei Ereignissen A, B und C jeweils zwei, aber nicht alle drei unabhängig sind.

Lösung:

Alle möglichen Augensummen und ihre Wahrscheinlichkeiten sind in der nachfolgenden Tabelle zusammengestellt:

Summe	Augenpaare	günst. Fälle	Wahrschein- lichkeiten
2	(1,1)	1	1/36
3	(2,1),(1,2)	2	2/36
4	(3,1),(2,2),(1,3)	3	3/36
5	(4,1),(3,2),(2,3),(1,4)	4	4/36
6	(5,1),(4,2),(3,3),(2,4),(1,5)	5	5/36
7	(6,1),(5,2),(4,3),(3,4),(2,5),(1,6)	6	6/36
8	(6,2),(5,3),(4,4),(3,5),(2,6)	5	5/36
9	(6,3),(5,4),(4,5),(3,6)	4	4/36
10	(6,4),(5,5),(4,6)	3	3/36
11	(6,5),(5,6)	2	2/36
12	(6,6)	1	1/36
	Summen	36	1

Die einzelnen Wahrscheinlichkeiten lauten

$$P(A) = P(B) = P(C) = \frac{1}{2}.$$

Aus der obigen Tabelle erhält man durch Abzählen die gemeinsamen Wahrscheinlichkeiten

$$P(A \cap B) = P(A \cap C) = P(B \cap C) = \frac{1}{4} = \frac{1}{2} \cdot \frac{1}{2}.$$

$$P(A \cap B) = P(A) \cdot P(B); \quad P(A \cap C) = P(A) \cdot P(C);$$

$$P(B \cap C) = P(A) \cdot P(C).$$

Von den drei Ereignissen jeweils zwei unabhängig, sie sind also paarweise unabhängig. Wegen $A \cap B \cap C = \emptyset$ können nicht alle drei gleichzeitig eintreten. Es gilt

$$0 = P(A \cap B \cap C) \neq P(A) \cdot P(B) \cdot P(C).$$

Für die Wahrscheinlichkeit des Durchschnitts aller drei Ereignisse gilt die Produktdarstellung nicht. Die drei Ereignisse sind also nicht vollständig, sondern nur paarwiese unabhängig.

Paarweise Unabhängigkeit:
Die n Ereignisse $A_1, A_2, ..., A_n$ sind *paarweise unabhängig*,

falls für alle Paare A_i, A_k mit $i \neq k$ gilt

$$P(A_i \cap A_k) = P(A_i) \cdot P(A_k).$$

Die n Ereignisse $A_1, A_2, ..., A_n$ sind *vollständig unabhängig*, wenn für jede Auswahl von r Ereignissen $A_{i_1}, A_{i_2}, ..., A_{i_r}$, $r \leq n$, mit lauter verschiedenen Indizes gilt

$$P(A_{i_1} \cap A_{i_2} \cap ... \cap A_{i_r}) = P(A_{i_1}) \cdot P(A_{i_2}) \cdot .... \cdot P(A_{i_r}).$$

Vollständig unabhängige Ereignisse sind auch paarweise unabhängig. Die Umkehrung braucht nicht zu gelten (s. B 7.3).

B 7.4 Von n Elementen $E_1, E_2, ..., E_n$ arbeite jedes unabhängig von den anderen mit der gleichen Wahrscheinlichkeit p.

  a) Ein *Reihensystem* fällt aus, wenn von den n Elementen mindestens eines ausfällt. Mit welcher Wahrscheinlichkeit arbeitet das Reihensystem?

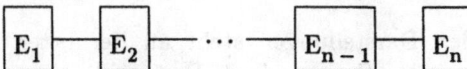

  b) Ein *Parallelsystem* ist in Betrieb, wenn mindestens eines der n Elemente arbeitet. Mit welcher Wahrscheinlichkeit arbeitet das Parallelsystem?

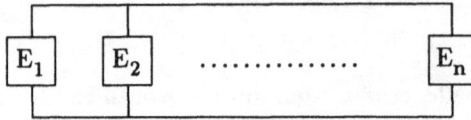

Jedes einzelne Element arbeite mit der Wahrscheinlichkeit $p = 0,85$. Aus wie vielen Elementen muss ein Parallelsystem mindestens bestehen, damit es mit einer Wahrscheinlichkeit von mindestens $0,9999$ arbeitet?

Lösung:

a) Das Reihensystem arbeitet nur, wenn alle n Elemente arbeiten. Die Wahrscheinlichkeit dafür beträgt

$P(A) = p^n$.

b) Das Parallelsystem fällt aus, wenn alle n Elemente ausfallen. Die Wahrscheinlichkeit dafür beträgt

$P(\overline{A}) = (1 - p)^n$. Damit arbeitet es mit Wahrscheinlichkeit

$P(A) = 1 - P(\overline{A}) = 1 - (1 - p)^n$.

c) $P(A) = 1 - 0,15^n \geq 0,9999$; $0,15^n \leq 1 - 0,9999 = 0,0001$.

$\lg(0,15^n) \leq \lg(0,0001)$; $n \cdot \lg(0,15) \leq \lg(0,0001)$;

$n \geq \dfrac{\lg(0,0001)}{\lg(0,15)}$; $n \geq 5$ (aufgerundet).

Das Parallelsystem muss aus mindestens 5 Elementen bestehen.

B 7.5 Beim Tennis gewinne Spieler I gegen Spieler II einen einzelnen Satz mit Wahrscheinlichkeit p. Bei einem Turnier siegt derjenige Spieler, der zuerst

a) zwei Sätze; b) drei Sätze

gewonnen hat. Berechnen Sie für beide Fälle die Wahrscheinlichkeit, mit der Spieler I siegt. Zahlenbeispiele: $p = \frac{1}{2}$ und $p = \frac{3}{4}$.

Lösung:

G: "Spieler I gewinnt einen Satz"; $P(G) = p$; $P(\overline{G}) = 1 - p$;
S: "Spieler I siegt".

In den nachfolgenden Darstellungen steht an der i-ten Stelle G, wenn der Spieler den i-ten Satz gewinnt. Dann gilt

a) $S = (G, G) \cup (\overline{G}, G, G) \cup (G, \overline{G}, G)$;

$P(S) = P(G, G) + P(\overline{G}, G, G) + P(G, \overline{G}, G)$

$$= P(G) \cdot P(G) + P(\overline{G}) \cdot P(G) \cdot P(G) + P(G) \cdot P(\overline{G}) \cdot P(G)$$

$$= p^2 + p^2 \cdot (1-p) + p^2 \cdot (1-p) = p^2 \cdot (3-2p) ;$$

$$p = \frac{1}{2} \Rightarrow P(S) = \frac{1}{2}; \quad p = \frac{3}{4} \Rightarrow P(S) = \frac{27}{32} > \frac{3}{4} .$$

b) $S = (G, G, G) \cup (\overline{G}, G, G, G) \cup (G, \overline{G}, G, G) \cup (G, G, \overline{G}, G)$

$$\cup (\overline{G}, \overline{G}, G, G, G) \cup (\overline{G}, G, \overline{G}, G, G) \cup (\overline{G}, G, G, \overline{G}, G)$$

$$\cup (G, \overline{G}, \overline{G}, G, G) \cup (G, \overline{G}, G, \overline{G}, G) \cup (G, G, \overline{G}, \overline{G}, G).$$

$$P(S) = p^3 + 3 \cdot p^3 \cdot (1-p) + 6 \cdot p^3 \cdot (1-p)^2$$

$$= p^3 \cdot [1 + 3 - 3p + 6 \cdot (1 - 2p + p^2)]$$

$$= p^3 \cdot (10 - 15p + 6p^2).$$

$$p = \frac{1}{2} \Rightarrow P(S) = \frac{1}{2}; \quad p = \frac{3}{4} \Rightarrow P(S) = \frac{459}{512} > \frac{27}{32} > \frac{3}{4}.$$

Wahrscheinlichkeiten bei unabhängigen Zufallsexperimenten:

Es werden n Zufallsexperimente unabhängig durchgeführt. Das Ereignis A_i sei nur durch das i-te Zufallsexperiment bestimmt und besitze die Wahrscheinlichkeit $P_i(A_i)$ für $i = 1, 2, \ldots, n$.

Das Ereignis $(A_1, A_2, \ldots A_n)$, dass beim i-ten Einzelexperiment jeweils A_i eintritt, besitzt wegen der Unabhängigkeit die Wahrscheinlichkeit

$$P(A_1, A_2, \ldots A_n) = P_1(A_1) \cdot P_2(A_2) \cdot \ldots \cdot P_n(A_n).$$

Falls das Gesamtexperiment aus n unabhängigen Experimenten mit der gleichen Ergebnismenge und den gleichen Wahrscheinlichkeiten P besteht, ist $P_1 = P_2 = \ldots = P_n$.

B 7.6 In B 7.5 werde auf drei Gewinnsätze gespielt. Spieler I habe die beiden ersten Sätze gewonnen. Mit welcher Wahrscheinlichkeit gewinnt er das Match? Vergleichen Sie das Ergebnis mit dem aus B 7.5, b). Zahlenbeispiel: $p = \frac{1}{2}$.

Lösung:

Gesucht ist die bedingte Gewinnwahrscheinlichkeit unter der Bedingung, dass der Spieler die beiden ersten Sätze gewinnt (gewonnen hat). Um zu gewinnen, muss der Spieler entweder den nächsten Satz gewinnen oder den nächsten verlieren und den übernächsten gewinnen oder die beiden nachfolgenden Sätze verlieren und den fünften gewinnen. Damit lässt sich das Ereignis S (Sieg für Spieler I) darstellen durch

$S = (G) \cup (\overline{G}, G) \cup (\overline{G}, \overline{G}, G)$ mit der gesuchten Wahrscheinlichkeit

$$P(S) = P(G) + P(\overline{G}, G) + P(\overline{G}, \overline{G}, G)$$

$$= p + (1 - p) \cdot p + (1 - p)^2 \cdot p = p \cdot [3 - 3p + p^2].$$

$$p = \frac{1}{2} \quad \Rightarrow \quad P(S) = \frac{7}{8}.$$

In B 7.6, b) ist die absolute Wahrscheinlichkeit berechnet worden ohne Information über den Ausgang eines Satzes. Nach zwei Gewinnsätzen verliert der Spieler nur dann das Match, wenn er die nächsten drei Sätze verliert. Die Wahrscheinlicheit dafür ist aber $\frac{1}{2^3} = \frac{1}{8}$. Hieraus erhält man die obige Wahrscheinlichkeit P(S).

B 7.7 Multiple-Choice: Bei einer Prüfung sind 8 Fragen vorgegeben. Bei jeder Frage sind in zufälliger Reihenfolge 5 Antworten angegeben, von denen genau eine richtig ist. Zum Bestehen der Prüfung sind mindestens fünf richtige Antworten verlangt.
  a) Ein Prüfling hat sich auf die Prüfung überhaupt nicht vorbereitet und kreuzt daher bei jeder der 8 Fragen eine Antwort zufällig an. Mit welcher Wahrscheinlichkeit besteht er die Prüfung durch Raten?
  b) Wie viele richtige Antworten müssen mindestens verlangt werden, damit jemand durch reines Raten die Prüfung höchstens mit Wahrscheinlichkeit 0,06 besteht?

Lösung:

  a) Mit Wahrscheinlichkeit $p = \frac{1}{5} = 0,2$ erhält man bei jeder Frage durch Raten die richtige Antwort. Die Wahrscheinlichkeit, durch Raten genau k richtige Antworten zu erzielen, beträgt

$$p_k = \binom{8}{k} \cdot 0,2^k \cdot 0,8^{8-k} \quad \text{für } k = 0, 1, 2, \dots, 8.$$

$$p_5 = \binom{8}{5} \cdot 0,2^5 \cdot 0,8^3 = 0,00917504;$$

$$p_6 = \binom{8}{6} \cdot 0,2^6 \cdot 0,8^2 = 0,00114688;$$

$$p_7 = \binom{8}{7} \cdot 0,2^7 \cdot 0,8 = 0,00008192; \quad p_8 = 0,2^8 = 0,00000256.$$

Die Wahrscheinlichkeit, durch Raten die Prüfung zu bestehen, ist

$$P = p_5 + p_6 + p_7 + p_8 = 0,0104064.$$

  b) $p_4 = \binom{8}{4} \cdot 0,2^4 \cdot 0,8^4 = 0,04587520;$

$$P + p_4 < 0,06; \quad P + p_3 + p_4 > 0,06.$$

Es müssen mindestens vier richtige Antworten verlangt werden.

Binomialverteilung (Verteilung der absoluten Häufigkeit):
Ein Zufallsexperiment werde n-mal unabhängig durchgeführt, wobei das
Ereignis A in jeder einzelnen Stufe die Wahrscheinlichkeit p = P(A)
besitzt mit $0 < p < 1$. Dann tritt A genau k-mal ein mit Wahrscheinlichkeit

$$p_k = \binom{n}{k} \cdot p^k \cdot (1-p)^{n-k} \quad \text{für} \quad k = 1, 2, \ldots, n.$$

Man spricht hier von einer *Binomialverteilung*.

Für die Wahrscheinlichkeiten p_k der Binomialverteilung gilt die
Rekursionsformel

$$p_{k+1} = \frac{n-k}{k+1} \cdot \frac{p}{1-p} \cdot p_k \quad \text{für } k = 0, 1, 2, \ldots, n-1 \text{ mit } p_0 = (1-p)^n.$$

B 7.8 Bei einer Serienfertigung wird jeder Artikel dreimal unabhängig
voneinander kontrolliert. Ein fehlerhafter Artikel wird mit Wahrscheinlichkeit 0,9 bei jeder dieser Kontrollen entdeckt.
a) Mit welcher Wahrscheinlichkeit wird ein fehlerhafter Artikel in
der Gesamtkontrolle entdeckt?
Wie groß ist die Wahrscheinlichkeit, dass von 10 fehlerhaften Ar-
tikeln b) alle entdeckt werden; c) mindestens 8 entdeckt werden?

Lösung:

a) A: "Ein fehlerhafter Artikel wird bei drei Kontrollen entdeckt".

$P(\overline{A}) = 0,1^3 = 0,001$; $P(A) = 1 - P(\overline{A}) = 0,999$.

Die Wahrscheinlichkeit, dass genau k der 10 fehlerhaften Artikel
entdeckt werden, lautet

$$p_k = \binom{10}{k} \cdot 0,999^k \cdot 0,001^{10-k} \quad \text{für} \quad k = 0, 1, 2, \ldots, 10 \, ;$$

b) $p_{10} = 0,999^{10} = 0,99004488$;

c) $p_8 = \binom{10}{8} \cdot 0,999^8 \cdot 0,001^2 = 0,00004464$;

$$p_9 = \binom{10}{9} \cdot 0,999^9 \cdot 0,001 = 0,00991036 \, ;$$

P(mindestens 8 fehlerhafte werden entdeckt)

$$= p_8 + p_9 + p_{10} = 0,99999988.$$

B 7.9 Eine kleine Pension mit 25 Zimmern hat festgestellt, dass jedes ge-
buchte Zimmer mit Wahrscheinlichkeit 0,15 nicht in Anspruch genommen wird. Aus diesem Grund wurden 27 Zimmerbestellungen
entgegengenommen. Bestimmen Sie die Wahrscheinlichkeit dafür,
dass keine Überbelegung stattfindet.

Lösung:

Mit Wahrscheinlichkeit $p = 0,15$ wird jedes der 27 gebuchten Zimmer nicht in Anspruch genommen. Keine Überbelegung findet statt, wenn mindestens 2 der 27 gebuchten Zimmer nicht in Anspruch genommen werden(Ereignis A). Die Wahrscheinlichkeit, dass k der gebuchten Zimmer nicht in Anspruch genommen werden, lautet

$$p_k = \binom{27}{k} \cdot 0,15^k \cdot 0,85^{\,27-k} \quad \text{für } k = 0,1,2,\ldots,27\,;$$

$$p_0 = 0,85^{\,27} = 0,012425\,; \quad p_1 = \binom{27}{1} \cdot 0,15 \cdot 0,85^{\,26} = 0,059203\,;$$

$$P(A) = 1 - p_0 - p_1 = 0,928372.$$

B 7.10 Die Pension aus B 7.9 nimmt so lange 27 Buchungen entgegen bis erstmals eine Überbuchung auftritt. Dabei soll davon ausgegangen werden, dass für jeden Tag 27 Buchungen getätigt werden.

a) Mit welcher Wahrscheinlichkeit tritt die erste Überbelegung am k-ten Tag ein? Berechnen Sie diese Wahrscheinlichkeiten für $k = 1,2,3,4,5,10,20$.

b) Mit welcher Wahrscheinlichkeit findet innerhalb von n Tagen keine Überbelegung statt? Zahlenbeispiele: $n = 5$, $n = 10$.

c) Die 27 Buchungen werden seit dem 1. Januar entgegengenommen. Mit welcher Wahrscheinlichkeit findet im ganzen Monat Januar keine Überbelegung statt, falls am 20. Januar morgens festgestellt wird, dass bisher in diesem Monat noch keine Überbelegung erfolgt ist?

Lösung:

a) Wahrscheinlichkeit einer Überbelegung: $p = 1 - P(A) = 0,071628\,;$

$p_k = P\,(\text{am k-ten Tag findet erstmals eine Überbelegung statt})$

$\quad = 0,071628 \cdot 0,928372^{\,k-1}$ für $k = 1,2,\ldots$

$p_1 = 0,071628\,; \quad p_2 = 0,066497\,; \quad p_3 = 0,061734\,; \; p_4 = 0,057312\,;$

$p_5 = 0,053207\,; \quad p_{10} = 0,036693\,; \quad p_{20} = 0,017450\,.$

b) $P_n = 0,928372^{\,n}\,; \quad P_5 = 0,689621\,; \quad P_{10} = 0,475576\,.$

c) Hier handelt es sich um eine bedingte Wahrscheinlichkeit. Es ist die Wahrscheinlichkeit, dass für die nächsten 12 Nächte keine Überbelegung stattfindet. Wegen der vorausgesetzten Unabhängigkeit lautet diese Wahrscheinlichkeit

$P_{12} = 0,409887.$

Geometrische Verteilung (Warten auf den ersten Erfolg):
Bei einem Zufallsexperiment besitze ein Ereignis A die Wahrscheinlichkeit $p = P(A)$ mit $0 < p < 1$. Das Zufallsexperiment werde so lange unabhängig durchgeführt, bis das Ereignis A erstmals eintritt. Dann gilt

$$p_k = P \,(\text{genau k Versuche sind notwendig}) = p \cdot (1-p)^{k-1}$$

für $k = 1, 2, \ldots$. Die Verteilung heißt *geometrische Verteilung.*
Rekursionsformel $\quad p_{k+1} = (1-p) \cdot p_k$ für $k = 1, 2, \ldots$ mit $p_1 = p$.
Die Wahrscheinlichkeit, dass bis zum erstmaligen Eintreten des Ereignisses A mindestens n Versuche notwendig sind, lautet

$$P_n = (1-p)^n \quad \text{für } n = 1, 2, \ldots .$$

B 7.11 Beim **Roulett** setzt ein Spieler jeweils so lange eine Einheit auf das erste Dutzend, bis er erstmals gewinnt.
   a) Mit welcher Wahrscheinlichkeit muss er dazu genau k-mal setzen?
   b) Der Spieler verfüge nur über N Geldeinheiten, er kann also höchstens N-mal setzen. Mit welcher Wahrscheinlichkeit verliert er seinen Einsatz, ohne auch nur einmal zu gewinnen? Zahlenbeispiele: $N = 5$ und $N = 10$.
   c) Ein Spieler hat nur so viel Geld dabei, dass er 20-mal verlieren kann. Mit welcher Wahrscheinlichkeit verliert er seinen Einsatz, ohne auch nur einmal zu gewinnen? Berechnen Sie diese Ruinwahrscheinlichkeit, falls der Spieler nach 17 Spielen feststellen muss, dass er noch nie gewonnen hat.

Lösung:
   a) $p_k = \dfrac{12}{37} \cdot \left(\dfrac{25}{37}\right)^{k-1}$;

   b) $P_N = \left(\dfrac{25}{37}\right)^N$; $P_5 = \left(\dfrac{25}{37}\right)^5 = 0{,}140829$; $P_{10} = \left(\dfrac{25}{37}\right)^{10} = 0{,}019833$.

   c) Gesucht ist die bedingte Wahrscheinlichkeit dafür, dass der Spieler nach 17 Verlustspielen auch die nächsten drei Spiele verliert. Wegen der Unabhängigkeit lautet diese Wahrscheinlichkeit
   $$P_3 = \left(\dfrac{25}{37}\right)^3 = 0{,}308471.$$

A 7.1 a) Zwei ideale Münzen werden unabhängig voneinander geworfen. Sind die Ereignisse A:"Es tritt höchstens einmal Wappen auf", B: "Jede Seite der Münze tritt mindestens einmal auf" unabhängig?
   b) Sind die Ereignisse A und B aus a) unabhängig, falls drei Münzen geworfen werden?

A 7.2 Von einer Mannschaft sei bekannt, dass sie ein Einzelspiel in der entsprechenden Liga mit Wahrscheinlichkeit 0,6 gewinnt. Wie groß ist die Wahrscheinlichkeit dafür, dass in einer Serie von 7 Spielen die Gewinnspiele überwiegen? Die Einzelspiele sollen dabei als unabhängig vorausgesetzt werden.

A 7.3 Eine Firma behauptet, die Ausschusswahrscheinlichkeit für jedes Stück eines bestimmten Produktes sei höchstens 0,03. Eine Abnehmerfirma benutzt folgenden Prüfplan: Sie wählt 6 Stücke zufällig aus. Falls darunter kein fehlerhaftes ist, nimmt sie die Lieferung an, sonst wird sie zurückgewiesen. Mit welcher Wahrscheinlichkeit wird die Annahme der Sendung zu Unrecht verweigert?

A 7.4 In einem Produktionsprozess treten unabhängig voneinander drei Fehler auf. Mit Wahrscheinlichkeit 0,06 hat ein Werkstück den Fehler F_1, mit Wahrscheinlichkeit 0,05 den Fehler F_2 und mit Wahrscheinlichkeit 0,03 den Fehler F_3.
   a) Gesucht sind die Wahrscheinlichkeiten p_k, dass ein zufällig der Produktion entnommenes Werkstück k von diesen drei Fehlern hat für $k = 0, 1, 2, 3$.
   b) Aus der Gesamtproduktion werden 10 Werkstücke ausgewählt. Mit welcher Wahrscheinlichkeit sind höchstens 2 fehlerhaft?

A 7.5. Eine Firma behauptet, in einer Produktionsmenge sei jedes einzelne Stück mit Wahrscheinlichkeit $p = 0,04$ fehlerhaft. In einer Eingangskontrolle werden 30 Stück zufällig ausgewählt.
   a) Falls sich in dieser Stichprobe mehr als zwei fehlerhafte Stücke befinden, wird die Sendung nicht angenommen. Mit welcher Wahrscheinlichkeit wird die Annahme zu Unrecht verweigert?
   b) Die Annahme werde bei mehr als x fehlerhaften Stücken in der Stichprobe vom Umfang 30 verweigert. Wie groß muss x mindestens sein, damit die Sendung mit einer Wahrscheinlichkeit von höchstens 0,01 zu Unrecht nicht angenommen wird?

A 7.6 Zwei Kinder K_1 und K_2 werfen abwechselnd auf ein Ziel. Das Kind, das zuerst trifft, gewinnt, wobei K_1 beginnt. Die Trefferwahrscheinlichkeit von K_1 sei p_1, die von K_2 gleich p_2.
   a) Mit welcher Wahrscheinlichkeit gewinnt K_1. Berechnen Sie diese Wahrscheinlichkeit für $p_1 = p_2 = p$.
   b) Wie müssen p_1 und p_2 sein, damit jedes der beiden Kinder mit Wahrscheinlichkeit $\frac{1}{2}$ gewinnt?
   c) Es sei $p_2 = \frac{1}{n}$. Zeigen Sie, dass nur für $p_1 = \frac{1}{n+1}$ beide Kinder die gleiche Gewinnwahrscheinlichkeit $\frac{1}{2}$ besitzen.

8. Diskrete Zufallsvariable

B 8.1 Die Zufallsvariable X besitzt die Verteilung

x_i	1	2	3	4	5	6	7	8
p_i	0,10	0,15	0,05	0,10	0,14	0,06	0,25	0,15

a) Zeichnen Sie ein Stabdiagramm für die Verteilung.
b) Skizzieren Sie die Verteilungsfunktion F(x).
c) Berechnen Sie die Wahrscheinlichkeiten
   $P(3 \leq X \leq 5)$; $P(2,5 \leq X < 7)$; $P(X > 5)$; $P(X \geq 7)$.
d) Bestimmen Sie aus der Verteilungsfunktion den Median $\tilde{\mu}$ sowie die 0,25- und 0,8-Quantile.

Lösung: a) b)

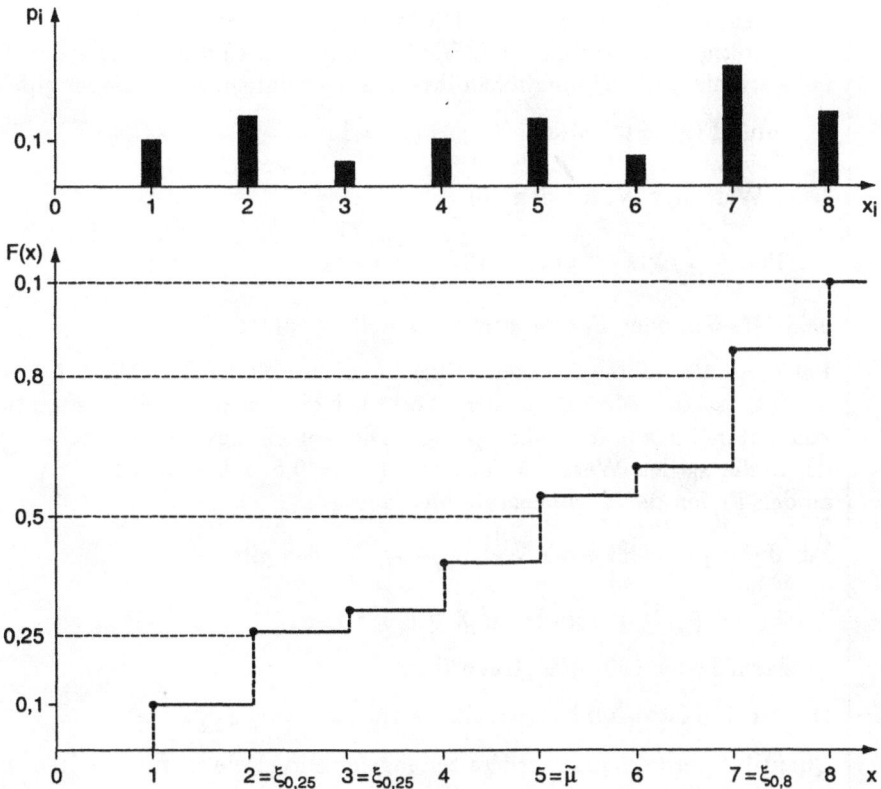

c) $P(3 \leq X \leq 5) = 0{,}05 + 0{,}10 + 0{,}14 = 0{,}29$;

$P(2{,}5 \leq X < 7) = 0{,}05 + 0{,}10 + 0{,}14 + 0{,}06 = 0{,}35$;

$P(X > 5) = 0{,}06 + 0{,}25 + 0{,}15 = 0{,}46$;

$P(X \geq 7) = 0{,}25 + 0{,}15 = 0{,}4$.

d) $\tilde{\mu} = 5$; $\xi_{0{,}25} = 2$ und $\xi_{0{,}25} = 3$; $\xi_{0{,}8} = 7$.

Diskrete Zufallsvariable:

Eine Zufallsvariable X heißt *diskret*, wenn ihr Wertevorrat W endlich oder abzählbar unendlich ist. Die Gesamtheit aller Zahlenpaare $\left(x_i, P(X = x_i) \right)$ mit $x_i \in W$ nennt man die *Verteilung* von X. Dabei gilt

$p_i = P(X = x_i) \geq 0$ für alle i   und $\sum\limits_i p_i = 1$.   Die durch

$$F(x) = P(X \leq x) = P(\{\omega \mid X(\omega) \leq x\}) = \sum_{i\,:\,x_i \leq x} P(X = x_i)$$

für jedes $x \in \mathbb{R}$ definierte Funktion F heißt die *Verteilungsfunktion* der diskreten Zufallsvariablen X. Die Verteilungsfunktion ist eine rechtsseitig stetige Treppenfunktion. Die Sprungstellen sind die Werte der Zufallsvariablen, die Sprunghöhen ihre Wahrscheinlichkeiten. Dabei gilt

$$\lim_{x \to -\infty} F(x) = 0 \quad \text{und} \quad \lim_{x \to +\infty} F(x) = 1.$$

Jeder Wert $\tilde{\mu} \in W$, für den gilt

$$P(X \leq \tilde{\mu}) \geq \frac{1}{2} \quad \text{und} \quad P(X \geq \tilde{\mu}) \geq \frac{1}{2}$$

heißt *Median* oder *Zentralwert* der Zufallsvariablen X.

Falls die Verteilungsfunktion $F(x)$ an keiner Stelle den Wert 0,5 annimmt, ist der Median $\tilde{\mu}$ der Wert, bei dem die Verteilungsfunktion von unter 0,5 auf über 0,5 springt. Die Verteilungsfunktion nehme an der Stelle x_0 den Wert 0,5 an, also $F(x_0) = 0{,}5$. Dann sind beide Werte an den Enden der Treppenstufe Mediane.

Für $0 \leq q \leq 1$ heißt jeder Wert $\xi_q \in W$, für den gilt

$$P(X \leq \xi_q) \geq q \quad \text{und} \quad P(X \geq \xi_q) \geq 1-q,$$

q- Quantil oder *100 · q % - Quantil.*

Der Median ist das 0,5 - Quantil. Es gilt also $\tilde{\mu} = \xi_{0{,}5}$.

Quantile werden aus der Verteilungsfunktion wie beim Median bestimmt. Dabei muss der Funktionswert 0,5 durch den Wert q ersetzt werden (s. B 8.1, d)).

B 8.2 Bestimmen Sie für die Zufallsvariable X aus B 8.1 den Erwartungswert, die Varianz und die Standardabweichung.

Lösung:

$$\mu = E(X) = 1 \cdot 0{,}1 + 2 \cdot 0{,}15 + 3 \cdot 0{,}05 + 4 \cdot 0{,}1 + 5 \cdot 0{,}14 + 6 \cdot 0{,}06$$
$$+ \, 7 \cdot 0{,}25 + 8 \cdot 0{,}15 = 4{,}96\,;$$

$$E(X^2) = 1^2 \cdot 0{,}1 + 2^2 \cdot 0{,}15 + 3^2 \cdot 0{,}05 + 4^2 \cdot 0{,}1 + 5^2 \cdot 0{,}14$$
$$+ \, 6^2 \cdot 0{,}06 + 7^2 \cdot 0{,}25 + 8^2 \cdot 0{,}15 = 30{,}26\,;$$

$$\mathrm{Var}(X) = \sigma^2 = E(X^2) - \mu^2 = 30{,}26 - 4{,}96^2 = 5{,}6584\,;$$

$$\sigma = 2{,}378739\,.$$

Erwartungswert, Varianz und Standardabweichung bei endlichem Wertevorrat:

Die diskrete Zufallsvariable X besitze die endliche Verteilung
$(x_i, p_i = P(X = x_i))$ für $i = 1, 2, \ldots, N$. Dann heißt

$$E(X) = \mu = \sum_{i=1}^{N} x_i \cdot P(X = x_i)$$

der *Erwartungswert* von X und

$$\mathrm{Var}(X) = \sigma^2 = \sum_{i=1}^{N} (x_i - \mu)^2 \cdot P(X = x_i) = \sum_{i=1}^{N} x_i^2 \cdot P(X = x_i) - \mu^2$$
$$= E\left((X - \mu)^2\right) = E(X^2) - [E(X)]^2$$

die *Varianz* und $\sigma = +\sqrt{\mathrm{Var}(X)}$ die *Standardabweichung* von X.

B 8.3 Beim **Roulett** setzt ein Spieler eine Geldeinheit auf das erste Dutzend $D = \{1, 2, 3, 4, 5, 6, 7, 8, 9, 10, 11, 12\}$. Falls keine dieser Zahlen ausgespielt wird, ist sein Einsatz verloren, andernfalls erhält er den dreifachen Einsatz ausgezahlt. Die Zufallsvariable X sei der Reingewinn bei einem Einzelspiel. Berechnen Sie den Erwartungswert sowie die Varianz und die Standardabweichung von X.

Lösung:

Falls D eintritt, beträgt der Reingewinn $3 - 1 = 2$ Einheiten, sonst ist der Reingewinn gleich -1 (Verlust des Einsatzes). Wegen $P(D) = \frac{12}{37}$ lautet die Verteilung von X

Werte von X	-1	2
Wahrscheinlichkeiten	$\frac{25}{37}$	$\frac{12}{37}$

Erwartungswert $\mu = E(X) = -1 \cdot \dfrac{25}{37} + 2 \cdot \dfrac{12}{37} = -\dfrac{1}{37}\,;$

$$E(X^2) = (-1)^2 \cdot \frac{25}{37} + 2^2 \cdot \frac{12}{37} = \frac{73}{37};$$

$$\sigma^2 = \mathrm{Var}(X) = E(X^2) - \mu^2 = \frac{73}{37} - \frac{1}{37^2} = \frac{2\,700}{1\,369} = 1{,}972243;$$

$$\sigma = \sqrt{1{,}97723} = 1{,}404366.$$

B 8.4   Verdoppelungsstrategie beim Roulett bei begrenzten Spielserien.
Ein Spieler setzt immer gleichzeitig auf k Zahlen. Dabei beginnt er
mit einem Einsatz von einer Geldeinheit (1 E). Nach jedem Verlustspiel verdoppelt er seinen Einsatz und zwar so lange bis er erstmals
gewinnt oder nach N Verlustspielen wegen des hohen laufenden Einsatzes nicht mehr setzen kann. Eine Serie dauert also höchstens N
Spiele. Im Falle eines Gewinns erhält der das $\frac{36}{k}$-fache des laufenden Einsatzes ausgezahlt.

a) Berechnen Sie den Reingewinn, falls er beim n-ten Spiel erstmals
   gewinnt für $n = 1, 2, \ldots, N$.
b) Welchen Gesamtverlust erleidet der Spieler, falls er N-mal hintereinander verliert, aber nicht mehr weiter setzen kann und er so
   die Serie beenden muss?
c) Berechnen Sie den Erwartungswert der Zufallsvariablen X_N des
   Reingewinns pro Spielserie, die aus höchstens N Spielen besteht.
   Vereinfachen Sie das Ergebnis.
   Zahlenbeispiele: $k = 1$; $k = 12$; $k = 18$ und $k = 24$.
d) Für welche Werte k existiert der Grenzwert $\lim_{N \to \infty} E(X_N)$?
   Bestimmen Sie diesen Grenzwert.
   Für welche Werte k gilt $\lim_{N \to \infty} E(X_N) = -\infty$?

Lösung:

a) Eventueller Einsatz für das n-te Spiel: 2^{n-1} für $n = 1, 2, \ldots, N$;

   Gesamteinsatz bis zum n-ten Spiel:

   $$\sum_{i=1}^{n} 2^{i-1} = \sum_{j=0}^{n-1} 2^j = \frac{2^n - 1}{2 - 1} = 2^n - 1;$$

   Auszahlung, falls im n-ten Spiel ein Gewinn erfolgt:

   $$\frac{36}{k} \cdot 2^{n-1};$$

   Reingewinn: $\frac{36}{k} \cdot 2^{n-1} - (2^n - 1) = (\frac{36}{k} - 2) \cdot 2^{n-1} + 1$.

b) $\sum_{i=1}^{N} 2^{i-1} = \sum_{j=0}^{N-1} 2^j = 2^N - 1$.

c) Wahrscheinlichkeit, dass ein Einzelspiel gewonnen wird: $\frac{k}{37}$;

   Wahrscheinlichkeit, dass beim n-ten Spiel erstmals ein Gewinn
   erfolgt (geometrische Verteilung):

$$p_n = \left(1 - \frac{k}{37}\right)^{n-1} \cdot \frac{k}{37} \quad \text{für} \quad n = 1, 2, \ldots, N.$$

Wahrscheinlichkeit, dass die gesamte Serie von N Spielen verlorengeht (Ruinwahrscheinlichkeit)

$$P_{ruin} = \left(1 - \frac{k}{37}\right)^N;$$

$$E(X_N) = \sum_{n=1}^{N} \left[\left(\frac{36}{k} - 2\right) \cdot 2^{n-1} + 1\right] \cdot \left(1 - \frac{k}{37}\right)^{n-1} \cdot \frac{k}{37}$$
$$- (2^N - 1) \cdot \left(1 - \frac{k}{37}\right)^N$$

$$= \frac{k}{37} \cdot \left(\frac{36}{k} - 2\right) \cdot \sum_{n=1}^{N} \left(2 - \frac{2k}{37}\right)^{n-1} + \frac{k}{37} \cdot \sum_{n=1}^{N} \left(1 - \frac{k}{37}\right)^{n-1}$$
$$- (2^N - 1) \cdot \left(1 - \frac{k}{37}\right)^N$$

$$= \frac{k}{37} \cdot \left(\frac{36}{k} - 2\right) \cdot \frac{\left(2 - \frac{2k}{37}\right)^N - 1}{2 - \frac{2k}{37} - 1} + \frac{k}{37} \cdot \frac{\left(1 - \frac{k}{37}\right)^N - 1}{1 - \frac{k}{37} - 1}$$
$$- (2^N - 1) \cdot \left(1 - \frac{k}{37}\right)^N$$

$$= \frac{36 - 2k}{37 - 2k} \cdot \left[\left(2 - \frac{2k}{37}\right)^N - 1\right] - \left(1 - \frac{k}{37}\right)^N + 1$$
$$- \left(2 - \frac{2k}{37}\right)^N + \left(1 - \frac{k}{37}\right)^N$$

$$= \left(2 - \frac{2k}{37}\right)^N \cdot \left[\frac{36 - 2k}{37 - 2k} - 1\right] - \frac{36 - 2k}{37 - 2k} + 1$$

$$= \left(2 - \frac{2k}{37}\right)^N \cdot \left[-\frac{1}{37 - 2k}\right] + \frac{1}{37 - 2k}$$

$$= \frac{1}{37 - 2k} \cdot \left[1 - \left(2 - \frac{2k}{37}\right)^N\right] = \frac{1}{37 - 2k} \cdot \left[1 - \left(\frac{74 - 2k}{37}\right)^N\right].$$

$$k = 1: \quad E(X_N) = \frac{1}{35} \cdot \left[1 - \left(\frac{72}{37}\right)^N\right];$$

$$k = 12: \quad E(X_N) = \frac{1}{13} \cdot \left[1 - \left(\frac{50}{37}\right)^N\right];$$

$$k = 18: \quad E(X_N) = 1 - \left(\frac{38}{37}\right)^N;$$

$$k = 24: \quad E(X_N) = -\frac{1}{11} \cdot \left[1 - \left(\frac{26}{37}\right)^N\right].$$

d) Die Folge $\left(\frac{74-2k}{37}\right)^N$, $N = 1, 2, \ldots$ ist nur für $\frac{74-2k}{37} < 1$ konver-

vergent. Dann konvergiert die Folge gegen Null.
Konvergenzbedingung:

$74 - 2k < 37$; $2k > 37$; $k > \frac{37}{2}$, also $k > 18$. Damit gilt

$$\lim_{N \to \infty} E(X_N) = \frac{1}{37-2k} = -\frac{1}{2k-37} \quad \text{für } k > 18.$$

Für $k \leq 18$ folgt aus $\lim_{N \to \infty}\left(\frac{74-2k}{37}\right)^N = \infty$ $\lim_{N \to \infty} E(X_N) = -\infty$.

In diesem Fall können die Verluste bei großem N sehr groß werden. Damit gilt

$$\lim_{N \to \infty} E(X_N) = \begin{cases} -\dfrac{1}{2k-37} & \text{für } k > 18; \\ -\infty & \text{für } k \leq 18. \end{cases}$$

B 8.5 Verdoppelungsstrategie beim Roulett bei unbegrenzten Spielserien.
Ein Spieler setze immer gleichzeitig auf k Zahlen. Er beginnt mit
einem Einsatz von einer Geldeinheit (1 E) und verdoppelt nach jedem Verlustspiel seinen Einsatz so lange bis er gewinnt. Dabei soll
er über beliebig viel Geld verfügen. Ferner soll es in der Spielbank
keinen Höchsteinsatz geben. Berechnen Sie mit Hilfe von B 8.4 den
Erwartungswert der Zufallsvariablen X des Reingewinns pro Serie.
Benutzen Sie die Fallunterscheidungen: $k = 18$; $k > 18$ und $k < 18$.

Lösung:

Wegen $\sum\limits_{n=1}^{\infty} p_n = \sum\limits_{n=1}^{\infty}\left(1-\frac{k}{37}\right)^{n-1} \cdot \frac{k}{37} = \frac{k}{37} \cdot \frac{1}{1-(1-\frac{k}{37})} = 1$ gewinnt
der Spieler mit Wahrscheinlichkeit 1. Mit den Ergebnissen aus B 8.4
erhält man den Erwartungswert

$$E(X) = \sum_{n=1}^{\infty}\left[\left(\frac{36}{k}-2\right) \cdot 2^{n-1} + 1\right] \cdot \left(1-\frac{k}{37}\right)^{n-1} \cdot \frac{k}{37}$$

$$= \frac{k}{37} \cdot \left(\frac{36}{k}-2\right)\sum_{n=1}^{\infty}\left(2-\frac{2k}{37}\right)^{n-1} + \frac{k}{37}\sum_{n=1}^{\infty}\left(1-\frac{k}{37}\right)^{n-1}.$$

1. Fall: $k = 18$

Für $k = 18$ (einfache Chance) gilt wegen $\frac{36}{k} - 2 = 0$

$$E(X) = \frac{k}{37}\sum_{n=1}^{\infty}\left(1-\frac{k}{37}\right)^{n-1} = \frac{k}{37} \cdot \frac{1}{1-(1-\frac{k}{37})} = 1.$$

Im Mittel wird man pro Serie als Reingewinn eine Einheit, also den
Einsatz dazugewinnen.

2. Fall: $k \neq 18$

Für $k \neq 18$ ist die erste unendliche Reihe nur konvergent für

$2 - \frac{2k}{37} < 1$; $\frac{2k}{37} > 1$, also für $k > 18$.

Für solche Werte k erhält man für den Erwartungswert

$$E(X) = \frac{k}{37} \cdot \frac{36 - 2k}{k} \cdot \frac{1}{1 - (2 - \frac{2k}{37})} + \frac{k}{37} \cdot \frac{1}{1 - (1 - \frac{k}{37})}$$

$$= \frac{36 - 2k}{37} \cdot \frac{1}{\frac{2k}{37} - 1} + \frac{k}{37} \cdot \frac{1}{\frac{k}{37}}$$

$$= \frac{36 - 2k}{2k - 37} + 1 = -\frac{1}{2k - 37} = \frac{1}{37 - 2k} \,.$$

Für $k = 18$ erhält man hieraus ebenfalls $E(X) = 1$.

Für $k < 18$ ist die geometrische Reihe divergent mit $E(X) = \infty$.

Damit lautet der Erwartungswert allgemein

$$E(X) = \begin{cases} \dfrac{1}{37 - 2k} & \text{für } k \geq 18; \\ \infty & \text{für } k < 18. \end{cases}$$

B 8.6 Die diskrete Zufallsvariable X besitze den abzählbar unendlichen Wertevorrat $W = \{ \pm 2^i; i = 1, 2, \ldots \}$ und die Wahrscheinlichkeiten

$$P(X = 2^i) = P(X = -2^i) = \frac{1}{2^{i+1}} \quad \text{für } i = 1, 2, \ldots.$$

a) Zeigen Sie, dass dadurch tatsächlich eine Verteilung erklärt ist.
b) Zeigen Sie, dass die Zufallsvariable X keinen Erwartungswert besitzt.

Lösung:

a) $\displaystyle \sum_{i=1}^{\infty} P(X = 2^i) + \sum_{i=1}^{\infty} P(X = -2^i) = 2 \cdot \sum_{i=1}^{\infty} \left(\frac{1}{2}\right)^{i+1}$

$$= 2 \cdot \frac{1}{4} \cdot \sum_{j=0}^{\infty} \left(\frac{1}{2}\right)^j = \frac{1}{2} \cdot \frac{1}{1 - \frac{1}{2}} = 1.$$

b) $2^i \cdot P(X = 2^i) = 2^i \cdot \dfrac{1}{2^{i+1}} = \dfrac{1}{2} \cdot \dfrac{2^i}{2^i} = \dfrac{1}{2}$;

$-2^i \cdot P(X = -2^i) = -2^i \cdot \dfrac{1}{2^{i+1}} = -\dfrac{1}{2} \cdot \dfrac{2^i}{2^i} = -\dfrac{1}{2}$.

Zur Berechnung des Erwartungswertes müssen die Produkte aller Werte mit deren Wahrscheinlichkeiten aufaddiert werden, also

$$E(X) = \sum_{i=1}^{\infty} -2^i \cdot \frac{1}{2^{i+1}} + \sum_{i=1}^{\infty} 2^i \cdot \frac{1}{2^{i+1}} = \sum_{i=1}^{\infty} -\frac{1}{2} + \sum_{i=1}^{\infty} \frac{1}{2}.$$

Falls man jeweils einen positiven und einen negativen Summanden paarweise zusammenfasst, enstehen lauter Nullen als Summanden. Dann verschwindet die Summe. Der Erwartungswert würde in diesem Fall gleich 0 sein. Nimmt man jedoch in der Summationsreihenfolge zuerst k positive Werte und fasst man danach paarweise jeweils einen positiven und einen negativen Wert zusammen, so erhält man als Summe den Wert k/2. Fasst man jeweils zwei positive und einen negativen Wert zusammen, so entsteht die Summe ∞. Zusammenfassung von jeweils zwei negativen und einem positiven Wert ergibt die Summe − ∞.

Durch verschiedene Summationsreihenfolgen entstehen verschiedene Summen. Daher kann die Zufallsvariable X keinen Erwartungswert besitzen, da dieser doch von der Summationsreihenfolge unabhängig sein sollte. In diesem Beispiel ist die Forderung der absoluten Konvergenz verletzt.

Erwartungswert, Varianz und Standardabweichung bei abzählbar unendlichem Wertevorrat:

Die diskrete Zufallsvariable X besitze den abzählbar unendlichen Wertevorrat $W = \{ x_i, i = 1, 2, \ldots \}$ mit $p_i = P(X = x_i)$. Im Falle der Konvergenz der Summe der Beträge

$$\sum_{i=1}^{\infty} |x_i| \cdot p_i < \infty \quad \text{(absolute Konvergenz)}$$

heißt der Zahlenwert

$$E(X) = \mu = \sum_i x_i \cdot p_i$$

der *Erwartungswert* von X. Bei jeder beliebigen Summationsreihenfolge erhält man den gleichen Wert μ. Im Falle der Existenz

$$\text{Var}(X) = \sigma^2 = \sum_{i=1}^{\infty} (x_i - \mu)^2 \cdot p_i = \sum_{i=1}^{\infty} x_i^2 \cdot p_i - \mu^2 < \infty$$

heißt Var(X) die *Varianz* und $\sigma = \sqrt{\text{Var}(X)}$ die *Standardabweichung* von X.

B 8.7 Beim **Roulett** setze ein Spieler immer eine Geldeinheit (1 E) gleichzeitig auf k Zahlen. Im Falle eines Gewinns erhält er das $\frac{36}{k}$-fache des Einsatzes ausgezahlt. Berechnen Sie den Erwartungswert und die Standardabweichung der Zufallsvariablen X_k des Reingewinns pro Spiel. Zahlenbeispiele: k = 1 und k = 18.

Lösung:

Gewinnwahrscheinlichkeit: $\frac{k}{37}$; Verlustwahrscheinlichkeit: $1 - \frac{k}{37}$;

Reingewinn im Gewinnfalls: $\frac{36}{k} - 1$; im Verlustfall: -1.

$$E(X_k) = -1 \cdot \left(1 - \frac{k}{37}\right) + \left(\frac{36}{k} - 1\right) \cdot \frac{k}{37} = -1 + \frac{k}{37} + \frac{36}{37} - \frac{k}{37} = -\frac{1}{37};$$

$$E(X_k^2) = 1 \cdot \left(1 - \frac{k}{37}\right) + \left(\frac{36}{k} - 1\right)^2 \cdot \frac{k}{37} = 1 - \frac{k}{37} + \left(\frac{36^2}{k^2} - \frac{72}{k} + 1\right) \cdot \frac{k}{37}$$

$$= 1 - \frac{k}{37} + \frac{36^2}{37k} - \frac{72}{37} + \frac{k}{37} = \frac{36^2}{37k} - \frac{35}{37};$$

$$Var(X_k) = E(X_k^2) - [E(X_k)]^2 = \frac{36^2}{37k} - \frac{35}{37} - \frac{1}{37^2} = \frac{36^2}{37k} - \frac{1296}{37^2};$$

$$k=1: \quad E(X_1) = -\frac{1}{37}; \quad Var(X_1) = 34{,}080351; \quad \sigma = 5{,}837838;$$

$$k=18: \quad E(X_{18}) = -\frac{1}{37}; \quad Var(X_{18}) = 0{,}999270; \quad \sigma = 0{,}999635.$$

B 8.8 Die *Indikatorvariable* I_A eines beliebigen Ereignisses A, welches die Wahrscheinlichkeit $p = P(A)$ besitzt, ist erklärt durch

$$I_A(\omega) = \begin{cases} 1 & \text{für } \omega \in A; \\ 0 & \text{für } \omega \notin A. \end{cases}$$

Gesucht ist der Erwartungswert und die Varianz von I_A.

Lösung:

$$E(I_A) = 1 \cdot p + 0 \cdot (1-p) = p;$$

$$E(I_A^2) = 1 \cdot p + 0 \cdot (1-p) = p; \quad Var(I_A) = p - p^2 = p \cdot (1-p).$$

B 8.9 Bei 10 Personen soll ein Bluttest durchgeführt werden. Dies kann auf zwei Arten geschehen.

I Jede Person wird einzeln getestet. In diesem Fall sind 10 Tests notwendig.

II Die Blutproben von 10 Personen werden vermischt und zusammen analysiert. Ist der Test negativ, so genügt ein einziger Test für alle 10 Personen. Fällt der Test positiv aus, muss jede der 10 Personen einzeln untersucht werden. In diesem Fall werden für die 10 Personen 11 Tests benötigt. Es wird angenommen, dass die Wahrscheinlichkeit für ein positives Testergebnis für alle Personen gleich 0,01 ist und dass die Untersuchungsergebnisse der einzelnen Personen voneinander unabhängig sind.

a) Wie groß ist die Wahrscheinlichkeit, dass ein Test für eine gepoolte Blutprobe von 10 Personen positiv ausfällt?

b) Bestimmen Sie den Erwartungswert der Anzahl X von Tests, die nach dem Verfahren II insgesamt notwendig sind.

c) Wie lautet der Erwartungswert von X allgemein, wenn die Blutproben von n Personen vermischt werden, und bei jeder der n Personen unabhängig vom Ergebnis der anderen Personen die Wahrscheinlichkeit für ein positives Testergebnis p ist?

Lösung:

a) $P(\text{Gruppentest negativ}) = \left(\frac{99}{100}\right)^{10} = 0{,}904382$;

$P(\text{Gruppentest positiv}) = 1 - \left(\frac{99}{100}\right)^{10} = 0{,}095618$.

b) Mit Wahrscheinlichkeit 0,904382 ist in einer Zehnergruppe nur ein Test notwendig, mit Wahrscheinlichkeit 0,095618 sind 11 Tests erforderlich.

$$E(X) = 1 \cdot \left(\frac{99}{100}\right)^{10} + 11 \cdot \left[1 - \left(\frac{99}{100}\right)^{10}\right] = 11 - 10 \cdot \left(\frac{99}{100}\right)^{10}$$

$$= 1{,}956179 \ .$$

c) $P(\text{Gruppentest negativ}) = (1-p)^n$;

$P(\text{Gruppentest positiv}) = 1 - (1-p)^n$;

$E(X) = 1 \cdot (1-p)^n + (n+1) \cdot [1 - (1-p)^n]$

$= n + 1 - n \cdot (1-p)^n$.

B 8.10 Die Zufallsvariable X besitzt die Verteilung

x_i	1	2	3	4	5	6	7	8	9
p_i	0,05	0,10	0,12	0,13	0,20	0,13	0,12	0,10	0,05

Zeichnen Sie ein Stabdiagramm und lesen Sie daraus den Erwartungswert ab.

Lösung:

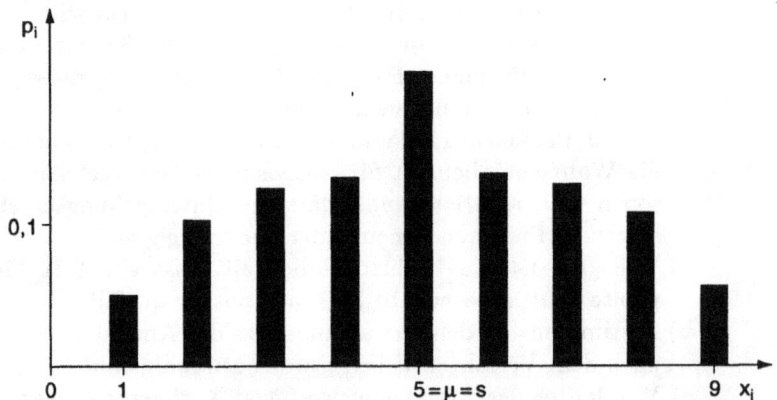

Die Verteilung ist symmetrisch zu der durch $s = 5$ gehenden vertikalen Achse (Symmetrie-Achse des Stabdiagramms). Da der Erwartungswert existiert, gilt $E(X) = s = 5$.

Erwartungswerte bei symmetrischen Verteilungen:
Die Verteilung von X sei symmetrisch zur Stelle x = s, d.h. jeweils zwei
von s gleich weit entfernte Werte besitzen die gleiche Wahrscheinlichkeit. Ferner existiere der Erwartungswert E(X). Dann gilt

$$E(X) = s.$$

Bei endlichem Wertevorrat ist der Erwartungswert immer gleich dem
Symmetrie-Punkt. Bei unendlichem Wertevorrat muss die Existenz des
Erwartungswertes vorausgesetzt werden. Die Verteilung der Zufallsvariablen aus B 8.6 ist symmetrisch zur Stelle s = 0. Sie besitzt aber
keinen Erwartungswert.

B 8.11 Die diskrete Zufallsvariable X besitze den Erwartungswert
$\mu = 25,5$, den Median $\tilde{\mu} = 27,5$ und die Varianz $\sigma^2 = 32$. Berechnen Sie hieraus den Erwartungswert

$$E\big((X - \tilde{\mu})^2\big) = \sum_i (x_i - \tilde{\mu})^2 \cdot P(X = x_i).$$

Lösung:

Aus dem Steinerschen Verschiebungssatz

$$E\big((X - c)^2\big) = \operatorname{Var}(X) + (\mu - c)^2$$

erhält man mit $c = \tilde{\mu}$

$$E\big((X - 27,5)^2\big) = 32 + (25,5 - 27,5)^2 = 36.$$

Steinerscher Verschiebungssatz:
Die diskrete Zufallsvariable X besitze den Erwartungswert μ und die
Varianz Var(X). Dann gilt für jede Konstante c

$$E\big((X - c)^2\big) = \operatorname{Var}(X) + (\mu - c)^2.$$

Damit ist $E\big((X - c)^2\big)$ minimal für $c = \mu$.

B 8.12 Die Zufallsvariable X besitze den Wertevorrat $W = \{1, 2, \ldots, 10\}$,
wobei alle Werte die gleiche Wahrscheinlichkeit besitzen. Gesucht
ist der Erwartungswert und die Varianz von X.

Lösung:

$$E(X) = \frac{1}{10} \cdot (1 + 2 + 3 + \ldots + 10) = 5,5 = \frac{10 + 1}{2};$$

$$E(X^2) = \frac{1}{10} \cdot (1^2 + 2^2 + 3^2 + \ldots + 10^2) = 38,5;$$

$$\operatorname{Var}(X) = E(X^2) - [E(X)]^2 = 38,5 - 5,5^2 = \frac{10^2 - 1}{12} = 8,25.$$

Gleichmäßige diskrete Verteilung:
Die Zufallsvariable X besitze den Wertebereich $W = \{1, 2, 3, \ldots, m\}$, wobei alle Werte gleichwahrscheinlich sind mit

$$P(X = k) = \frac{1}{m} \quad \text{für} \quad k = 1, 2, \ldots, m.$$

Dann heißt X auf W *gleichmäßig verteilt.*

Die Kenngrößen lauten

$$E(X) = \frac{m+1}{2}; \quad Var(X) = \frac{m^2 - 1}{12}.$$

B 8.13 Ein Medikament besitze bei jeder an einer bestimmten Krankheit leidenden Person eine Heilungswahrscheinlichkeit $p = 0{,}85$. Das Medikament wird 500 Patienten verabreicht.

    a) Die Zufallsvariable X sei die Anzahl derjenigen von den 500 Personen, die durch das Medikament geheilt werden. Berechnen Sie den Erwartungswert und die Standardabweichung von X.

    b) Die Zufallsvariable Y beschreibe die relative Häufigkeit $r_{500}(A)$ der durch das Medikament geheilten Patienten. Berechnen Sie den Erwartungswert und die Standardabweichung von Y.

Lösung:

    a) X ist binomialverteilt mit den Parametern $n = 500$ und $p = 0{,}85$.

$$E(X) = n \cdot p = 500 \cdot 0{,}85 = 425;$$

$$Var(X) = n \cdot p \cdot (1 - p) = 63{,}75; \quad \sigma_X = \sqrt{63{,}75} = 7{,}984360.$$

    b) $Y = \frac{1}{500} \cdot X;$ $E(Y) = \frac{1}{500} \cdot E(X) = 0{,}85 = p;$

$$Var(Y) = \frac{1}{500^2} \cdot Var(X) = 0{,}000255; \quad \sigma_Y = \sqrt{0{,}000255} = 0{,}015969.$$

Binomialverteilung (Verteilung der absoluten Häufigkeit):
Bei einer einzelnen Versuchsdurchführung besitze das Ereignis A die Wahrscheinlichkeit $p = P(A)$. Das Zufallsexperiment werde n-mal unabhängig durchgeführt. Dann heißt die Zufallsvariable X der absoluten Häufigkeit des Ereignisses A in der unabhängigen Versuchsserie vom Umfang n *binomialverteilt* mit den Parametern n und p. Man nennt sie auch $b(n, p)$-verteilt. Es gilt (vgl. S. 75)

$$p_k = P(X = k) = \binom{n}{k} \cdot p^k \cdot (1 - p)^{n-k} \quad \text{für} \quad k = 0, 1, \ldots, n;$$

Rekursionsformel: $p_{k+1} = \dfrac{n-k}{k+1} \cdot \dfrac{p}{1-p} \cdot p_k$ für $k = 0, 1, 2, \ldots, n$

$$\text{mit } p_0 = (1-p)^n \quad \text{für} \quad 0 < p < 1.$$

Kenngrößen: $E(X) = n \cdot p;$ $Var(X) = n \cdot p \cdot (1 - p).$

B 8.14 In einer Lieferung von 200 Werkstücken sind 20 fehlerhaft. Aus der Lieferung werden 25 Stück zufällig ausgewählt.
a) Mit welcher Wahrscheinlichkeit befinden sich darunter k fehlerhafte Stücke? Zahlenbeispiel k = 0, 1, 2, 3.
b) Berechnen Sie den Erwartungswert und die Varianz der Zufallsvariablen X der fehlerhaften Stücke in der Stichprobe.

Lösung:

a) X ist hypergeometrisch verteilt mit den Parametern N = 200; M = 20 und n = 25 ;

$$p_k = \frac{\binom{20}{k} \cdot \binom{180}{25-k}}{\binom{200}{25}}; \quad p_0 = 0{,}059809; \quad p_1 = 0{,}191695;$$

$$p_2 = 0{,}278385; \quad p_3 = 0{,}243146.$$

b) $E(X) = 25 \cdot \frac{20}{200} = 2{,}5;$

$$Var(X) = 25 \cdot \frac{20}{200} \cdot \left(1 - \frac{20}{200}\right) \cdot \frac{200-25}{200-1} = 1{,}978643.$$

Hypergeometrische Verteilung (Ziehen ohne Zurücklegen):
Von N Elementen besitzen M die Eigenschaft A. Aus der Gesamtmenge werden ohne zwischenzeitliches Zurücklegen n ausgewählt. Dann heißt die Zufallsvariable X der Anzahl der gezogenen Elemente mit der Eigenschaft A *hypergeometrisch verteilt* mit den Parametern N, M und n. Dabei gilt

$$p_k = P(X = k) = \frac{\binom{M}{k} \cdot \binom{N-M}{n-k}}{\binom{N}{n}} \quad \text{für } k = 1, 2, \dots, n;$$

$$E(X) = n \cdot \frac{M}{N}; \quad Var(X) = n \cdot \frac{M}{N} \cdot \left(1 - \frac{M}{N}\right) \cdot \frac{N-n}{N-1}.$$

B 8.15 Die Anzahl X der innerhalb eines Jahres durch Blitzschlag getöteten Personen in einem bestimmten Gebiet sei Poisson-verteilt. Pro Jahr fallen im Durchschnitt 2,5 Personen dem Blitzschlag zum Opfer. Mit welcher Wahrscheinlichkeit werden in einem Jahr mehr als fünf Personen durch Blitzschlag getötet?

Lösung:

$$p_k = P(X = k) = \frac{2{,}5^k}{k!} \cdot e^{-2{,}5} \quad \text{für } k = 0, 1, 2, \dots.$$

$$p_0 = 0{,}082085; \quad p_1 = 0{,}205212; \quad p_2 = 0{,}256516;$$

$$p_3 = 0{,}213763; \quad p_4 = 0{,}133602; \quad p_5 = 0{,}066801;$$

$$P(X > 5) = 1 - \sum_{k=0}^{5} p_k = 0{,}042021.$$

Poisson-Verteilung (Verteilung seltener Ereignisse):
Die Zufallsvariable X mit dem Wertebereich $\{0,1,2,3,\dots\}$ und den Wahrscheinlichkeiten

$$p_k = P(X = k) = \frac{\lambda^k}{k!} \cdot e^{-\lambda} \quad \text{mit } \lambda > 0 \quad \text{für } k = 0,1,2,\dots$$

heißt *Poisson-verteilt* mit dem Parameter λ.

Rekursionsformel: $p_{k+1} = \frac{\lambda}{k+1} \cdot p_k$ für $k = 0,1,\dots$ mit $p_0 = e^{-\lambda}$.

$E(X) = Var(X) = \lambda$.

B 8.16 Die Wahrscheinlichkeit dafür, dass eine Person an einer Impfung erkrankt, sei $p = 0{,}001$. Insgesamt werden $2\,000$ Personen geimpft.
Die Zufallsvariable X sei die Anzahl derjenigen geimpften Personen, welche durch die Impfung erkranken.

a) Welche Verteilung besitzt X? Berechnen Sie den Erwartungswert und die Varianz von X.

b) Durch welche Verteilung kann diese Verteilung approximiert werden? Berechnen Sie damit die Wahrscheinlichkeit dafür, dass von den 2 000 geimpften Personen höchstens 5 erkranken.

Lösung:

a) X ist binomialverteilt mit den Parametern $n = 2\,000$ und $p = 0{,}001$.

   $E(X) = 2\,000 \cdot 0{,}001 = 2$; $Var(X) = 2\,000 \cdot 0{,}001 \cdot 0{,}999 = 1{,}998$.

b) Approximation durch die Poisson-Verteilung mit dem Parameter $\lambda = 2$.

   $$p_k = P(X = k) = \frac{2^k}{k!} \cdot e^{-2} \quad \text{für } k = 0,1,2,\dots.$$

   $p_0 = 0{,}135335$; $p_1 = 0{,}270671$; $p_2 = 0{,}270671$; $p_3 = 0{,}180447$;

   $p_4 = 0{,}090224$; $p_5 = 0{,}036089$; $P(X \leq 5) = \sum_{k=0}^{5} p_k = 0{,}983437$.

Approximation der Binomialverteilung durch die Poisson-Verteilung:
In der Binomialverteilung konvergiere n gegen unendlich und zwar so, dass $n \cdot p = \lambda$ immer konstant bleibt. Damit konvergiert p gegen Null. Dann gilt

$$\lim_{\substack{n \to \infty \\ np = \lambda}} \binom{n}{k} \cdot p^k \cdot (1-p)^{n-k} = \frac{\lambda^k}{k!} \cdot e^{-\lambda} \quad \text{für } k = 0,1,2,3,\dots.$$

Für große $n \geq 50$ und kleine $p \leq 0{,}1$ gilt die Näherung

$$\binom{n}{k} \cdot p^k \cdot (1-p)^{n-k} \approx \frac{(np)^k}{k!} \cdot e^{-np} \quad \text{für } k = 0,1,2,3,\dots.$$

B 8.17 Beim **Roulett** setzt ein Spieler gleichzeitig auf k Zahlen und zwar so lange bis er erstmals gewinnt. X sei die Zufallsvariable der Anzahl der dazu benötigten Spiele.
a) Bestimmen Sie die Verteilung von X.
b) Mit welcher Wahrscheinlichkeit benötigt der Spieler höchstens n Einsätze für $n = 1, 2, \ldots$?
c) Berechnen Sie den Erwartungswert und die Varianz von X.

Lösung:

a) X ist geometrisch verteilt mit dem Parameter $p = \frac{k}{37}$;

$$p_k = P(X = k) = \frac{k}{37} \cdot \left(1 - \frac{k}{37}\right)^{k-1} \quad \text{für } k = 1, 2, \ldots .$$

b) Falls der Spieler n - mal hintereinander verliert, ist $X > n$.

$$P(X > n) = \left(1 - \frac{k}{37}\right)^n; \quad P(X \le n) = 1 - P(X > n) = 1 - \left(1 - \frac{k}{37}\right)^n.$$

c) $E(X) = \frac{1}{p} = \frac{37}{k}$; $\quad Var(X) = \frac{1-p}{p^2} = \frac{37^2}{k^2} \cdot \left(1 - \frac{k}{37}\right)$.

Geometrische Verteilung (Warten auf den ersten Erfolg):
Das Ereignis A besitze die Wahrscheinlichkeit $p = P(A)$ mit $0 < p < 1$. Das gleiche Experiment werde so lange unabhängig durchgeführt, bis das Ereignis A erstmals eintritt. Die Zufallsvariable X der Anzahl der dazu benötigten Versuche heißt *geometrisch verteilt* mit dem Parameter p. Ihr Wertebereich ist $W = \{1, 2, 3, \ldots\}$, die Wahrscheinlichkeiten lauten

$$p_k = P(X = k) = p \cdot (1-p)^{k-1} \quad \text{für } k = 1, 2, \ldots .$$

X besitzt die Kenngrößen

$$E(X) = \frac{1}{p}; \quad Var(X) = \frac{1-p}{p^2}.$$

B 8.18 Beim **Roulett** setze ein Spieler jeweils eine Einheit auf die ungeraden Zahlen $U = \{1, 3, \ldots, 35\}$ und eine auf das erste Dutzend $D = \{1, 2, \ldots, 12\}$. Die Zufallsvariable X sei der Reingewinn beim Einsatz auf U und Y der Reingewinn beim Einsatz auf D.
a) Bestimmen Sie die gemeinsame Verteilung von (X, Y).
b) Sind die beiden Zufallsvariablen X und Y unabhängig?

Lösung:

a) Wertebereiche: $W(X) = \{-1; +1\}$; $W(Y) = \{-1; +2\}$.

$$P(X = -1; Y = -1) = P(\overline{U} \cap \overline{D})$$

$$= P(\{0, 14, 16, 18, 20, \ldots, 36\}) = \frac{13}{37};$$

$$P(X = -1; Y = 2) = P(\overline{U} \cap D)$$
$$= P(\{2, 4, 6, 8, 10, 12\}) = \frac{6}{37};$$

$$P(X = 1; Y = -1) = P(U \cap \overline{D})$$
$$= P(\{13, 15, 17, \ldots, 35\}) = \frac{12}{37};$$

$$P(X = 1; Y = 2) = P(U \cap D) = P(\{1, 3, 5, 7, 9, 11\}) = \frac{6}{37}.$$

	$y_1 = -1$	$y_2 = 2$	Summe
$x_1 = -1$	$\frac{13}{37}$	$\frac{6}{37}$	$\frac{19}{37}$
$x_2 = 1$	$\frac{12}{37}$	$\frac{6}{37}$	$\frac{18}{37}$
Summe	$\frac{25}{37}$	$\frac{12}{37}$	1

b) Wegen $P(X = 1; Y = 2) \neq P(X = 1) \cdot P(Y = 2)$

sind die beiden Zufallsvariablen nicht unabhängig.

Gemeinsame Verteilung zweier diskreter Zufallsvariabler:
Es seien (x_i, y_j) die durch das gleiche Experiment bestimmten Wertepaare der zweidimensionalen Zufallsvariablen (X, Y) mit den gemeinsamen Wahrscheinlichkeiten

$$p_{ij} = P(X = x_i, Y = y_j).$$

Dann heißt die Gesamtheit

$$\left((x_i, y_j), p_{ij} = P(X = x_i, Y = y_j) \right), \quad x_i \in W(X), \quad y_j \in W(Y)$$

die *gemeinsame Verteilung* von (X, Y).

In der *Kontingenztafel*

	y_1	y_2	$\cdots$	y_j	$\cdots$	Summe
x_1	p_{11}	p_{12}	$\cdots$	p_{1j}	$\cdots$	$p_1.$
x_2	p_{21}	p_{22}	$\cdots$	p_{2j}	$\cdots$	$p_2.$
$\vdots$	$\vdots$	$\vdots$		$\vdots$		$\vdots$
x_i	p_{i1}	p_{i2}	$\cdots$	p_{ij}	$\cdots$	$p_i.$
$\vdots$	$\vdots$	$\vdots$		$\vdots$	$\vdots$	$\vdots$
Summe	$p._1$	$p._2$	$\cdots$	$p._j$	$\cdots$	$p.. = 1$

sind die gemeinsamen Wahrscheinlichkeiten von (X, Y) dargestellt. Zeilen- bzw. Spaltensummen ergeben die Verteilungen der beiden einzelnen Zufallsvariablen X und Y, die sogenannten *Randverteilungen* mit

$$P(X = x_i) = \sum_j P(X = x_i, Y = y_j) = \sum_j p_{ij} = p_{i\cdot};$$

$$P(Y = y_j) = \sum_i P(X = x_i, Y = y_j) = \sum_i p_{ij} = p_{\cdot j}.$$

Unabhängige Zufallsvariable:

Die beiden Zufallsvariablen (X, Y) sind unabhängig, wenn für alle Wertepaare (x_i, y_j) aus der gemeinsamen Verteilung gilt

$$p_{ij} = P(X = x_i, Y = y_j) = P(X = x_i) \cdot P(Y = y_j) = p_{i\cdot} \cdot p_{\cdot j}.$$

B 8.19 Bestimmen Sie in B 8.18 die Verteilung der Zufallsvariablen $X + Y$ des gesamten Reingewinns aus beiden Einsätzen zusammen. Berechnen Sie die Erwartungswerte und Varianzen der Zufallsvariablen X, Y und $X + Y$. Gilt hier $\mathrm{Var}(X + Y) = \mathrm{Var}(X) + \mathrm{Var}(Y)$?

Lösung:

Werte von $X + Y$	-2	0	1	3
Wahrscheinlichkeiten	$\frac{13}{37}$	$\frac{12}{37}$	$\frac{6}{37}$	$\frac{6}{37}$

$$E(X) = E(Y) = -\frac{1}{37};$$

$$E(X + Y) = -2 \cdot \frac{13}{37} + \frac{6}{37} + 3 \cdot \frac{6}{37} = -\frac{2}{37} = E(X) + E(Y);$$

$$E(X^2) = 1 \cdot \frac{19}{37} + 1 \cdot \frac{18}{37} = 1; \quad \mathrm{Var}(X) = 1 - \frac{1}{37^2};$$

$$E(Y^2) = 1 \cdot \frac{25}{37} + 4 \cdot \frac{12}{37} = \frac{73}{37}; \quad \mathrm{Var}(Y) = \frac{73}{37} - \frac{1}{37^2};$$

$$E((X + Y)^2) = 4 \cdot \frac{13}{37} + 1 \cdot \frac{6}{37} + 9 \cdot \frac{6}{37} = \frac{112}{37};$$

$$\mathrm{Var}(X + Y) = \frac{112}{37} - \frac{4}{37^2} \neq \mathrm{Var}(X) + \mathrm{Var}(Y).$$

B 8.20 Die Zufallsvariablen X und Y besitzen die gemeinsame Verteilung

x_i \ y_j	1	2	3
1	0	$\frac{1}{4}$	0
2	$\frac{1}{4}$	0	$\frac{1}{4}$
3	0	$\frac{1}{4}$	0

a) Bestimmen Sie die Verteilung der Summe $X + Y$.
b) Berechnen Sie die Erwartungswerte und Varianzen der Zufallsvariablen X, Y und $X + Y$.
   Zeigen Sie, dass hier $\text{Var}(X + Y) = \text{Var}(X) + \text{Var}(Y)$ gilt.
c) Sind die beiden Zufallsvariablen X und Y unabhängig?
d) Weshalb gilt hier $\text{Var}(X + Y) = \text{Var}(X) + \text{Var}(Y)$?

Lösung:

x_i \ y_j	1	2	3	Summe
1	0	$\frac{1}{4}$	0	$\frac{1}{4}$
2	$\frac{1}{4}$	0	$\frac{1}{4}$	$\frac{1}{2}$
3	0	$\frac{1}{4}$	0	$\frac{1}{4}$
Summe	$\frac{1}{4}$	$\frac{1}{2}$	$\frac{1}{4}$	1

a)

Werte von $X + Y$	2	3	4	5	6
Wahrscheinlichkeiten	0	$\frac{1}{2}$	0	$\frac{1}{2}$	0

b) $E(X) = E(Y) = 2$;

$$E(X + Y) = 3 \cdot \frac{1}{2} + 5 \cdot \frac{1}{2} = 4 = E(X) + E(Y);$$

$$E(X^2) = E(Y^2) = 1 \cdot \frac{1}{4} + 4 \cdot \frac{1}{2} + 9 \cdot \frac{1}{4} = \frac{9}{2};$$

$$\text{Var}(X) = \text{Var}(Y) = \frac{9}{2} - 4 = \frac{1}{2};$$

$$E((X + Y)^2) = 9 \cdot \frac{1}{2} + 25 \cdot \frac{1}{2} = 17;$$

$$\text{Var}(X + Y) = 17 - 4^2 = 1 = \frac{1}{2} + \frac{1}{2} = \text{Var}(X) + \text{Var}(Y).$$

c) X und Y sind nicht unabhängig wegen

$$0 = P(X = 2, Y = 2) \neq P(X = s) \cdot P(Y = 2).$$

d) Kovarianz:

$$\text{Cov}(X, Y) = \sigma_{XY} = E(X \cdot Y) - E(X) \cdot E(Y);$$

$$E(X \cdot Y) = 1 \cdot 2 \cdot \frac{1}{4} + 2 \cdot 1 \cdot \frac{1}{4} + 2 \cdot 3 \cdot \frac{1}{4} + 3 \cdot 2 \cdot \frac{1}{4} = 4;$$

$$\text{Cov}(X, Y) = 4 - 2 \cdot 2 = 0.$$

Die Zufallsvariablen sind unkorreliert. Bei unkorrelierten Zufallsvariablen ist die Varianz additiv.

Kovarianz und **Korrelationskoeffizient**:

Die Zufallsvariablen X und Y sollen die Erwartungswerte $E(X) = \mu_X$ und $E(Y) = \mu_Y$ sowie die positiven Varianzen $Var(X) = \sigma_X^2$ und $Var(Y) = \sigma_Y^2$ besitzen. Dann heißt

$$Cov(X,Y) = \sigma_{XY} = E[(X-\mu_X)\cdot(Y-\mu_Y)] = E(X\cdot Y) - \mu_X\cdot\mu_Y$$

die *Kovarianz* und

$$\rho = \rho(X,Y) = \frac{Cov(X,Y)}{\sqrt{Var(X)}\cdot\sqrt{Var(Y)}} = \frac{\sigma_{XY}}{\sigma_X\cdot\sigma_Y}$$

der *Korrelationskoeffizient* von X und Y.

Im Falle der Existenz der Varianzen gilt allgemein

$$Var(X+Y) = Var(X) + Var(Y) + 2\cdot Cov(X,Y).$$

Im Falle $\rho = 0$, also für $Cov(X,Y) = 0$, heißen X und Y *unkorreliert*.

Bei unkorrelierten Zufallsvariablen gilt $Var(X+Y) = Var(X) + Var(Y)$.

Unabhängige Zufallsvariable sind auch unkorreliert. Aus der Unkorreliertheit folgt jedoch nicht unbedingt die Unabhängigkeit (s. B 8.20). Die Unkorreliertheit ist also eine schwächere Eigenschaft als die Unabhängigkeit.

B 8.21 Die Zufallsvariablen (X,Y) besitzen die gemeinsame Verteilung

	$y_1 = 1$	$y_2 = 2$	$y_3 = 3$
$x_1 = 1$	0,2	0,1	0,05
$x_2 = 4$	0	0,2	0,15
$x_3 = 9$	0	0,1	0,20

a) Berechnen Sie die Kovarianz und den Korrelationskoeffizienten.
b) Berechnen Sie die Varianz der Summe $X+Y$.

Lösung:

	$y_1 = 1$	$y_2 = 2$	$y_3 = 3$	Summe
$x_1 = 1$	0,2	0,1	0,05	0,35
$x_2 = 4$	0	0,2	0,15	0,35
$x_3 = 9$	0	0,1	0,20	0,30
Summe	0,2	0,4	0,4	1,00

a) $E(X) = 1 \cdot 0{,}35 + 4 \cdot 0{,}35 + 9 \cdot 0{,}3 = 4{,}45$;

$E(X^2) = 1^2 \cdot 0{,}35 + 4^2 \cdot 0{,}35 + 9^2 \cdot 0{,}3 = 30{,}25$;

$Var(X) = 30{,}25 - 4{,}45^2 = 10{,}4475$;

$E(Y) = 1 \cdot 0{,}2 + 2 \cdot 0{,}4 + 3 \cdot 0{,}4 = 2{,}2$;

$E(Y^2) = 1^2 \cdot 0{,}2 + 2^2 \cdot 0{,}4 + 3^2 \cdot 0{,}4 = 5{,}4$; ·

$Var(Y) = 5{,}4 - 2{,}2^2 = 0{,}56$;

$E(X \cdot Y) = 1 \cdot 0{,}2 + 2 \cdot 0{,}1 + 3 \cdot 0{,}05 + 8 \cdot 0{,}2 + 12 \cdot 0{,}15$

$\qquad\qquad + 18 \cdot 0{,}1 + 27 \cdot 0{,}2 = 11{,}15$;

$Cov(X, Y) = E(X \cdot Y) - E(X) \cdot E(Y) = 11{,}15 - 4{,}45 \cdot 2{,}2 = 1{,}36$;

$$\rho = \frac{1{,}36}{\sqrt{10{,}4475 \cdot 0{,}56}} = 0{,}562262 \, .$$

b) $Var(X + Y) = Var(X) + Var(Y) + 2 \cdot Cov(X, Y)$

$\qquad\qquad\quad = 10{,}4475 + 0{,}56 + 2 \cdot 1{,}36 = 13{,}7275 \, .$

B 8.22 Von zwei Zufallsvariablen X und Y seien folgende Werte bekannt:

$Var(X) = 8{,}5$; $Var(Y) = 26{,}9$; $Var(X + Y) = 22{,}5$.

Berechnen Sie aus diesen Werten den Korrelationskoeffizienten ρ.

Lösung:

Aus $Var(X + Y) = Var(X) + Var(Y) + 2 \cdot Cov(X, Y)$ folgt

$Cov(X, Y) = \frac{1}{2} \cdot [\, 22{,}5 - 8{,}5 - 26{,}9 \,] = -6{,}45$;

$$\rho = \frac{Cov(X, Y)}{\sqrt{Var(X)} \cdot \sqrt{Var(Y)}} = -\frac{6{,}45}{\sqrt{8{,}5 \cdot 26{,}9}} = -0{,}426554 \, .$$

B 8.23 Die zweidimensionale diskrete Zufallsvariable (X, Y) besitze den Korrelationskoeffizienten $\rho = 1$. Ferner gelte
$P(X = 1, Y = 1) = 0{,}1$ und $P(X = 11, Y = 21) = 0{,}2$.
Von den anderen Wertepaaren aus dem gemeinsamen Wertebereich seien nur noch die x-Werte bekannt. Berechnen Sie aus diesen Vorgaben alle zu x_i gehörenden y_j-Werte mit $P(X = x_i, Y = y_j) > 0$.

Lösung:

Da der Korrelationskoeffizient ρ gleich Eins ist, befinden sich alle Wertepaare mit positiver Wahrscheinlichkeit auf einer Geraden g. Diese Regressionsgerade muss durch die beiden Punkte $(1; 1)$ und $(11; 21)$ gehen. Für g lautet die Zwei-Punkte-Formel

$$\frac{y-1}{x-1} = \frac{21-1}{11-1} = 2; \quad y-1 = 2x-2; \quad y = 2x-1.$$

Der zu x_i gehörige y - Wert auf der Geraden lautet $y_i = 2x_i - 1$.

Eigenschaften des Korrelationskoeffizienten:

Für den Korrelationskoeffizienten ρ zweier diskreter Zufallsvariabler (X, Y) gilt allgemein:

$|\rho| \leq 1$, also $-1 \leq \rho \leq 1$.

$|\rho| = 1$ ist genau dann erfüllt, wenn alle Wertepaare (x_i, y_j) mit positiven Wahrscheinlichkeiten auf einer Geraden liegen. Dabei gilt mit Wahrscheinlichkeit 1 die lineare Beziehung

$$Y - \mu_Y = \frac{\sigma_Y}{\sigma_X} \cdot (X - \mu_X) \quad \text{für } \rho = 1 \text{ (positive Steigung)}$$

$$Y - \mu_Y = -\frac{\sigma_Y}{\sigma_X} \cdot (X - \mu_X) \quad \text{für } \rho = -1 \text{ (negative Steigung).}$$

B 8.24 Die Zufallsvariablen X_1, X_2, X_3 besitzen die Varianzen

$$\text{Var}(X_1) = 8{,}5; \quad \text{Var}(X_2) = 14{,}1; \quad \text{Var}(X_3) = 11{,}2.$$

Berechnen Sie die Varianz der Summe $X_1 + X_2 + X_3$, falls

a) die drei Zufallsvariablen paarweise unkorreliert sind;

b) aus den gegebenen Kovarianzen

$$\text{Cov}(X_1, X_2) = 6{,}4; \quad \text{Cov}(X_1, X_3) = 4{,}1; \quad \text{Cov}(X_2, X_3) = -2{,}9.$$

Lösung:

a) $\text{Var}(X_1 + X_2 + X_3) = \text{Var}(X_1) + \text{Var}(X_2) + \text{Var}(X_3) = 33{,}8$.

b) Mit den (unbekannten) Erwartungswerten μ_1, μ_2, μ_3 erhält man

$$\text{Var}(X_1 + X_2 + X_3) = E\left[\left(\sum_{i=1}^{3}(X_i - \mu_i)\right)^2\right]$$

$$= E\left[\left(\sum_{j=1}^{3}(X_j - \mu_j)\right) \cdot \left(\sum_{k=1}^{3}(X_k - \mu_k)\right)\right]$$

$$= E\left[\sum_{i=1}^{3}(X_i - \mu_i)^2 + \sum_{j \neq k}(X_j - \mu_j) \cdot (X_k - \mu_k)\right]$$

$$= \sum_{i=1}^{3}\text{Var}(X_i) + \sum_{j \neq k}\text{Cov}(X_j, X_k).$$

Wegen $\mathrm{Cov}(X_j, X_k) = \mathrm{Cov}(X_k, X_j)$ folgt hieraus

$$\mathrm{Var}(X_1 + X_2 + X_3) = \sum_{i=1}^{3} \mathrm{Var}(X_i) + 2 \cdot \sum_{j < k} \mathrm{Cov}(X_j, X_k)$$

$$= 33{,}8 + 2 \cdot 7{,}6 = 49 \,.$$

Varianz einer Summe von Zufallsvariablen:
Die Zufallsvariablen $X_1, X_2, \ldots, X_n$ besitzen die Varianzen und Kovarianzen

$$\mathrm{Var}(X_i) \text{ für } i = 1, 2, \ldots n; \quad \mathrm{Cov}(X_j, X_k) \text{ für } j \neq k.$$

Dann gilt

$$\mathrm{Var}(X_1 + X_2 + \ldots + X_n) = \sum_{i=1}^{n} \mathrm{Var}(X_i) + 2 \cdot \sum_{j < k} \mathrm{Cov}(X_j, X_k) \,.$$

Falls die Zufallsvariablen paarweise unkorreliert sind, gilt

$$\mathrm{Var}(X_1 + X_2 + \ldots + X_n) = \sum_{i=1}^{n} \mathrm{Var}(X_i) \,.$$

A 8.1 Mit dem nebenstehenden **Glücksrad** werden die Zahlen $1, \ldots, 6$ zufällig erzeugt. Die Zufallsvariable X beschreibe die durch ein einzelnes Zufallsexperiment erhaltene Zahl.

a) Bestimmen Sie die Verteilung von X.

b) Zeichnen Sie ein Stabdiagramm und die Verteilungsfunktion.

c) Bestimmen Sie den Median sowie die 0,25- und 0,6-Quantile.

d) Berechnen Sie den Erwartungswert und die Standardabweichung der Zufallsvariablen X.

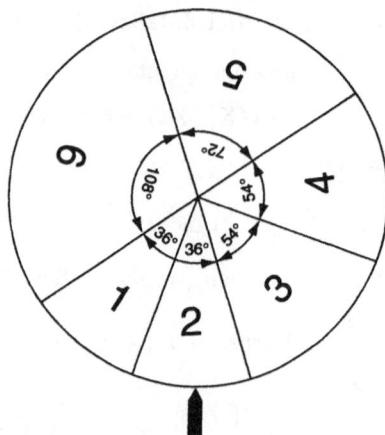

A 8.2 Jemand schließt eine Risikolebensversicherung über $100\,000 \; \text{€}$ ab. Der Jahresbeitrag dafür betrage $400 \; \text{€}$. Die Sterbewahrscheinlichkeit innerhalb eines Jahres sei für diese Person 0,00285.

a) Berechnen Sie den Erwartungswert und die Standardabweichung der Zufallsvariablen X des Reingewinns der Versicherungsgesellschaft aus diesem Vertrag während eines Jahres.

b) Die gleiche Person schließe fünf solche Verträge oder einen Vertrag über 500 000 € zu einem Jahresbeitrag von 2 000 € ab. Berechnen Sie den Erwartungswert und die Standardabweichung der Zufallsvariablen Y des Reingewinns der Versicherungsgesellschaft aus diesen 5 Verträgen innerhalb eines Jahres.

c) Die Versicherungsgesellschaft schließe mit 5 Personen jeweils einen Vertrag über 100 000 € zum Beitrag von 400 € ab. Die Sterbewahrscheinlichkeit während eines Jahres sei bei allen fünf Personen unabhängig voneinander jeweils 0,00285. Berechnen Sie den Erwartungswert und die Standardabweichung des Reingewinns Z der Versicherungsgesellschaft während eines Jahres aus allen fünf Verträgen zusammen.

d) Weshalb ist die Standardabweichung von Z kleiner als die der Zufallsvariablen Y?

A 8.3 In einer Lostrommel befinden sich 2 000 Lose, die von 1 bis 2 000 nummeriert sind. Jedes Los mit vier gleichen Ziffern gewinnt 100 € . Jedes Los mit drei, aber nicht mit vier gleichen Endziffern gewinnt 50 € , jedes Los mit zwei, aber nicht drei gleichen Endziffern gewinnt 10 € . Die restlichen Lose sind Nieten. Berechnen Sie den Erwartungswert der Zufallsvariablen X des Gewinns bei einem zufällig ausgewählten Los.

A 8.4 Der Wertebereich der Zufallsvariablen X sei $W = \{1, 2, \ldots, N\}$ mit einer natürlichen Zahl $N > 1$. Für die Wahrscheinlichkeiten gelte $p_i = P(X = i) = c \cdot i$ für $i = 1, 2, \ldots, N$ mit einer Konstanten c.
a) Bestimmen Sie die Konstante c.
b) Berechnen Sie den Erwartungswert von X und überprüfen Sie die Formel für $N = 2$.

A 8.5 Ein idealer Würfel wird so lange geworfen bis erstmals eine 6 erscheint. Die Zufallsvariable X ist erkärt durch $X = c^k$, falls genau k Würfe benötigt werden. Für welche Werte c existiert der Erwartungswert von X?

A 8.6 Jemand hat in seiner Tasche m rein äußerlich nicht unterscheidbare Schlüssel, von denen für die Haustür nur einer passt. Die Person kommt abends nach Hause und wählt so lange einen Schlüssel zufällig aus, bis dieser passt. Berechnen Sie den Erwartungswert und die Standardabweichung für die Anzahl X der benötigten Versuche (Zahlenbeispiel: m = 5), falls

a) die bereits ausgewählten nichtpassenden Schlüssel beiseite gelegt und nicht mehr ausgewählt werden;

b) die nicht passenden Schlüssel vor dem nächsten Versuch zu den übrigen zurück gelegt werden.

A 8.7 Ein Sportschütze treffe bei einem Schuss das Ziel mit Wahrscheinlichkeit 0,85. Er bietet folgende Wette an: Er schießt 20 mal. Falls von den 20 Schüssen mindestens 16 treffen, erhält er 100 €, sonst muss er 500 € zahlen.

a) Mit welcher Wahrscheinlichkeit gewinnt der Schütze eine Wette?

b) Berechnen Sie die Gewinnerwartung des Schützen.

c) Welchen Betrag darf der Schütze im Falle eines Verlustes höchstens bezahlen, damit er auf Dauer nicht verliert?

A 8.8 Die von einer Maschine produzierten Werkstücke seien jeweils voneinander unabhängig mit Wahrscheinlichkeit $p = 0,0025$ fehlerhaft. Es werden 200 Stück zufällig ausgewählt.

a) Berechnen Sie den Erwartungswert und die Varianz der Zufallsvariablen X der Anzahl der fehlerhaften Stücke in der Stichprobe.

b) Berechnen Sie die Wahrscheinlichkeiten für $p_k = P(X = k)$ einmal exakt und über die Approximation durch die Poisson - Verteilung für $k = 0, 1, 2, 3$.

A 8.9 Es sei $W = \mathbb{N} = \{1, 2, 3, \dots\}$ der Wertebereich der diskreten Zufallsvariablen X. Für die Wahrscheinlichkeiten gelte

$$p_i = p(X = i) = \frac{c}{a^i} \quad \text{für } i = 1, 2, \dots \text{ mit zwei Konstanten a und c.}$$

a) Welche Bedingung muss für a gelten, damit dadurch tatsächlich eine Wahrscheinlichkeitsverteilung erklärt ist? Berechnen Sie den zu a gehörenden Wert c.

b) Bestimmen Sie die Verteilungsfunktion an der Stelle $k \in \mathbb{N}$.

c) Berechnen Sie den Erwartungswert von X.

d) Zeigen Sie, dass X geometrisch verteilt ist. Bestimmen Sie den Parameter p. Berechnen Sie die Varianz von X.

A 8.10 Mit zwei idealen Würfeln wird geworfen. Die Zufallsvariable X sei die Anzahl der geworfenen Sechsen und Y die Anzahl der Einsen.

a) Bestimmen Sie die gemeinsame Verteilung von (X, Y).

b) Berechnen Sie den Erwartungswert und die Varianz der Zufallsvariablen X und Y. Sind X und Y unabhängig?

c) Berechnen Sie die Kovarianz, den Korrelationskoeffizienten und die Varianz der Summe $X + Y$.

A 8.11 Es werde dreimal eine ideale Münze geworfen, wobei die erhaltenen Symbole (W oder Z) der Reihe nach aufgeschrieben werden. Die Zufallsvariable X sei die Anzahl der erhaltenen Wappen und Y die Anzahl der Symbolwechsel von W zu Z und von Z zu W. Bestimmen Sie die gemeinsame Verteilung von (X, Y). Sind X und Y unabhängig bzw. unkorreliert?

A 8.12 Eine Kiste enthält 10 Werkstücke, von denen zwei fehlerhaft sind. Daraus werden hintereinander zwei ausgewählt und zwar
a) ohne zwischenzeitliches Zurücklegen;   b) mit Zurücklegen.
X sei die Anzahl der fehlerhaften Stücke beim ersten Zug und Y die Anzahl der fehlerhaften beim zweiten Zug. Bestimmen Sie für beide Fälle die gemeinsame Verteilung von (X, Y), sowie die Randverteilungen von X und Y. Sind X und Y unabhängig?

A 8.13 Mit n idealen Würfeln werde gleichzeitig geworfen.
a) Berechnen Sie den Erwartungswert und die Varianz der Zufallsvariablen X der Augensumme.
b) Wie groß muss n mindestens sein, damit die Varianz von

$$\overline{X} = \frac{1}{n} \sum_{i=1}^{n} X_i \quad \text{(mittlere Augenzahl)} \quad \text{höchstens 0,1 ist?}$$

c) Berechnen Sie den Erwartungswert der Zufallsvariablen Y des Produkts der n Augenzahlen.

A 8.14 Bei einer einzelnen Versuchdurchführung besitze das Ereignis A die Wahrscheinlichkeit $p = P(A)$. Das Experiment werde n-mal unabhängig durchgeführt.
a) Berechnen Sie den Erwartungswert und die Varianz der Zufallsvariablen $R_n(A)$ der relativen Häufigkeit des Ereignisses A in einer unabhängigen Versuchsserie vom Umfang n. Benutzen Sie dazu die Zufallsvariable X der absoluten Häufigkeit.
b) Wie groß muss n mindestens sein, damit die Varianz von $R_n(A)$ höchstens gleich 0,001 ist. Benutzen Sie dabei die Eigenschaft: $f(p) = p \cdot (1-p) \leq \frac{1}{4}$.

A 8.15 Die Zufallsvariablen (X, Y) besitzen die gemeinsame Verteilung

	$y_1 = 5$	$y_2 = 10$	$y_3 = 15$
$x_1 = 1$	0,1	0,1	0,05
$x_2 = 2$	0,05	0,2	0,15
$x_3 = 3$	0,05	0,1	0,2

Berechnen Sie daraus den Erwartungswert der Zufallsvariablen $X^2 \cdot Y$.

9. Stetige Zufallsvariable

B 9.1 Es sei X eine stetige Zufallsvariable mit der Dichte

$$f(x) = \begin{cases} c \cdot x \cdot (2 - x) & \text{für } 0 \le x \le 2\,; \\ 0 & \text{sonst.} \end{cases}$$

a) Bestimmen Sie die Konstante c.
b) Bestimmen Sie die Verteilungsfunktion.

Lösung:

a) $0 \le x \le 2$:

$$F(x) = \int_0^x f(u)\,du = c \cdot \int_0^x (2u - u^2)\,du = c \cdot \left[u^2 - \frac{u^3}{3} \right]_0^x = c \cdot \left(x^2 - \frac{x^3}{3} \right).$$

$$1 = F(2) = c \cdot \left(4 - \frac{8}{3} \right) = c \cdot \frac{4}{3} \quad \Rightarrow \quad c = \frac{3}{4}\,;$$

$$f(x) = \frac{3}{2}x - \frac{3}{4}x^2 \quad \text{für } 0 \le x \le 2\,; \quad f(x) = 0 \quad \text{sonst.}$$

b) $F(x) = \begin{cases} 0 & \text{für } < 0\,; \\ \frac{3}{4} \cdot (x^2 - \frac{x^3}{3}) & \text{für } 0 \le x \le 2\,; \\ 1 & \text{für } x > 2\,. \end{cases}$

B 9.2 Es sei X eine stetige Zufallsvariable mit der Dichte

$$f(x) = \begin{cases} 0 & \text{für } x < 1\,; \\ c \cdot e^{-x} & \text{für } x \ge 1\,. \end{cases}$$

a) Bestimmen Sie die Konstante c.
b) Bestimmen Sie die Verteilungsfunktion.

Lösung:

a) $x \ge 1$:

$$F(x) = \int_1^x f(u)\,du = c \cdot \int_1^x e^{-u}\,du = -c \cdot \left[e^{-u} \right]_1^x$$

$$= c \cdot \left(\frac{1}{e} - e^{-x} \right);$$

$$1 = \lim_{x \to \infty} F(x) = \frac{c}{e} \quad \Rightarrow \quad c = e\,;$$

$$f(x) = e \cdot e^{-x} = e^{1-x} \quad \text{für } x \ge 1\,; \quad f(x) = 0 \text{ für } x < 1.$$

b) $F(x) = \begin{cases} 0 & \text{für } x < 1; \\ 1 - e^{1-x} & \text{für } x \geq 1. \end{cases}$

Dichte und Verteilungsfunktion einer stetigen Zufallsvariablen:
Eine über ganz $\mathbb{R}$ integrierbare Funktion f heißt *Dichte (Dichtefunktion* oder *Wahrscheinlichkeitsdichte)* der stetigen Zufallvariablen X, wenn sie folgende Bedingungen erfüllt:

$$f(x) \geq 0 \quad \text{für alle } x \in \mathbb{R} \quad \text{und} \quad \int_{-\infty}^{+\infty} f(x)\,dx = 1.$$

Für die stetige Zufallsvariable X mit der Dichte f gilt

$$P(a \leq X \leq b) = \int_a^b f(x)\,dx; \quad P(X = b) = 0 \quad \text{für jede Konstante b.}$$

Daher können bei der Berechnung von $P(a \leq X \leq b)$ die Grenzen auch weggelassen werden. Die durch

$$F(x) = P(X \leq x) = \int_{-\infty}^x f(u)\,du$$

für jedes $x \in \mathbb{R}$ definierte Funktion F heißt die *Verteilungsfunktion* der stetigen Zufallsvariablen X. F ist eine stetige, monoton wachsende Funktion mit

$$\lim_{x \to -\infty} F(x) = 0 \quad \text{und} \quad \lim_{x \to \infty} F(x) = 1.$$

An jeder Stetigkeitsstelle x von f gilt $F'(x) = f(x)$.

B 9.3 Die Zufallsvariable X besitze die Verteilungsfunktion

$$F(x) = \begin{cases} 0 & \text{für } x < 0; \\ \frac{1}{4}x^2 & \text{für } 0 \leq x \leq 2; \\ 1 & \text{für } x > 2. \end{cases}$$

Bestimmen Sie den Median. Leiten Sie eine Gleichung für das q-Quantil ab. Zahlenbeispiele: $q = 0,01$; $q = 0,95$.

Lösung:

$F(\tilde{\mu}) = \frac{1}{4}\tilde{\mu}^2 = 0,5$; $\tilde{\mu}^2 = 2$ ergibt den Median $\tilde{\mu} = \sqrt{2}$;

das q-Quantil ξ_q erhält man aus $\frac{1}{4}\xi_q^2 = q$; $\xi_q = 2 \cdot \sqrt{q}$.

$\xi_{0,01} = 2 \cdot \sqrt{0,01} = 0,2$; $\xi_{0,95} = 2 \cdot \sqrt{0,95} = 1,949359$.

Median (Zentralwert) und Quantile:
Jeder Zahlenwert $\widetilde{\mu}$ mit

$$F(\widetilde{\mu}) = P(X \le \widetilde{\mu}) = \tfrac{1}{2}$$

heißt *Median* oder *Zentralwert* der stetigen Zufallsvariablen X. Falls die Dichte symmetrisch zur Symmetrie- Achse x = s ist, ist s der Median.

Für $0 < q < 1$ nennt man jeden Zahlenwert ξ_q mit

$$F(\xi_q) = P(X \le \xi_q) = q$$

q- *Quantil* der stetigen Zufallsvariablen X.

Bei symmetrischen Verteilungen gilt

$$\xi_{1-q} = 2s - \xi_q, \quad \text{falls } x = s \text{ Symmetrie- Achse von f ist;}$$

$$\xi_{1-q} = -\xi_q, \quad \text{falls die y-Achse Symmetrie-Achse ist } (s = 0).$$

B 9.4 Berechnen Sie den Erwartungswert und die Varianz der Zufallsvariablen X aus B 9.1.

Lösung:

$$E(X) = \int_0^2 x \cdot \left(\tfrac{3}{2}x - \tfrac{3}{4}x^2\right) dx = \int_0^2 \left(\tfrac{3}{2}x^2 - \tfrac{3}{4}x^3\right) dx$$

$$= \left[\frac{x^3}{2} - \frac{3}{16}x^4\right]_0^2 = \frac{8}{2} - \frac{3}{16} \cdot 16 = 1\,;$$

$$E(X^2) = \int_0^2 x^2 \cdot \left(\tfrac{3}{2}x - \tfrac{3}{4}x^2\right) dx = \int_0^2 \left(\tfrac{3}{2}x^3 - \tfrac{3}{4}x^4\right) dx$$

$$= \left[\frac{3}{8}x^4 - \frac{3}{20}x^5\right]_0^2 = \frac{3}{8} \cdot 16 - \frac{3}{20} \cdot 32 = \frac{6}{5}\,;$$

$$\text{Var}(X) = E(X^2) - [E(X)]^2 = \frac{6}{5} - 1 = \frac{1}{5}.$$

B 9.5 Berechnen Sie den Erwartungswert und die Varianz der Zufallsvariablen X aus B 9.2.

Lösung:

Mit Hilfe der partiellen Integration

$$\int u(x) \cdot v'(x)\, dx = u(x) \cdot v(x) - \int u'(x) \cdot v(x)\, dx$$

erhält man wegen $\lim\limits_{x \to \infty} x^k \cdot e^{-x} = 0$ für $k = 0, 1, 2, \ldots$

$$E(X) = e \cdot \int_1^{\infty} x \cdot e^{-x}\, dx = e \cdot \lim_{b \to \infty} \int_1^b \underbrace{x}_{u(x)} \cdot \underbrace{e^{-x}}_{v'(x)}\, dx$$

$$= e \cdot \left\{ \lim_{b \to \infty} \left(\left[-x \cdot e^{-x} \right]_1^b + \int_1^b e^{-x} dx \right) \right\}$$

$$= e \cdot \left\{ \lim_{b \to \infty} \left(\left[-x \cdot e^{-x} \right]_1^b + \left[-e^{-x} \right]_1^b \right) \right\} = e \cdot \left(e^{-1} + e^{-1} \right) = 2 .$$

$$E(X^2) = e \cdot \int_1^\infty x^2 \cdot e^{-x} dx = e \cdot \lim_{b \to \infty} \int_1^b \underbrace{x^2}_{u(x)} \cdot \underbrace{e^{-x}}_{v'(x)} dx$$

$$= e \cdot \lim_{b \to \infty} \left\{ \left[-x^2 \cdot e^{-x} \right]_1^b + 2 \cdot \int_1^b x \cdot e^{-x} dx \right\}$$

$$= e \cdot e^{-1} + 2 \cdot E(X) = 1 + 2 \cdot 2 = 5 ;$$

$$Var(X) = E(X^2) - [E(X)]^2 = 5 - 4 = 1 .$$

B 9.6 Die Zufallsvariable X besitzt die Verteilungsfunktion

$$F(x) = \begin{cases} 0 & \text{für } x < 1 ; \\ 1 - \frac{1}{x} & \text{für } x \geq 1 . \end{cases}$$

a) Berechnen Sie im Falle der Existenz den Erwartungswert.
b) Bestimmen Sie den Median.

Lösung:

a) Differenziation ergibt für $x \geq 1$ die Dichte $f(x) = F'(x) = \frac{1}{x^2}$:

$$f(x) = \begin{cases} 0 & \text{für } x < 1 ; \\ \frac{1}{x^2} & \text{für } x \geq 1 . \end{cases}$$

$$E(X) = \int_1^\infty x \cdot \frac{1}{x^2} dx = \lim_{b \to \infty} \int_1^b \frac{1}{x} dx = \lim_{b \to \infty} \left[\ln x \right]_1^b = \lim_{b \to \infty} \ln b = \infty .$$

Der Erwartungswert existiert nicht.

b) $F(\tilde{\mu}) = 1 - \frac{1}{\tilde{\mu}} = \frac{1}{2} ; \quad \frac{1}{\tilde{\mu}} = \frac{1}{2} ; \quad \tilde{\mu} = 2 .$

B 9.7 **Cauchy - Verteilung.** Die Zufallsvariable X mit der Dichte

$$f(x) = \frac{1}{\pi} \cdot \frac{1}{1 + x^2} \quad \text{für } x \in \mathbb{R}$$

heißt Cauchy-verteilt.

a) Bestimmen Sie den Median.
b) Zeigen Sie, dass X keinen Erwartungswert besitzt.

Lösung:

a) Wegen $f(-x) = f(x)$ ist $s = 0$ Symmetrie-Achse für die Dichte. Damit gilt $\tilde{\mu} = 0$.

b) Es gilt

$$\frac{1}{\pi} \int\limits_0^\infty \frac{x}{1+x^2} dx = \frac{1}{\pi} \lim_{b\to\infty} \left[\frac{1}{2} \ln(1+x^2) \right]_0^b = \frac{1}{\pi} \cdot \lim_{b\to\infty} \frac{1}{2} \cdot \ln(1+b^2) = \infty;$$

$$\frac{1}{\pi} \int\limits_{-\infty}^0 \frac{x}{1+x^2} dx = -\infty.$$

Daher würde der Wert des Integrals $\int\limits_{-\infty}^{+\infty} x \cdot f(x) dx$ vom Integrationsweg abhängen.

Die Zufallsvariable besitzt keinen Erwartungswert, obwohl die Dichte symmetrisch ist.

Erwartungswert einer stetigen Zufallsvariablen:

Die stetige Zufallsvariable X besitze die Dichte $f(x)$. Falls

$$\int\limits_{-\infty}^{+\infty} |x| \cdot f(x) dx < \infty$$

ist, heißt

$$\mu = E(X) = \int\limits_{-\infty}^{+\infty} x \cdot f(x) dx$$

der *Erwartungswert* von X. Dabei erhält man über jeden beliebigen Integrationsweg für μ den gleichen Wert.

Falls die Dichte symmetrisch zur Stelle s ist und der Erwartungswert μ existiert, gilt $\mu = s$. Die Symmetrie allein reicht nicht (s. B. 9.7).

X besitze den Erwartungswert $\mu = E(X)$. Im Falle der Existenz heißt

$$\sigma^2 = \text{Var}(X) = E\left((X-\mu)^2\right) = \int\limits_{-\infty}^{+\infty} (x-\mu)^2 f(x) dx$$

$$= E(X^2) - \mu^2 = \int\limits_{-\infty}^{+\infty} x^2 \cdot f(x) dx - \mu^2 < \infty$$

die *Varianz* und $\sigma = +\sqrt{\sigma^2}$ die *Standardabweichung* von X.

Für eine **linear transformierte Zufallsvariable** gilt im Falle der Existenz des Erwartungswertes und der Varianz von X

$$E(a \cdot X + b) = a \cdot E(X) + b; \quad \text{Var}(a \cdot X + b) = a^2 \cdot \text{Var}(X)$$

für beliebige Konstanten a und $b \in \mathbb{R}$.

B 9.8 Die Zufallsvariable X besitzt die Dichte

$$f(x) = \begin{cases} x^2 + c & \text{für } 0 \leq x \leq 1; \\ 0 & \text{sonst.} \end{cases}$$

a) Bestimmen Sie die Konstante c.

b) Berechnen Sie den Erwartungswert der Zufallsvariablen X^k für $k = 0, 1, 2, \ldots$.

c) Berechnen Sie mit Hilfe von b) folgende Größen:

$$E(X); \; Var(X^n) \quad \text{für } n = 1, 2, \ldots \text{ . Zahlenbeispiel: } n = 1.$$

Lösung:

a) $1 = \int\limits_0^1 (x^2 + c)\, dx = \left[\dfrac{x^3}{3} + c \cdot x\right]_0^1 = \dfrac{1}{3} + c \; \Rightarrow \; c = \dfrac{2}{3}.$

b) $E(X^k) = \int\limits_0^1 x^k \cdot (x^2 + \dfrac{2}{3})\, dx = \int\limits_0^1 (x^{k+2} + \dfrac{2}{3} \cdot x^k)\, dx$

$\qquad = \left[\dfrac{x^{k+3}}{k+3} + \dfrac{2}{3} \cdot \dfrac{x^{k+1}}{k+1}\right]_0^1 = \dfrac{1}{k+3} + \dfrac{2}{3} \cdot \dfrac{1}{k+1}.$

c) $k = 1; \; E(X) = \dfrac{1}{4} + \dfrac{2}{3} \cdot \dfrac{1}{2} = \dfrac{7}{12};$

$\quad Y = X^n; \quad E(Y) = \dfrac{1}{n+3} + \dfrac{2}{3} \cdot \dfrac{1}{n+1};$

$\quad Var(Y) = E(Y^2) - [E(Y)]^2;$

$\quad E(Y^2) = E(X^{2n}) = \dfrac{1}{2n+3} + \dfrac{2}{3} \cdot \dfrac{1}{2n+1};$

$\quad Var(X^n) = \dfrac{1}{2n+3} + \dfrac{2}{3} \cdot \dfrac{1}{2n+1} - \left[\dfrac{1}{n+3} + \dfrac{2}{3} \cdot \dfrac{1}{n+1}\right]^2.$

$\quad Var(X) = \dfrac{1}{2+3} + \dfrac{2}{3} \cdot \dfrac{1}{2+1} - \left[\dfrac{1}{1+3} + \dfrac{2}{3} \cdot \dfrac{1}{1+1}\right]^2$

$\qquad = \dfrac{1}{5} + \dfrac{2}{9} - \left(\dfrac{1}{4} + \dfrac{1}{3}\right)^2 = \dfrac{19}{45} - \left(\dfrac{7}{12}\right)^2 = \dfrac{531}{6480}.$

Funktionssatz:

Die stetige Zufallsvariable X besitze die Dichte f(x). Es sei $y = g(x)$ eine reelle Funktion, für die $Y = g(X)$ eine Zufallsvariable ist. Die Zufallsvariable $Y = g(X)$ besitzt genau dann einen Erwartungswert und zwar

$$E(Y) = E(g(X)) = \int\limits_{-\infty}^{+\infty} g(x) \cdot f(x)\, dx,$$

wenn dieses Integral absolut konvergiert, also für

$$\int\limits_{-\infty}^{+\infty} |g(x)| \cdot f(x)\, dx < \infty.$$

B 9.9 Jemand geht ohne Kenntnis des Fahrplans zu einem zufällig gewählten Zeitpunkt zu einer Straßenbahnhaltestelle. Berechnen Sie die Dichte, den Erwartungswert und die Varianz der Zufallsvariablen X der Wartezeit bis zur Abfahrt der nächsten Straßenbahn unter der Modellannahme, dass die Bahn alle 10 Minuten pünktlich abfährt.

Lösung:

Die Zufallsvariable der Wartezeit (in Minuten) ist unter der Modellannahme in $[0;10]$ gleichmäßig verteilt mit der Dichte

$$f(x) = \begin{cases} \dfrac{1}{10} & \text{für } 0 \leq x \leq 10; \\ 0 & \text{sonst.} \end{cases}$$

$$E(X) = 5 \text{ min}; \quad Var(X) = \frac{10^2}{12} = \frac{25}{3} \text{ min}^2.$$

Gleichmäßige Verteilung:
Die Zufallsvariable X mit der Dichte

$$f(x) = \begin{cases} \dfrac{1}{b-a} & \text{für } a \leq x \leq b; \\ 0 & \text{sonst} \end{cases}$$

heißt in $[a;b]$ *gleichmäßig verteilt.* Dabei gilt
$$E(X) = \tilde{\mu} = \frac{a+b}{2}; \quad Var(X) = \frac{(b-a)^2}{12}.$$

B 9.10 Die Zufallsvariable X der Betriebsdauer (in Stunden) eines elektronischen Gerätes sei exponentialverteilt mit dem Erwartungswert $\mu = 1\,000$.
a) Bestimmen Sie die Dichte und die Verteilungsfunktion der Zufallsvariablen X.
b) Mit welcher Wahrscheinlichkeit beträgt die Betriebsdauer mindestens 1 000 Stunden?
c) Mit welcher Wahrscheinlichkeit liegt die Betriebsdauer zwischen 800 und 1200 Stunden?
d) Bestimmen Sie den Median.

Lösung:

a) $\lambda = \frac{1}{\mu} = 0,001$;

$$f(x) = \begin{cases} 0 & \text{für } x < 0; \\ 0,001 \cdot e^{-0,001x} & \text{für } x \geq 0. \end{cases}$$

$$F(x) = \begin{cases} 0 & \text{für } x < 0; \\ 1 - e^{-0,001x} & \text{für } x \geq 0. \end{cases}$$

b) $P(X \geq 1\,000) = 1 - P(X \leq 1\,000) = e^{-0,001 \cdot 1000}$

$$= e^{-1} = \frac{1}{e} = 0,367879\,;$$

c) $P(800 \leq X \leq 1\,200) = F(1\,200) - F(800)$

$$= e^{-0,001 \cdot 800} - e^{-0,001 \cdot 1200}$$

$$= e^{-0,8} - e^{-1,2} = 0,148135.$$

d) $1 - e^{-0,001 \cdot \tilde{\mu}} = \frac{1}{2}\,;$ $e^{-0,001 \cdot \tilde{\mu}} = \frac{1}{2}\,;$

$$-0,001 \cdot \tilde{\mu} = \ln\left(\tfrac{1}{2}\right) = -\ln 2\,;$$ $\tilde{\mu} = 1\,000 \cdot \ln 2 = 693,15\,.$

Exponentialverteilung:

Eine stetige Zufallsvariable mit der Dichte und Verteilungsfunktion

$$f(x) = \begin{cases} 0 & \text{für } x < 0\,; \\ \lambda \cdot e^{-\lambda x} & \text{für } x \geq 0\,; \end{cases} \qquad F(x) = \begin{cases} 0 & \text{für } x < 0\,; \\ 1 - e^{-\lambda x} & \text{für } x \geq 0 \end{cases}$$

heißt *exponentialverteilt* mit dem Parameter $\lambda > 0$. Dabei gilt

$$E(X) = \frac{1}{\lambda}\,; \quad \tilde{\mu} = \frac{\ln 2}{\lambda}\,; \quad \text{Var}(X) = \frac{1}{\lambda^2}\,.$$

Für jedes $x \geq 0$ und jedes $h > 0$ gilt $P(X \leq x + h \mid X \geq x) = P(X \leq h)$.

Falls X die Lebensdauer eines Greätes ist, besitzt nach Erreichen eines Alters x die restliche Lebensdauer die gleiche Verteilung wie die Lebensdauer eines neuen Geräts. Es findet also **keine Alterung** statt.

B9.11 Das elektronische Gerät aus B9.10 sei nach 500 Betriebsstunden noch nicht ausgefallen.

    a) Mit welcher Wahrscheinlichkeit fällt es innerhalb der nächsten 750 Betriebsstunden nicht aus?

    b) Bestimmen Sie den Erwartungswert der restlichen Betriebsdauer.

    c) Interpretieren Sie die Ergebnisse aus a) und b).

Lösung:

    a) $P(X \geq 1\,250 \mid X \geq 500) = P(X \geq 750) = 1 - P(X \leq 750)$

$$= e^{-0,001 \cdot 750} = e^{-0,75} = 0,472367\,.$$

    b) $E(X \mid X \geq 500) = E(X) = \frac{1}{\lambda} = 1\,000$ Stunden.

    c) Die restliche Lebensdauer besitzt die gleiche Verteilung wie die Lebensdauer eines neuen Gerätes. Es findet keine Alterung statt.

B 9.12 Von einer Maschine werden Lebensmittel abgefüllt. Die Zufallsvariable X des Gewichts (in Gramm) sei näherungsweise normalverteilt mit $\mu = 980$ und $\sigma = 4$.

a) Mit welcher Wahrscheinlichkeit beträgt das Gewicht eines zufällig ausgewählten Pakets mindestens 985 g?

b) Mit welcher Wahrscheinlichkeit liegt das Gewicht zwischen 970 und 990 g?

c) Für welches c gilt $P(X \geq c) = \gamma$?
   Zahlenbeispiele: $\gamma = 0,95$; $\gamma = 0,99$.

Lösung:

a) $P(X \geq 985) = 1 - P(X \leq 985) = 1 - P\left(\dfrac{X - 980}{4} \leq \dfrac{985 - 980}{4}\right)$

$\qquad\qquad = 1 - \Phi(1,25) = 0,89435.$

b) $P(970 \leq X \leq 990) = P\left(\dfrac{970 - 980}{4} \leq \dfrac{X - 980}{4} \leq \dfrac{990 - 980}{4}\right)$

$\qquad\qquad = \Phi(2,5) - \Phi(-2,5) = \Phi(2,5) - [1 - \Phi(2,5)]$

$\qquad\qquad = 2 \cdot \Phi(2,5) - 1 = 0,987581.$

b) $\gamma = P(X \geq c) = 1 - P(X \leq c) = 1 - P\left(\dfrac{X - 980}{4} \leq \dfrac{c - 980}{4}\right)$

$\qquad\qquad = 1 - \Phi\left(\dfrac{c - 980}{4}\right); \quad \Phi\left(\dfrac{c - 980}{4}\right) = 1 - \gamma;$

$\dfrac{c - 980}{4} = z_{1-\gamma}; \quad c = 980 + 4 \cdot z_{1-\gamma} = 980 - 4 \cdot z_\gamma.$

$\gamma = 0,95 \Rightarrow c = 973,42; \quad \gamma = 0,99 \Rightarrow c = 970,69.$

Standardnormalverteilung:

Die Zufallsvariable Z heißt standardnormalverteilt, kurz $N(0;1)$-verteilt, wenn sie die zu $s = 0$ symmetrische Dichte

$$\varphi(z) = \frac{1}{\sqrt{2\pi}} \cdot e^{-\frac{z^2}{2}}$$

besitzt. Die Werte der Verteilungsfunktion

$$\Phi(z) = P(Z \leq z) = \int_{-\infty}^{z} \varphi(u)\,du = \frac{1}{\sqrt{2\pi}} \cdot \int_{-\infty}^{z} e^{-\frac{u^2}{2}}\,du$$

können nur numerisch berechnet werden. Wegen der Symmetrie der Dichte φ zur Achse $s = 0$ gilt

$\Phi(-z) = 1 - \Phi(z)$ für jedes $z \in \mathbb{R}$;

$z_{1-q} = -z_q$ für q-Quantile z_q mit $\Phi(z_q) = q$ $(0 < q < 1)$.

Die Kenngrößen lauten: $\mu = E(Z) = 0$; $\sigma^2 = Var(Z) = 1$.

Werte der Verteilungsfunktion Φ und Quantile z_q sind in Tab. 1 und Ta. 2 im Anhang aufgeführt.

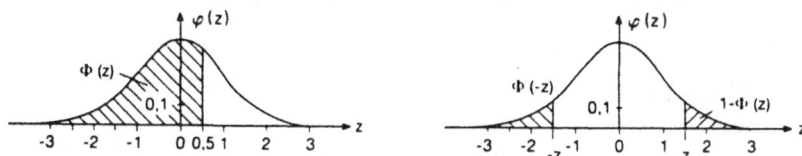

Dichte der $N(0\,;1)$ - Verteilung

Normalverteilung:

Die Zufallsvariable X heißt normalverteilt mit dem Erwartungswert μ und der Varianz $\sigma^2 > 0$, kurz $N(\mu\,;\sigma^2)$-verteilt, falls die Standardisierung

$$X^* = \frac{X - \mu}{\sigma} = Z$$

standardnormalverteilt ist. X besitzt die Dichte

$$f(x) = \frac{1}{\sigma} \cdot \varphi\left(\frac{x - \mu}{\sigma}\right) = \frac{1}{\sqrt{2\pi} \cdot \sigma} \cdot e^{-\dfrac{(x - \mu)^2}{2\sigma^2}}$$

und die Verteilungsfunktion

$$F(x) = P(X \leq x) = P\left(\frac{X - \mu}{\sigma} \leq \frac{x - \mu}{\sigma}\right) = \Phi\left(\frac{x - \mu}{\sigma}\right).$$

Aus $X = \mu + \sigma \cdot Z$ folgt $E(X) = \mu$; $Var(X) = \sigma^2$.

B 9.13 Bei einer Abfüllmaschine sei die Zufallsvariable X des Gewichts (in Gramm) näherungsweise normalverteilt. Dabei kann der Erwartungswert μ eingestellt werden, während die Standardabweichung $\sigma = 3$ eine vom Erwartungswert μ unabhängige feste Maschinengröße ist. Die Firma möchte auf der Verpackung "Mindestgewicht 980 Gramm" drucken. Welcher Erwartungswert μ muss eingestellt werden, damit bei einem zufällig ausgewählten Paket die Angabe mit der Wahrscheinlichkeit γ richtig ist. Zahlenbeispiele: $\gamma = 0{,}95$ und $\gamma = 0{,}99$.

<u>Lösung:</u>

$$\gamma = P(X \geq 980) = 1 - P(X \leq 980) = 1 - P\left(\frac{X - \mu}{3} \leq \frac{980 - \mu}{3}\right)$$

$$= 1 - \Phi\left(\frac{980 - \mu}{3}\right); \quad \Phi\left(\frac{980 - \mu}{3}\right) = 1 - \gamma;$$

$$\frac{980 - \mu}{3} = z_{1 - \gamma} = -z_\gamma;$$

$$980 - \mu = -3 \cdot z_\gamma; \quad \mu = 980 + 3 \cdot z_\gamma;$$

$$\gamma = 0{,}95 \ \Rightarrow\ \mu = 984{,}93; \quad \gamma = 0{,}99 \ \Rightarrow\ \mu = 986{,}98.$$

B 9.14 Die Zufallsvariable X sei $N(\mu; \sigma^2)$ - verteilt. Geben Sie für beliebiges $c > 0$ eine geschlossene Formel für $P(|X - \mu| \leq c \cdot \sigma)$ an.

Lösung:

$$P(|X - \mu| \leq c \cdot \sigma) = P(\mu - c \cdot \sigma \leq X \leq \mu + c \cdot \sigma)$$

$$= P\left(\frac{\mu - c \cdot \sigma - \mu}{\sigma} \leq \frac{X - \mu}{\sigma} \leq \frac{\mu + c \cdot \sigma - \mu}{\sigma}\right)$$

$$= P(-c \leq Z \leq c) = 2\,\Phi(c) - 1.$$

---

k - Sigma - Regel:

Bei einer $N(\mu; \sigma^2)$-verteilten Zufallsvariablen X gilt für jedes $c > 0$:

$$P(|X - \mu| \leq c \cdot \sigma) = P(\mu - c \cdot \sigma \leq X \leq \mu + c \cdot \sigma) = 2 \cdot \Phi(c) - 1;$$

$$P(|X - \mu| \geq c \cdot \sigma) = 1 - P(|X - \mu| \leq c \cdot \sigma) = 2 \cdot [1 - \Phi(c)].$$

Im Falle $c = k = 1, 2, \ldots$ spricht man von der **k - Sigma - Regel.**

$k = 1$: Ein-Sigma-Regel: $P(|X - \mu| \leq \sigma)\ = 0{,}682689$;

$k = 2$: Zwei-Sigma-Regel: $P(|X - \mu| \leq 2\sigma) = 0{,}954500$;

$k = 3$: Drei-Sigma-Regel: $P(|X - \mu| \leq 3\sigma) = 0{,}997300$.

B 9.15 Multiple-Choice: Eine Prüfung besteht aus 200 Fragen. Bei jeder der Fragen sind in zufälliger Reihenfolge die richtige und eine falsche Antwort angegeben. Wie viele richtige Antworten müssen zum Bestehen der Prüfung mindestens verlangt werden, damit jemand durch reines Raten (zufälliges Ankreuzen je einer Antwort) die Prüfung höchstens mit Wahrscheinlichkeit α bestehen kann? Zahlenbeispiele: $\alpha = 0{,}05$; $\alpha = 0{,}01$; $\alpha = 0{,}001$.

Lösung:

Die Zufallsvariable X der Anzahl der durch Raten erzielten richtigen Antworten ist binomialverteilt mit $n = 200$ und $p = 0{,}5$. Dabei gilt $E(X) = 200 \cdot 0{,}5 = 100$; $Var(X) = 200 \cdot 0{,}5 \cdot 0{,}5 = 50$.

Die Binomialverteilung kann durch die Normalverteilung mit Stetigkeitskorrektur approximiert werden. Mit der Mindestanzahl c richtiger Antworten erhält man

$$\alpha = P(X \geq c) = 1 - P(X < c) = 1 - P(X \leq c - 0{,}5);$$

$$1 - \alpha = P(X \leq c - 0{,}5) \approx \Phi\left(\frac{c - 0{,}5 - 100}{\sqrt{50}}\right);$$

$$\frac{c - 0{,}5 - 100}{\sqrt{50}} = z_{1-\alpha}; \quad c = 100{,}5 + \sqrt{50} \cdot z_{1-\alpha} \text{ (aufrunden)}.$$

$\alpha = 0{,}05 \Rightarrow c = 113$; $\alpha = 0{,}01 \Rightarrow c = 117$; $\alpha = 0{,}001 \Rightarrow c = 123$.

Approximation der Binomialverteilung durch die Normalverteilung:
X sei binomialverteilt mit den Parametern n und p. Dabei gilt

$$E(X) = n \cdot p; \quad Var(X) = n \cdot p \cdot (1 - p).$$

Für $n \cdot p \cdot (1 - p) > 9$ (Faustregel) kann die Binomialverteilung durch
die entsprechende Normalverteilung recht gut approximiert werden. Mit
der **Stetigkeitskorrektur** erhält man für beliebige k, $k_1 \leq k_2$

$$P(k_1 \leq X_n \leq k_2) \approx \Phi\left(\frac{k_2 - np + 0{,}5}{\sqrt{np(1 - p)}}\right) - \Phi\left(\frac{k_1 - np - 0{,}5}{\sqrt{np(1 - p)}}\right);$$

$$P(X = k) = \binom{n}{k} \cdot p^k \cdot (1 - p)^{n - k} \approx \Phi\left(\frac{k - np + 0{,}5}{\sqrt{np(1 - p)}}\right) - \Phi\left(\frac{k - np - 0{,}5}{\sqrt{np(1 - p)}}\right).$$

Ferner gilt für jedes $k = 0, 1, 2, \ldots, n$ die lokale Approximation

$$P(X = k) = \binom{n}{k} \cdot p^k \cdot (1 - p)^{n - k} \approx \frac{1}{\sqrt{2\pi np(1 - p)}} \cdot e^{-\frac{(k - np)^2}{2np(1 - p)}}.$$

B 9.16 Die zweidimensionale stetige Zufallsvariable (X, Y) besitze eine
Dichte $f(x, y)$, die in dem nebenstehenden Dreieck den konstanten
Wert c annimmt und außerhalb davon verschwindet.

a) Bestimmen Sie die Konstante c.

b) Bestimmen Sie die beiden Randdichten der Zufallsvariablen X
und Y.

c) Sind X und Y unabhängig?

d) Bestimmen Sie die Erwartungswerte und Varianzen der Zufallsvariablen X und Y.

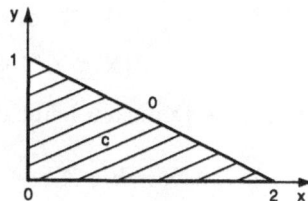

Lösung:

a) Da die Gesamtfläche des Dreiecks 1 ist, muss $c = 1$ sein.

b) Gleichung der Begrenzungsgeraden: $y + 0{,}5\,x - 1 = 0$;
Dichte der Zufallsvariablen X:

Für $x \notin [0\,;2]$ ist $f_1(x) = 0$.

$$0 \leq x \leq 2: \quad f_1(x) = \int_{-\infty}^{+\infty} f(x, y)\,dy = \int_0^{1 - 0{,}5x} dy = 1 - 0{,}5\,x;$$

Dichte der Zufallsvariablen Y:
Für $y \notin [0\,,1]$ ist $f_2(y) = 0$.

$$0 \leq y \leq 1: \quad f_2(y) = \int\limits_{-\infty}^{+\infty} f(x,y)\,dx = \int\limits_{0}^{2-2y} dx = 2 \cdot (1-y).$$

c) Wegen $f(x,y) \neq f_1(x) \cdot f_2(y)$ im Dreieck sind die beiden Zufallsvariablen X und Y nicht unabhängig.

d) $E(X) = \int\limits_{0}^{2} x \cdot (1 - 0{,}5\,x)\,dx = \int\limits_{0}^{2} (x - \tfrac{1}{2}x^2)\,dx = \left[\dfrac{x^2}{2} - \dfrac{x^3}{6}\right]_0^2 = \dfrac{2}{3};$

$E(X^2) = \int\limits_{0}^{2} x^2 \cdot (1 - 0{,}5\,x)\,dx = \int\limits_{0}^{2} (x^2 - \tfrac{1}{2}x^3)\,dx = \left[\dfrac{x^3}{3} - \dfrac{x^4}{8}\right]_0^2 = \dfrac{2}{3};$

$\mathrm{Var}(X) = E(X^2) - [E(X)]^2 = \dfrac{2}{3} - \dfrac{4}{9} = \dfrac{2}{9};$

$E(Y) = \int\limits_{0}^{1} y \cdot 2 \cdot (1-y)\,dy = \int\limits_{0}^{1} (2y - 2y^2)\,dx = \left[y^2 - \dfrac{2}{3}\cdot y^3\right]_0^1 = \dfrac{1}{3};$

$E(Y^2) = \int\limits_{0}^{1} (2y^2 - 2y^3)\,dy = \left[\dfrac{2}{3}\cdot y^3 - \dfrac{1}{2}\cdot y^4\right]_0^1 = \dfrac{1}{6};$

$\mathrm{Var}(Y) = E(Y^2) - [E(Y)]^2 = \dfrac{1}{6} - \dfrac{1}{9} = \dfrac{1}{18}.$

Zweidimensionale Dichte und Verteilungsfunktion; Unabhängigkeit:
Die zweidimensionale Zufallsvariable (X,Y) besitzt die *zweidimensionale Dichte* $f(x,y)$, wenn gilt

$$f(x,y) \geq 0 \quad \text{für alle } (x,y) \in \mathbb{R}^2 \quad \text{und} \quad \int\limits_{-\infty}^{+\infty}\int\limits_{-\infty}^{+\infty} f(x,y)\,dx\,dy = 1.$$

Die für alle $(x,y) \in \mathbb{R}^2$ durch

$$F(x,y) = P(X \leq x, Y \leq y) = \int\limits_{-\infty}^{x}\int\limits_{-\infty}^{y} f(u,v)\,du\,dv$$

definierte Funktion heißt die gemeinsame *Verteilungsfunktion* .

Die Zufallsvariable X besitzt die *Randdichte* $f_1(x) = \int\limits_{-\infty}^{+\infty} f(x,y)\,dy$

und Y die *Randdichte* $f_2(y) = \int\limits_{-\infty}^{+\infty} f(x,y)\,dx.$

Im Falle $f(x,y) = f_1(x) \cdot f_2(y)$ für alle $(x,y) \in \mathbb{R}^2$ sind X und Y *unabhängig*. Gleichwertig damit ist

$$F(x,y) = P(X \leq x, X \leq y) = P(X \leq x) \cdot P(Y \leq y) = F_1(x) \cdot F_2(y)$$

für alle (x,y).
Für unabhängige Zufallsvariable X, Y gilt $E(X \cdot Y) = E(X) \cdot E(Y)$,

---

B 9.17 Berechnen Sie für die zweidimensionale Zufallsvariable (X,Y) aus B 9.16 folgende Größen:
   a) den Erwartungswert von $X \cdot Y$ und die Kovarianz von X und Y;
   b) den Korrelationskoeffizienten zwischen X und Y;
   c) die Varianz der Summe $X + Y$.

Lösung:

a) $E(X \cdot Y) = \int\limits_{-\infty}^{+\infty} \int\limits_{-\infty}^{+\infty} x \cdot y \cdot f(x,y) \, dy \, dx$

$$= \int\limits_0^2 \left[x \cdot \int\limits_0^{1-0,5x} y \, dy \right] dx = \int\limits_0^2 x \cdot \left[\frac{y^2}{2} \right]_0^{1-0,5x} dx$$

$$= \frac{1}{2} \int\limits_0^2 x \cdot (1 - \tfrac{1}{2}x)^2 \, dx = \frac{1}{2} \int\limits_0^2 \left(x - x^2 + \frac{x^3}{4} \right) dx$$

$$= \frac{1}{2} \cdot \left[\frac{x^2}{2} - \frac{x^3}{3} + \frac{x^4}{16} \right]_0^2 = \frac{1}{6};$$

$$\text{Cov}(X,Y) = E(X \cdot Y) - E(X) \cdot E(Y) = \frac{1}{6} - \frac{2}{3} \cdot \frac{1}{3} = -\frac{1}{18}.$$

b) $\rho = \dfrac{\text{Cov}(X,Y)}{\sqrt{\text{Var}(X) \cdot \text{Var}(Y)}} = -\dfrac{\frac{1}{18}}{\sqrt{\frac{2}{9} \cdot \frac{1}{18}}} = -\dfrac{1}{2}.$

c) $\text{Var}(X+Y) = \text{Var}(X) + \text{Var}(Y) + 2 \cdot \text{Cov}(X,Y)$

$$= \frac{2}{9} + \frac{1}{18} - \frac{2}{18} = \frac{1}{6}.$$

Kovarianz, Korrelationskoeffizient und Unkorreliertheit:

Die Zufallsvariablen X und Y sollen die Erwartungswerte $E(X) = \mu_X$, $E(Y) = \mu_Y$ sowie die Varianzen $\text{Var}(X) = \sigma_X^2 > 0$ und $\text{Var}(Y) = \sigma_Y^2 > 0$ besitzen. Dann heißt im Falle der Existenz

$$\text{Cov}(X,Y) = \sigma_{XY} = E\big((X - \mu_X) \cdot (Y - \mu_Y) \big) = E(X \cdot Y) - E(X) \cdot E(Y)$$

die *Kovarianz* und

$$\rho = \rho(X,Y) = \frac{\text{Cov}(X,Y)}{\sqrt{\text{Var}(X)} \cdot \sqrt{\text{Var}(Y)}} = \frac{\sigma_{XY}}{\sigma_X \cdot \sigma_Y}$$

der *Korrelationskoeffizient* von X und Y.

Im Falle $\text{Cov}(X,Y) = 0$ nennt man die beiden Zufallsvariablen X und Y *unkorreliert.*

Allgemein gilt $\rho^2 \le 1$, also $-1 \le \rho \le 1$.

Für $\rho^2 = 1$ liegt eine sogenannte entartete Verteilung vor mit

$$P\left(\frac{X - \mu_X}{\sigma_X} - \rho \cdot \frac{Y - \mu_Y}{\sigma_Y} \right) = 1.$$

Dann ist die gesamte Wahrscheinlichkeitsmasse von (X,Y) auf einer Geraden konzentriert.

B 9.18 a) Bestimmen Sie die Dichte der Summe $Z = X + Y$ der beiden Zufallsvariablen aus B 9.16. Skizzieren Sie die Dichte. Zeigen Sie, dass es sich um die Dichte einer *Dreiecksverteilung* in $[0;2]$ handelt.

   b) Berechnen Sie mit Hilfe dieser Dichte den Erwartungswert und die Varianz von $Z = X + Y$.

Lösung:

   a) Aus der gemeinsamen Dichte von (X,Y) erhält man die Dichte $h(z)$ der Zufallsvariablen $Z = X + Y$ aus

$$h(z) = \int\limits_{-\infty}^{+\infty} f(x, z - x)\, dx = \int\limits_{-\infty}^{+\infty} f(z - y, y)\, dy.$$

Die Integration erfolgt über den Bereich, in dem die Dichte f positiv, hier also gleich 1 ist. Nach B 9.16 verschwindet die gemeinsame Dichte f für $x < 0$, $y < 0$ und $y + \frac{x}{2} \geq 1$. Addition von $\frac{x}{2}$ zu dieser Ungleichung ergibt

$$f(x,y) = 0 \quad \text{für } y + \frac{x}{2} + \frac{x}{2} \geq 1 + \frac{x}{2}; \quad y + x = z \geq 1 + \frac{x}{2}.$$

Da x höchstens gleich 2 kann, verschwindet die gemeinsame Dichte für $z > 2$ und $z < 0$.

Der Integrand $f(x, z - x)$ nimmt den Wert 1 an, wenn x und $z - x$ in dem in B 9.16 eingezeichneten Dreieck liegen. Außerhalb davon verschwindet f. Anstelle von y muss $z - x$ eingesetzt werden. Dadurch erhält man die Bedingungen für das Dreieck:

$0 \leq x \leq 2$;

$0 \leq z - x \leq 1 \;\Rightarrow\; z - 1 \leq x \leq z$;

$z - x + \frac{x}{2} \leq 1$; $\; z - \frac{x}{2} \leq 1$; $\; x \geq 2 \cdot (z - 1)$.

Fall I: $0 \leq z \leq 1$:
hier ist $z - 1 \leq 0$. Damit erhält man den Bereich $0 \leq x \leq z$ und die Dichte

$$h(z) = \int\limits_{0}^{z} dx = z.$$

Fall II: $1 \leq z \leq 2$:
hier ist $0 \leq 2 \cdot (z - 1) \leq 2$.

Damit gilt $2 \cdot (z - 1) \leq x \leq z$;

$$h(z) = \int\limits_{2 \cdot (z-1)}^{z} dx = z - 2 \cdot (z - 1) = 2 - z;$$

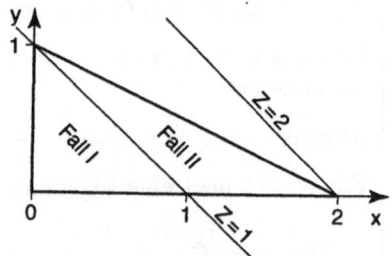

Die Dichte der Summe $Z = X + Y$ lautet

$$h(z) = \begin{cases} z & \text{für } 0 \le z \le 1; \\ 2 - z & \text{für } 1 \le z \le 2; \\ 0 & \text{sonst.} \end{cases}$$

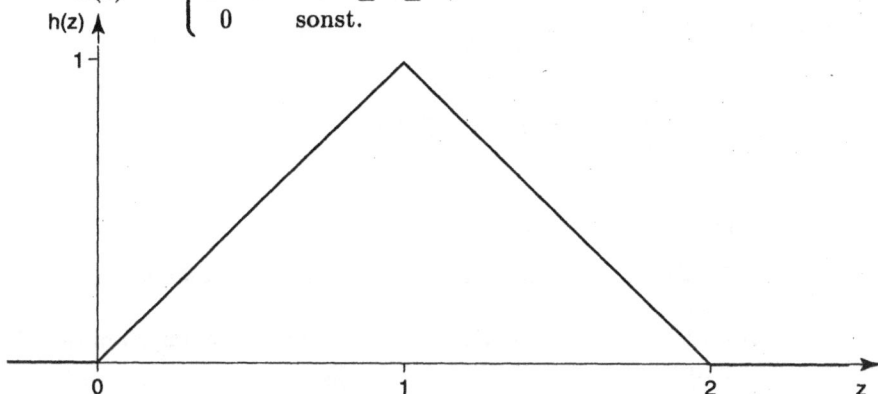

Bei der Dichte handelt es sich um eine Dreiecksverteilung. Dabei ist $s = 1$ Symmetrie-Stelle.

$$E(Z) = \int\limits_{-\infty}^{+\infty} z \cdot h(z) dz = \int\limits_0^1 z \cdot z \, dz + \int\limits_1^2 z \cdot (2 - z) \, dz$$

$$= \left[\frac{z^3}{3} \right]_0^1 + \left[z^2 - \frac{z^3}{3} \right]_1^2 = \frac{1}{3} + 4 - \frac{8}{3} - 1 + \frac{1}{3} = 1;$$

$$E(Z^2) = \int\limits_{-\infty}^{+\infty} z^2 \cdot h(z) dz = \int\limits_0^1 z^2 \cdot z \, dz + \int\limits_1^2 z^2 \cdot (2 - z) \, dz$$

$$= \left[\frac{z^4}{4} \right]_0^1 + \left[\frac{2}{3} z^3 - \frac{z^4}{4} \right]_1^2 = \frac{1}{4} + \frac{16}{3} - 4 - \frac{2}{3} + \frac{1}{4} = \frac{7}{6};$$

$$\text{Var}(Z) = \frac{7}{6} - 1 = \frac{1}{6}.$$

Verteilungsfunktion und Dichte einer Summe zweier stetiger Zufallsvariabler; Faltung:

Die zweidimensionale Zufallsvariable (X, Y) besitze die Dichte $f(x, y)$. Dann besitzt die Summe $Z = X + Y$ die Verteilungsfunktion

$$P(Z \le z) = H(z) = \iint\limits_{x + y \le z} f(x, y) \, dx \, dy$$

und die Dichte

$$h(z) = \int\limits_{-\infty}^{+\infty} f(x, z - x) \, dx = \int\limits_{-\infty}^{+\infty} f(z - y, y) \, dy.$$

Bei *unabhängigen* stetigen Zufallsvariablen X und Y mit den Dichten $f_1(x)$ und $f_2(y)$ ist $h = f_1 * f_2 = f_2 * f_1$ die *Faltung* von f_1 und f_2 mit

$$h(z) = f_1 * f_2 (z) = \int\limits_{-\infty}^{+\infty} f_1(x) \cdot f_2(z - x) \, dx = \int\limits_{-\infty}^{+\infty} f_1(z - y) \cdot f_2(y) \, dy.$$

B 9.19 Die Zufallsvariablen X und Y sollen die beiden Randverteilungen aus B 9.16 besitzen, also die Dichten

$$f_1(x) = \begin{cases} 1 - \frac{1}{2}x & \text{für } 0 \le x \le 2; \\ 0 & \text{sonst.} \end{cases}$$

$$f_2(y) = \begin{cases} 2 \cdot (1 - y) & \text{für } 0 \le y \le 1; \\ 0 & \text{sonst.} \end{cases}$$

Beide Zufallsvariablen seien aber unabhängig.

a) Bestimmen sie die gemeinsame Dichte der unabhängigen Zufallsvariablen (X, Y).

b) Bestimmen Sie die Dichte h und die Verteilungsfunktion F der Summe $Z = X + Y$.

Lösung:

a) $f(x, y) = f_1(x) \cdot f_2(y)$

$$= \begin{cases} (2 - x) \cdot (1 - y) & \text{für } 0 \le x \le 2; \ 0 \le y \le 1; \\ 0 & \text{sonst.} \end{cases}$$

b) $h(z) = f_1 * f_2 (z) = \int\limits_{-\infty}^{+\infty} f_1(x) \cdot f_2(z - x) \, dx$;

Bedingungen für positive Integranden

$0 \le x \le 2$;
$0 \le z - x \le 1$;
$z - 1 \le x \le z$;

Fallunterscheidungen:

$\alpha) \ 0 \le z \le 1$: $0 \le x \le z$;

$\beta) \ 1 \le z \le 2$: $z - 1 \le x \le z$;

$\gamma) \ 2 \le z \le 3$: $z - 1 \le x \le 2$.

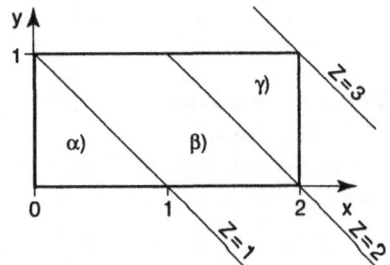

$\alpha) \ 0 \le z \le 1$:

$$h(z) = \int\limits_0^z (2 - x) \cdot (1 - z + x) \, dx = \int\limits_0^z (2 - 2z + 2x - x + x \cdot z - x^2) \, dx$$

$$= \int\limits_0^z \left((2 - 2z) + (z + 1) \cdot x - x^2 \right) dx$$

$$= \left[(2-2z)\cdot x + (z+1)\cdot\frac{x^2}{2} - \frac{x^3}{3}\right]_0^z$$

$$= (2-2z)\cdot z + (z+1)\cdot\frac{z^2}{2} - \frac{z^3}{3} = 2z - 2z^2 + \frac{z^3}{2} + \frac{z^2}{2} - \frac{z^3}{3}$$

$$= 2z - \frac{3}{2}z^2 + \frac{z^3}{6}; \quad h(1) = \frac{2}{3};$$

$$F(z) = \int_0^z h(u)\,du = \int_0^z \left(2u - \frac{3}{2}u^2 + \frac{u^3}{6}\right)du = \left[u^2 - \frac{u^3}{2} + \frac{u^4}{24}\right]_0^z$$

$$= z^2 - \frac{z^3}{2} + \frac{z^4}{24}; \quad F(1) = \frac{13}{24};$$

$\beta)$ $1 \le z \le 2$: Mit der Darstellung aus $\alpha)$ erhält man

$$h(z) = \int_{z-1}^z \left((2-2z) + (z+1)\cdot x - x^2\, 1\right)dx$$

$$= \left[(2-2z)\cdot x + (z+1)\cdot\frac{x^2}{2} - \frac{x^3}{3}\right]_{z-1}^z$$

$$= (2-2z)\cdot z + (z+1)\cdot\frac{z^2}{2} - \frac{z^2}{3}$$
$$\quad - 2\cdot(1-z)\cdot(z-1) - (z+1)\cdot\frac{(z-1)^2}{2} + \frac{(z-1)^3}{3}$$

$$= 2z - 2z^2 + \frac{z^3}{2} + \frac{z^2}{2} - \frac{z^3}{3} + 2z^2 - 4z + 2$$
$$\quad - \frac{z^3}{2} + z^2 - \frac{z}{2} - \frac{z^2}{2} + z - \frac{1}{2} + \frac{z^3}{3} - z^2 + z - \frac{1}{3}$$

$$= \frac{7}{6} - \frac{z}{2}; \quad h(1) = \frac{2}{3}; \quad h(2) = \frac{1}{6}.$$

$$F(z) = F(1) + \int_1^z h(u)\,du = \frac{13}{24} + \int_1^z \left(\frac{7}{6} - \frac{u}{2}\right)du = \frac{13}{24} + \left[\frac{7}{6}u - \frac{u^2}{4}\right]_1^z$$

$$= \frac{13}{24} + \frac{7}{6}z - \frac{z^2}{4} - \frac{7}{6} + \frac{1}{4} = -\frac{3}{8} + \frac{7}{6}z - \frac{z^2}{4};$$

$$F(1) = \frac{13}{24}; \quad F(2) = -\frac{3}{8} + \frac{7}{3} - 1 = \frac{23}{24};$$

$\gamma)$ $2 \le z \le 3$: Mit den Ergebnissen aus $\alpha)$ und $\beta)$ erhält man

$$h(z) = \int_{z-1}^2 \left((2-2z) + (z+1)\cdot x - x^2\right)dx$$

$$= \left[(2-2z)\cdot x + (z+1)\cdot\frac{x^2}{2} - \frac{x^3}{3}\right]_{z-1}^2$$

$$= (2-2z)\cdot 2 + (z+1)\cdot 2 - \frac{8}{3}$$
$$\quad - 2\cdot(1-z)\cdot(z-1) - (z+1)\cdot\frac{(z-1)^2}{2} + \frac{(z-1)^3}{3}$$

$$= 4 - 4z + 2z + 2 - \frac{8}{3} + 2z^2 - 4z + 2$$

$$- \frac{z^3}{2} + z^2 - \frac{z}{2} - \frac{z^2}{2} + z - \frac{1}{2} + \frac{z^3}{3} - z^2 + z - \frac{1}{3}$$

$$= \frac{9}{2} - \frac{9}{2}z + \frac{3}{2}z^2 - \frac{z^3}{6}; \quad h(2) = \frac{1}{6}; \quad h(3) = 0.$$

$$F(z) = F(2) + \int_2^z h(u)\, du = \frac{23}{24} + \int_2^z \left(\frac{9}{2} - \frac{9}{2}u + \frac{3}{2}u^2 - \frac{u^3}{6} \right) du$$

$$= \frac{23}{24} + \left[\frac{9}{2}u - \frac{9}{4}u^2 + \frac{1}{2}u^3 - \frac{u^4}{24} \right]_2^z$$

$$= \frac{23}{24} + \frac{9}{2}z - \frac{9}{4}z^2 + \frac{1}{2}z^3 - \frac{z^4}{24} - 9 + 9 - 4 + \frac{2}{3}$$

$$= -\frac{57}{24} + \frac{9}{2}z - \frac{9}{4}z^2 + \frac{1}{2}z^3 - \frac{z^4}{24};$$

$$F(2) = \frac{23}{24}; \quad F(3) = 1.$$

Dichte von $Z = X + Y$:

$$h(z) = \begin{cases} 2z - \frac{3}{2}z^2 + \frac{z^3}{6} & \text{für } 0 \le z \le 1; \\[2mm] \frac{7}{6} - \frac{z}{2} & \text{für } 1 \le z \le 2; \\[2mm] \frac{9}{2} - \frac{9}{2}z + \frac{3}{2}z^2 - \frac{z^3}{6} & \text{für } 2 \le z \le 3; \\[2mm] 0 & \text{sonst.} \end{cases}$$

Verteilungsfunktion von $Z = X + Y$:

$$F(z) = \begin{cases} 0 & \text{für } z \le 0; \\[2mm] z^2 - \frac{z^3}{2} + \frac{z^4}{24} & \text{für } 0 \le z \le 1; \\[2mm] -\frac{3}{8} + \frac{7}{6}z - \frac{z^2}{4} & \text{für } 1 \le z \le 2; \\[2mm] -\frac{57}{24} + \frac{9}{2}z - \frac{9}{4}z^2 + \frac{1}{2}z^3 - \frac{z^4}{24} & \text{für } 2 \le z \le 3; \\[2mm] 1 & \text{für } z \ge 3. \end{cases}$$

B 9.20 Die normalverteilten Zufallsvariablen X und Y seien unkorreliert. Zeigen Sie, dass dann X und Y auch unabhängig sind.

Lösung:

Die gemeinsame Dichte von (X, Y) lautet

$$f(x, y) = \frac{1}{2\pi \sigma_X \sigma_Y \sqrt{1 - \rho^2}} \cdot e^{-\frac{1}{2(1 - \rho^2)} \cdot \left(\frac{(x - \mu_X)^2}{\sigma_X^2} - 2\rho \frac{x - \mu_X}{\sigma_X} \cdot \frac{y - \mu_Y}{\sigma_Y} + \frac{(y - \mu_Y)^2}{\sigma_Y^2} \right)}$$

Für $\rho = 0$ ist die gemeinsame Dichte gleich dem Produkt der Randdichten: also

$$f(x, y) = \frac{1}{\sqrt{2\pi} \cdot \sigma_X} \cdot e^{-\frac{(x - \mu_X)^2}{2\sigma_X^2}} \cdot \frac{1}{\sqrt{2\pi} \cdot \sigma_Y} \cdot e^{-\frac{(y - \mu_Y)^2}{2\sigma_Y^2}} = f_1(x) \cdot f_2(y).$$

> Zwei unkorrelierte normalverteilte Zufallsvariablen sind auch unabhängig. Damit stimmen bei Normalverteilungen die Begriffe Unabhängigkeit und Unkorreliertheit überein. Es gibt nicht normalverteilte Zufallsvariablen, die unkorreliert, jedoch nicht unabhängig sind (s. B 8.20).

B 9.21 Eine Apparatur füllt X_1 Gramm eines pulverförmigen Medikaments in X_2 Gramm schwere Röhrchen. Die Zufallsvariablen X_1 und X_2 seien dabei unabhängige Zufallsvariable, die näherungsweise normalverteilt sind.
X_1 ist $N(40; 1,5)$ - verteilt, X_2 ist $N(10; 1)$ - verteilt.
a) Bestimmen Sie die Verteilung der Zufallsvariablen des Gesamtgewichts Y der gefüllten Röhrchen.
b) Mit welcher Wahrscheinlichkeit liegt das Gesamtgewicht eines gefüllten Röhrchens zwischen 48,5 g und 52 g?
c) Mit welcher Wahrscheinlichkeit ist ein gefülltes Röhrchen schwerer als 53 g?
d) Bestimmen Sie die Verteilung der Zufallsvariablen $a + b \cdot X_1$ für beliebige Konstanten a, b mit $b \neq 0$.

Lösung:

a) Wegen der Unabhängigkeit ist $Y = X_1 + X_2$ näherungsweise normalverteilt mit

$$\mu = E(Y) = E(X_1) + E(X_2) = 40 + 10 = 50 \, g \,;$$

$$\sigma^2 = Var(Y) = Var(X_1) + Var(X_2) = 2,5 \, g^2 \,.$$

b) $P(48,5 \leq Y \leq 52) = P\left(\frac{48,5 - 50}{\sqrt{2,5}} \leq \frac{X - 50}{\sqrt{2,5}} \leq \frac{52 - 50}{\sqrt{2,5}} \right)$

$$= P\left(\frac{-1,5}{\sqrt{2,5}} \leq \frac{X - 50}{\sqrt{2,5}} \leq \frac{2}{\sqrt{2,5}} \right) = \Phi\left(\frac{2}{\sqrt{2,5}} \right) - \Phi\left(\frac{-1,5}{\sqrt{2,5}} \right)$$

$$= \Phi\left(\frac{2}{\sqrt{2,5}}\right) + \Phi\left(\frac{1,5}{\sqrt{2,5}}\right) - 1 = 0,725658 \, .$$

c) $P(Y > 53) = 1 - P(Y \leq 53) = 1 - P\left(\frac{Y-50}{\sqrt{2,5}} \leq \frac{53-50}{\sqrt{2,5}}\right)$

$$= 1 - \Phi\left(\frac{3}{\sqrt{2,5}}\right) = 0,02889 \, .$$

d) Die Zufallsvariable $X = a + b \cdot X_1$ ist normalverteilt mit

$E(X) = a + b \cdot E(X_1) = a + 40b \, ;$

$Var(X) = b^2 \cdot Var(X_1) = 1,5 \, b^2 \, .$

Eigenschaften von Normalverteilungen:

Die Zufallsvariable X sei normalverteilt mit dem Erwartungswert μ und der Varianz σ^2, also $N(\mu; \sigma^2)$-verteilt. Dann ist die lineare Transformation $Y = a + b \cdot X$ mit beliebigen Konstanten a und b mit $b \neq 0$ ebenfalls normalverteilt, und zwar $N(a + b \cdot \mu; b^2 \cdot \sigma^2)$-verteilt.

Die Zufallsvariablen X_i seien unabhängig und $N(\mu_i, \sigma_i^2)$-verteilt für $i = 1, 2, \dots, n$. Dann ist die Linearkombination

$$Y = \sum_{i=1}^{n} c_i \cdot X_i \quad \text{mit Konstanten } c_i \in \mathbb{R}$$

ebenfalls normalverteilt mit dem

Erwartungswert $\sum_{i=1}^{n} c_i \cdot \mu_i$ und der Varianz $Var(Y) = \sum_{i=1}^{n} c_i^2 \cdot \sigma_i^2$,

also $N\left(\sum_{i=1}^{n} c_i \cdot \mu_i \, ; \, \sum_{i=1}^{n} c_i^2 \cdot \sigma_i^2\right)$-verteilt.

B 9.22 Die Zufallsvariable X sei $N(100; 26)$-verteilt, Y sei $N(200; 36)$-verteilt. Die Kovarianz zwischen X und Y sei $-6,5$.
   a) Bestimmen Sie die Verteilung der Summe $X + Y$.
   b) Berechnen Sie die Wahrscheinlichkeit $P(285 \leq X + Y \leq 315)$.
   c) Bestimmen Sie die Verteilung von $Y - X$.

Lösung:

a) $E(X + Y) = E(X) + E(Y) = 300 \, ;$

$Var(X + Y) = Var(X) + Var(Y) + 2 \cdot Cov(X, Y) = 49 \, ;$

$X + Y$ ist normalverteilt mit diesen Parametern.

b) $P(285 \leq X + Y \leq 315) = P(\frac{285-300}{7} \leq \frac{X+Y-300}{7} \leq \frac{315-300}{7})$

$$= 2 \cdot \Phi\left(\frac{15}{7}\right) - 1 = 0,967875 \, .$$

c) $Y - X$ ist normalverteilt mit

$E(Y - X) = E(Y) - E(X) = 200 - 100 = 100$;

$Cov(Y, -X) = -Cov(X, Y) = 6,5$;

$Var(Y - X) = Var(Y) + Var(X) - 2 \cdot Cov(X, Y) = 75$.

Summen beliebiger Normalverteilungen

X_1 sei $N(\mu_1; \sigma_1^2)$-verteilt, X_2 sei $N(\mu_2; \sigma_2^2)$-verteilt. X_1 und X_2 sollen die Kovarianz $Cov(X_1, X_2)$ besitzen. Dann ist die

Summe $X_1 + X_2$ $N\left(\mu_1 + \mu_2; \sigma_1^2 + \sigma_2^2 + 2 \cdot Cov(X_1, X_2)\right)$- verteilt und

die Differenz $X_1 - X_2$ $N\left(\mu_1 - \mu_2; \sigma_1^2 + \sigma_2^2 - 2 \cdot Cov(X_1, X_2)\right)$-verteilt.

B 9.23 Die Zufallsvariable X des Durchmessers von Kugeln eines Radlagers (in mm) sei logarithmisch normalverteilt. $Y = \ln X$ sei also normalverteilt mit dem Erwartungswert $E(Y) = 3 = \mu$ und der Varianz $Var(Y) = 0,0001 = \sigma^2$.

a) Wie lautet die Dichte g und die Verteilungsfunktion G von Y?
b) Bestimmen Sie die Verteilungsfunktion und die Dichte der Zufallsriablen X.
c) Bestimmen Sie den Erwartungswert, den Median und die Varianz von X.
d) Mit welcher Wahrscheinlichkeit liegt der Durchmesser einer zufällig ausgewählten Kugel zwischen 19,8 und 20,3 mm?

Lösung:

a) $g(y) = \dfrac{1}{\sqrt{2\pi} \cdot 0,01} \cdot e^{-\frac{(y-3)^2}{0,0002}}$;

$G(y) = P(Y \leq y) = \dfrac{1}{\sqrt{2\pi} \cdot 0,01} \cdot \displaystyle\int_{-\infty}^{y} e^{-\frac{(v-3)^2}{0,0002}} \, dv = \Phi\left(\dfrac{y-3}{0,01}\right)$.

b) Für $x < 0$ gilt $F(x) = 0$;

für $x \geq 0$ erhält man

$F(x) = P(X \leq x) = P(\ln X \leq \ln x) = P(Y \leq \ln x) = \Phi\left(\dfrac{\ln x - 3}{0,01}\right)$.

Differenziation nach x ergibt mit der Kettenregel

$f(x) = F'(x) = \Phi'\left(\dfrac{\ln x - \mu}{\sigma}\right) \cdot (\ln x)' = \varphi\left(\dfrac{\ln x - \mu}{\sigma}\right) \cdot \dfrac{1}{\sigma} \cdot \dfrac{1}{x}$.

Damit lautet die Dichte

$$
f(x) = \begin{cases} \dfrac{1}{\sqrt{2\pi}\cdot 0{,}01}\cdot \dfrac{1}{x}\cdot e^{-\frac{(\ln x - 3)^2}{0{,}0002}} & \text{für } x > 0\,; \\[2mm] 0 & \text{für } x \le 0\,. \end{cases}
$$

d) $E(X) = e^{3 + \frac{0{,}0001}{2}} = 20{,}0865\,;\quad \tilde{\mu} = e^{3} = 20{,}0855\,;$

$\quad\ \mathrm{Var}(X) = e^{2\cdot 3 + 0{,}0001}\cdot (e^{0{,}0001} - 1) = 0{,}040349\,.$

e) $P(19{,}8 \le X \le 20{,}3) = \Phi\!\left(\dfrac{\ln 20{,}3 - 3}{0{,}01}\right) - \Phi\!\left(\dfrac{\ln 19{,}8 - 3}{0{,}01}\right)$

$\qquad\qquad\qquad\qquad = \Phi(1{,}0621) - \Phi(-1{,}4318) = 0{,}779803\,.$

Logarithmische Normalverteilung:
Die Zufallsvariable $Y = \ln X$ sei $N(\mu;\sigma^2)$-verteilt. Dann heißt $X = e^Y$ logarithmisch normalverteilt mit den Parametern μ und σ^2.

Die Zufallsvariable X besitzt die Verteilungsfunktion

$$
F(x) = P(X \le x) = \begin{cases} 0 & \text{für } x \le 0\,; \\[2mm] \Phi\!\left(\dfrac{\ln x - \mu}{\sigma}\right) & \text{für } x > 0 \end{cases}
$$

und die Dichte

$$
f(x) = \begin{cases} \dfrac{1}{\sqrt{2\pi}\cdot\sigma}\cdot\dfrac{1}{x}\cdot e^{-\frac{(\ln x - \mu)^2}{2\sigma^2}} & \text{für } x > 0\,; \\[2mm] 0 & \text{für } x \le 0\,. \end{cases}
$$

Die Kenngrößen von X lauten

$$
E(X) = e^{\mu + \frac{\sigma^2}{2}}\,;\quad \text{Median von X: } \tilde{\mu} = e^{\mu}\,;\quad \mathrm{Var}(X) = e^{2\mu + \sigma^2}\cdot(e^{\sigma^2} - 1)\,.
$$

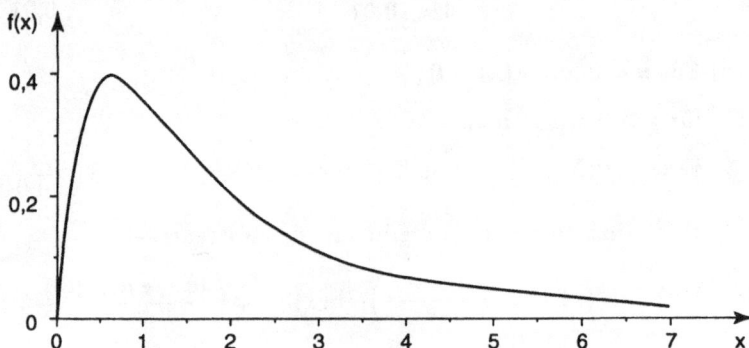

---

f(x)

0,4

0,2

0

0   1   2   3   4   5   6   7   x

Dichte der logarithmischen Normalverteilung ($\mu = 0{,}5$; $\sigma = 1$)

A 9.1 Es sei X eine stetige Zufallsvariable mit der Dichte

$$f(x) = \begin{cases} c \cdot x & \text{für } 0 \leq x \leq 10\,; \\ 0 & \text{sonst.} \end{cases}$$

a) Bestimmen Sie die Konstante c.
b) Bestimmen Sie die Verteilungsfunktion von X.
c) Berechnen Sie den Median und die 0,1- und 0,95 - Quantile.
d) Berechnen Sie den Erwartungswert und die Varianz von X.

A 9.2 Es sei X eine stetige Zufallsvariable mit der Dichte

$$f(x) = \begin{cases} \frac{1}{x} & \text{für } c \leq x \leq e\,; \\ 0 & \text{sonst.} \end{cases}$$

a) Bestimmen Sie die Konstante c.
b) Bestimmen Sie die Verteilungsfunktion.
c) Berechnen Sie den Median und geben Sie eine geschlossene Formel für das q - Quantil an. Zahlenbeispiel q = 0,8.
d) Berechnen Sie den Erwartungswert und die Varianz von X.

A 9.3 Es sei X eine stetige Zufallsvariable mit der Dichte

$$f(x) = \begin{cases} 0 & \text{für } x < 0\,; \\ \frac{c}{x^\alpha} & \text{für } x \geq 1 \end{cases}$$

mit einer vorgegebenen Konstante $\alpha > 1$.
a) Bestimmen Sie die Konstante c.
b) Bestimmen Sie die Verteilungsfunktion.
c) Geben Sie eine geschlossene Formel für den Median und das q- Quantil an.
d) Für welche α existiert der Erwartungswert bzw. die Varianz? Berechnen Sie diese Kenngrößen. Zahlenbeispiele: $\alpha = 3$ und $\alpha = 4$.

A 9.4 Die Zufallsvariable X besitze die in der nebenstehenden Skizze dargestellte Dichte.
a) Bestimmen Sie die Dichte f und die Verteilungsfunktion F von X.
b) Berechnen Sie den Erwartungswert und die Varianz von X.

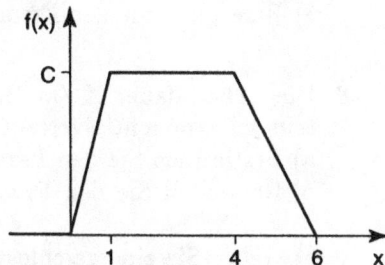

A 9.5 An einer Straßenkreuzung befindet sich eine Ampel, die abwechselnd eine Minute grünes und zwei Minuten rotes Licht zeigt. Ein Fahrzeug fahre zu einem zufällig gewählten Zeitpunkt an die Kreuzung heran, wobei sich unmittelbar vor ihm keine weiteren Fahrzeuge befinden.

a) Bestimmen und skizzieren Sie die Dichte $f(x)$ der Ankunftszeit X mit $0 \le X \le 3$ während einer Ampelphase.

b) Wie groß ist die Wahrscheinlichkeit, dass das Fahrzeug ohne anzuhalten die Kreuzung passieren kann? Bestimmen und skizzieren Sie die Verteilungsfunktion F der Zufallsvariablen T der Wartezeit an der Ampel.

c) Berechnen Sie den Erwartungswert und die Varianz von T.

d) Bestimmen Sie den Median von T.

A 9.6 X sei eine stetige Zufallsvariable mit der Dichte

$$f(x) = \begin{cases} \dfrac{200}{x^2} & \text{für } 100 \le x \le c; \\[2mm] 0 & \text{sonst.} \end{cases}$$

a) Bestimmen Sie die Konstante c.

b) Bestimmen Sie die Verteilungsfunktion.

c) Geben Sie eine geschlossene Formel für das q-Quantil und den Median an.

d) Berechnen Sie den Erwartungswert und die Varianz von X.

e) Berechnen Sie den Erwartungswert und die Varianz der Zufallsvariablen $Y = \sqrt{X}$.

A 9.7 Die Zufallsvariable X besitze die Dichte $f(x) = c \cdot e^{-\rho|x|}$ mit einer vorgegebenen Konstanten $\rho > 0$.

a) Bestimmen Sie die Konstante c.

b) Bestimmen Sie die Verteilungsfunktion $F(x)$.

c) Geben Sie eine geschlossene Formel für das q-Quantil an.

d) Wie lautet der Median?

e) Berechnen Sie den Erwartungswert und die Varianz von X.

A 9.8 Die Lebensdauer X (in Betriebsstunden) eines elektronischen Bauteils sei exponentialverteilt mit $P(X \ge 10\,000) = e^{-2}$.

a) Bestimmen Sie den Parameter λ der Verteilung.

b) Berechnen Sie den Erwartungswert und die Standardabweichung von X.

c) Geben Sie eine geschlossene Formel für das q-Quantil an und bestimmen Sie den Median.

d) Mit welcher Wahrscheinlichkeit liegt die Lebensdauer zwischen 3 000 und 7 000 Stunden?

e) Nach 3 000 Betriebsstunden sei das Bauteil noch nicht ausgefallen. Berechnen Sie die Wahrscheinlichkeit, dass es innerhalb der nächsten 4 000 Betriebsstunden ausfällt.

f) In d) und e) wird jeweils der Ausfall zwischen 3 000 und 7 000 Betriebsstunden untersucht. Weshalb sind die berechneten Ausfallwahrscheinlichkeiten verschieden?

A 9.9 Die von einer Anlage abgefüllte Menge (in Litern) Apfelsaft X sei normalverteilt mit dem Erwartungswert $\mu = 1\,l$ und der Varianz $\sigma^2 = 0,0001\,l^2$.

a) Mit welcher Wahrscheinlichkeit ist mindestens $1\,l$ in einer zufällig ausgewählten Flasche?

b) Wie groß ist die Wahrscheinlichkeit, dass sich in einer Flasche zwischen $0,98\,l$ und $1,03\,l$ Apfelsaft befindet?

c) Welche Verteilung besitzt die Apfelsaftmenge eines ganzen Kastens aus 6 Flaschen, wenn die Abfüllmengen der einzelnen Flaschen unabhängig sind? Mit welcher Wahrscheinlichkeit enthalten die sechs Flaschen einer Kiste weniger als $5,95\,l$?

d) Bestimmen Sie die Konstante c so, dass gilt
$P(\,|\,X - 1\,| > c) = 0,01$.

A 9.10 Das Gewicht X (in Gramm) von Hühnereiern einer bestimmten Rasse sei ungefähr normalverteilt mit dem Erwartungswert 66 und der Standardabweichung 5. Ein Landwirt möchte die Eier in vier Gewichtsklassen einteilen. Wie müssen die Grenzen gewählt werden, damit alle vier Klassen die gleiche Wahrscheinlichkeit besitzen?

A 9.11 Salzpakete werden von einer Maschine abgefüllt. Die Zufallsvariable X des Gewichts in Gramm sei näherungsweise normalverteilt mit dem Erwartungswert $\mu = 500$ und der Varianz $\sigma^2 = 9$.

a) In der Produktion werden jeweils 25 Pakete zusammengepackt. Y sei das Gesamtgewicht eines Pakets. Mit welcher Wahrscheinlichkeit liegt das Gesamtgewicht eines solchen Pakets zwischen 12 485 und 12 530 Gramm?

b) Bei gleicher Varianz kann der Erwartungswert μ als Maschinengröße eingestellt werden. Wie groß muss μ sein, damit die Aufschrift "Inhalt mindestens 500 Gramm" bei 98 % der produzierten Salzpakete auch tatsächlich zutrifft?

c) Das durchschnittliche Gewicht von n Paketen werde durch die Zufallsvariable $\overline{X}$ beschrieben. Welche Verteilung hat $\overline{X}$? Wie groß muss n mindestens sein, damit gilt
$P(\,|\,\overline{X} - 500\,| \leq 0,1) \geq 0,999$?

A 9.12 Ein einzelnes Samenkorn keime mit Wahrscheinlichkeit 0,94. Mit welcher Wahrscheinlichkeit keimen von 10 000 ausgereiften Samenkörnern

a) mindestens 9 375;

b) mindestens 9350, aber höchstens 9 420?

c) Gesucht ist eine untere Grenze k, so dass mit Wahrscheinlichkeit 0,99 mindestens k der 10 000 Samenkörner keimen.

A 9.13 Die zweidimensionale Zufallsvariable (X, Y) besitze die Dichte

$$f(x,y) = \begin{cases} 1 & \text{für } 0 \leq x, y \leq 1; \\ 0 & \text{sonst.} \end{cases}$$

a) Bestimmen Sie die beiden Randdichten sowie die Erwartungswerte und Varianzen der Zufallsvariablen X und Y. Sind X und Y unabhängig?

b) Bestimmen Sie die Verteilungsfunktion H(z) und daraus die Dichte h(z) der Summenvariablen Z = X + Y.

c) Berechnen Sie aus der Dichte h(z) direkt den Erwartungswert und die Varianz von Z. Vergleichen Sie das Ergebnis mit a).

A 9.14 Die gemeinsame Dichte f(x, y) sei im nebenstehenden Dreieck konstant gleich 1 und verschwinde außerhalb davon.

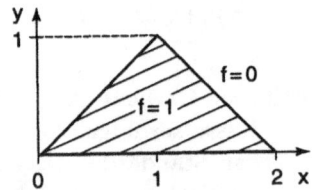

a) Bestimmen Sie die beiden Randdichten. Sind X und Y unabhängig?

b) Berechnen Sie die Erwartungswerte und Varianzen der Zufallsvariablen X und Y.

c) Bestimmen Sie die Kovarianz und den Korrelationskoeffizienten zwischen X und Y.

d) Berechnen Sie die Varianz der Summe Z = X + Y.

e) Bestimmen Sie mit Hilfe von Flächeninhalten die Verteilungsfunktion H(z) der Summe Z = X + Y und leiten Sie daraus die Dichte h(z) ab. Berechnen Sie aus h(z) den Erwartungswert sowie die Varianz von X + Y.

A 9.15 Die gemeinsame Dichte f(x, y) sei im nebenstehenden Dreieck konstant gleich c und verschwinde außerhalb davon.

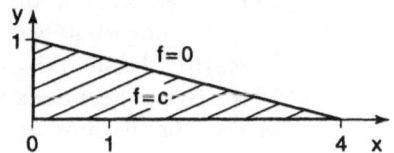

a) Bestimmen Sie die Konstante c.

b) Bestimmen Sie die beiden Randdichten. Sind X und Y unabhängig?

c) Berechnen Sie die Erwartungswerte und Varianzen der Zufallsvariablen X und Y.

d) Bestimmen Sie die Kovarianz und den Korrelationskoeffizienten zwischen X und Y.

e) Berechnen Sie die Varianz der Summe $Z = X + Y$.

f) Bestimmen Sie mit Hilfe von Flächeninhalten die Verteilungsfunktion $H(z)$ der Summe $Z = X + Y$ und leiten Sie daraus die Dichte $h(z)$ ab. Berechnen Sie aus $h(z)$ den Erwartungswert sowie die Varianz von $X + Y$.

A 9.16 Die Zufallsvariablen X und Y seien unabhängig und besitzen die Dichten $f_1(x)$ bzw. $f_2(y)$

$$f_1(x) = \begin{cases} c_1 & \text{für } 0 \leq x \leq 4; \\ 0 & \text{sonst;} \end{cases} \qquad f_2(y) = \begin{cases} c_2 \cdot e^{-0,5\,y} & \text{für } y \geq 0; \\ 0 & \text{sonst.} \end{cases}$$

a) Bestimmen Sie die beiden Konstanten c_1 und c_2 sowie die Erwartungswerte und Varianzen von X und Y.

b) Bestimmen Sie die gemeinsame Dichte von (X, Y).

c) Bestimmen Sie die Dichte $h(z)$ der Summe $Z = X + Y$.

d) Berechnen Sie aus der Dichte $h(z)$ den Erwartungswert und die Varianz von $X + Y$. Überprüfen Sie das Ergebnis.

A 9.17 Ein Elektrogerät bestehe aus zwei Bauteilen B_1 und B_2. Die Zufallsvariablen X und Y der Lebensdauern von B_1 bzw. B_2 seien unabhängig und exponentialverteilt mit den Parametern λ_1 bzw. λ_2.

a) Berechnen Sie die Wahrscheinlichkeit dafür, dass bis zum Zeitpunkt t keines der Bauteile ausgefallen ist.

b) Das Elektrogerät falle aus, wenn mindestens eines der beiden Bauteile ausfällt. T sei die Lebensdauer des Elektrogeräts. Bestimmen Sie die Dichte, den Erwartungswert und die Varianz von T.

c) Die beiden Bauteile seien parallel geschaltet. Dann fällt das Elektrogerät erst dann aus, wenn beide Bauteile ausgefallen sind. Bestimmen Sie die Verteilungsfunktion, den Erwartungswert und die Varianz der Lebensdauer T.

A 9.18 Von einer Maschine werden Achsen gefertigt, deren Durchmesser X normalverteilt ist mit dem Erwartungswert 2 und der Varianz 0,00006. Eine andere Maschine fertigt die zugehörigen Lager, deren Innendurchmesser Y normalverteilt ist mit dem Erwartungswert 2,02 und der Varianz 0,00004.

a) Welche Verteilung besitzt die Zufallsvariable $Y - X$?

b) Eine Achse und ein Lager passen zusammen, wenn der Innendurchmesser des Lagers um mindestens 0,001, aber um höchstens 0,04 größer ist als der Durchmesser der Achse. Eine Achse und ein Lager werden zufällig ausgewählt. Mit welcher Wahrscheinlichkeit passen beide zusammen?

10. Gesetze der großen Zahlen

B 10.1 Mit einem idealen Würfel werde 2 400 mal unabhängig geworfen. Y sei die Zufallsvariable der Augensumme.
   a) Berechnen Sie den Erwartungswert und die Varianz von Y.
   b) Durch welche Verteilung kann die Verteilung von Y approximiert werden?
   c) Mit welcher Wahrscheinlichkeit liegt die Augensumme zwischen 8 300 und 8 500?

<u>Lösung:</u>

   a) X_k sei die Augenzahl beim k-ten Wurf. X_k ist gleichmäßig verteilt auf $\{1, 2, 3, 4, 5, 6\}$. Nach S. 90 gilt mit $m = 6$

$$E(X_k) = \frac{1+6}{2} = 3,5 \, ; \quad \text{Var}(X_k) = \frac{6^2 - 1}{12} = \frac{35}{12} \, .$$

   Aus $Y = \sum_{k=1}^{2\,400} X_k$ folgt wegen der Unabhängigkeit

$$E(Y) = 2\,400 \cdot 3,5 = 8\,400 \, ; \quad \text{Var}(Y) = 2\,400 \cdot \frac{35}{12} = 7\,000 \, ;$$

   b) Y ist ungefähr normalverteilt mit $\mu = 8\,400$ und $\sigma^2 = 7\,000$.

   c) $P(8\,300 \leq X \leq 8500) = P\left(\frac{8\,300 - 8\,400}{\sqrt{7\,000}} \leq \frac{X - 8\,400}{\sqrt{7\,000}} \leq \frac{8\,500 - 8\,400}{\sqrt{7\,000}} \right)$

$$\approx \Phi\left(\frac{100}{\sqrt{7\,000}} \right) - \Phi\left(-\frac{100}{\sqrt{7\,000}} \right) = 2 \cdot \Phi\left(\frac{100}{\sqrt{7\,000}} \right) - 1$$

$$= 2 \cdot \Phi(1,195229) - 1 = 0,768002.$$

Zentraler Grenzwertsatz (einfachste Form):
Für jedes $n = 1, 2, \ldots$ seien die Zufallsvariablen $X_1, X_2, \ldots, X_n$ unabhängig und besitzen alle die gleiche Verteilung, den Erwartungswert $\mu = E(X_k)$ sowie die Varianz $\sigma^2 = \text{Var}(X_k)$. Dann gilt für die Verteilungsfunktionen der standardisierten Summen

$$\lim_{n \to \infty} P\left(\frac{\sum\limits_{k=1}^{n} X_k - n\mu}{\sqrt{n} \cdot \sigma} \leq x \right) = \Phi(x) = \frac{1}{\sqrt{2\pi}} \cdot \int_{-\infty}^{x} e^{-\frac{u^2}{2}} du.$$

Für große n ist die standardisierte Summe $\dfrac{\sum\limits_{k=1}^{n} X_k - n\mu}{\sqrt{n} \cdot \sigma} = \dfrac{\sum\limits_{k=1}^{n} (X_k - \mu)}{\sqrt{n} \cdot \sigma}$

ungefähr $N(0; 1)$-verteilt (Faustregel: $n \geq 30$).

Dann ist die Summe $\sum\limits_{k=1}^{n} X_k$ ungefähr $N(n \cdot \mu; n \cdot \sigma^2)$-verteilt.

B 10.2 Von einer Straßenbahnhaltestelle aus fahre alle fünf Minuten eine Bahn zu einem bestimmten Ziel ab. Jemand geht täglich zu einem zufällig gewählten Zeitpunkt zur Haltestelle und wartet auf die nächste Bahn. Die Zufallsvariable Y sei die gesamte Wartezeit auf die Bahn während 300 Tagen.
a) Bestimmen Sie den Erwartungswert μ und die Varianz σ^2 von Y.
b) Geben Sie ein symmetrisches Zeitintervall um μ an, in dem die gesamte Wartezeit mit einer Wahrscheinlichkeit von 0,99 liegt.

Lösung:

a) $Y = \sum\limits_{k=1}^{300} X_k$; X_k ist in $[0;5]$ gleichmäßig verteilt (s. S. 110) mit

$E(X_k) = 2{,}5$ und $Var(X_k) = \dfrac{5^2}{12} = \dfrac{25}{12}$;

$E(Y) = 300 \cdot 2{,}5 = 750\,\text{min.}$; $Var(Y) = 300 \cdot \dfrac{25}{12} = 625\,\text{min}^2$.

b) Y ist näherungsweise normalverteilt mit $\mu = 750$ und $\sigma = 25$;

$0{,}99 = P(750 - c \leq Y \leq 750 + c)$

$= P\left(\dfrac{750 - c - 750}{25} \leq \dfrac{Y - 750}{25} \leq \dfrac{750 + c - 750}{25}\right)$

$\approx \Phi\left(\dfrac{c}{25}\right) - \Phi\left(-\dfrac{c}{25}\right) = 2 \cdot \Phi\left(\dfrac{c}{25}\right) - 1$;

$\Phi\left(\dfrac{c}{25}\right) = \dfrac{1{,}99}{2} = 0{,}995$; $\dfrac{c}{25} = z_{0,995}$; $c = 25 \cdot z_{0,995} = 64{,}4$;

$P(685{,}6 \leq Y \leq 814{,}4) \approx 0{,}99$.

B 10.3 Die mittlere Betriebsdauer (in Stunden) eines empfindlichen Maschinenteils betrage 50 und die Varianz 400. Fällt dieses Maschinenteil aus, so wird es ohne Zeitverlust durch ein neues Maschinenteil mit der gleichen Lebensdauerverteilung ersetzt. Wie viele Maschinenteile sind mindestens erforderlich, damit die Maschine mit diesen Teilen mit einer Wahrscheinlichkeit von γ mindestens 5000 Stunden läuft? Zahlenbeispiele: $\gamma = 0{,}95$; $\gamma = 0{,}99$; $\gamma = 0{,}999$.

Lösung:

X_k sei die Betriebsdauer des k-ten Maschinenteils.
$E(X_k) = 50$; $Var(X_k) = 400$; $S_n = \sum\limits_{k=1}^{n} X_k$;
$E(S_n) = 50 \cdot n$; $Var(S_n) = 400 \cdot n$;

n soll minimal sein mit

$\gamma \leq P(S_n \geq 5000) = P\left(\dfrac{S_n - 50\,n}{20 \cdot \sqrt{n}} \geq \dfrac{5000 - 50\,n}{20 \cdot \sqrt{n}}\right)$

$$\approx 1 - \Phi\left(\frac{5\,000 - 50\,n}{20 \cdot \sqrt{n}}\right) = \Phi\left(-\frac{5\,000 - 50\,n}{20 \cdot \sqrt{n}}\right) = \Phi\left(\frac{50n - 5\,000}{20 \cdot \sqrt{n}}\right);$$

$$\Phi\left(\frac{50\,n - 5\,000}{20 \cdot \sqrt{n}}\right) \geq \gamma; \qquad \frac{n - 100}{0{,}4 \cdot \sqrt{n}} \geq z_\gamma;$$

$$n - 100 \geq 0{,}4 \cdot z_\gamma \cdot \sqrt{n}; \qquad (n - 100)^2 \geq 0{,}16 \cdot z_\gamma^2 \cdot n$$

$$n^2 - 200\,n + 10\,000 \geq 0{,}16 \cdot z_\gamma^2 \cdot n$$

$$n^2 - (200 + 0{,}16 \cdot z_\gamma^2) \cdot n \geq -10\,000$$

$$[\,n - (100 + 0{,}08 \cdot z_\gamma^2)\,]^2 \geq -10\,000 + (100 + 0{,}08 \cdot z_\gamma^2)^2$$

$$= -10\,000 + 10\,000 + 16\,z_\gamma^2 + 0{,}0064\,z_\gamma^4 = 16\,z_\gamma^2 + 0{,}0064\,z_\gamma^4;$$

$$n \geq 100 + 0{,}08 \cdot z_\gamma^2 + \sqrt{16\,z_\gamma^2 + 0{,}0064\,z_\gamma^4};$$

$$\gamma = 0{,}95: \qquad z_{0{,}95} = 1{,}644854; \qquad n \geq 107 \text{ (aufgerundet)};$$

$$\gamma = 0{,}99: \qquad z_{0{,}99} = 2{,}326348; \qquad n \geq 110 \text{ (aufgerundet)};$$

$$\gamma = 0{,}999: \qquad z_{0{,}999} = 3{,}090232; \qquad n \geq 114 \text{ (aufgerundet)}.$$

Allgemeiner zentraler Grenzwertsatz:

Die Zufallsvariablen $X_1, X_2, \ldots, X_n$ seien für jedes n unabhängig. X_k besitze den Erwartungswert μ_k und die Varianz σ_k^2 für $k = 1, 2, \ldots$. Die Summe

$$S_n = \sum_{k=1}^{n} X_k \quad \text{besitzt die Kenngrößen}$$

$$E(S_n) = \sum_{k=1}^{n} \mu_k; \quad \text{Var}(S_n) = \sum_{k=1}^{n} \sigma_k^2.$$

Dann gilt unter sehr allgemeinen Bedingungen

$$\lim_{n \to \infty} P\left(\frac{\sum_{k=1}^{n}(X_k - \mu_k)}{\sum_{i=1}^{n}\sigma_k^2} \leq x\right) = \Phi(x).$$

Damit ist die Summe $\sum_{k=1}^{n} X_k$ ungefähr normalverteilt.

Die Bedingung für diese Eigenschaft besagt im wesentlichen folgendes: Jeder einzelne Summand trägt zur Summe nur einen kleinen Anteil bei, d. h. keiner der Summanden darf dominierend sein. Falls also ein Merkmal aus vielen nichtdominierenden unabhängigen Einzeleinflüssen additiv zusammengesetzt ist, ist es wenigsten näherungsweise normalverteilt. Daher sind viele Zufallsvariablen aus der Praxis näherungsweise normalverteilt.

B 10.4 Eine Maschine stellt Wellen her. Die Zufallsvariable X der Durchmesser besitze den Erwartungswert $\mu = 80$ mm und die Standardabweichung $\sigma = 0,5$ mm. Eine Welle ist Ausschuss, falls der Durchmesser um mehr als 1 mm vom Sollwert 80 abweicht.

a) Wieviel Prozent der Produktion ist auf Dauer Ausschuss, falls X normalverteilt ist?

b) Geben Sie eine obere Schranke für die Ausschussquote an, falls die Verteilung von X nicht bekannt ist.

c) Geben Sie eine Begründung für die stark abweichenden Ergebnisse aus a) und b) an.

Lösung:

a) $P(|X - 80| > 1) = 1 - P(|X - 80| \leq 1) = 1 - P(79 \leq X \leq 81)$

$$= 1 - P\left(\frac{79 - 80}{0,5} \leq \frac{X - 80}{0,5} \leq \frac{81 - 80}{0,5}\right) = 1 - [\Phi(2) - \Phi(-2)]$$

$$= 1 - [2 \cdot \Phi(2) - 1] = 2 \cdot [1 - \Phi(2)] = 0,0455.$$

b) Aus der Tschebyschewschen Ungleichung folgt mit c = 1

$$P(|X - 80| \geq 1) \leq \frac{\text{Var}(X)}{1^2} = \frac{0,5^2}{1} = 0,25.$$

Unabhängig von der Verteilung der Zufallsvariablen X ist höchstens 25 % der Produktion Ausschuss.

c) Bei der Normalverteilung ist wegen der Glockenkurve die Wahrscheinlichkeitsmasse in der Nähe des Erwartungswertes μ konzentriert. Im allgemeinen Fall kann die Wahrscheinlichkeitsmasse jedoch beliebig verteilt sein.

Tschebyschewsche Ungleichung:
Die Zufallsvariable X besitze den Erwartungswert $E(X) = \mu$ und die Varianz $\text{Var}(X)$. Sonst sei über die Verteilung von X nichts bekannt. Dann gilt für jedes beliebige c > 0

$$P(|X - \mu| \geq c) \leq \frac{\text{Var}(X)}{c^2} \quad ; \quad P(|X - \mu| < c) \geq 1 - \frac{\text{Var}(X)}{c^2}.$$

B 10.5 Die Zufallsvariable X nehme nur Werte aus dem Intervall $[0; 100]$ an. X besitze den Erwartungswert $\mu = 75$ und die Varianz $\sigma^2 = 9$. Schätzen Sie mit Hilfe der Tschebyschewschen Ungleichung die Wahrscheinlichkeit $P(X \leq 45)$ nach oben ab.

Lösung:

$$P(|X - \mu| \geq c) = P(X \leq \mu - c) + P(X \geq \mu + c) \leq \frac{\text{Var}(X)}{c^2}.$$

Mit $\mu = 75$ und c = 30 erhält man

$$P(|X - \mu| \geq c) = P(X \leq 45) + \underbrace{P(X \geq 105)}_{= 0} \leq \frac{9}{30^2} = 0,01.$$

Damit gilt $P(X \leq 45) \leq 0,01$.

B 10.6 Die Zufallsvariablen $X_1, X_2, \ldots, X_n$ seien unabhängig und besitzen denselben Erwartungswert $\mu = 15$ und die gleiche Varianz $\sigma^2 = 16$. Die Zufallsvariablen seien nicht normalverteilt. Ferner sei

$$\bar{X} = \frac{1}{n} \sum_{i=1}^{n} X_i$$

die Zufallsvariable des Mittelwertes.

a) Schätzen Sie $P(|\bar{X} - 15| \geq 0,4)$ nach oben ab.
b) Wie groß muss n mindestens sein, damit
   $P(|\bar{X} - 15| \geq 0,4) \leq 0,05$ gilt?
c) Wie groß muss d bei $n = 1000$ mindestens sein, damit gilt
   $P(|\bar{X} - 15| < d) \geq 0,99$?

Lösung:

a) $E(\bar{X}) = \frac{1}{n} \sum_{i=1}^{n} E(X_i) = \mu = 15$;

$$\operatorname{Var}(\bar{X}) = \frac{1}{n^2} \sum_{i=1}^{n} \operatorname{Var}(X_i) = \frac{1}{n^2} \cdot n \cdot \sigma^2 = \frac{16}{n}.$$

Die Tschebyschewsche Ungleichung auf $\bar{X}$ angewandt ergibt:

$$P(|\bar{X} - \mu| \geq 0,4) \leq \frac{\operatorname{Var}(\bar{X})}{0,4^2} = \frac{16}{0,4^2 \cdot n} = \frac{\frac{100}{n}}{} .$$

b) $P(|\bar{X} - 15| \geq 0,4) \leq \frac{100}{n} \leq 0,05$; $\quad n \geq \frac{100}{0,05} = 2\,000$.

c) $P(|\bar{X} - 15| < d) \geq 1 - \frac{\operatorname{Var}(\bar{X})}{d^2} = 1 - \frac{16}{1\,000 \cdot d^2} \geq 0,99$;

$$\frac{16}{1\,000 \cdot d^2} \leq 0,01; \quad d^2 \geq \frac{16}{1\,000 \cdot 0,01} = 1,6 ;$$

$$d \geq \sqrt{1,6} = 1,264911.$$

Das schwache Gesetz der großen Zahlen:
Für jedes n seien die Zufallsvariablen $X_1, X_2, \ldots, X_n$ paarweise unabhängig und besitzen alle den gleichen Erwartungswert μ und die gleiche Varianz σ^2. Dann gilt für jedes beliebige $\varepsilon > 0$

$$P\left(\left|\frac{1}{n} \sum_{i=1}^{n} X_i - \mu\right| \geq \varepsilon\right) \leq \frac{\sigma^2}{n\varepsilon^2} \;;\; P\left(\left|\frac{1}{n} \sum_{i=1}^{n} X_i - \mu\right| < \varepsilon\right) \geq 1 - \frac{\sigma^2}{n\varepsilon^2}.$$

$$\lim_{n \to \infty} P\left(\left|\frac{1}{n} \sum_{i=1}^{n} X_i - \mu\right| \geq \varepsilon\right) = 0; \; \lim_{n \to \infty} P\left(\left|\frac{1}{n} \sum_{i=1}^{n} X_i - \mu\right| < \varepsilon\right) = 1.$$

B 10.7 Das Ereignis A besitze die Wahrscheinlichkeit $p = P(A)$, die nicht bekannt sei. In einer unabhängigen Versuchsserie vom Umfang n sei $R_n(A)$ die Zufallsvariable der relativen Häufigkeit. Wie groß muss n mindestens sein, damit

$$P(\,|\,R_n(A) - p\,| \geq 0{,}01) \leq 0{,}05$$

erfüllt ist, falls
a) über p nichts bekannt ist;
b) $p \leq 0{,}1$ bekannt ist;
c) $p \geq 0{,}8$ bekannt ist?

Lösung:

$R_n(A) = \frac{1}{n} \cdot X$; X ist die mit den Parametern n und p binomialverteilte Zufallsvariable der absoluten Häufigkeit mit

$E(X) = n \cdot p$; $Var(X) = n \cdot p \cdot (1 - p)$;

$E(R_n(A)) = p$;

$Var(R_n(A)) = \dfrac{p \cdot (1 - p)}{n}$;

$f(p) = p \cdot (1 - p)$ für $0 \leq p \leq 1$

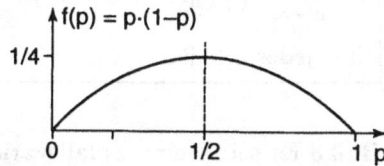
f(p) = p·(1–p)

ist eine nach unten geöffnete Parabel. Sie nimmt an der Stelle $p = \frac{1}{2}$ das Maximum $\frac{1}{4}$ an.

Wendet man die Teschbyschewsche Ungleichung auf die Zufallsvariable $R_n(A)$ an, so erhält man

$$P\Big(\,|R_n(A) - p| \geq 0{,}01\Big) \leq \frac{p \cdot (1 - p)}{n \cdot 0{,}01^2}.$$

a) Ohne Information über p muss $p = \frac{1}{2}$ zugelassen werden. Dann erhält man

$$P\Big(\,|R_n(A) - p| \geq 0{,}01\Big) \leq \frac{p \cdot (1 - p)}{n \cdot 0{,}01^2} \leq \frac{1}{4 \cdot 0{,}01^2 \cdot n} \leq 0{,}05;$$

$$n \geq \frac{1}{4 \cdot 0{,}01^2 \cdot 0{,}05} = 50\,000.$$

b) Im Bereich $p \leq 0{,}1$ nimmt f(p) das Maximum an der Stelle 0,1 an mit

$$P\Big(\,|R_n(A) - p| \geq 0{,}01\Big) \leq \frac{p \cdot (1 - p)}{n \cdot 0{,}01^2} \leq \frac{0{,}1 \cdot 0{,}9}{n \cdot 0{,}01^2} \leq 0{,}05;$$

$$n \geq \frac{0{,}1 \cdot 0{,}9}{0{,}01^2 \cdot 0{,}05} = 18\,000.$$

c) Im Bereich $p \geq 0{,}8$ nimmt f(p) das Maximum an der Stelle 0,8 an mit

$$P\Big(\,|R_n(A)-p|\,\geq 0{,}01\Big)\leq \frac{p\cdot(1-p)}{n\cdot 0{,}01^2}\leq \frac{0{,}8\cdot 0{,}2}{n\cdot 0{,}01^2}\leq 0{,}05\,;$$

$$n\geq \frac{0{,}8\cdot 0{,}2}{0{,}01^2\cdot 0{,}05}=32\,000\,.$$

Das Bernoullische Gesetz der großen Zahlen:
In einem Einzelexperiment besitze das Ereignis A die Wahrscheinlichkeit p. Das Experiment werde n-mal unabhängig durchgeführt. Dann gilt für die Zufallsvariable $R_n(A)$ der relativen Häufigkeit von A:

$$E(R_n(A))=p\;;\quad Var(R_n(A))=\frac{p\,(1-p)}{n}\leq \frac{1}{4n}\,;$$

$$P\Big(\,|R_n(A)-p|\,\geq \varepsilon\Big)\leq \frac{p\,(1-p)}{n\varepsilon^2}\leq \frac{1}{4\,n\,\varepsilon^2}\,;$$

$$P\Big(\,|R_n(A)-p|\,< \varepsilon\Big)\geq 1-\frac{p\,(1-p)}{n\varepsilon^2}\geq 1-\frac{1}{4\,n\,\varepsilon^2}\,;$$

$$\lim_{n\to\infty}P\Big(\,|R_n(A)-p|\geq \varepsilon\Big)=0\,;\quad \lim_{n\to\infty}P\Big(\,|R_n(A)-p|< \varepsilon\Big)=1$$

für jedes $\varepsilon > 0$.

B 10.8 Es sei X eine Zufallsvariable, die nur nicht negative Werte annehmen kann. Dann gilt für jedes $c > 0$

$$P(X\geq c)\leq \frac{E(X)}{c}\,.$$

Beweisen Sie diese Ungleichung für diskrete Zufallsvariablen.

<u>Lösung:</u> $E(X)=\sum_{i}x_i\cdot P(X=x_i)\geq \sum_{i:\,x_i\geq c}x_i\cdot P(X=x_i)$

$$\geq \sum_{i:\,x_i\geq c}c\cdot P(X=x_i)=c\cdot \sum_{i:\,x_i\geq c}P(X=x_i)=c\cdot P(X\leq c)\,.$$

Division durch c ergibt die gesuchte Ungleichung.

A 10.1 Beim **Roulett** setzt ein Spieler immer eine Einheit (1 E) auf das erste Dutzend $D=\{1,2,\ldots,11,12\}$ (s. B 8.3). An einem Abend setzt er 200 mal auf das Dutzend. Die Zufallsvariable X sei der Gesamtgewinn aus den 200 Einsätzen von jeweils einer Geldeinheit.
  a) Berechnen Sie den Erwartungswert und die Varianz von X. Durch welche Verteilung kann die von X angenähert werden?
  b) Mit welcher Wahrscheinlichkeit erzielt der Spieler an diesem Abend einen Gewinn?
  c) Mit welcher Wahrscheinlichkeit beträgt der Gesamtgewinn mindestens 10 Geldeinheiten?

A 10.2 Für die Zufallsvariable X der mit einem verfälschten Würfel geworfenen Augenzahl gelte $E(X) = 4$; $Var(X) = 2,56$. Mit dem Würfel werde 900 mal unabhängig geworfen.
a) Berechnen Sie den Erwartungswert und die Standardabweichung der Augensumme Y.
b) Gesucht ist eine Konstante c, so dass die Augensumme mit Wahrscheinlichkeit 0,95 größer als diese Konstante ist.

A 10.3 Die Zufallsvariable X besitze den Erwartungswert 200 und die Varianz 900. Schätzen Sie die Wahrscheinlichkeit $P(|X - 200| \geq 50)$ nach oben ab, falls
a) die Verteilung von X nicht bekannt ist,
b) falls X normalverteilt ist.
c) Bestimmen Sie bei unbekannter Verteilung von X die kleinste Konstante c mit $P(|X - 200| \geq c) \leq 0,05$.

A 10.4 Die Heilungswahrscheinlichkeit p eines neuen Medikaments sei noch nicht bekannt. Zur Schätzung von p werde das Medikament n Patienten verabreicht. Bei jedem sei die Heilungswahrscheinlichkeit gleich p. Wie groß muss n mindestens sein, damit die Zufallsvariable R_n der relativen Häufigkeit der geheilten Patienten mit einer Wahrscheinlichkeit von mindestens 0,95 Werte annimmt, die von dem unbekannten Wert p um höchstens 0,025 abweichen,
a) falls über p nichts bekannt ist,
b) falls auf Grund von Vorinformationen $p \geq 0,8$ als gesichert gelten kann?

A 10.5 Vor einer Wahl möchte ein Meinungsforschungsinstitut eine Wahlprognose über das Abschneiden einer bestimmten Partei machen.
p sei die (unbekannte) Wahrscheinlichkeit dafür, dass eine zufällig ausgewählte wahlberechtigte Person die entsprechende Partei wählt. Für die Umfrage wurden 2 000 Wähler zufällig ausgewählt. Dabei erklärten 840, sie würden die Partei wählen.
a) Das Institut macht die Wahlprognose: $0,40 < p < 0,44$.
Mit welcher Wahrscheinlichkeit ist diese Prognose falsch?
b) Es werden n Wahlberechtigte befragt. r_n sei der relative Anteil derjenigen, die angeben, die entsprechende Partei zu wählen. Wie groß muss n mindestens ein, dass die daraus abgeleitete Prognose $r_n - 0,02 \leq p \leq r_n + 0,02$ höchstens mit einer Wahrscheinlichkeit von 0,05 falsch ist?

A 10.6 Für die Zufallsvariable X gelte $P(X \leq 1\,000) = 1$; $E(X) = 800$ und $Var(X) = 900$. Schätzen Sie mit Hilfe der Tschebyschewschen Ungleichung die Wahrscheinlichkeit $P(X \leq 500)$ nach oben ab.

Teil III:
Beurteilende Statistik

11. Parameterschätzung

B 11.1 Es sei $(x_1, x_2, \ldots, x_n)$ eine *einfache Stichprobe*, also eine Realisierung des Zufallsvektors $(X_1, X_2, \ldots, X_n)$, wobei die Zufallsvariablen $X_1, X_2, \ldots, X_n$ unabhängig sind mit dem gleichen Erwartungswert μ und derselben Varianz σ^2.

a) Für welche Konstanten $c_1, c_2, \ldots, c_n$ ist die Stichprobenfunktion

$$T_n = \sum_{i=1}^{n} c_i X_i \quad \text{mit} \quad c_i \in \mathbb{R} \quad \text{erwartungstreu für } \mu?$$

b) Wie müssen die Konstanten c_i gewählt werden, damit die erwartungstreue Schätzfunktion T_n minimale Varianz besitzt?

<u>Lösung:</u>

a) $E(T_n) = \sum\limits_{i=1}^{n} c_i\, E(X_i) = \mu \cdot \sum\limits_{i=1}^{n} c_i = \mu \;\Rightarrow\; \sum\limits_{i=1}^{n} c_i = 1\,.$

b) Wegen der Unabhängigkeit gilt

$$\text{Var}(T_n) = \sum_{i=1}^{n} c_i^2 \cdot \text{Var}(X_i) = \sigma^2 \cdot \sum_{i=1}^{n} c_i^2 \to \min.$$

Damit ist das Minimum von $f(c_1, c_2, \ldots, c_n) = \sum\limits_{i=1}^{n} c_i^2$ unter der Nebenbedingung $\sum\limits_{i=1}^{n} c_i = 1$ gesucht.

Aus $\sum\limits_{i=1}^{n} c_i = 1$ erhält man $c_n = 1 - \sum\limits_{i=1}^{n-1} c_i$ und

$$\sum_{i=1}^{n} c_i^2 = \sum_{i=1}^{n-1} c_i^2 + \left(1 - \sum_{i=1}^{n-1} c_i\right)^2 = g(c_1, c_2, \ldots, c_{n-1}) \to \min.$$

Partielle Differenziation ergibt

$$\frac{\partial}{\partial c_k} g(c_1, c_2, \ldots, c_{n-1}) = 2c_k - 2 \cdot \left(1 - \sum_{i=1}^{n-1} c_i\right) = 0\,;$$

$$c_k = 1 - \sum_{i=1}^{n-1} c_i = c_n \quad \text{für } k = 1, 2, \ldots, n-1\,; \text{ also}$$

$c_1 = c_2 = \ldots = c_n$. Aus $\sum\limits_{i=1}^{n} c_i = 1$ folgt $c_i = \frac{1}{n}$ für $i = 1, 2, \ldots, n$.

B 11.2 Die Zufallsvariablen $X_1, X_2, \ldots, X_n$ seien unkorreliert. Sie sollen alle den gleichen unbekannten Erwartungswert μ, aber verschiedene bekannte Varianzen $\text{Var}(X_i) = \sigma_i^2 > 0$ für $i = 1, 2, \ldots, n$ besitzen.

Für welche Konstanten $c_1, c_2, \ldots, c_n$ ist $T_n = \sum\limits_{i=1}^{n} c_i X_i$ eine erwartungstreue Schätzfunktion für μ mit minimaler Varianz? Bestimmen Sie diese minimale Varianz. Wann ist die Folge T_n konsistent? Wie lautet die Formel für $\sigma_1^2 = \sigma_2^2 = \ldots = \sigma_n^2$?

Lösung:

$$E(T_n) = \mu \cdot \sum_{i=1}^{n} c_i = \mu \;\; \Rightarrow \;\; \sum_{i=1}^{n} c_i = 1 \,;$$

$$Var(T_n) = \sum_{i=1}^{n} c_i^2 \sigma_i^2 \;\to\; \min. \;\; \text{unter der Nebenbedingung} \;\; \sum_{i=1}^{n} c_i = 1 \,;$$

Lagrange-Funktion:

$$L(c_1, c_2, \ldots, c_n, \lambda) = \sum_{i=1}^{n} c_i^2 \sigma_i^2 + \lambda \cdot \left(\sum_{i=1}^{n} c_i - 1 \right);$$

$$\frac{\partial}{\partial c_k} L(c_1, c_2, \ldots, c_n, \lambda) = 2\, c_k \sigma_k^2 + \lambda = 0 \;\; \Rightarrow \;\; c_k = -\frac{\lambda}{2\, \sigma_k^2} \,;$$

$$1 = \sum_{i=1}^{n} c_i = -\frac{\lambda}{2} \cdot \sum_{i=1}^{n} \frac{1}{\sigma_i^2} \,; \quad \frac{\lambda}{2} = -\frac{1}{\sum_{i=1}^{n} \dfrac{1}{\sigma_i^2}} \,; \quad c_k = \frac{1}{\sigma_k^2 \cdot \sum_{i=1}^{n} \dfrac{1}{\sigma_i^2}} \,;$$

$$Var(T_n) = \sum_{i=1}^{n} c_i^2 \sigma_i^2 = \frac{1}{\left(\sum_{i=1}^{n} \dfrac{1}{\sigma_i^2} \right)^2} \cdot \sum_{i=1}^{n} \frac{1}{\sigma_i^2} = \frac{1}{\sum_{i=1}^{n} \dfrac{1}{\sigma_i^2}} \,.$$

Falls alle Varianzen $\sigma_i^2 \le c$ durch die gleiche Konstante c beschränkt sind, gilt $Var(T_n) \le \frac{c}{n} \to 0$ für $n \to \infty$. Dann ist die Folge T_n der Schätzfunktionen konsistent. Für $\sigma_i^2 = \sigma^2$ ist $c_k = \frac{1}{n}$.

Schätzfunktionen für einen Parameter ϑ:

Eine Schätzfunktion $T_n = g_n(X_1, X_2, \ldots, X_n)$ heißt *erwartungstreu* für den Parameter ϑ, wenn sie den Erwartungswert

$$E(T_n) = E\big(g_n(X_1, X_2, \ldots, X_n) \big) = \vartheta$$

besitzt. Sie heißt *asymptotisch erwartungstreu* für ϑ, falls gilt

$$\lim_{n \to \infty} E(T_n) = \lim_{n \to \infty} E\big(g_n(X_1, X_2, \ldots, X_n) \big) = \vartheta.$$

Eine Folge T_n erwartungstreuer Schätzfunktionen heißt *konsistent* bezüglich ϑ, wenn für jedes $\varepsilon > 0$ gilt

$$\lim_{n \to \infty} P\big(|T_n - \vartheta| \ge \varepsilon \big) = 0.$$

Jede für ϑ erwartungstreue Schätzfunktion T_n besitze eine Varianz mit

$$\lim_{n \to \infty} Var(T_n) = \lim_{n \to \infty} E\big((T_n - \vartheta)^2 \big) = 0.$$

Dann folgt aus der Tschebyschewschen Ungleichung

$$P\big(|T_n - \vartheta| \ge \varepsilon \big) \le \frac{Var(T_n)}{\varepsilon^2} \to 0 \quad \text{für} \;\; n \to \infty$$

die Konsistenz der Folge der Schätzfunktionen T_n.

Aus B 11.1 und B 11.2 folgt:

Schätzung eines Erwartungswertes μ:

Aus einer einfachen Zufallsstichprobe $(X_1, X_2, \ldots, X_n)$ mit $E(X_i) = \mu$ und $Var(X_i) = \sigma^2$ ist nach B 11.1 die Zufallsvariable des Stichprobenmittels $\overline{X} = \frac{1}{n} \sum\limits_{i=1}^{n} X_i$ wegen $E(\overline{X}) = \mu$ und $Var(\overline{X}) = \frac{\sigma^2}{n} \to 0$ für $n \to \infty$ eine erwartungstreue und konsistente Schätzfunktion für μ.

Schätzwert für μ aus der einfachen Stichprobe $(x_1, x_2, \ldots, x_n)$: $\hat{\mu} = \overline{x}$.

Falls die unabhängigen Zufallsvariablen $X_1, X_2, \ldots, X_n$ alle den gleichen unbekannten Erwartungswert μ und die bekannten Varianzen $Var(X_i) = \sigma_i^2 > 0$ für $i = 1, 2, \ldots, n$ besitzen, die alle durch die gleiche Konstante c nach oben beschränkt sind, ist die Schätzfunktion

$$T_n = \sum_{i=1}^{n} c_i X_i \quad \text{mit} \quad c_i = \frac{1}{\sigma_i^2 \cdot \sum\limits_{k=1}^{n} \frac{1}{\sigma_k^2}}$$

erwartungstreu und konsistent für μ. Sie besitzt unter allen Linearkombinationen die minimale Varianz.

Schätzwert für μ aus einer unabhängigen Stichprobe $(x_1, x_2, \ldots, x_n)$ (Realisierung von T_n): $\hat{\mu} = \sum\limits_{i=1}^{n} c_i \cdot x_i \approx \mu$.

B 11.3 Die Zufallsvariablen $X_1, X_2, \ldots, X_n$ seien unabhängige Wiederholungen der Zufallsvariablen X mit $\mu = E(X)$ und $\sigma^2 = Var(X)$. Zeigen Sie, dass folgende Schätzfunktionen für σ^2 erwartungstreu sind:

a) $T_n = \frac{1}{n} \sum\limits_{i=1}^{n} (X_i - \mu_0)^2 = \frac{1}{n} \sum\limits_{i=1}^{n} X_i^2 - 2\mu_0 \cdot \overline{X} + \mu_0^2$,

falls $\mu_0 = E(X_i)$ der bekannte Erwartungswert ist.

b) $S^2 = \frac{1}{n-1} \sum\limits_{i=1}^{n} (X_i - \overline{X})^2 = \frac{1}{n-1} \left[\sum\limits_{i=1}^{n} X_i^2 - n \cdot \overline{X}^2 \right]$

falls der Erwartungswert $\mu = E(X_i)$ nicht bekannt ist.

Lösung:

a) $E(T_n) = \frac{1}{n} \sum\limits_{i=1}^{n} E[(X_i - \mu_0)^2] = \frac{1}{n} \sum\limits_{i=1}^{n} Var(X_i) = \sigma^2 = \frac{1}{n} \cdot n \cdot \sigma^2 = \sigma^2$.

b) Aus $\sigma^2 = Var(X_i) = E(X_i^2) - \mu^2$ folgt $E(X_i^2) = \sigma^2 + \mu^2$;

$Var(\overline{X}) = \frac{\sigma^2}{n} = E(\overline{X}^2) - [E(\overline{X})]^2 = E(\overline{X}^2) - \mu^2$ ergibt

$E(\overline{X}^2) = \frac{\sigma^2}{n} + \mu^2$.

Mit diesen Werten erhält man

$$E(S^2) = \frac{1}{n-1}\left[\sum_{i=1}^{n} E(X_i^2) - n \cdot E(\overline{X}^2)\right]$$

$$= \frac{1}{n-1}\left[n \cdot (\sigma^2 + \mu^2) - n \cdot \left(\frac{\sigma^2}{n} + \mu^2\right)\right] = \frac{1}{n-1} \cdot (n-1) \cdot \sigma^2 = \sigma^2.$$

Schätzung einer Varianz σ^2:

Es sei $(X_1, X_2, \ldots, X_n)$ eine einfache Zufallsstichprobe mit $\sigma^2 = \text{Var}(X_i)$.

Bei bekanntem Erwartungswert $\mu_0 = E(X_i)$ ist

$$T_n = \frac{1}{n}\sum_{i=1}^{n}(X_i - \mu_0)^2 = \frac{1}{n}\sum_{i=1}^{n}X_i^2 - 2\mu_0 \cdot \overline{X} + \mu_0^2$$

eine erwartungstreue Schätzfunktion für die Varianz σ^2.

Bei unbekanntem Erwartungswert μ ist

$$S^2 = \frac{1}{n-1}\sum_{i=1}^{n}(X_i - \overline{X})^2 = \frac{1}{n-1}\left[\sum_{i=1}^{n}X_i^2 - n \cdot \overline{X}^2\right]$$

eine erwartungstreue Schätzfunktion für σ^2.

Falls das vierte zentrale Moment $E((X_i - \mu)^4)$ existiert, sind die Schätzfunktionen auch konsistent.

Schätzwerte für σ^2 aus einer einfachen Stichprobe $(x_1, x_2, \ldots, x_n)$:

$$\hat{\sigma}^2 = \frac{1}{n}\sum_{i=1}^{n}(x_i - \mu_0)^2 = \frac{1}{n}\sum_{i=1}^{n}x_i^2 - 2\mu_0 \cdot \overline{x} + \mu_0^2, \text{ falls } \mu_0 \text{ bekannt ist;}$$

$$\hat{\sigma}^2 = s^2 = \frac{1}{n-1}\sum_{i=1}^{n}(x_i - \overline{x})^2 = \frac{1}{n-1}\left[\sum_{i=1}^{n}x_i^2 - n \cdot \overline{x}^2\right],$$

falls der Erwartungswert nicht bekannt ist.

B 11.4 Beim Werfen einer idealen Münze sei

$$X = \begin{cases} 1, & \text{falls Wappen geworfen wird;} \\ 0, & \text{falls Zahl geworfen wird.} \end{cases}$$

a) Berechnen Sie den Erwartungswert und die Varianz von X.

b) Die Münze werde zweimal unabhängig geworfen, wobei X_1 die Anzahl der Wappen beim ersten Wurf und X_2 die Anzahl der Wappen beim zweiten Wurf ist (unabhängige Wiederholungen der Zufallsvariablen X).
   Bestimmen Sie die Verteilungen und die Erwartungswerte der Zufallsvariablen

$$\overline{X} = \frac{1}{2}(X_1 + X_2); \quad S^2 = \frac{1}{2-1}\sum_{i=1}^{2}(X_i - \overline{X})^2; \quad S = \sqrt{S^2}.$$

Lösung:

a) $\mu = E(X) = \frac{1}{2}$; $E(X^2) = \frac{1}{2}$; $\sigma^2 = \text{Var}(X) = \frac{1}{2} - \frac{1}{4} = \frac{1}{4}$; $\sigma = \frac{1}{2}$.

b)

Versuchsergebnis	WW	WZ	ZW	ZZ
Werte von X_1	1	1	0	0
Werte von X_2	1	0	1	0
Werte von $\overline{X}$	1	$\frac{1}{2}$	$\frac{1}{2}$	0
Werte von S^2	0	$\frac{1}{2}$	$\frac{1}{2}$	0

Verteilung von $\overline{X}$:

$E(\overline{X}) = \frac{1}{2} = \mu$;

Werte	0	1/2	1
Wahrsch.	1/4	1/2	1/4

Verteilung von S^2:

$E(S^2) = \frac{1}{4} = \sigma^2$;

Werte	0	1/2
Wahrsch.	1/2	1/2

Verteilung von S:

$E(S) = \frac{\sqrt{2}}{4} < \sigma$.

Werte	0	$\frac{\sqrt{2}}{2}$
Wahrsch.	1/2	1/2

Schätzung einer Standardabweichung σ:
Im Falle $\sigma > 0$ gilt allgemein $E(S) < \sigma$. Damit ist $S = \sqrt{S^2}$ keine erwartungstreue Schätzfunktion für die Standardabweichung σ. Die Schätzfunktion S ist allerdings asymptotisch erwartungstreu für σ.

Schätzwert für σ aus einer einfachen Stichprobe $(x_1, x_2, \ldots, x_n)$:

$$\hat{\sigma} = s = \sqrt{\frac{1}{n-1} \sum_{i=1}^{n} (x_i - \overline{x})^2} = \sqrt{\frac{1}{n-1} \left[\sum_{i=1}^{n} x_i^2 - n \cdot \overline{x}^2 \right]}.$$

Da die Wurzelfunktion $g(x) = \sqrt{x}$ streng konkav ist, folgt die Eigenschaft $E(S) < \sigma$ aus der Jensenschen Ungleichung.

Jensensche Ungleichung:
Die Zufallsvariablen X und $g(X)$ sollen die Erwartungswerte $E(X)$ bzw. $E(g(X))$ besitzen. Dann gilt

$E\big(g(X)\big) \geq g(E(X))$, falls $g(x)$ *konvex* ist,

$E\big(g(X)\big) \leq g(E(X))$, falls $g(x)$ *konkav* ist.

Falls g streng konvex oder streng konkav ist, gilt in der Jensenschen Ungleichung das Gleichheitszeichen $E\big(g(X)\big) = g(E(X))$ nur für deterministische Zufallsvariablen mit $P(X = \mu) = 1$, also mit $\sigma^2 = 0$.

B 11.5 Zur Schätzung einer unbekannten Wahrscheinlichkeit $p = P(A)$ wurde das Zufallsexperiment 500 mal unabhängig durchgeführt. In dieser Serie trat das Ereignis A 305 mal ein. Gesucht ist ein Schätzwert für die unbekannte Wahrscheinlichkeit p.

Lösung: $\hat{p} = \dfrac{305}{500} = 0{,}61 = r_{500}(A)$.

Schätzung einer Wahrscheinlichkeit p:

In einer unabhängigen Versuchsserie vom Umfang n ist die Zufallsvariable $R_n(A)$ der relativen Häufigkeit des Ereignisses A eine erwartungstreue und konsistente Schätzfunktion für p mit

$$E(R_n(A)) = p; \quad Var(R_n(A)) = \frac{p \cdot (1-p)}{n} \leq \frac{1}{4\,n} \to 0 \quad \text{für } n \to \infty.$$

Schätzwerte: $\hat{p} = r_n(A)$ (relative Häufigkeit).

Maximum-Likelihood-Schätzung:

Von einer diskreten Zufallsvariablen X sei der Wertevorrat bekannt. Die dazugehörigen Wahrscheinlichkeiten sollen jedoch von m unbekannten Parametern $\vartheta_1, \vartheta_2, \ldots, \vartheta_m$ abhängen:

$$P(X = x_k) = p(x_k; \vartheta_1, \vartheta_2, \ldots, \vartheta_m).$$

Bezüglich der Zufallsvariablen X wird eine einfache Stichprobe vom Umfang n gezogen. Dann heißt

$$L(x_1, x_2, \ldots, x_n; \vartheta_1, \vartheta_2, \ldots, \vartheta_m) = \prod_{i=1}^{n} p(x_i; \vartheta_1, \vartheta_2, \ldots, \vartheta_m)$$

die *Likelihood-Funktion* der Stichprobe.

Die Dichte f einer stetigen Zufallsvariablen X hänge von m Parametern ab:

$$f(x) = f(x; \vartheta_1, \vartheta_2, \ldots, \vartheta_m).$$

Dann nennt man

$$L(x_1, x_2, \ldots, x_n; \vartheta_1, \vartheta_2, \ldots, \vartheta_m) = \prod_{i=1}^{n} f(x_i; \vartheta_1, \vartheta_2, \ldots, \vartheta_m)$$

die *Likelihood-Funktion*.

Maximum-Likelihood-Schätzungen sind die Lösungen, für welche die Likelihood-Funktion maximal wird. Falls L nach allen m Parametern differenzierbar ist, erhält man die Schätzungen aus den Ableitungen der logarithmierten Likelihood-Funktionen

$$\frac{\partial \ln L}{\partial \vartheta_1} = 0; \quad \frac{\partial \ln L}{\partial \vartheta_2} = 0; \quad \ldots; \quad \frac{\partial \ln L}{\partial \vartheta_m} = 0.$$

Maximum-Likelihood-Schätzungen sind unter sehr allgemeinen Voraussetzungen asymptotisch erwartungstreu und asymptotisch konsistent.

B 11.6 Zur Schätzung einer unbekannten **Wahrscheinlichkeit** $p = P(A)$ eines Ereignisses A wurde das Experiment n‑mal unabhängig durchgeführt. Dabei trat das Ereignis A genau k_0‑mal ein. Bestimmen Sie die Maximum‑Likelihood‑Schätzung für p.

Lösung:

Likelihood‑Funktion: $L(p) = \binom{n}{k_0} \cdot p^{k_0} \cdot (1-p)^{n-k_0}$;

$g(p) = \ln L(p) = \ln\left(\binom{n}{k_0}\right) + k_0 \cdot \ln p + (n - k_0) \cdot \ln(1-p)$;

$g'(p) = k_0 \cdot \dfrac{1}{p} - \dfrac{n-k_0}{1-p} = 0$; $k_0 \cdot \dfrac{1}{p} = \dfrac{n-k_0}{1-p}$;

$k_0 \cdot (1-p) = (n-k_0) \cdot p$; $k_0 - k_0 \cdot p = n \cdot p - k_0 \cdot p$; $k_0 = n \cdot p$.

Lösung:

$\hat{p} = \dfrac{k_0}{n} = r_n(A)$ (relative Häufigkeit).

B 11.7 Die Zufallsvariable X sei exponentialverteilt mit dem unbekannten Parameter λ.

a) Bestimmen Sie aus einer einfachen Stichprobe $(x_1, x_2, \ldots, x_n)$ die Maximum‑Likelihood‑Schätzung für λ.

b) Zeigen Sie mit Hilfe der Jensenschen Ungleichung, dass für die Schätzfunktion T_n aus a) gilt $E(T_n) > \lambda$, dass T_n aber asymptotisch erwartungstreu ist.

Lösung:

a) Dichte von X: $f(x) = \begin{cases} 0 & \text{für } x \le 0; \\ \lambda \cdot e^{-\lambda x} & \text{für } x > 0. \end{cases}$

$$L(x_1, x_2, \ldots, x_n) = \lambda \cdot e^{-\lambda x_1} \cdot \lambda \cdot e^{-\lambda x_2} \cdot \ldots \cdot \lambda \cdot e^{-\lambda x_n}$$

$$= \lambda^n \cdot e^{-\lambda \sum\limits_{i=1}^{n} x_i};$$

$$g(\lambda) = \ln L(\lambda) = n \cdot \ln \lambda - \lambda \cdot \sum_{i=1}^{n} x_i;$$

$$g'(\lambda) = \frac{n}{\lambda} - \sum_{i=1}^{n} x_i = 0; \quad \hat{\lambda} = \frac{n}{\sum\limits_{i=1}^{n} x_i} = \frac{1}{\frac{1}{n}\sum\limits_{i=1}^{n} x_i} = \frac{1}{\overline{x}}.$$

b) $T_n = \dfrac{1}{\overline{X}}$ mit $E(\overline{X}) = \dfrac{1}{\lambda}$; $\operatorname{Var}(\overline{X}) = \dfrac{1}{n \cdot \lambda} \to 0$ für $n \to \infty$.

Da die Funktion $g(x) = \frac{1}{x}$ streng konvex ist, folgt aus der Jensenschen Ungleichung

$$E(T_n) = E\left(\frac{1}{\overline{X}}\right) > \frac{1}{E(\overline{X})} = \lambda.$$

Wegen $\text{Var}(\overline{X}) = \frac{1}{n \cdot \lambda} \to 0$ für $n \to \infty$ konvergiert $\overline{X}$ gegen eine deterministische Zufallsvariable. Damit steht im Grenzwert in der Jensenschen Ungleichung das Gleichheitszeichen. Daher ist T_n asymptotisch erwartungstreu für λ.

B 11.8 Die Zufallsvariablen X besitze die Dichte

$$f(x) = \begin{cases} \dfrac{x}{\lambda^2} & \text{für } 0 \le x \le \lambda \cdot \sqrt{2}; \\ 0 & \text{sonst} \end{cases}$$

mit einem unbekannten Parameter $\lambda > 0$.
a) Zeigen Sie, dass f tatsächlich eine Dichte ist.
b) Bestimmen Sie die Verteilungsfunktion $F(x)$.
c) Bestimmen Sie den Erwartungswert und die Varianz von X.
d) Bestimmen Sie aus $\overline{X}$ eine für λ erwartungstreue Schätzfunktion T_n und berechnen Sie deren Varianz.
e) Bestimmen Sie aus einer einfachen Stichprobe $(x_1, x_2, \ldots, x_n)$ die Maximum-Likelihood-Schätzung für λ.
f) Bestimmen Sie die Verteilungsfunktion $G(x)$, die Dichte $g(x)$, den Erwartungswert und die Varianz der Schätzfunktion aus e). Zeigen Sie, dass diese Schätzfunktion nur asymptotisch erwartungstreu und konsistent ist. Leiten Sie daraus eine für λ erwartungstreue Schätzfunktion ab und bestimmen Sie deren Varianz.
g) Welche der beiden erwartungstreuen Schätzfunktionen aus d) und f) ist wirksamer, besitzt also eine kleinere Varianz? Bestimmen Sie den Wirkungsgrad zwischen beiden Schätzungen.

Lösung:

a) $\displaystyle\int_0^{\lambda \cdot \sqrt{2}} \frac{x}{\lambda^2}\,dx = \frac{1}{\lambda^2} \cdot \int_0^{\lambda \cdot \sqrt{2}} x\,dx = \frac{1}{\lambda^2} \cdot \frac{(\lambda \cdot \sqrt{2})^2}{2} = 1$.

b) $F(x) = 0$ für $x < 0$; $\quad x > \lambda \cdot \sqrt{2}$: $F(x) = 1$;

$0 \le x \le \lambda \cdot \sqrt{2}$: $\displaystyle F(x) = \int_0^x \frac{u}{\lambda^2}\,du = \frac{x^2}{2\lambda^2}$;

$$F(x) = \begin{cases} 0 & \text{für } x < 0; \\ \dfrac{x^2}{2\lambda^2} & \text{für } 0 \le x \le \lambda \cdot \sqrt{2}; \\ 1 & \text{für } x > \lambda \cdot \sqrt{2}. \end{cases}$$

c) $\displaystyle E(X) = \frac{1}{\lambda^2} \int_0^{\lambda \cdot \sqrt{2}} x^2\,dx = \frac{1}{\lambda^2} \cdot \frac{(\lambda \cdot \sqrt{2})^3}{3} = \frac{2}{3} \cdot \sqrt{2} \cdot \lambda < \lambda$;

$$E(X^2) = \frac{1}{\lambda^2} \int_0^{\lambda \cdot \sqrt{2}} x^3 \, dx = \frac{1}{\lambda^2} \cdot \frac{(\lambda \cdot \sqrt{2})^4}{4} = \lambda^2 \, ;$$

$$\text{Var}(X) = E(X^2) - [E(X)]^2 = \lambda^2 - \frac{8}{9} \cdot \lambda^2 = \frac{\lambda^2}{9} \, .$$

d) Für den Mittelwert $\overline{X}$ einer einfachen Stichprobe gilt

$$E(\overline{X}) = E(X) = \frac{2}{3} \cdot \sqrt{2} \cdot \lambda \, ; \quad \text{Var}(\overline{X}) = \frac{1}{n} \cdot \text{Var}(X) = \frac{\lambda^2}{9n} \, ;$$

für $T_n = \frac{3}{2 \cdot \sqrt{2}} \cdot \overline{X} = \frac{3 \cdot \sqrt{2}}{4} \cdot \overline{X}$ gilt

$$E(T_n) = \frac{3}{2 \cdot \sqrt{2}} \cdot E(\overline{X}) = \lambda \, ;$$

$$\text{Var}(T_n) = \frac{9}{4 \cdot 2} \cdot \text{Var}(\overline{X}) = \frac{\lambda^2}{8n} \to 0 \quad \text{für } n \to \infty \, .$$

Damit ist T_n eine für λ erwartungstreue und konsistente Schätzfunktion.

e) $L(x_1, x_2, \ldots, x_n, \lambda) = \frac{x_1}{\lambda^2} \cdot \frac{x_2}{\lambda^2} \cdot \ldots \cdot \frac{x_n}{\lambda^2} = \frac{1}{\lambda^{2n}} \cdot x_1 \cdot x_2 \cdot \ldots \cdot x_n \, .$

Wegen $0 \leq x_i \leq \lambda \cdot \sqrt{2}$, also $\lambda \geq \frac{x_i}{\sqrt{2}}$ für alle i besitzt L das Maximum an der Stelle $\hat{\lambda} = \frac{x_{max}}{\sqrt{2}}$, wobei x_{max} der maximale Stichprobenwert ist.

Die Schätzfunktion lautet $T_n^* = \frac{X_{max}}{\sqrt{2}}$.

f) Für $0 \leq x \leq \lambda$ gilt wegen der Unabhängigkeit der Zufallsvariablen $X_1, X_2, \ldots, X_n$

$$G(x) = P\left(\frac{X_{max}}{\sqrt{2}} \leq x\right) = P\left(X_{max} \leq \sqrt{2} \cdot x\right)$$

$$= P(X_1 \leq \sqrt{2} \cdot x, X_2 \leq \sqrt{2} \cdot x, \ldots, X_n \leq \sqrt{2} \cdot x)$$

$$= P(X_1 \leq \sqrt{2} \cdot x) \cdot P(X_2 \leq \sqrt{2} \cdot x) \cdot \ldots \cdot P(X_n \leq \sqrt{2} \cdot x)$$

$$= [F(\sqrt{2} \cdot x)]^n = \left(\frac{x^2}{\lambda^2}\right)^n = \frac{x^{2n}}{\lambda^{2n}} \, .$$

Differenziation ergibt die Dichte der Schätzfunktion $\frac{X_{max}}{\sqrt{2}}$

$$g(x) = \begin{cases} \frac{2n}{\lambda^{2n}} \cdot x^{2n-1} & \text{für } 0 \leq x \leq \lambda \, ; \\ 0 & \text{sonst} \, . \end{cases}$$

$$E\left(\frac{X_{max}}{\sqrt{2}}\right) = \frac{2n}{\lambda^{2n}} \int_0^\lambda x^{2n} \, dx = \frac{2n}{\lambda^{2n}} \cdot \frac{\lambda^{2n+1}}{2n+1} = \frac{2n}{2n+1} \cdot \lambda < \lambda \, ;$$

$$E\left(\left(\frac{X_{max}}{\sqrt{2}}\right)^2\right) = \frac{2n}{\lambda^{2n}} \int\limits_0^\lambda x^{2n+1}\,dx = \frac{2n}{\lambda^{2n}} \cdot \frac{\lambda^{2n+2}}{2n+2} = \frac{2n}{2n+2} \cdot \lambda^2\,;$$

$$\mathrm{Var}\left(\frac{X_{max}}{\sqrt{2}}\right) = \frac{2n}{2n+2} \cdot \lambda^2 - \left(\frac{2n}{2n+1}\right)^2 \cdot \lambda^2$$

$$= \frac{2n \cdot (2n+1)^2 - 4n^2 \cdot (2n+2)}{(2n+2) \cdot (2n+1)^2} \cdot \lambda^2 = \frac{2n}{(2n+2) \cdot (2n+1)^2} \cdot \lambda^2\,.$$

$$\lim_{n\to\infty} E\left(\frac{X_{max}}{\sqrt{2}}\right) = \lambda\,; \quad \lim_{n\to\infty} \mathrm{Var}\left(\frac{X_{max}}{\sqrt{2}}\right) = 0\,.$$

Die Schätzfunktion ist nur asymptotisch erwartungstreu und konsistent für λ.

Für die Schätzfunktion $T_n^* = \frac{2n+1}{2n} \cdot \frac{X_{max}}{\sqrt{2}}$ gilt $E(T_n^*) = \lambda$;

$$\mathrm{Var}(T_n^*) = \left(\frac{2n+1}{2n}\right)^2 \cdot \mathrm{Var}\left(\frac{X_{max}}{\sqrt{2}}\right)$$

$$= \frac{(2n+1)^2 \cdot 2n}{(2n)^2 \cdot (2n+2) \cdot (2n+1)^2} \cdot \lambda = \frac{1}{2n \cdot (2n+2)} \cdot \lambda^2\,.$$

Sie ist also für λ erwartungstreu und konsistent.

g) Für die Schätzfunktionen aus d) und f) gilt

$$\mathrm{Var}(T_n^*) = \frac{1}{2n \cdot (2n+2)} \cdot \lambda^2\,; \quad \mathrm{Var}(T_n) = \frac{\lambda^2}{8n}\,;$$

Für $n > 1$ folgt aus $2n \cdot (2n+2) > 8n$

$\mathrm{Var}(T_n^*) < \mathrm{Var}(T_n)$. Damit ist T_n^* wirksamer als T_n.

Der Wirkungsgrad von T_n bezüglich T_n^* beträgt

$$\frac{\mathrm{Var}(T_n^*)}{\mathrm{Var}(T_n)} = \frac{8n}{2n \cdot (2n+2)} = \frac{2}{n+1} \to 0 \text{ für } n \to \infty.$$

Wirksamkeit und Wirkungsgrad erwartungstreuer Schätzfunktionen:
Es seien T_n^* und T_n erwartungstreue und konsistente Schätzfunktionen für ϑ. Im Falle $\mathrm{Var}(T_n^*) < \mathrm{Var}(T_n)$ heißt T_n^* *wirksamer* als T_n.
Der Quotient $\frac{\mathrm{Var}(T_n^*)}{\mathrm{Var}(T_n)}$ heißt der *Wirkungsgrad* von T_n bezüglich T_n^*.
Eine für ϑ erwartungstreue und konsistente Schätzfunktion T_n^{**} mit $\mathrm{Var}(T_n^{**}) \le \mathrm{Var}(T_n)$ für jede erwartungstreue und konsistente andere Schätzfunktion T_n heißt *wirksamste* Schätzfunktion oder *effizient*. Dann heißt

$$W(T_n) = \frac{\mathrm{Var}(T_n^{**})}{\mathrm{Var}(T_n)}$$

die *Wirksamkeit(Effizienz)* der Schätzfunktion T_n.

B 11.9 Die stetige Zufallsvariable X besitze die Verteilungsfunktion

$$F(x,\vartheta) = \begin{cases} 0 & \text{für } x \le 0; \\ 1 - e^{-\vartheta x^r} & \text{für } x > 0 \quad \text{mit } r, \vartheta > 0. \end{cases}$$

Dabei sei $r > 0$ eine fest vorgegebene Zahl, während der Parameter $\vartheta > 0$ nicht bekannt ist.

a) Zeigen Sie, dass $F(x,\vartheta)$ eine Verteilungsfunktion ist.

b) Bestimmen Sie aus einer einfachen Stichprobe $(x_1, x_2, \ldots, x_n)$ die Maximum - Likelihood - Schätzung für den Parameter ϑ.

Lösung:

a) $F(0) = 0$;

wegen $r, \vartheta > 0$ ist die Funktion $e^{-\vartheta x^r}$ für $x > 0$ monoton gegen Null fallend. Daher ist F monoton wachsend mit $\lim_{x \to \infty} F(x,\vartheta) = 1$.

b) Differenziation ergibt die Dichte

$$f(x,\vartheta) = \begin{cases} 0 & \text{für } x \le 0; \\ r \cdot \vartheta \cdot x^{r-1} \cdot e^{-\vartheta x^r} & \text{für } x > 0. \end{cases}$$

$$L(\vartheta) = \prod_{i=1}^{n} r \cdot \vartheta \cdot x_i^{r-1} \cdot e^{-\vartheta \cdot x_i^r}$$

$$= (r \cdot \vartheta)^n \cdot (x_1 \cdot x_2 \cdot \ldots \cdot x_n)^{r-1} \cdot e^{-\vartheta \cdot \sum_{i=1}^{n} x_i^r};$$

$$\ln L(\vartheta) = \ln \left(r^n \cdot (x_1 \cdot x_2 \cdot \ldots \cdot x_n)^{r-1} \right) + n \cdot \ln \vartheta - \vartheta \cdot \sum_{i=1}^{n} x_i^r;$$

$$\frac{d \ln L(\vartheta)}{d\vartheta} = \frac{n}{\vartheta} - \sum_{i=1}^{n} x_i^r = 0; \qquad \hat{\vartheta} = \frac{n}{\sum_{i=1}^{n} x_i^r} = \frac{1}{\frac{1}{n} \sum_{i=1}^{n} x_i^r}.$$

B 11.10 Bestimmen Sie aus einer einfachen Stichprobe $(x_1, x_2, \ldots, x_n)$ die Maximum-Likelihood-Schätzungen für die Parameter μ und σ^2 der **Normalverteilung**.

Lösung:

$$L(\mu, \sigma^2; x_1, x_2, \ldots, x_n) = \frac{1}{(\sqrt{2\pi})^n \cdot (\sigma^2)^{\frac{n}{2}}} \cdot e^{-\frac{1}{2\sigma^2} \sum_{i=1}^{n} (x_i - \mu)^2};$$

$$\ln L = -n \cdot \ln \sqrt{2\pi} - \frac{n}{2} \cdot \ln \sigma^2 - \frac{1}{2\sigma^2} \sum_{i=1}^{n} (x_i - \mu)^2;$$

$$\frac{\partial \ln L}{\partial \mu} = \frac{1}{\sigma^2} \sum_{i=1}^{n} (x_i - \mu) = 0 \quad \Rightarrow \quad \hat{\mu} = \bar{x};$$

$$\frac{\partial \ln L}{\partial \sigma^2} = -\frac{n}{2\sigma^2} + \frac{1}{4\sigma^4} \sum_{i=1}^{n} (x_i - \mu)^2 = 0;$$

durch Multiplikation mit $2\sigma^2$ erhält man mit $\mu = \bar{x}$

$$n = \frac{1}{\sigma^2} \sum_{i=1}^{n} (x_i - \bar{x})^2 \quad \Rightarrow \quad \hat{\sigma}^2 = \frac{1}{n} \sum_{i=1}^{n} (x_i - \bar{x})^2 = \frac{n-1}{n} \cdot s^2.$$

B 11.11 Bestimmen Sie aus einer einfachen Stichprobe $(x_1, x_2, \ldots, x_n)$ die Maximum-Likelihood-Schätzungen für die beiden Parameter μ und σ der **logarithmischen Normalverteilung**. Vergleichen Sie das Ergebnis mit B 11.10.

Lösung:

Die logarithmische Normalverteilung besitzt die Dichte (s. S. 126)

$$f(x, \mu, \sigma) = \begin{cases} \dfrac{1}{\sqrt{2\pi} \cdot \sigma} \cdot \dfrac{1}{x} \cdot e^{-\dfrac{(\ln x - \mu)^2}{2\sigma^2}} & \text{für } x > 0; \\ \\ 0 & \text{für } x \leq 0. \end{cases}$$

Dabei sind μ und σ die Parameter.

$$L(x_1, x_2, \ldots, x_n, \mu, \sigma)$$
$$= \frac{1}{(\sqrt{2\pi})^n} \cdot \frac{1}{\sigma^n} \cdot \frac{1}{x_1 \cdot x_2 \cdot \ldots \cdot x_n} \cdot e^{-\sum_{i=1}^{n} \frac{(\ln x_i - \mu)^2}{2\sigma^2}};$$

$$\ln L = \ln \left(\frac{1}{(\sqrt{2\pi})^n} \cdot \frac{1}{x_1 \cdot x_2 \cdot \ldots \cdot x_n} \right) - n \cdot \ln \sigma - \sum_{i=1}^{n} \frac{(\ln x_i - \mu)^2}{2\sigma^2};$$

$$\frac{\partial}{\partial \mu} \ln L = \frac{1}{\sigma^2} \sum_{i=1}^{n} (\ln x_i - \mu) = 0; \qquad \hat{\mu} = \frac{1}{n} \sum_{i=1}^{n} \ln x_i;$$

$$\frac{\partial}{\partial \sigma} \ln L = -\frac{n}{\sigma} + \sum_{i=1}^{n} \frac{(\ln x_i - \hat{\mu})^2}{\sigma^3} = 0;$$

$$\hat{\sigma}^2 = \frac{1}{n} \sum_{i=1}^{n} (\ln x_i - \hat{\mu})^2.$$

Die Zufallsvariable $Y = \ln X$ ist normalverteilt mit den Parametern $E(Y) = \mu$ und $\mathrm{Var}(Y) = \sigma^2$. Daher erhält man die Schätzungen mit Hilfe der logarithmierten Stichprobe unmittelbar aus B 11.10.

B 11.12 Die Zufallsvariable X sei in $[0; \vartheta]$ mit $\vartheta > 0$ **gleichmäßig stetig verteilt**, wobei der Parameter ϑ nicht bekannt ist.

a) $\bar{x}$ sei der Mittelwert einer einfachen Stichprobe vom Umfang n. Zeigen Sie, dass die Schätzfunktion $T_n = 2\bar{X}$ eine erwartungstreue und konsistente Schätzfunktion für ϑ ist.

b) Bestimmen Sie die Maximum-Likelihood-Schätzung für ϑ.

c) Bestimmen Sie den Erwartungswert und die Varianz der Schätzfunktion aus b) und daraus ihre Dichte. Leiten Sie aus dieser Schätzfunktion eine für ϑ erwartungstreue und konsistente Schätzfunktion ab.

d) Zeigen Sie mit Hilfe der Verteilungsfunktion, dass die Schätzfunktion aus b) konsistent für ϑ ist.

Lösung:

a) Da die unabhängigen Zufallsvariablen X_i in $[0\,;\vartheta]$ gleichmäßig verteilt sind, gilt (s. S. 110)

$$E(X_i) = \frac{\vartheta}{2}\,; \quad Var(X_i) = \frac{\vartheta^2}{12}\,;$$

$$\bar{X} = \frac{1}{n} \sum_{i=1}^{n} X_i\,; \quad E(\bar{X}) = \frac{\vartheta}{2}\,; \quad Var(\bar{X}) = \frac{\vartheta^2}{12n}\,;$$

$$T_n = 2 \cdot \bar{X}\,;$$

$$E(T_n) = \vartheta\,; \quad Var(T_n) = 4 \cdot Var(\bar{X}) = \frac{\vartheta^2}{3n} \to 0 \quad \text{für } n \to \infty.$$

Damit ist $T_n = 2\bar{X}$ eine konsistente Schätzfunktion für ϑ.

b)

Dichte von X_i : $f(x\,,\vartheta) = \begin{cases} \dfrac{1}{\vartheta} & \text{für } 0 \le x \le \vartheta\,; \\ 0 & \text{sonst.} \end{cases}$

Likelihood-Funktion:

$$L(x_1, x_2, \ldots, x_n\,;\vartheta) = \begin{cases} \dfrac{1}{\vartheta^n} & \text{für } 0 \le x_1, x_2, \ldots, x_n \le \vartheta\,; \\ 0 & \text{sonst.} \end{cases}$$

Diese Funktion wird am größten, wenn ϑ möglichst klein, aber nicht kleiner als jeder der n Stichprobenwerte ist. Damit erhält man als Maximum-Likelihood-Schätzung den maximalen Stichprobenwert

$$\hat{\vartheta} = \max(x_1, x_2, \ldots, x_n) = x_{max}\,.$$

c) Der maximale Stichprobenwert x_{max} ist die Realisierung der Zufallsvariablen (Schätzgröße) $T_n = X_{max}$. Das Ereignis $(X_{max} \le x)$ tritt ein, wenn alle n Stichprobenwerte höchstens gleich x sind. Wegen der Unabhängigkeit erhält man für $0 \le x \le \vartheta$ die Verteilungsfunktion der Zufallsvariablen X_{max} in der Form

$$G(x) = P(X_{max} \le x) = P(X_1 \le x, X_2 \le x, \ldots, X_n \le x) = \frac{x^n}{\vartheta^n}\,.$$

Differenziation ergibt die Dichte der Schätzfunktion X_{max}

$$g(x\,;\vartheta) = \begin{cases} \dfrac{n}{\vartheta^n} \cdot x^{n-1} & \text{für } 0 \le x \le \vartheta\,; \\[2mm] 0 & \text{sonst.} \end{cases}$$

Hieraus erhält man den Erwartungswert

$$E(T_n) = \frac{n}{\vartheta^n} \cdot \int_0^\vartheta x^n \, dx = \frac{n}{\vartheta^n} \cdot \frac{\vartheta^{n+1}}{n+1} = \frac{n}{n+1} \cdot \vartheta < \vartheta.$$

Die Schätzfunktion ist nicht erwartungstreu, sondern nur asymptotisch erwartungstreu für ϑ.

$T_n^* = \dfrac{n+1}{n} \cdot X_{max}$ ist eine erwartungstreue Schätzfunktion für ϑ.

$$E(X_{max}^2) = \frac{n}{\vartheta^n} \int_0^\vartheta x^{n+1} \, dx = \frac{n}{\vartheta^n} \cdot \frac{\vartheta^{n+2}}{n+2} = \frac{n}{n+2} \cdot \vartheta^2\,;$$

$$\text{Var}(X_{max}) = E(X_{max}^2) - [E(X_{max})]^2 = \left(\frac{n}{n+2} - \frac{n^2}{(n+1)^2} \right) \cdot \vartheta^2$$

$$= \frac{n \cdot (n+1)^2 - n^2 \cdot (n+2)}{(n+2) \cdot (n+1)^2} \vartheta^2 = \frac{n}{(n+2) \cdot (n+1)^2} \cdot \vartheta^2\,;$$

$$\text{Var}(T_n^*) = \text{Var}\left(\frac{n+1}{n} X_{max} \right) = \frac{(n+1)^2}{n^2} \cdot \text{Var}(X_{max}) = \frac{\vartheta^2}{n \cdot (n+2)}\,;$$

$$\lim_{n \to \infty} \text{Var}(T_n^*) \to 0.$$

Damit ist T_n^* eine konsistente Schätzfunktion. Sie hat für $n > 2$ eine kleinere Varianz als die ebenfalls erwartungstreue Schätzfunktion $2\overline{X}$ aus a).

d) Für jedes ε mit $0 < \varepsilon < \vartheta$ gilt

$$P(\vartheta - \varepsilon \le X_{max} \le \vartheta) = 1 - G(\vartheta - \varepsilon) = 1 - \frac{(\vartheta - \varepsilon)^n}{\vartheta^n} = 1 - \left(\frac{\vartheta - \varepsilon}{\vartheta} \right)^n.$$

Wegen $0 < \dfrac{\vartheta - \varepsilon}{\vartheta} < 1$ gilt $\lim\limits_{n \to \infty} \left(\dfrac{\vartheta - \varepsilon}{\vartheta} \right)^n = 0$. Daraus folgt

$\lim\limits_{n \to \infty} P(\vartheta - \varepsilon \le X_{max} \le \vartheta) = 1$, also die Konsistenz.

B 11.13 Die Zufallsvariable X sei in $[a\,;b]$ **gleichmäßig stetig verteilt**, wobei die Parameter a und b mit $a < b$ nicht bekannt sind.

    a) Bestimmen Sie die Maximum-Likelihood-Schätzungen für die Parameter a und b.

    b) Bestimmen Sie analog zu B 11.12 die Verteilungsfunktionen, Dichten und Erwartungswerte der beiden Schätzfunktionen. Zeigen Sie, dass die Schätzfunktionen nur asymptotisch erwartungstreu sind.

    c) Zeigen Sie mit Hilfe der Verteilungsfunktionen, dass die Schätzfunktionen aus b) konsistent sind.

Lösung:

a) Dichte $f(x,a,b) = \begin{cases} \dfrac{1}{b-a} & \text{für } a \leq x \leq b; \\ 0 & \text{sonst.} \end{cases}$

Likelihood-Funktion:

$L(a,b,x_1,x_2,\ldots,x_n) = \dfrac{1}{(b-a)^n}$ mit $a \leq x_i \leq b$ für alle i.

L wird maximal für

$\hat{a} = x_{min}$ (minimaler Stichprobenwert);

$\hat{b} = x_{max}$ (maximaler Stichprobenwert).

Schätzfunktion für a: $X_{min} = \min(X_1, X_2, \ldots, X_n)$;

Schätzfunktion für b: $X_{max} = \max(X_1, X_2, \ldots, X_n)$.

b) Verteilungsfunktion von X_i: $F(x) = \dfrac{x-a}{b-a}$ für $a \leq x \leq b$.

$G_{max}(x) = P(X_{max} \leq x) = P(X_1 \leq x, X_2 \leq x, \ldots, X_n \leq x)$

$$= P(X_1 \leq x) \cdot P(X_2 \leq x) \cdot \ldots \cdot P(X_n \leq x) = \left(\dfrac{x-a}{b-a}\right)^n$$

für $a \leq x \leq b$.

$P(X_{min} > x) = P(X_1 > x, X_2 > x, \ldots, X_n > x)$

$$= P(X_1 > x) \cdot P(X_2 > x) \cdot \ldots \cdot P(X_n > x)$$
$$= [1 - F(x)]^n = \left(1 - \dfrac{x-a}{b-a}\right)^n = \left(\dfrac{b-x}{b-a}\right)^n;$$

$G_{min}(x) = P(X_{min} \leq x) = 1 - P(X_{min} > x) = 1 - \left(\dfrac{b-x}{b-a}\right)^n$

für $a \leq x \leq b$. Differenziation ergibt die Dichte:

$g(x) = \dfrac{n}{b-a} \cdot \left(\dfrac{b-x}{b-a}\right)^{n-1}$ für $a \leq x \leq b$; $g(x) = 0$ sonst.

$E(X_{min}) = \dfrac{n}{b-a} \int\limits_a^b x \cdot \left(\dfrac{b-x}{b-a}\right)^{n-1} dx$;

durch die Substitution

$\dfrac{b-x}{b-a} = u$; $b - x = (b-a) \cdot u$; $x = b - (b-a) \cdot u$

$dx = -(b-a)\, du$

$x = a \;\Rightarrow\; u = 1$; $x = b \;\Rightarrow\; u = 0$

geht das Integral über in

$$E(X_{min}) = -n \int_1^0 [b - (b-a) \cdot u] \cdot u^{n-1} du$$

$$= n \int_0^1 [b \cdot u^{n-1} - (b-a) \cdot u^n] du$$

$$= n \left[\frac{b}{n} \cdot u^n - \frac{b-a}{n+1} \cdot u^{n+1} \right]_0^1 = b - \frac{n}{n+1} \cdot (b-a)$$

$$= \frac{n}{n+1} \cdot a + \frac{1}{n+1} \cdot b.$$

Wegen $\lim_{n \to \infty} E(X_{min}) = a$ ist X_{min} asymptotisch erwartungstreu für a.

X_{max} besitzt in $[a;b]$ die Dichte

$$h(x) = \frac{n}{b-a} \cdot \left(\frac{x-a}{b-a}\right)^{n-1}; \quad E(X_{max}) = \frac{n}{b-a} \int_a^b x \cdot \left(\frac{x-a}{b-a}\right)^{n-1} dx;$$

durch die Substitution

$$\frac{x-a}{b-a} = u; \quad x - a = (b-a) \cdot u; \quad x = a + (b-a) \cdot u$$

$$dx = (b-a) du$$

$$x = a \Rightarrow u = 0; \quad x = b \Rightarrow u = 1$$

geht das Integral über in

$$E(X_{max}) = n \int_0^1 [a + (b-a) \cdot u] \cdot u^{n-1} du$$

$$= n \int_0^1 [a \cdot u^{n-1} + (b-a) \cdot u^n] du$$

$$= n \left[\frac{a}{n} \cdot u^n + \frac{b-a}{n+1} \cdot u^{n+1} \right]_0^1 = a + \frac{n}{n+1}(b-a)$$

$$= \frac{n}{n+1} \cdot b + \frac{1}{n+1} \cdot a.$$

Wegen $\lim_{n \to \infty} E(X_{max}) = b$ ist X_{max} asymptotisch erwartungstreu für b.

c) Für jedes $\varepsilon > 0$ mit $\varepsilon < b-a$ gilt

$$P(a \leq X_{min} \leq a + \varepsilon) = G_{min}(a + \varepsilon) - \underbrace{G_{min}(a)}_{=0} = 1 - \left(\frac{b-a-\varepsilon}{b-a}\right)^n;$$

$$\lim_{n \to \infty} P(a \leq X_{min} \leq a + \varepsilon) = 1.$$

Damit ist X_{min} konsistent für den Paramater a.

$$P(b - \varepsilon \leq X_{max} \leq b) = G_{max}(b) - G_{max}(b - \varepsilon) = 1 - \left(\frac{b-a-\varepsilon}{b-a}\right)^n;$$

$$\lim_{n \to \infty} P(b - \varepsilon \leq X_{max} \leq b) = 1. \quad X_{max} \text{ ist konsistent für b.}$$

B 11.14 Die Lebensdauer X eines Bauteils besitze eine **verschobene Exponentialverteilung** mit der Dichte

$$f(x) = \begin{cases} 0 & \text{für } x < \vartheta\,; \\ \lambda \cdot e^{-\lambda\,(x-\vartheta)} & \text{für } x \geq \vartheta\,; \quad \vartheta > 0\,. \end{cases}$$

Dabei sei der Parameter $\lambda > 0$ bekannt, nicht jedoch $\vartheta > 0$.

a) Bestimmen Sie mit Hilfe des Stichprobenmittels $\overline{X}$ eine erwartungstreue Schätzfunktion für ϑ. Berechnen Sie deren Varianz.

b) Leiten Sie aus der Maximum-Likelihood-Schätzung eine erwartungstreue Schätzfunktion für ϑ ab und bestimmen Sie deren Varianz.

c) Welche der beiden Schätzungen aus a) und b) ist wirksamer? Bestimmen Sie die Wirksamkeit.

Lösung:

a) Die Zufallsvariable X läßt sich darstellen als $X = \vartheta + Y$. Dabei ist Y exponentialverteilt mit dem Parameter λ.

$$E(Y) = \tfrac{1}{\lambda}\,; \quad Var(Y) = \tfrac{1}{\lambda^2} \quad \text{ergibt} \quad E(X) = \vartheta + \tfrac{1}{\lambda}\,; \quad Var(X) = \tfrac{1}{\lambda^2}\,;$$

$$E(\overline{X}) = E(X) = \vartheta + \tfrac{1}{\lambda}\,; \quad Var(\overline{X}) = \tfrac{1}{n} \cdot Var(X) = \tfrac{1}{n\lambda^2}\,;$$

$$T_n = \overline{X} - \tfrac{1}{\lambda}\,; \quad E(T_n) = \vartheta\,; \quad Var(T_n) = \tfrac{1}{n\lambda^2} \to 0 \text{ für } n \to \infty\,.$$

b) $L(x_1, x_2, \ldots, x_n; \vartheta) = \lambda^n \cdot e^{-\lambda \cdot \sum\limits_{i=1}^{n} (x_i - \vartheta)}$; $x_i \geq \vartheta$

L wird maximal für $\hat{\vartheta} = x_{min}$ (minimaler Stichprobenwert).

Damit ist X_{min} die Maximum-Likelihood-Schätzung für ϑ.

Für $x \geq \vartheta$ gilt

$$P(X_{min} \geq x) = P(X_1 \geq x, X_2 \geq x, \ldots, X_n \geq x)$$

$$= P(X_1 \geq x) \cdot P(X_2 \geq x) \cdot \ldots \cdot P(X_n \geq x) = e^{-n\lambda\,(x-\vartheta)}\,;$$

$$G(x) = P(X_{min} \leq x) = 1 - e^{-n\lambda\,(x-\vartheta)} \text{ für } x \geq \vartheta\,;$$

$$G(x) = 0 \text{ für } x < \vartheta\,.$$

$$g(x) = G'(x) = n \cdot \lambda \cdot e^{-n\lambda\,(x-\vartheta)} \quad \text{für} \quad x \geq \vartheta\,;$$

$$g(x) = 0 \text{ für } x < \vartheta\,.$$

X_{min} besitzt ebenfalls eine verschobene Exponentialverteilung mit dem bekannten Parameter $n\lambda$ und dem unbekannten Parameter ϑ. Aus der Darstellung $X_{min} = \vartheta + Y$ folgt, dass Y exponentialverteilt ist mit dem Parameter $n \cdot \lambda$. Damit erhält man

$$E(X_{min}) = \vartheta + \frac{1}{n \cdot \lambda}; \quad Var(X_{min}) = \frac{1}{n^2 \cdot \lambda^2};$$

$$T_n^* = X_{min} - \frac{1}{n \cdot \lambda}; \quad E(T_n^*) = \vartheta; \quad Var(T_n^*) = \frac{1}{n^2 \cdot \lambda^2}.$$

c) $Var(T_n) = \dfrac{1}{n \cdot \lambda^2}; \quad Var(T_n^*) = \dfrac{1}{n^2 \cdot \lambda^2};$

damit ist T_n^* wirksamer als T_n mit der Wirksamkeit

$$\frac{Var\,(T_n^*)}{Var(T_n)} = \frac{1}{n}.$$

Schätzungen einer Kovarianz und eines Korrelationskoeffizienten ρ:
Die beiden Zufallsvariablen X, Y sollen die unbekannte Kovarianz

$$Cov(X, Y) = \sigma_{XY} = E\big((X - \mu_X) \cdot (Y - \mu_Y)\big) = E(X \cdot Y) - E(X) \cdot E(Y)$$

und den unbekannten Korrelationskoeffizienten

$$\rho = \rho(X, Y) = \frac{Cov(X, Y)}{\sqrt{Var(X)} \cdot \sqrt{Var(Y)}} = \frac{\sigma_{XY}}{\sigma_X \cdot \sigma_Y}$$

besitzen. Aus den unabhängigen Wiederholungen $(X_1, Y_1), (X_2, Y_2), \ldots$
(X_n, Y_n) der Zufallsvariablen (X, Y) erhält man in

$$S_{XY} = \frac{1}{n-1} \sum_{i=1}^{n} (X_i - \bar{X}) \cdot (Y_i - \bar{Y}) = \frac{1}{n-1}\Big(\sum_{i=1}^{n} X_i\,Y_i - n\,\bar{X}\,\bar{Y}\Big)$$

eine erwartungstreue Schätzfunktion für die Kovarianz σ_{XY}. Falls die
Erwartungswerte $E(X^2 \cdot Y^2)$ existieren, ist die Folge dieser Schätzfunktionen auch *konsistent*. Dann erhält man aus einer zweidimensionalen
einfachen Stichprobe die Schätzwerte

$$\hat{\sigma}_{XY} = s_{xy} = \frac{1}{n-1} \sum_{i=1}^{n} (x_i - \bar{x})(y_i - \bar{y}) = \frac{1}{n-1}\Big(\sum_{i=1}^{n} x_i\,y_i - n\,\bar{x}\,\bar{y}\Big) \approx \sigma_{XY}.$$

Die Schätzfunktion

$$R_n = \frac{\displaystyle\sum_{i=1}^{n} (X_i - \bar{X}) \cdot (Y_i - \bar{Y})}{\sqrt{\Big(\displaystyle\sum_{i=1}^{n} (X_i - \bar{X})^2\Big) \cdot \Big(\displaystyle\sum_{i=1}^{n} (Y_i - \bar{Y})^2\Big)}} = \frac{S_{XY}}{S_X \cdot S_Y}$$

ist asymptotisch erwartungstreu für den Korrelationskoeffizienten ρ.
Falls die vierten Momente der Zufallsvariablen X und Y existieren, ist
die Schätzfunktion R_n konsistent für ρ.
Schätzwerte

$$\hat{\rho} = r \ \text{(Korrelationskoeffizient der Stichprobe)}.$$

Bei Normalverteilungen ist der Korrelationskoeffizient r auch die
Maximum-Likelihood-Schätzung des Korrelationskoeffizienten ρ.

A 11.1 Die unabhängigen Zufallsvariablen X_1, X_2, X_3, X_4, X_5 sollen alle den gleichen unbekannten Erwartungswert μ, aber die bekannten Varianzen $\sigma_1^2 = 1$; $\sigma_2^2 = 2$; $\sigma_3^2 = 4$; $\sigma_4^2 = 5$ und $\sigma_5^2 = 10$ besitzen. Zur Schätzung von μ werden die Stichprobenwerte $x_1 = 12$; $x_2 = 10$; $x_3 = 14$; $x_4 = 13$ und $x_5 = 15$ benutzt.
a) Bestimmen Sie einen erwartungstreuen Schätzwert für μ der Art

$$t_n = \sum_{i=1}^{5} c_i \cdot x_i \quad \text{derart, dass die Zufallsvariable } T_n \text{ minimale}$$

Varianz besitzt. Benutzen Sie dazu B 11.2.

b) Welchen Schätzwert würde man erhalten, wenn alle fünf Zufallsvariablen die gleiche Varianz besitzen würden?

A 11.2 Zur Schätzung der unbekannten Varianz σ^2 einer Zufallsvariablen X wird eine Stichprobe vom Umfang 50 benutzt mit folgenden Werten

$$\sum_{i=1}^{50} x_i = 512; \qquad \sum_{i=1}^{50} x_i^2 = 10\,213.$$

Berechnen Sie einen Schätzwert für σ^2, falls
a) der Erwartungswert μ nicht bekannt ist;
b) $\mu = \mu_0 = 10$ bekannt ist.

A 11.3 Zur Schätzung der Wahrscheinlichkeit p, mit einem verfälschten Würfel eine Sechs zu werfen, wurde mit dem Würfel 200 mal geworfen. Bei 46 Würfen erschien eine Sechs.
a) Bestimmen Sie einen Schätzwert für die Wahrscheinlichkeit p.
b) Wie oft muss mit dem Würfel mindestens geworfen werden, damit die Zufallsvariable $R_n(A)$ der relativen Häufigkeit der geworfenen Sechsen mit einer Wahrscheinlichkeit von mindestens 0,95 von der unbekannten Wahrscheinlichkeit p um weniger als 0,01 abweicht? Dabei kann $p \leq 0,25$ als gesichert angesehen werden.

A 11.4 Aus einer einfachen Stichprobe $(x_1, x_2, \ldots, x_n)$ soll die Maximum-Likelihood-Schätzung für den Parameter einer **Poisson-Verteilung** bestimmt werden. Ist die Schätzfunktion erwartungstreu und konsistent?

A 11.5 Es sei $A_1, A_2, \ldots, A_m$ eine **vollständige Ereignisdisjunktion** mit $A_1 \cup A_2 \cup \ldots \cup A_m = \Omega$ und $A_i \cap A_j = \emptyset$ für $i \neq j$. Zur Schätzung der unbekannten Wahrscheinlichkeiten $p_k = P(A_k) > 0$ mit $\sum_{k=1}^{m} p_k = 1$ wird das Zufallsexperiment n-mal unabhängig durchgeführt. Dabei sei $h_k = h_n(A)$ die absolute Häufigkeit des Ereignisses A_k für $k = 1, 2, \ldots, m$. Bestimmen Sie unter Berücksichtigung der aufgetretenen Reihenfolge der einzelnen Ereignisse die Maximum-Likelihood-Schätzungen für die Wahrscheinlichkeiten $p_1, p_2, \ldots, p_m$.

12. Konfidenzintervalle

Konfidenz- oder **Vertrauensintervalle:**
Gegeben seien zwei Stichprobenfunktionen (Zufallsvariablen)

$$G_u = g_u(X_1, X_2, \ldots, X_n) \quad \text{und} \quad G_o = g_o(X_1, X_2, \ldots, X_n)$$

mit

$$P(G_u \le \vartheta \le G_o) = \gamma \qquad \text{bzw.}$$

$$P(\vartheta \le G_o) = \gamma; \qquad P(\vartheta \ge G_u) = .\gamma.$$

Dann heißen die Zufallsintervalle

$$[G_u; G_o] \text{ (zweiseitig)} \quad \text{bzw} \quad (-\infty; G_o] \text{ und } [G_u; +\infty) \text{ (einseitig)}$$

Konfidenzintervalle (Vertrauensintervalle) für den Parameter ϑ zum *Konfidenzniveau (Vertrauenswahrscheinlichkeit)* γ.

Auf Grund des Gesetzes der großen Zahlen kann davon ausgegangen werden, dass auf Dauer ungefähr $100 \cdot \gamma \%$ der jeweiligen Realisierungen der Zufallsintervalle

$$[g_u; g_o]; \quad (-\infty; g_o]; \quad [g_u; +\infty)$$

den unbekannten Parameter ϑ auch tatsächlich enthalten. Auch die Realisierungen nennt man *Konfidenzintervalle.*
Dann sind die äquivalenten Aussagen

$$g_u \le \vartheta \le g_o; \quad \vartheta \le g_o; \quad \vartheta \ge g_u$$

zu $100 \cdot \gamma \%$ abgesichert. Das bedeutet, dass sie aus einer Stichprobe mit Hilfe eines Verfahrens bestimmt werden, das mit Wahrscheinlichkeit γ richtige Aussagen bzw. Konfidenzintervalle liefert, die den unbekannten Parameter ϑ auch tatsächlich enthalten.
Zur Bestimmung der Grenzen von Konfidenzintervallen benutzt man meistens die Schätzfunktionen aus der Parameterschätzung. Dazu muss die Verteilung der Schätzfunktion bekannt sein.

B 12.1 Von einer Zufallsvariablen X sei die Varianz $\text{Var}(X) = 9$ bekannt.
  a) Eine einfache Stichprobe vom Umfang 400 besitze den Mittelwert $\bar{x} = 995{,}75$. Bestimmen Sie daraus ein zweiseitiges Konfidenzintervall für den Erwartungswert μ zum Konfidenzniveau $\gamma = 0{,}95$.
  b) Wie groß muss der Stichprobenumfang n mindestens sein, damit die Länge des zum Konfidenzniveau $\gamma = 0{,}99$ aus $\bar{x}$ berechneten Konfidenzintervalls höchstens 0,2 ist?

Lösung:

a) $\left[\overline{x} - \dfrac{3}{20} \cdot z_{0,975} \; ; \; \overline{x} + \dfrac{3}{20} \cdot z_{0,975} \right]$

$= \left[995,75 - 0,15 \cdot 1,959964 \; ; \; 995,75 + 0,15 \cdot 1,959964 \right]$

$= \left[995,456 \; ; \; 996,044 \right]$;

b) $l = 2 \cdot \dfrac{\sigma_0}{\sqrt{n}} \cdot z_{\frac{1+\gamma}{2}} = \dfrac{6}{\sqrt{n}} \cdot z_{0,995} = \dfrac{6 \cdot 2,575829}{\sqrt{n}} \leq 0,2$;

$n \geq \left(\dfrac{6 \cdot 2,575829}{0,2} \right)^2$; $n \geq 5\,972$ (aufgerundet).

Konfidenzintervalle für den Erwartungswert $\mu = E(X)$ bei vorgegebener Varianz $\sigma_0^2 = \text{Var}(X)$:

Voraussetzung: Entweder sind die Zufallsvariablen X_i normalverteilt oder der Stichprobenumfang n muss zur Anwendung des zentralen Grenzwertsatzes mindestens gleich 30 sein.

Mit dem Mittelwert $\overline{x}$ einer einfachen Stichprobe vom Umfang n und den Quantilen der Standardnormalverteilung (Tab. 2) erhält man zum Konfidenzniveau γ die Konfidenzintervalle (Realisierungen)

zweiseitig: $\left[\overline{x} - \dfrac{\sigma_0}{\sqrt{n}} \cdot z_{\frac{1+\gamma}{2}} \; ; \; \overline{x} + \dfrac{\sigma_0}{\sqrt{n}} \cdot z_{\frac{1+\gamma}{2}} \right]$;

einseitig: $\left[\overline{x} - \dfrac{\sigma_0}{\sqrt{n}} \cdot z_\gamma \; ; \; \infty \right)$ und $\left(-\infty \; ; \; \overline{x} + \dfrac{\sigma_0}{\sqrt{n}} \cdot z_\gamma \right]$.

Länge des zweiseitigen Konfidenzintervalls:

$l = 2 \cdot \dfrac{\sigma_0}{\sqrt{n}} \cdot z_{\frac{1+\gamma}{2}} \to 0$ für $n \to \infty$.

B 12.2 Von der Zufallsvariablen X des Gewichts (in Gramm) der von einer Maschine abgefüllten Pakete ist die Varianz nicht bekannt. Der Hersteller möchte eine untere Schranke für den unbekannten Erwartungswert μ angeben, die mit 95%iger Sicherheit auch eingehalten wird. Berechnen Sie die untere Grenze des Konfidenzintervalls zu $\gamma = 0,95$ aus eine Stichprobe vom Umfang 50 mit dem Mittelwert $\overline{x} = 500,15$ und der Standardabweichung s = 2,53.

Lösung:

Untere Grenze: $\overline{x} - \dfrac{s}{\sqrt{50}} \cdot t_{49\,;\,0,95} = 500,15 - \dfrac{2,53}{\sqrt{50}} \cdot 1,676551$

$= 499,55$;   Konfidenzintervall $\left[499,55 \; ; \; +\infty \right)$.

Mit $\gamma = 0,95$ abgesicherte Aussage: $\mu \geq 499,55$.

Konfidenzintervalle für den Erwartungswert $\mu = E(X_i)$ bei unbekannter Varianz $\sigma = Var(X_i)$:

Voraussetzung: Entweder sind die Zufallsvariablen X_i normalverteilt oder der Stichprobenumfang n muss zur Anwendung des zentralen Grenzwertsatzes mindestens gleich 30 sein.

Bei unbekannter Varianz ist die Schätzfunktion

$$\frac{\overline{X} - \mu}{S} \cdot \sqrt{n} \quad \text{t-verteilt mit } n-1 \text{ Freiheitsgraden.}$$

Die Dichten $g_n(t)$ der t-Verteilungen sind symmetrisch zur y-Achse. Für $n \to \infty$ konvergieren die t-Verteilungen gegen die Standardnormalverteilung.

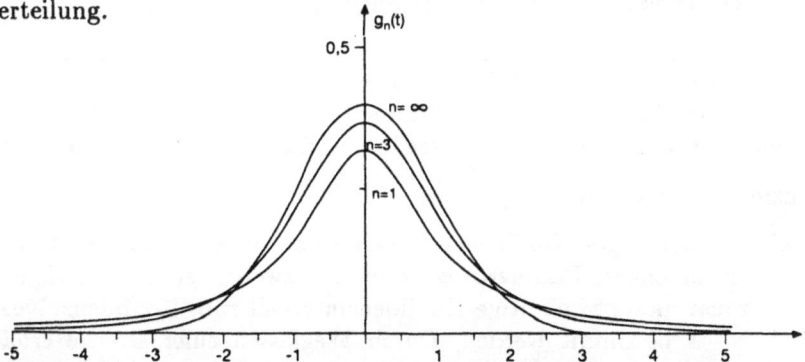

Mit dem Mittelwert $\overline{x}$ und der Standardabweichung s einer einfachen Stichprobe vom Umfang n und den Quantilen der t-Verteilung mit $n-1$ Freiheitsgraden (Tab. 3) erhält man zum Konfidenzniveau die Konfidenzintervalle (Realisierungen)

zweiseitige: $\left[\overline{x} - \frac{s}{\sqrt{n}} \cdot t_{n-1;\frac{1+\gamma}{2}} \; ; \; \overline{x} + \frac{s}{\sqrt{n}} \cdot t_{n-1;\frac{1+\gamma}{2}} \right]$;

einseitige: $\left[\overline{x} - \frac{s}{\sqrt{n}} \cdot t_{n-1;\gamma} \; ; \; \infty \right)$ und $\left(-\infty \; ; \; \overline{x} + \frac{s}{\sqrt{n}} \cdot t_{n-1;\gamma} \right]$.

Länge des zweiseitigen Konfidenzintervalls:

$$l = 2 \cdot \frac{s}{\sqrt{n}} \cdot t_{n-1;\frac{1+\gamma}{2}} \to 0 \text{ für } n \to \infty.$$

B 12.3 Für den Erwartungswert μ soll ein zweiseitiges Konfidenzintervall zum Konfidenzniveau $\gamma = 0{,}95$ bestimmt werden. Dazu wurden aus einer einfachen Stichprobe vom Umfang n = 100 der Mittelwert $\overline{x} = 29{,}82$ und die Standardabweichung s = 1,79 bestimmt.

a) Bestimmen Sie das zweiseitige Konfidenzintervall.

b) Im zweiseitigen Konfidenzintervall aus a) wird die obere Grenze weggelassen. Geben Sie das einseitige Konfidenzintervall $[g_u; \infty)$ und das zugehörige Konfidenzniveau $\hat{\gamma}$ an.

Lösung:

a) $\left[\bar{x} - \dfrac{s}{\sqrt{100}} \cdot t_{99\,;\,0,975} \;\; ; \;\; \bar{x} + \dfrac{s}{\sqrt{100}} \cdot t_{99\,;\,0,975} \right]$

$= \left[29,82 - \dfrac{1,79}{10} \cdot 1,984217 \;\; ; \;\; 29,82 + \dfrac{1,79}{10} \cdot 1,984217 \right]$

$= [\, 29,46\,;\, 30,18 \,]$.

b) Das einseitige Konfidenzintervall $[\, 29,46\,;\, +\infty)$ besitzt das Konfidenzniveau $\hat{\gamma} = \dfrac{1+\gamma}{2} = 0,975$.

Gleichwertig dazu ist die Aussage: $\mu \geq 29,46$.

Bestimmung von einseitigen Konfidenzintervallen aus zweiseitigen:
Lässt man in einem zweiseitigen symmetrischen Konfidenzintervall zum Konfidenzniveau γ^* eine Grenze weg, so erhält man ein einseitiges Konfidenzintervall zum Niveau $\gamma = \dfrac{1+\gamma^*}{2}$.

Es soll ein einseitiges Konfidenzintervall zum Niveau γ bestimmt werden. Falls in einem Rechnerprogramm nur zweiseitige zur Verfügung stehen, muss dieses zweiseitige Konfidenzintervall zum Konfidenzniveau $\gamma^* = 2 \cdot \gamma - 1$ bestimmt werden. Durch Weglassen einer Grenze erhält man dann einseitige Konfidenzintervalle zum Konfidenzniveau γ.

B 12.4 Eine Zufallsvariable X sei normalverteilt. Weder die Varianz σ^2 noch der Erwartungswert μ seien bekannt. Eine einfache Stichprobe vom Umfang $n = 101$ besitzt die Varianz $s^2 = 14,6$. Bestimmen Sie hieraus ein zweiseitiges Konfidenzintervall für die Varianz σ^2 zum Konfidenzniveau $\gamma = 0,95$.

Lösung:

Mit den Quantilen der Chi-Quadrat-Verteilung mit $n - 1 = 100$ Freiheitsgraden (Tab. 4) lautet das Konfidenzintervall für σ^2

$$\left[\frac{(n-1) \cdot s^2}{\chi^2_{n-1\,;\,\frac{1+\gamma}{2}}} \;\; ; \;\; \frac{(n-1) \cdot s^2}{\chi^2_{n-1\,;\,\frac{1-\gamma}{2}}} \right] = \left[\frac{100 \cdot s^2}{\chi^2_{100\,;\,0,975}} \;\; ; \;\; \frac{100 \cdot s^2}{\chi^2_{100\,;\,0,025}} \right]$$

$$= \left[\frac{100 \cdot 14,6}{129,561} \;\; ; \;\; \frac{100 \cdot 14,6}{74,222} \right] = [\, 11,27\,;\, 19,67 \,].$$

Gleichwertige Aussage: $11,27 \leq \sigma^2 \leq 19,67$.

Konfidenzintervalle für eine Varianz σ^2 bei Normalverteilungen:
1. Bei **unbekanntem** Erwartungswert μ ist die Varianz S^2 aus einer einfachen Zufallsstichprobe nach B 11.3 eine erwartungstreue Schätzfunktion für σ^2. Mit der Varianz σ^2 ist

$$\frac{(n-1) \cdot S^2}{\sigma^2} = \frac{\sum\limits_{i=1}^{n}(X_i - \overline{X})^2}{\sigma^2}$$

Chi-Quadrat-verteilt mit $n-1$ Freiheitsgraden.

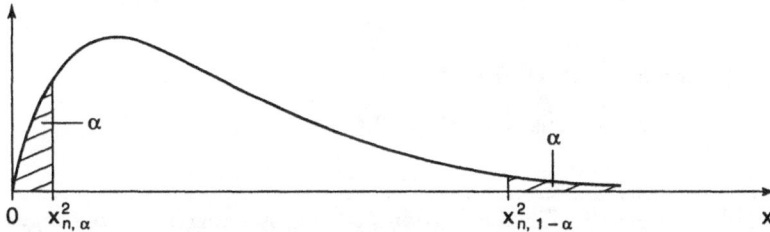

Dicht einer Chi-Quadrat-Verteilung

Mit den Quantilen dieser Chi-Quadrat-Verteilung (Tab. 4) und der Stichprobenvarianz s^2 erhält man für σ^2 die Konfidenzintervalle

zweiseitig:
$$\left[\frac{(n-1) \cdot s^2}{\chi^2_{n-1;\frac{1+\gamma}{2}}} \; ; \; \frac{(n-1) \cdot s^2}{\chi^2_{n-1;\frac{1-\gamma}{2}}} \right];$$

einseitig:
$$\left[\frac{(n-1) \cdot s^2}{\chi^2_{n-1;\gamma}} \; ; \; +\infty \right); \quad \left(0 \; ; \; \frac{(n-1) \cdot s^2}{\chi^2_{n-1;1-\gamma}} \right].$$

2. Bei **bekanntem** Erwartungswert μ_0 ist die Schätzfunktion

$$\tilde{S}^2 = \frac{1}{n}\sum\limits_{i=1}^{n}(X_i - \mu_0)^2 = \frac{1}{n}\sum\limits_{i=1}^{n} X_i^2 - 2\mu_0 \cdot \overline{X} + \mu_0^2$$

erwartungstreu für σ^2. Dann ist $\dfrac{n \cdot \tilde{S}^2}{\sigma^2}$ Chi-Quadrat-verteilt mit n Freiheitsgraden, falls σ^2 die Varianz ist. Konfidenzintervalle für σ^2:

zweiseitig:
$$\left[\frac{n \cdot \tilde{s}^2}{\chi^2_{n;\frac{1+\gamma}{2}}} \; ; \; \frac{n \cdot \tilde{s}^2}{\chi^2_{n;\frac{1-\gamma}{2}}} \right];$$

einseitig:
$$\left[\frac{n \cdot \tilde{s}^2}{\chi^2_{n;\gamma}} \; ; \; +\infty \right); \quad \left(0 \; ; \; \frac{n \cdot \tilde{s}^2}{\chi^2_{n;1-\gamma}} \right]$$

mit $n \cdot \tilde{s}^2 = \sum\limits_{i=1}^{n}(x_i - \mu_0)^2 = (n-1) \cdot s^2 + n \cdot (\overline{x} - \mu_0)^2$.

B 12.5 Aus einer normalverteilten Grundgesamtheit wurde eine Stichprobe vom Umfang n = 50 gezogen mit dem Mittelwert $\bar{x}$ = 100,5 und der Varianz s^2 = 9,3. Dabei sei der Erwartungswert μ_0 = 100 bekannt. Bestimmen Sie ein nur nach oben begrenztes einseitiges Konfidenzintervall für σ^2 zum Konfidenzniveau γ = 0,95.

Lösung:

$$n \cdot \tilde{s}^2 = \sum_{i=1}^{50} (x_i - 100)^2 = 49 \cdot 9,3 + 50 \cdot (100,5 - 100)^2 = 468,2.$$

obere Grenze: $\dfrac{n \cdot \tilde{s}^2}{\chi^2_{n\,;\,1-\gamma}} = \dfrac{468,2}{\chi^2_{50\,;\,0,05}} = \dfrac{468,2}{\chi^2_{50\,;\,0,05}} = \dfrac{468,2}{34,764} = 13,47.$

Konfidenzintervall für σ^2: (0 ; 13,47];

gleichwertige Aussage: $\sigma^2 \leq 13,47$.

Konfidenzintervalle für die Varianz σ^2 bei beliebigen Verteilungen und großem Stichprobenumfang:

Bei nicht normalverteilten Zufallsvariablen dürfen die bei Normalverteilungen benutzten Konfidenzintervalle nicht als Näherungslösungen übernommen werden, da die dort angegebenen Zufallsvariablen auch nicht asymptotisch Chi-Quadrat-verteilt sind.

Voraussetzung: Für die Zufallsvariable X sollen die zentralen Momente

$$\eta_4 = \mathrm{E}\big((X - \mu)^4\big) \quad \text{und} \quad \eta_8 = \mathrm{E}\big((X - \mu)^8\big)$$

existieren. Dann ist nach dem zentralen Grenzwertsatz S^2 näherungsweise normalverteilt mit

$$\mathrm{E}(S^2) = \sigma^2; \quad \mathrm{Var}(S^2) \approx \frac{\eta_4 - \sigma^4}{n} \to 0 \text{ für } n \to \infty.$$

Über die Standardisierung erhält man für große n approximative Konfidenzintervalle für σ^2 zum Konfidenzniveau γ:

zweiseitig:
$$\left[s^2 - z_{\frac{1+\gamma}{2}} \cdot \sqrt{\frac{m_4 - (s^2)^2}{n}} \;;\; s^2 + z_{\frac{1+\gamma}{2}} \cdot \sqrt{\frac{m_4 - (s^2)^2}{n}} \right];$$

einseitig:
$$\left[s^2 - z_{1-\gamma} \cdot \sqrt{\frac{m_4 - (s^2)^2}{n}} \;;\; +\infty \right); \left(0 \;;\; s^2 + z_{1-\gamma} \cdot \sqrt{\frac{m_4 - (s^2)^2}{n}} \right];$$

$$m_4 = \frac{1}{n} \sum_{i=1}^{n} (x_i - \bar{x})^2 \approx \eta_4;$$

z_q = q-Quantil der Standardnormalverteilung.

B 12.6 Die Zufallsvariable X sei nicht normalverteilt. Zur Bestimmung eines Konfidenzintervalls wurden aus einer einfachen Stichprobe vom Umfang n = 500 folgende Werte berechnet:

Varianz: $s^2 = 19{,}7$; $m_4 = \dfrac{1}{500}\displaystyle\sum_{i=1}^{n}(x_i - \overline{x})^4 = 395{,}54$.

a) Bestimmen Sie zum Konfidenzniveau $\gamma = 0{,}96$ ein zweiseitiges Konfidenzintervall für die Varianz σ^2.

b) Bestimmen Sie daraus ein zweiseitiges Konfidenzintervall für die Standardabweichung σ zum Konfidenzniveau $\gamma = 0{,}96$.

Lösung:

a) $\dfrac{1+\gamma}{2} = 0{,}98$;

$$z_{0,98} \cdot \sqrt{\frac{m_4 - (s^2)^2}{n}} = 2{,}053479 \cdot \sqrt{\frac{395{,}54 - 19{,}7^2}{500}} = 0{,}251\,;$$

Konfidenzintervall für σ^2: $[\,19{,}449\,;\,19{,}951\,]$.

b) Durch Wurzelziehen erhält man das Konfidenzintervall für σ zum gleichen Konfidenzniveau $\gamma = 0{,}96$

$[\,\sqrt{19{,}449}\,;\ \sqrt{19{,}951}\,] = [\,4{,}410\,;\ 4{,}467\,]$, also $4{,}410 \le \sigma \le 4{,}467$.

Konfidenzintervall für eine Standardabweichung σ:
Es sei $[\,a\,;\,b\,]$ ein Konfidenzintervall für die Varianz σ^2 zum Konfidenzniveau γ. Dann ist $[\,\sqrt{a}\,;\,\sqrt{b}\,]$ ein Konfidenzintervall für die Standardabweichung σ zum gleichen Konfidenzniveau γ.

B 12.7 Zur Bestimmung eines zweiseitigen Konfidenzintervalls für eine Wahrscheinlichkeit $p = P(A)$ zum Konfidenzniveau $\gamma = 0{,}95$ wurde in einer unabhängigen Versuchsserie vom Umfang 500 die absolute Häufigkeit $h_{500} = 209$ des Ereignisses A bestimmt. Berechnen Sie daraus das Konfidenzintervall.

Lösung:

Mit der relativen Häufigkeit $r_{500} = \dfrac{209}{500} = 0{,}418$ und dem Quantil der Standardnormalverteilung

$z = z_{0,975} = 1{,}959964$ erhält man die Grenzen

$$p_{u,o} = \frac{500}{500 + z^2} \cdot \left(0{,}418 + \frac{z^2}{1\,000} \mp z \cdot \sqrt{\frac{0{,}418 \cdot 0{,}582}{500} + \frac{z^2}{1\,000\,000}} \right);$$

$p_u = 0{,}3756$; $p_o = 0{,}4617$;

Konfidenzintervall für p: $[\,0{,}3756\,;\,0{,}4617\,]$.

Asymptotische Konfidenzintervalle für eine Wahrscheinlichkeit p:
Die Zufallsvariable X der absoluten Häufigkeit der Ereignisse A mit der unbekannten Wahrscheinlichkeit $p = p(A)$ ist für $n \cdot p \cdot (1-p) > 9$ ungefähr normalverteilt. Dann ist die Standardisierung

$$\frac{X - n \cdot p}{\sqrt{n \cdot p \cdot (1-p)}}$$

näherungsweise standardnormalverteilt. Hieraus erhält man durch Umformung näherungsweise Konfidenzintervalle für p. Mit der relativen Häufigkeit r_n des Ereignisses A und den Quantilen der Standardnormalverteilung erhält man die Grenzen der Konfidenzintervalle

$$p_{u,o} = \frac{n}{n+z^2}\left(r_n + \frac{z^2}{2n} \mp z \cdot \sqrt{\frac{r_n \cdot (1-r_n)}{n} + \frac{z^2}{4n^2}}\right)$$

und zwar

zweiseitige Konfidenzintervalle: $[p_u ; p_o]$ mit $z = z_{\frac{1+\gamma}{2}}$;

einseitige Konfidenzintervalle: $[0 ; p_o]$ und $[p_u ; 1]$ mit $z = z_{1-\gamma}$.

Für sehr große n gilt die Näherung

$$p_{u,o} \approx r_n \mp z \cdot \sqrt{\frac{r_n \cdot (1-r_n)}{n}}.$$

Dann lautet die Länge des zweiseitigen Konfidenzintervalls

$$l = p_o - p_u \approx 2 \cdot z_{\frac{1+\gamma}{2}} \cdot \sqrt{\frac{r_n \cdot (1-r_n)}{n}} \leq 2 \cdot z_{\frac{1+\gamma}{2}} \cdot \sqrt{\frac{1}{4n}} \to 0 \text{ für } n \to \infty.$$

B 12.8 Ein Unternehmen möchte die unbekannte Ausschusswahrscheinlichkeit p auf zwei Stellen genau schätzen. Dazu soll die relative Häufigkeit der fehlerhaften Stücke von n zufällig ausgewählten Stücken bestimmt werden.

a) Wie groß muss n bei einem Konfidenzniveau $\gamma = 0{,}95$ mindestens sein, falls davon ausgegangen werden kann, dass die relative Häufigkeit höchstens gleich 0,1 ist?

b) Bei dem in a) bestimmten minimalen Stichprobenumfang n sei die relative Häufigkeit gleich 0,061. Berechnen Sie das zugehörige Konfidenzintervall mit $\gamma = 0{,}95$.

Lösung:

a) Schätzung auf zwei Stellen genau bedeutet, dass die beiden Grenzen von der Intervallmitte r_n höchstens den Abstand 0,005 haben dürfen. Die Länge darf also höchstens gleich 0,01 sein.

$$l \approx 2 \cdot z_{0{,}975} \cdot \sqrt{\frac{r_n \cdot (1-r_n)}{n}} \leq 2 \cdot 1{,}959964 \cdot \sqrt{\frac{0{,}1 \cdot 0{,}9}{n}} \leq 0{,}01;$$

$$(2 \cdot 1{,}959964)^2 \cdot \frac{0{,}1 \cdot 0{,}9}{n} \leq 0{,}0001 \; ; \;\; n \geq (2 \cdot 1{,}959964)^2 \cdot \frac{0{,}1 \cdot 0{,}9}{0{,}0001} \; ;$$

$n \geq 13\,830$ (aufgerundet).

b) $p_{u,o} \approx 0{,}061 \mp 1{,}959964 \cdot \sqrt{\dfrac{0{,}061 \cdot 0{,}939}{13\,830}}$;

Konfidenzintervall: $[\,0{,}0570\,;\,0{,}065\,]$; Schätzwert $\hat{p} = 0{,}061$.

Exakte Konfidenzintervalle für eine Wahrscheinlichkeit p bei kleinem Stichprobenumfang nach Clopper - Pearson:

Es sei $m = h_n(A)$ die absolute Häufigkeit des Ereignisses A mit $p = P(A)$ in einer unabhängigen Versuchsserie vom Umfang n. Die Grenzen p_u und p_o werden nach Clopper - Pearson berechnet durch

$$\sum_{i=m}^{n} \binom{n}{i} p_u^i (1 - p_u)^{n-i} = \alpha_1 \; ; \;\; \sum_{i=0}^{m} \binom{n}{i} p_o^i (1 - p_o)^{n-i} = \alpha_2$$

mit $\alpha_1 + \alpha_2 = \gamma$ (Konfindenzniveau).

Mit Hilfe der Darstellung der Binomialverteilung durch die F - Verteilung erhält zum Konfidenzniveau γ die Grenzen durch

$$p_u = \frac{m}{m + (n - m + 1) \cdot f_{2 \cdot (n - m + 1),\, 2m\,;\, 1 - \alpha_1}} \; ;$$

$$p_o = \frac{(m + 1) \cdot f_{2 \cdot (m + 1),\, 2(n - m)\,;\, 1 - \alpha_2}}{n - m + (m + 1) \cdot f_{2 \cdot (m + 1),\, 2(n - m)\,;\, 1 - \alpha_2}} \, .$$

zweiseitige: $[p_u\,;\,p_o]$; p_u, p_o s. o. mit $\alpha_1 + \alpha_2 = 1 - \gamma$

$\alpha_1 = \alpha_2 = \frac{1 - \gamma}{2}$ ergibt symmetrische Konfidenzintervalle;

einseitige: $[p_u\,;\,1]$, p_u mit $\alpha_1 = 1 - \gamma$; $[0\,;\,p_o]$, p_o mit $\alpha_2 = 1 - \gamma$.

In den Quantilen der F - Verteilung f_{n_1, n_2} (Tab. 5) ist n_1 der Zähler-Freiheitsgrad und n_2 der Nenner-Freiheitsgrad.

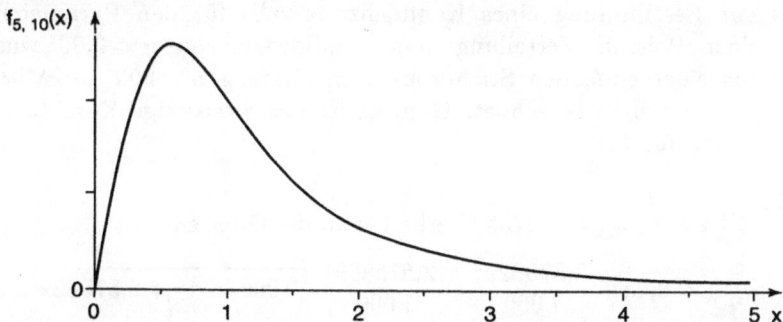

Dichte der F - Verteilung mit $n_1 = 5$ und $n_2 = 10$ Freiheitsgraden.

B 12.9 In einer unabhängigen Versuchsserie vom Umfang n = 30 trat das Ereignis A 10mal ein. Bestimmen Sie für die Wahrscheinlichkeit p des Ereignisses A ein zweiseitiges symmetrisches Konfidenzintervall zum Konfidenzniveau $\gamma = 0{,}95$.

Lösung:

Mit n = 30, m = 10, $\alpha_1 = \alpha_2 = 0{,}025$ erhält man

$$f_{42,\,20\,;\,0,975} = 2{,}278358\,; \qquad p_u = \frac{10}{10 + 21 \cdot 2{,}278358} = 0{,}1729\,;$$

$$f_{22,\,40\,;\,0,975} = 2{,}034878\,; \qquad p_o = \frac{11 \cdot 2{,}034878}{20 + 11 \cdot 2{,}034878} = 0{,}5281\,;$$

Das Konfidenzintervall für p lautet: $[\,0{,}1729\,;\,0{,}5281\,]$.

Asymptotische Konfidenzintervalle für den Parameter λ einer Poisson-Verteilung:

Bei großem Stichprobenumfang n (Faustregel: $n \cdot \lambda > 9$) ist die Zufallsvariable $\overline{X}$ des Mittelwerts einer einfachen Zufallsstichprobe näherungsweise normalverteilt mit

$$E(\overline{X}) = \lambda\,; \quad \mathrm{Var}(\overline{X}) = \frac{\lambda}{n}\,. \qquad \text{Dann ist die Standardisierung}$$

$$\frac{\overline{X} - \lambda}{\sqrt{\lambda}} \cdot \sqrt{n} \quad \text{näherungsweise standardnormalverteilt.}$$

Die untere Grenze λ_u und obere Grenze λ_o erhält man mit dem Stichprobenmitttel $\overline{x}$, dem Stichprobenumfang n und den Quantilen z der $N(0\,;1)$-Verteilung

$$\lambda_{u,\,o} = \overline{x} + \frac{z^2}{2n} \mp \frac{z}{2n} \cdot \sqrt{4n\,\overline{x} + z^2}\,;$$

zweiseitige Konfidenzintervalle: $[\,\lambda_u\,;\,\lambda_o\,]$ mit $z = z_{\frac{1+\gamma}{2}}$;

einseitige Konfidenzintervalle: $[\,0\,;\,\lambda_o\,]$ und $[\,\lambda_u\,;\,1\,]$ mit $z = z_{1-\gamma}$.

B 12.10 Zur Bestimmung eines Konfidenzintervalls für den Parameter λ einer Poisson-Verteilung zum Konfidenzniveau $\gamma = 0{,}99$ wurde aus einer einfachen Stichprobe vom Umfang n = 500 der Mittelwert $\overline{x} = 8{,}45$ berechnet. Gesucht ist das zweiseitige Konfidenzintervall für λ.

Lösung:

Mit $z = z_{0,995} = 2{,}575829$ erhält man die Grenzen

$$\lambda_{u,\,o} = 8{,}45 + \frac{2{,}575829^2}{1\,000} \mp \frac{2{,}575829}{1\,000} \cdot \sqrt{2\,000 \cdot 8{,}45 + 2{,}575829^2}\,;$$

$$\lambda_u = 8{,}122\,; \quad \lambda_o = 8{,}792\,; \quad \text{Konfindenzintervall: } [\,8{,}122\,;\,8{,}792\,]\,.$$

Exakte Konfidenzintervalle für den Parameter λ einer Poisson-Verteilung bei kleinem Stichprobenumfang nach Clopper-Pearson:
Bei kleinem Stichprobenumfang n erhält man die Grenzen der Konfidenzintervalle mit dem Mittelwert $\bar{x}$ nach Clopper-Pearson aus

$$\sum_{k=n\bar{x}+1}^{\infty} \frac{(n\lambda_u)^k}{k!} \cdot e^{-n\lambda_u} = \alpha_2 \; ; \qquad \sum_{k=0}^{n\bar{x}-1} \frac{(n\lambda_o)^k}{k!} \cdot e^{-n\lambda_o} = \alpha_1 \, .$$

Mit der Darstellung der Poisson- durch eine Chi-Quadrat-Verteilung

$$\sum_{k=0}^{r} \frac{\lambda^k}{k!} \cdot e^{-\lambda} = 1 - F_{2(r+1)}(2\lambda) \quad \text{mit } 2(r+1) \text{ Freiheitsgraden}$$

erhält man mit den Quantilen zu den angegebenen Freiheitsgraden (Tab. 4) zum Konfidenzniveau γ die Konfidenzintervalle

zweiseitig: $\left[\dfrac{1}{2n} \cdot \chi^2_{2n\bar{x}+2 \, ; \, \frac{1-\gamma}{2}} \; ; \; \dfrac{1}{2n} \cdot \chi^2_{2n\bar{x} \, ; \, \frac{1+\gamma}{2}} \right]$

einseitig: $\left[\dfrac{1}{2n} \cdot \chi^2_{2n\bar{x}+2 \, ; \, 1-\gamma} \; ; \; \infty \right) ; \; \left(0 \, ; \, \dfrac{1}{2n} \cdot \chi^2_{2n\bar{x} \, ; \, \gamma} \right] ;$

dabei ist $n\bar{x} = \sum\limits_{i=1}^{n} x_i$ die (ganzzahlige) Stichprobensumme.

B 12.11 Für den Parameter λ einer Poisson-Verteilung soll zum Konfidenzniveau $\gamma = 0,95$ ein einseitiges nach unten begrenztes Konfidenzintervall bestimmt werden. Dazu erhielt man aus einer Stichprobe vom Umfang $n = 20$ die Summe $n \cdot \bar{x} = 44$.

Lösung:

Mit $\alpha = 1 - \gamma = 0,05$ erhält man die Grenze

$$\frac{1}{2n} \cdot \chi^2_{2n\bar{x}+2 \, ; \, \alpha} = \frac{1}{40} \cdot \chi^2_{90 \, ; \, 0,05} = \frac{69,12603}{40} = 1,728 \, ;$$

Konfidenzintervall für λ: $[0,786 \, ; \, \infty)$, also $\lambda \geq 1,728$.

Konfidenzintervalle für den Parameter λ einer Exponentialverteilung:
In einer einfachen Zufallsstichprobe ist die Summe

$$2\lambda \cdot \sum_{i=1}^{n} X_i = 2\lambda n \bar{X}$$

Chi-Quadrat-verteilt mit 2n Freiheitsgraden. Mit den Quantilen der Chi-Quadrat-Verteilung erhält man die Konfidenzintervalle

$$\left[\frac{\chi^2_{2n \, ; \, \frac{1-\gamma}{2}}}{2n\bar{x}} \; ; \; \frac{\chi^2_{2n \, ; \, \frac{1+\gamma}{2}}}{2n\bar{x}} \right] ; \; \left[\frac{\chi^2_{2n \, ; \, 1-\gamma}}{2n\bar{x}} \; ; \; \infty \right) ; \; \left(0 \, ; \, \frac{\chi^2_{2n \, ; \, \gamma}}{2n\bar{x}} \right] .$$

B 12.12 Die Zufallsvariable X der Lebensdauer bestimmter Geräte sei exponentialverteilt. Bei 50 zufällig ausgewählten Geräten betrug die mittlere Lebensdauer 3 156,9 Stunden. Bestimmen Sie daraus für $\gamma = 0{,}95$ ein zweiseitiges Konfidenzintervall
a) für den Parameter λ;
b) für den Erwartungswert $\mu = E(X)$.

Lösung:

a) $\dfrac{\chi^2_{2n;\,\frac{1-\gamma}{2}}}{2\,n\,\overline{x}} = \dfrac{\chi^2_{100;\,0{,}025}}{100 \cdot 3156{,}9} = \dfrac{74{,}221927}{315\,690} = 0{,}00023511;$

$\dfrac{\chi^2_{2n;\,\frac{1+\gamma}{2}}}{2\,n\,\overline{x}} = \dfrac{\chi^2_{100;\,0{,}975}}{100 \cdot 3156{,}9} = \dfrac{129{,}561197}{315\,690} = 0{,}00041041;$

Konfidenzintervall für λ: $[\,0{,}00023511\,;0{,}00041041\,]$;

b) Aus $0{,}00023511 \le \lambda \le 0{,}00041041$ folgt mit $\mu = E(X) = \dfrac{1}{\lambda}$;

$\lambda = \dfrac{1}{\mu}$

$0{,}00023511 \le \dfrac{1}{\mu} \le 0{,}00041041;$ $\dfrac{1}{0{,}00041041} \le \mu \le \dfrac{1}{0{,}00023511};$

$2\,436{,}6 \le \mu \le 4\,253{,}3;$

Konfidenzintervall für $\mu = E(X)$: $[\,2\,436{,}6 \le \mu \le 4\,253{,}3\,]$.

Konfidenzintervalle für den Erwartungswert $\mu = \dfrac{1}{\lambda}$ einer Exponentialverteilung:
Aus $\lambda = \dfrac{1}{\mu}$ erhält man aus den Konfidenzintervallen für λ die Konfidenzintervalle für $\mu = E(X)$

$$\left[\dfrac{2n\overline{x}}{\chi^2_{2n;\,\frac{1+\gamma}{2}}}\;;\;\dfrac{2n\overline{x}}{\chi^2_{2n;\,\frac{1-\gamma}{2}}}\right]\;;\;\left[\dfrac{2n\overline{x}}{\chi^2_{2n;\,\gamma}}\;;\;\infty\right)\;;\;\left(0\;;\;\dfrac{2n\overline{x}}{\chi^2_{2n;\,1-\gamma}}\right].$$

B 12.12 Ein Unternehmen erhält eine sehr große Lieferung von $N = 10\,000$ Werkstücken. Eine unbekannte Anzahl M davon hat einen kleinen Fehler. Zur Schätzung der Anzahl M der fehlerhaften Stücke werden $n = 500$ Stück ohne Zurücklegen zufällig ausgewählt. Dabei sei $m = 39$ die Anzahl der fehlerhaften Stücke in der Stichprobe.
Führen Sie die nachfolgenden Berechnungen zunächst für allgemeine Werte N, M, n und der Zufallsvariablen X der absoluten Häufigkeit der fehlerhaften Stücke in der Stichprobe durch.
a) Bestimmen Sie den Erwartungswert und die Varianz von X.

b) Bestimmen Sie daraus einen Schätzwert für den Ausschussanteil $p = \frac{M}{N}$.

c) Bestimmen Sie mit Hilfe der Normalverteilungsapproximation zum Konfidenzniveau $\gamma = 0,9$ ein zweiseitiges Konfidenzintervall für den relativen Ausschussanteil p und der Anzahl M der fehlerhaften Stücke in der Grundgesamtheit ohne Berücksichtigung des Korrekturfaktors $\frac{N-n}{N-1}$ bei der Varianz. Die Verteilung von X soll also durch die Normalverteilung $N\big(n \cdot p ; \, n \cdot p \cdot (1-p)\big)$ approximiert werden.

d) Bei der Normalverteilungsapproximation soll bei der Varianz der Korrekturfaktor $\frac{N-n}{N-1}$ berücksichtigt werden.

Lösung:

a) X ist hypergeometrisch verteilt mit

$$E(X) = n \cdot \frac{M}{N} ; \quad Var(X) = n \cdot \frac{M}{N} \cdot \left(1 - \frac{M}{N}\right) \cdot \frac{N-n}{N-1} .$$

Mit der Ausschussquote $p = \frac{M}{N}$ gilt

$$E(X) = n \cdot p ; \quad Var(X) = n \cdot p \cdot (1-p) \cdot \frac{N-n}{N-1} .$$

b) Für die Zufallsvariable $R_n = \frac{X}{n}$ der relativen Häufigkeit der fehlerhaften Stücke in der Stichprobe gilt nach a)

$$E(R_n) = p ; \quad Var(R_n) = \frac{p \cdot (1-p)}{n} \cdot \frac{N-n}{N-1} .$$

Damit ist die relative Häufigkeit r_n ein erwartungstreuer Schätzwert für p, also

$$\hat{p} = r_n = \frac{39}{500} = 0,078 \approx \frac{M}{N} .$$

Weil $N = 10\,000$ bekannt ist, erhält man daher für M den Schätzwert $M \approx 0,078 \cdot 10\,000 = 780$.

c) Bei dieser Approximation erhält man das Konfidenzintervall für eine unbekannte Wahrscheinlichkeit p (s. S. 166)

$$P_{u,o} = \frac{n}{n+z^2} \left(r_n + \frac{z^2}{2n} \mp z \cdot \sqrt{\frac{r_n \cdot (1-r_n)}{n} + \frac{z^2}{4n^2}} \; \right) .$$

Mit $z = z_{\frac{1+\gamma}{2}} = z_{0,95} = 1,644854$ erhält man

$$P_{u,o} = \frac{500}{500+z^2} \left(0,078 + \frac{z^2}{1\,000} \mp z \cdot \sqrt{\frac{0,078 \cdot 0,922}{500} + \frac{z^2}{4 \cdot 500^2}} \; \right) ;$$

$p_u = 0,060467 ; \quad p_o = 0,100075 .$

Damit lautet das Konfidenzintervall für $p = \frac{M}{N}$

$[\,0,060467\,;\,0,100075\,]$; also $0,060467 \leq \dfrac{M}{N} \leq 0,100075$.

Hieraus erhält man durch Multiplikation mit $N = 10\,000$ das Konfidenzintervall für M

$[\,604\,;\,1\,001\,]$, also $604 \leq M \leq 1\,001$. Dabei ist die untere Grenze ganzzahlig abgerundet und die obere aufgerundet.

d) Hier muss bei der Normalverteilung die Varianz $n \cdot p \cdot (1-p)$ durch $n \cdot p \cdot (1-p) \cdot \dfrac{N-n}{N-1}$ ersetzt werden. Damit erhält man die näherungsweise $N(0\,;\,1)$-verteilte Standardisierung

$$\frac{X - np}{\sqrt{n \cdot p \cdot (1-p) \cdot \frac{N-n}{N-1}}}$$

mit

$$P\left(-z \leq \frac{X-np}{\sqrt{n \cdot p \cdot (1-p) \cdot \frac{N-n}{N-1}}} \leq z\right)$$

$$= P\left(-z \cdot \sqrt{\frac{N-n}{N-1}} \leq \frac{X-np}{\sqrt{n \cdot p \cdot (1-p)}} \leq z \cdot \sqrt{\frac{N-n}{N-1}}\right)$$

$$\approx P\left(-z \cdot \sqrt{\frac{N-n}{N-1}} \leq Z \leq z \cdot \sqrt{\frac{N-n}{N-1}}\right) = 2 \cdot \Phi\left(z \cdot \sqrt{\frac{N-n}{N-1}}\right) - 1.$$

Damit können die Grenzen der Vertrauensintervalle direkt aus denen für eine Wahrscheinlichkeit p übernommen werden (s. S. 166), wobei die dort angegebenen Quantile

z durch $z \cdot \sqrt{\dfrac{N-n}{N-1}}$ ersetzt werden. Man erhält

$$z = z_{0,95} \cdot \sqrt{\frac{10\,000 - 500}{9999}} = 1,603285$$

$p_u = 0,060858$; $p_o = 0,099458$.

Damit lautet das Konfidenzintervall für p:

$[\,0,060858\,;\,0,099458\,]$; $0,060858 \leq \dfrac{M}{N} \leq 0,099458$.

Das Konfidenzintervall für M erhält man aus dem für p durch Multiplikation mit $N = 10\,000$

$[\,608\,;\,995\,]$; also $608 \leq M \leq 995$,

wobei die untere Grenze ganzzahlig abgerundet und die obere ganzzahlig aufgerundet ist.

Asymptotische Konfidenzintervalle für den unbekannten Parameter M einer hypergeometrischen Verteilung bei bekannter Gesamtanzahl N:
Von einer Grundgesamtheit von N Elementen besitzen M eine bestimmte Eigenschaft A. Dabei sei N bekannt, nicht aber M. In einer Stichprobe ohne Zurücklegen vom Umfang n sei X die absolute Häufigkeit der Elemente mit der Eigenschaft A. Dann ist X hypergeometrisch verteilt mit den Kenngrößen

$$E(X) = n \cdot p; \quad Var(X) = n \cdot p \cdot (1-p) \cdot \frac{N-n}{N-1} \quad \text{mit} \quad p = \frac{M}{N}.$$

N sei so groß, dass die hypergeometrische Verteilung durch eine Normalverteilung approximiert werden kann.

1. Fall: Im Vergleich zu N sei n klein, also $n \ll N$.
Dann ist der Faktor $\frac{N-n}{N-1}$ ungefähr gleich Eins, so dass

$$\frac{X - n \cdot p}{\sqrt{n \cdot p \cdot (1-p)}}$$

asymptotisch standardnormalverteilt ist. Wegen

$$P\left(-z \leq \frac{X - n \cdot p}{\sqrt{n \cdot p \cdot (1-p)}} \leq z\right) \approx 2\,\Phi(z) - 1$$

können die Konfidenzintervalle für p aus den für eine Wahrscheinlichkeit angegebenen Formeln (S. 166) berechnet werden. Multiplikation mit N ergibt Konfidenzintervalle für M, wobei die untere Grenze ganzzahlig abgerundet und die obere ganzzahlig aufgerundet werden muss.

2. Fall: Der Faktor $\frac{N-n}{N-1}$ wird nicht vernachlässigt. Dann erfolgt die Approximation durch die hypergeometrische Verteilung mit

$$P\left(-z \leq \frac{X - np}{\sqrt{n \cdot p \cdot (1-p) \cdot \frac{N-n}{N-1}}} \leq z\right)$$

$$= P\left(-z \cdot \sqrt{\frac{N-n}{N-1}} \leq \frac{X - np}{\sqrt{n \cdot p \cdot (1-p)}} \leq z \cdot \sqrt{\frac{N-n}{N-1}}\right)$$

$$\approx P\left(-z \cdot \sqrt{\frac{N-n}{N-1}} \leq Z \leq z \cdot \sqrt{\frac{N-n}{N-1}}\right)$$

$$= 2 \cdot \Phi\left(z \cdot \sqrt{\frac{N-n}{N-1}}\right) - 1.$$

In diesem Fall müssen die Quantile z zur Berechnung eines Konfidenzintervalls für p durch $z \cdot \sqrt{\frac{N-n}{N-1}}$ ersetzt werden. Damit können die Formeln für die Konfidenzintervalle für eine unbekannte Wahrscheinlichkeit ebenfalls übernommen werden.

B 12.13 Um die unbekannte Anzahl N von Elementen zu schätzen, wurden M = 250 zufällig ausgewählt, markiert und anschließend wieder mit den anderen vermischt. Aus der Gesamtmenge wurden ohne Zurücklegen n = 400 zufällig ausgewählt. Darunter befanden sich m = 48 gezeichnete. Wie in B 12.12 ist allgemein mit N, M, n und der Zufallsvariablen X der absoluten Häufigkeit der markierten Elemente in der Stichprobe ein zweiseitiges Konfidenzintervall für die Gesamtanzahl N zum Konfidenzniveau $\gamma = 0{,}95$ gesucht für die Fälle

a) n ist sehr klein gegenüber N, also für $n \ll N$;

b) ohne diese Voraussetzung, also mit Hilfe der hypergeometrischen Verteilung. Zeigen Sie, dass die Grenzen des Konfidenzintervalls für $p = \frac{M}{N}$ Nullstellen einer Gleichung dritten Grades sind. Setzen Sie dabei $N = \frac{M}{p}$.

Lösung:

a) Mit der Normalverteilungsapproximation

$$\frac{X - np}{\sqrt{n \cdot p \cdot (1-p)}} \quad \text{und } z = z_{0,975} = 1{,}959964; \quad r_{400} = \frac{48}{400} = 0{,}12$$

erhält man für $p = \frac{M}{N}$ die Grenzen des Konfidenzintervalls für p als Grenzen für eine Wahrscheinlichkeit

$$p_{u,o} = \frac{400}{400 + z^2}\left(0{,}12 + \frac{z^2}{800} \mp z \cdot \sqrt{\frac{0{,}12 \cdot 0{,}88}{400} + \frac{z^2}{4 \cdot 400^2}}\right);$$

$p_u = 0{,}091715; \quad p_0 = 0{,}155514.$

Konfidenzintervall für p: $[0{,}091715; 0{,}155514]$;

aus $p_u \leq \frac{M}{N} \leq p_o$ folgt $\frac{M}{p_o} \leq N \leq \frac{M}{p_u}$,

also das Konfidenzintervall für N:

$$\left[\frac{M}{p_o}; \frac{M}{p_u}\right] = \left[\frac{250}{0{,}15551}; \frac{250}{0{,}091712}\right];$$

ganzzahliges Abrunden der linken Grenze und Aufrunden der rechten Grenze ergibt das Konfidenzintervall für N

$[1\,607; 2\,726]$, also $1\,607 \leq N \leq 2\,726$.

b) Mit der Varianz $n \cdot p \cdot (1-p) \cdot \frac{N-n}{N-1}$

erhält man wie in B 12.12 über die Standardisierung

$$-z \leq \frac{X - np}{\sqrt{n \cdot p \cdot (1-p) \cdot \frac{N-n}{N-1}}} \leq z.$$

Diese Ungleichung ist gleichwertig mit

$$(X - np)^2 \le n \cdot p \cdot (1 - p) \cdot \frac{N - n}{N - 1} \cdot z^2 \,;$$

aus $p = \frac{M}{N}$ erhält man $N = \frac{M}{p}$. Damit erhält man

$$\frac{N - n}{N - 1} = \frac{\frac{M}{p} - n}{\frac{M}{p} - 1} = \frac{M - np}{M - p} \,.$$

Damit geht die obige Ungleichung über in

$$(X - np)^2 \le np(1 - p) \cdot \frac{M - np}{M - p} \cdot z^2 \,;$$

Multiplikation mit $M - p$ ergibt

$$(M - p) \cdot (X - np)^2 \le np(1 - p) \cdot (M - np) \cdot z^2 \,;$$

$$(M - p) \cdot (X^2 - 2nXp + n^2p^2) \le (np - np^2) \cdot (M - np) \cdot z^2 \,;$$

$$MX^2 - 2nMXp + Mn^2p^2 - X^2p + 2nXp^2 - n^2p^3$$

$$\le z^2 Mnp - z^2 Mnp^2 - z^2 n^2 p^2 + z^2 n^2 p^3 .$$

Hieraus erhält man die Bedingung für die Werte p im Konfidenzintervall

$$f(p) = (1 + z^2) n^2 p^3 - (z^2 Mn + z^2 n^2 + Mn^2 + 2nX) p^2$$
$$+ (z^2 Mn + 2nMX + X^2) p - MX^2 \ge 0.$$

Mit der Realisierung m der Zufallsvariablen X gilt

$$f(p) = (1 + z^2) n^2 p^3 - (z^2 Mn + z^2 n^2 + Mn^2 + 2nm) p^2$$
$$+ (z^2 Mn + 2nMm + m^2) p - Mm^2 \ge 0.$$

Dabei erhält man

$$f(0) = -Mm^2 \,;$$

$$f(1) = n^2 - Mn^2 - 2nm + 2nMm + m^2 - Mm^2$$
$$= (n - m)^2 - M \cdot (n - m)^2 = -(M - 1) \cdot (n - m)^2 \,;$$

Für $1 \le m < n$ und $M \ge 1$
gilt $f(0) < 0$ und $f(1) < 0$.
In diesem Fall liegt das Maximum von f(p) zwischen 0 und
1. Ferner ist es positiv.
Damit sind die beiden Nullstellen von $f(p) = 0$ zwischen
0 und 1 die Grenzen des zweiseitigen Konfidenzintervalls
für p. Die dritte Nullstelle
von f ist größer als 1.

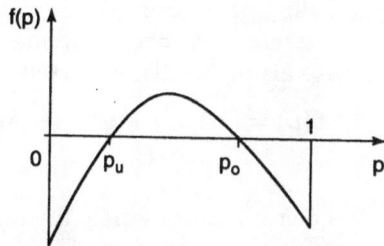

Für unser Beispiel gilt:

$n = 400$; $M = 250$; $m = 48$; $z = z_{0,975} = 1{,}959964$.
Damit erhält man die kubische Gleichung

$$774\,633{,}41\,p^3 - 41\,037\,179{,}29\,p^2 + 9\,986\,449{,}88\,p - 576\,000 = 0.$$

Division durch den höchsten Koeffizienten ergibt die Bestimmungsgleichung für die Intervallgrenzen

$$p^3 - 52{,}976258\,p^2 + 12{,}891840\,p + 0{,}743578 = 0.$$

Mit einem Computerprogramm erhält man die Lösungen:
$p_u = 0{,}093668$; $p_o = 0{,}150543$.

$[\,0{,}093668\,;\,0{,}150543\,]$;

aus $p_u \leq \dfrac{M}{N} \leq p_o$ folgt $\dfrac{M}{p_o} \leq N \leq \dfrac{M}{p_u}$;

also $\dfrac{250}{0{,}150543} \leq N \leq \dfrac{250}{0{,}093668}$; damit erhält man die ganz-

zahlig ab- bzw. aufgerundeten Grenzen $1\,660 \leq N \leq 2\,670$.

Asymptotische Konfidenzintervalle für eine unbekannte Gesamtanzahl N von Elementen einer Grundgesamtheit:
Zur Schätzung der unbekannten Anzahl N von Elementen werden davon M zufällig ausgewählt, markiert und anschließend mit den anderen wieder vermischt. Aus der Grundgesamtheit werden ohne Zurücklegen n ausgewählt, von denen m markiert sind.
Dann ist $\frac{m}{n}$ ein erwartungstreuer Schätzwert für $p = \frac{M}{N}$, also $\frac{m}{n} \approx \frac{M}{N}$.
Hieraus erhält man für N den asymptotisch erwartungstreuen Schätzwert $N \approx M \cdot \frac{n}{m}$. N sei groß, so dass die hypergeometrische Verteilung durch eine Normalverteilung approximiert werden kann.

1. Fall: Im Vergleich zu N sei n klein, also $n \ll N$ mit $\frac{N-n}{N-1} \approx 1$:
Für $p = \frac{M}{N}$ können Konfidenzintervalle unmittelbar aus den für eine Wahrscheinlichkeit p angegebenen Formeln (S. 166) berechnet werden.

$p_u \leq \frac{M}{N} \leq p_o$ ergibt das Konfidenzintervall für N: $\frac{M}{p_o} \leq N \leq \frac{M}{p_u}$.

2. Fall: Der Faktor $\frac{N-n}{N-1}$ wird nicht vernachlässigt. Dann erhält man die untere und obere Grenze p_u und p_o des Konfidenzintervalls für $p = \frac{M}{N}$ als die beiden kleinsten Lösungen von

$$f(p) = (1 + z^2)\,n^2\,p^3 - (z^2 M n + z^2 n^2 + M n^2 + 2nm)\,p^2$$
$$+ (z^2 M n + 2n M m + m^2)\,p - M m^2 = 0.$$

Aus den Lösungen erhält man das Konfidenzintervall für N:

$$\frac{M}{p_o} \leq N \leq \frac{M}{p_u}.$$

B 12.14 Die Zufallsvariable X sei in $[0;\vartheta]$ gleichmäßig stetig verteilt. Gesucht sind zweiseitige und einseitige Konfidenzintervalle für den Parameter ϑ zum Konfidenzniveau γ. Benutzen Sie dafür die in B 11.12 abgeleitete Maximum-Likelihood-Schätzfunktion X_{max}. Bestimmen Sie mit der dort angegebenen Dichte der Schätzfunktion die Konstanten a, b und c mit

$$\gamma = P\left(X_{max} \le \vartheta \le \frac{X_{max}}{a}\right) = P\left(\vartheta \le b \cdot X_{max}\right) = P\left(\frac{X_{max}}{c} \le \vartheta\right).$$

Lösung:

Dichte von X_{max}: $g(x;\vartheta) = \begin{cases} \frac{n}{\vartheta^n} \cdot x^{n-1} & \text{für } 0 \le x \le \vartheta; \\ 0 & \text{sonst.} \end{cases}$

$$\gamma = P\left(X_{max} \le \vartheta \le \frac{X_{max}}{a}\right) = P\left(a \cdot \vartheta \le X_{max} \le \vartheta\right)$$

$$= \frac{n}{\vartheta^n} \int_{a \cdot \vartheta}^{\vartheta} x^{n-1} dx = \frac{n}{\vartheta^n} \cdot \left[\frac{x^n}{n}\right]_{a \cdot \vartheta}^{\vartheta} = \frac{n}{\vartheta^n} \cdot \frac{\vartheta^n - a^n \cdot \vartheta^n}{n} = 1 - a^n;$$

$$a^n = 1 - \gamma; \quad a = \sqrt[n]{1 - \gamma};$$

$$P\left(X_{max} \le \vartheta \le \frac{X_{max}}{\sqrt[n]{1-\gamma}}\right) = \gamma \quad \text{(zweiseitige Konfidenzintervalle)}.$$

$$\gamma = P\left(\vartheta \le b \cdot X_{max}\right) = P\left(X_{max} \ge \frac{\vartheta}{b}\right)$$

$$= \frac{n}{\vartheta^n} \int_{\vartheta/b}^{\vartheta} x^{n-1} dx = \frac{n}{\vartheta^n} \cdot \frac{\vartheta^n - \frac{\vartheta^n}{b^n}}{n} = 1 - \frac{1}{b^n};$$

$$\frac{1}{b^n} = 1 - \gamma; \quad b^n = \frac{1}{1-\gamma}; \quad b = \frac{1}{\sqrt[n]{1-\gamma}};$$

$$P\left(\vartheta \le \frac{X_{max}}{\sqrt[n]{1-\gamma}}\right) = \gamma \quad \text{(einseitige Konfidenzintervalle)}.$$

$$\gamma = P\left(\frac{X_{max}}{c} \le \vartheta\right) = P\left(X_{max} \le c \cdot \vartheta\right)$$

$$= \frac{n}{\vartheta^n} \int_{0}^{c \cdot \vartheta} x^{n-1} dx = \frac{n}{\vartheta^n} \cdot \frac{c^n \cdot \vartheta^n}{n} = c^n; \quad c = \sqrt[n]{\gamma}.$$

$$\gamma = P\left(\frac{X_{max}}{\sqrt[n]{\gamma}} \le \vartheta\right) \quad \text{(einseitige Konfidenzintervalle)}.$$

Konfidenzintervalle für den Parameter ϑ einer in $[0;\vartheta]$ gleichmäßig stetigen Verteilung zum Konfidenzniveau γ:

$$\text{zweiseitige: } \left[x_{max} \; ; \; \frac{x_{max}}{n\sqrt{1-\gamma}}\right] \text{ und } \left[\frac{x_{max}}{n\sqrt{\frac{1+\gamma}{2}}} \; ; \; \frac{x_{max}}{n\sqrt{\frac{1-\gamma}{2}}}\right];$$

$$\text{einseitige: } \left[\frac{x_{max}}{n\sqrt{\gamma}} \; ; \; \infty\right); \; \left(0 \; ; \; \frac{x_{max}}{n\sqrt{1-\gamma}}\right];$$

n = Stichprobenumfang; x_{max} = maximaler Stichprobenwert.

B 12.15 Für die in B 11.14 behandelte verschobene Exponentialverteilung mit der Dichte

$$f(x) = \begin{cases} 0 & \text{für } x < \vartheta; \\ \lambda \cdot e^{-\lambda(x-\vartheta)} & \text{für } x \geq \vartheta; \; \vartheta > 0, \end{cases}$$

$\lambda > 0$ gegeben, soll mit Hilfe der Maximum-Likelihood-Schätzfunktion X_{min} für den Parameter ϑ ein zweiseitiges Konfidenzintervall der Gestalt $[X_{min}-c; \; X_{min}+c]$ zum Konfidenzniveau γ bestimmt werden.

Zahlenbeispiel: $\gamma = 0,95$; $n = 400$; $\lambda = \frac{1}{200}$; $x_{min} = 78,31$.

Lösung:

Da X_{min} nicht kleiner als ϑ sein kann, gilt

$$\gamma = P(X_{min}-c \leq \vartheta \leq X_{min}+c)$$

$$= P(\vartheta - c \leq X_{min} \leq \vartheta + c) = P(\vartheta \leq X_{min} \leq \vartheta + c)$$

$$= 1 - e^{-n\lambda(\vartheta+c-\vartheta)} - 0 = 1 - e^{-n\lambda c};$$

$$e^{-n\lambda c} = 1 - \gamma;$$

Logarithmieren ergibt

$$-\lambda n c = \ln(1-\gamma);$$

$$c = -\frac{\ln(1-\gamma)}{\lambda \cdot n};$$

Konfidenzintervall für ϑ: $\left[x_{min} + \frac{\ln(1-\gamma)}{\lambda \cdot n}; \; x_{min} - \frac{\ln(1-\gamma)}{\lambda \cdot n}\right].$

Zahlenbeispiel: $c = -\frac{200 \cdot \ln 0,05}{400} = 1,50;$

Konfidenzintervall: $[78,31 - 1,5 \; ; \; 78,31 + 1,5] = [76,81 \; ; \; 79,81].$

Asymptotische Konfidenzintervalle für den Korrelationskoeffizienten ρ
bei Normalverteilungen:

$$R_n = \frac{\sum\limits_{i=1}^{n}(X_i - \overline{X}) \cdot (Y_i - \overline{Y})}{\sqrt{\left(\sum\limits_{i=1}^{n}(X_i - \overline{X})^2\right) \cdot \left(\sum\limits_{i=1}^{n}(Y_i - \overline{Y})^2\right)}}$$

ist asymptotisch erwartungstreu für den Korrelationskoeffizienten ρ. Für
große n (Faustregel: $n \geq 50$, falls $|\rho|$ nicht zu große Werte annimmt) ist
die Zufallsvariable

$$U_n = \frac{1}{2}\ln\frac{1 + R_n}{1 - R_n} \quad \text{näherungsweise normalverteilt mit}$$

$$E(U_n) = \frac{1}{2}\ln\frac{1 + \rho}{1 - \rho} + \frac{\rho}{2(n-1)} \, ; \quad \text{Var}(U_n) = \frac{1}{n-3} \, .$$

$$Z = \frac{\sqrt{n-3}}{2} \cdot \left(\ln\frac{1 + R_n}{1 - R_n} - \ln\frac{1 + \rho}{1 - \rho}\right)$$

ist dann ungefähr standardnormalverteilt. Auflösung von

$$\gamma = P\left(-\frac{2z}{\sqrt{n-3}} \leq \ln\frac{1 + R_n}{1 - R_n} - \ln\frac{1 + \rho}{1 - \rho} \leq \frac{2z}{\sqrt{n-3}}\right)$$

ergibt für ρ die Konfidenzintervalle

zweiseitig: $\left[\dfrac{e^a - 1}{e^a + 1} \, ; \, \dfrac{e^b - 1}{e^b + 1}\right]$

mit $a = \ln\dfrac{1 + r}{1 - r} - \dfrac{2z}{\sqrt{n-3}}$; $b = \ln\dfrac{1 + r}{1 - r} + \dfrac{2z}{\sqrt{n-3}}$; $z = z_{\frac{1+\gamma}{2}}$;

einseitig: $\left[-1 \, ; \, \dfrac{e^b - 1}{e^b + 1}\right]$ mit $b = \ln\dfrac{1 + r}{1 - r} + \dfrac{2z_\gamma}{\sqrt{n-3}}$

$\left[\dfrac{e^a - 1}{e^a + 1} \, ; \, 1\right]$ mit $a = \ln\dfrac{1 + r}{1 - r} - \dfrac{2z_\gamma}{\sqrt{n-3}} \, .$

$r =$ Korrelationskoeffizient einer Stichprobe vom Umfang n.

B 12.16 Der Korrelationskoeffizient einer Stichprobe vom Umfang $n = 400$
aus einer zweidimensionalen Grundgesamtheit ist $r = 0,81$. Gesucht ist ein zweiseitiges Konfidenzintervall für ρ für $\gamma = 0,95$.

<u>Lösung:</u>

$$z_{0,975} = 1,959964 \, ; \quad a = \ln\frac{1 + 0,81}{1 - 0,81} - \frac{2 \cdot 1,959964}{\sqrt{397}} = 2,057323 \, ;$$

$$b = \ln\frac{1 + 0,81}{1 - 0,81} + \frac{2 \cdot 1,959964}{\sqrt{397}} = 2,450794 \, ;$$

$$\frac{e^a-1}{e^a+1} = \frac{e^{2,057323}-1}{e^{2,057323}+1} = 0{,}7734 \,; \quad \frac{e^b-1}{e^b+1} = \frac{e^{2,450794}-1}{e^{2,450794}+1} = 0{,}8412 \,;$$

Konfidenzintervall für ρ: $[\,0{,}7734\,;\,0{,}8412\,]$.

B 12.17 Y sei die Zufallsvariable der Reaktionszeit (in Sekunden) auf ein bestimmtes Signal im nüchternen Zustand und X die Reaktionszeit nach dem Genuss einer vorgegebenen Menge Alkohol mit $\mu_X = E(X), \mu_Y = E(Y)$. Zur Bestimmung eines nach unten beschränkten einseitigen Konfidenzintervalles für die Differenz $\mu_X - \mu_Y$ für $\gamma = 0{,}95$ wurden bei 100 Personen die Reaktionszeiten vor (y) und nach (x) dem Genuss einer vorgegebenen Menge Alkohol gemessen mit $\overline{x} = 0{,}614\,; \quad \overline{y} = 0{,}393$. Die Differenzenstichprobe $d_i = y_i - x_i$ Differenzen besitzt die Standardabweichung $s_d = 0{,}582$ sowie den Mittelwert $\overline{d} = \overline{x} - \overline{y} = 0{,}221$.

Lösung:

$$\overline{x} - \overline{y} - t_{99\,;\,0,95} \cdot \frac{s_d}{\sqrt{n}} = 0{,}614 - 0{,}393 - 1{,}660391 \cdot \frac{0{,}582}{\sqrt{100}} = 0{,}124.$$

Konfidenzintervall für $\mu_X - \mu_Y$: $[\,0{,}124\,;\,\infty)$, also $\mu_X - \mu_Y \geq 0{,}124$.

Konfidenzintervalle für die Differenz zweier Erwartungswerte $\mu_X - \mu_Y$ bei verbundenen Stichproben:

Voraussetzung: $n \geq 30$ oder es liegt eine Normalverteilung vor.

Gegeben ist eine zweidimensionale Zufallsvariable (X, Y) mit den unbekannten Erwartungswerten μ_X und μ_Y.

$(x, y) = ((x_1, y_1), (x_2, y_2), \ldots, (x_n, y_n))$ sei eine verbundene (zweidimensionale) Stichprobe; $d = (d_1, d_2, \ldots, d_n)$, $d_i = x_i - y_i$ sei die Stichprobe der Differenzen mit dem

Mittelwert $\overline{d} = \overline{x} - \overline{y}$ und der Varianz $s_d^2 = \dfrac{1}{n-1} \displaystyle\sum_{i=1}^{n}(d_i - \overline{d})^2$.

Dann ist die Zufallsvariable $\sqrt{n} \cdot \dfrac{\overline{X} - \overline{Y} - (\mu_X - \mu_Y)}{S_d}$

(wenigstens näherungsweise) t-verteilt mit $n-1$ Freiheitsgraden.

Zweiseitige Konfidenzintervalle:

$$\left[\overline{x} - \overline{y} - t_{n-1\,;\,\frac{1+\gamma}{2}} \cdot \frac{s_d}{\sqrt{n}} \,;\, \overline{x} - \overline{y} + t_{n-1\,;\,\frac{1+\gamma}{2}} \cdot \frac{s_d}{\sqrt{n}} \right];$$

einseitige Konfidenzintervalle:

$$\left[\overline{x} - \overline{y} - t_{n-1\,;\,\gamma} \cdot \frac{s_d}{\sqrt{n}} \,;\, \infty \right); \quad \left(-\infty \,;\, \overline{x} - \overline{y} + t_{n-1\,;\,\gamma} \cdot \frac{s_d}{\sqrt{n}} \right];$$

s_d = Standardabweichung der Stichprobe der Differenzen $x_i - y_i$.

Konfidenzintervalle für die Differenz zweier Erwartungswerte $\mu_X - \mu_Y$ bei nichtverbundenen (unabhängigen) Stichproben:

Es seien X und Y unabhängige Zufallsvariable mit den unbekannten Erwartungswerten μ_X und μ_Y. Zur Bestimmung von Konfidenzintervallen für die Differenz $\mu_X - \mu_Y$ werden zwei Stichproben

$$x = (x_1, x_2, \ldots, x_{n_1}); \quad y = (y_1, y_2, \ldots, y_{n_2})$$

mit den Mittelwerten $\bar{x}$, $\bar{y}$ und den Varianzen s_x^2, s_y^2 benutzt. Entweder müssen die Zufallsvariablen normalverteilt oder aber $n_1, n_2 \geq 30$ sein.

1. Fall: Die Varianzen σ_X^2 und σ_Y^2 von X und Y seien bekannt:
zweiseitige Konfidenzintervalle:

$$\left[\bar{x} - \bar{y} - z_{\frac{1+\gamma}{2}} \cdot \sqrt{\frac{\sigma_X^2}{n_1} + \frac{\sigma_Y^2}{n_2}} \; ; \; \bar{x} - \bar{y} + z_{\frac{1+\gamma}{2}} \cdot \sqrt{\frac{\sigma_X^2}{n_1} + \frac{\sigma_Y^2}{n_2}} \right];$$

einseitige Konfidenzintervalle:

$$\left[\bar{x} - \bar{y} - z_\gamma \cdot \sqrt{\frac{\sigma_X^2}{n_1} + \frac{\sigma_Y^2}{n_2}} \; ; \; +\infty \right) ; \left(-\infty \; ; \; \bar{x} - \bar{y} + z_\gamma \cdot \sqrt{\frac{\sigma_X^2}{n_1} + \frac{\sigma_Y^2}{n_2}} \right].$$

2. Fall: Die Varianzen von X und Y seien gleich, aber nicht bekannt:
zweiseitige Konfidenzintervalle:

$$\left[\bar{x} - \bar{y} - t_{n_1 + n_2 - 2 \; ; \; \frac{1+\gamma}{2}} \cdot s_d \; ; \; \bar{x} - \bar{y} + t_{n_1 + n_2 - 2 \; ; \; \frac{1+\gamma}{2}} \cdot s_d \right];$$

einseitige Konfidenzintervalle:

$$\left[\bar{x} - \bar{y} - t_{n_1 + n_2 - 2 \; ; \; \gamma} \cdot s_d \; ; \; +\infty \right) \text{ und } \left(-\infty \; ; \; \bar{x} - \bar{y} + t_{n_1 + n_2 - 2 \; ; \; \gamma} \cdot s_d \right]$$

$$\text{mit} \quad s_d = \sqrt{\frac{(n_1 + n_2) \cdot \left((n_1 - 1) s_x^2 + (n_2 - 1) s_y^2 \right)}{n_1 \cdot n_2 \cdot (n_1 + n_2 - 2)}} \; .$$

3. Fall: Die Varianzen von X und Y seien verschieden und unbekannt:
zweiseitige Konfidenzintervalle:

$$\left[\bar{x} - \bar{y} - t_{\nu \; ; \; \frac{1+\gamma}{2}} \cdot \sqrt{\frac{s_x^2}{n_1} + \frac{s_y^2}{n_2}} \; ; \; \bar{x} - \bar{y} + t_{\nu \; ; \; \frac{1+\gamma}{2}} \cdot \sqrt{\frac{s_x^2}{n_1} + \frac{s_y^2}{n_2}} \right];$$

einseitige Konfidenzintervalle:

$$\left[\bar{x} - \bar{y} - t_{\nu \; ; \; \gamma} \cdot \sqrt{\frac{s_x^2}{n_1} + \frac{s_y^2}{n_2}} \; ; \; +\infty \right) ; \left(-\infty \; ; \; \bar{x} - \bar{y} + t_{\nu \; ; \; \gamma} \cdot \sqrt{\frac{s_x^2}{n_1} + \frac{s_y^2}{n_2}} \right];$$

Freiheitsgrade der t-Verteilung:
(**Behrens-Fisher-Problem**)

$$\nu \approx \frac{\left(\frac{s_x^2}{n_1} + \frac{s_y^2}{n_2} \right)^2}{\frac{1}{n_1 - 1} \cdot \left(\frac{s_x^2}{n_1} \right)^2 + \frac{1}{n_2 - 1} \cdot \left(\frac{s_y^2}{n_2} \right)^2} \; .$$

B 12.18 Zur Feststellung, um wie viel die mittlere Körpergröße (in cm) eines Volksstammes innerhalb eines bestimmten Zeitabschnitts größer geworden ist werden folgende Stichproben benutzt:

früher: $\overline{y} = 165,3$; $s_y^2 = 23,78$; Stichprobenumfang $n_2 = 500$;

jetzt: $\overline{x} = 171,2$; $s_x^2 = 25,38$; Stichprobenumfang $n_1 = 1\,000$.

a) Gesucht ist ein einseitiges nach unten begrenztes Konfidenzintervall für die Differenz $\mu_X - \mu_Y$ zum Konfidenzniveau $\gamma = 0,95$.

b) Berechnen Sie ein zweiseitiges Konfidenzintervall für $\mu_X - \mu_Y$ zum Konfidenzniveau $\gamma = 0,95$.

Lösung:

a) Da die Varianzen nicht bekannt und auch nicht gleich sind, handelt es sich um das Behrens-Fisher-Problem. Für die Anzahl ν der Freiheitsgrade erhält man den Näherungswert

$$\nu \approx \frac{\left(\dfrac{s_x^2}{n_1} + \dfrac{s_y^2}{n_2}\right)^2}{\dfrac{1}{n_1 - 1}\cdot\left(\dfrac{s_x^2}{n_1}\right)^2 + \dfrac{1}{n_2 - 1}\cdot\left(\dfrac{s_y^2}{n_2}\right)^2} = \frac{\left(\dfrac{25,38}{1\,000} + \dfrac{23,78}{500}\right)^2}{\dfrac{1}{999}\cdot\left(\dfrac{25,38}{1\,000}\right)^2 + \dfrac{1}{499}\cdot\left(\dfrac{23,78}{500}\right)^2}$$

$$= 1\,027 \text{ (gerundet).}$$

Damit kann die t-Verteilung durch die Standardnormalverteilung approximiert werden mit $t_{\nu\,;\,\gamma} \approx z_\gamma$; untere Grenze:

$$\overline{x} - \overline{y} - z_{0,95}\cdot\sqrt{\frac{s_x^2}{n_1} + \frac{s_y^2}{n_2}} = 171,2 - 165,3 - 1,644854\cdot\sqrt{\frac{25,38}{1\,000} + \frac{23,78}{500}}$$

$$= 5,46.$$

Damit erhält man für $\mu_X - \mu_Y$ das Konfidenzintervall

$[5,46\,;\,\infty)$, also die äquivalente Aussage $\mu_X - \mu_Y \geq 5,46$.

Obwohl die derzeitige mittlere Körpergröße $\overline{x}$ um 5,9 größer ist als der frühere Mittelwert $\overline{y}$, ist nur eine Erhöhung des Erwartungswertes um 5,46 statistisch abgesichert. Der Rest kann auf den Zufall zurückgeführt werden.

b)
$$t_{\nu\,;\,\frac{1+\gamma}{2}}\cdot\sqrt{\frac{s_x^2}{n_1} + \frac{s_y^2}{n_2}} \approx z_{0,975}\cdot\sqrt{\frac{25,38}{1\,000} + \frac{23,78}{500}}$$

$$= 1,959964\cdot\sqrt{\frac{25,38}{1\,000} + \frac{23,78}{500}} = 0,53\,;$$

Konfidenzintervall: $[\,5,37\,;\,6,43\,]$, also $5,37 \leq \mu_X - \mu_Y \leq 6,43$.

Asymptotische Konfidenzintervalle für die Differenz zweier Wahrscheinlichkeiten:

Die Wahrscheinlichkeiten $p_1 = P_1(A)$ und $p_2 = P_2(A)$ eines Ereignisses A sollen in zwei verschiedenen Grundgesamtheiten miteinander verglichen werden. Zur Bestimmung von Konfidenzintervallen für die Differenz $p_1 - p_2$ der Wahrscheinlichkeiten werden in zwei unabhängigen Versuchsserien vom Umfang n_1 bzw. n_2 die relativen Häufigkeiten r_1 bzw. r_2 des Ereignisses A berechnet mit $n_1 \cdot r_1 \cdot (1 - r_1) > 9$ und $n_2 \cdot r_2 \cdot (1 - r_2) > 9$.

Mit den Quantilen der Standardnormalverteilung erhält man asymptotische Konfidenzintervalle für die Differenz $p_1 - p_2$ zum Niveau γ:

zweiseitige: $[c_u; c_o]$ mit

$$c_{u,o} = r_1 - r_2 \mp z_{\frac{1+\gamma}{2}} \cdot \sqrt{\frac{r_1 \cdot (1 - r_1)}{n_1} + \frac{r_2 \cdot (1 - r_2)}{n_2}};$$

einseitige: $\left[-1 \; ; \; r_1 - r_2 + z_\gamma \cdot \sqrt{\frac{r_1 \cdot (1 - r_1)}{n_1} + \frac{r_2 \cdot (1 - r_2)}{n_2}} \right];$

$$\left[r_1 - r_2 - z_\gamma \cdot \sqrt{\frac{r_1 \cdot (1 - r_1)}{n_1} + \frac{r_2 \cdot (1 - r_2)}{n_2}}; +1 \right].$$

r_1, r_2 sind die relativen Häufigkeiten des Ereignisses A in den einzelnen Serien vom Umfang n_1 bzw. n_2.

B 12.19 Der Hersteller einer Ware möchte durch zusätzliche Maßnahmen die Ausschusswahrscheinlichkeit wesentlich senken. Es sei p_2 die frühere und p_1 die jetzige Ausschusswahrscheinlichkeit. Für die Differenz $p_1 - p_2$ soll ein einseitiges nach oben begrenztes Konfidenzintervall zum Niveau $\gamma = 0,99$ bestimmt werden. Aus der früheren Produktion liegt eine Stichprobe vom Umfang 10 000 vor. Davon waren 689 fehlerhaft. Nach der Umstellung wurden 5 000 Stücke untersucht. 197 davon waren fehlerhaft.

Lösung:

Mit $n_2 = 10\,000$; $r_2 = 0,0689$; $n_1 = 5\,000$; $r_1 = 0,0394$ erhält man die obere Grenze

$$r_1 - r_2 + z_{0,99} \cdot \sqrt{\frac{r_1 \cdot (1 - r_1)}{n_1} + \frac{r_2 \cdot (1 - r_2)}{n_2}}$$

$$= 0,0394 - 0,0689 + 2,326348 \cdot \sqrt{\frac{0,0394 \cdot 0,9606}{5\,000} + \frac{0,0689 \cdot 0,9311}{10\,000}}$$

$$= -0,0208\,.$$

Das Konfidenzintervall für $p_1 - p_2$ lautet $[-1; -0,0208]$.

Damit gleichwertig ist die Aussage $p_1 - p_2 \leq -0,0208$;

$p_1 \leq p_2 - 0,0208$;

die Ausschusswahrscheinlichkeit ist also um mindestens 0,0208 verringert worden.

Konfidenzintervalle für den Quotienten σ_X^2 / σ_Y^2 der Varianzen zweier unabhängiger Normalverteilungen

Aus zwei unabhängigen Stichproben

$$x = (x_1, x_2, \ldots, x_{n_x}); \quad y = (y_1, y_2, \ldots, y_{n_y})$$

vom Umfang n_x bezüglich X und vom Umfang n_y bezüglich Y werden die unbekannten Varianzen σ_X^2 und σ_Y^2 geschätzt durch

$$s_x^2 = \frac{1}{n_x - 1} \sum_{i=1}^{n_x} (x_i - \overline{x})^2 \quad \text{bzw.} \quad s_y^2 = \frac{1}{n_y - 1} \sum_{j=1}^{n_y} (y_j - \overline{y})^2.$$

Mit den tatsächlichen Varianzen σ_X^2 und σ_Y^2 ist die Testgröße

$$\frac{S_Y^2}{\sigma_Y^2} : \frac{S_X^2}{\sigma_X^2} = \frac{S_Y^2}{S_X^2} \cdot \frac{\sigma_X^2}{\sigma_Y^2}$$

F-verteilt mit $(n_y - 1, n_x - 1)$ Freiheitsgraden.

Zweiseitige Konfidenzintervalle zum Konfidenzniveau γ:

$$\left[\frac{s_x^2}{s_y^2} \cdot \frac{1}{f_{n_x - 1, n_y - 1; \frac{1+\gamma}{2}}} \; ; \; \frac{s_x^2}{s_y^2} \cdot f_{n_y - 1, n_x - 1; \frac{1+\gamma}{2}} \right];$$

einseitige Konfidenzintervalle zum Konfidenzniveau γ:

$$\left[\frac{s_x^2}{s_y^2} \cdot \frac{1}{f_{n_x - 1, n_y - 1; \gamma}} \; ; \; \infty \right) \; ; \; \left(0 \; ; \; \frac{s_x^2}{s_y^2} \cdot f_{n_y - 1, n_x - 1; \gamma} \right].$$

B 12.20 Für den Quotienten σ_X^2 / σ_Y^2 der Varianzen zweier unabhängiger Normalverteilungen soll zum Niveau $\gamma = 0,95$ ein zweiseitiges Konfidenzintervall bestimmt werden aus

Stichprobenumfang $n_x = 51$; $\quad s_x^2 = 21,3$;

Stichprobenumfang $n_y = 41$; $\quad s_y^2 = 27,4$.

Lösung:

$$f_{n_x - 1, n_y - 1 ; \frac{1 + \gamma}{2}} = f_{50 ; 40 ; 0,975} = 1,832383 ;$$

$$f_{n_y - 1, n_x - 1 ; \frac{1 + \gamma}{2}} = f_{40 ; 50 ; 0,975} = 1,796275 ;$$

Konfidenzintervall für den Quotienten $\dfrac{\sigma_X^2}{\sigma_Y^2}$:

$$\left[\frac{21,3}{27,4} \cdot \frac{1}{1,832383} ; \; \frac{21,3}{27,4} \cdot 1,796275 \right] = [\, 0,4242 ; \; 1,3964 \,] ;$$

gleichwertige Aussage $0,4242 \leq \dfrac{\sigma_X^2}{\sigma_Y^2} \leq 1,3964$.

A 12.1 Eine Gewichtsbestimmung bei Tabletten ergab folgende Werte (in Gramm)

$9,92 ; 10,19 ; 7,77 ; 10,56 ; 9,82 ; 9,69 ; 9,79 ; 10,84 ; 11,59 ; 12,29$.

Berechnen Sie unter der Normalverteilungsannahme ein 95 % - Konfidenzintervall für den Erwartungswert der Zufallsvariablen des Gewichts X
a) falls die Varianz von X nicht bekannt ist,
b) falls die Varianz $\sigma^2 = 2$ von X bekannt ist.

A 12.2 Von einer Abfüllanlage wird ein Lebensmittel in Pakete mit der Aufschrift "Inhalt mindestens 1000 g" abgefüllt. Zur Bestimmung eines nach unten beschränkten einseitigen Konfidenzintervalls für den Erwartungswert μ des Dosengewichts X ergab eine Stichprobe vom Umfang n = 500 ein mittleres Gewicht $\bar{x} = 1\,000,21$ g und eine Varianz $s^2 = 3,527$ g². Bestimmen Sie das Konfidenzintervall zu $\gamma = 0,99$.

A 12.3 Für den Erwartungswert μ eines Gewichts (in Gramm) soll ein 99 % - Vertrauensintervall bestimmt werden. Wie groß muss der Stichprobenumfang n zur Berechnung von $\bar{x}$ mindestens sein, damit das Vertrauensintervall höchstens die Länge 0,5 g besitzt, falls die Varianz $\sigma^2 = 2,1$ bekannt ist?

A 12.4 Für den Erwartungswert μ der Augenzahl X beim Werfen eines verfälschten Würfels soll ein zweiseitiges Konfidenzintervall zum Niveau $\gamma = 0,95$ bestimmt werden. Bei 400 Würfen erhielt man für die Augenzahl den Mittelwert $\bar{x} = 4,128$ und die Standardabweichung $s = 1,4875$.

A 12.5 Die Zufallsvariable X des Durchmessers (in mm) der von einer Maschine gefertigten Kugeln für ein Kugellager sei näherungsweise normalverteilt. Eine Stichprobe vom Umfang n = 41 ergab den Mittelwert $\bar{x} = 15{,}32$ und die Standardabweichung s = 0,32.

a) Bestimmen Sie ein zweiseitiges Konfidenzintervall für den Erwartungswert μ von X zum Konfidenzniveau $\gamma = 0{,}95$.

b) Bestimmen Sie ein zweiseitiges Konfidenzintervall für die Varianz σ^2 und die Standardabweichung σ, falls der Erwartungswert μ nicht bekannt ist.

c) Bestimmen Sie ein zweiseitiges Konfidenzintervall für σ^2 zu $\gamma = 0{,}95$, falls $\mu_0 = 15{,}2$ der bekannte Erwartungswert ist.

A 12.6 Die Zufallsvariable X der Länge (in cm) von Metallstäben sei näherungsweise normalverteilt. Aus der Varianz s^2 einer Stichprobe vom Umfang n = 100 soll für die Varianz σ^2 von X ein einseitiges nach oben begrenztes Konfidenzintervall zum Konfidenzniveau $\gamma = 0{,}95$ bestimmt werden. Wie groß darf s^2 höchstens sein, damit die obere Grenze des Konfidenzintervalls den Wert 0,8 nicht überschreitet?

A 12.7 Die Zufallsvariable X sei nicht normalverteilt. Zur Bestimmung eines Konfidenzintervalls für die unbekannte Varianz σ^2 wurden aus einer Stichprobe vom Umfang n = 100 folgende Werte berechnet:

$$s^2 = 48{,}51\,; \quad m_4 = \frac{1}{100}\sum_{i=1}^{n}(x_i - \bar{x})^2 = 3\,934{,}85\,.$$

a) Bestimmen Sie ein zweiseitiges asymptotisches Konfidenzintervall für σ^2 zu $\gamma = 0{,}95$.

b) Bestimmen Sie das Konfidenzintervall zu $\gamma = 0{,}95$, falls X normalverteilt ist.

A 12.8 In einem Hotel werde jedes einzelne vorbestellte Zimmer mit einer unbekannten Wahrscheinlichkeit p nicht in Anspruch genommen.

a) Bestimmen Sie für $\gamma = 0{,}95$ ein zweiseitiges Konfidenzintervall für p, falls bekannt ist, dass von 1 000 vorbestellten Zimmern 103 nicht belegt wurden.

b) Wie viele Vorbestellungen müssen mindestens ausgewertet werden, damit daraus ein 95 %-Konfidenzintervall für p berechnet werden kann, welches höchstens die Länge 0,01 hat? Dabei sei $r_n \leq 0{,}15$ gesichert.

A 12.9 Zur Vorhersage des prozentualen Stimmenanteils, den eine Partei A bei einer bevorstehenden Wahl erreicht, wurden 5 000 Personen befragt. 2 173 sagten, sie würden die Partei A wählen.

a) Bestimmen Sie daraus zum Konfidenzniveau $\gamma = 0{,}95$ ein Konfidenzintervall für die Wahrscheinlichkeit p, dass eine zufällig ausgewählte wahlberechtigte Person die Partei A wählen will.

b) Berechnen Sie aus a) ein Konfidenzintervall für den prozentualen Stimmenanteil P der Partei A.

A 12.10 Ein Meinungsforschungsinstitut soll durch eine Umfrage den prozentualen Stimmenanteil, den eine Partei bei der bevorstehenden Wahl erhält, möglichst gut vorhersagen. Dazu werden n zufällig ausgewählte Wahlberechtigte befragt. Als Vorhersagewert dient der prozentuale Stimmenanteil für die Partei unter den Befragten. Wie viele Personen müssen mindestens ausgewählt werden, damit mit $\gamma = 0{,}99$ sicher gestellt ist, dass der tatsächliche prozentuale Stimmenanteil von dem prognostizierten Wert um höchstens einen Prozentpunkt abweicht,

a) falls es sich um eine große Partei handelt,

b) falls es sich um eine kleine Partei handelt, deren Stimmenanteil garantiert nicht über 10 % liegen wird?

A 12.11 Im Jahre 1999 wurden in Deutschland 770 744 Kinder geboren, davon waren 396 296 männlich. Für die Wahrscheinlichkeit p, dass ein neugeborenes Kind ein Knabe ist, soll hieraus ein zweiseitiges Konfidenzintervall zum Niveau $\gamma = 0{,}99$ bestimmt werden.

A 12.12 In einer unabhängigen Versuchsserie vom Umfang n = 38 trat bei m = 8 Versuchen das Ereignis A ein. Gesucht ist ein zweiseitiges Konfidenzintervall für die Wahrscheinlichkeit p = P(A) zum Konfidenzniveau $\gamma = 0{,}90$. Hinweis: Die Normalverteilungsapproximation kann hier nicht benutzt werden.

A 12.13 Die Anzahl der in einer Telefonzentrale in einem bestimmten Zeitintervall ankommenden Telefongespräche seien Poisson - verteilt. Zur Bestimmung eines zweiseitigen Konfidenzintervalls für den Parameter λ wurde in einer Stichprobe vom Umfang n = 200 der Mittelwert $\bar{x} = 7{,}93$ bestimmt. Bestimmen Sie daraus ein asymptotisches zweiseitiges Konfidenzintervall zum Niveau $\gamma = 0{,}95$.

A 12.14 Die Anzahl der Selbstmorde während eines Jahres in einer Stadt sei Poisson - verteilt. Innerhalb von 15 Jahren erfolgten in dieser Stadt insgesamt 24 Selbstmorde. Gesucht ist ein exaktes einseitiges nach oben beschränktes Konfidenzintervall für den Parameter λ zum Konfidenzniveau $\gamma = 0{,}90$.

A 12.15 Die Zufallsvariable X, welche die Anzahl der Tore pro Spiel in der ersten Fußballbundesliga beschreibt, sei näherungsweise Poisson-verteilt mit dem Parameter λ. In einer Saison bestand die Liga aus 18 Mannschaften, wobei jede Mannschaft gegen jede zweimal spielte. Insgesamt wurden 1 214 Tore geschossen. Berechnen Sie daraus ein approximatives zweiseitiges Konfidenzintervall für den Parameter λ zum Niveau $\gamma = 0,95$.

A 12.16 Die Zufallsvariable X, welche die Anzahl der Tore pro Auswärts-spiel einer bestimmten Fußballmannschaft in der Landesliga be-schreibt, sei näherungsweise Poisson- verteilt mit dem Parameter λ. In einer Saison erzielte diese Mannschaft in den 14 Auswärts-spielen insgesamt 15 Tore. Bestimmen Sie daraus ein exaktes zwei-seitigs Konfidenzintervall für den Parameter λ zum Konfidenz-niveau $\gamma = 0,90$.

A 12.17 Die Lebensdauer X von bestimmten Geräten sei exponentialver-teilt. Bei n = 45 Geräten betrug die mittlere Lebensdauer 2 136,78 Betriebsstunden. Bestimmen Sie zweiseitige Konfidenzintervalle zum Konfidenzniveau $\gamma = 0,95$
a) für den Parameter λ der Exponentialverteilung,
b) für den Erwartungswert μ der Lebendauer.

A 12.18 Die mittlere Lebensdauer in Betriebsstunden von 200 elektro-nischen Bauelementen betrug 598,21. Die Zufallsvariable sei expo-nentialverteilt. Bestimmen Sie daraus zu $\gamma = 0,95$ ein einseitiges nach unten begrenztes Konfidenzintervall für den Erwartungswert der Zufallsvariablen der Lebensdauer.

A 12.19 Aus einer Warenlieferung von 20 000 Stücken wurde eine Stichpro-be vom Umfang 500 zufällig entnommen. Davon waren 21 Aus-schuss. Gesucht ist ein 95 % - Konfidenzintervall für die unbekann-te Anzahl M der Ausschussstücke in der Lieferung
a) mit Hilfe der Normalverteilungsapproximation der Binomialver-teilung;
b) mit Hilfe der Normalverteilungsapproximation der hypergeo-metrischen Verteilung.

A 12.20 Um die Anzahl N der Fische in einem großen Teich zu schätzen, wird folgendes Verfahren gewählt. Es werden M = 300 Fische gefangen, gekennzeichnet und wieder in den See zurückgebracht. Nach einiger Zeit werden n = 250 Fische gefangen. Darunter befinden sich m = 54 gekennzeichnete.

a) Bestimmen Sie hieraus einen Schätzwert für N.

b) Bestimmen Sie zu $\gamma = 0,95$ ein zweiseitiges Konfidenzintervall für M unter der Voraussetzung, dass n gegenüber N sehr klein ist.

A 12.21 Von einem Computer können Zufallszahlen aus dem Intervall $[0;\vartheta]$ erzeugt werden. Dabei muss der Intervallparameter ϑ vorher eingegeben werden. Es wurden 100 000 Zufallszahlen erzeugt, doch leider ist der vorgegebene Wert ϑ nicht mehr feststellbar. Die maximale Zufallszahl sei 9,9999. Bestimmen Sie daraus die beiden in diesem Abschnitt angegebenen zweiseitigen Konfidenzintervalle für ϑ zum Niveau $\gamma = 0,99$.

A 12.22 Für den unbekannten Korrelationskoeffizienten ρ der beiden normalverteilten Zufallsvariablen (X,Y) soll zum Niveau $\gamma = 0,95$ ein zweiseitiges Konfidenzintervall bestimmt werden. Dazu wurde aus einer Stichprobe vom Umfang n = 500 der empirische Korrelationskoeffizient r = 0,672 berechnet.

A 12.23 Zur Bestimmung, um wie viel ein bestimmtes Schlafmittel die mittlere Schlafdauer verlängert, wurde bei 50 Personen die Schlafdauer ohne Schlafmittel und die Schlafdauer nach Einnahme des Schlafmittels gemessen. Ohne Schlafmittel betrug die mittlere Schlafdauer $\bar{y} = 7,98$ h, mit dem Schlafmittel $\bar{x} = 8,73$ h. Die Stichprobe der Differenzen $x_i - y_i$ besitzt die Varianz $s_d^2 = 1,2573$ h^2. Bestimmen Sie zum Konfidenzniveau $\gamma = 0,95$ ein einseitiges, nach unten begrenztes Konfidenzintervall für die Differenz $\mu_X - \mu_Y$ der Erwartungswerte der Schlafzeiten mit bzw. ohne Schlafmittel.

A 12.24 Um den Zeitaufwand zur Herstellung eines bestimmten Produkts zu senken, wurde eine neue Produktionsmethode entwickelt. Zur Überprüfung wurde dazu in der Arbeitsgruppe 1 von 100 Personen nach der herkömmlichen Methode, in der Arbeitsgruppe 2 mit 52 Personen nach der neuen Methode gefertigt. Dabei ergaben sich folgende Werte: Der durchschnittliche Zeitaufwand bei Gruppe 1 betrug $\bar{y} = 78,259$ min bei einer Standardabweichung $s_y = 4,81$ min; bei der Gruppe 2 betrug der durchschnittlicher Zeitaufwand $\bar{x} = 65,325$ min und die Standardabweichung $s_x = 4,63$ min. Bestimmen Sie ein zweiseitiges Konfidenzintervall für die Differenz $\mu_X - \mu_Y$ der Erwartungswerte der Herstellungszeiten nach der neuen und nach der herkömmlichen Methode zum Niveau $\gamma = 0,95$ unter der Voraussetzung, dass beide Varianzen gleich sind.

A 12.25 Es wird vermutet, dass die mittlere Lebensdauer μ_X (in km) der Autoreifen vom Typ A um mindestens 10 000 km größer ist als die mittlere Lebensdauer μ_Y der Reifen vom Typ B. Dazu wurden folgende Tests durchgeführt:

Typ A: Anzahl $n_1 = 100$; Mittelwert $\bar{x} = 52\,565$ km; Standardabweichung: $s_x = 4\,162$ km;

Typ B: Anzahl $n_2 = 120$; Mittelwert $\bar{y} = 41\,062$ km; Standardabweichung: $s_y = 3\,782$ km.

Bestimmen Sie unter der Normalverteilungsannahme ein einseitiges, nach unten beschränktes Konfidenzintervall für die Differenz $\mu_X - \mu_Y$ der beiden Erwartungswerte zu $\gamma = 0,95$. Dabei soll davon ausgegangen werden, dass die Varianzen der Zufallsvariablen verschieden sind.

A 12.26 Eine Firma bezieht Werkstücke von zwei verschiedenen Herstellern. p_1 sei die Ausschusswahrscheinlichkeit beim Hersteller I und p_2 die beim Hersteller II. Für die Differenz $p_1 - p_2$ soll zum Konfidenzniveau $\gamma = 0,95$ ein zweiseitigen Konfidenzintervall bestimmt werden. Dazu werden aus den jeweiligen Lieferungen jeweils 2 000 Werkstücke zufällig ausgewählt. Beim Hersteller I waren 143 fehlerhaft, beim Hersteller II waren 117 fehlerhaft. Bestimmen Sie daraus das Konfidenzintervall.

A 12.27 Von einer bestimmten Maschine werden Eisenrohre einer vorgegebenen Soll-Länge (in mm) zugeschnitten. Y sei die Zufallsvariable der Länge der Rohre. Bei einer neuen moderneren Maschine sei X die Länge der Rohre. Bei der alten Maschine wurde eine Stichprobe vom Umfang $n_2 = 501$ gezogen mit der Varianz $s_y^2 = 5,94$. Bei der neuen Maschine ergab eine Stichprobe vom Umfang $n_1 = 201$ die Varianz $s_x^2 = 3,81$.
Für den Quotienten σ_X^2 / σ_Y^2 der Varianzen der beiden Zufallsvariablen soll unter der Normalverteilungsannahme ein zweiseitiges Konfidenzintervall zum Niveau $\gamma = 0,95$ bestimmt werden.
Bestimmen Sie daraus ein Konfidenzintervall für den Quotienten σ_X/σ_Y der beiden Standardabweichungen zu $\gamma = 0,95$.

13. Parametertests im Einstichprobenfall

B 13.1 Ein Markthändler verkauft Eier zweier Hühnerrassen. Das Gewicht (in Gramm) der Eier der einzelnen Rassen sei näherungsweise normalverteilt. Dabei gelte für die 1. Rasse $\mu_0 = 48$; $\sigma_0^2 = 25$, für die zweite Rasse $\mu_1 = 50$; $\sigma_1^2 = 36$. Die Eier der jeweiligen Rasse sind in zwei verschiedenen Kisten gelagert, wobei nicht feststellbar ist, welche Eier von welcher Rasse stammen. Aus einer der beiden Kisten werden 100 Eier zufällig ausgewählt. Getestet werden soll die Nullhypothese H_0: $\mu = \mu_0 = 48$ (die ausgewählte Kiste enthält die Eier von den Hühnern der Rasse 1) gegen die Alternative H_1: $\mu = \mu_1 = 50$ (die Eier stammen von den Hühnern der Rasse 2). Mit dem Durchschnittsgewicht $\bar{x}$ der 100 ausgewählten Eier soll folgende Testentscheidung getroffen werden:

$\bar{x} > c \Rightarrow$ Entscheidung für H_1 (Ablehnung von H_0);

$\bar{x} \le c \Rightarrow$ Entscheidung für H_0 (keine Ablehnung von H_0).

α und β seien die Irrtumswahrscheinlichkeiten 1. bzw. 2. Art.

a) Berechnen Sie aus $c = 49$ die beiden Irrtumswahrscheinlichkeiten α und β.

b) Weshalb sind in a) die beiden Irrtumswahrscheinlichkeiten α und β verschieden, obwohl die Ablehnungsgrenze c für H_0 genau in der Mitte der beiden Parameterwerte μ_0 und μ_1 liegt?

c) Berechnen Sie aus $\alpha = 0{,}01$ die Größen c und β.

d) Bestimmen Sie aus $\beta = 0{,}01$ die Größen c und α.

e) Bestimmen Sie zu vorgegebenen Irrtumswahrscheinlichkeiten α und β den notwendigen Stichprobenumfang n und die zugehörige Ablehnungsgrenze c. Zahlenbeispiel: $\alpha = \beta = 0{,}001$.

Lösung:

Es sei $\overline{X}$ die Zufallsvariable des mittleren Gewichts der 100 ausgewählten Eier. $\overline{X}$ ist normalverteilt mit

$$E(\overline{X}) = \mu; \quad Var(\overline{X}) = \frac{\sigma^2}{n} = \frac{\sigma^2}{100};$$

H_0 richtig $\Rightarrow \mu = 48$, $\sigma^2 = 25$; H_0 falsch $\Rightarrow \mu = 50$, $\sigma^2 = 36$.

a) Fehler 1. Art:

$\alpha = P(H_0$ wird zu unrecht abgelehnt$)$

$= P(H_0$ wird abgelehnt $|$ H_0 ist richtig$)$

$= P(\overline{X} > c \mid \mu = 48; \sigma^2 = 25) = 1 - P(\overline{X} \le c \mid \mu = 48; \sigma^2 = 25)$

$$= 1 - P\left(\frac{\overline{X} - 48}{5} \cdot 10 \leq \frac{c - 48}{5} \cdot 10\right) = 1 - \Phi\left(2 \cdot (49 - 48)\right)$$

$$= 1 - \Phi(2) = 1 - 0{,}97725 = 0{,}02275\,.$$

Fehler 2. Art:

$$\beta = P(H_0 \text{ wird zu unrecht nicht abgelehnt})$$

$$= P(H_0 \text{ wird nicht abgelehnt} \mid H_0 \text{ ist falsch})$$

$$= P(\overline{X} \leq c \mid \mu = 50 \; ; \; \sigma^2 = 36)$$

$$= P\left(\frac{\overline{X} - 50}{6} \cdot 10 \leq \frac{c - 50}{6} \cdot 10\right) = \Phi\left(\frac{c - 50}{6} \cdot 10\right)$$

$$= \Phi\left(\frac{49 - 50}{6} \cdot 10\right) = \Phi(-1{,}6667) = 1 - \Phi(1{,}6667)$$

$$= 1 - 0{,}95221 = 0{,}04779\,.$$

b) Weil die beiden Varianzen σ_1^2 und σ_2^2 voneinander verschieden sind.

c) Aus a) folgt $\alpha = 1 - \Phi\left(2 \cdot (c - 48)\right)$;

$$\Phi\left(\frac{c - 48}{5} \cdot 10\right) = 1 - \alpha; \quad 2 \cdot (c - 48) = z_{1 - \alpha}\,;$$

$$c = 48 + \frac{1}{2} \cdot z_{0{,}99} = 48 + \frac{1}{2} \cdot 2{,}326348 = 49{,}163\,;$$

$$\beta = \Phi\left(\frac{c - 50}{6} \cdot 10\right) = \Phi\left(\frac{49{,}163 - 50}{6} \cdot 10\right) = \Phi(-1{,}395)$$

$$= 1 - \Phi(1{,}395) = 1 - 0{,}9185 = 0{,}0815\,.$$

d) Aus a) folgt $\beta = \Phi\left(\frac{c - 50}{6} \cdot 10\right)$;

$$\frac{c - 50}{6} \cdot 10 = z_\beta = -z_{1 - \beta}\,; \quad .$$

$$c = 50 - \frac{6}{10} \cdot z_{1 - \beta} = 50 - 0{,}6 \cdot z_{0{,}99}\,;$$

$$c = 50 - 0{,}6 \cdot 2{,}326348 = 48{,}604\,;$$

$$\alpha = 1 - \Phi\left(\frac{c - 48}{5} \cdot 10\right) = 1 - \Phi\left(\frac{48{,}604 - 48}{5} \cdot 10\right)$$

$$= 1 - \Phi(1{,}208) = 1 - 0{,}8865 = 0{,}1135\,.$$

e) Die Zufallsvariable $\overline{X}$ besitzt die Varianz $\frac{\sigma^2}{n}$. Daher müssen in a) und c) die Standardabweichungen nicht durch 10, sondern allgemein durch $\sqrt{n}$ dividiert werden. Damit erhält man

$$\alpha = 1 - \Phi\left(\frac{c - 48}{5} \cdot \sqrt{n}\right); \quad c = 48 + \frac{5}{\sqrt{n}} \cdot z_{1-\alpha};$$

$$\beta = \Phi\left(\frac{c - 50}{6} \cdot \sqrt{n}\right); \quad c = 50 + \frac{6}{\sqrt{n}} \cdot z_{\beta} = 50 - \frac{6}{\sqrt{n}} \cdot z_{1-\beta}.$$

Gleichsetzen der beiden Werte für c ergibt

$$48 + \frac{5}{\sqrt{n}} \cdot z_{1-\alpha} = 50 - \frac{6}{\sqrt{n}} \cdot z_{1-\beta};$$

$$2 = \frac{5}{\sqrt{n}} \cdot z_{1-\alpha} + \frac{6}{\sqrt{n}} \cdot z_{1-\beta} = \frac{5 \cdot z_{1-\alpha} + 6 \cdot z_{1-\beta}}{\sqrt{n}};$$

$$4 = \frac{(5 \cdot z_{1-\alpha} + 6 \cdot z_{1-\beta})^2}{n};$$

$$n = \frac{(5 \cdot z_{1-\alpha} + 6 \cdot z_{1-\beta})^2}{4} \quad \text{(ganzzahlig aufrunden);}$$

$\alpha = \beta = 0,001$ ergibt mit $z_{1-\alpha} = z_{1-\beta} = z_{0,999} = 3,090232$

$$n = \frac{(11 \cdot 3,090232)^2}{4} = 288,87; \quad n = 289 \quad \text{(aufgerundet);}$$

$$c = 48 + \frac{5}{\sqrt{n}} \cdot z_{1-\alpha} = c = 48 + \frac{5}{\sqrt{289}} \cdot 3,090232 = 48,909.$$

Einfacher Alternativtest:

In einem einfachen Alternativtest für einen Parameter ϑ wird die Null-hypothese $H_0: \vartheta = \vartheta_0$ gegen die Alternative $H_1: \vartheta = \vartheta_1$ getestet. Dabei sei $\vartheta_0 < \vartheta_1$. Mit der Realisierung t_n einer vom Parameter ϑ abhängigen Testfunktion T_n wird mit einer Konstanten c folgende Testentscheidung getroffen:

$t_n > c \quad \Rightarrow \quad$ Ablehnung von H_0; also Entscheidung für H_1;

$t_n \leq c \quad \Rightarrow \quad$ keine Ablehnung von H_0; hier Annahme von H_0.

Entscheidungsmöglichkeiten:

	Entscheidung für H_0	Entscheidung gegen H_0
H_0 richtig	richtige Entscheidung	Fehler 1. Art; Irrtumswahrscheinlichkeit α
H_1 richtig	Fehler 2. Art; Irrtumswahrscheinlichkeit β	richtige Entscheidung

$\alpha = P(H_0$ zu unrecht abgelehnt$) = P(H_0$ wird abgelehnt $\mid H_0$ ist richtig$)$;

$\beta = P(H_0$ wird zu unrecht angenommen$)$

$\quad = P(H_0$ wird nicht abgelehnt $\mid H_0$ ist falsch$)$.

B 13.2 Ein Falschspieler hat zwei rein äußerlich nicht unterscheidbare Würfel. Der eine ist ideal; die Wahrscheinlichkeit, damit eine Sechs zu werfen, ist also $p_0 = \frac{1}{6}$. Der zweite Würfel ist so verfälscht, dass die Wahrscheinlichkeit für eine Sechs gleich $p_1 = \frac{1}{4}$ ist. Durch ein Versehen hat der Spieler beide Würfel vertauscht, so dass für ihn nicht mehr feststellbar ist, welcher Würfel der verfälschte ist. Zum Test der Nullhypothese $H_0: p = p_0 = \frac{1}{6}$ gegen die Alternative $H_1: p = p_1 = \frac{1}{4}$ wirft der Spieler n mal mit einem der beiden Würfel. Mit der relativen Häufigkeit r_n der Anzahl der geworfenen Sechsen trifft er folgende Testentscheidung:

$r_n > c \Rightarrow$ Entscheidung für H_1, also für $p = p_1$ (Ablehnung von H_0);

$r_n \leq c \Rightarrow$ Entscheidung für H_0, also für $p = p_0$.

a) Welche näherungsweise Verteilung besitzt die Standardisierung der Zufallsvariablen R_n der relativen Häufigkeit bei großem n?

b) Bestimmen Sie für beliebiges n die Ablehnungsgrenze c in Abhängigkeit von p_0 und p_1 so, dass beide Irrtumswahrscheinlichkeiten gleich groß sind, also für $\alpha = \beta$. Geben Sie die Irrtumswahrscheinlichkeiten α und β in Abhängigkeit von n an. Zahlenbeispiel n = 200.

Lösung:

a) Die Zufallsvariable X der absoluten Häufigkeit der geworfenen Sechsen ist binomialverteilt mit

$$E(X) = n \cdot p; \quad Var(X) = n \cdot p \cdot (1 - p).$$

Dabei ist $p = p_0$, falls die Nullhypothese H_0 richtig ist, andernfalls ist $p = p_1$.

Für die relative Häufigkeit $R_n = \frac{X}{n}$ gilt daher

$$E(R_n) = p; \quad Var(R_n) = \frac{p \cdot (1 - p)}{n} \quad \text{mit } p \in \{p_0, p_1\}.$$

Die Standardisierung $\dfrac{R_n - n \cdot p}{\sqrt{\dfrac{p \cdot (1 - p)}{n}}}$ ist näherungsweise standardnormalverteilt.

b) $\alpha = P(R_n > c \mid p = p_0) = 1 - P(R_n \leq c \mid p = p_0)$

$$= 1 - P\left(\frac{R_n - p_0}{\sqrt{\dfrac{p_0 \cdot (1 - p_0)}{n}}} \leq \frac{c - p_0}{\sqrt{\dfrac{p_0 \cdot (1 - p_0)}{n}}} \right)$$

$$\approx 1 - \Phi\left(\frac{c - p_0}{\sqrt{\dfrac{p_0 \cdot (1 - p_0)}{n}}} \right);$$

$$\Phi\left(\frac{c - p_0}{\sqrt{\dfrac{p_0 \cdot (1 - p_0)}{n}}}\right) = 1 - \alpha\,;$$

$$c = p_0 + z_{1-\alpha} \cdot \sqrt{\frac{p_0 \cdot (1 - p_0)}{n}}\,;$$

$$\beta = P(R_n \le c \mid p = p_1) \approx \Phi\left(\frac{c - p_1}{\sqrt{\dfrac{p_1 \cdot (1 - p_1)}{n}}}\right);$$

$$\frac{c - p_1}{\sqrt{\dfrac{p_1 \cdot (1 - p_1)}{n}}} = z_\beta = -z_{1-\beta}\,;$$

$$c = p_1 - z_{1-\beta} \cdot \sqrt{\frac{p_1 \cdot (1 - p_1)}{n}}\,;$$

wegen $z_{1-\beta} = z_{1-\alpha}$ erhält man durch Gleichsetzen

$$c = p_0 + z_{1-\alpha} \cdot \sqrt{\frac{p_0 \cdot (1 - p_0)}{n}} = p_1 - z_{1-\alpha} \cdot \sqrt{\frac{p_1 \cdot (1 - p_1)}{n}}\,;$$

$$z_{1-\alpha} \cdot \left(\sqrt{\frac{p_0 \cdot (1 - p_0)}{n}} + \sqrt{\frac{p_1 \cdot (1 - p_1)}{n}}\right) = p_1 - p_0\,;$$

$$z_{1-\alpha} = \frac{(p_1 - p_0) \cdot \sqrt{n}}{\sqrt{p_0 \cdot (1 - p_0)} + \sqrt{p_1 \cdot (1 - p_1)}}\,.$$

Einsetzen ergibt

$$c = p_0 + \frac{(p_1 - p_0) \cdot \sqrt{n}}{\sqrt{p_0 \cdot (1 - p_0)} + \sqrt{p_1 \cdot (1 - p_1)}} \cdot \sqrt{\frac{p_0 \cdot (1 - p_0)}{n}}\,.$$

Durch elementare Umformung (gemeinsamer Bruch) erhält man

$$c = \frac{p_0 \cdot \sqrt{p_1 \cdot (1 - p_1)} + p_1 \cdot \sqrt{p_0 \cdot (1 - p_0)}}{\sqrt{p_0 \cdot (1 - p_0)} + \sqrt{p_1 \cdot (1 - p_1)}}\,.$$

Mit der obigen Darstellung

$$z_{1-\alpha} = \frac{(p_1 - p_0) \cdot \sqrt{n}}{\sqrt{p_0 \cdot (1 - p_0)} + \sqrt{p_1 \cdot (1 - p_1)}}$$

erhält man unmittelbar

$$1 - \alpha = \Phi\left(\frac{(p_1 - p_0) \cdot \sqrt{n}}{\sqrt{p_0 \cdot (1 - p_0)} + \sqrt{p_1 \cdot (1 - p_1)}}\right);$$

$$\beta = \alpha = 1 - \Phi\left(\frac{(p_1 - p_0) \cdot \sqrt{n}}{\sqrt{p_0 \cdot (1 - p_0)} + \sqrt{p_1 \cdot (1 - p_1)}}\right).$$

Zahlenbeispiel: $n = 200$; $p_0 = \frac{1}{6}$; $p_1 = \frac{1}{4}$:

$$c = \frac{\frac{1}{6} \cdot \sqrt{\frac{1}{4} \cdot \frac{3}{4}} + \frac{1}{4} \cdot \sqrt{\frac{1}{6} \cdot \frac{5}{6}}}{\sqrt{\frac{1}{6} \cdot \frac{5}{6}} + \sqrt{\frac{1}{4} \cdot \frac{3}{4}}} = 0,2052;$$

$$\beta = \alpha = 1 - \Phi\left(\frac{\left(\frac{1}{4} - \frac{1}{6}\right) \cdot \sqrt{200}}{\sqrt{\frac{1}{6} \cdot \frac{5}{6}} + \sqrt{\frac{1}{4} \cdot \frac{3}{4}}}\right)$$

$$= 1 - \Phi(1,462734) = 1 - 0,9282 = 0,0718.$$

B 13.3 Bei der Produktion von Kugeln eines Kugellagers sei die Varianz $\sigma_0^2 = 0,5$ mm^2 des Durchmessers X (in mm) eine vom Erwartungswert μ unabhängige konstante Maschinengröße. Der Sollwert des Erwartungswertes sei $\mu_0 = 60$ mm. Zum Test der Nullhypothese $H_0: \mu = \mu_0 = 60$ gegen die Alternative $H_1: \mu \neq 60$ werden aus der Produktion $n = 450$ Kugeln zufällig ausgewählt und deren mittlerer Durchmesser $\bar{x}$ bestimmt.

a) In welchem Bereich muss der Mittelwert $\bar{x}$ liegen, damit H_0 mit der Irrtumswahrscheinlichkeit $\alpha = 0,01$ abgelehnt werden kann?

b) Bestimmen Sie die von $\mu \neq 60$ abhängige Irrtumswahrscheinlichkeit 2. Art $\beta(\mu)$. Zahlenbeispiele $\mu = 60,3$ und $\mu = 59,99$. Bestimmen Sie den Grenzwert $\lim_{\mu \to 60} \beta(\mu)$.

Lösung:

a) Falls $\mu_0 = 60$ der tatsächliche Erwartungswert ist, ist die Testgröße

$$\frac{\bar{X} - \mu_0}{\sigma_0} \cdot \sqrt{n} = \frac{\bar{X} - 60}{\sqrt{0,5}} \cdot \sqrt{450} = 30 \cdot (\bar{X} - 60)$$

näherungsweise standardnormalverteilt. Mit dem Quantil der Standardnormalverteilung erhält man den Ablehnungsbereich

$$30 \cdot |\bar{x} - 60| > z_{1-\frac{\alpha}{2}} = z_{0,995} = 2,575829; \quad |\bar{x} - 60| > 0,0859;$$

$$\bar{x} < 60 - 0,0859 = 59,9141 \quad \text{oder} \quad \bar{x} > 60 + 0,0859 = 60,0859.$$

b) Für $\mu \neq \mu_0$ ist $\beta(\mu)$ die Wahrscheinlichkeit dafür, dass H_0 zu Unrecht nicht abgelehnt wird, falls μ der tatsächliche Erwartungswert ist.

$\beta\,(\mu) = \mathrm{P}(59{,}9141 \leq \overline{\mathrm{X}} \leq 60{,}0859 \,|\, \mu).$

Standardisierung bezüglich des Erwartungswertes μ ergibt

$\beta\,(\mu) =$

$$= \mathrm{P}\left(\frac{59{,}9141 - \mu}{\sqrt{0{,}5}} \cdot \sqrt{450} \leq \frac{\overline{\mathrm{X}} - \mu}{\sqrt{0{,}5}} \cdot \sqrt{450} \leq \frac{60{,}0859 - \mu}{\sqrt{0{,}5}} \cdot \sqrt{450}\right)$$

$$= \Phi\,(30 \cdot (60{,}0859 - \mu)) - \Phi\,(30 \cdot (59{,}9141 - \mu)) \quad \text{für } \mu \neq 60.$$

$\beta\,(60{,}3) = \Phi\,(-6{,}423) - \Phi\,(-11{,}577) \approx 0\,;$

$\beta\,(59{,}99) \;= \Phi\,(2{,}877) - \Phi\,(-2{,}277)$

$\qquad\qquad = \Phi\,(2{,}877) - 1 + \Phi\,(2{,}277)$

$\qquad\qquad = 0{,}9980 - 1 + 0{,}9886 = 0{,}9866\,;$

$$\lim_{\mu \to 60} \beta\,(\mu) = \Phi\,(2{,}5770) - \Phi\,(-2{,}5770)$$

$$\qquad\qquad = 2 \cdot \Phi\,(2{,}5770) - 1 = 0{,}99 = 1 - \alpha.$$

B 13.4 Von einer Abfüllanlage werden Zuckerpakete abgefüllt. Der Erwartungswert μ der Abfüllmenge X (in Gramm) hänge von der Maschineneinstellung ab, während die Varianz $\sigma_0^2 = 4\ \mathrm{g}^2$ eine davon unabhängige Maschinengröße ist. Zur Durchführung des Tests der Nullhypothese $\mathrm{H}_0\colon \mu \leq 1\,000$ gegen die Alternative $\mathrm{H}_1\colon \mu > 1\,000$ werden aus der Produktion 500 Pakete zufällig ausgewählt und gewogen.

a) Welche Bedingung muss das mittlere Gewicht $\overline{\mathrm{x}}$ der 500 Pakete erfüllen, damit H_0 abgelehnt, also H_1 zum Signifikanzniveau $\alpha = 0{,}01$ als gesichert angesehen werden kann?

b) Bestimmen Sie die von $\mu \leq 1\,000$ abhängige Irrtumswahrscheinlichkeit 1. Art $\alpha\,(\mu)$, insbesondere $\alpha\,(999{,}85)$ und $\alpha\,(1\,000)$.

c) Bestimmen Sie die von $\mu > 1\,000$ abhängige Irrtumswahrscheinlichkeit 2. Art $\beta\,(\mu)$ und den Grenzwert $\displaystyle\lim_{\mu \to 1\,000} \beta\,(\mu)$.

Lösung:

a) Ablehnungsbereich von H_0:

$$\frac{\overline{\mathrm{x}} - \mu_0}{\sigma_0} \cdot \sqrt{\mathrm{n}} \;=\; \frac{\overline{\mathrm{x}} - 1\,000}{2} \cdot \sqrt{500} \;>\; \mathrm{z}_{1-\alpha}\,;$$

$$\overline{\mathrm{x}} - 1\,000 \;>\; \frac{2 \cdot \mathrm{z}_{0{,}99}}{\sqrt{500}} = \frac{2 \cdot 2{,}326348}{\sqrt{500}} = 0{,}208\,; \quad \overline{\mathrm{x}} > 1\,000{,}208\,.$$

b) Für $\mu \le 1\,000$ lautet die Irrtumswahrscheinlichkeit 1. Art

$$\alpha(\mu) = P(\overline{X} > 1\,000{,}208 \mid \mu) = 1 - P(\overline{X} \le 1\,000{,}208 \mid \mu)$$

$$= 1 - P\left(\frac{\overline{X} - \mu}{2} \cdot \sqrt{500} \le \frac{1\,000{,}208 - \mu}{2} \cdot \sqrt{500}\right)$$

$$= 1 - \Phi\left(\frac{1\,000{,}208 - \mu}{2} \cdot \sqrt{500}\right), \quad \mu \le 1\,000\,;$$

$$\alpha(999{,}85) = 1 - \Phi(4{,}002562) = 0{,}000031\,;$$

$$\alpha(1\,000) = 1 - \Phi(2{,}325511) = 0{,}01 = \alpha.$$

c) Für $\mu > 1\,000$ lautet die Irrtumswahrscheinlichkeit 2. Art

$$\beta(\mu) = P(\overline{X} \le 1\,000{,}208 \mid \mu)$$

$$= P\left(\frac{\overline{X} - \mu}{2} \cdot \sqrt{500} \le \frac{1\,000{,}208 - \mu}{2} \cdot \sqrt{500}\right)$$

$$= \Phi\left(\frac{1\,000{,}208 - \mu}{2} \cdot \sqrt{500}\right) \quad \text{für } \mu > 1\,000\,;$$

$$\lim_{\mu \to 1\,000} \beta(\mu) = \Phi(2{,}325511) = 0{,}99 = 1 - \alpha.$$

B 13.5 In B 13.4 behauptet der Hersteller, der Erwartungswert μ des Gewichts eines Pakets betrage mindestens $1\,000$ g. Ein Großabnehmer hat berechtigte Zweifel daran. Er bestimmt das mittlere Gewicht $\bar{x}$ von 400 zufällig ausgewählten Paketen.

a) Welche Bedingung muss $\bar{x}$ erfüllen, damit der Abnehmer mit einer Irrtumswahrscheinlichkeit von $\alpha = 0{,}05$ behaupten kann, das mittlere Gewicht μ sei kleiner als $1\,000$ g? Stellen Sie zuerst die Nullhypothese H_0 und Alternative H_1 auf. Dabei kann die Varianz $\sigma_0^2 = 4$ benutzt werden.

b) Bestimmen Sie die von $\mu \ge 1\,000$ abhängige Irrtumswahrscheinlichkeit 1. Art $\alpha(\mu)$, insbesondere $\alpha(1\,000{,}12)$ und $\alpha(1\,000)$.

c) Bestimmen Sie die von $\mu < 1\,000$ abhängige Irrtumswahrscheinlichkeit 2. Art $\beta(\mu)$ und den Grenzwert $\lim\limits_{\mu \to 1\,000} \beta(\mu)$.

d) Geben Sie die Gütefunktion des Tests an.

Lösung:

a) $H_0: \mu \ge 1\,000\,; \quad H_1: \mu < 1\,000\,;$

Ablehnungsbereich der Nullhypothese:

$$\frac{\overline{x} - \mu_0}{\sigma_0} \cdot \sqrt{n} = \frac{\overline{x} - 1\,000}{2} \cdot \sqrt{400} = 10 \cdot (\overline{x} - 1\,000) < -z_{1-\alpha};$$

$$\overline{x} - 1\,000 < -\frac{z_{0,95}}{10} = -\frac{1,644854}{10} = -0,1645;$$

$$\overline{x} < 1\,000 - 0,1645 = 999,8355.$$

b) Für $\mu \geq 1\,000$ lautet die Irrtumswahrscheinlichkeit 1. Art

$$\alpha(\mu) = P(\overline{X} < 999,8355 \mid \mu)$$

$$= P\left(\frac{\overline{X} - \mu}{2} \cdot \sqrt{400} \leq \frac{999,8355 - \mu}{2} \cdot \sqrt{400}\right)$$

$$= \Phi\left(10 \cdot (999,8355 - \mu)\right) \quad \text{für} \quad \mu \geq 1\,000;$$

$$\alpha(1\,000,12) = \Phi(-2,845) = 1 - \Phi(2,845) = 0,0022;$$

$$\alpha(1\,000) = \Phi(-1,645) = 1 - \Phi(1,645) = 0,05 = \alpha.$$

c) Für $\mu < 1\,000$ lautet die Irrtumswahrscheinlichkeit 2. Art

$$\beta(\mu) = P(\overline{X} \geq 999,8355 \mid \mu) = 1 - P(\overline{X} < 999,8355 \mid \mu)$$

$$= 1 - P\left(\frac{\overline{X} - \mu}{2} \cdot \sqrt{400} \leq \frac{999,8355 - \mu}{2} \cdot \sqrt{400}\right)$$

$$= 1 - \Phi(10 \cdot (999,8355 - \mu)) \quad \text{für} \quad \mu < 1\,000;$$

$$\lim_{\mu \to 1\,000} \beta(\mu) = 1 - \Phi(-1,645) = \Phi(1,645) = 0,95 = 1 - \alpha.$$

d) Die für jeden Parameterwert $\mu \in \mathbb{R}$ definierte Gütefunktion lautet

$$g(\mu) = P(\overline{X} < 999,8355 \mid \mu) = \Phi(10 \cdot (999,8355) - \mu)).$$

Aus der Gütefunktion g erhält man die beiden Irrtumswahrscheinlichkeiten in Abhängigkeit vom jeweiligen Parameterwert

$$\alpha(\mu) = g(\mu) \quad \text{für} \quad \mu \geq \mu_0 = 1000;$$

$$\beta(\mu) = 1 - g(\mu) \quad \text{für} \quad \mu < \mu_0 = 1000.$$

Hieraus folgt man unmittelbar

$$\lim_{\mu \to 1\,000} \beta(\mu) = 1 - \alpha(1\,000) = 1 - \alpha.$$

Test eines Erwartungswertes μ bei bekannter Varianz σ_0^2:
Voraussetzung: Entweder muss eine Normalverteilung vorliegen
(n klein) oder der Stichprobenumfang n muss groß sein (Faustregel:
n $\geq$ 30). $\bar{x}$ ist der Mittelwert einer Stichprobe vom Umfang n.

Zweiseitiger Test:
Nullhypothese H_0: $\mu = \mu_0$; Alternative H_1: $\mu \neq \mu_0$;

Ablehnungsbereich von H_0: $\dfrac{|\bar{x} - \mu_0|}{\sigma_0} \cdot \sqrt{n} > z_{1-\frac{\alpha}{2}}$;

α = Irrtumswahrscheinlichkeit 1. Art.
Die Irrtumswahrscheinlichkeit 2. Art, mit der H_0 zu unrecht nicht abgelehnt wird, lautet

$$\beta(\mu) = P(|\bar{X} - \mu_0| \leq c \,|\, \mu)$$

$$= \Phi\left(\frac{c + \mu_0 - \mu}{\sigma_0} \cdot \sqrt{n}\right) - \Phi\left(\frac{-c + \mu_0 - \mu}{\sigma_0} \cdot \sqrt{n}\right) \quad \text{für} \quad \mu \neq \mu_0.$$

Einseitiger Test:
Nullhypothese H_0: $\mu \leq \mu_0$; Alternative H_1: $\mu > \mu_0$;

Ablehnungsbereich von H_0: $\dfrac{\bar{x} - \mu_0}{\sigma_0} \cdot \sqrt{n} > z_{1-\alpha}$;

α = *Signifikanzniveau* = maximale Irrtumswahrscheinlichkeit 1. Art.

Irrtumswahrscheinlichkeit 1. Art

$$\alpha(\mu) = 1 - \Phi\left(\frac{c + \mu_0 - \mu}{\sigma_0} \cdot \sqrt{n}\right) \quad \text{für } \mu \leq \mu_0 ;$$

Irrtumswahrscheinlichkeit 2. Art

$$\beta(\mu) = \Phi\left(\frac{c + \mu_0 - \mu}{\sigma_0} \cdot \sqrt{n}\right) \quad \text{für } \mu > \mu_0.$$

Einseitiger Test:
Nullhypothese H_0: $\mu \geq \mu_0$; Alternative H_1: $\mu < \mu_0$;

Ablehnungsbereich von H_0: $\dfrac{\bar{x} - \mu_0}{\sigma_0} : \sqrt{n} < -z_{1-\alpha}$;

α = *Signifikanzniveau* = maximale Irrtumswahrscheinlichkeit 1. Art.

Irrtumswahrscheinlichkeit 1. Art

$$\alpha(\mu) = \Phi\left(\frac{c + \mu_0 - \mu}{\sigma_0} \cdot \sqrt{n}\right) \quad \text{für } \mu \geq \mu_0;$$

Irrtumswahrscheinlichkeit 2. Art

$$\beta(\mu) = 1 - \Phi\left(\frac{c + \mu_0 - \mu}{\sigma_0} \cdot \sqrt{n}\right) \quad \text{für } \mu < \mu_0.$$

Bei allen drei Tests gilt

$$\lim_{\mu \to 1\,000} \beta(\mu) = 1 - \alpha. \quad \text{Die Irrtumswahrscheinlichkeit 2. Art kann}$$
also sehr groß werden.

Gütefunktion:

Die für alle Parameterwerte μ definierte Funktion

$g(\mu) = P(\overline{X}$ ist im Ablehnungsbereich von $H_0 | \mu)$ für $\mu \in \mathbb{R}$

ist die *Gütefunktion* des Tests. Dabei gilt

$\alpha(\mu) = g(\mu)$ für alle μ aus dem Nullhypothesenbereich H_0;

$\beta(\mu) = 1 - g(\mu)$ für alle μ aus dem Alternativenbereich H_1.

Aus der Gütefunktion lassen sich beide Irrtumswahrscheinlichkeiten in Abhängigkeit vom tatsächlichen Parameterwert μ bestimmen.

B 13.6 In B 13.3 sei $\sigma_0^2 = 0,5$. Ferner soll erreicht werden, dass der Erwartungswert μ zwischen 1 000 und 1 003 Gramm liegt. Mit Hilfe eines Tests soll also $|\mu - 1\,001,5| < 1,5$ bestätigt werden. Damit gilt

$H_0 : |\mu - 1\,001,5| \geq 1,5$; $H_1 : |\mu - 1\,001,5| < 1,5$.

Mit dem Mittelwert $\overline{x}$ einer Stichprobe vom Umfang n = 800 laute die Testentscheidung: Im Falle $|\overline{x} - 1\,001,5| < 1,45$ wird H_0 abgelehnt, H_1 also angenommen. Bestimmen Sie die von μ abhängige Irrtumswahrscheinlichkeit 1. Art $\alpha(\mu)$. Berechnen Sie $\alpha(1\,000)$, $\alpha(1\,003)$ und $\alpha(1\,003,2)$. Wie groß ist das Signifikanzniveau α des Tests?

Lösung:

Für $|\mu - 1\,001,5| \geq 1,5$ lautet die Irrtumswahrscheinlichkeit 1. Art

$\alpha(\mu) = P(|\overline{X} - 1\,001,5| < 1,45 | \mu) = P(1\,000,05 \leq \overline{X} \leq 1\,002,95 | \mu)$

$= P\left(\dfrac{1\,000,05 - \mu}{\sqrt{0,5}} \cdot \sqrt{800} \leq \dfrac{\overline{X} - \mu}{\sqrt{0,5}} \cdot \sqrt{800} \leq \dfrac{1\,002,95 - \mu}{\sqrt{0,5}} \cdot \sqrt{800}\right)$

$= \Phi(40 \cdot (1\,002,95 - \mu)) - \Phi(40 \cdot (1\,000,05 - \mu))$;

$\alpha(1\,000) = \Phi(118) - \Phi(2) = 1 - \Phi(2) = 0,0228$;

$\alpha(1\,003) = \Phi(-2) - \Phi(-118) = \Phi(-2) = 1 - \Phi(2) = 0,0228$;

$\alpha(1\,003,2) = \Phi(-10) - \Phi(-126) \approx 0$.

Das Signifikanzniveau ist $\alpha = 0,0228$.

B 13.7 Bei einer Abfüllanlage von 0,5-Liter-Flaschen soll überprüft werden, ob die mittlere Füllmenge kleiner als 0,5 Liter ist. Dazu wurden 200 abgefüllte Flaschen entnommen und die Füllmenge festgestellt. Das arithmetische Mittel betrug 0,497 Liter, die empirische Standardabweichung 0,0075 Liter. Kann daraus mit dem Signifikanzniveau $\alpha = 0,01$ geschlossen werden, dass die Anlage zu wenig abfüllt?

Lösung:

Nullhypothese H_0 : $\mu \geq 0,5$; Alternative: H_1 : $\mu < 0,5$.

Mit $\bar{x} = 0,497$; $s = 0,0075$ erhält man die Testgröße

$$t_{ber.} = \frac{\bar{x} - \mu_0}{s} \cdot \sqrt{n} = \frac{0,497 - 0,5}{0,0075} \cdot \sqrt{200} = -5,6569 ;$$

das 0,99 - Quantil der t - Verteilung mit $n - 1 = 199$ Freiheitsgraden lautet $t_{199\,;\,0,99} = 2,3452$; wegen $t_{ber.} < -t_{199\,;\,0,99}$ wird H_0 abgelehnt, die Alternative H_1 also angenommen. Die Anlage füllt im Mittel zu wenig ab.

Test eines Erwartungswertes μ bei unbekannter Varianz σ^2 :
Voraussetzung:
Entweder muss eine Normalverteilung vorliegen (n beliebig) oder der Stichprobenumfang n muss groß sein (Faustregel: $n \geq 30$). $\bar{x}$ sei der Mittelwert und s die Standardabweichung einer Stichprobe vom Umfang n. Die Tests erhält man unmittelbar aus den Tests bei bekannter Standardabweichung σ_0 (S. 200), indem die Standardabweichung σ_0 durch die Standardabweichung s der Stichprobe und die Quantile der Standardnormalverteilung durch die entsprechenden Quantile der t-Verteilung mit $n - 1$ Freiheitsgraden ersetzt werden.
Testentscheidungen:

Nullhypothese H_0	Alternative H_1	Ablehnungsbereich von H_0
$\mu = \mu_0$	$\mu \neq \mu_0$	$\dfrac{|\bar{x} - \mu_0|}{s} \cdot \sqrt{n} > t_{n-1\,;\,1-\frac{\alpha}{2}}$
$\mu \geq \mu_0$	$\mu < \mu_0$	$\dfrac{\bar{x} - \mu_0}{s} \cdot \sqrt{n} < -t_{n-1\,;\,1-\alpha}$
$\mu \leq \mu_0$	$\mu > \mu_0$	$\dfrac{\bar{x} - \mu_0}{s} \cdot \sqrt{n} > t_{n-1\,;\,1-\alpha}$

B 13.8 Die Zufallsvariable X der Längen (in mm) von Metallstäben sei normalverteilt mit dem bekannten Erwartungswert $\mu_0 = 200$. Damit die Längen der Stäbe nicht zu stark variieren, soll die Varianz σ^2 kleiner als $1,7$ mm^2 sein. Zum Test von

$$H_0 : \sigma^2 \geq 1,7 \quad \text{gegen} \quad H_1 : \sigma^2 < 1,7$$

mit $\alpha = 0,05$ wurden 100 Stäbe zufällig ausgewählt. Die Stichprobe besitze den Mittelwert $\bar{x} = 200,035$ und die Varianz $s^2 = 1,317$.
a) Geben Sie die Testgröße und deren Verteilung an.
b) Kann H_0 mit $\alpha = 0,05$ abgelehnt werden?

Lösung:

a) Falls σ_0^2 die tatsächliche Varianz ist, ist $\dfrac{n\,\tilde{s}^2}{\sigma_0^2}$ die Testgröße mit

$$n\,\tilde{s}^2 = \sum_{i=1}^{n}(x_i - \mu_0)^2 = (n-1)\cdot s^2 + n\cdot(\overline{x} - \mu_0)^2$$

$$= 99\cdot 1{,}317 + 100\cdot(200{,}035 - 200)^2 = 130{,}5055\,;$$

$$\frac{n\,\tilde{s}^2}{\sigma_0^2} = \frac{130{,}5055}{1{,}7} = 76{,}7679.$$

Diese Testgröße ist Realisierung einer mit n = 100 Freiheitsgraden Chi-Quadrat-verteilten Zufallsvariablen.

b) Das 0,05-Quantil der Chi-Quadrat-Verteilung mit 100 Freiheitsgraden lautet

$$\chi^2_{100\,;\,0,05} = 77{,}9295\,; \quad \text{wegen} \quad \frac{n\,\tilde{s}^2}{\sigma_0^2} < \chi^2_{100\,;\,0,05}$$

wird die Nullhypothese H_0 abgelehnt, die Alternative H_1 also angenommen. Die Aussage $\sigma^2 < 1{,}7$ ist damit signifikant.

B 13.9 Zum Test von $H_0: \sigma^2 = \sigma_0^2 = 6$ gegen $H_1: \sigma^2 \neq 6$ einer normalverteilten Grundgesamtheit wird die Varianz s^2 einer Stichprobe vom Umfang n = 51 benutzt. In welchem Bereich muss s^2 liegen, damit H_0 mit einer Irrtumswahrscheinlichkeit $\alpha = 0{,}05$ abgelehnt werden kann?

Lösung:

Falls $\sigma_0^2 = 6$ die tatsächliche Varianz ist, ist die Testgröße

$$\frac{(n-1)s^2}{\sigma_0^2} = \frac{50\cdot s^2}{6} \quad \text{Realisierung einer mit } n-1 = 50 \text{ Freiheitsgraden}$$

Chi-Quadrat-verteilten Zufallsvariablen.

Ablehnungsbereich von H_0:

$$\frac{(n-1)\cdot s^2}{\sigma_0^2} = \frac{50\cdot s^2}{6} < \chi^2_{n-1\,;\,\frac{\alpha}{2}} = \chi^2_{50\,;\,0,025} = 32{,}3574\,;$$

oder

$$\frac{(n-1)\cdot s^2}{\sigma_0^2} = \frac{50\cdot s^2}{6} > \chi^2_{n-1\,;\,1-\frac{\alpha}{2}} = \chi^2_{50\,;\,0,975} = 71{,}4202\,;$$

H_0 wird abgelehnt für $s^2 < 3{,}8829$ oder $s^2 > 8{,}5704$.

Im Falle $3{,}8829 \leq s^2 \leq 8{,}5702$ ist keine Ablehnung von H_0 möglich. Die Abweichungen der Stichprobenvarianz s^2 von $\sigma_0^2 = 6$ können dann auf den Zufall zurückgeführt werden.

Test der Varianz σ^2 einer Normalverteilung:
Voraussetzung: Es liegt eine Normalverteilung vor.

1. Fall: Der Erwartungswert μ_0 ist bekannt.
Falls σ_0^2 die tatsächliche Varianz ist, ist die Testgröße

$$\frac{n\,\tilde{s}^2}{\sigma_0^2} = \frac{1}{\sigma_0^2} \cdot \sum_{i=1}^{n} (x_i - \mu_0)^2 = \frac{1}{\sigma_0^2} \cdot [\,(n-1)\cdot s^2 + n\cdot(\bar{x} - \mu_0)^2\,]$$

Realisierung einer Chi-Quadrat-verteilten Zufallsvariablen mit n Freiheitsgraden. Testentscheidungen:

Nullhypothese H_0	Alternative H_1	Ablehnungsbereich von H_0
$\sigma^2 = \sigma_0^2$	$\sigma^2 \neq \sigma_0^2$	$\dfrac{n\,\tilde{s}^2}{\sigma_0^2} < \chi^2_{n;\frac{\alpha}{2}}$ oder $> \chi^2_{n;1-\frac{\alpha}{2}}$
$\sigma^2 \leq \sigma_0^2$	$\sigma^2 > \sigma_0^2$	$\dfrac{n\,\tilde{s}^2}{\sigma_0^2} > \chi^2_{n;1-\alpha}$
$\sigma^2 \geq \sigma_0^2$	$\sigma^2 < \sigma_0^2$	$\dfrac{n\,\tilde{s}^2}{\sigma_0^2} < \chi^2_{n;\alpha}$

2. Fall: Der Erwartungswert μ ist nicht bekannt.
Falls σ_0^2 die tatsächliche Varianz ist, ist die Testgröße $\dfrac{(n-1)\cdot s^2}{\sigma_0^2}$ Realisierung einer Chi-Quadrat-verteilten Zufallsvariablen mit $n-1$ Freiheitsgraden. Testentscheidungen:

Nullhypothese H_0	Alternative H_1	Ablehnungsbereich von H_0
$\sigma^2 = \sigma_0^2$	$\sigma^2 \neq \sigma_0^2$	$\dfrac{(n-1)s^2}{\sigma_0^2} < \chi^2_{n-1;\frac{\alpha}{2}}$ oder $> \chi^2_{n-1;1-\frac{\alpha}{2}}$
$\sigma^2 \leq \sigma_0^2$	$\sigma^2 > \sigma_0^2$	$\dfrac{(n-1)s^2}{\sigma_0^2} > \chi^2_{n-1;1-\alpha}$
$\sigma^2 \geq \sigma_0^2$	$\sigma^2 < \sigma_0^2$	$\dfrac{(n-1)s^2}{\sigma_0^2} < \chi^2_{n-1;\alpha}$

B 13.10 Von einem neuen Medikament wird vermutet, dass die Heilungswahrscheinlichkeit p größer als 0,7 ist.

  a) Zum Test wurde das Medikament 400 an der Krankheit leidenden Patienten verabreicht. Dabei wurden 296 geheilt. Kann daraus mit einer Irrtumswahrscheinlichkeit $\alpha = 0,01$ die Behauptung $p > 0,7$ als statistisch abgesichert gelten?

b) Wie viele der 400 Patienten müssen durch das Medikament mindestens geheilt werden, damit man sich mit $\alpha = 0,01$ für $p > 0,7$ entscheiden kann?

Lösung:

a) Nullhypothese $H_0: p \le p_0 = 0,7$; Alternative $H_1: p > 0,7$.

Falls p_0 die tatsächliche Heilungswahrscheinlichkeit ist, ist die Testgröße

$$\frac{r_n - p_0}{\sqrt{p_0 \cdot (1 - p_0)}} \cdot \sqrt{n} = \frac{0,74 - 0,7}{\sqrt{0,7 \cdot 0,3}} \cdot 20 = 1,7457$$

Realisierung einer Zufallsvariablen, die näherungsweise standardnormalverteilt ist. Die Nullhypothese wird abgelehnt, falls die Testgröße den Wert $z_{1-\alpha} = z_{0,99} = 2,3263$ überschreitet. Da dies nicht der Fall ist, kann $p > 0,7$ nicht behauptet werden.

b) $\dfrac{r_{400} - 0,7}{\sqrt{0,7 \cdot 0,3}} \cdot 20 > z_{1-\alpha} = z_{0,99} = 2,326348$;

$r_{400} > 0,7 + \dfrac{\sqrt{0,7 \cdot 0,3}}{20} \cdot 2,326348 = 0,753303$;

$h_{400} > 400 \cdot 0,753303 = 301,32$; $h_{400} \ge 302$ (aufgerundet).

Es müssen also mindestens 302 der 400 Patienten geheilt werden.

Asymptotischer Test einer Wahrscheinlichkeit p bei großem Stichprobenumfang n:

Voraussetzung: $n \cdot p_0 \cdot (1 - p_0) > 9$. Mit der relativen Häufigkeit r_n ist die Testgröße

$$\frac{r_n - p_0}{\sqrt{p_0 \cdot (1 - p_0)}} \cdot \sqrt{n}$$

Realisierung einer Zufallsvariablen, die näherungsweise standardnormalverteilt ist, falls p_0 die tatsächliche Wahrscheinlichkeit ist.
Testentscheidungen:

Nullhypothese H_0	Alternative H_1	Ablehnungsbereich von H_0
$p = p_0$	$p \ne p_0$	$\dfrac{\lvert r_n - p_0 \rvert}{\sqrt{p_0 \cdot (1 - p_0)}} \cdot \sqrt{n} > z_{1-\frac{\alpha}{2}}$
$p \le p_0$	$p > p_0$	$\dfrac{r_n - p_0}{\sqrt{p_0 \cdot (1 - p_0)}} \cdot \sqrt{n} > z_{1-\alpha}$
$p \ge p_0$	$p < p_0$	$\dfrac{r_n - p_0}{\sqrt{p_0 \cdot (1 - p_0)}} \cdot \sqrt{n} < -z_{1-\alpha}$

Test einer Wahrscheinlichkeit p bei kleinem Stichprobenumfang n:

Bei kleinem Stichprobenumfang n darf die Normalverteilungsapproximation nicht benutzt werden. Als Verteilung der Testgröße muss die Binomialverteilung verwendet werden. Zu vorgegebenen Irrtumswahrscheinlichkeiten werden die ganzzahligen Ablehnungsgrenzen k_u und k_o bestimmt aus

$$k_u = k_u(\alpha) \quad \text{maximal mit} \quad \sum_{i=0}^{k_u} \binom{n}{i} \cdot p_0^i \cdot (1 - p_0)^{n-i} \leq \alpha;$$

$$k_o = k_o(\alpha) \quad \text{minimal mit} \quad \sum_{i=k_o}^{n} \binom{n}{i} \cdot p_0^i \cdot (1 - p_0)^{n-i} \leq \alpha.$$

Mit der absoluten Häufigkeit h_n des Ereignisses A erhält man die Testentscheidungen:

Nullhypothese H_0	Alternative H_1	Ablehnungsbereich von H_0
a) $\quad p = p_0$	$p \neq p_0$	$h_n \leq k_u(\frac{\alpha}{2})$ oder $h_n \geq k_o(\frac{\alpha}{2})$
b) $\quad p \leq p_0$	$p > p_0$	$h_n \geq k_o(\alpha)$
c) $\quad p \geq p_0$	$p < p_0$	$h_n \leq k_u(\alpha)$

Die Grenzen gehören zum Ablehnungsbereich.

Die exakten Signifikanzniveaus α^* für die einzelnen Tests lauten:

a) $\alpha^* = \sum_{i=0}^{k_u} \binom{n}{i} \cdot p_0^i \cdot (1 - p_0)^{n-i} + \sum_{i=k_o}^{n} \binom{n}{i} \cdot p_0^i \cdot (1 - p_0)^{n-i} \leq \alpha;$

b) $\alpha^* = \sum_{i=k_o}^{n} \binom{n}{i} \cdot p_0^i \cdot (1 - p_0)^{n-i} \leq \alpha;$

c) $\alpha^* = \sum_{i=0}^{k_u} \binom{n}{i} \cdot p_0^i \cdot (1 - p_0)^{n-i} \leq \alpha.$

Mit der Darstellung der Binomialverteilung durch die F-Verteilung erhält man

$$\sum_{k=0}^{k_u} \binom{n}{i} \cdot p_0^i \cdot (1 - p_0)^{n-i} = 1 - F_{(2(k_u + 1), 2(n - k_u))}\left(\frac{n - k_u}{k_u + 1} \cdot \frac{p_o}{1 - p_o}\right);$$

$$\sum_{i=k_o}^{n} \binom{n}{i} \cdot p_0^i \cdot (1 - p_0)^{n-i} = F_{(2k_o, 2(n - k_o + 1))}\left(\frac{n - k_o}{k_o + 1} \cdot \frac{p_o}{1 - p_o}\right).$$

Dadurch können die Ablehnungsgrenzen einfacher bestimmt werden.

B 13.11 Zum Test der Nullhypothese

$H_0 : p \geq 0,4$ gegen die Alternative $H_1 : p < 0,4$

wird das Experiment 25 mal unabhängig durchgeführt. Die Testgröße sei die absolute Häufigkeit h_{25} des entsprechenden Ereignisses. Wie groß darf h_{25} höchstens sein, damit die Nullhypothese mit einer Irrtumswahrscheinlichkeit von höchstens $\alpha = 0,05$ abgelehnt werden kann? Bestimmen Sie das Signifikanzniveau α^*.

Lösung:

Die Ablehnungsgrenze k_u muss maximal gewählt werden mit

$$\sum_{i=0}^{k_u} \binom{25}{i} \cdot 0,4^i \cdot 0,6^{25-i} \leq 0,05.$$

Für $k_u = 5$ nimmt die Summe den Wert 0,0294 an. $k_u = 6$ ergibt die Summe 0,0736. Die absolute Häufigkeit h_{25} darf also höchstens gleich 5 sein. Das (tatsächliche) Signifikanzniveau beträgt dann

$$\alpha^* = \sum_{i=0}^{5} \binom{25}{i} \cdot 0,4^i \cdot 0,6^{25-i} = 0,0294.$$

Die Ablehnungsgrenze k_u kann auch mit Hilfe der F-Verteilung bestimmt werden mit

$$\alpha \geq \sum_{i=0}^{k_u} \binom{n}{i} \cdot p_0^i \cdot (1-p_0)^{n-i} = \sum_{i=0}^{k_u} \binom{25}{i} \cdot 0,4^i \cdot 0,6^{25-i}$$

$$= 1 - F_{(2(k_u+1), 2(25-k_u))} \left(\frac{25-k_u}{k_u+1} \cdot \frac{0,4}{0,6} \right);$$

$k_u = 5$ ergibt

$$\sum_{i=0}^{5} \binom{25}{i} \cdot 0,4^i \cdot 0,6^{25-i} = 1 - F_{(12, 40)} (2,222222) = 0,0294 < \alpha;$$

$k_u = 6$ liefert

$$\sum_{i=0}^{6} \binom{25}{i} \cdot 0,4^i \cdot 0,6^{25-i} = 1 - F_{(14, 38)} (1,809524) = 0,073565 > \alpha.$$

Falls nur die Quantile $f_{n_1, n_2; 1-\alpha}$ der F-Verteilung zur Verfügung stehen, kann k_u folgendermaßen bestimmt werden:

k_u maximal mit

$$F_{(2(k_u+1), 2(25-k_u))} \left(\frac{25-k_u}{k_u+1} \cdot \frac{0,4}{0,6} \right) \geq 1 - \alpha = 0,95.$$

$k_u = 5$ ergibt den Funktionswert $F_{(12, 40)} (2,222222)$;

das 0,95 - Quantil lautet $f_{12,40;0,95} = 2,003$ mit

$F_{(12,40)}(2,003) = 0,95$; wegen $2,222222 > 2,003$ gilt

$F_{(12,40)}(2,222222) > F_{(12,40)}(2,003) > 0,95$;

$k_u = 6$ ergibt den Funktionswert $F_{(14,38)}(1,809524)$;

das 0,95 - Quantil lautet $f_{14,38;0,95} = 1,962$;

aus $1,809524 < 1,962$ folgt

$F_{(14,38)}(1,809524) < F_{(14,38)}(1,962) < 0,95$.

Damit erhält man auch hier die Lösung $k_u = 5$.

B 13.12 Bezüglich der Heilungswahrscheinlichkeit p eines neuen Medikaments soll mit $\alpha = 0,05$ der Test

$$H_0: p \leq 0,65 \quad \text{gegen} \quad H_1: p > 0,65$$

durchgeführt werden. Dazu wird das Medikament 30 an der Krankheit leidenden Personen verabreicht. 23 davon wurden geheilt. Kann aufgrund dieses Ergebnisses die Nullhypothese abgelehnt werden?

<u>Lösung:</u>

Ablehnungsbereich: $h_{30} \geq k_o(0,05)$; k_o minimal mit

$$\sum_{i=k_o}^{n} \binom{n}{i} \cdot p_0^i (1-p_0)^{n-i} = F_{(2k_o,2(n-k_o+1))}\left(\frac{n-k_o}{k_o+1} \cdot \frac{p_o}{1-p_o}\right) \leq 0,05.$$

Mit $m = h_{23} = 23$ erhält man

$$\sum_{i=23}^{30} \binom{30}{i} \cdot 0,65^i \cdot 0,35^{30-i} = F_{(46,16)}\left(\frac{7}{24} \cdot \frac{0,65}{0,35}\right) = F_{(46,16)}(0,5417).$$

Die Nullhypothese kann abgelehnt werden, falls diese Wahrscheinlichkeit höchstens gleich 0,05 ist, da dann m im Ablehnungsbereich liegt. Für die Quantile der F - Verteilung (s. Tab. 5) gilt

$$f_{n_1,n_2;\alpha} = \frac{1}{f_{n_2,n_1;1-\alpha}};$$

damit genügt die Vertafelung der rechtseitigen Quantile. Es gilt

$$f_{46,16;0,05} = \frac{1}{f_{16,46;0,95}} = \frac{1}{1,868816} = 0,535099;$$

wegen $F_{(46,16)}(0,5417) > F_{(46,16)}(0,535099) = 0,05$ liegt m nicht im Ablehnungsbereich von H_0. Daher kann die Nullhypothese H_0 nicht abgelehnt werden.

B 13.13 Die Anzahl der in einer Telefonzentrale zu einer bestimmten Tageszeit innerhalb einer Minute ankommenden Anrufe sei Poissonverteilt mit dem Parameter (Erwartungswert) λ. Zum Test der Nullhypothese $\lambda \geq 4{,}5$ gegen die Alternative $H_1: \lambda < 4{,}5$ wurden an verschiedenen Tagen 500 mal die Anrufe während jeweils einer Minute gezählt. Kann mit dem Mittelwert $\bar{x} = 4{,}32$ die Nullhypothese H_0 mit $\alpha = 0{,}05$ abgelehnt werden?

Lösung:

Wegen $E(X) = \lambda$; $\mathrm{Var}(X) = \lambda$; $E(\bar{X}) = \lambda$; $\mathrm{Var}(\bar{X}) = \frac{\lambda}{n}$ und des großen Stichprobenumfangs $n = 500$ ist die Testgröße

$$\frac{\bar{x} - \lambda_0}{\sqrt{\lambda_0}} \cdot \sqrt{n} = \frac{4{,}32 - 4{,}5}{\sqrt{4{,}5}} \cdot \sqrt{500} = -1{,}8974$$

Realisierung einer näherungsweise standardnormalverteilten Zufallsvariablen, falls λ_0 der tatsächliche Parameterwert ist.

Wegen $\dfrac{\bar{x} - \lambda_0}{\sqrt{\lambda_0}} \cdot \sqrt{n} < -z_{1-\alpha} = -z_{0,95} = -1{,}645$

kann die Nullhypothese H_0 abgelehnt, die Alternative $H_1: \lambda < 4{,}5$ also angenommen werden.

Asymptotischer Test des Parameters λ einer Poisson-Verteilung:
Es sei λ der Parameter der Poisson-Verteilung. Dann ist bei großem Stichprobenumfang (Faustregel: $n \cdot \lambda_0 > 9$) die Testgröße

$$\frac{\bar{X} - \lambda_0}{\sqrt{\lambda_0}} \cdot \sqrt{n}$$

näherungsweise standardnormalverteilt, falls λ_0 der tatsächliche Parameterwert ist. Mit dem Mittelwert $\bar{x}$ einer Stichprobe vom Umfang n erhält man die Testentscheidungen:

Nullhypothese H_0	Alternative H_1	Ablehnungsbereich von H_0
$\lambda = \lambda_0$	$\lambda \neq \lambda_0$	$\dfrac{\lvert \bar{x} - \lambda_0 \rvert}{\sqrt{\lambda_0}} \cdot \sqrt{n} > z_{1-\frac{\alpha}{2}}$
$\lambda \leq \lambda_0$	$\lambda > \lambda_0$	$\dfrac{\bar{x} - \lambda_0}{\sqrt{\lambda_0}} \cdot \sqrt{n} > z_{1-\alpha}$
$\lambda \geq \lambda_0$	$\lambda < \lambda_0$	$\dfrac{\bar{x} - \lambda_0}{\sqrt{\lambda_0}} \cdot \sqrt{n} < -z_{1-\alpha}$

Exakter Test des Parameters λ einer Poisson-Verteilung bei beliebigem (kleinen) Stichprobenumfang n:

Falls die Poisson-Verteilung den Parameter λ besitzt, ist die Summe der n (unabhängigen) Stichprobenwerte $n \cdot \overline{X}$ ebenfalls Poisson-verteilt mit dem Parameter $n \cdot \lambda$. Mit der Darstellung der Poisson-Verteilung durch eine Chi-Quadrat-Verteilung erhält man mit den Quantilen zu den angegebenen Freiheitsgraden die Ablehnungsgrenzen der einzelnen Tests aus

$k_u = k_u(\alpha)$ maximal mit

$$\alpha \geq \sum_{k=0}^{k_u} \frac{(n \cdot \lambda_0)^k}{k!} \cdot e^{-n \cdot \lambda_0} = 1 - P\left(\chi^2_{2 \cdot (k_u + 1)} \leq 2\,n \cdot \lambda_0\right) = \alpha^*;$$

$k_o = k_o(\alpha)$ minimal mit

$$\alpha \geq \sum_{k=k_o}^{\infty} \frac{(n \cdot \lambda_0)^k}{k!} \cdot e^{-n \cdot \lambda_0} = 1 - \sum_{k=0}^{k_o - 1} \frac{(n \cdot \lambda_0)^k}{k!} \cdot e^{-n \cdot \lambda_0}$$

$$= P\left(\chi^2_{2 \cdot k_o} \leq 2\,n \cdot \lambda_0\right) = \alpha^*.$$

Mit der ganzzahligen Stichprobensumme $n\overline{x} = \sum_{i=1}^{n} x_i$ erhält man zum Signifikanzniveau $\alpha^* \leq \alpha$ die Testentscheidungen:

Nullhypothese H_0	Alternative H_1	Ablehnungsbereich von H_0
$\lambda = \lambda_0$	$\lambda \neq \lambda_0$	$n\overline{x} \leq k_u(\frac{\alpha}{2})$ oder $n\overline{x} \geq k_o(\frac{\alpha}{2})$
$\lambda \leq \lambda_0$	$\lambda > \lambda_0$	$n\overline{x} \geq k_o(\alpha)$
$\lambda \geq \lambda_0$	$\lambda < \lambda_0$	$n\overline{x} \leq k_u(\alpha)$

B 13.14 Kleesaatgut sei durch Flachssamen verunreinigt. Die Anzahl der in einem Saatgut von 10 g aufgehenden Flachssamen sei Poisson-verteilt mit dem unbekannten Parameter λ. Zum Test von

$$H_0 : \lambda \geq \lambda_0 = 3 \quad \text{gegen} \quad H_1 : \lambda < 3$$

wurden zehnmal jeweils 50 g Kleesamen gesät. Wie viele Flachssamen dürfen höchstens aufgehen, damit mit einer Irrtumswahrscheinlichkeit $\alpha = 0{,}1$ behauptet werden kann, dass $\lambda < 3$ ist?

Lösung:

$n = 10$; $n \cdot \lambda_0 = 30$; $n \cdot \bar{x}$: Anzahl der aufgehenden Kleesamen;

Ablehnungsbereich von H_0: $n \cdot \bar{x} \leq k_u(0,1) = k_u$;

k_u (ganzzahlig) maximal mit

$$\sum_{k=0}^{k_u} \frac{30^k}{k!} \cdot e^{-30} = 1 - P\left(\chi^2_{2 \cdot (k_u+1)} \leq 60\right) \leq 0,1;$$

$$P\left(\chi^2_{2 \cdot (k_u+1)} \leq 60\right) \geq 0,9;\quad k_u \text{ maximal, } k_u \text{ ganzzahlig.}$$

Da k_u ganzzahlig ist, muss $2 \cdot (k_u + 1)$ gerade sein.

Aus der Tabelle der Chi-Quadrat-Verteilung (Tab. 4) kann abgelesen werden, dass bei 46 Freiheitsgraden das 0,9-Quantil kleiner als 60 ist, während bei 48 Freiheitsgraden das 0,9-Quantil bereits größer als 60 ist. Damit gilt

$$P(\chi^2_{46} \leq 60) \geq 0,9 \quad \text{und} \quad P(\chi^2_{48} \leq 60) < 0,9.$$

$2 \cdot (k_u + 1) = 46$ ergibt $k_u = 23 - 1 = 22$.

Falls höchstens 22 Flachssamen aufgehen, kann H_0 mit der Irrtumswahrscheinlichkeit $\alpha = 0,1$ abgelehnt, H_1 also angenommen werden.

Exakter Test des Parameters λ einer Exponentialverteilung aus n Realisierungen:

Zum Test des Parameters λ einer Exponentialverteilung wird der Mittelwert $\bar{x}$ von n Realisierungen benutzt. Die Zufallsvariable

$$2\lambda \cdot \sum_{i=1}^{n} X_i = 2\lambda \cdot n \cdot \bar{X}$$

ist Chi-Quadrat-verteilt mit 2n Freiheitsgraden, falls λ der Parameterwert ist. Mit den Quantilen der Chi-Quadrat-Verteilung mit 2n Freiheitsgraden erhält man die Testentscheidungen:

Nullhypothese H_0	Alternative H_1	Ablehnungsbereich von H_0
$\lambda = \lambda_0$	$\lambda \neq \lambda_0$	$2\lambda_0 n \bar{x} < \chi^2_{2n;\frac{\alpha}{2}}$ oder $> \chi^2_{2n;1-\frac{\alpha}{2}}$
$\lambda \leq \lambda_0$	$\lambda > \lambda_0$	$2\lambda_0 n \bar{x} < \chi^2_{2n;\alpha}$
$\lambda \geq \lambda_0$	$\lambda < \lambda_0$	$2\lambda_0 n \bar{x} > \chi^2_{2n;1-\alpha}$

B 13.15 Die Brenndauer (in Stunden) von Glühbirnen sei exponentialverteilt mit dem Parameter λ. Der Erwartungswert lautet $\mu = \frac{1}{\lambda}$.
Getestet werden soll $H_0 : \mu \leq 800$ gegen $H_1 : \mu > 800$.
a) Stellen Sie die äquivalenten Hypothesen für den Parameter λ auf.
b) Wie groß muss der Mittelwert $\bar{x}$ einer Stichprobe vom Umfang $n = 50$, also die mittlere Brenndauer von 50 Glühbirnen mindestens sein, damit man sich mit $\alpha = 0,05$ für $\mu > 800$ entscheiden kann?

Lösung:

a) $\mu \leq 800$ ist äquivalent mit $\lambda = \frac{1}{\mu} \geq \frac{1}{800} = 0,00125$.

Damit lauten die gleichwertigen Hypothesen

$H_0 : \lambda \geq 0,00125$ gegen $H_1 : \lambda < 0,00125$.

b) Der Ablehnungsbereich von $H_0 : \lambda \geq 0,00125$ lautet

$$2\lambda_0 \, n \, \bar{x} = 2 \cdot 0,00125 \cdot 50 \cdot \bar{x} > \chi^2_{2n;1-\alpha} = \chi^2_{100;0,95} = 124,3421;$$

$\bar{x} > 994,72$.

B 13.16 Die Differenz der Ankunftszeiten (in sec) zweier nacheinander zu einer bestimmten Tageszeit an einem Postschalter ankommender Kunden sei exponentialverteilt mit unbekanntem Parameter λ. Zum Test von

$$H_0 : \lambda \geq \lambda_0 \quad \text{gegen} \quad H_1 : \lambda < \lambda_0$$

wird der Mittelwert $\bar{x}$ von n Zwischenankunftszeiten berechnet.
a) Gesucht ist der Erwartungswert und die Varianz von $\bar{X}$, falls λ der tatsächliche Parameterwert ist.
b) Geben Sie die asymptotische Normalverteilungsapproximation von $\bar{X}$ an.
c) Zum Test mit dem Signifikanzniveau α wird folgende Entscheidung getroffen:
$\bar{x} > c \implies$ Ablehnung von H_0, also Entscheidung für H_1.
Bestimmen Sie die Ablehnungsgrenze in Abhängigkeit von λ_0.
d) Bestimmen Sie die Gütefunktion des Tests.
e) Zeigen Sie, dass für $\lambda \geq \lambda_0$ gilt $\alpha(\lambda) \leq \alpha$, dass also α das Signifikanzniveau des Tests ist.

Lösung:

a) Für die Zufallsvariable X der Zwischenankunftszeit (in sec) gilt

$$E(X) = \frac{1}{\lambda}; \quad Var(X) = \frac{1}{\lambda^2}; \text{ hieraus folgt}$$

$$E(\bar{X}) = \frac{1}{\lambda}; \quad Var(\bar{X}) = \frac{1}{n \cdot \lambda^2}.$$

b) $\overline{X}$ ist asymptotisch $N\left(\dfrac{1}{\lambda}; \dfrac{1}{n \cdot \lambda^2}\right)$ verteilt.

c) $\alpha = P(\overline{X} > c \mid \lambda = \lambda_0) = 1 - P(\overline{X} \le c \mid \lambda = \lambda_0)$

$$= 1 - P\left(\frac{\overline{X} - \frac{1}{\lambda_0}}{\sqrt{\frac{1}{n \cdot \lambda_0^2}}} \le \frac{c - \frac{1}{\lambda_0}}{\sqrt{\frac{1}{n \cdot \lambda_0^2}}} \right)$$

$$\approx 1 - \Phi\left(\sqrt{n} \cdot \lambda_0 \cdot (c - \tfrac{1}{\lambda_0}) \right) = 1 - \Phi\left(\sqrt{n} \cdot (\lambda_0 \cdot c - 1) \right);$$

$$\sqrt{n} \cdot (\lambda_0 \cdot c - 1) = z_{1-\alpha};$$

$$c = \frac{1}{\lambda_0} \cdot (1 + \frac{z_{1-\alpha}}{\sqrt{n}}) = \frac{1}{\lambda_0} + \frac{z_{1-\alpha}}{\sqrt{n} \cdot \lambda_0}.$$

Ablehnungsbereich von H_0:

$$\overline{x} > \frac{1}{\lambda_0} + \frac{z_{1-\alpha}}{\sqrt{n} \cdot \lambda_0}; \qquad \overline{x} - \frac{1}{\lambda_0} > \frac{z_{1-\alpha}}{\sqrt{n} \cdot \lambda_0};$$

$$\sqrt{n} \cdot (\lambda_0 \cdot \overline{x} - 1) > z_{1-\alpha}.$$

d) Für $\lambda > 0$ gilt

$$g(\lambda) = P(\overline{X} > c \mid \lambda) = 1 - P(\overline{X} \le c \mid \lambda)$$

$$= 1 - P\left(\sqrt{n} \cdot \lambda \cdot (\overline{X} - \tfrac{1}{\lambda}) \le \sqrt{n} \cdot \lambda \cdot (c - \tfrac{1}{\lambda}) \right)$$

$$\approx 1 - \Phi\left(\sqrt{n} \cdot \lambda \cdot (c - \tfrac{1}{\lambda}) \right)$$

$$= 1 - \Phi\left(\sqrt{n} \cdot \lambda \cdot (\tfrac{1}{\lambda_0} + \frac{z_{1-\alpha}}{\sqrt{n} \cdot \lambda_0} - \tfrac{1}{\lambda}) \right)$$

$$= 1 - \Phi\left(\frac{\lambda}{\lambda_0} \cdot (\sqrt{n} + z_{1-\alpha}) - \sqrt{n} \right).$$

e) Für $\lambda \ge \lambda_0$ ist $\dfrac{\lambda}{\lambda_0} \ge 1$. Daher gilt

$$\Phi\left(\frac{\lambda}{\lambda_0} \cdot (\sqrt{n} + z_{1-\alpha}) - \sqrt{n} \right) \ge \Phi\left(\sqrt{n} + z_{1-\alpha} - \sqrt{n} \right)$$

$$= \Phi(z_{1-\alpha}) = 1 - \alpha.$$

Daraus folgt $\alpha(\lambda) \le 1 - (1 - \alpha) = \alpha$ für alle $\lambda \ge \lambda_0$.
Damit ist α das Signifikanzniveau des Tests.

Mit dem Ergebnis aus B 13.16 erhält man unmittelbar die Formeln für asymptotische Tests.

Asymptotischer Test des Parameters λ einer Exponentialverteilung mit Hilfe des Mittelwerts $\overline{x}$ einer Stichprobe vom Umfang n (n groß):

Es sei λ der Parameter der Exponentialverteilung. Für große n ist die

Testgröße $\quad \sqrt{n} \cdot \lambda_0 \cdot (\overline{X} - \frac{1}{\lambda_0})$

näherungsweise standardnormalverteilt, falls λ_0 der tatsächliche Parameterwert ist. Mit dem Mittelwert $\overline{x}$ einer Stichprobe vom Umfang n erhält man die Testentscheidungen:

Nullhypothese H_0	Alternative H_1	Ablehnungsbereich von H_0
$\lambda = \lambda_0$	$\lambda \neq \lambda_0$	$\sqrt{n} \cdot \lvert \lambda_0 \cdot \overline{x} - 1 \rvert > z_{1 - \frac{\alpha}{2}}$
$\lambda \leq \lambda_0$	$\lambda > \lambda_0$	$\sqrt{n} \cdot (\lambda_0 \cdot \overline{x} - 1) < - z_{1 - \alpha}$
$\lambda \geq \lambda_0$	$\lambda < \lambda_0$	$\sqrt{n} \cdot (\lambda_0 \cdot \overline{x} - 1) > z_{1 - \alpha}$

B 13.17 Für die exponentialverteilte Zwischenankunftszeit X (in sec) der in einem Supermarkt ankommenden Kunden soll für den Erwartungswert μ der Test

$$H_0: \mu \geq 5 \quad \text{gegen} \quad H_1: \mu < 5$$

durchgeführt werden. Wie lauten die gleichwertige Nullhypothese und Alternative für den Parameter λ?

Kann H_0 mit dem Mittelwert $\overline{x} = 4{,}8$ von n = 2 000 Zwischenankunftszeiten mit dem Signifikanzniveau $\alpha = 0{,}05$ abgelehnt werden?

Lösung:

Wegen $\lambda = \frac{1}{\mu}$ erhält man den gleichwertigen Test von

$$H_0: \lambda \leq \lambda_0 = \tfrac{1}{5} = 0{,}2 \quad \text{gegen} \quad H_1: \lambda > 0{,}2.$$

Ablehnungsbereich: $\quad z_{\text{ber.}} = \sqrt{n} \cdot (\lambda_0 \cdot \overline{x} - 1) < - z_{1 - \alpha};$

$z_{\text{ber.}} = \sqrt{n} \cdot (\lambda_0 \cdot \overline{x} - 1) = \sqrt{2\,000} \cdot (0{,}2 \cdot 4{,}8 - 1) = - 1{,}7889;$

wegen $z_{\text{ber.}} < - z_{0{,}95} = - 1{,}6449$ kann H_0 abgelehnt, H_1 also angenommen werden.

B 13.18 Die Zufallsvariable X der Lebensdauer (in Betriebsstunden) bestimmter Geräte sei exponentialverteilt mit einem unbekannten Parameter λ. Der Hersteller behauptet, der Erwartungswert μ der Lebensdauer sei größer als 2 000. Zu testen ist also

$$H_0 : \mu \leq \mu_0 = 2\,000 \quad \text{gegen} \quad H_1 : \mu > 2\,000.$$

Wegen $\lambda = \frac{1}{\mu}$ ist folgender Test gleichwertig

$$H_0 : \lambda \geq \lambda_0 = \frac{1}{2\,000} = 0{,}0005 \quad \text{gegen} \quad H_1 : \lambda < 0{,}0005.$$

Zum Test werden Geräte in Betrieb genommen und $T = 500$ Betriebsstunden beobachtet. Dann wird die Anzahl der bis zum Zeitpunkt T ausgefallenen Geräte festgestellt, die nicht ausgefallenen Geräte werden nicht mehr weiter untersucht.

a) Mit welcher Wahrscheinlichkeit p_0 fällt ein Gerät bis zum Zeitpunkt $T = 500$ aus, falls $\lambda_0 = 0{,}0005$ der tatsächliche Parameterwert ist?

b) $p = p(\lambda)$ sei die Ausfallwahrscheinlichkeit bis zum Zeitpunkt $T = 500$, falls λ der richtige Parameterwert ist. Übertragen Sie die obige Nullhypothese H_0 und Alternative H_1 auf die Wahrscheinlichkeit p.

c) Von $n = 200$ Geräten fielen bis zum Zeitpunkt $T = 500$ insgesamt $x = 34$ aus. Kann daraus mit $\alpha = 0{,}01$ die Nullhypothese $\mu \leq 2\,000$ bzw. $\lambda \geq 0{,}0005$ abgelehnt werden?

Lösung:

a) $p_0 = 1 - e^{-\lambda_0 \cdot T} = 1 - e^{-0{,}0005 \cdot 500} = 1 - e^{-0{,}25} = 0{,}221199.$

b) $p = 1 - e^{-\lambda \cdot T}; \quad p_0 = 1 - e^{-\lambda_0 \cdot T};$

für $\lambda \geq \lambda_0$ ist $p \geq p_0$; für $\lambda \leq \lambda_0$ ist $p \leq p_0$.

Damit geht H_0 und H_1 gleichwertig über in

$$H_0 : p \geq p_0 = 0{,}221199; \quad H_1 : p < p_0 = 0{,}221199.$$

Somit können unmittelbar die Tests für eine unbekannte Wahrscheinlichkeit übernommen werden.

c) Wegen $n = 200$ kann der asymptotische Test aus S. 205 übernommen werden mit dem Ablehnungsbereich

$$\frac{r_n - p_0}{\sqrt{p_0 \cdot (1 - p_0)}} \cdot \sqrt{n} < -z_{1-\alpha} = -z_{0{,}95} = -1{,}644854;$$

$$\frac{\frac{34}{200} - 0{,}221199}{\sqrt{0{,}221199 \cdot 0{,}778801}} \cdot \sqrt{200} = -1{,}744503 < -z_{0{,}95}.$$

Damit können die äquivalenten Nullhypothesen abgelehnt, die gleichwertigen Alternativen $p < 0{,}221199$; $\lambda < 0{,}0005$; $\mu > 2\,000$ also angenommen werden.

**Test des Parameters λ einer exponentialverteilten Lebensdauer
bei Beobachtungen bis zu einer vorgegebenen Betriebszeit T:**
Zum Test des Parameters λ einer exponentialverteilten Lebensdauer
werden n Geräte unabhängig voneinander in Betrieb genommen. Zum
Zeitpunkt T wird festgestellt, wie viele davon ausgefallen sind. Beim
Parameterwert λ ist $p = p(\lambda) = 1 - e^{-\lambda \cdot T}$ die Ausfallwahrscheinlichkeit eines Gerätes bis zum Zeitpunkt T mit $p_0 = p(\lambda_0)$. Wegen

$$\lambda \geq \lambda_0 \Leftrightarrow p \geq p_0; \quad \lambda \leq \lambda_0 \Leftrightarrow p \leq p_0$$

kann jeder Test für μ bzw. λ auf den **Test der Wahrscheinlichkeit p** zurückgeführt werden (s. S. 205 und 206). Folgende Nullhypothesen und
zugehörige Alternativen sind gleichwertig

H_0	H_1
$\lambda = \lambda_0; \quad \mu = \mu_0 = \dfrac{1}{\lambda_0}; \quad p = p_0$	$\lambda \neq \lambda_0; \quad \mu \neq \mu_0; \quad p \neq p_0$
$\lambda \leq \lambda_0; \quad \mu \geq \mu_0 = \dfrac{1}{\lambda_0}; \quad p \leq p_0$	$\lambda > \lambda_0; \quad \mu < \mu_0; \quad p > p_0$
$\lambda \geq \lambda_0; \quad \mu \leq \mu_0 = \dfrac{1}{\lambda_0}; \quad p \geq p_0$	$\lambda < \lambda_0; \quad \mu > \mu_0; \quad p < p_0$

B 13.19 Der Hersteller elektronischer Bauteile, deren Lebensdauer X expo-
nentialverteilt ist, behauptet, der Erwartungswert (in Stunden)
der Lebensdauer (Betriebsdauer) betrage mindestens 2500. Ein
Großabnehmer hat berechtigte Zweifel an dieser Behauptung. Zum
Test werden von ihm 400 Bauteile unabhängig voneinander in
Betrieb genommen. Wie viele davon müssen bis zum Zeitpunkt
T = 500 mindestens ausgefallen sein, damit die Vermutung des
Abnehmers mit $\alpha = 0{,}05$ bestätigt wird?

Lösung:

Gleichwertige Nullhypothesen und Alternativen:

$$H_0: \mu \geq 2500; \quad H_1: \mu < 2500;$$

$$H_0: \lambda \leq \frac{1}{2500} = 0{,}0004; \quad H_1: \lambda > 0{,}0004;$$

$$p = p(\lambda) = 1 - e^{-\lambda \cdot 500};$$

$$p_0 = 1 - e^{-0{,}0004 \cdot 500} = 1 - e^{-0{,}2} = 0{,}181269;$$

$$H_0: p \leq 0{,}181269; \quad H_1: p > 0{,}181269.$$

Ablehnungsbereich nach S. 205

$$\frac{r_n - p_0}{\sqrt{p_0 \cdot (1 - p_0)}} \cdot \sqrt{n} = \frac{r_{400} - 0,181269}{\sqrt{0,181269 \cdot 0,818731}} \cdot 20 > z_{0,95} \; ;$$

$$r_{400} > 0,181269 + \frac{\sqrt{0,181269 \cdot 0,818731}}{20} \cdot 1,644854 = 0,21295 \, .$$

$$h_{400} > 400 \cdot r_{400} = 85,2 \, ; \quad h_{400} \geq 86 \quad \text{(aufgerundet)} .$$

A 13.1 Jemand besitzt zwei äußerlich nicht unterscheidbare Münzen. Die eine ist ideal, die Wahrscheinlichkeit, mit ihr Wappen zu werfen, also gleich $\frac{1}{2}$, die andere ist so verfälscht, dass mit ihr Wappen mit Wahrscheinlichkeit 0,7 erscheint. Durch ein Versehen ist nicht mehr feststellbar, welche der beiden Münzen verfälscht ist. Eine der beiden Münzen soll mit dem einfachen Alternativtest

$$H_0 : P(W) = p_0 = \frac{1}{2} \, ; \quad H_1 : P(W) = p_1 = 0,7$$

getestet werden. Dazu wird die Münze n-mal geworfen. Mit der relativen Häufigkeit r_n der geworfenen Wappen und einer Ablehnungsgrenze c wird folgende Testentscheidung getroffen

$r_n > c$ ⇒ Ablehnung von H_0, also Entscheidung für H_1 ;

$r_n < c$ ⇒ keine Ablehnung, hier Annahme von H_0 .

a) Bestimmen Sie für n = 100 die kritische Grenze c so, dass die Irrtumswahrscheinlichkeit 1. Art (unberechtigte Ablehnung von H_0) gleich $\alpha = 0,01$ ist. Bestimmen Sie daraus die Irrtumswahrscheinlichkeit 2. Art β.

b) Wie oft muss die Münze mindestens geworfen werden, damit beide Irrtumswahrscheinlichkeiten gleich 0,0001 sind? Bestimmen Sie die zugehörige Ablehnungsgrenze c.

A 13.2 Die Länge X (in mm) bestimmter Schrauben soll den Erwartungswert $\mu_0 = 30$ besitzen. Dabei kann sich der Erwartungswert μ im Laufe der Zeit verändern, während die Standardabweichung $\sigma = 2$ eine feste Maschinengröße ist. Zum Test von

$$H_0 : \mu = \mu_0 = 30 \quad \text{gegen} \quad H_1 : \mu \neq 30$$

werden 100 Schrauben zufällig ausgewählt. Berechnen Sie zur Irrtumswahrscheinlichkeit $\alpha = 0,01$ die Ablehnungsgrenzen von H_0 für den Mittelwert $\bar{x}$ der Längen der 100 Schrauben. Geben Sie die

Gütefunktion $g(\mu)$ des Tests an. Skizzieren Sie $g(\mu)$. Bestimmen Sie die Irrtumswahrscheinlichkeiten α und $\beta(\mu)$ aus der Gütefunktion. Wie groß ist die Irrtumswahrscheinlichkeit 2. Art, falls $\mu = 31$ der tatsächliche Parameterwert ist?

A 13.3 Der Hersteller einer Ware behauptet, die Ausschusswahrscheinlichkeit p sei höchstens gleich 0,08. Da ein Großabnehmer nicht unberechtigte Zweifel an dieser Aussage hat, testet er

$$H_0 : p \leq p_0 = 0{,}08 \quad \text{gegen} \quad H_1 : p > p_0 = 0{,}08 \,.$$

a) Zum Test werden 900 Stücke auf Fehlerhaftigkeit untersucht. Wie groß muss die relative Häufigkeit r_{900} der fehlerhaften Stücke mindestens sein, damit H_0 zu Gunsten von H_1 mit dem Signifikanzniveau $\alpha = 0{,}05$ abgelehnt werden kann?

b) Bestimmen und skizzieren Sie die Gütefunktion $g(p)$ des Tests.

c) Stellen Sie die von p abhängigen Irrtumswahrscheinlichkeiten durch die Gütefunktion dar.
Berechnen Sie die Irrtumswahrscheinlichkeiten für folgende Werte: $p = 0{,}07$; $p = 0{,}085$; $p = 0{,}095$ und $p = 0{,}12$.

A 13.4 Die Anzahl der während einer bestimmten Tageszeit innerhalb einer Minute in einer Telefonzentrale ankommenden Anrufe sei Poisson - verteilt mit dem unbekannten Parameter λ. Die Zentrale ist überlastet, falls $\lambda \geq 8$ ist. Auf Grund einer Beschwerde des Personals möchte die Geschäftsleitung statistisch nachweisen, dass die Telefonzentrale nicht überlastet ist. Zum Test von

$$H_0 : \lambda \geq 8 \quad \text{gegen} \quad H_1 : \lambda < 8$$

wird während 200 Minuten die Anzahl der eingehenden Telefongespräche festgestellt und deren Mittelwert $\bar{x}$ (pro Minute) berechnet.

a) Welche Grenze c muss $\bar{x}$ unterschreiten, damit H_0 auf dem Signifikanzniveau $\alpha = 0{,}05$ abgelehnt werden kann?

b) Bestimmen und skizzieren Sie die Gütefunktion für $7 \leq \lambda \leq 8{,}2$.

c) Bestimmen Sie die Irrtumswahrscheinlichkeit 1. Art für $\lambda = 8{,}1$ und $\lambda = 8$ sowie die Irrtumswahrscheinlichkeit 2. Art für $\lambda = 7{,}8$; $\lambda = 7{,}5$ und $\lambda = 7.3$.

A 13.5 Eine *Multiple - Choice* - Prüfung besteht aus 80 Einzelfragen. Bei jeder einzelnen Frage sind in zufälliger Reihenfolge jeweils 2 Antworten angegeben, von denen nur eine richtig ist. Wie viele richtige Antworten c müssen zum Bestehen der Prüfung mindestens verlangt werden, damit jemand durch Raten (zufälliges Ankreuzen jeweils einer Antwort) die Prüfung höchstens mit Wahrscheinlichkeit

a) $\alpha = 0,05$;   b) $\alpha = 0,01$;   c) $\alpha = 0,001$;
d) $\alpha = 0,0001$;   e) $\alpha = 0,00001$;   f) $\alpha = 000001$
besteht? Formulieren Sie die Nullhypothese und Alternative.

A 13.6 In A 13.5 sollen bei jeder Frage $k \geq 2$ Antworten angegeben sein, wobei nur eine davon richtig ist. Lösen Sie die Aufgabe in Abhängigkeit von k und berechnen Sie für $k = 5$ die Grenzen für die in A 13.5 angegebenen Irrtumswahrscheinlichkeiten.

A 13.7 Der Benzinverbrauch (in $1/100$ km) eines bestimmten Autotyps sei (näherungsweise) normalverteilt. Der Hersteller behauptet, der mittlere Benzinverbrauch sei höchstens gleich 8,5 also $\mu \leq 8,5$.
 a) Von "Motor - Test" wird ein Verbrauchstest mit 25 PKW's durchgeführt. Dabei erhielt man den Mittelwert $\bar{x} = 8,75$ und die Standardabweichung $s = 0,75$. Kann damit mit $\alpha = 0,05$ die Behauptung des Herstellers widerlegt werden?
 b) Führen Sie den Test mit $n = 25$ und $\bar{x} = 8,75$ durch, falls die Standardabweichung $\sigma_0 = 0,75$ bekannt ist.
 c) Geben Sie eine Begründung an, weshalb man in a) und b) zu verschiedenen Testentscheidungen gelangt, obwohl die Stichprobenvarianz s^2 in a) mit der tatsächlichen Varianz σ_0^2 aus b) übereinstimmt.

A 13.8 Der Durchmesser X (in mm) von Kugeln eines bestimmten Kugellagers sei normalverteilt mit der bekannten Varianz $\sigma^2 = 0,4$ mm^2. Mit Hilfe eines neuen Verfahrens soll die Varianz um mindestens 10 % gesenkt werden. Zum Test wird aus einer Stichprobe vom Umfang $n = 500$ die Varianz s^2 benutzt. In welchem Bereich muss s^2 liegen, damit mit dem Signifikanzniveau $\alpha = 0,01$ statistisch nachgewiesen ist, dass die Varianz um mindestens 10 % gesenkt wurde?

A 13.9 Von einem neuen Medikament soll statistisch nachgewiesen werden, dass die Wahrscheinlichkeit p einer Nebenwirkung kleiner als 0,3 ist. Zum Test von

$$H_0: \ p \geq p_0 = 0,3 \quad \text{gegen} \quad H_1: p < 0,3$$

wird das Medikament aus Risikogründen nur $n = 30$ an der Krankkeit leidenden Patienten verabreicht. Bei $m = 5$ davon trat die Nebenwirkung ein. Kann mit $\alpha = 0,05$ die Alternative angenommen werden? Bei wie vielen der getesteten Patienten darf die Nebenwirkung höchsten auftreten, damit H_1 mit $\alpha = 0,05$ statistisch abgesichert ist? Beachten Sie, dass die Normalverteilungsapproximation nicht zulässig ist.

A 13.10 Die Anzahl der Druckfehler pro Seite in einem großen Lexikon sei Poisson - verteilt. Der Lektor behauptet, nach seinen Korrekturen sei der Parameter λ höchstens gleich 0,3. Der Verleger bezweifelt dies und möchte folgenden Test durchführen.

$H_0: \lambda \leq 0,3 \quad$ gegen $\quad H_1: \lambda > 3$.

a) In einem Schnelltest werden 25 Seiten sehr sorgfältig auf Fehler untersucht. Dabei wurden m = 9 Fehler gefunden. Kann damit mit $\alpha = 0,1$ die Nullhypothese abgelehnt werden?

b) Die Anzahl der Druckfehler wird auf 250 Seiten festgestellt. Wie viele müssen es mindestens sein, damit H_0 mit $\alpha = 0,01$ abgelehnt werden kann?

A 13.11 Die Lebensdauer (in Betriebsstunden) elektronischer Bauelemente sei exponentialverteilt mit unbekanntem Parameter λ. Zum Test von

$H_0: \quad \lambda \geq 0,0005 \quad$ gegen $\quad H_1: \quad \lambda < 0,0005$

mit $\alpha = 0,05$ wird die mittlere Lebensdauer $\bar{x} = 2\,341,89$ von 100 Bauelementen benutzt. Kann damit H_0 abgelehnt werden?

Benutzen Sie dazu

a) den exakten Test; b) den asymptotischen Test.

c) Was kann mit diesen Testergebnissen über den Erwartungswert μ der Lebensdauer ausgesagt werden?

A 13.12 Der Hersteller hochwertiger elektronischer Geräte behauptet, der Erwartungswert μ der Lebensdauer X (in Betriebsstunden) betrage mindestens 2 000. Zum Test von

$H_0: \mu \leq \mu_0 = 2\,000 \quad$ gegen $\quad H_1: \mu > 2\,000$

nimmt er 50 Geräte für 300 Stunden in Betrieb. Bis zum Zeitpunkt T = 300 sind davon insgesamt m = 5 ausgefallen.

a) Kann mit $\alpha = 0,05$ die Nullhypothese H_0 abgelehnt werden?

b) Weshalb kann der Hersteller die nichtausgefallenen gebrauchten Geräte als neuwertig verkaufen?

A 13.13 Die Zufallsvariable X des Gewichts (in Gramm) der von einer Anlage abgefüllten Pakete sei normalverteilt. Der Erwartungswert μ kann sich im Laufe der Zeit ändern, während die Standardabweichung $\sigma_0 = 0,6$ konstant ist. Zum Test von

$H_0: |\mu - 1002| \leq 2 \quad$ gegen $\quad H_1: |\mu - 1002| > 2$

wird mit dem Mittelwert $\bar{x}$ des Gewichts von 900 zufällig ausgewählten Paketen folgende Entscheidung getroffen:

Im Falle $|\bar{x} - 1002| > 2,04$ wird H_0 abgelehnt. Bestimmen Sie die von μ abhängige Irrtumswahrscheinlichkeit 1. Art des Tests. Wie groß kann diese Irrtumswahrscheinlichkeit maximal werden?

14. Parametertests im Zweistichprobenfall

B 14.1 Eine zweidimensionale normalverteilte Zufallsvariable (X, Y) besitze den unbekannten Korrelationskoeffizienten ρ. Mit Hilfe des Korrelationskoeffizienten r einer Stichprobe vom Umfang n soll

$$H_0: \ \rho = 0 \quad \text{gegen} \quad H_1: \rho \neq 0$$

getestet werden.

a) Geben Sie die Testgröße sowie ihre Verteilung an.

b) Wie groß muss der Betrag $|r|$ des Korrelationskoeffizienten einer Stichprobe vom Umfang $n = 100$ mindestens sein, damit man mit $\alpha = 0{,}05$ die Nullhypothese der Unkorreliertheit der beiden Zufallsvariablen ablehnen kann?

c) Weshalb handelt es sich hier um einen Unabhängigkeitstest?

Lösung:

a) Mit dem Korrelationskoeffizienten r_n einer zweidimensionalen Stichprobe ist im Falle $\rho = 0$ die Testgröße

$$t_{ber.} = \sqrt{n - 2} \cdot \frac{r_n}{\sqrt{1 - r_n^2}}$$

Realisierung einer Zufallsvariablen, die t-verteilt ist mit $n - 2$ Freiheitsgraden.

b) Ablehnungsbereich von H_0:

$$\sqrt{98} \cdot \frac{|r|}{\sqrt{1 - r^2}} > t_{98 \, ; \, 0{,}975} = 1{,}984467.$$

Quadrieren ergibt

$$\frac{r^2}{1 - r^2} > \frac{1{,}984467^2}{98} = 0{,}04018481\,;$$

$$r^2 > 0{,}04018481 \cdot (1 - r^2) = 0{,}04018481 - 0{,}04018481 \cdot r^2\,;$$

$$1{,}04018481 \cdot r^2 > 0{,}04018481\,; \quad r^2 > 0{,}038632\,;$$

$$|r| > \sqrt{0{,}038632} = 0{,}196551\,.$$

c) Bei Normalverteilungen sind die Begriffe "unabhängig" und "unkorreliert" gleichwertig. Im Gegensatz zu allgemeinen Zufallsvariablen folgt bei Normalverteilungen aus der Unkorreliertheit auch die Unabhängigkeit.

Test des Korrelationskoeffizienten $\rho = 0$
einer zweidimensionalen Normalverteilung (Test auf Unabhängigkeit):
Im Falle $\rho = 0$ ist die Testfunktion

$$T = \sqrt{n-2} \cdot \frac{R_n}{\sqrt{1 - R_n^2}}$$

t-verteilt mit $n - 2$ Freiheitsgraden. Mit dem Korrelationskoeffizienten r einer zweidimensionalen Stichprobe (x, y) vom Umfang n und den Quantilen der t-Verteilung mit $n - 2$ Freiheitsgraden erhält man zum Signifikanzniveau α die Testentscheidungen:

Nullhypothese H_0	Alternative H_1	Ablehnungsbereich von H_0
$\rho = 0$	$\rho \neq 0$	$\sqrt{n-2} \cdot \dfrac{\lvert r \rvert}{\sqrt{1 - r^2}} > t_{n-2;\,1-\frac{\alpha}{2}}$
$\rho \leq 0$	$\rho > 0$	$\sqrt{n-2} \cdot \dfrac{r}{\sqrt{1 - r^2}} > t_{n-2;\,1-\alpha}$
$\rho \geq 0$	$\rho < 0$	$\sqrt{n-2} \cdot \dfrac{r}{\sqrt{1 - r^2}} < -t_{n-2;\,1-\alpha}$

Asymptotischer Test des Korrelationskoeffizienten ρ einer zweidimensionalen Normalverteilung mit der Fisher-Transformation:
Für große n (Faustregel: $n \geq 50$, falls $\lvert \rho \rvert$ nicht zu große Werte annimmt) ist die Testgröße

$$\frac{\sqrt{n-3}}{2} \cdot \left(\ln \frac{1 + R_n}{1 - R_n} - \ln \frac{1 + \rho}{1 - \rho} \right)$$

ungefähr standardnormalverteilt, falls ρ der tatsächliche Korrelationskoeffizient ist.

Nullhypothese H_0	Alternative H_1	Ablehnungsbereich von H_0
$\rho = \rho_0$	$\rho \neq \rho_0$	$\dfrac{\sqrt{n-3}}{2} \cdot \left\lvert \ln \dfrac{1+r}{1-r} - \ln \dfrac{1+\rho_0}{1-\rho_0} \right\rvert > z_{1-\frac{\alpha}{2}}$
$\rho \leq \rho_0$	$\rho > \rho_0$	$\dfrac{\sqrt{n-3}}{2} \cdot \left(\ln \dfrac{1+r}{1-r} - \ln \dfrac{1+\rho_0}{1-\rho_0} \right) > z_{1-\alpha}$
$\rho \geq \rho_0$	$\rho < \rho_0$	$\dfrac{\sqrt{n-3}}{2} \cdot \left(\ln \dfrac{1+r}{1-r} - \ln \dfrac{1+\rho_0}{1-\rho_0} \right) < -z_{1-\alpha}$

B 14.2 Zum Test von

$$H_0: \rho \le 0,6 \quad \text{gegen} \quad H_1: \rho > 0,6$$

mit $\alpha = 0,05$ wurde aus einer Stichprobe vom Umfang n = 500 der Korrelationskoeffizient r = 0,647 berechnet. Kann damit H_0 abgelehnt werden?

Lösung:

Die Testgröße lautet

$$z_{ber.} = \frac{\sqrt{n-3}}{2} \cdot \left(\ln \frac{1+r}{1-r} - \ln \frac{1+\rho_0}{1-\rho_0} \right)$$

$$= \frac{\sqrt{497}}{2} \left(\ln \frac{1+0,647}{1-0,647} - \ln \frac{1+0,6}{1-0,6} \right) = 1,716.$$

Wegen $z_{ber.} > z_{0,95} = 1,645$ kann H_0 abgelehnt, H_1 also angenommen werden.

B 14.3 Es wird vermutet, dass der Erwartungswert der Reaktionszeit (in Sekunden) auf ein bestimmtes Signal durch den Genuss einer vorgegebenen Menge Alkohol um mehr als 0,3 Sekunden erhöht wird. μ_Y sei der Erwartungswert der Reaktionszeit ohne Alkoholgenuss, μ_X der Erwartungswert nach Alkoholgenuss. Zum Test von

$$H_0: \mu_X - \mu_Y \le 0,3 \quad \text{gegen} \quad H_1: \mu_X - \mu_Y > 0,3$$

wurden bei 100 zufällig ausgewählten Personen jeweils die Reaktionszeit y_i im nüchternen Zustand und die Reaktionszeit x_i eine Stunde nach dem Genuss einer bestimmten Menge Alkohol gemessen. Dabei erhielt man die Werte:

$\bar{y} = 0,83$ (ohne Alkohol); $\bar{x} = 1,17$ (mit Alkohol).

Die Stichprobe der Differenzen $d_i = x_i - y_i$ besitzt die Standardabweichung $s_d = s_{x-y} = 0,21$. Kann damit auf dem Signifikanzniveau $\alpha = 0,05$ die Nullhypothese H_0 abgelehnt werden?
Welche maximale Steigerung c des Erwartungswertes durch den Alkoholgenuss könnte mit dem Stichprobenergebnis mit $\alpha = 0,01$ gerade noch bestätigt werden?

Lösung:

Ablehnungsbereich: $t_{ber.} = \dfrac{\bar{x} - \bar{y} - 0,3}{s_{x-y}} \cdot \sqrt{n} > t_{n-1; 1-\alpha}$;

$$t_{ber.} = \frac{1,17 - 0,83 - 0,3}{0,21} \cdot 10 = 1,9048;$$

wegen $t_{ber.} > t_{99; 0,95} = 1,6604$ kann H_0 abgelehnt werden.

$$\frac{1,17 - 0,83 - c}{0,21} \cdot 10 = 1,6604; \quad c = 0,3051.$$

Test der Differenz der Erwartungswerte $\mu_X - \mu_Y$ einer zweidimensionalen Zufallsvariablen (bei verbundenen Stichproben):
Voraussetzung: Entweder muss eine Normalverteilung vorliegen oder der Stichprobenumfang n muss groß sein (Faustregel: $n \geq 30$).
Die zweidimensionale Zufallsvariable (X, Y) besitze die Erwartungswerte $\mu_X = E(X)$ und $\mu_Y = E(Y)$. Aus einer verbundenen (zweidimensionalen) Stichprobe (x_i, y_i) für $i = 1, 2, \ldots n$ werden die Mittelwerte $\bar{x}$ und $\bar{y}$ berechnet. s_{x-y} sei die Standardabweichung der Differenzen $d_i = x_i - y_i$ der Stichprobenwerte. Für einen fest vorgegebenen Wert c erhält man mit den Quantilen der t-Verteilung mit den angegebenen Freiheitsgraden die Testentscheidungen:

Nullhypothese H_0	Alternative H_1	Ablehnungsbereich von H_0
$\mu_X - \mu_Y = c$	$\mu_X - \mu_Y \neq c$	$\dfrac{\lvert \bar{x} - \bar{y} - c \rvert}{s_{x-y}} \cdot \sqrt{n} > t_{n-1;1-\frac{\alpha}{2}}$
$\mu_X - \mu_Y \leq c$	$\mu_X - \mu_Y > c$	$\dfrac{\bar{x} - \bar{y} - c}{s_{x-y}} \cdot \sqrt{n} > t_{n-1;1-\alpha}$
$\mu_X - \mu_Y \geq c$	$\mu_X - \mu_Y < c$	$\dfrac{\bar{x} - \bar{y} - c}{s_{x-y}} \cdot \sqrt{n} < -t_{n-1;1-\alpha}$

B 14.4 Um zwei verschiedene Methoden zur Bestimmung des Stärkegehalts [in %] bei Kartoffeln miteinander vergleichen zu können, wurden 10 Kartoffeln halbiert. Der Stärkegehalt x_i einer Hälfte wurde mit dem Verfahren I, der Gehalt y_i der anderen Hälfte mit dem Verfahren II bestimmt. Dabei erhielt man folgende Werte

Kartoffel-Nr.	1	2	3	4	5	6	7	8	9	10
x_i	14.1	12,8	13,2	14,3	13,5	11,4	12,1	13,0	11,9	12,6
y_i	13.3	12,6	13,8	14,5	13,0	11,3	11,8	13,2	11,6	12,4

Kann man hieraus mit einer Irrtumswahrscheinlichkeit $\alpha = 0,05$ einen signifikanten Unterschied der beiden Messverfahren feststellen oder sind die Abweichungen nur zufällig? Dabei sei vorausgesetzt, dass der Unterschied der Messwerte normalverteilt ist.
Lösung:

Kartoffel-Nr.	1	2	3	4	5	6	7	8	9	10
x_i	14.1	12,8	13,2	14,3	13,5	11,4	12,1	13,0	11,9	12,6
y_i	13.3	12,6	13,8	14,5	13,0	11,3	11,8	13,2	11,6	12,4
$d_i = x_i - y_i$	0,8	0,2	-0,6	-0,2	0,5	0,1	0,3	-0,2	0,3	0,2

$H_0: \mu_X - \mu_Y = 0\,;\quad H_1: \mu_X - \mu_Y \neq 0\,;$

mit c = 0 erhält man den Ablehnungsbereich von H_0:

$$t_{ber.} = \frac{|\bar{x} - \bar{y}|}{s_{x-y}} \cdot \sqrt{n} > t_{n-1\,;\,1-\frac{\alpha}{2}} = t_{9\,;\,0,975} = 2,2622\,;$$

aus $\displaystyle\sum_{i=1}^{10} d_i = 0,14$ erhält man $\bar{d} = \bar{x} - \bar{y} = 0,14\,;$

$\displaystyle\sum_{i=1}^{10} d_i^2 = 1,6$ ergibt $s_d^2 = s_{x-y}^2 = \frac{1}{9} \cdot [1,6 - 10 \cdot 0,14^2] = 0,156\,;$

$$t_{ber.} = \frac{0,14}{\sqrt{0,156}} \cdot \sqrt{10} = 1,1209\,;$$

wegen $t_{ber.} < t_{9\,;\,0,975}$ kann H_0 nicht abgelehnt werden. Statistisch kann also kein signifikanter Unterschied festgestellt werden.

B 14.5 Es soll festgestellt werden, ob zwei verschiedene Düngemittel unterschiedlichen Einfluss auf den Weizenertrag haben. Dazu wurden jeweils 15 gleich große Parzellen mit dem Dünger I, 15 Parzellen mit dem Dünger II gedüngt. Beim Dünger II konnte wegen einer Beschädigung eine Parzelle nicht ausgewertet werden. Für die Erträge [in kg] bezüglich der beiden Dünger erhielt man das Ergebnis:

Dünger I:
$n_1 = 15\,;$ Mittelwert: $\bar{x} = 34,45\,;$ Standardabweichung: $s_x = 3,29\,;$

Dünger II:
$n_2 = 14\,;$ Mittelwert: $\bar{y} = 33,87\,;$ Standardabweichung: $s_y = 3,12\,.$

Testen Sie mit $\alpha = 0,05$, ob die beiden Dünger verschiedenen Einfluss auf den Ertrag haben. Dabei sei vorausgesetzt, dass die jeweiligen Zufallsvariablen X und Y unabhängig und normalverteilt sind und dass beide Varianzen gleich, aber nicht bekannt sind.

Lösung:

$H_0: \mu_X - \mu_Y = 0\,;\qquad H_1: \mu_X - \mu_Y \neq 0\,.$

$$t_{ber.} = \frac{\bar{x} - \bar{y}}{\sqrt{\dfrac{(n_1 - 1) \cdot s_x^2 + (n_2 - 1) \cdot s_y^2}{n_1 + n_2 - 2}}} \cdot \sqrt{\frac{n_1 \cdot n_2}{n_1 + n_2}}$$

$$= \frac{34,45 - 33,87}{\sqrt{\dfrac{14 \cdot 3,29^2 + 13 \cdot 3,12^2}{15 + 14 - 2}}} \cdot \sqrt{\frac{15 \cdot 14}{15 + 14}} = 0,4863\,;$$

$$t_{n_1 + n_2 - 2\,;\,1-\frac{\alpha}{2}} = t_{27\,;\,0,975} = 2,0518\,;$$

wegen $|t_{ber.}| < t_{n_1 + n_2 - 2 ; 1 - \frac{\alpha}{2}}$ kann die Nullhypothese der Gleich-
heit der beiden Erwartungswerte nicht abgelehnt werden. Die einzel-
nen Abweichungen sind nicht signifikant, sondern zufällig.

**Test der Differenz der Erwartungswerte $\mu_X - \mu_Y$ zweier unabhängiger
Zufallsvariabler (bei nicht verbundenen unabhängigen Stichproben):**
Voraussetzung: Entweder muss eine Normalverteilung vorliegen oder der
Stichprobenumfang n muss groß sein (Faustregel: $n \geq 30$).
Die beiden Zufallsvariablen X und Y seien unabhängig.

Aus zwei unabhängigen Stichproben
$$x = (x_1, x_2, \ldots, x_{n_1}) \; ; \; y = (y_1, y_2, \ldots, y_{n_2})$$
werden die Mittelwerte $\bar{x}$ und $\bar{y}$ berechnet, wenn nötig auch die Varianzen s_x^2 und s_y^2 .

1. Fall: Test bei bekannten Varianzen σ_X^2 und σ_Y^2

Testgröße:
$$z_{ber.} = \frac{\bar{x} - \bar{y} - c}{\sqrt{\dfrac{\sigma_X^2}{n_1} + \dfrac{\sigma_Y^2}{n_2}}} \cdot$$

Nullhypothese H_0	Alternative H_1	Ablehnungsbereich von H_0
$\mu_X - \mu_Y = c$	$\mu_X - \mu_Y \neq c$	$\|z_{ber.}\| > z_{1 - \frac{\alpha}{2}}$
$\mu_X - \mu_Y \leq c$	$\mu_X - \mu_Y > c$	$z_{ber.} > z_{1 - \alpha}$
$\mu_X - \mu_Y \geq c$	$\mu_X - \mu_Y < c$	$z_{ber.} < - z_{1 - \alpha}$

2. Fall: Test bei unbekannten, aber gleichen Varianzen

Testgröße
$$t_{ber.} = \frac{\bar{x} - \bar{y} - c}{\sqrt{\dfrac{(n_1 - 1) \cdot s_x^2 + (n_2 - 1) \cdot s_y^2}{n_1 + n_2 - 2}}} \cdot \sqrt{\frac{n_1 \cdot n_2}{n_1 + n_2}}$$

Nullhypothese H_0	Alternative H_1	Ablehnungsbereich von H_0
$\mu_X - \mu_Y = c$	$\mu_X - \mu_Y \neq c$	$\|t_{ber.}\| > t_{n_1 + n_2 - 2 ; 1 - \frac{\alpha}{2}}$
$\mu_X - \mu_Y \leq c$	$\mu_X - \mu_Y > c$	$t_{ber.} > t_{n_1 + n_2 - 2 ; 1 - \alpha}$
$\mu_X - \mu_Y \geq c$	$\mu_X - \mu_Y < c$	$t_{ber.} < - t_{n_1 + n_2 - 2 ; 1 - \alpha}$

3. Fall: Test bei unbekannten, aber verschiedenen Varianzen (Behrens-Fisher-Problem)

Falls die Varianzen nicht bekannt und auch nicht gleich sind, ist die Testgröße

$$t_{ber.} = \frac{\bar{x} - \bar{y} - c}{\sqrt{\dfrac{s_x^2}{n_1} + \dfrac{s_y^2}{n_2}}}$$

näherungsweise t-verteilt. Die Anzahl der Freiheitsgrade erhält man aus

$$\nu \approx \frac{\left(\dfrac{s_x^2}{n_1} + \dfrac{s_y^2}{n_2}\right)^2}{\dfrac{1}{n_1 - 1} \cdot \left(\dfrac{s_x^2}{n_1}\right)^2 + \dfrac{1}{n_2 - 1} \cdot \left(\dfrac{s_y^2}{n_2}\right)^2} \qquad \text{(aufrunden!)} .$$

Nullhypothese H_0	Alternative H_1	Ablehnungsbereich von H_0
$\mu_X - \mu_Y = c$	$\mu_X - \mu_Y \neq c$	$\lvert t_{ber.} \rvert > t_{\nu \,;\, 1 - \frac{\alpha}{2}}$
$\mu_X - \mu_Y \leq c$	$\mu_X - \mu_Y > c$	$t_{ber.} > t_{\nu \,;\, 1 - \alpha}$
$\mu_X - \mu_Y \geq c$	$\mu_X - \mu_Y < c$	$t_{ber.} < - t_{\nu \,;\, 1 - \alpha}$

B 14.6 Lösen Sie B 14.5 ohne Voraussetzung der Gleichheit der beiden Varianzen.

Lösung:

$$\nu \approx \frac{\left(\dfrac{3,29^2}{15} + \dfrac{3,12^2}{14}\right)^2}{\dfrac{1}{14} \cdot \left(\dfrac{3,29^2}{15}\right)^2 + \dfrac{1}{13} \cdot \left(\dfrac{3,12^2}{14}\right)^2} = 27 \text{ (gerundet).}$$

$$t_{ber.} = \frac{34,45 - 33,87}{\sqrt{\dfrac{3,29^2}{15} + \dfrac{3,12^2}{14}}} = 0,4873 ;$$

wegen $\lvert t_{ber.} \rvert < t_{27 \,;\, 0,975} = 2,0518$ kann H_0 nicht abgelehnt werden.

B 14.7 In einem Betrieb werden von einer Maschine Schrauben und von einer zweiten Maschine die dazugehörigen Muttern hergestellt. Der Durchmesser X [in mm] der Schrauben sei näherungsweise normalverteilt mit dem von der Maschineneinstellung abhängigen Erwartungswert μ_X und der davon unabhängigen Standardabweichung $\sigma_X = 0{,}4$. Der Innendurchmesser Y der Muttern sei ebenfalls normalverteilt mit der bekannten Standardabweichung $\sigma_Y = 0{,}4$ und dem von der Maschineneinstellung abhängigen Erwartungswert μ_Y. In der Praxis sei die Produktion brauchbar, falls gilt

$$H_0: \ 0 \le \mu_Y - \mu_X \le 1.$$

Falls diese Bedingung verletzt ist, muss eine Neueinstellung vorgenommen werden. Zum Test von H_0 wird der mittlere Durchmesser $\bar{x}$ von n Schrauben und der mittlere Innendurchmesser $\bar{y}$ von ebenfalls n Muttern bestimmt. Mit einer Konstanten c > 0 wird folgende Testentscheidung getroffen: Im Falle

$$-c \le \bar{y} - \bar{x} \le 0{,}8 + c$$

wird H_0 nicht abgelehnt, andernfalls erfolgt eine Neueinstellung.

a) Bestimmen Sie die Konstante c zum Signifikanzniveau α.
   Dabei soll vorausgesetzt werden, dass n groß (n > 100) ist.
b) Bestimmen Sie den Wert c für n = 200 und $\alpha = 0{,}01$.

Lösung:

a) $E(\bar{Y} - \bar{X}) = \mu_Y - \mu_X = \Delta\mu$;

$$\text{Var}\,(\bar{Y} - \bar{X}) = \frac{\sigma_Y^2}{n} + \frac{\sigma_X^2}{n} = \frac{2 \cdot 0{,}4^2}{n} = \frac{0{,}32}{n};$$

für $0 \le \Delta\mu = \mu_Y - \mu_X \le 0{,}8$ lautet die von $\Delta\mu$ abhängige Irrtumswahrscheinlichkeit 1. Art

$$\alpha\,(\Delta\mu) = 1 - P\,(-c \le \bar{Y} - \bar{X} \le 0{,}8 + c)$$

$$= 1 - P\Big(\frac{-c - \Delta\mu}{\sqrt{0{,}32}} \cdot \sqrt{n} \le \frac{\bar{Y} - \bar{X} - \Delta\mu}{\sqrt{0{,}32}} \cdot \sqrt{n} \le \frac{0{,}8 + c - \Delta\mu}{\sqrt{0{,}32}} \cdot \sqrt{n}\Big)$$

$$= 1 - \Phi\Big(\frac{0{,}8 + c - \Delta\mu}{\sqrt{0{,}32}} \cdot \sqrt{n}\Big) + \Phi\Big(\frac{-c - \Delta\mu}{\sqrt{0{,}32}} \cdot \sqrt{n}\Big).$$

$$\alpha\,(0) = 1 - \Phi\Big(\frac{0{,}8 + c}{\sqrt{0{,}32}} \cdot \sqrt{n}\Big) + \Phi\Big(\frac{-c}{\sqrt{0{,}32}} \cdot \sqrt{n}\Big).$$

$$\alpha\,(0{,}8) = \Phi\Big(\frac{-c}{\sqrt{0{,}32}} \cdot \sqrt{n}\Big) + \Phi\Big(\frac{-c - 0{,}8}{\sqrt{0{,}32}} \cdot \sqrt{n}\Big) = \alpha(0).$$

$$\alpha = \alpha\,(0) = 1 - \underbrace{\Phi\Big(\frac{0{,}8 + c}{\sqrt{0{,}32}} \cdot \sqrt{n}\Big)}_{\approx 1} + \Phi\Big(\frac{-c}{\sqrt{0{,}32}} \cdot \sqrt{n}\Big).$$

$$\alpha = \Phi\left(\frac{-c}{\sqrt{0,32}} \cdot \sqrt{n}\right) = 1 - \Phi\left(\frac{c}{\sqrt{0,32}} \cdot \sqrt{n}\right);$$

$$\Phi\left(\frac{c}{\sqrt{0,32}} \cdot \sqrt{n}\right) = 1 - \alpha;$$

$$c = \frac{\sqrt{0,32}}{\sqrt{n}} \cdot z_{1-\alpha}.$$

b) $\alpha = 0,01$ und $n = 200$ ergibt

$$c = \frac{\sqrt{0,32}}{\sqrt{200}} \cdot z_{0,99} = 0,093;$$

H_0 kann nicht abgelehnt werden für $\quad -0,093 \leq \overline{y} - \overline{x} \leq 0,893$.

B 14.8 Der Hersteller einer Abfüllanlage behauptet, durch den Einbau einer speziellen Vorrichtung werde die Standardabweichung der Zufallsvariablen X der Füllmenge um mehr als 15% verkleinert. Vor der Umrüstung wurde aus einer Stichprobe vom Umfang 201 die Standardabweichung $s_y = 5,246$ bestimmt. Nach der Umrüstung soll in einer Stichprobe vom Umfang 101 die Standardabweichung s_x bestimmt werden. Wie groß darf s_x höchstens sein, damit die Behauptung auf dem Signifikanzniveau $\alpha = 0,01$ statistisch abgesichert ist? Dabei sei vorausgesetzt, dass die Zufallsvariable der Füllmenge (näherungsweise) normalverteilt ist.

Lösung:

σ_Y sei die frühere Standardabweichung der Füllmenge, σ_X die Standardabweichung nach dem Einbau des Zusatzgerätes. Zu testen ist

$$H_0: \frac{\sigma_X}{\sigma_Y} \geq 0,85 \qquad \text{gegen} \qquad H_1: \frac{\sigma_X}{\sigma_Y} < 0,85.$$

Durch Quadrieren erhält man den äquivalenten Test von

$$H_0: \frac{\sigma_X^2}{\sigma_Y^2} \geq 0,7225 \qquad \text{gegen} \qquad H_1: \frac{\sigma_X^2}{\sigma_Y^2} < 0,7225.$$

Ablehnungsbereich von H_0: $\quad \dfrac{s_x^2}{s_y^2} < \dfrac{0,7225}{f_{n_y-1,\,n_x-1\,;\,1-\alpha}}$;

$$s_x^2 < \frac{0,7225 \cdot s_y^2}{f_{200,\,100\,;\,0,99}} = \frac{0,7225 \cdot 5,246^2}{1,518428} = 13,094841;$$

$$s_x < 3,619.$$

Test des Quotienten der Varianzen zweier unabhängiger Normalverteilungen:

Nullhypothese H_0	Alternative H_1	Ablehnungsbereich von H_0
$\dfrac{\sigma_X^2}{\sigma_Y^2} = c$	$\dfrac{\sigma_X^2}{\sigma_Y^2} \neq c$	$\dfrac{s_x^2}{s_y^2} > c \cdot f_{n_x - 1, n_y - 1 \,;\, 1 - \frac{\alpha}{2}}$ oder $< \dfrac{c}{f_{n_y - 1, n_x - 1 \,;\, 1 - \frac{\alpha}{2}}}$
$\dfrac{\sigma_X^2}{\sigma_Y^2} \leq c$	$\dfrac{\sigma_X^2}{\sigma_Y^2} > c$	$\dfrac{s_x^2}{s_y^2} > c \cdot f_{n_x - 1, n_y - 1 \,;\, 1 - \alpha}$
$\dfrac{\sigma_X^2}{\sigma_Y^2} \geq c$	$\dfrac{\sigma_X^2}{\sigma_Y^2} < c$	$\dfrac{s_x^2}{s_y^2} < \dfrac{c}{f_{n_y - 1, n_x - 1 \,;\, 1 - \alpha}}$

Approximativer Test auf Gleichheit der Wahrscheinlichkeiten eines Ereignisses A in zwei unabhängigen Grundgesamtheiten:

Das Ereignis A besitze in der 1. Grundgesamtheit die Wahrscheinlichkeit $p_1 = P_1(A)$ und in der zweiten Grundgesamtheit $p_2 = P_2(A)$.
In der Stichprobe aus der i - ten Grundgesamtheit besitzt das Ereignis A die absolute Häufigkeit h_i und die relative Häufigkeit $r_i = h_i / n_i$ mit

$$n_i \cdot r_i \cdot (1 - r_i) > 9 \quad \text{für } i = 1, 2 \,.$$

Im Falle $p_1 = p_2 = p$ ist die Differenz $R_1 - R_2$ näherungsweise normalverteilt mit

$$E(R_1 - R_2) = 0 \,; \quad Var(R_1 - R_2) = p \cdot (1 - p) \cdot \left(\frac{1}{n_1} + \frac{1}{n_2} \right).$$

Die gemeinsame Wahrscheinlichkeit p wird aus der zusammengesetzten Stichprobe durch $r_{ges.}$ geschätzt. Damit erhält man die Testgröße

$$z_{ber.} = \frac{r_1 - r_2}{\sqrt{r_{ges} \cdot (1 - r_{ges}) \cdot \left(\frac{1}{n_1} + \frac{1}{n_2} \right)}} \quad \text{mit} \quad r_{ges.} = \frac{h_1 + h_2}{n_1 + n_2} \,.$$

Testentscheidungen:

Nullhypothese H_0	Alternative H_1	Ablehnungsbereich von H_0
$p_1 = p_2$	$p_1 \neq p_2$	$\lvert z_{ber.} \rvert > z_{1 - \frac{\alpha}{2}}$
$p_1 \leq p_2$	$p_1 > p_2$	$z_{ber.} > z_{1 - \alpha}$
$p_1 \geq p_2$	$p_1 < p_2$	$z_{ber.} < - z_{1 - \alpha}$

B 14.9 Eine Firma bezieht aus zwei Werken die gleiche Ware. Zum Test auf Gleichheit der Ausschusswahrscheinlichkeiten p_1 und p_2 mit $\alpha = 0{,}05$ wurden aus der Sendung aus Werk I 500 zufällig ausgewählte Stücke geprüft. Dabei waren 34 fehlerhaft. In der Lieferung aus Werk II befanden sich unter 750 ausgewählten Stücken 54 fehlerhafte.

Lösung:

$$r_1 = \frac{34}{500} = 0{,}068\,;\; r_2 = \frac{54}{750} = 0{,}072\,;\; r_{ges} = \frac{34+54}{500+750} = 0{,}0704\,;$$

$$z_{ber.} = \frac{0{,}068 - 0{,}072}{\sqrt{0{,}0704 \cdot 0{,}9296 \cdot \left(\frac{1}{500} + \frac{1}{750}\right)}} = -0{,}2708\,.$$

Wegen $|z_{ber.}| < z_{0{,}975} = 1{,}96$ kann die Nullhypothese der Gleichheit der beiden Ausschusswahrscheinlichkeiten nicht abgelehnt werden.

Approximativer Test der Differenz der Wahrscheinlichkeiten eines Ereignisses A in zwei unabhängigen Grundgesamtheiten

Falls die Wahrscheinlichkeiten $p_1 = P_1(A)$ und $p_2 = P_2(A)$ des Ereignisses A verschieden sind, müssen die Varianzen von R_1 und R_2 aus der jeweiligen relativen Häufigkeit geschätzt werden:

$$\mathrm{Var}(R_i) = \frac{p_i \cdot (1-p_i)}{n_i} \approx \frac{p_i \cdot (1-p_i)}{n_i} \quad \text{für } i = 1,2\,.$$

Testgröße

$$z_{ber.} = \frac{r_1 - r_2 - c}{\sqrt{\dfrac{r_1 \cdot (1-r_1)}{n_1} + \dfrac{r_2 \cdot (1-r_2)}{n_2}}}\,.$$

Nullhypothese H_0	Alternative H_1	Ablehnungsbereich von H_0
$p_1 - p_2 = c$	$p_1 - p_2 \neq c$	$\lvert z_{ber.} \rvert > z_{1-\frac{\alpha}{2}}$
$p_1 - p_2 \leq c$	$p_1 - p_2 > c$	$z_{ber.} > z_{1-\alpha}$
$p_1 - p_2 \geq c$	$p_1 - p_2 < c$	$z_{ber.} < -z_{1-\alpha}$

B 14.10 Bei einer bevorstehenden Landtagswahl vermutet eine Partei, dass ihr Stimmenanteil in der Stadt A um mehr als 5 Prozentpunkte größer sein wird als in der Stadt B. Es sei p_1 bzw. p_2 die Wahrscheinlichkeit, dass ein zufällig ausgewählter Wahlberechtigter der Stadt A bzw. B diese Partei wählen will. Zum Test von

$$H_0 : p_1 - p_2 \leq 0{,}05 \quad \text{gegen} \quad H_1 : p_1 - p_2 > 0{,}05$$

wurden in der Stadt A $n_1 = 1\,000$ Wahlberechtigte, die auch tatsächlich zur Wahl gehen wollten, befragt. 421 gaben an, die Partei wählen zu wollen. In der Stadt B sprachen sich von insgesamt $n_2 = 1\,250$ ausgesuchten Wahlberechtigten, die auch zur Wahl gehen wollten, 450 für diese Partei aus.

a) Führen Sie den Test mit $\alpha = 0{,}05$ durch.

b) Welche maximale Differenz d an Prozentpunkten kann durch diese Wahlbefragung mit $\alpha = 0{,}05$ als signifikant angesehen werden?

Lösung:

a)   Mit $c = 0{,}05$; $r_1 = \dfrac{421}{1\,000} = 0{,}421$; $r_2 = \dfrac{450}{1\,250} = 0{,}36$;

$$z_{\text{ber.}} = \frac{r_1 - r_2 - c}{\sqrt{\dfrac{r_1 \cdot (1 - r_1)}{n_1} + \dfrac{r_2 \cdot (1 - r_2)}{n_2}}}$$

$$= \frac{0{,}421 - 0{,}36 - 0{,}05}{\sqrt{\dfrac{0{,}421 \cdot 0{,}579}{1\,000} + \dfrac{0{,}36 \cdot 0{,}64}{1\,250}}} = 0{,}5317;$$

wegen $z_{\text{ber.}} < z_{1 - \alpha} = z_{0{,}95} = 1{,}644854$

ist eine Differenz von 5 Prozentpunkten statistisch nicht abgesichert.

b) $\dfrac{0{,}421 - 0{,}36 - c}{\sqrt{\dfrac{0{,}421 \cdot 0{,}579}{1\,000} + \dfrac{0{,}36 \cdot 0{,}64}{1\,250}}} > 1{,}644854;$

$$c < 0{,}061 - \sqrt{\frac{0{,}421 \cdot 0{,}579}{1\,000} + \frac{0{,}36 \cdot 0{,}64}{1\,250}} \cdot 1{,}644854 = 0{,}02697.$$

Die maximale statistisch abgesicherte Differenz an Prozentpunkten beträgt $d = 100 \cdot 0{,}025 = 2{,}5$.

B 14.11 Bei zwei unabhängigen zweidimensionalen Normalverteilungen soll ein Test auf Gleichheit der beiden Korrelationskoeffizienten durchgeführt werden. Die Stichprobe vom Umfang $n_1 = 400$ aus der ersten normalverteilten Grundgesamtheit besitze den Korrelationskoeffizienten $r_1 = 0{,}526$, die Stichprobe vom Umfang $n_2 = 500$ aus der zweiten normalverteilten Grundgesamtheit den Korrelationskoeffizienten $r_2 = 0{,}597$. Der Test soll mit $\alpha = 0{,}05$ durchgeführt werden.

Lösung:

$$H_0 : \rho_1 = \rho_2; \quad H_1 : \rho_1 \neq \rho_2.$$

Testgröße

$$z_{ber.} = \frac{\frac{1}{2}\ln\frac{1+r_1}{1-r_1} - \frac{1}{2}\ln\frac{1+r_2}{1-r_2}}{\sqrt{\frac{1}{n_1-3}+\frac{1}{n_2-3}}} = \frac{\frac{1}{2}\cdot\ln\frac{1+0{,}526}{1-0{,}526} - \frac{1}{2}\cdot\ln\frac{1+0{,}597}{1-0{,}597}}{\sqrt{\frac{1}{397}+\frac{1}{497}}}$$

$$= -1{,}543;$$

Wegen $|z_{ber}| < z_{0{,}975} = 1{,}96$ kann die Nullhypothese der Gleichheit der beiden Korrelationskoeffizienten mit $\alpha = 0{,}05$ nicht abgelehnt werden.

Asymptotischer Test auf Gleichheit der Korrelationskoeffizienten zweier Normalverteilungen:
Die normalverteilten zweidimensionalen Zufallsvariablen (X_1, Y_1) und (X_2, Y_2) sollen die unbekannten Korrelationskoeffizienten

$$\rho_1 = \rho(X_1, Y_1) \quad \text{und} \quad \rho_2 = \rho(X_2, Y_2)$$

besitzen. Mit den Korrelationskoeffizienten r_1 und r_2 zweier Stichproben vom Umfang n_1 bzw. n_2 erhält man die Testfunktion

$$z_{ber.} = \frac{\frac{1}{2}\cdot\ln\frac{1+r_1}{1-r_1} - \frac{1}{2}\cdot\ln\frac{1+r_2}{1-r_2}}{\sqrt{\frac{1}{n_1-3}+\frac{1}{n_2-3}}}$$

Für $\rho_1 = \rho_2$ ist diese Testfunktion Realisierung einer Zufallsvariablen, die asymptotisch standardnormalverteilt ist.
Testentscheidungen:

Nullhypothese H_0	Alternative H_1	Ablehnungsbereich von H_0
$\rho_1 = \rho_2$	$\rho_1 \neq \rho_2$	$|z_{ber}| > z_{1-\frac{\alpha}{2}}$
$\rho_1 \leq \rho_2$	$\rho_1 > \rho_2$	$z_{ber} > z_{1-\alpha}$
$\rho_1 \geq \rho_2$	$\rho_1 < \rho_2$	$z_{ber} < -z_{1-\alpha}$

A 14.1 Zum Test auf Unkorreliertheit (Unabhängigkeit) zweier normalverteilter Zufallsvariabler wurde von einer gemeinsamen Stichprobe vom Umfang $n = 600$ der Korrelationskoeffizient $r = -0{,}085$ berechnet. Kann damit auf dem Signifikanzniveau $\alpha = 0{,}01$ die Unkorreliertheit abgelehnt werden?

A 14.2 Jemand behauptet, der Korrelationskoeffizient ρ zweier normalverteilter Zufallsvariabler sei kleiner als $-0,8$. Zum Test wird der Korrelationskoeffizient $r = -0,84$ einer zweidimensionalen Stichprobe vom Umfang $n = 250$ benutzt. Kann mit $\alpha = 0,05$ die Behauptung statistisch bestätigt werden?

A 14.3 10 Versuchspersonen wurden vor und nach einem Trainingsprogramm einem bestimmten Test unterzogen. Dabei erhielt man folgende Testergebnisse (in Punkten):

Person Nr.	1	2	3	4	5	6	7	8	9	10
x_i (vorher)	34	56	45	47	69	93	51	63	54	62
y_i (nachher)	28	52	44	41	70	86	46	57	47	58

a) Testen Sie unter der Normalverteilungsannahme mit $\alpha = 0,05$, dass die erwartete Punktezahl vor dem Trainingsprogramm um mehr als 3 Punkte größer ist als nach dem Trainingsprogramm.

b) Welche Differenz c der Erwartungswerte $\mu_X - \mu_Y$ könnte mit dem Stichprobenergebnis mit $\alpha = 0,05$ gerade noch bestätigt werden?

A 14.4 Mit einem bestimmten Verfahren soll der Fettgehalt [in %] verschiedener Wurstsorten bestimmt werden. Jemand äußert den Verdacht, dass bei Anwendung dieses Verfahrens wegen eines systematischen Fehlers der festgestellte mittlere Fettgehalt (Erwartungswert) um mehr als 2,5 Prozentpunkte zu niedrig ist. Zur Überprüfung dieser Vermutung wurden bei 100 Proben die Differenzen d_i der tatsächlichen und der gemessenen Fettgehalte berechnet. Diese Differenzenstichprobe ergab den Mittelwert $\bar{d} = -2,625$ und die Standardabweichung $s_d = 0,7$. Kann hieraus mit einer Irrtumswahrscheinlichkeit $\alpha = 0,05$ die Vermutung bestätigt werden?

A 14.5 Der Lieferant eines Zusatzfutters für Hähnchen behauptet, dass durch die Zugabe zum Futter die Gewichtszunahme (in g) innerhalb einer gewissen Zeit im Mittel um mindestens 25 g höher ist als ohne Zusatz. Zum Nachweis wurden jeweils 50 Hühner mit und 50 ohne Zusatz gefüttert. Für die Gewichtszunahme erhielt man dabei folgende Werte:

ohne Zusatz:
Mittelwert: 63,46; Standardabweichung: 12,42;
mit Zusatz:
Mittelwert: 92,28; Standardabweichung: 15,31.

a) Kann auf dem Signifikanzniveau $\alpha = 0,05$ die Behauptung des Lieferanten bestätigt werden?

b) Welche maximale mittlere Steigerung c der Gewichtszunahme könnte mit dem Ergebnis mit $\alpha = 0,05$ gerade noch bestätigt werden?

A 14.6 Eine Brauerei möchte erreichen, dass Bierflaschen gleichmäßiger gefüllt werden. Dazu soll die unbekannte Varianz der Füllmenge um mindestens 25 % gesenkt werden. Vor der Umrüstung wurde aus einer Stichprobe vom Umfang 501 die Standardabweichung $s_y = 3,152$ ccm bestimmt. Nach der vorgenommenen Verbesserung wurde in einer Stichprobe vom Umfang 201 die Standardabweichung $s_x = 2,041$ ccm bestimmt. Kann mit einer Irrtumswahrscheinlichkeit $\alpha = 0,01$ daraus geschlossen werden, dass das Ziel der Umstellung erreicht wurde? Dabei sei vorausgesetzt, dass die Zufallsvariable der Füllmenge (näherungsweise) normalverteilt ist.

A 14.7 Zum Test der Wirkung eines Medikaments wird dieses Medikament 200 an der Krankheit leidenden Patienten verabreicht. Davon wurden 112 geheilt. 300 ebenfalls an der Krankheit leidenden Personen wurde ein Placebo verabreicht. Davon wurden 141 geheilt. Mit $\alpha = 0,03$ soll geprüft werden, ob das Medikament bei der Heilung besser wirkt als ein Placebo.

A 14.8 Für die Korrelationskoeffizienten ρ_1 und ρ_2 zweier zweidimensionaler Normalverteilungen soll der einseitige Test

$$H_0: \rho_1 \leq \rho_2 \quad \text{gegen} \quad H_2: \rho_1 > \rho_2$$

durchgeführt werden. Aus einer Stichprobe vom Umfang $n_2 = 1\,000$ liegt der Korrelationskoeffizient $r_2 = 0,673$ vor. Aus der anderen Grundgesamtheit soll aus einer Stichprobe vom Umfang $n_1 = 100$ der Korrelationskoeffizient r_1 bestimmt werden. Wie groß muss r_1 mindestens sein, damit zum Signifikanzniveau $\alpha = 0,02$ die Nullhypothese abgelehnt werden kann?

A 14.9 Führen Sie den in B 14.9 durchgeführten Test auf Gleichheit der beiden Ausschusswahrscheinlichkeiten mit dem auf S. 231 angegebenen Test der Differenz zweier Wahrscheinlichkeiten durch.

15. Konfidenzintervalle und Tests für Median und Quantile

Für die in diesem Abschnitt behandelten nichtparametrischen Verfahren wird allgemein die **Stetigkeit** der Zufallsvariablen X vorausgesetzt.
Für den Median $\tilde{\mu}$ einer stetigen Zufallsvariablen X gilt

$$P(X < \tilde{\mu}) = P(X > \tilde{\mu}) = \frac{1}{2}.$$

Der Median $\tilde{\mu}$ der Zufallsvariablen wird durch den Median $\bar{x}$ einer unabhängigen Stichprobe (s. S. 11) geschätzt.

Konfidenzintervalle für den Median einer stetigen Zufallsvariablen:
Die n Stichprobenwerte werden der Größe nach geordnet:

$$x_{(1)} \leq x_{(2)} \leq x_{(3)} \leq \cdots \leq x_{(n)}.$$

$X_{(m)}$ sei die Zufallsvariable mit der Realisierung $x_{(m)}$.

Das Ereignis $(X_{(m)} \leq \tilde{\mu})$ tritt genau dann ein, wenn mindestens m Stichprobenwerte nicht größer (kleiner) als der Median $\tilde{\mu}$ sind. Jeder der n Stichprobenwerte ist mit Wahrscheinlichkeit 0,5 nicht größer als der Median $\tilde{\mu}$. Die Zufallsvariable der Anzahl der Stichprobenwerte, die den Median nicht übersteigen, ist binomialverteilt mit den Parametern n und $p = 0,5$. Daher gilt

$$P(X_{(m)} \leq \tilde{\mu}) = \frac{1}{2^n} \cdot \sum_{i=m}^{n} \binom{n}{i} \quad \text{für} \quad m = 1, 2, \ldots, n.$$

Mit maximalem $k(\alpha)$ mit

$$\frac{1}{2^n} \cdot \sum_{i=0}^{k(\alpha)} \binom{n}{i} = 1 - F_{(2(k(\alpha)+1), 2(n-k(\alpha)))}\left(\frac{n-k(\alpha)}{k(\alpha)+1}\right) = \alpha^* \leq \alpha$$

lauten die Konfidenzintervalle zum Konfidenzniveau
$\gamma^* = 1 - \alpha^* \geq 1 - \alpha$:

zweiseitige: $\quad [x_{(1+k(\frac{\alpha}{2}))}; x_{(n-k(\frac{\alpha}{2}))}]$;

einseitige: $\quad [x_{(1+k(\alpha))}; \infty); \quad (-\infty; x_{(n-k(\alpha))}].$

Für $n > 36$ erhält man durch die **Normalverteilungsapproximation**

$$\frac{1}{2^n} \sum_{i=0}^{k(\alpha)} \binom{n}{i} \approx \Phi\left(\frac{k_\alpha + 0,5 - \frac{n}{2}}{0,5 \cdot \sqrt{n}}\right) = \alpha;$$

$$k(\alpha) \approx \frac{n}{2} - 0,5 + \frac{\sqrt{n}}{2} \cdot z_\alpha = \frac{n}{2} - 0,5 - \frac{\sqrt{n}}{2} \cdot z_{1-\alpha} \quad \text{für} \quad n > 36.$$

B 15.1 Aus der Stichprobe

128,0 119,3 108,2 124,6 119,5 120,2 120,0 120,4 118,0 115,1
119,9 118,2 121,7 120,6 115,0 112,1 130,1 113,8 118,8 121,5

soll ein einseitiges nach unten begrenzten Konfidenzintervall für den Median zum Konfidenzniveau $\gamma \geq 0{,}95$ bestimmt werden. Geben Sie das exakte Konfidenzniveau γ^* an.

Lösung: Die Stichprobe wird der Größe nach angeordnet.

108,2 112,1 113,8 115,0 115,1 118,0 118,2 118,8 119,3 119,5
119,9 120,0 120,2 120,4 120,6 121,5 121,7 124,6 128,0 130,1

Gesucht ist ein Konfidenzintervall der Art $[x_{(1 + k(\alpha))} ; \infty)$;

$$k = k(0{,}05) \text{ maximal mit } \frac{1}{2^n} \cdot \sum_{i=0}^{k} \binom{n}{i} \leq 0{,}05;$$

$$\sum_{i=0}^{k} \binom{20}{i} \leq 0{,}05 \cdot 2^{20} = 52\,428{,}8.$$

$$\binom{20}{0} \quad \binom{20}{1} \quad \binom{20}{2} \quad \binom{20}{3} \quad \binom{20}{4} \quad \binom{20}{5} \quad \binom{20}{6}$$

$$1 \qquad 20 \qquad 190 \qquad 1\,140 \qquad 4\,845 \qquad 15\,504 \qquad 38\,760$$

$$\sum_{i=0}^{5} \binom{20}{i} = 21\,700; \quad \sum_{i=0}^{6} \binom{20}{i} = 60\,460; \quad \text{damit ist } k\,(0{,}05) = 5;$$

$$[x_{(1 + k(\alpha))} ; \infty) = [x_{(6)} ; \infty) = [118 ; \infty).$$

$$\alpha^* = \frac{1}{2^{20}} \cdot \sum_{i=0}^{5} \binom{20}{i} = \frac{21\,700}{2^{20}} = 0{,}020695; \quad \gamma^* = 1 - \alpha^* = 0{,}9793.$$

B 15.2 Von einer Maschine werden Konservendosen automatisch abgefüllt. Zur Bestimmung eines zweiseitigen Konfidenzintervalls für den Median $\tilde{\mu}$ des Gewichts (in Gramm) wurden 40 Dosen zufällig ausgewählt und gewogen. Dabei erhielt man die bereits der Größe nach sortierten Werte:

495,7; 497,1; 497,5; 498,3; 498,6; 499,8; 499,9; 500,1; 500,2; 500,4;
500,5; 500,9; 501,0; 501,4; 501,5; 501,6; 501,6; 501,7; 501,8; 501,9;
502,1; 502,3; 502,4; 502,5; 502,7; 502,8; 503,0; 503,1; 503,2; 503,6;
504,0; 504,4; 504,6; 504,8; 505,1; 505,3; 505,8; 506,7; 507,1; 508,0.

Bestimmen Sie hieraus ein zweiseitiges Konfidenzintervall für den Median $\tilde{\mu}$ zum Konfidenzniveau $\gamma \geq 0{,}95$.

Lösung:

Aus der Normalverteilungsapproximation erhält man das Quantil

$$k\left(\tfrac{\alpha}{2}\right) = k\,(0,025) \approx -0,5 + \frac{40}{2} - \frac{\sqrt{40}}{2} \cdot z_{0,975} = 13 \text{ (abgerundet)}.$$

Damit erhält man zum Konfidenzniveau $\gamma \geq 0,95$ für den unbekannten Median $\tilde{\mu}$ das zweiseitige Konfidenzintervall

$$[\,x_{(14)};\ x_{(27)}\,] = [\,501,4;\ 503,0\,]; \text{ also } 501,4 \leq \tilde{\mu} \leq 503,0\,.$$

Vorzeichen-Test für den Median $\tilde{\mu}$ einer stetigen Verteilung:

$$P\,(X > \tilde{\mu}) = P\,(X < \tilde{\mu}) = \tfrac{1}{2} \quad \text{ist gleichwertig mit}$$

$$P\,(X - \tilde{\mu} > 0) = P\,(X - \tilde{\mu} < 0) = \tfrac{1}{2}\,.$$

Damit kann der Vorzeichentest auf S. 278 benutzt werden. In der Stichprobe werden alle Werte weggelassen, die mit dem hypothetischen Grenzwert $\tilde{\mu}_0$ übereinstimmen. Der evtl. reduzierte Stichprobenumfang wird wieder mit n bezeichnet. Die Zufallsvariable V_n^+ der Anzahl derjenigen Stichprobenwerte in der reduzierten Stichprobe, die größer als $\tilde{\mu}_0$ sind, ist binomialverteilt mit den Parametern n und $p = 0,5$, falls $\tilde{\mu}_0$ der tatsächliche Median ist. Mit den auf Seite 236 angegebenen Quantilen erhält man die Testentscheidungen:

Nullhypothese H_0	Alternative H_1	Ablehnungsbereich von H_0
$\tilde{\mu} = \tilde{\mu}_0$	$\tilde{\mu} \neq \tilde{\mu}_0$	$v_n^+ \leq k\left(\tfrac{\alpha}{2}\right)$ oder $v_n^+ \geq n - k\left(\tfrac{\alpha}{2}\right)$
$\tilde{\mu} \leq \tilde{\mu}_0$	$\tilde{\mu} > \tilde{\mu}_0$	$v_n^+ \geq n - k(\alpha)$
$\tilde{\mu} \geq \tilde{\mu}_0$	$\tilde{\mu} < \tilde{\mu}_0$	$v_n^+ \leq k(\alpha)$

B 15.3 Zum Test von $H_0 : \tilde{\mu} = 120$ gegen $H_1 : \tilde{\mu} \neq 120$ soll eine Stichprobe vom Umfang n = 500 ausgewertet werden. In dieser Stichprobe seien 14 Werte gleich 120. In der um diese Werte reduzierten Stichprobe vom Umfang n = 486 sei v_{486}^+ die Anzahl derjenigen Stichprobenwerte, die größer als 120 sind. In welchem Bereich muss v_{486}^+ liegen, damit die Nullhypothese H_0 mit $\alpha = 0,05$ abgelehnt werden kann?

Lösung:

Aus der Approximation der Binomialverteilung durch die Normalverteilung erhält man unter der Nullhypothese H_0

$$E\,(V_{486}^+) = \frac{486}{2} = 243\,; \ \operatorname{Var}(V_{486}^+) = \frac{486}{2 \cdot 2} = 121,5\,;$$

$$0,05 = P(\,|\,V_{486}^+ - 243\,| \geq c\,) = 1 - P(\,|\,V_{486}^+ - 243\,| < c\,)\,;$$

$$0{,}95 = P(\,|\,V_{486}^+ - 243\,|\, < c) = P(\,243 - c < V_{486}^+ < 243 + c)$$

$$\approx P\Big(-\frac{c}{\sqrt{121{,}5}} < Z < \frac{c+0{,}5}{\sqrt{121{,}5}}\Big) = 2\cdot\Phi\Big(\frac{c}{\sqrt{121{,}5}}\Big) - 1\,;$$

$$\frac{c}{\sqrt{121{,}5}} = z_{0{,}975}\,;\quad c = -0{,}5 + \sqrt{121{,}5}\cdot z_{0{,}975}$$

$c = 22$ (aufgerundet); zur Ablehnung muss also gelten

$|\,v_{486}^+ - 243\,| \geq 22\,;$ also $v_{486}^+ \leq 221$ oder $v_{486}^+ \geq 265$.

Konfidenzintervalle für Quantile einer stetigen Zufallsvariablen:
Für das q-Quantil ξ_q einer stetigen Zufallsvariablen X gilt

$$P(X < \xi_q) = P(X \leq \xi_q) = q\,.$$

Die n Stichprobenwerte werden der Größe nach angeordnet:

$$x_{(1)} \leq x_{(2)} \leq x_{(3)} \leq \cdots \leq x_{(n)}\,.$$

Jeder einzelne Stichprobenwert ist mit Wahrscheinlichkeit q nicht größer (kleiner) als ξ_q. Daher ist die Anzahl der n Stichprobenwerte, die höchstens gleich ξ_q sind, binomialverteilt mit den Parametern n und q. Das Ereignis $(X_{(m)} \leq \xi_q)$ tritt genau dann ein, wenn mindestens m Stichprobenwerte nicht größer als ξ_q sind. Damit gilt

$$P(X_{(m)} \leq \xi_q) = \sum_{i=m}^{n} \binom{n}{i}\cdot q^i \cdot (1-q)^{n-i}\,.$$

Das Ereignis $(\xi_q \leq X_{(m)})$ tritt ein, wenn höchstens $m-1$ Stichprobenwerte kleiner als ξ_q sind. Damit gilt

$$P(\xi_q \leq X_{(k)}) = \sum_{i=0}^{k-1} \binom{n}{i}\cdot q^i \cdot (1-q)^{n-i}\,.$$

Zum Konfidenzniveau $\gamma^* = 1 - \alpha^* \geq 1 - \alpha$ erhält man

zweiseitige Konfidenzintervalle: $[x_{(m_u)}\,;\,x_{(m_o)}]$;
m_u maximal, m_o minimal mit

$$\frac{\alpha^*}{2} = \sum_{i=0}^{m_u-1} \binom{n}{i}\cdot q^i \cdot (1-q)^{n-i} \leq \frac{\alpha}{2}\,;\; \frac{\alpha^*}{2} = \sum_{i=m_o}^{n} \binom{n}{i}\cdot q^i \cdot (1-q)^{n-i} \leq \frac{\alpha}{2}\,;$$

einseitige Konfidenzintervalle:

$[x_{(m_u)}\,;\,\infty)$; m_u maximal mit $\alpha^* = \sum_{i=0}^{m_u-1}\binom{n}{i}\cdot q^i \cdot (1-q)^{n-i} \leq \alpha$;

$(-\infty\,;\,x_{(m_o)}]$; m_o minimal mit $\alpha^* = \sum_{i=m_o}^{n}\binom{n}{i}\cdot q^i \cdot (1-q)^{n-i} \leq \alpha\,.$

Praktische Berechnung der kritischen Grenzen:

Darstellung durch die **F - Verteilung** bei kleinem Stichprobenumfang:

$$\sum_{i=0}^{m-1} \binom{n}{i} \cdot q^i \cdot (1-q)^{n-i} = 1 - F_{(2\,m\,;\,2(n-m+1))}\left(\frac{n-m+1}{m} \cdot \frac{q}{1-q}\right);$$

$$\sum_{i=m}^{n} \binom{n}{i} \cdot q^i \cdot (1-q)^{n-i} = 1 - \sum_{i=0}^{m-1} \binom{n}{i} \cdot q^i \cdot (1-q)^{n-i}$$

$$= F_{(2\,m\,,\,2(n-m+1))}\left(\frac{n-m+1}{m} \cdot \frac{q}{1-q}\right).$$

Normalverteilungsapproximation für $n \cdot q \cdot (1-q) > 9$:

$$\sum_{i=0}^{m-1} \binom{n}{i} \cdot q^i \cdot (1-q)^{n-i} \approx \Phi\left(\frac{m-1+0,5-n \cdot q}{\sqrt{n \cdot q \cdot (1-q)}}\right) = \alpha;$$

$$m \approx n \cdot q + 0,5 + \sqrt{n \cdot q \cdot (1-q)} \cdot z_\alpha = n \cdot q + 0,5 - \sqrt{n \cdot q \cdot (1-q)} \cdot z_{1-\alpha}.$$

B 15.4 Aus der Stichprobe in B 15.2 soll für das 0,25 - Quantil $\xi_{0,25}$ ein nach oben beschränktes einseitiges Konfidenzintervall zum Niveau $\gamma \geq 0,94$ bestimmt werden.

Geben Sie das exakte Konfindenzniveau γ^* an.

Lösung:

$$(-\infty;\ x_{(m)}];\quad m \text{ minimal mit}$$

$$\sum_{i=m}^{n} \binom{n}{i} q^i (1-q)^{n-i} = F_{(2\,m;\,2(n-m+1))}\left(\frac{n-m+1}{m} \cdot \frac{q}{1-q}\right) \leq 0,06;$$

$$m = 14:\ F_{(28\,,\,54)}\left(\frac{27}{14} \cdot \frac{0,25}{0,75}\right) = 0,1032 > 0,06;$$

$$m = 15:\ F_{(30\,,\,52)}\left(\frac{26}{15} \cdot \frac{0,25}{0,75}\right) = 0,05444 < 0,06 \ \Rightarrow m = 15;$$

das Konfidenzintervall für das 0,25 - Quantil lautet

$$(-\infty;\ x_{(15)}] = (-\infty;\ 501,5].$$

Gleichwertig damit ist die Aussage $\xi_{0,25} \leq 501,5$.

Das tatsächliche Konfidenzniveau lautet

$$\gamma^* = 1 - 0,058744 = 0,941256.$$

Tests von Quantilen einer stetigen Zufallsvariablen:
Voraussetzung: die Verteilungsfunktion F soll im betrachteten Bereich streng monoton wachsend und stetig sein.

Für $0 < q < 1$ ist x_0 genau dann das q-Quantil ξ_q, wenn gilt

$$P(X < x_0) = P(X \leq x_0) = F(x_0) = F(\xi_q) = q.$$

Wegen der vorausgesetzten strengen Monotonie gilt

$$\xi_q < x_0 \quad \Leftrightarrow \quad P(X \leq x_0) = F(x_0) > q;$$

$$\xi_q > x_0 \quad \Leftrightarrow \quad P(X \leq x_0) = F(x_0) < q.$$

Mit der Wahrscheinlichkeit $p = F(x_0)$ sind dann folgende Nullhypothesen H_0 und Alternativen H_1 gleichwertig

$$H_0 : \xi_q = x_0 \;\Leftrightarrow\; p = q; \qquad H_1 : \xi_q \neq x_0 \;\Leftrightarrow\; p \neq q;$$

$$H_0 : \xi_q \leq x_0 \;\Leftrightarrow\; p \geq q; \qquad H_1 : \xi_q > x_0 \;\Leftrightarrow\; p < q;$$

$$H_0 : \xi_q \geq x_0 \;\Leftrightarrow\; p \leq q; \qquad H_1 : \xi_q < x_0 \;\Leftrightarrow\; p > q.$$

Damit können die Tests von Quantilen auf die Tests einer Wahrscheinlichkeit auf Seite 207 zurückgeführt werden.

Beim Test werden zunächst alle Stichprobenwerte, die mit x_0 übereinstimmen, weggelassen. Der reduzierte Stichprobenumfang wird wieder mit n bezeichnet. In der reduzierten Stichprobe sei v_n^- die Anzahl der Stichprobenwerte, die kleiner als x_0 sind, deren Differenzen $x_i - x_0$ also negativ sind. Mit

$$k_u = k_u(\alpha) \quad \text{maximal mit} \quad \sum_{i=0}^{k_u} \binom{n}{i} \cdot q^i \cdot (1-q)^{n-i}$$

$$= 1 - F_{(2(k_u+1),\, 2(n-k_u))}\left(\frac{n-k_u}{k_u+1} \cdot \frac{q}{1-q}\right) \leq \alpha;$$

$$k_o = k_o(\alpha) \quad \text{minimal mit} \quad \sum_{i=k_o}^{n} \binom{n}{i} \cdot q^i \cdot (1-q)^{n-i}$$

$$= F_{(2k_o,\, 2(n-k_u+1))}\left(\frac{n-k_o}{k_o+1} \cdot \frac{q}{1-q}\right) \leq \alpha$$

lauten die Testentscheidungen

Nullhypothese H_0	Alternative H_1	Ablehnungsbereich von H_0
$\xi_q = x_0$	$\xi_q \neq x_0$	$v_n^- \leq k_u(\tfrac{\alpha}{2})$ oder $v_n^- \geq k_o(\tfrac{\alpha}{2})$
$\xi_q \leq x_0$	$\xi_q > x_0$	$v_n^- \leq k_u(\alpha)$
$\xi_q \geq x_0$	$\xi_q < x_0$	$v_n^- \geq k_o(\alpha)$

Normalverteilungsapproximation für $n \cdot q \cdot (1-q) > 9$:

$$\sum_{i=0}^{m} \binom{n}{i} \cdot q^i \cdot (1-q)^{n-i} \approx \Phi \left(\frac{m + 0{,}5 - n \cdot q}{\sqrt{n \cdot q \cdot (1-q)}} \right) = \alpha \, ;$$

$$m \approx n \cdot q - 0{,}5 + \sqrt{n \cdot q \cdot (1-q)} \cdot z_\alpha = n \cdot q - 0{,}5 - \sqrt{n \cdot q \cdot (1-q)} \cdot z_{1-\alpha} \, .$$

B 15.5 Der Studiendekan einer großen Fakultät behauptet, dass auf Dauer mindestens 80 % der Absolventen spätestens nach 10,5 Semester ihr Studium abgeschlossen haben. Der Präsident bezweifelt diese Angabe. Er vermutet, dass weniger als 80 % der Absolventen nach 10,5 Semestern das Studium tatsächlich abgeschlossen haben. Zum Test überprüft er die Studiendauer von n = 100 Absolventen. Dabei wird festgestellt, dass von diesen Absolventen 73 nach 10,5 Semestern das Studium abgeschlossen haben.

a) Kann auf Grund des Ergebnisses mit $\alpha = 0{,}05$ die Behauptung des Studiendekans widerlegt werden?

b) Wie viele der 100 Absolventen dürfen höchstens das Studium nach 10,5 Semestern erfolgreich abgeschlossen haben, damit die Behauptung des Studiendekans mit $\alpha = 0{,}05$ signifikant widerlegt werden kann?

Lösung:

Für das $0{,}8$-Quantil $\xi_{0,8}$ der Studiumdauer ist

$$H_0: \ \xi_{0,8} \leq 10{,}5 \quad \text{gegen} \quad H_1: \ \xi_{0,8} > 10{,}5$$

zu testen.

a) $v_{100}^- = 73$ gehört zum Ablehnungsbereich von H_0, falls gilt

$v_{100}^- \leq k_u(0{,}05)$. Diese Bedingung ist erfüllt, falls gilt

$$\sum_{i=0}^{73} \binom{100}{i} \cdot 0{,}8^i \cdot 0{,}2^{n-i} \leq 0{,}05 \, .$$

Über die F-Verteilung erhält man

$$\sum_{i=0}^{73} \binom{100}{i} \cdot 0{,}8^i \cdot 0{,}2^{n-i}$$

$$= 1 - F_{(2 \cdot 74, \, 2 \cdot (100-73))} \left(\frac{100-73}{74} \cdot \frac{0{,}8}{0{,}2} \right) = 0{,}055833 > \alpha \, .$$

Mit $\alpha = 0{,}05$ kann daher H_0 nicht abgelehnt werden.

b) Mit $v_{100}^- = 72$ erhält man $\displaystyle\sum_{i=0}^{72} \binom{100}{i} \cdot 0{,}8^i \cdot 0{,}2^{n-i}$

$$= 1 - F_{(2 \cdot 73, \, 2 \cdot (100 - 72))} \left(\frac{100 - 72}{73} \cdot 4 \right) = 0{,}034152 \,;$$

Falls höchstens 72 der 100 Absolventen das Studium nach 10,5 Semestern beendet haben, kann H_0 abgelehnt werden.

B 15.6 Von einer Abfüllanlage werden Mehltüten abgefüllt. Es soll gewährleistet sein, dass auf Dauer bei weniger als 5 % der Pakete das Gewicht 980 g unterschritten wird. Zum Test werden 500 Pakete zufällig ausgewählt und das Gewicht festgestellt. Bei einem festgestellten Gewicht von 980 g soll es genauer festgestellt werden, so dass wegen der Stetigkeit der Verteilung davon ausgegangen werden kann, dass alle Stichprobenwerte von 980 verschieden sind. Wie viele der 500 Pakete dürfen höchstens ein Gewicht von weniger als 980 g haben, so dass mit $\alpha = 0{,}05$ die obige Angabe signifikant festgestellt werden kann?

Lösung:

X sei die Zufallsvariable des Gewichts eines Paketes. Die zu testende Bedingung ist erfüllt, falls gilt $P(X < 980) < 0{,}05$. Dies ist genau dann der Fall, wenn das $0{,}05$-Quantil $\xi_{0{,}05}$ größer als 980 ist. Damit ist

$$H_0: \xi_{0{,}05} \leq 980 \qquad \text{gegen} \qquad H_1: \xi_{0{,}05} > 980$$

zu testen. Wegen $n \cdot q \cdot (1 - q) = 500 \cdot 0{,}05 \cdot 0{,}95 = 23{,}75 > 9$ kann die Normalverteilungsapproximation benutzt werden.

v_{500}^- sei die Anzahl der Pakete mit einem Gewicht kleiner als 980 g.

Ablehnungsbereich: $v_{500}^- \leq m = k_u(0{,}05)$;

$m = k_u$ maximal mit

$$\sum_{i=0}^{m} \binom{500}{i} \cdot 0{,}05^i \cdot 0{,}95^{\,500 - i} \approx \Phi\left(\frac{m - 500 \cdot 0{,}05 + 0{,}5}{\sqrt{500 \cdot 0{,}05 \cdot 0{,}95}} \right) = \alpha \,;$$

$$m \approx 500 \cdot 0{,}05 - 0{,}5 + \sqrt{500 \cdot 0{,}05 \cdot 0{,}95} \cdot z_{0{,}05}$$

$$= 24{,}5 - \sqrt{23{,}75} \cdot z_{0{,}95}\,; \quad m = 16 \quad \text{(abgerundet)}.$$

Falls das Gewicht von höchstens 16 der 500 ausgewählten Pakete kleiner als 980 g ist, kann mit $\alpha = 0{,}05$ signifikant bestätigt werden, dass auf Dauer bei weniger als 5 % der Pakete das Gewicht 980 g unterschritten wird.

A 15.1 Von einer stetig verteilten Grundgesamtheit liegt die der Größe nach geordnete Stichprobe vor

0,53 0,55 0,61 0,66 0,68 0,69 0,71 0,73 0,75 0,78 0,79 0,80

0,81 0,82 0,82 0,83 0,85 0,86 0,87 0,88 0,89 0,91 0,92 0,94.

Bestimmen Sie für den Median ein zweiseitiges Konfidenzintervall zum Konfidenzniveau $\gamma \geq 0,95$. Geben Sie das genaue Konfidenzniveau γ^* an.

A 15.2 Für das 0,25-Quantil $\xi_{0,25}$ der Verteilung der Füllmenge [in ml] der von einer bestimmten Anlage abgefüllten Flaschen soll ein einseitiges nach unten begrenztes Konfidenzintervall zum Konfidenzniveau $\gamma = 0,95$ bestimmt werden. Dazu wurde die Füllmenge von 25 zufällig ausgewählten Flaschen bestimmt und der Größe nach geordnet:

696,7 697,0 697,2 697,9 698,4 698,9 699,1 699,6 700,1 700,3
700,6 700,9 701,0 701,3 701,7 701,8 701,8 702,1 702,4 702,5
702,8 702,9 703,0 703,2 703,5.

Geben Sie die exakte Konfidenzwahrscheinlichkeit γ^* an und interpretieren Sie das Ergebnis.

A 15.3 Für den Median $\tilde{\mu}$ und das 95%-Quantil $\xi_{0,95}$ einer stetigen Zufallsvariablen soll jeweils ein zweiseitiges Konfidenzintervall zum Konfidenzniveau $\gamma = 0,95$ bestimmt werden. Bestimmen Sie aus einer geordneten Stichprobe vom Umfang $n = 1\,600$ die Rangzahlen als Grenzen des jeweiligen Konfidenzintervalls.

A 15.4 Mit $\alpha = 0,05$ soll für den Median einer stetigen Zufallsvariablen

$$H_0 : \tilde{\mu} \leq 1\,000 \quad \text{gegen} \quad H_1 : \tilde{\mu} > 1\,000$$

getestet werden. Alle Werte einer Stichprobe vom Umfang $n = 1\,288$ seien von $1\,000$ verschieden. Wie viele der $1\,288$ Stichprobenwerte müssen größer als $1\,000$ sein, so dass H_0 mit $\alpha = 0,05$ abgelehnt, H_1 also angenommen werden kann?

A 15.5 Von einer Abfüllanlage werden Zuckerpakete abgefüllt. Dabei soll auf Dauer das Gewicht (in Gramm) von höchstens 2 % der abgefüllten Pakete kleiner als $1\,000,01$ sein. Zum Test mit $\alpha = 0,01$ werden $3\,000$ Pakete zufällig ausgewählt und gewogen. Wie viele dieser $3\,000$ Paktete dürfen ein Gewicht von weniger als $1\,000,1$ g haben, damit die obige Vermutung mit $\alpha = 0,01$ bestätigt werden kann?

16. Anpassungstests

B 16.1 Ein Würfel ist ideal, wenn alle sechs Augenzahlen die gleiche Wahrscheinlichkeit besitzen. Zum Test auf Idealität testet man für die Wahrscheinlichkeit p_i der Augenzahl i bei einem Einzelwurf die Nullhypothese

$$H_0: p_1 = p_2 = p_3 = p_4 = p_5 = p_6 = \frac{1}{6}.$$

Die Alternative H_1 besagt, dass nicht alle sechs Augenzahlen die gleiche Wahrscheinlichkeit besitzen. Zum Test wurde mit dem Würfel 600 mal geworfen. Dabei erhielt man folgende Häufigkeiten

Augenzahl	1	2	3	4	5	6
Häufigkeit	104	93	99	106	109	89

Der Test soll mit der Irrtumswahrscheinlichkeit $\alpha = 0{,}05$ durchgeführt werden.

<u>Lösung:</u>

Mit $p_i = \frac{1}{6}$ für alle i und n = 600 erhält man die Testgröße:

$$\chi_{\text{ber.}}^2 = \sum_{i=1}^{6} \frac{(h_i - np_i)^2}{np_i} = \frac{1}{n} \cdot \sum_{i=1}^{6} \frac{h_i^2}{p_i} - n = \frac{1}{100} \cdot \sum_{i=1}^{6} h_i^2 - 600$$

$$= \frac{60\,304}{100} - 600 = 3{,}04.$$

Ablehnungsgrenze $\chi_{r-1\,;\,1-\alpha}^2 = \chi_{5\,;\,0{,}95}^2 = 11{,}07$.

Wegen $\chi_{\text{ber.}}^2 < \chi_{r-1\,;\,1-\alpha}^2$ kann die Nullhypothese nicht abgelehnt werden. Die Schwankungen der Augenzahlen können auf den Zufall zurückgeführt werden.

B 16.2 Das zweite Mendelsche Gesetz besagt, dass bei der Kreuzung zweier Pflanzen mit rosa Blütenfarben Pflanzen entstehen, deren Blütenfarben rot, rosa oder weiß sind. Für die Wahrscheinlichkeiten, mit der eine Pflanze der Tochtergesellschaft das entsprechende Merkmal besitzt, gilt nach diesem Gesetz

$$P(\text{rot}) : P(\text{rosa}) : P(\text{weiß}) = 1 : 2 : 1.$$

Um diese Hypothese mit $\alpha = 0{,}05$ zu testen, wurden 600 Kreuzungsversuche vorgenommen mit folgendem Ergebnis:

$$h_1 = h(\text{rot}) = 136; \quad h_2 = h(\text{rosa}) = 315; \quad h_3 = h(\text{weiß}) = 149.$$

Lösung:

Mit $p_1 = P\,(\text{rot})$; $p_2 = P\,(\text{rosa})$; $p_3 = P\,(\text{weiß})$

erhält man aus $p_1 : p_2 : p_3 = 1 : 2 : 1$ und $p_1 + p_2 + p_3 = 1$

die hypothetischen Wahrscheinlichkeiten $p_1 = p_3 = \frac{1}{4}$; $p_2 = \frac{1}{2}$.

Testgröße

$$\chi^2_{\text{ber.}} = \frac{1}{n} \sum_{i=1}^{r} \frac{h_i^2}{p_i} - n = \frac{1}{600} \cdot \left(\frac{136^2}{1/4} + \frac{315^2}{1/2} + \frac{149^2}{1/4} \right) - 600$$

$$= 2{,}0633\,.$$

Wegen $\chi^2_{\text{ber.}} < \chi^2_{r-1\,;\,1-\alpha} = \chi^2_{2\,;\,0{,}95} = 5{,}9915$ kann H_0 nicht abgelehnt werden.

Chi-Quadrat-Test der Wahrscheinlichkeiten einer vollständigen Ereignisdisjunktion:

Es sei $A_1, A_2, \ldots, A_r$ eine vollständige Ereignisdisjunktion. Bei jeder Versuchsdurchführung muss genau eines dieser Ereignisse eintreten.

Mit vorgegebenen hypothetischen Wahrscheinlichkeiten $p_i > 0$ lautet die Nullhypothese

$$H_0 : \quad P(A_i) = p_i \quad \text{für } i = 1, 2, \ldots, r \quad \text{mit } \sum_{i=1}^{r} p_i = 1\,.$$

Zur Testdurchführung benutzt man in einer Versuchsserie vom Umfang n die absoluten Häufigkeiten $h_i = h_n(A_i)$ für $i = 1, 2, \ldots, r$.
Von den erwarteten Häufigkeiten $n \cdot p_i$ dürfen höchstens 20 % kleiner als 5 sein, aber alle müssen mindestens gleich eins sein. Andernfalls müssen Ereignisse zusammengefasst oder der Stichprobenumfang n vergrößert werden.

Testgröße:

$$\chi^2_{\text{ber.}} = \sum_{i=1}^{r} \frac{(h_i - np_i)^2}{np_i} = \frac{1}{n} \sum_{i=1}^{r} \frac{h_i^2}{p_i} - n\,.$$

Mit dem $(1 - \alpha)$-Quantil $\chi^2_{r-1\,;\,1-\alpha}$ der Chi-Quadrat-Verteilung mit $r - 1$ Freiheitsgraden erhält man die

Testentscheidung: Im Falle $\chi^2_{\text{ber.}} > \chi^2_{r-1\,;\,1-\alpha}$ wird die Nullhypothese H_0 abgelehnt, sonst wird H_0 nicht abgelehnt.

B 16.3 Bei einem **Roulett**-Tisch soll getestet werden, ob alle 37 Zahlen die gleiche Wahrscheinlichkeit besitzen. Dazu werden die Häufigkeiten der einzelnen Zahlen bei $n = 1\,000$ Ausspielungen bestimmt. Wie groß muss die Summe der Quadrate der Häufigkeiten mindestens sein, damit die Nullhypothese der Chancengleichheit aller Zahlen mit $\alpha = 0{,}01$ abgelehnt werden kann?

Lösung:

Mit $p_i = \frac{1}{37}$ und $n = 1000$ erhält man die Bedingung

$$\chi^2_{\text{ber.}} = \frac{37}{1\,000} \cdot \sum_{i=0}^{36} h_i^2 - 1\,000 > \chi^2_{36\,;\,0,99} = 58,619215\,;$$

$$\sum_{i=0}^{36} h_i^2 > \frac{1\,000}{37} \cdot (1\,000 + 58,619215)\,;$$

$$\sum_{i=0}^{36} h_i^2 \geq 28\,612 \text{ (aufgerundet)}.$$

Stetigkeitskorrektur nach Yates:

Beim Chi-Quadrat-Test wird eine diskrete Verteilung durch eine stetige approximiert. Daher wird im allgemeinen das Quantil der exakten Verteilung der Testfunktion von dem der Chi-Quadrat-Verteilung abweichen. Falls man beim Test der diskreten Verteilung die Testgröße aus der stetigen Verteilung ohne Korrektur berechnet, besteht die Tendenz, die Nullhypothese zu oft abzulehnen. Aus diesem Grund sollte die Testgröße korrigiert werden. Nach F. Yates wird bei der korrigierten Testgröße

$$\chi^2_{\text{ber}} = \sum_{i=1}^{r} \frac{\left(|h_i - np_i| - \frac{1}{2}\right)^2}{np_i}$$

die Chi-Quadrat-Approximation verbessert. Diese Korrektur muss allerdings nur bei einem Freiheitsgrad, also für $r = 2$ benutzt werden. Bei mehr als einem Freiheitsgrad kann auf die Korrektur verzichtet werden.

B 16.4 (Test auf Poisson-Verteilung): Es wird vermutet, dass die Zufallsvariable X der Anzahl der Druckfehler pro Seite in einem 1 000-seitigen Buch Poisson-verteilt ist. Zum Test wurde auf jeder Seite des Buches die Anzahl der Druckfehler festgestellt. Dabei erhielt man das Ergebnis

Druckfehler pro Seite	0	1	2	3	4
Häufigkeiten	682	256	54	6	2

Der Test soll mit $\alpha = 0,05$ durchgeführt werden.

Lösung:

Maximum-Likelihood-Schätzung des Parameters λ

$$\hat{\lambda} = \overline{x} = \frac{1}{1\,000} \cdot (256 \cdot 1 + 54 \cdot 2 + 6 \cdot 3 + 2 \cdot 4) = 0,39\,;$$

damit erhält man die geschätzten Wahrscheinlichkeiten

$$p_k = \frac{0{,}39^k}{k!} \cdot e^{-0{,}39} \qquad \text{für } k = 0, 1, 2, \ldots .$$

Alle Werte von 4 an werden zu einer einzigen Klasse zusammengefasst.

$$p_0 = 0{,}677057 \,; \quad p_1 = 0{,}264052 \,; \quad p_2 = 0{,}051490 \,; \quad p_3 = 0{,}006694 \,;$$

$$q_4 = \sum_{k=4}^{\infty} p_i = 1 - p_0 - p_1 - p_2 - p_3 = 0{,}000707 .$$

Da die erwartete Klassenhäufigkeit $1000 \cdot 0{,}000707$ der zusammengefassten Klasse kleiner als 1 ist, werden die beiden letzten Klassen zusammengefasst mit der Klassenwahrscheinlichkeit
$p_3 + q_4 = 0{,}007401$.

Klasse	0	1	2	≥ 3
Klassenhäufigkeiten	682	256	54	8
Klassenwahrscheinl.	0,677057	0,264052	0,051490	0,007401
erwartete Häufigk.	677,057	264,052	51,490	7,401

$$\chi^2_{ber.} = \frac{(682 - 677{,}057)^2}{677{,}057} + \frac{(256 - 264{,}052)^2}{264{,}052} + \frac{(54 - 51{,}490)^2}{51{,}490}$$

$$+ \frac{(8 - 7{,}401)^2}{7{,}401} = 0{,}452461 .$$

Mit $r = 4$ Klassen und $m = 1$ geschätzten Parametern erhält man die Ablehnungsgrenze

$$\chi^2_{r-m-1;\,1-\alpha} = \chi^2_{4-1-1;\,0{,}95} = \chi^2_{2;\,0{,}95} = 5{,}99 \,;$$

wegen $\chi^2_{ber.} < \chi^2_{r-m-1;\,1-\alpha}$ kann die Behauptung, dass eine Poisson-Verteilung vorliegt, nicht abgelehnt werden.

Chi-Quadrat-Anpassungstest für eine beliebige Verteilung:
Es sei F die unbekannte Verteilungsfunktion der Zufallsvariablen X. Eine der folgende Nullhypothesen soll getestet werden:

a) $H_0 : F = F_0 \,; \quad H_1 : F \neq F_0$

(wobei F_0 eine fest vorgegebene Verteilungsfunktion ist).

b) $H_0 :$ Die Verteilungsfunktion F gehört zu einer Klasse von Verteilungsfunktionen, die durch m Parameter $\theta_1, \theta_2, \ldots, \theta_m$ eindeutig bestimmt ist. Diese Parameter werden geschätzt.

Durchführung des Chi-Quadrat-Anpassungstest für eine beliebige Verteilung:

Die Wertemenge von X wird in $r \geq 2$ disjunkte Intervalle zerlegt:

$$A_1 = (-\infty; z_1]; \quad A_2 = (z_1; z_2]; \quad \ldots; \quad A_{r-1} = (z_{r-2}; z_{r-1}];$$

$$A_r = (z_{r-1}; +\infty) \quad \text{mit} \quad z_1 < z_2 < \ldots < z_{r-1}.$$

Aus einer Stichprobe vom Umfang n werden die Klassenhäufigkeiten h_i, also die Anzahl der Stichprobenwerte bestimmt, die in der Klasse A_i liegen für $i = 1, 2, \ldots, r$.

Für die Zufallsvariable X mit der Verteilungsfunktion F_0 werden die hypothetischen Klassenwahrscheinlichkeiten $P(X \in A_i) = p_i$ berechnet für $i = 1, 2, \ldots, r$.

Im Fall b) hängen diese Klassenwahrscheinlichkeiten von den m unbekannten Parametern ab, also $p_i(\theta_1, \theta_2, \ldots, \theta_m)$. Diese werden zunächst geschätzt. Dafür gibt es zwei Möglichkeiten:

  α) Die Parameterwerte werden nach dem Maximum-Likelihood-Prinzip für die Klassenhäufigkeiten geschätzt.

  β) Man bestimmt nach der Minimum-Chi-Quadrat-Methode die m Parameter so, dass die von den Parametern abhängige Testgröße

$$\chi^2_{\text{ber.}} = \sum_{i=1}^{r} \frac{(h_i - np_i)^2}{np_i} = \frac{1}{n} \cdot \sum_{i=1}^{r} \frac{h_i^2}{p_i} - n$$

minimal wird.

Die geschätzten Parameter werden in F_0 eingesetzt. Diese Verteilungsfunktion wird anschließend getestet.

Die Klasseneinteilung ist dabei so vorzunehmen, dass für mindestens 80% der Klassen die erwarteten Klassenhäufigkeiten $n \cdot p_i$ mindestens gleich 5 und die restlichen mindestens gleich eins sind. Andernfalls müssen Klassen zusammengefasst werden.

Mit dem $(1 - \alpha)$-Quantil $\chi^2_{r-m-1; 1-\alpha}$ der Chi-Quadrat-Verteilung mit $r - m - 1$ Freiheitsgraden (m = Anzahl der geschätzten Parameter) erhält man die Testentscheidung:

Im Falle $\chi^2_{\text{ber.}} > \chi^2_{r-m-1; 1-\alpha}$ wird die Nullhypothese H_0 abgelehnt, sonst nicht.

B 16.5 (Test auf Binomialverteilung): Glühbirnen einer bestimmten Sorte werden in Viererpackungen verkauft. Mit $\alpha = 0,001$ soll die Nullhypothese H_0 getestet werden: Die Anzahl der defekten Glühbirnen pro Viererpackung ist binomialverteilt mit einer unbekannten Wahrscheinlichkeit p. Der andere Parameter ist $n = 4$ (da sich in jeder

Packung 4 Glühbirnen befinden). Das Vorliegen einer Binomialverteilung bedeutet, dass in einer zufällig ausgewählten Viererpackung jede einzelne Glühbirne unabhängig von den anderen mit Wahrscheinlichkeit p defekt ist. Diese Bedingung kann durch Transportschäden verletzt werden. Zum Test wurden 400 Packungen untersucht mit dem Ergebnis

defekte Birnen	0	1	2	3	4
absolute Häufigkeit	330	35	14	13	8

Lösung:

Die unbekannte Wahrscheinlichkeit p wird über die relative Häufigkeit der beschädigten von allen insgesamt untersuchten $400 \cdot 4 = 1\,600$ Birnen geschätzt mit

$$\hat{p} = \frac{1}{1\,600} \cdot (35 \cdot 1 + 14 \cdot 2 + 13 \cdot 3 + 8 \cdot 4) = 0{,}08375 \,.$$

Geschätzte Wahrscheinlichkeiten:

$p_k = P\,(\text{in einem Viererpaket sind k Birnen defekt})$

$\quad = \binom{4}{k} \cdot 0{,}08375^k \cdot (1 - 0{,}08375)^{4-k}$ für $k = 0,1,2,3,4$.

$n \cdot p_k = 400 \cdot p_k$ ergibt die erwarteten Häufigkeiten.

defekte Glühbirnen	0	1	2	3	4
absolute Häufigkeit	330	35	14	13	8
erwartete Häufigkeit	281,91	103,07	14,13	0,86	0,02

Da die erwarteten Häufigkeiten der beiden letzten Klassen zusammen kleiner als eins sind, müssen die Werte 2, 3 und 4 zu einer Klasse zusammengefasst werden:

defekte Birnen	0	1	2, 3 oder 4
absolute Häufigkeit	330	35	35
erwartete Häufigkeit	281,91	103,07	15,01

$$\chi^2_{\text{ber.}} = \frac{(330 - 281{,}91)^2}{281{,}91} + \frac{(35 - 103{,}07)^2}{103{,}07} + \frac{(35 - 15{,}01)^2}{15{,}01} = 79{,}78 \,.$$

Da $r = 3$ Klassen benutzt wurden und $m = 1$ Parameter geschätzt wurde, lautet die Ablehnungsgrenze

$$\chi^2_{r-m-1;1-\alpha} = \chi^2_{1;0{,}999} = 10{,}83 \,;$$

wegen $\chi^2_{\text{ber.}} > \chi^2_{r-m-1;1-\alpha}$ wird H_0 abgelehnt.

B 16.6 (Test auf Exponentialverteilung): Es wird vermutet, dass die Lebensdauer bestimmter Geräte exponentialverteilt ist. Zum Test auf Exponentialverteilung wurde die Betriebsdauer (in Stunden) von 50 Geräten festgestellt:

255	291	299	579	48	1244	550	362	3336	1855
1040	5	2790	1	2503	33	1815	864	647	1366
1902	1562	1626	566	702	476	1618	27	740	1207
270	1228	118	206	194	1675	1558	671	363	27
1673	1153	180	750	374	205	1095	238	2128	483

Zur Testdurchführung soll die Klasseneinteilung $[0\,;150\,]\,;(150\,;300]$; $(300\,;600]\,;(600\,;1100]\,;(1100\,;1600]\,;(1600\,;\ +\infty)$ benutzt werden. Der Test soll durchgeführt werden mit der Irrtumswahrscheinlichkeit $\alpha = 0,05$.

Lösung:

Die Verteilungsfunktion lautet für $z \geq 0$: $F(z) = 1 - e^{-\lambda z}$.

Aus dem Stichprobenmittel $\bar{x} = 897,96$ erhält man die Maximum-Likelihood-Schätzung des Parameters λ:

$$\hat{\lambda} = \frac{1}{\bar{x}} = \frac{1}{897,96} = 0,00111364\,, \text{ also}$$

$$F_0(z) = 1 - e^{-0,00111364 \cdot z} \quad \text{für } z \geq 0\,.$$

Die Klassenwahrscheinlichkeiten lauten

$p_1 = F(150)\,;\ p_2 = F(300) - F(150)\,;\ \ldots;\ p_5 = F(1600) - F(1100)$
$p_6 = 1 - F(1600)$.

Zusammen mit den Klassenhäufigkeiten h_i sind die erwarteten Klassenhäufigkeiten $50 \cdot p_i$ in der nachfolgenden Tabelle eingetragen.

Klasssen	h_i	$F(z_i)$	p_i	$50 \cdot p_i$
$x \leq 150$	7	0,153839	0,153839	7,6920
$150 < x \leq 300$	9	0,284012	0,130173	6,5087
$300 < x \leq 600$	8	0,487361	0,203349	10,1675
$600 < x \leq 1100$	8	0,706243	0,218882	10,9441
$1100 < x \leq 1600$	7	0,831669	0,125426	6,2713
$1600 < x$	11	1,000000	0,168331	8,4166
Summe	50		1,000000	50,0002

Testgröße:

$$\chi^2_{\text{ber.}} = \frac{(7 - 7,6920)^2}{7,6920} + \frac{(9 - 6,5087)^2}{6,5087} + \frac{(8 - 10,1675)^2}{10,1675}$$

$$+\frac{(8-10,9441)^2}{10,9441}+\frac{(7-6,2713)^2}{6,2713}+\frac{(11-8,4163)^2}{8,4163}$$

$$=3,0853.$$

Ablehnungsgrenze:
$$\chi^2_{r-m-1\,;\,1-\alpha}=\chi^2_{6-1-1\,;\,1-\alpha}=\chi^2_{4\,;\,0,95}=9,4877\,;$$

wegen $\chi^2_{ber.}<\chi^2_{4\,;\,0,95}$ kann das Vorliegen einer Exponentialverteilung nicht abgelehnt werden.

B 16.7 (Test auf Normalverteilung): Bei der Prüfung der Reißfestigkeit einer bestimmten Drahtsorte ergaben sich folgende 100 Messwerte [in kg].

128,0	119,3	108,2	124,6	119,5	120,2	120,0	120,4	118,0	115,0
118,2	119,9	121,7	120,6	115,0	112,1	130,1	113,8	118,8	121,5
117,4	114,2	127,1	123,9	120,6	111,4	124,6	120,2	122,7	122,9
115,1	133,5	121,1	114,8	122,4	129,7	109,9	118,9	112,4	119,7
112,2	126,0	121,6	119,6	119,9	112,9	125,4	117,8	120,3	118,2
117,1	112,2	122,9	116,0	120,7	124,1	121,3	121,5	118,7	122,3
121,4	117,3	115,0	122,7	120,9	121,7	121,5	126,4	117,4	127,1
120,2	112,9	121,1	119,8	118,1	129,7	136,6	118,8	117,2	122,8
125,1	124,3	124,2	118,7	120,3	116,5	117,1	116,7	122,8	126,2
126,6	128,5	116,6	123,7	123,4	113,2	108,0	111,4	134,3	125,9

Zum Test auf Normalverteilung mit $\alpha=0,05$ soll die Klasseneinteilung $(-\infty\,;114]$; $(114\,;118]$; $(118\,;120]$; $(120\,;122]$; $(122\,;125]$; $(125\,;+\infty)$ benutzt werden.

Lösung:

Die Stichprobe besitzt den Mittelwert $\bar{x}=120,302$ und die Varianz $s^2=29,1989$; damit erhält man' für die Parameter der Normalverteilung die Maximum-Likelihood-Schätzungen

$$\hat{\mu}=\bar{x}=120,302\,;\quad\hat{\sigma}^2=\frac{99}{100}\cdot s^2=28,9069\,.$$

Hieraus folgt

$$F_0(z)=\Phi\left(\frac{z-120,302}{5,3765}\right).$$

Die Klassenhäufigkeiten h_i, die Klassenwahrscheinlichkeiten p_i und die erwarteten Klassenhäufigkeiten $100\cdot p_i$ sind in der nachfolgenden Tabelle zusammengestellt.

Klasssen	h_i	$F(z_i)$	p_i	$100 \cdot p_i$
$x \leq 114$	13	0,120571	0,120571	12,0571
$114 < x \leq 118$	18	0,334267	0,213696	21,3696
$118 < x \leq 120$	16	0,477603	0,143336	14,3336
$120 < x \leq 122$	20	0,623930	0,146327	14,6327
$122 < x \leq 125$	16	0,808887	0,184957	18,4957
$125 < x$	17	1,000000	0,191113	19,1113
Summe	100		1,000000	50,0000

Testgröße:

$$\chi_{\text{ber.}}^2 = \frac{(13 - 12,0571)^2}{12,0571} + \frac{(18 - 21,3696)^2}{21,3696} + \frac{(16 - 14,3336)^2}{14,3336}$$

$$+ \frac{(20 - 14,6327)^2}{14,6327} + \frac{(16 - 18,4957)^2}{18,4957} + \frac{(17 - 19,1113)^2}{19,1113}$$

$$= 3,338 \, ;$$

Ablehnungsgrenze:

$$\chi_{r-m-1;1-\alpha}^2 = \chi_{6-2-1;1-\alpha}^2 = \chi_{3;0,95}^2 = 7,815 \, ;$$

wegen $\chi_{\text{ber.}}^2 < \chi_{3;0,95}^2$ kann das Vorliegen einer Normalverteilung nicht abgelehnt werden.

B 16.8 Es soll die Nullhypothese getestet werden, dass eine stetige Zufalls-variable X im Intervall $[0;10]$ gleichmäßig verteilt ist, also die Verteilungsfunktion

$$F_0(x) = \begin{cases} 0 & \text{für } x < 0 \, ; \\ 0,1 \cdot x & \text{für } 0 \leq x \leq 10 \, ; \\ 1 & \text{für } x > 10 \end{cases}$$

besitzt. Dazu wurde folgende Stichprobe vom Umfang $n = 20$ gezogen: $0,3$; 1; $1,8$; $2,3$; $2,6$; $2,9$; $3,5$; $3,5$; $3,8$; $4,8$; $5,3$; $5,7$; $6,5$; $6,5$; $7,4$; 8; $8,3$; 9; 9; $9,8$.

a) Zeichnen Sie die empirische Verteilungsfunktion $F_{20}(x)$ und die hypothetische Verteilungsfunktion $F_0(x)$.

b) Bestimmen Sie den "maximalen Abstand" der empirischen Verteilungsfunktion von der hypothetischen Verteilungsfunktion, also

$$d_{20} = \sup_x | F_{20}(x) - F_0(x) | \, .$$

c) Führen Sie den Test mit $\alpha = 0,05$ durch. Benutzen Sie dabei die Quantile aus Tab. 6 im Anhang.

Lösung:

a)

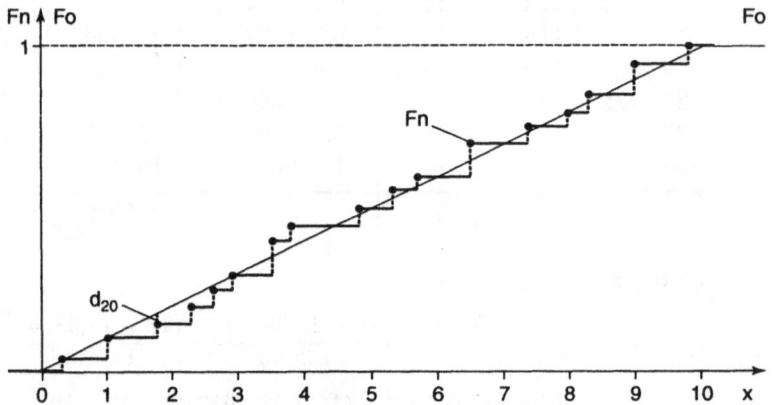

b) Den maximalen Abstand erhält man an der Stelle x = 1,8. Es ist der Abstand des Funktionswertes $F_0(1,8) = 0,18$ von der unteren Treppenstufe, also $d_{20} = F_0(1,8) - F_{20}(1) = 0,18 - 0,1 = 0,08$.

c) Aus der Tabelle 6 im Anhang erhält man die Ablehnungsgrenze $d_{20\,;\,0,95} = 0,294$. Wegen $d_{20} < d_{20\,;\,0,95}$ kann die Nullhypothese der gleichmäßigen Verteilung nicht abgelehnt werden.

Kolmogorow - Smirnow - Einstichprobentest:

Im Gegensatz zum Chi -Quadrat - Anpassungstest kann dieser Test auch bei kleinen Stichprobenumfängen benutzt werden.

Nullhypothese H_0: Die Zufallsvariable X besitzt die hypothetische **stetige** Verteilungsfunktion $F_0(x)$.

Aus der empirischen Verteilungsfunktion $F_n(x)$ einer Stichprobe vom Umfang n berechnet man als Testgröße

$$d_n = \sup_x |F_n(x) - F_0(x)|$$

den größten Abstand zwischen $F_n(x)$ und $F_0(x)$.

Zum Testniveau α wird das $(1-\alpha)$-Quantil $d_{n\,;\,1-\alpha}$ aus der Tabelle 6 im Anhang bestimmt.
Im Falle $1 - \alpha \geq 0,8$ gilt für $n \geq 40$

$$d_{n\,;\,1-\alpha} \approx \sqrt{-\frac{\ln\frac{\alpha}{2}}{2\,n}}.$$

Testentscheidung: Für $d_n > d_{n\,;\,1-\alpha}$ wird H_0 abgelehnt. Dann stimmt die Verteilungsfunktion F nicht mit der hypothetischen Verteilungsfunktion F_0 überein.

Praktische Berechnung der Testgröße d_n:
Es seien x_j^* für $j = 1, 2, \ldots, m$ die Sprungstellen der empirischen Verteilungsfunktion. An jeder Sprungstelle x_j^* werden die maximalen Abstände der unteren und der oberen Treppenstufe von der Funktion F_0 bestimmt. Die obere Treppenstufe besitzt den Funktionswert $F_n(x_j^*)$, während $F_n(x_{j-1}^*)$ der Funktionswert der unteren Treppenstufe ist. Dabei ist $F(x_0^*) = 0$. Die beiden Abstände an der Stelle x_j^* lauten

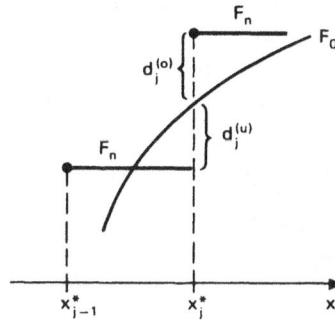

$$d_j^{(o)} = |\,F_n(x_j^*) - F_0(x_j^*)\,|\,; \quad d_j^{(u)} = |\,F_n(x_{j-1}^*) - F_0(x_j^*)\,|\,.$$

Daraus erhält man das Maximum des Abstandes

$$d_n = \max_j (d_j^{(o)}, d_j^{(u)})\,.$$

Bei diesem Test sollten **keine Parameter geschätzt** werden. Falls trotzdem Parameter geschätzt werden, ist der Test sehr **konservativ**. Das bedeutet, dass dann die Nullhypothese zu selten abgelehnt wird.

B 16.9 Es wird vermutet, dass die Lebensdauer von bestimmten Geräten (in Betriebsstunden) **exponentialverteilt** ist mit dem bekannten Parameter $\lambda = 0{,}001$. Diese Vermutung soll mit $\alpha = 0{,}05$ mit der nachfolgenden Stichprobe getestet werden

255 ; 291 ; 699 ; 579 ; 48 ; 1244 ; 595 ; 790 ; 1855 ; 1040 ; 1790 ; 1503 .

<u>Lösung:</u> Mit $F_0(x) = 1 - e^{-0{,}001\,x}$ erhält man die Tabelle

x_i	$F_0(x_i)$	$F_{12}(x_i)$	$d_i^{(o)}$	$d_i^{(u)}$
48	0,0469	0,0833	0,0364	0,0469
255	0,2251	0,1667	0,0584	0,1488
291	0,2525	0,2500	0,0025	0,0858
579	0,4395	0,3333	0,1062	**0,1895**
595	0,4484	0,4167	0,0317	0,1151
699	0,5029	0,5000	0,0029	0,0862
790	0,5462	0,5833	0,0371	0,0462
1040	0,6465	0,6667	0,0202	0,0632
1244	0,7118	0,7500	0,0382	0,0451
1503	0,7775	0,8333	0,0558	0,0275
1790	0,8330	0,9167	0,0837	0,0003
1855	0,8435	1,0000	0,1565	0,0732

Der maximale Abstand der empirischen von der hypothetischen Verteilungsfunktion ist $d_{12} = d_4^{(u)} = 0,1895$;

wegen $d_{12} < d_{12\,;\,0,95} = 0,375$ (Tab. 6) kann das Vorliegen der Exponentialverteilung mit dem Parameter $\lambda = 0,001$ nicht abgelehnt werden.

A 16.1 Die drei Ereignisse A_1, A_2, A_3 sollen eine vollständige Ereignisdisjunktion bilden. Zum Test der Nullhypothese

$$H_0 : p_1 : p_2 : p_3 = 1 : 2 : 3$$

wurde das Zufallsexperiment 600 mal durchgeführt. Dabei erhielt man für die drei Ereignisse die absoluten Häufigkeiten $h_1 = 109$; $h_2 = 213$; $h_3 = 278$. Testen Sie die Nullhypothese mit $\alpha = 0,05$.

A 16.2 Zum Test, ob ein Würfel ideal ist, also alle Augenzahlen gleichwahrscheinlich sind, wird mit dem Würfel 900 mal geworfen. Wie groß muss die Summe der Quadrate der Häufigkeiten der sechs Augenzahlen mindestens sein, damit daraus mit einer Irrtumswahrscheinlichkeit

a) $\alpha = 0,05$; b) $\alpha = 0,01$; c) $\alpha = 0,001$

signifikant nachgewiesen ist, dass nicht alle Augenzahlen die gleiche Wahrscheinlichkeit besitzen?

A 16.3 Für den Statistik-Unterricht sollte ein Student mit zwei idealen Würfeln 720 mal werfen und die Stichprobe der Augensummen sortieren. Für den Unterricht brachte er für die erhaltenen Augensummen folgende Häufigkeiten mit:

Summen	2	3	4	5	6	7	8	9	10	11	12
h_i	28	45	58	90	105	120	92	67	59	42	14

Der Dozent zweifelt das Ergebnis an. Testen Sie mit $\alpha = 0,01$ die Nullhypothese H_0, dass die Zahlen tatsächlich als unabhängige Augensummen zustande kamen.

A 16.4 Man teste mit $\alpha = 0,05$, ob die 50 nachfolgenden Stichprobenwerte Realisierungen einer im Intervall $[0;100]$ **gleichmäßig verteilten** stetigen Zufallsvariablen sind:

24,5	30,5	31,1	51,5	5,8	78,8	49,7	36,3	98,4	90,1
72,7	0,6	96,9	0,1	95,6	4,0	89,6	66,0	55,4	81,8
90,7	85,8	86,8	50,6	58,3	44,8	86,7	3,3	60,3	77,8
28,6	78,4	13,7	22,6	21,5	87,6	85,7	56,7	36,4	3,3
87,6	76,3	20,1	60,8	37,3	22,5	74,5	25,7	93,0	45,3

Der Test soll durchgeführt werden mit fünf gleich breiten Klassen, also mit den Zwischengrenzen 20; 40; 60; 80.

A 16.5 Ein Tennisspieler spielte während einer Saison insgesamt 200 Spiele, wobei jedes einzelne Spiel aus drei Sätzen bestand. Die Anzahl der Gewinnsätze pro Spiel sind in der nachfolgenden Tabelle zusammengestellt.

Gewinnsätze pro Spiel	0	1	2	3
absol. Häufigkeit h_i	25	42	72	61

Testen Sie mit $\alpha = 0,01$, ob die Anzahl der Gewinnsätze pro Spiel **binomialverteilt** ist.

A 16.6 Zum Test, ob die Anzahl der Knaben in Familien mit jeweils drei Kindern binomialverteilt ist, wurden bei 400 Familien mit drei Kindern die Anzahl der Knaben festgestellt. Dabei erhielt man das Ergebnis

Anzahl der Knaben	0	1	2	3
Anzahl der Familien h_i	48	143	155	54

Testen Sie auf **Binomialverteilung** mit $\alpha = 0,05$.

A 16.7 Zum Test, ob die Anzahl der innerhalb einer Minute in einer Zentrale eingehenden Telefonanrufe **Poisson-verteilt** ist, wurden die Anrufe während 100 Minuten festgestellt:

i	0	1	2	3	4	5	≥ 6
h_i	13	29	25	17	10	6	0

Führen Sie den Test mit $\alpha = 0,05$ durch.

A 16.8 Es soll mit $\alpha = 0,05$ getestet werden, ob das Gewicht (in Gramm) der von einer Maschine abgefüllten Pakete **normalverteilt** ist. Dazu wurden die Gewichte von 80 zufällig aus der Produktion ausgewählten Paketen bereits in einer Klasseneinteilung sortiert:

Klasssen	Klassenhäufigkeiten
$x \leq 973$	8
$973 < x \leq 977$	13
$977 < x \leq 980$	16
$980 < x \leq 982$	13
$982 < x \leq 985$	14
$985 < x \leq 988$	9
$988 < x$	7

Die Stichprobe besitzt den Mittelwert $\bar{x} = 980,24$ und die Standardabweichung $s = 6,453$. Führen Sie den Test auf Normalverteilung mit $\alpha = 0,05$ durch.

A 16.9 Der Hersteller elektronischer Bauelemente möchte testen, ob die Betriebsdauer [in Stunden] **exponentialverteilt** ist mit dem aus früheren Untersuchungen bekannten Parameter $\lambda = 0,0004$. Dazu wurden die Lebensdauern von 80 Bauelementen in der nachstehenden Häufigkeitstabelle zusammengestellt.

Klasssen	Klassenhäufigkeiten
$x \leq 500$	8
$500 < x \leq 1\,000$	14
$1\,000 < x \leq 1\,800$	16
$1\,800 < x \leq 2\,700$	13
$2\,700 < x \leq 4\,500$	14
$4\,500 < x$	7
Summe	80

Führen Sie den Test mit $\alpha = 0,05$ durch.

A 16.10 Zum Test auf **Normalverteilung** mit $\alpha = 0,05$ soll folgende Stichprobe benutzt werden:

28,0; 19,3; 38,2; 12,3; 22,5; 29,7; 35,4; 16,0; 39,0; 22,5;
32,5; 16,1; 22,5; 11,9; 34,8; 26,7; 41,1; 27,2; 14,5; 27,8.

Schätzen Sie die beiden Parameter.

Welchen Einfluss auf das Testergebnis hat die Parameterschätzung?

17. Unabhängigkeits- und Homogenitätstests

B 17.1 Von 1 000 zufällig ausgewählten Personen ließen sich 198 gegen Grippe impfen. Von den geimpften erkrankten 20 und von den nicht geimpften 149 an Grippe. Mit $\alpha = 0{,}05$ soll mit Hilfe des Chi-Quadrat-Unabhängigkeitstests getestet werden, ob die beiden Ereignisse G (geimpft) und E (an Grippe erkrankt) unabhängig sind.

Lösung:

Die absoluten Häufigkeiten werden in der nachfolgenden Vierfeldertafel dargestellt.

	E (erkrankt)	$\overline{E}$ (nicht erkrankt)	Summe
G (geimpft)	20	178	198
$\overline{G}$ (nicht geimpft)	149	653	802
Summe	169	831	1 000

Wegen n > 200 kann auf die Yates-Korrektur verzichtet werden. Die Testfunktion lautet

$$\chi^2_{ber} = \frac{1\,000 \cdot (20 \cdot 653 - 149 \cdot 178)^2}{169 \cdot 831 \cdot 198 \cdot 802} = 8{,}1263.$$

Das 0,95-Quantil der Chi-Quadrat-Verteilung mit einem Freiheitsgrad beträgt $\chi^2_{1\,;\,0{,}95} = z^2_{0{,}975} = 3{,}84$. Wegen $\chi^2_{ber} > 3{,}84$ kann die Nullhypothese der Unabhängigkeit der beiden Ereignisse G und E abgelehnt werden.

B 17.2 Bei der Befragung von zufällig ausgewählten Personen, ob sie trinken bzw. rauchen, erhielt man folgende Häufigkeiten:

	Raucher	Nichtraucher	Summe
Trinker	40	28	68
Nichttrinker	29	53	82
Summe	69	81	150

Testen Sie mit $\alpha = 0{,}01$, ob die beiden Merkmale "Rauchen" und "Trinken" unabhängig sind. Benutzen Sie die Yates-Korrektur.

Lösung:

Wegen n < 200 benutzt man die nach Yates korrigierte Teststatistik

$$\chi^2_{\text{ber.}} = \frac{n \cdot \left(\left| h_{11} \cdot h_{22} - h_{12} \cdot h_{21} \right| - \frac{n}{2} \right)^2}{h_{1 \cdot} \cdot h_{2 \cdot} \cdot h_{\cdot 1} \cdot h_{\cdot 2}}$$

$$= \frac{150 \cdot \left(\left| 40 \cdot 53 - 28 \cdot 29 \right| - \frac{150}{2} \right)^2}{69 \cdot 81 \cdot 68 \cdot 82} = 7{,}3175 \, ;$$

$$\chi^2_{1 \, ; \, 0,99} = z^2_{0,995} = 6{,}6349 \, .$$

Wegen $\chi^2_{\text{ber.}} > \chi^2_{1 \, ; \, 0,99}$ kann die Unabhängigkeit der beiden Merkmale "Rauchen" und "Trinken" abgelehnt werden.

Chi-Quadrat-Unabhängigkeitstest von zwei Ereignissen
(bei Vierfeldertafeln):

H_0: A und B sind unabhängig, d. h. $P(A \cap B) = P(A) \cdot P(B)$;
H_1: A und B sind nicht unabhängig, d. h. $P(A \cap B) \neq P(A) \cdot P(B)$

	A	$\overline{A}$	Zeilensummen
B	h_{11}	h_{12}	$h_{1 \cdot}$
$\overline{B}$	h_{21}	h_{22}	$h_{2 \cdot}$
Spaltensummen	$h_{\cdot 1}$	$h_{\cdot 2}$	$h_{\cdot \cdot} = n$

n < 20:
In diesem Fall sollte der Chi-Quadrat-Unabhängigkeitstest nicht benutzt werden. Hier eignet sich der exakte Test von Fisher (s. S. 262).

$20 \leq n \leq 200$:
Man benutzt die nach Yates korrigierte Teststatistik

$$\chi^2_{\text{ber.}} = \frac{n \cdot \left(\left| h_{11} \cdot h_{22} - h_{12} \cdot h_{21} \right| - \frac{n}{2} \right)^2}{h_{1 \cdot} \cdot h_{2 \cdot} \cdot h_{\cdot 1} \cdot h_{\cdot 2}} \, .$$

n > 200:
Hier kann auf die Yates-Korrektur verzichtet werden

$$\chi^2_{\text{ber.}} = \frac{n \cdot \left(h_{11} \cdot h_{22} - h_{12} \cdot h_{21} \right)^2}{h_{1 \cdot} \cdot h_{2 \cdot} \cdot h_{\cdot 1} \cdot h_{\cdot 2}} \, .$$

Testentscheidung: Im Falle $\chi^2_{\text{ber.}} > \chi^2_{1 \, ; \, 1 - \alpha} = z^2_{1 - \frac{\alpha}{2}}$

wird die Unabhängigkeit der beiden Ereignisse A und B abgelehnt.

Einseitige Chi-Quadrat-Unabhängigkeitstests für n > 200:
Für einseitige Tests benutzt man die Testgröße

$$z_{ber.} = \sqrt{n} \cdot \frac{h_{11} \cdot h_{22} - h_{12} \cdot h_{21}}{\sqrt{h_{1\cdot} \cdot h_{2\cdot} \cdot h_{\cdot 1} \cdot h_{\cdot 2}}}.$$

Mit den Quantilen der Standardnormalverteilung erhält man die Testentscheidungen:

Nullhypothese H_0	Alternative H_1	Ablehnungsbereich
$P(A \cap B) = P(A) \cdot P(B)$	$P(A \cap B) \neq P(A) \cdot P(B)$	$\|z_{ber.}\| > z_{1-\frac{\alpha}{2}}$
$P(A \cap B) \leq P(A) \cdot P(B)$	$P(A \cap B) > P(A) \cdot P(B)$	$z_{ber.} > z_{1-\alpha}$
$P(A \cap B) \geq P(A) \cdot P(B)$	$P(A \cap B) < P(A) \cdot P(B)$	$z_{ber.} < -z_{1-\alpha}$

B 17.3 Für die Ereignisse A und B gelte $0 < P(A) < 1$ und $0 < P(B) < 1$. Zeigen Sie, dass folgende Eigenschaften gleichwertig sind:

(i) $P(A \cap B) < P(A) \cdot P(B)$;

(ii) $P(A|B) < P(A)$ und $P(B|A) < P(B)$.

Im Falle des Eintretens eines der beiden Ereignisse wird die Wahrscheinlichkeit für das andere Ereignis kleiner.

Lösung:

a) Es gelte $P(A \cap B) < P(A) \cdot P(B)$.
Division durch einen der beiden Faktoren ergibt mit Hilfe der Definition der bedingten Wahrscheinlichkeiten

$$P(A|B) = \frac{P(A \cap B)}{P(B)} < P(A); \quad P(B|A) = \frac{P(A \cap B)}{P(A)} < P(B).$$

Aus (i) folgt also (ii).

b) Es gelte $P(A|B) < P(A)$ und $P(B|A) < P(B)$.

Dann folgt hieraus

$$P(A \cap B) = P(A|B) \cdot P(B) < P(A) \cdot P(B).$$

Aus (ii) folgt also (i).

Damit sind beide Aussagen gleichwertig.

B 17.4 Testen Sie mit den Zahlen aus B 17.1 mit $\alpha = 0,05$

$$H_0 : P(G \cap E) \geq P(G) \cdot P(E) \quad \text{gegen} \quad H_1 : P(G \cap E) < P(G) \cdot P(E).$$

Lösung:

$$z_{ber.} = \sqrt{1\,000} \cdot \frac{20 \cdot 653 - 149 \cdot 178}{\sqrt{169 \cdot 831 \cdot 198 \cdot 802}} = -2,8507;$$

wegen $z_{ber.} < -z_{1-\alpha} = -z_{0,95} = -1,6449$ wird H_0 abgelehnt.

Aus $P(G \cap E) < P(G) \cdot P(E)$ folgt $P(E \mid G) < P(E)$.

Durch das Impfen wird die Wahrscheinlichkeit für eine Grippe signifikant gesenkt.

Der exakte Test von Fisher bei Vierfeldertafeln:
Dieser Unabhängigkeitstest kann im Gegensatz zum Chi-Quadrat-Unabhängigkeitstest auch für kleine Stichprobenumfänge ($n < 20$) benutzt werden. Bezüglich der Unabhängigkeit zweier Ereignisse sind ein- und zweiseitige Tests möglich.

	A	$\bar{A}$	Zeilensummen
B	h_{11}	h_{12}	$h_{1\cdot}$
$\bar{B}$	h_{21}	h_{22}	$h_{2\cdot}$
Spaltensummen	$h_{\cdot 1}$	$h_{\cdot 2}$	$n = h_{\cdot\cdot}$

Der Test benutzt nur die Testgröße V, deren Realisierung h_{11} ist, also die absolute Häufigkeit $h_{11} = h_n (A \cap B)$. Betrachtet werden alle möglichen Vierfeldertafeln, welche die gleichen Randsummen $h_{\cdot 1}$, $h_{\cdot 2}$, $h_{1\cdot}$, $h_{2\cdot}$ wie die beobachtete Vierfeldertafel haben. Bei vorgegebenen Randsummen besitzt die beobachtete Vierfeldertafel die Wahrscheinlichkeit

$$P(V = h_{11}) = \frac{h_{1\cdot}! \cdot h_{2\cdot}! \cdot h_{\cdot 1}! \cdot h_{\cdot 2}!}{n! \cdot h_{11}! \cdot h_{12}! \cdot h_{21}! \cdot h_{22}!} \ .$$

$k_u(\alpha)$ maximal: $\sum\limits_{k \leq k_u} P(V = k) \leq \alpha$; $k_o(\alpha)$ minimal: $\sum\limits_{k \geq k_o} P(V = k) \leq \alpha$.

Testentscheidungen:

Nullhypothese H_0	Alternative H_1	Ablehnungsbereich
$P(A \cap B) = P(A) \cdot P(B)$	$P(A \cap B) \neq P(A) \cdot P(B)$	$h_{11} \leq k_u\left(\frac{\alpha}{2}\right)$ oder $h_{11} \geq k_o\left(\frac{\alpha}{2}\right)$
$P(A \cap B) \leq P(A) \cdot P(B)$	$P(A \cap B) > P(A) \cdot P(B)$	$h_{11} \geq k_o(\alpha)$
$P(A \cap B) \geq P(A) \cdot P(B)$	$P(A \cap B) < P(A) \cdot P(B)$	$h_{11} \leq k_u(\alpha)$

Umstellung der Vierfeldertafel:

Zur einfachen Bestimmung, ob bei einseitigen Tests die Besetzungszahl zum Ablehnungsbereich gehört, ist es sinnvoll, die Vierfeldertafel so umzustellen, dass die Testgröße der Besetzungszahl (h_{11}) am kleinsten bzw. am größten ist. Bei der Hypothesenaufstellung sind dabei folgende Eigenschaften zu beachten

$$P(A \cap B) < P(A) \cdot P(B) \quad \Leftrightarrow \quad P(A \cap \overline{B}) > P(A) \cdot P(\overline{B})$$

$$\Leftrightarrow \quad P(\overline{A} \cap \overline{B}) < P(\overline{A}) \cdot P(\overline{B});$$

$$P(A \cap B) > P(A) \cdot P(B) \quad \Leftrightarrow \quad P(A \cap \overline{B}) < P(A) \cdot P(\overline{B})$$

$$\Leftrightarrow \quad P(\overline{A} \cap \overline{B}) > P(\overline{A}) \cdot P(\overline{B}).$$

B 17.5 Von 18 an einer bestimmten Krankheit leidenden Personen wurde 11 ein bestimmtes Medikament verabreicht. Davon wurden 7 geheilt. Von den restlichen 7 Personen, die das Medikament nicht erhielten, wurden 2 geheilt.

a) Testen Sie mit $\alpha = 0{,}1$ die Nullhypothese H_0: "das Medikament erhöht die Heilungschance nicht" gegen H_1: "durch das Medikament wird die Heilungschance vergrößert".

b) Wie viele der 7 Personen, die das Medikament nicht erhalten, dürfen höchstens geheilt werden, damit H_0 mit $\alpha = 0{,}025$ abgelehnt werden kann?

Lösung:

Die Kontingenztafel wird so aufgestellt, dass die Besetzungszahl h_{11} am kleinsten ist. Mit den Ereignissen M: "das Medikament wurde der Person" verabreicht und H: "die Person wurde geheilt" erhält man die Vierfeldertafel.

	H	$\overline{H}$	Zeilensummen
$\overline{M}$	2	5	7
M	7	4	11
Spalten-summen	9	9	18

Die zu testende Nullhypothese H_0 und Alternative H_1

$$H_0: P(H \cap M) \leq P(H) \cdot P(M); \quad H_1: P(H \cap M) > P(H) \cdot P(M)$$

geht durch diese Umstellung gleichwertig über

$H_0 : P(H \cap \overline{M}) \geq P(H) \cdot P(\overline{M}); \quad H_1 : P(H \cap \overline{M}) < P(H) \cdot P(\overline{M}).$

H_1 bedeutet, dass ohne Medikament die Heilungswahrscheinlichkeit kleiner ist als mit dem Medikament.

a) $h_{11} = 2$ gehört zum Ablehnungsbereich, falls gilt

$$\sum_{k=0}^{2} P(V = k) \leq \alpha.$$

Mit den gleichen Randsummen werden neben der beobachteten Vierfeldertafel noch die beiden Vierfeldertafeln berücksichtigt:

1	6
8	3

und

0	7
9	2

Bei dieser Umstellung besitzt die Testgröße V als Realisierung $h_{11} = h_n (\overline{M} \cap H)$, also die absolute Häufigkeit der Personen, die ohne das Medikament geheilt wurden. Bei den vorgegebenen Randsummen besitzt die Zufallsvariable V die Wahrscheinlichkeiten

$$P(V = 2) = \frac{7! \cdot 11! \cdot 9! \cdot 9!}{18! \cdot 2! \cdot 5! \cdot 7! \cdot 4!} = 0{,}1425;$$

$$P(V = 1) = \frac{7! \cdot 11! \cdot 9! \cdot 9!}{18! \cdot 1! \cdot 6! \cdot 8! \cdot 3!} = 0{,}0238;$$

$$P(V = 0) = \frac{7! \cdot 11! \cdot 9! \cdot 9!}{18! \cdot 0! \cdot 7! \cdot 9! \cdot 2!} = 0{,}0011.$$

Falls die Nullhypothese richtig ist, gilt $P(V \leq 2) = 0{,}1674$.

Mit $\alpha = 0{,}1$ kann die Nullhypothese nicht abgelehnt werden. Der festgestellte Unterschied ist nicht signifikant, er kann bei einem so kleinen Stichprobenumfang $n = 18$ auf den Zufall zurückgeführt werden.

b) Wegen $P(V \leq 1) = 0{,}0249 \leq 0{,}025$ kann die Wirkung des Medikaments mit $\alpha = 0{,}025$ signifikant nachgewiesen werden, falls höchstens eine von den 7 Personen, die das Medikament nicht erhalten, geheilt wird.

B 17.6 Es soll getestet werden, ob das Alter (X) von Autofahrern und die Anzahl der Unfälle (Y), die sie in einem gewissen Zeitraum verursachen, voneinander unabhängig sind.
Zum Test mit $\alpha = 0{,}05$ sind in der nachfolgenden Kontingenztafel die Unfallhäufigkeiten von Personen verschiedener Altersgruppen zusammengestellt.

Alter von... bis unter...	Anzahl der Unfälle			
	0	1	2	mehr als 2
19 - 30	459	49	15	12
30 - 40	758	68	16	10
40 - 50	837	63	9	7
50 - 60	766	56	18	9
über 60	668	53	17	10

Lösung:

Alter von.. bis unter...	Anzahl der Unfälle				Summe
	0	1	2	mehr als 2	
19 - 30	459	49	15	12	535
30 - 40	758	68	16	10	852
40 - 50	837	63	9	7	916
50 - 60	766	56	18	9	849
über 60	668	53	17	10	748
Summe	3 488	289	75	48	3 900

Testgröße:

$$\chi^2_{ber.} = 3\,900 \cdot \left(\sum_{j=1}^{5} \sum_{k=1}^{4} \frac{h_{jk}^2}{h_{j\cdot} \cdot h_{\cdot k}} - 1 \right) = 18,4521;$$

Ablehnungsgrenze:

$$\chi^2_{(m-1)(l-1)\,;\,1-\alpha} = \chi^2_{4\,\cdot\,3\,;\,0,95} = \chi^2_{12\,;\,0,95} = 21,0261;$$

wegen $\chi^2_{ber.} < \chi^2_{12\,;\,0,95}$ kann keine signifikante Abhängigkeit der Anzahl der Unfälle vom Alter der Fahrer festgestellt werden.

Chi - Quadrat - Unabhängigkeitstest:
Zum Test der Nullhypothese

H_0: die beiden Merkmale (Zufallsvariablen) X und Y sind unabhängig

gegen H_1: X und Y sind nicht unabhängig

werden die möglichen Ausprägungen der beiden Merkmale in Klassen eingeteilt. Aus einer zweidimensionalen Stichprobe werden die absoluten Klassenhäufigkeiten h_{jk} sowie die Zeilen- und Spaltensummen in eine Kontingenztafel eingetragen. Die Klasseneinteilung ist so zu wählen, dass höchstens 20 % der Häufigkeiten kleiner als 5, aber alle mindestens eins sind. Andernfalls müssen Klassen zusammengefasst oder der Stichprobenumfang n vergrößert werden.

Kontingenztafel:

X \ Y	G_1	G_2	...	G_k	...	G_l	Summe
S_1	h_{11}	h_{12}	...	h_{1k}	...	h_{1l}	$h_{1\cdot}$
S_2	h_{21}	h_{22}	...	h_{2k}	...	h_{2l}	$h_{2\cdot}$
$\vdots$	$\vdots$	$\vdots$		$\vdots$		$\vdots$	$\vdots$
S_j	h_{j1}	h_{j2}	...	h_{jk}	...	h_{jl}	$h_{j\cdot}$
$\vdots$	$\vdots$	$\vdots$		$\vdots$		$\vdots$	$\vdots$
S_m	h_{m1}	h_{m2}	...	h_{mk}	...	h_{ml}	$h_{m\cdot}$
Summe	$h_{\cdot 1}$	$h_{\cdot 2}$	...	$h_{\cdot k}$	...	$h_{\cdot l}$	$h_{\cdot\cdot} = n$

Testdurchführung:

Testgröße: $\chi^2_{ber.} = n \cdot \left(\sum\limits_{j=1}^{m} \sum\limits_{k=1}^{l} \dfrac{h_{jk}^2}{h_{j\cdot} \cdot h_{\cdot k}} - 1 \right)$.

Testentscheidung: Im Falle $\chi^2_{ber.} > \chi^2_{(m-1)\cdot(l-1)\,;\,1-\alpha}$ wird die Unabhängigkeit der beiden Merkmale abgelehnt.

$m = l = 2$ ergibt als Spezialfall die Vierfeldertafel aus S. 260.

B 17.6 In einer bestimmten Spielzeit wurden in der Fußball - Bundesliga die Spielergebnisse nach der Anzahl der von der Heimmannschaft geschossenen Tore (X) und der Anzahl der von der Gastmannschaft geschossenen Tore (Y) in der nachfolgenden Kontingenztafel zusammengestellt. Testen Sie mit $\alpha = 0{,}05$, ob X und Y unabhängig sind.

Tore Heim- mannschaft	Anzahl der Tore der Gastmannschaft						
	0	1	2	3	4	5	6
0	13	8	9	10	3	0	1
1	21	31	9	8	4	1	0
2	20	33	27	4	2	1	0
3	13	15	14	7	2	0	0
4	8	13	8	2	0	0	0
5	4	7	1	2	0	0	0
6	0	0	1	0	0	0	0
7	0	2	2	0	0	0	0

Lösung:

Wegen der vielen Nullbesetzungen müssen Klassen zusammengefasst werden.

Tore Heim- mannschaft	Tore der Gastmannschaft				Summe
	0	1	2	≥ 3	
0	13	8	9	14	44
1	21	31	9	13	74
2	20	33	27	7	87
3	13	15	14	9	51
≥ 4	12	22	12	4	50
Summe	79	109	71	47	306

$$\chi^2_{ber.} = 306 \cdot \left(\sum_{j=1}^{5} \sum_{k=1}^{4} \frac{h_{jk}^2}{h_{j\cdot} \cdot h_{\cdot k}} - 1 \right) = 26,7046 \,;$$

Ablehnungsgrenze: $\chi^2_{(m-1)\cdot(l-1)\,;\,1-\alpha} = \chi^2_{12\,;\,0,95} = 21,0261 \,;$

wegen $\chi^2_{ber.} > \chi^2_{12\,;\,0,95}$ wird die Unabhängigkeit abgelehnt.

Test auf Gleichheit der Wahrscheinlichkeitsverteilungen von m Merkmalen mit den gleichen Ausprägungen (Chi-Quadrat-Homogenitätstest):

Nullhypothese H_0: m verschiedene Merkmale besitzen die gleiche Wahrscheinlichkeitsverteilung.
Alternative H_1: nicht alle Wahrscheinlichkeitsverteilungen sind gleich.

Der gemeinsame Wertebereich W der m Merkmale (Zufallsvariablen) wird in l disjunkte Klassen $G_1, G_2, \ldots, G_l$ eingeteilt.

Zur Testdurchführung wird bezüglich jedes der m Merkmale eine Stichprobe gezogen. Dabei können die Stichprobenumfänge n_j verschieden groß sein. h_{jk} sei die Anzahl der Werte der j-ten Stichprobe, die in der Klasse G_k liegen. Diese Häufigkeiten sowie die Zeilen- und Spaltensummen werden in die Kontingenztafel der nachfolgenden Seite eingetragen. Von den Klassenhäufigkeiten h_{jk} dürfen höchstens 20 % kleiner als 5 sein, alle müssen aber mindestens eins sein. Andernfalls müssen Klassen zusammengefasst oder manche Stichprobenumfänge vergrößert werden.

Testgröße: $\chi^2_{ber.} = n \cdot \left(\sum_{j=1}^{m} \sum_{k=1}^{l} \frac{h_{jk}^2}{h_{j\cdot} \cdot h_{\cdot k}} - 1 \right).$

Testentscheidung:

Im Falle $\chi^2_{ber.} > \chi^2_{(m-1)\cdot(l-1)\,;\,1-\alpha}$ wird die Nullhypothese der Gleichheit der m Wahrscheinlichkeitsverteilungen abgelehnt.

Kontingenztafel beim Chi-Quadrat-Homogenitätstest:

	Klasseneinteilung G_1 G_2 $\ldots$ G_k $\ldots$ G_l					Summe
X_1	h_{11}	h_{12}	$\ldots$ h_{1k}	$\ldots$	h_{1l}	$n_1 = h_1.$
X_2	h_{21}	h_{22}	$\ldots$ h_{2k}	$\ldots$	h_{2l}	$n_2 = h_2.$
$\vdots$	$\vdots$	$\vdots$	$\vdots$		$\vdots$	$\vdots$
X_j	h_{j1}	h_{j2}	$\ldots$ h_{jk}	$\ldots$	h_{jl}	$n_j = h_j.$
$\vdots$	$\vdots$	$\vdots$	$\vdots$		$\vdots$	$\vdots$
X_m	h_{m1}	h_{m2}	$\ldots$ h_{mk}	$\ldots$	h_{ml}	$n_m = h_m.$
Summe	$h._1$	$h._2$	$\ldots$ $h._k$	$\ldots$	$h._l$	$n = h..$

B 17.7 In einem Erpressungsfall wurden drei Erpresserbriefe mit einer Schreibmaschine geschrieben. Zur Überprüfung, ob alle drei Briefe von derselben Person geschrieben wurden (Test auf Homogenität), wurden in den einzelnen Schreiben sämtliche Einzelanschläge auf drei Fehlertypen untersucht und in der nachfolgenden Kontingenztafel zusammengestellt. Testen Sie mit $\alpha = 0,05$, ob beim Abtippen aller drei Briefe das gleiche Fehlerverhalten vorliegt.

	Fehlertyp			
	I	II	III	fehlerfrei
Brief 1	8	42	25	3 945
Brief 2	9	34	18	2 478
Brief 3	12	25	12	1 958

Lösung:

	Fehlertyp				Summe
	I	II	III	fehlerfrei	
Brief 1	8	42	25	3 945	4 020
Brief 2	9	34	18	2 478	2 539
Brief 3	12	25	12	1 958	2 007
Summe	29	101	55	8 381	8 566

$$\chi^2_{\text{ber.}} = 8\,566 \cdot \Big(\sum_{j=1}^{3} \sum_{k=1}^{4} \frac{h_{jk}^2}{h_{j\cdot} \cdot h_{\cdot k}} - 1 \Big) = 7{,}8912 \,;$$

$$\chi^2_{(m-1)\cdot(l-1)\,;\,1-\alpha} = \chi^2_{6\,;\,0{,}95} = 12{,}5916 \,;$$

wegen $\chi^2_{\text{ber.}} < \chi^2_{6\,;\,0{,}95}$ kann die Homogenität der drei Erpresserbriefe nicht abgelehnt werden. Die Nullhypothese, dass alle drei Briefe von der gleichen Person geschrieben wurden, kann nicht abgelehnt werden.

Test auf Gleichheit der Wahrscheinlichkeiten eines Ereignisses A in zwei Grundgesamtheiten (Vierfeldertafel):

Es seien $p_1 = P_1(A)$ und $p_2 = P_2(A)$ die Wahrscheinlichkeiten eines Ereignisses A in zwei verschiedenen Grundgesamtheiten. Zum Test von

$$H_0: \; p_1 = p_2 \;\; \text{gegen} \;\; H_1: p_1 \neq p_2$$

kann der Homogenitätstest mit $m = l = 2$ benutzt werden. Mit den absoluten Häufigkeiten $h_{i1} = h_{i1}(A)$, $h_{i2} = h_{i2}(\overline{A})$ der Ereignisse A und $\overline{A}$ in der i-ten Grundgesamtheit benutzt man analog zu S. 260 die Vierfeldertafel:

	A	$\overline{A}$	Zeilensummen
1. Grundgesamtheit	h_{11}	h_{12}	n_1
2. Grundgesamtheit	h_{21}	h_{22}	n_2
Spaltensummen	$h_{\cdot 1}$	$h_{\cdot 2}$	$n = h_{\cdot\cdot}$

$n < 20$:
In diesem Fall sollte der Test nicht verwendet werden, sondern der exakte Test von Fisher auf S. 271.

$20 \leq n \leq 200$:
Man benutzt die nach Yates korrigierte Teststatistik

$$\chi^2_{\text{ber.}} = \frac{n \cdot \big(| h_{11} \cdot h_{22} - h_{12} \cdot h_{21} | - \frac{n}{2} \big)^2}{n_1 \cdot n_2 \cdot h_{\cdot 1} \cdot h_{\cdot 2}} \,.$$

$n > 200$:
Hier kann auf die Yates-Korrektur verzichtet werden:

$$\chi^2_{\text{ber.}} = \frac{n \cdot \big(h_{11} \cdot h_{22} - h_{12} \cdot h_{21} \big)^2}{n_1 \cdot n_2 \cdot h_{\cdot 1} \cdot h_{\cdot 2}} \,.$$

Testentscheidung:
Im Falle $\chi^2_{\text{ber.}} > \chi^2_{1\,;\,1-\alpha} = z^2_{1-\frac{\alpha}{2}}$ wird die Gleichheit der beiden Wahrscheinlichkeiten abgelehnt.

B 17.8 Eine Firma bezieht eine Ware aus zwei verschiedenen Werken. Zum Test auf Gleichheit der Ausschusswahrscheinlichkeiten in beiden Werken wurden aus der Lieferung des ersten Werks 400, aus der des zweiten Werks 600 Stücke auf Fehlerhaftigkeit untersucht:

	fehlerhaft	fehlerfrei	Summe
Werk I	34	366	400
Werk II	81	519	600
Summe	115	885	1 000

Führen Sie den Test mit $\alpha = 0{,}05$ durch.

Lösung:

$$\chi^2_{\text{ber.}} = \frac{1\,000 \cdot (34 \cdot 519 - 81 \cdot 366)^2}{115 \cdot 885 \cdot 400 \cdot 600} = 5{,}8954 \,;$$

$$\chi^2_{1\,;\,0{,}95} = z^2_{0{,}975} = 3{,}8415 \,;$$

wegen $\chi^2_{\text{ber.}} > \chi^2_{1\,;\,0{,}95}$ sind die Ausschusswahrscheinlichkeiten in beiden Werken signifikant verschieden.

Einseitige Homogenitätstests der Wahrscheinlichkeiten eines Ereignisses A in zwei Grundgesamtheiten (Vierfeldertafel) bei großem Stichprobenumfang:

Für einseitige Tests der beiden Wahrscheinlichkeiten $p_1 = P_1(A)$ und $p_2 = P_2(A)$ eines Ereignisses A in zwei Grundgesamtheiten benutzt man wie beim Chi-Quadrat-Unabhängigkeitstest auf S. 261 für $n > 200$ die nach S. 269 berechnete Testgröße

$$z_{\text{ber.}} = \sqrt{n} \cdot \frac{h_{11} \cdot h_{22} - h_{12} \cdot h_{21}}{\sqrt{n_1 \cdot n_2 \cdot h_{\cdot 1} \cdot h_{\cdot 2}}} \,.$$

Mit den Quantilen der Standardnormalverteilung lauten die Testentscheidungen

Nullhypothese H_0	Alternative H_1	Ablehnungsbereich von H_0
$p_1 = p_2$	$p_1 \neq p_2$	$\lvert z_{\text{ber.}} \rvert > z_{1 - \frac{\alpha}{2}}$
$p_1 \leq p_2$	$p_1 > p_2$	$z_{\text{ber.}} > z_{1 - \alpha}$
$p_1 \geq p_2$	$p_1 < p_2$	$z_{\text{ber.}} < -z_{1 - \alpha}$

B 17.9 In B 17.8 teste man für die Ausschusswahrscheinlichkeiten p_1 und p_2 in Werk I bzw Werk II mit der dort angegebenen Stichprobe mit $\alpha = 0,01$ die Nullhypothese $H_0 : p_1 \geq p_2$ gegen $H_1 : p_1 < p_2$.

Lösung:

$$z_{ber.} = \sqrt{1\,000} \cdot \frac{34 \cdot 519 - 81 \cdot 366}{\sqrt{115 \cdot 885 \cdot 400 \cdot 600}} = -2,428 ;$$

$$-z_{1-\alpha} = -z_{0,99} = -2,3263 ;$$

wegen $z_{ber.} < -z_{0,99}$ ist die Ausschusswahrscheinlichkeit in Werk II signifikant höher als in Werk I.

Der exakte Test von Fisher zum Vergleich der Wahrscheinlichkeiten p_1 und p_2 eines Ereignisses A in zwei Grundgesamtheiten:
Für $n < 20$ darf der Test auf S. 269 nicht benutzt werden. Hier eignet sich analog zu S. 262 der exakte Test von Fisher.

	A	$\overline{A}$	Zeilensummen
1. Grundgesamtheit	h_{11}	h_{12}	n_1
2. Grundgesamtheit	h_{21}	h_{22}	n_2
Spaltensummen	$h_{\cdot 1}$	$h_{\cdot 2}$	$n = h_{\cdot\cdot}$

Der Test benutzt nur die Testgröße V, deren Realisierung h_{11} ist, also die absolute Häufigkeit des Ereignisses A in der 1. Grundgesamtheit. Betrachtet werden alle möglichen Vierfeldertafeln, welche die gleichen Randsummen $n_1, n_2, h_{\cdot 1}, h_{\cdot 2}$ wie die beobachtete Vierfeldertafel haben. Bei vorgegebenen Randsummen besitzt die beobachtete Vierfeldertafel die Wahrscheinlichkeit

$$P(V = h_{11}) = \frac{n_1! \cdot n_2! \cdot h_{\cdot 1}! \cdot h_{\cdot 2}!}{n! \cdot h_{11}! \cdot h_{12}! \cdot h_{21}! \cdot h_{22}!} .$$

$k_u(\alpha)$ maximal: $\sum_{k \leq k_u} P(V = k) \leq \alpha$; $k_o(\alpha)$ minimal: $\sum_{k \geq k_o} P(V = k) \leq \alpha.$

Testentscheidungen:

Nullhypothese H_0	Alternative H_1	Ablehnungsbereich von H_0
$p_1 = p_2$	$p_1 \neq p_2$	oder $\quad h_{11} \leq k_u\left(\frac{\alpha}{2}\right)$ $\quad\quad h_{11} \geq k_o\left(\frac{\alpha}{2}\right)$
$p_1 \leq p_2$	$p_1 > p_2$	$h_{11} \geq k_0(\alpha)$
$p_1 \geq p_2$	$p_1 < p_2$	$h_{11} \leq k_u(\alpha)$

B 17.10 Hochwertige Produkte werden in zwei verschiedenen Produktionen hergestellt. Dabei wird vermutet, dass bei der Produktion II die Wahrscheinlichkeit für ein fehlerhaftes Produkt größer ist als bei der Produktion I. Da die Fehlerfeststellung sehr kostspielig ist, soll der Test mit einer kleinen Stichprobe durchgeführt werden. Aus der Produktion I ist von 6 untersuchten Stücken nur eines fehlerhaft, bei der Produktion II sind von 7 untersuchten Stücken 3 fehlerhaft.

a) Kann hieraus mit $\alpha = 0,1$ geschlossen werden, dass die Fehlerwahrscheinlichkeit bei Produktion II größer ist als bei der Produktion I?

b) Wie viele der 6 Stücke aus der Produktion I dürfen höchstens fehlerhaft sein, damit daraus mit $\alpha = 0,05$ die Vermutung bestätigt werden kann, falls sich das Ergebnis aus der Produktion II nicht ändert?

Lösung: $H_0: p_1 \geq p_2; \quad H_1: p_1 < p_2.$

	fehlerhaft	fehlerfrei	Summe
Produktion I	1	5	6
Produktion II	3	4	7
Summe	4	9	13

a) $h_{11} = 1$ gehört zum Ablehnungsbereich von H_0, falls gilt

$$\sum_{k=0}^{1} P(V = k) \leq \alpha.$$

Mit den gleichen Randsummen lautet für $V = 0$ die Vierfeldertafel

0	6
4	3

$$P(V = 1) = \frac{6! \cdot 7! \cdot 4! \cdot 9!}{13! \cdot 1! \cdot 5! \cdot 3! \cdot 4!} = 0,2937;$$

$$P(V = 0) = \frac{6! \cdot 7! \cdot 4! \cdot 9!}{13! \cdot 0! \cdot 6! \cdot 4! \cdot 3!} = 0,0490.$$

Wegen $P(V \leq 1) = 0,3427$ kann H_0 mit $\alpha = 0,1$ nicht abgelehnt werden.

b) $h_{11} = 0.$

Kolmogorow - Smirnow - Zweistichprobentest:
Es soll getestet werden, ob zwei **stetige** Zufallsvariablen X und Y die gleiche Verteilungsfunktion besitzen. Mit

$$F(x) = P(X \leq x) \quad \text{und} \quad G(y) = P(Y \leq y)$$

wird also

$H_0: F(x) = G(x)$ für alle x gegen $H_1: F(x) \neq G(x)$ für mindestens ein x

getestet. Zur Testdurchführung werden aus zwei unabhängigen Stichproben vom Umfang n_1 und n_2

$$(x_1, x_2, \dots, x_{n_1}) \quad \text{und} \quad (y_1, y_2, \dots, y_{n_2})$$

die empirischen Verteilungsfunktionen $F_{n_1}(z)$ und $G_{n_2}(z)$ der beiden Stichproben bestimmt. Testgröße ist die maximale Abweichung

$$d_{n_1, n_2} = \sup_{z \in \mathbb{R}} |F_{n_1}(z) - G_{n_2}(z)|.$$

Mit den tabellierten Ablehnungsgrenzen $d_{n_1, n_2; 1-\alpha}$ erhält man zum Signifikanzniveau α die Testentscheidung:

Im Falle $d_{n_1, n_2} > d_{n_1, n_2; 1-\alpha}$ wird die Nullhypothese der Gleichheit der beiden Verteilungsfunktionen abgelehnt.

Für $1 - \alpha \geq 0{,}8$ und $n_1 + n_2 \geq 40$ ist folgende Näherung recht brauchbar:

$$d_{n_1, n_2; 1-\alpha} \approx \sqrt{-\frac{1}{2} \cdot \ln \frac{\alpha}{2}} \cdot \sqrt{\frac{n_1 + n_2}{n_1 \cdot n_2}}.$$

B 17.11 Zum Test auf Gleichheit der Verteilungsfunktionen zweier stetiger Zufallsvariabler X und Y werden zwei unabhängige Stichproben vom Umfang $n_1 = 100$ und $n_2 = 50$ benutzt. Aus den empirischen Verteilungsfunktionen der beiden Stichproben wird die maximale Abweichung $d_{100, 50} = \sup_{z \in \mathbb{R}} |F_{100}(z) - G_{50}(z)|$ bestimmt.

Wie groß muss $d_{100, 50}$ mindestens sein, damit die Nullhypothese der Gleichheit der beiden Verteilungsfunktionen mit

a) $\alpha = 0{,}1$;   b) $\alpha = 0{,}05$;   c) $\alpha = 0{,}01$

abgelehnt werden kann?

Lösung:

$$d_{100, 50} > d_{100, 50; 1-\alpha} \approx \sqrt{-\frac{1}{2} \cdot \ln \frac{\alpha}{2}} \cdot \sqrt{\frac{100 + 50}{100 \cdot 50}};$$

a) $d_{100, 50} > 0{,}2120$;   b) $d_{100, 50} > 0{,}2352$;   c) $d_{100, 50} > 0{,}2819$.

A 17.1 469 Studierende nahmen an den Klausuren zur Mathematik und Statistik teil. Dabei ergab sich folgendes Ergebnis

	Mathematik bestanden	Mathematik nicht bestanden
Statistik bestanden	155	36
Statistik nicht bestanden	119	159

Testen Sie mit $\alpha = 0,001$, ob das Bestehen der beiden Klausuren unabhängig ist.

A 17.2 Bei 1 000 neugeborenen Mädchen wurden die Augen- und Haarfarbe festgestellt. Dabei ergab sich folgende Häufigkeitstabelle

Augen-farbe	hell-blond	Haarfarbe dunkel-blond	schwarz	rot
blau	181	104	55	19
grau oder grün	132	159	99	24
braun	46	109	61	11

Testen Sie mit $\alpha = 0,001$, ob die beiden Merkmale Haar- und Augenfarbe unabhängig sind.

A 17.3 In einer Spielzeit der Fußball-Bundesliga wurden die Spielergebnisse nach der Anzahl der von der Heimmannschaft bzw. der Gastmannschaft geschossenen Tore aufgelistet. Testen Sie mit $\alpha = 0,05$, ob die Anzahl der von der Heim- bzw. der Gastmannschaft geschossenen Tore unabhängig ist.

Tore Heim-mannschaft	Tore der Gastmannschaft 0	1	2	≥ 3
0	12	10	10	5
1	17	31	12	10
2	21	26	18	11
3	19	21	14	7
≥ 4	14	20	23	5

A 17.4 Zur Überprüfung, ob zwei Pflanzenschutzmittel A und B gegen eine bestimmte Pflanzenkrankheit gleich wirksam sind, wurden 40 Pflanzen mit dem Mittel A und 60 Pflanzen mit dem Mittel B behandelt. Von den mit A behandelten Pflanzen wurden 11, von den mit B behandelten 25 von der Krankheit befallen. Führen Sie den Test mit $\alpha = 0,05$ durch.

A 17.5 Es liegt die Vermutung nahe, dass es in einer bestimmten Berufsschicht unter den Rauchern mehr Trinker gibt als unter den Nichtrauchern. Zum Test wurden aus dieser Bevölkerungsschicht 500 Männer zufällig ausgewählt mit dem Ergebnis:

	Raucher	Nichtraucher
Trinker	139	104
Nichttrinker	72	185

a) Formulieren Sie die Nullhypothese H_0 und Alternative H_1.
b) Führen Sie den Test mit $\alpha = 0,01$ durch.

A 17.6 Ein Falschspieler hat zwei verschiedene Würfel. Er behauptet, dass die Wahrscheinlichkeit p_1, mit Würfel I eine Sechs zu werfen, größer ist als die Wahrscheinlichkeit p_2 für eine Sechs mit Würfel II.
a) Formulieren Sie die Nullhypothese H_0 und die Alternative H_1, falls Sie von der Aussage des Spielers überzeugt sind.
b) Zum Test wird mit jedem der beiden Würfel 250 mal geworfen. Mit Würfel I gab es 61 Sechsen, mit Würfel II 41 Sechsen. Führen Sie den Test mit $\alpha = 0,05$ durch.

A 17.7 Zu Beginn eines Kurses werden 150 Teilnehmer zufällig in drei Gruppen zu je 50 Personen eingeteilt. Die einzelnen Gruppen werden mit verschiedenen Methoden unterrichtet. Bei der Abschlussprüfung gab es folgende Zensuren:

Gruppe	Zensur 1	2	3	4	5
I	4	7	20	13	6
II	2	5	15	18	10
III	0	1	13	17	19

Testen Sie mit $\alpha = 0,05$, ob die drei Unterrichtsmethoden unterschiedlichen Einfluss auf das Prüfungsergebnis haben.

A 17.8 Es wird vermutet, dass das Auftreten einer Nebenwirkung bei einem Medikament M_1 kleiner ist als beim Medikament M_2. Zum Test wird das Medikament M_1 14 Patienten verabreicht. Bei 3 von ihnen trat die Nebenwirkung auf. Das Medikament M_2 erhielten 15 Patienten. Bei 6 davon trat die Nebenwirkung auf.
Formulieren Sie die Nullhypothese und die Alternative.
Führen Sie den Test mit $\alpha = 0,1$ durch.

A 17.9 Bei einer Umfrage über das Interesse am politischen Geschehen wurden Männer und Frauen zufällig ausgewählt. Dabei erhielt man folgende Häufigkeiten.

	Interesse		
	gering	mittel	groß
Frauen	162	148	95
Männer	129	235	217

Testen Sie mit $\alpha = 0,01$, ob Frauen und Männer am politischen Geschehen gleich interessiert sind.

A 17.10 Zum Test der Nullhypothese, dass zwei stetige Zufallsvariablen die gleiche Verteilungsfunktion besitzen, werden zwei unabhängige Stichproben vom Umfang $n_1 = 200$ bzw. $n_2 = 300$ gezogen. Die maximale Abweichung der beiden empirischen Verteilungsfunktionen beträgt $d = 0,104$. Kann auf Grund dieses Ergebnisses mit $\alpha = 0,05$ die Gleichheit der beiden Verteilungsfunktionen abgelehnt werden?

A 17.11 Zum Test der Nullhypothese, dass zwei stetig verteilte Zufallsvariable die gleiche Verteilungsfunktion F besitzen, wird aus jeder der beiden Grundgesamtheiten jeweils eine Stichprobe vom Umfang n gezogen. Wie groß muss die maximale Abweichung

$$d = \sup_{z \in \mathbb{R}} |F_n(z) - G_n(z)|$$

mindestens sein, damit die Nullhypothese mit einer Irrtumswahrscheinlichkeit $\alpha = 0,01$ abgelehnt werden kann für

a) $n = 100$;   b) $n = 1\,000$;   c) $n = 10\,000$?

18. Vorzeichen- und Rang(summen)-Tests

B 18.1 Bei 300 zufällig ausgewählten Personen wurden die Reaktionszeiten auf zwei verschiedene Reizsignale gemessen. Dabei waren bei 141 Personen die Reaktionszeiten auf das zweite Signal (y_i) größer und bei 159 kleiner als auf das erste Signal (x_i).

Testen Sie mit $\alpha = 0{,}05$ die Nullhypothese H_0, dass die Reaktionszeit Y auf das zweite Signal mit Wahrscheinlichkeit $\frac{1}{2}$ größer und mit Wahrscheinlichkeit $\frac{1}{2}$ kleiner ist als die Reaktionszeit X auf das erste Signal. Die Alternative bedeutet, dass positive und negative Differenzen verschiedene Wahrscheinlichkeiten besitzen.

Lösung:

Mit der stetigen Zufallsvariablen der Differenz $D = Y - X$ lautet die Nullhypothese $\quad H_0: \ P(D > 0) = P(D < 0) = \frac{1}{2}$.

Wegen der Stetigkeit der Zufallsvariablen ist $P(D = 0) = 0$.

Die Alternative lautet $\quad H_1: P(D > 0) \neq P(D < 0)$.

Als Testgröße dient die Anzahl $v_{300}^+ = 141$ der positiven Differenzen $y_i - x_i > 0$, also die Anzahl der Personen, bei denen die Reaktionszeit auf das zweite Signal größer ist als auf das erste Signal.

Bei richtiger Nullhypothese H_0 ist jede einzelne Differenz mit Wahrscheinlichkeit $\frac{1}{2}$ positiv. Dann ist die Zufallsvariable V_{300}^+ binomialverteilt mit den Parametern $n = 300$ und $p = \frac{1}{2}$.

Damit kann der Test zurückgeführt werden auf den zweiseitigen Test der Wahrscheinlichkeit $p = \frac{1}{2}$ (s. Seite 206). Man nennt den Test auch Vorzeichentest. Aus der Symmetrie der Verteilung von V_{300}^+ erhält man den

Ablehnungsbereich von H_0: $\quad v_{300}^+ \leq k(\frac{\alpha}{2}) \quad$ oder $\quad v_{300}^+ \geq 300 - k(\frac{\alpha}{2})$;

$k = k\left(\frac{\alpha}{2}\right)$ maximal mit $\displaystyle\sum_{i=0}^{k} \binom{300}{i} \cdot \frac{1}{2^{300}} \leq \frac{\alpha}{2}$.

Mit der Normalverteilungsapproximation erhält man

$$\sum_{i=0}^{k} \binom{300}{i} \cdot \frac{1}{2^{300}} \approx \Phi\left(\frac{k - 150 + 0{,}5}{\sqrt{75}}\right) = \frac{\alpha}{2} = 0{,}025.$$

$k = k(0{,}025) \approx 149{,}5 + \sqrt{75} \cdot z_{0,025} = 149{,}5 - \sqrt{75} \cdot z_{0,975}$;

$k = 132$ (abgerundet);

wegen $k < v_{300}^+ < 300 - k$ kann H_0 nicht abgelehnt werden.

Vorzeichen-Test bei stetigen Zufallsvariablen (ohne Bindungen):
Die Zufallsvariable D sei stetig. Daher gilt $P(D = 0) = 0$. Bei richtiger Nullhypothese

$$H_0: P(D > 0) = P(D < 0) = \frac{1}{2}$$

ist die Zufallsvariable V_n^+ der Anzahl der positiven Stichprobenwerte d_i in einer Stichprobe vom Umfang n binomialverteilt mit den Parametern n (Stichprobenumfang) und $p = 0{,}5$. Dann gilt

$$P(V_n^+ = k) = \binom{n}{k} \cdot \frac{1}{2^n} \quad \text{für} \quad k = 0, 1, \ldots, n.$$

Die kritischen Grenzen werden bestimmt aus

$$k(\alpha) \text{ maximal mit } \sum_{i=0}^{k(\alpha)} \binom{n}{i} \cdot \frac{1}{2^n} = 1 - F_{(2(k+1),\,2(n-k))}\left(\frac{n-k}{k+1}\right) \le \alpha.$$

Wegen der Symmetrie der Verteilung von V_n^+ erhält man die

Testentscheidungen:

Nullhypothese H_0	Alternative H_1	Ablehnungsbereich von H_0
$P(D > 0) = P(D < 0)$	$P(D > 0) \ne P(D < 0)$	$v_n^+ \le k(\frac{\alpha}{2})$ oder $v_n^+ \ge n - k(\frac{\alpha}{2})$
$P(D > 0) \le P(D < 0)$	$P(D > 0) > P(D < 0)$	$v_n^+ \ge n - k(\alpha)$
$P(D > 0) \ge P(D < 0)$	$P(D > 0) < P(D < 0)$	$v_n^+ \le k(\alpha)$

Bindungen
Wegen der Stetigkeit treten in der Stichprobe verschwindende Werte (Bindungen) nur mit Wahrscheinlichkeit 0 auf. Sie sind auf das Runden zurückzuführen. Diese Nullwerte können zufällig (gleichwahrscheinlich) auf die Gruppen der positiven und negativen Stichprobenwerte aufgeteilt werden. Sie können aber auch weggelassen werden. Dann wird der Test mit dem reduzierten Stichprobenumfang durchgeführt.

Normalverteilungsapproximation
Für $n > 36$ kann die Normalverteilungsapproximation benutzt werden.

$$E(V_n^+) = \frac{n}{2}; \quad Var(V_n^+) = \frac{n}{4};$$

$$P(V_n^+ \le k(\alpha)) \approx \Phi\left(\frac{k(\alpha) + 0{,}5 - \frac{n}{2}}{0{,}5 \cdot \sqrt{n}}\right);$$

$$k(\alpha) \approx \frac{n}{2} - 0{,}5 + \frac{\sqrt{n}}{2} \cdot z_\alpha = \frac{n}{2} - 0{,}5 - \frac{\sqrt{n}}{2} \cdot z_{1-\alpha} \quad \text{für } n > 36.$$

Beim Test des **Medians** einer stetigen Verteilung (S. 238) wird der Vorzeichentest benutzt.

B 18.2 Es besteht die Vermutung, dass auf Dauer bei mehr als der Hälfte der Personen die Reaktionszeit auf ein bestimmtes Signal durch den Genuss einer bestimmten Menge Alkohol um mindestens 0,5 Sekunden erhöht wird.

Formulieren Sie die Nullhypothese H_0 und Alternative H_1.

a) Zum Test wurde bei 100 Personen die Reaktionszeit im nüchternen Zustand und eine halbe Stunde nach dem Alkoholkonsum gemessen. Bei 57 Personen war die Reaktionszeit nach dem Alkoholkonsum um mindestens 0,5 Sekunden größer. Kann mit diesem Ergebnis die Vermutung mit $\alpha = 0,05$ signifikant nachgewiesen werden?

b) Die Reaktionszeiten werden bei 1 000 Personen festgestellt. Bei wie vielen Personen muss sich die Reaktionszeit um mindestens 0,5 Sekunden erhöhen, damit die obige Vermutung mit $\alpha = 0,01$ signifikant bestätigt werden kann?

Lösung:

X sei die Reaktionszeit im nüchternen Zustand und Y die Reaktionszeit nach dem Alkoholgenuss. Mit $D = Y - X - 0,5$ ist

$$H_0: \ P(D > 0) \le \tfrac{1}{2} \quad \text{gegen} \quad P(D > 0) > \tfrac{1}{2}$$

zu testen.

a) Für den einseitigen Vorzeichentest lautet die Testgröße

$57 = v_{100}^+$; Ablehnungsbereich: $v_{100}^+ \ge 100 - k(0,05)$.

Mit der Normalverteilungsapproximation erhält man

$$k(0,05) \approx \frac{100}{2} - 0,5 - \frac{\sqrt{100}}{2} \cdot z_{0,95} = 49,5 - 5 \cdot z_{0,95};$$

$k(0,05) = 41$ (abgerundet); $100 - k(0,05) = 59$.

wegen $v_{100}^+ < 59$ kann die Vermutung mit diesem Stichprobenergebnis nicht signifikant bestätigt werden.
Das Ergebnis kann auf den Zufall zurückgeführt werden.

b) Testgröße $v_{1\,000}^+$; Ablehnungsbereich: $v_{1\,000}^+ \ge 1000 - k(0,01)$.

$$k(0,01) \approx \frac{1\,000}{2} - 0,5 - \frac{\sqrt{1\,000}}{2} \cdot z_{0,99};$$

$k(0,01) = 462$ (abgerundet);

$v_{1\,000}^+ \ge 1000 - k(0,01) = 538$.

Vorzeichen-Test bei diskreten Zufallsvariablen (mit Bindungen):
Bei diskreten Verteilungen kann die Wahrscheinlichkeit $P(D = 0)$ von
Null verschieden sein. In diesem Fall kann die Nullhypothese

$$H_0: \quad P(D > 0) = P(D < 0)$$

zwei- und einseitig getestet werden. Hier empfiehlt es sich, alle Stichprobenwerte, die verschwinden, wegzulassen und mit der Reststichprobe
den Test auf S. 278 durchzuführen. Dann bleibt der Test konservativ,
d.h. die Irrtumswahrscheinlichkeit 1. Art wird dadurch nicht vergrößert.
Im Falle $P(D > 0) = P(D < 0)$ sind die beiden übereinstimmenden
Wahrscheinlichkeiten zwar nicht gleich $\frac{1}{2}$. Durch das Weglassen der Bindungen erhält man jedoch aus H_0 die bedingten Wahrscheinlichkeiten

$$P(D > 0 \,|\, D \neq 0) = P(D < 0 \,|\, D \neq 0) = \frac{1}{2}.$$

Diese Eigenschaft rechtfertigt die Anwendung des Vorzeichentests für
stetige Zufallsvariablen auf die restliche Stichprobe.

Symmetrie-Test (Vorzeichen-Rangtest nach Wilcoxon)
im stetigen Fall (ohne Bindungen):
Getestet werden soll für eine **stetige** Zufallsvariable X die Nullhypothese
H_0: die Verteilung von X ist symmetrisch zur Stelle ϑ_0.
Dann ist die Zufallsvariable $Y = X - \vartheta_0$ symmetrisch um 0 verteilt, d.h.
Y und $-Y$ besitzen die gleiche Verteilung.

Zum Test berechnet man aus einer Stichprobe $x = (x_1, x_2, \ldots, x_n)$ die
transformierte Stichprobe

$$y = x - \vartheta_0 = (x_1 - \vartheta_0, x_2 - \vartheta_0, \ldots, x_n - \vartheta_0) = (y_1, y_2, \ldots, y_n).$$

Wenn die Nullhypothese H_0 richtig ist, werden sich die positiven und
negativen Differenzen "ähnlich verhalten". Wegen der vorausgesetzten
Stetigkeit sind in der transformierten Stichprobe y mit Wahrscheinlichkeit eins alle n Werte voneinander und von Null verschieden. Dann
treten keine Bindungen auf. Die Beträge $|y_i|$ der transformierten Stich-
probe werden der Größe nach geordnet

$$|y_{(1)}| < |y_{(2)}| < \cdots < |y_{(n)}|.$$

Der Stichprobenwert y_i besitze in dieser Anordnung den Rang r_i (s. S.
36). Als Testgröße wird die Summe der Ränge w_n^+ der positiven y-
Werte bestimmt. Mit den Quantilen dieser Testgröße (s. Tab. 7) erhält
man die
Testentscheidung: Für $w_n^+ \leq w_{n;\frac{\alpha}{2}}^+$ oder $w_n^+ \geq \dfrac{n \cdot (n+1)}{2} - w_{n;\frac{\alpha}{2}}^+$

wird die Nullhypothese H_0 der Symmetrie zur Stelle ϑ_0 abgelehnt.

Normalverteilungsapproximation:

Für n > 20 eignet sich mit

$$E(W_n^+ \mid H_0) = \frac{n \cdot (n+1)}{4} \; ; \quad \text{Var}(W_n^+ \mid H_0) = \frac{n \cdot (n+1) \cdot (2n+1)}{24}$$

die Normalverteilungsapproximation

$$P(W_n^+ \le k) = P(W_n^+ \le k+0,5) \approx \Phi\left(\frac{k + 0,5 \; - \; \dfrac{n \cdot (n+1)}{4}}{\sqrt{\dfrac{n \cdot (n+1) \cdot (2n+1)}{24}}} \right).$$

Daraus erhält man

$$w_{n\,;\,\frac{\alpha}{2}}^+ \approx \frac{n \cdot (n+1)}{4} - 0,5 - z_{1-\frac{\alpha}{2}} \cdot \sqrt{\frac{n \cdot (n+1) \cdot (2n+1)}{24}} \; .$$

B 18.3 Der Fettgehalt [in %] von verschiedenen Wurstsorten wird mit zwei verschiedenen Verfahren bestimmt. Zum Test von

H_0: die Differenzen der beiden Messwerte sind symmetrisch um 0 verteilt

wurden bei 30 Messungen die jeweiligen Differenzen bestimmt:

$$1,82 \; ; \; -2,05 \; ; \quad 2,16 \; ; \quad 1,60 \; ; \; -0,85 \; ; \quad 2,54 \; ; \quad 2,83 \; ;$$
$$-1,05 \; ; \; -2,18 \; ; \quad 1,25 \; ; \quad 2,17 \; ; \quad 2,48 \; ; \; -1,23 \; ; \; -0,76 \; ;$$
$$-0,58 \; ; \quad 0,41 \; ; \quad 1,85 \; ; \; -3,15 \; ; \quad 4,24 \; ; \; -0,95 \; ; \quad 1,26 \; ;$$
$$0,74 \; ; \; -2,35 \; ; \; -4,21 \; ; \quad 3,85 \; ; \; -3,49 \; ; \quad 3,18 \; ; \; -1,29 \; ;$$
$$2,14 \; ; \quad 4,20 \; .$$

Führen Sie den Test mit $\alpha = 0,05$ durch.

Lösung:

Geordnete Stichprobe der Beträge:

0,41; 0,58; **0,74**; 0,76; 0,85; 0,95; 1,05; 1,23; **1,25**; **1,26**;
1,29; **1,60**; **1,82**; **1,85**; 2,05; **2,14**; **2,16**; **2,17**; 2,18; 2,35;
2,48; **2,54**; **2,83**; 3,15; **3,18**; 3,49; **3,85**; **4,20**; 4,21; **4,24**.

Die positiven y-Werte sind fett gekennzeichnet. Summation der Ränge ergibt die Rangsumme

$$w_{30}^+ = 1 + 3 + 9 + 10 + 12 + 13 + 14 + 16 + 17 + 18 + 21 + 22 + 23$$
$$+ \; 25 + 27 + 28 + 30 \; = 289 \, ;$$

aus Tab. 7 erhält man $w_{30\,;\,0,025}^+ = 137$;

wegen $137 = w_{30\,;\,0,025}^+ < w_{30}^+ < \dfrac{30 \cdot 31}{2} - w_{30\,;\,0,025}^+ = 328$

kann H_0 nicht abgelehnt werden.

Symmetrie-Test (Vorzeichen-Rangtest nach Wilcoxon)
im diskreten Fall (mit Bindungen):
Falls die Zufallsvariable X diskret ist, werden Stichprobenwerte mit gleichem Betrag, also Bindungen auftreten. Wenn $P(X = \vartheta_0) > 0$ ist, entstehen auch Nulldifferenzen $y_i = x_i - \vartheta_0 = 0$. Die **Nulldifferenzen werden weggelassen** und der Test mit dem reduzierten Stichprobenumfang durchgeführt.
Falls von den nichtverschwindenden y-Werten Beträge gleich sind, benutzt man **Durchschnittsränge**. Bei m verschiedenen Bindungsgruppen mit jeweils b_j ranggleichen Elementen gilt

$$E(W_n^+ \mid H_0) = \frac{n \cdot (n+1)}{4} \; ;$$

$$\mathrm{Var}(W_n^+ \mid H_0) = \frac{n \cdot (n+1) \cdot (2n+1)}{24} - \frac{1}{48} \sum_{j=1}^{m} (b_j^3 - b_j) \; .$$

Für $n > 25$ erhält man über die Normalverteilungsapproximation

$$w_{n\,;\,\frac{\alpha}{2}}^+ \approx \frac{n \cdot (n+1)}{4} - 0{,}5 - z_{1-\frac{\alpha}{2}} \cdot \sqrt{\frac{n \cdot (n+1) \cdot (2n+1)}{24} - \frac{1}{48} \sum_{j=1}^{m} (b_j^3 - b_j)}\,.$$

B 18.4 Der Stärkegehalt [in %] von Kartoffeln wurde mit zwei verschiedenen Verfahren bestimmt. Zum Test der Nullhypothese, dass die Differenzen der beiden Messwerte symmetrisch um 0 verteilt sind, wurden bei 25 Messungen die Differenzen bestimmt:

$-2,2$; $1,6$; $2,3$; $-2,5$; $-1,8$; $1,7$; $2,0$; $-2,1$;
$-1,6$; $-1,2$; $1,8$; $-1,9$; $-2,2$; $2,3$; $-1,2$; $1,1$;
$-1,4$; $1,5$; $-2,4$; $2,2$; $-1,7$; $-1,6$; $1,2$; $1,3$;
$-2,3$.

Führen Sie den Test mit $\alpha = 0{,}05$ mit Hilfe der Normalverteilungsapproximation durch.

Lösung:

In der geordneten Stichprobe der Beträge sind die positiven Stichprobenwerte fett gekennzeichnet.

1,1; 1,2; 1,2; **1,2**; **1,3**; 1,4; **1,5**; **1,6**; 1,6; 1,6; **1,7**; 1,7; 1,8; **1,8**; 1,9; **2,0**; 2,1; 2,2; 2,2; **2,2**; **2,3**; **2,3**; 2,3; 2,4; 2,5.

Die Durchschnittsränge lauten der Reihe nach
1; 3; 3; **3**; **5**; 6; **7**; **9**; 9; 9; **11,5**; 11,5; 13,5; **13,5**; 15; **16**; 17; 19; 19; **19**; **22**; **22**; 22; 24; 25.
Die Summe der markierten Durchschnittsränge ergibt die Testgröße
$w_{25}^+ = 129$.

Mit Bindungen gibt es 4 Dreier- und 2 Zweiergruppen, also

$$\frac{1}{48}\sum_{j=1}^{6}(b_j^3 - b_j) = \frac{1}{48}[4\cdot(3^3-3)+2\cdot(2^3-2)] = 2{,}25.$$

Damit erhält man das Quantil

$$w_{25\,;\,0,025}^{+} \approx \frac{25\cdot 26}{4} - 0{,}5 - z_{0,975}\cdot\sqrt{\frac{25\cdot 26\cdot 51}{24} - 2{,}25}\;;$$

$$w_{25\,;\,0,025}^{+} = 89 \;\; \text{(abgerundet)}; \;\; \frac{25\cdot 26}{2} - w_{25\,;\,\frac{\alpha}{2}}^{+} = 236\,;$$

wegen $\;w_{25\,;\,0,025}^{+} < w_{25}^{+} < \dfrac{25\cdot 26}{2} - w_{25\,;\,0,025}^{+} = 236$

kann die Nullhypothese der Symmetrie um die Stelle 0 nicht abgelehnt werden.

Test des Medians bei symmetrischen Verteilungen (Vorzeichen-Rangtest):

Voraussetzung: Die Verteilung ist symmetrisch mit dem unbekannten Median $\tilde{\mu}$ (Symmetrie-Stelle). Weil nicht nur die Anzahl der Vorzeichen, sondern auch die Ränge in die Testgröße eingehen, ist dieser Test effizienter als der gewöhnliche Vorzeichen-Test für den Median auf S. 238.

Von den Stichprobenwerten $y_i = x_i - \tilde{\mu}_0$ werden die Beträge der Größe nach angeordnet. Testgröße ist die Summe der Ränge w_n^{+} der positiven y-Werte. Zur Irrtumswahrscheinlichkeit α lauten die Testentscheidungen:

Nullhypothese H_0	Alternative H_1	Ablehnungsbereich von H_0
$\tilde{\mu} = \tilde{\mu}_0$	$\tilde{\mu} \neq \tilde{\mu}_0$	$w_n^{+} \leq w_{n\,;\,\alpha/2}^{+}$ oder $w_n^{+} \geq \dfrac{n(n+1)}{2} - w_{n\,;\,\alpha/2}^{+}$
$\tilde{\mu} \leq \tilde{\mu}_0$	$\tilde{\mu} > \tilde{\mu}_0$	$w_n^{+} \geq \dfrac{n(n+1)}{2} - w_{n\,;\,\alpha}^{+}$
$\tilde{\mu} \geq \tilde{\mu}_0$	$\tilde{\mu} < \tilde{\mu}_0$	$w_n^{+} \leq w_{n\,;\,\alpha}^{+}$

B 18.5 Von einer Maschine werden Konservendosen automatisch gefüllt. Dabei kann davon ausgegangen werden, dass die Zufallsvariable X des Gewichts (in Gramm) der Füllmenge symmetrisch um den unbekannten Median $\tilde{\mu}$ verteilt ist. Zum Test von

$H_0: \tilde{\mu} \le 500$ gegen $H: \tilde{\mu} > \tilde{\mu}_0$

wurde der Inhalt von 30 Dosen gewogen.

496,0 496,4 497,5 498,0 498,2 498,9 499,0 499,8 500,1 500,4
500,8 501,3 501,5 501,9 502,1 502,3 502,6 502,8 503,0 503,2
503,4 503,5 503,8 503,9 504,1 504,2 504,8 505,3 506,8 507,1

Der einseitige Test soll mit $\alpha = 0,01$ durchgeführt werden.

Zur Kontrolle soll der Test mit Hilfe der Normalverteilungsapproximation durchgeführt werden.

Lösung:

In der geordneten Stichprobe der Beträge der Differenzen $x_i - 500$ sind die positiven Differenzen fett gekennzeichnet.

0,1 0,2 **0,4** **0,8** 1,0 1,1 **1,3** **1,5** 1,8 **1,9**
2,0 **2,1** **2,3** **2,6** 2,5 **2,8** **3,0** **3,2** **3,4** **3,5**
3,6 **3,8** **3,9** **4,0** **4,1** **4,2** **4,8** **5,3** **6,8** **7,1**

Die positiven Differenzen besitzen die Rangzahlen

1 3 4 7 8 10 12 13 14 16 17 18 19 20 22 23 25 26 27
28 29 30

und die Rangsumme $w_{30}^+ = 372$;

aus Tab. 7 erhält man $w_{30\,;\,0,01}^+ = 120$;

Ablehnungsgrenze: $\dfrac{n \cdot (n+1)}{2} - w_{n\,;\,\alpha}^+ = \dfrac{30 \cdot 31}{2} - 120 = 345$;

wegen $w_{30}^+ \ge \dfrac{30 \cdot 31}{2} - w_{30\,;\,0,01}^+$ wird H_0 abgelehnt.

Normalverteilungsapproximation:

$$z_{\text{ber.}} = \frac{w_{30}^+ + 0,5 - \dfrac{n \cdot (n+1)}{4}}{\sqrt{\dfrac{n \cdot (n+1) \cdot (2n+1)}{24}}} = \frac{372 + 0,5 - \dfrac{30 \cdot 31}{4}}{\sqrt{\dfrac{30 \cdot 31 \cdot 61}{24}}} = 2,879568.$$

Wegen $z_{\text{ber.}} > z_{1-\alpha} = z_{0,99} = 2,326348$ wird H_0 abgelehnt.

Falls tatsächlich eine symmetrische Verteilung vorliegt, ist der Median (= Symmetrie-Stelle) signifikant größer als 500.

Wilcoxon-Rangsummen-Test (U-Test von Mann-Whitney-Test):
Bezüglich der unbekannten Verteilungsfunktionen F und G zweier unabhängiger **stetiger** Zufallsvariabler X und Y ist

$$H_0 : F(z) = G(z) \text{ für alle } z \in \mathbb{R}; \ H_1 : F(z) \neq G(z) \text{ für mindestens ein } z$$

zu testen. Dazu werden zwei unabhängige Stichproben vom Umfang n_1 und n_2 bezüglich der beiden Zufallsvariablen X und Y

$$(x_1, x_2, \dots, x_{n_1}) \quad \text{und} \quad (y_1, y_2, \dots, y_{n_2}).$$

zu einer einzigen Stichprobe

$$z = (x_1, x_2, \dots, x_{n_1}, y_1, y_2, \dots, y_{n_2}) = (z_1, z_2, \dots, z_n)$$

vom Umfang $n = n_1 + n_2$ zusammengefasst und in aufsteigender Rangfolge geordnet

$$z_{(1)} \leq z_{(2)} \leq z_{(3)} \leq \cdots \leq z_{(n_1 + n_2)}.$$

In der zusammengesetzten Stichprobe besitzen die Werte der beiden Ausgangsstichproben die Ränge $R(x_i)$ und $R(y_j)$ für $i = 1, 2, \dots, n_1$ und $j = 1, 2, \dots, n_2$. Als Testgröße benutzt man entweder die Summe aller Ränge $R(x_i)$ der x-Werte oder die Summe der Ränge $R(y_j)$ der y-Werte in der gesamten Stichprobe, also

$$w^{(1)}_{n_1; n_2} = \sum_{i=1}^{n_1} R(x_i); \quad w^{(2)}_{n_1; n_2} = \sum_{j=1}^{n_2} R(y_j).$$

In der Praxis entscheidet man sich für die Rangsumme der kürzeren Stichprobe. Dabei gilt

$$w^{(1)}_{n_1; n_2} + w^{(2)}_{n_1; n_2} = \frac{(n_1 + n_2) \cdot (n_1 + n_2 + 1)}{2}.$$

Mit den Quantilen der Testfunktion (Tab. 8) lautet die Testentscheidung: Ablehnungsbereich von H_0:

$$w^{(1)}_{n_1; n_2} \leq w^{(1)}_{n_1; n_2; \frac{\alpha}{2}} \quad \text{oder} \quad w^{(1)}_{n_1; n_2} \geq n_1(n_1 + n_2 + 1) - w^{(1)}_{n_1; n_2; \frac{\alpha}{2}}.$$

Normalverteilungsapproximation:

Für $n_1 \geq 4$; $n_2 \geq 4$ und $n_1 + n_2 \geq 25$ ist

$$\frac{W^{(1)}_{n_1; n_2} - \dfrac{n_1 \cdot (n_1 + n_2 + 1)}{2} + 0{,}5}{\sqrt{\dfrac{n_1 \cdot n_2 \cdot (n_1 + n_2 + 1)}{12}}}$$

ungefähr standardnormalverteilt mit

$$w^{(1)}_{n_1; n_2; \frac{\alpha}{2}} \approx \frac{n_1 \cdot (n_1 + n_2 + 1)}{2} - 0{,}5 - z_{1 - \frac{\alpha}{2}} \cdot \sqrt{\frac{n_1 \cdot n_2 \cdot (n_1 + n_2 + 1)}{12}}.$$

B 18.6 Bezüglich der stetigen Zufallsvariablen X und Y wurden folgende Stichproben gezogen:

x: 45,1 ; 48,2 ; 40,1 ; 52,5 ; 61,9 ; 59,3 ; 41,2 ; 52,7 ; 68,4 ; 49,6 ;
     54,7 ; 69,0 ; 53,5 ; 64,7 ; 42,1 ;

y: 65,1 ; 40,2 ; 51,7 ; 49,5 ; 41,3 ; 62,0 ; 45,9 ; 54,2 ; 48,4 ; 42,7 ; 59,9 ;
     46,4 ; 62,9 ; 56,4 ; 41,8 ; 48,5 ; 59,4 ; 47,4 ; 50,9 ; 41,6 .

Mit $\alpha = 0,05$ soll die Nullhypothese H_0 getestet werden, dass beide Zufallsvariablen die gleiche Verteilungsfunktion besitzen.

Lösung:

In der nachfolgenden der Größe nach geordneten Gesamtstichprobe sind die x - Werte markiert.

40,1; 40,2; **41,2**; 41,3; 41,6; 41,8; **42,1**; 42,7; **45,1**; 45,9;
46,4; 47,4; **48,2**; 48,4; 48,5; 49,5; **49,6**; 50,9; 51,7; **52,5**;
52,7; **53,5**; 54,2; **54,7**; 56,4; **59,3**; 59,4; 59,9; **61,9**; 62,0;
62,9; **64,7**; 65,1; **68,4**; **69,0** .

Es treten keine Bindungen auf. Die Werte der x - Stichprobe besitzen die Ränge

1 3 7 9 13 17 20 21 22 24 26 29 32 34 35

mit der Rangsumme $w^{(1)}_{15\,;\,20} = 293$; $n_1 = 15$; $n_2 = 20$ erhält man über die Normalverteilungsapproximation die Testgröße

$$z_{ber.} = \frac{w^{(1)}_{n_1\,;\,n_2} - \dfrac{n_1 \cdot (n_1 + n_2 + 1)}{2} + 0,5}{\sqrt{\dfrac{n_1 \cdot n_2 \cdot (n_1 + n_2 + 1)}{12}}}$$

$$= \frac{293 - \dfrac{15 \cdot 36}{2} + 0,5}{\sqrt{\dfrac{15 \cdot 20 \cdot 36}{12}}} = 0,783333 .$$

Wegen $|z_{ber.}| < z_{1-\frac{\alpha}{2}} = z_{0,975} = 1,959964$

kann die Nullhypothese H_0 der Gleichheit der beiden Verteilungsfunktionen nicht abgelehnt werden.

Normalverteilungsapproximation bei Bindungen:
Bei gleichen Stichprobenwerten werden Durchschnittsränge benutzt. Bei m Bindungsgruppen mit jeweils b_j ranggleichen Elementen gilt

$$E\left(W^{(1)}_{n_1\,;\,n_2}\right) = \frac{n_1 \cdot (n_1 + n_2 + 1)}{2} \; ;$$

$$\operatorname{Var}\left(W^{(1)}_{n_1;n_2}\right) = \frac{n_1 \cdot n_2}{12} \cdot \left(n_1 + n_2 + 1 - \frac{\sum\limits_{j=1}^{m}(b_i^3 - b_j)}{(n_1+n_2)\cdot(n_1+n_2-1)}\right).$$

Dann ist die Testgröße

$$\frac{W^{(1)}_{n_1;n_2} - \dfrac{n_1\cdot(n_1+n_2+1)}{2} + 0,5}{\sqrt{\dfrac{n_1\cdot n_2}{12}\cdot\left(n_1+n_2+1 - \dfrac{\sum\limits_{j=1}^{m}(b_i^3 - b_j)}{(n_1+n_2)\cdot(n_1+n_2-1)}\right)}}$$

näherungsweise standardnormalverteilt. Damit erhält man die Näherungswerte

$$w^{(1)}_{n_1;n_2} \approx \frac{n_1\cdot(n_1+n_2+1)}{2} - 0,5$$

$$- z_{1-\frac{\alpha}{2}}\cdot\sqrt{\frac{n_1\cdot n_2}{12}\cdot\left(n_1+n_2+1 - \frac{\sum\limits_{j=1}^{m}(b_i^3 - b_j)}{(n_1+n_2)\cdot(n_1+n_2-1)}\right)}.$$

Einseitige Wilcoxon-Rangsummen-Tests:
Mit dem Rangsummentest können auch einseitige Tests durchgeführt werden und zwar

a) $H_0: F(z) \leq G(z)$ gegen
   $H_1: F(z) \geq G(z)$ für alle z und $F(z) > G(z)$ für mindestens ein z;

b) $H_0: F(z) \geq G(z)$ gegen
   $H_1: F(z) \leq G(z)$ für alle z und $F(z) < G(z)$ für mindestens ein z.

Die Alternative H_1 bedeutet, dass die x-Werte (Verteilungsfunktion F) im Durchschnitt a) kleiner; b) größer als die y-Werte (Verteilungsfunktion G) sind.
Ablehnungsbereich von H_0:

a) $w^{(1)}_{n_1;n_2} \leq w^{(1)}_{n_1;n_2\,;\,\alpha}$; b) $w^{(1)}_{n_1;n_2} \geq n_1\cdot(n_1+n_2+1) - w^{(1)}_{n_1;n_2\,;\,\alpha}$.

A 18.1 Ein Ölkonzern behauptet, durch einen Zusatz im Benzin werde der Verbrauch gesenkt. Dazu wurden bei 30 verschiedenen Fahrzeugen der Verbrauch in l/100km einmal ohne und einmal mit dem Zusatz gemessen:

ohne Zusatz	9,5	8,2	8,9	9,2	12,5	9,9	11,2	12,4
mit Zusatz	9,2	8,4	8,4	9,1	12,9	9,6	10,8	12,5

10,5	13,4	10,4	10,9	11,8	10,5	12,1	11,7
10,2	13,5	10,2	11,0	11,5	10,0	11,4	11,1

7,9	8,4	9,5	11,7	12,5	10,8	9,8	11,9
8,1	8,0	9,6	11,2	11,8	10,5	10,3	11,1

14,2	8,7	9,5	10,8	12,1	13,1
13,4	8,4	9,8	10,1	12,3	13,5

Führen Sie jeweils mit $\alpha = 0,05$ folgende Tests durch:

a) Durch den Benzinzusatz sind Verbrauchserhöhungen und Verbrauchssenkungen gleichwahrscheinlich.

b) Die Differenz des Benzinverbrauchs mit und ohne Zusatz ist symmetrisch verteilt um 0.

c) Der Benzinzusatz hat eine signifikante Verbrauchssenkung zur Folge.

A 18.2 Der Alkoholgehalt im Blut [in Promille] wurde bei 10 Personen durch zwei verschiedene Verfahren bestimmt:

0,78	0,82	0,95	0,85	0,58	1,20	1,12	0,40	0,31	0,21
0,81	0,78	0,97	0,91	0,57	1,29	1,07	0,30	0,38	0,29

a) Testen Sie mit $\alpha = 0,05$ die Nullhypothese H_0: positive und negative Differenzen sind gleichwahrscheinlich.

b) Testen Sie mit $\alpha = 0,05$ die Nullhypothese H_0: die Differenz der Messwerte ist um 0 symmetrisch verteilt.

A 18.3 Bei einer Prüfung wurden von 0 bis 30 Punkte vergeben. Die Ergebnisse von 15 Prüfungen lauteten:

18; 5; 19; 9; 11; 25; 16; 28; 2; 30; 23; 4; 21; 17; 7.

Führen Sie jeweils mit $\alpha = 0,05$ folgende zweiseitigen Tests durch:

a) Die Wahrscheinlichkeit, dass die Punktezahl größer als 15,5 ist, ist gleich der Wahrscheinlichkeit für eine Punktzahl kleiner als 15,5.

b) Die Punktezahl ist symmetrisch um 15,5 verteilt.

A 18.4 Zur Überprüfung der Wirksamkeit eines Düngers wurden von 25 gleich großen Parzellen 15 gedüngt, während 10 nicht gedüngt wurden. Dabei erhielt man folgende Erträge [in kg]

ohne D.	30	41	38	45	48	51	49	32	43	46					
mit D.	48	35	42	36	55	39	51	45	48	56	59	51	39	45	51

Testen Sie mit $\alpha = 0,05$, ob die Düngung einen signifikanten Einfluss auf den Ertrag hat.

Lösungen der Aufgaben

1. Merkmale und Skalierung

A 1.1 Geschlecht, Beruf, Konfession: diskret, qualitativ, nominal;
Körpergröße auf ganze cm gerundet: diskret, quantitativ, kardinal;
Fettanteil einer Wurstsorte (exakt gemessen): stetig, quantitativ, kardinal;
Anzahl der Kinder einer Familie: diskret, quantitativ, kardinal;
Platzziffern der Tanzpaare in einem Tanzturnier: diskret, quantitativ, ordinal;
Studiendauer (in Semestern): diskret, quantitativ, kardinal;
Güteklassen I, II, III, IV von Lebensmitteln: diskret, qualitativ, ordinal;
Lebensdauer von Glühlampen: stetig, quantitativ, kardinal;
Farbe eines Teppichbodens: diskret, qualitativ, nominal;
Gewicht eines Apfels: stetig, quantitativ, kardinal;
Konzentration einer Salzlösung: stetig, quantitativ, kardinal;
Weizenertrag pro Hektar: stetig, quantitativ, kardinal;
Gehalt (in EURO) der Angestellten in einem Betrieb: diskret, quantitativ, kardinal.

A 1.2 Das Merkmal ist nur ordinal. Die Merkmalswerte sind zwar quantitativ. Doch sind die Unterschiede zwischen den einzelnen Punktezahlen nicht miteinander vergleichbar.

A 1.3 Das Merkmal ist nur ordinal, weil die Unterschiede nicht gemessen werden können.

2. Eindimensionale Stichproben

A 2.1 Stichprobenumfang: $n = 35$;

Häufigkeitstabelle:

Augenzahl	1	2	3	4	5	6
absolute Häufigkeit	3	4	6	8	7	7
relative Häufigkeit	0,086	0,114	0,171	0,229	0,200	0,200
Summenhäufigkeit	0,086	0,200	0,371	0,600	0,800	1,000

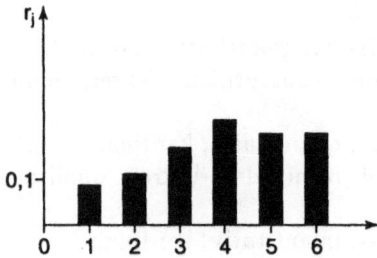

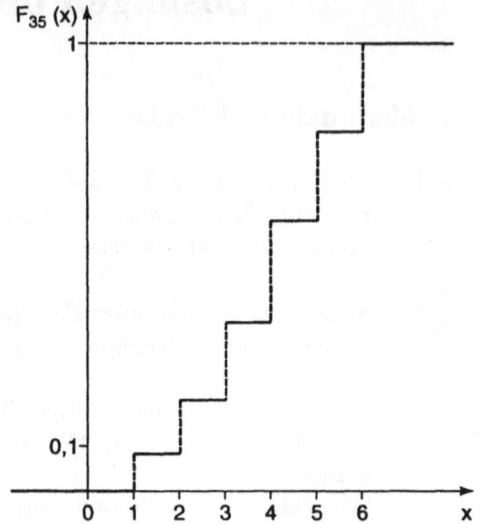

Geordnete Stichprobe:

1 1 1 **2** 2 2 2 3 3 3 3 3 3 **4** 4 4 4 **4** 4 4 4 5 5 5 5 5 5 **5** 6 6 6 6 6 6 6.

Der 18. Stichprobenwert ist der Median, also $\tilde{x} = x_{(18)} = 4$;

$q = 0,1$: $n \cdot q = 3,5$; daher ist der 4. Wert das 0,1-Quantil $\tilde{x}_{0,1} = 2$;

$q = 0,8$: $n \cdot q = 28$; daher sind der 28. und 29. Wert gleichzeitig 0,8-Quantile: $\tilde{x}_{0,8} = 5$ und $\tilde{x}_{0,8} = 6$;

Mittelwert: $\bar{x} = \frac{1}{35}(3 \cdot 1 + 4 \cdot 2 + 6 \cdot 3 + 8 \cdot 4 + 7 \cdot 5 + 7 \cdot 6) = 3,943$.

$$\sum_{i=1}^{35} x_i^2 = 3 \cdot 1^2 + 4 \cdot 2^2 + 6 \cdot 3^2 + 8 \cdot 4^2 + 7 \cdot 5^2 + 7 \cdot 6^2 = 628;$$

$$s^2 = \frac{1}{34}(628 - 35 \cdot 3,943^2) = 2,466; \quad s = \sqrt{2,467} = 1,57.$$

A 2.2 $n = 100$;

Klasse	relative Häufigkeit	Rechtecks-höhe	relative Summenhäufigkeit
$(0\,;50]$	0,18	0,0036	0,18
$(50\,;75]$	0,15	0,0060	0,33
$(75\,;85]$	0,15	0,0150	0,48
$(85\,;100]$	0,17	0,0113	0,65
$(100\,;150]$	0,35	0,0070	1,00
Summe	1,00		

a)

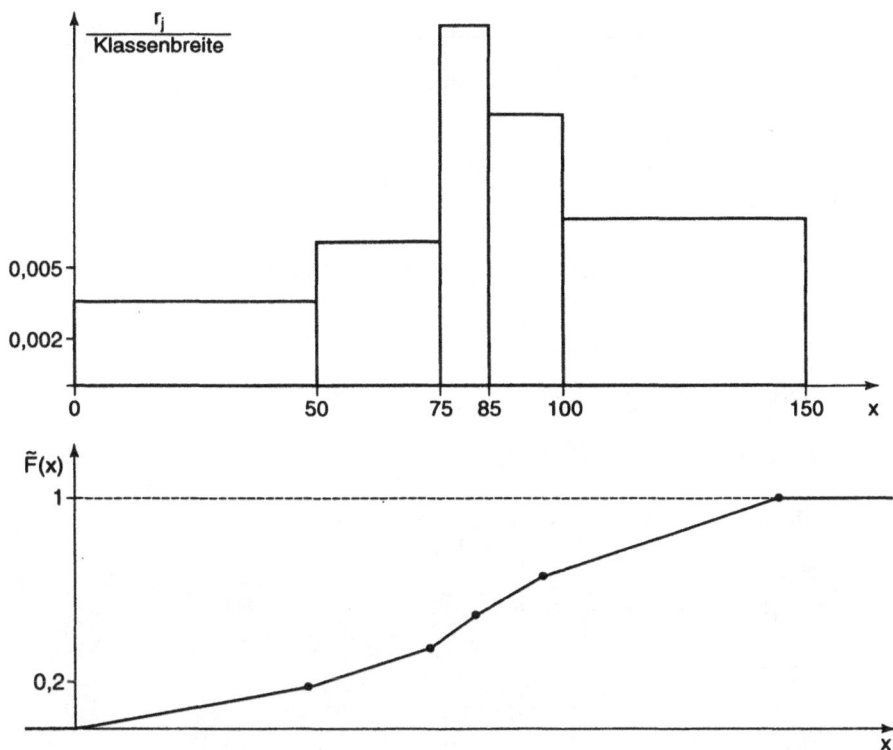

b) Der Median $\tilde{x}$ liegt in der Klasse $(85\,;100]$. Für den Abstand x zur linken Klassengrenze 80 gilt $x:15 = 0{,}02:0{,}17$; $x = 1{,}76$. $\tilde{x} \approx 86{,}76$.

Das 0,1-Quantil liegt in der Klasse $(0\,;50]$. Den Abstand x von 0 erhält man $x:50 = 0{,}1:0{,}18$ mit $x = 27{,}78$, also $\tilde{x}_{0,1} \approx 27{,}78$.

Das 0,75-Quantil liegt in der Klasse $(100\,;150]$. Für den Abstand x von 100 erhält man: $x:50 = 0{,}1:0{,}35$ mit $x = 14{,}28$, also $\tilde{x}_{0,75} \approx 114{,}28$.

A 2.3 $q_1 = 1{,}05$; $q_2 = 1{,}035$; $q_3 = 1{,}025$; $q_4 = 1{,}04$; $q_5 = 1{,}039$.

$$q = \sqrt[5]{q_1 \cdot q_2 \cdot \ldots \cdot q_5} = \sqrt[5]{1{,}05 \cdot 1{,}035 \cdot 1{,}025 \cdot 1{,}04 \cdot 1{,}039}$$

$= 1{,}037768$ (geometrisches Mittel);

durchschnittliche Gehaltserhöhung: $p = 100 \cdot (q - 1) = 3{,}7768 \%$.

A 2.4 a) $\bar{p} = \frac{1}{5}(438{,}5 + 439{,}8 + 436{,}2 + 440{,}2 + 441{,}3) = 439{,}2 \in$

(arithmetisches Mittel);

b) $\bar{p}_h = \dfrac{1}{\frac{1}{5}\left(\frac{1}{438{,}5} + \frac{1}{439{,}8} + \frac{1}{436{,}2} + \frac{1}{440{,}2} + \frac{1}{441{,}3}\right)} = 439{,}193 \in$

(harmonisches Mittel).

A 2.5 Weil die Bedingung $\bar{x}_h < \bar{x}_g < \bar{x}$ verletzt wäre.

A 2.6 $1{,}05 = \sqrt[4]{1{,}03 \cdot 1{,}035 \cdot 1{,}04 \cdot q_4}$; $1{,}03 \cdot 1{,}035 \cdot 1{,}04 \cdot q_4 = 1{,}05^4$;

$q_4 = 1{,}096343$; $p_4 = 100 \cdot (q_4 - 1) = 9{,}6343 \ \%$.

A 2.7 a) $\bar{v} = \frac{1}{5}(40 + 46 + 49 + 53 + 55) = 48{,}60$

(arithmetisches Mittel);

b) $\bar{v}_h = \dfrac{1}{\frac{1}{5}\left(\frac{1}{40} + \frac{1}{46} + \frac{1}{49} + \frac{1}{53} + \frac{1}{55}\right)} = 47{,}9860$

(harmonisches Mittel);

c) $\bar{v}_h^w = \dfrac{1}{\sum\limits_{i=1}^{5} \frac{w_i}{v_i}} = \dfrac{1}{\frac{0{,}2}{40} + \frac{0{,}25}{46} + \frac{0{,}3}{49} + \frac{0{,}15}{53} + \frac{0{,}1}{55}} = 47{,}1574$

(gewichtetes harmonisches Mittel).

A 2.8 Mit dem gesamten Stichprobenumfang $n = \sum\limits_{j=1}^{r} n_j$ gilt

$$\bar{z} = \sum_{j=1}^{r} \frac{n_j}{n} \cdot \bar{y}_j ; \quad s_z^2 = \frac{1}{n-1}\left[\sum_{j=1}^{r}(n_j - 1) \cdot s_j^2 + \sum_{j=1}^{r} n_j \cdot \bar{y}_j^2 - n \cdot \bar{z}^2\right].$$

A 2.9 $s^2 = \frac{1}{999}(15\,875\,431{,}25 - 1000 \cdot 105{,}22^2) = 4\,808{,}99$.

Nach dem Steinerschen Verschiebungssatz gilt

$$\frac{1}{n-1} \sum_{i=1}^{n} (x_i - \tilde{x})^2 = \frac{1}{n-1} \sum_{i=1}^{n} (x_i - \bar{x})^2 + \frac{n}{n-1} \cdot (\bar{x} - \tilde{x})^2$$

$$= s^2 + \frac{n}{n-1} \cdot (\bar{x} - \tilde{x})^2$$

$$= 4\,808{,}99 + \frac{1000}{999} \cdot (105{,}22 - 108{,}4)^2$$

$$= 4\,819{,}11.$$

A 2.10 Die Sprungstellen 1; 3 und 5 sind die Werte der Stichprobe, die Sprunghöhen $r_1 = 0{,}2$, $r_2 = 0{,}3$, $r_3 = 0{,}5$ die relativen Häufigkeiten:

a) $\bar{x} = \frac{1}{n}\sum_{i=1}^{n} h_i \cdot x_i = \sum_{i=1}^{n} r_i \cdot x_i = 0{,}2 \cdot 1 + 0{,}3 \cdot 3 + 0{,}5 \cdot 5 = 3{,}6.$

b) Da die Verteilungsfunktion F den Wert 0,5 auf einer Treppenstufe annimmt, sind die Endpunkte Mediane, also $\tilde{x} = 3$ und $\tilde{x} = 5$.

c) Die Verteilungsfunktion F nimmt den Wert $q = 0{,}2$ an. Daher sind $\tilde{x}_{0,2} = 1$ und $\tilde{x}_{0,2} = 3$ beides 0,2-Quantile.
F nimmt den Wert 0,9 nicht an. $\tilde{x}_{0,90} = 5$ ist das 0,90-Quantil.

A 2.11 $\bar{x} = \frac{1}{n}\sum_{i=1}^{n} x_i = 15;$

$$s^2 = \frac{1}{n-1}\left[\sum_{i=1}^{n} x_i^2 - n \cdot \bar{x}^2\right] = \frac{1}{9}\left[2\,250 - 10 \cdot 15^2\right] = 0.$$

Alle 10 Stichprobenwerte sind gleich 15.

A 2.12 Differenziation der Funktion f(c) nach c liefert die Bestimmungsgleichung

$$f'(c) = -2\sum_{i=1}^{n}(x_i - c) = 0;$$

$$\sum_{i=1}^{n}(x_i - c) = 0 \quad \text{ergibt} \quad \sum_{i=1}^{n} x_i = n \cdot c;$$

$$c = \frac{1}{n}\sum_{i=1}^{n} x_i = \bar{x};$$

zweite Ableitung: $f''(c) = 2\sum_{i=1}^{n} 1 = 2n > 0 \quad \Rightarrow \quad$ Minimum.

Daraus folgt für die Varianz

$$s_x^2 \le \frac{1}{n-1}\sum_{i=1}^{n}(x_i - c)^2 \quad \text{für jede Konstante c, insbesondere}$$

$$s_x^2 \le s_{\tilde{x}}^2 = \frac{1}{n-1}\sum_{i=1}^{n}(x_i - \tilde{x})^2.$$

3. Zweidimensionale Stichproben

A 3.1 $\displaystyle\sum_{i=1}^{10} x_i = 3,46;\quad \sum_{i=1}^{10} y_i = 12,06;\quad \bar{x} = 0,346;\quad \bar{y} = 1,206;$

$\displaystyle\sum_{i=1}^{10} x_i^2 = 1,6402;\quad \sum_{i=1}^{10} y_i^2 = 16,4136;$

$s_x^2 = \frac{1}{9}(1,6402 - 10 \cdot 0,346^2) = 0,049227;$

$s_y^2 = \frac{1}{9}(16,4136 - 10 \cdot 1,206^2) = 0,207693;$

$\displaystyle\sum_{i=1}^{10} x_i \cdot y_i = 5,0805;\quad s_{xy} = \frac{1}{9}(5,0805 - 10 \cdot 0,346 \cdot 1,206) = 0,100860;$

$r = \dfrac{s_{xy}}{s_x \cdot s_y} = 0,997488;$

$Q^2 = 9 \cdot 0,207693 \cdot (1 - 0,997488^2) = 0,009379;$

Regressionsgerade: $\hat{y} - \bar{y} = \dfrac{s_{xy}}{s_x^2} \cdot (x - \bar{x});$

$\hat{y} - 1,206 = \dfrac{0,100860}{0,049227} \cdot (x - 0,346);$

$\hat{y} = 2,048876\,x + 0,497089.$

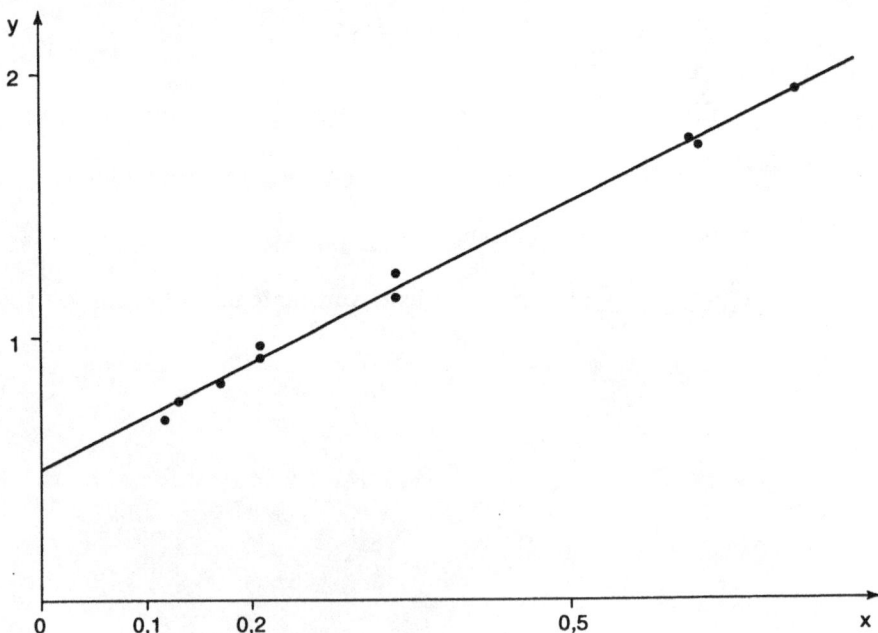

A 3.2 $\bar{x} = 140{,}141$; $s_x^2 = \frac{1}{999}(22\,214\,719 - 1000 \cdot 140{,}141^2) = 2\,577{,}7969$;

$\bar{y} = 42{,}151$; $s_y^2 = \frac{1}{999}(1\,948\,215 - 1000 \cdot 42{,}151^2) = 171{,}6799$;

$s_{xy} = \frac{1}{999}(6\,309\,452 - 1000 \cdot 140{,}141 \cdot 42{,}151) = 402{,}7715$;

a) $r = \dfrac{s_{xy}}{s_x \cdot s_y} = \dfrac{402{,}7715}{\sqrt{2\,577{,}7969 \cdot 171{,}6799}} = 0{,}605445$;

b) $b = \dfrac{s_{xy}}{s_x^2} = \dfrac{402{,}7715}{2\,577{,}7969} = 0{,}156246$;

$\hat{y} - 42{,}151 = 0{,}156246 \cdot (x - 140{,}141)$;

$\hat{y} = 0{,}156246\,x + 20{,}254472$;

$Q^2 = (n - 1) \cdot s_y^2 \cdot (1 - r^2)$

$= 999 \cdot 171{,}6799 \cdot (1 - 0{,}605445^2) = 108\,639{,}54$;

c) $b = \dfrac{s_{xy}}{s_y^2} = \dfrac{402{,}7715}{171{,}6799} = 2{,}346061$;

$\hat{x} - 140{,}141 = 2{,}346061 \cdot (y - 42{,}151)$;

$\hat{x} = 2{,}346061\,y + 41{,}25$.

$Q^2 = (n - 1) \cdot s_x^2 \cdot (1 - r^2)$

$= 999 \cdot 2\,577{,}7969 \cdot (1 - 0{,}605445^2) = 1\,631\,237{,}39$,

A 3.3 Rangzahlen

Vorlesung:	1	2	3	4	5	6
$R(x_i)$	1	3	5	2	6	4
$R(y_i)$	4	6	3	1	5	2
$R(z_i)$	1,5	3,5	5	1,5	3,5	6

a) Da in den Rängen der x- und y- Werte keine Bindungen (gleiche Durchschnittsränge) auftreten, kann folgende einfachere Formel benutzt werden

$$r_S = 1 - \frac{6 \sum\limits_{i=1}^{n} [\,R(x_i) - R(y_i)\,]^2}{n \cdot (n^2 - 1)} = 1 - \frac{6 \cdot 28}{6 \cdot (36 - 1)} = 0{,}20.$$

b) Da in den Rängen der z-Werte Bindungen vorhanden sind, muss der Korrelationskoeffizient nach der Ausgangsformel berechnet werden.

$$\sum_{i=1}^{6} R^2(y_i) = 91; \quad \sum_{i=1}^{6} R^2(z_i) = 90; \quad \sum_{i=1}^{6} R(y_i) \cdot R(z_i) = 73;$$

$$r_S = \frac{\sum\limits_{i=1}^{n} R(y_i) \cdot R(z_i) - \frac{n}{4}(n+1)^2}{\sqrt{\left(\sum\limits_{i=1}^{n} R^2(y_i) - \frac{n}{4}(n+1)^2\right) \cdot \left(\sum\limits_{i=1}^{n} R^2(z_i) - \frac{n}{4}(n+1)^2\right)}}$$

$$= \frac{73 - \frac{6}{4} \cdot 7^2}{\sqrt{(91 - \frac{6}{4} \cdot 7^2) \cdot (90 - \frac{6}{4} \cdot 7^2)}} = -0,029424.$$

A 3.4 Mit $w_i = \sqrt{x_i}$ erhält man die transformierte Stichprobe

w_i	$\sqrt{1,1}$	$\sqrt{1,6}$	$\sqrt{2,0}$	$\sqrt{2,5}$	$\sqrt{3,1}$	$\sqrt{3,5}$	$\sqrt{4,0}$	$\sqrt{5,0}$
y_i	5,1	5,8	6,1	6,4	6,2	6,9	7,4	8,1

Damit ist die Regressionsgerade von y bezüglich w gesucht, also

$$\hat{y} = a + b \cdot w;$$

$$\overline{w} = 1,647081; \quad \sum_{i=1}^{8} w_i^2 = \sum_{i=1}^{8} x_i = 22,8;$$

$$s_w^2 = \frac{1}{7}(22,8 - 8 \cdot 1,647081^2) = 0,156713;$$

$$\overline{y} = 6,5; \quad \sum_{i=1}^{8} y_i^2 = 344,24; \quad s_y^2 = \frac{1}{7}(344,24 - 8 \cdot 6,5^2) = 0,891429;$$

$$\sum_{i=1}^{8} w_i \cdot y_i = 88,168496;$$

$$s_{wy} = \frac{1}{7}(88,168496 - 8 \cdot 1,647081 \cdot 0,891424) = 0,360038;$$

$$b = \frac{s_{wy}}{s_w^2} = \frac{0,360038}{0,156712} = 2,297449;$$

$$\hat{y} - 6,5 = 2,297449 \cdot (w - 1,647081);$$

$$\hat{y} = 2,297449\, w + 2,715915;$$

Lösung: $\hat{y} = 2,297449 \cdot \sqrt{x} + 2,715915.$

A 3.5 Kontingenztafel der Rangzahlen

		Prüfer II (Y)			
		18,5	55,5	87,5	Summe
(X)	20,5	30	8	2	40
Prüfer I	58	6	25	4	35
	88	0	5	20	25
Summe		36	38	26	100

$$\sum_{i=1}^{100} R^2(x_i) = 40 \cdot 20,5^2 + 35 \cdot 58^2 + 25 \cdot 88^2 = 328\,150\,;$$

$$\sum_{i=1}^{100} R^2(y_i) = 36 \cdot 18,5^2 + 38 \cdot 55,5^2 + 26 \cdot 87,5^2 = 328\,433\,;$$

$$\sum_{i=1}^{100} R(x_i) \cdot R(y_i) =$$

$$20,5 \cdot (30 \cdot 18,5 + 8 \cdot 55,5 + 2 \cdot 87,5) + 58 \cdot (6 \cdot 18,5 + 25 \cdot 55,5 + 4 \cdot 87,5)$$

$$+ \; 88 \cdot (0 \cdot 18,5 + 5 \cdot 55,5 + 20 \cdot 87,5) = \; 309\,700\,;$$

$$\frac{n}{4} \cdot (n+1)^2 = 25 \cdot 101^2 = 255\,025\,;$$

$$r_S = \frac{309\,700 - 255\,025}{\sqrt{(328\,150 - 255\,025) \cdot (328\,433 - 255\,025)}} = 0,74625\,.$$

A 3.6 $\sum_{i=1}^{150} x_i \cdot y_i = 150 \cdot 154,5 \cdot 74,8 = 1\,733\,490.$

A 3.7 $Q^2(b_0, b_1, b_2) = \sum_{i=1}^{n} (y_i - b_0 - b_1 x_i - b_2 x_i^2)^2 \; \rightarrow \; \min.$

Partielle Ableitung nach den drei Variablen ergibt die Gleichungen

$$\frac{\partial Q^2(b_0, b_1, b_2)}{\partial b_0} = -2 \sum_{i=1}^{n} (y_i - b_0 - b_1 x_i - b_2 x_i^2) = 0$$

$$\frac{\partial Q^2(b_0, b_1, b_2)}{\partial b_1} = -2 \sum_{i=1}^{n} x_i \cdot (y_i - b_0 - b_1 x_i - b_2 x_i^2) = 0$$

$$\frac{\partial Q^2(b_0, b_1, b_2)}{\partial b_2} = -2 \sum_{i=1}^{n} x_i^2 \cdot (y_i - b_0 - b_1 x_i - b_2 x_i^2) = 0\,.$$

Hieraus folgt

$$0 = \sum_{i=1}^{n} y_i - b_0 \cdot n - b_1 \cdot \sum_{i=1}^{n} x_i - b_2 \cdot \sum_{i=1}^{n} x_i^2$$

$$0 = \sum_{i=1}^{n} x_i \cdot y_i - b_0 \cdot \sum_{i=1}^{n} x_i - b_1 \cdot \sum_{i=1}^{n} x_i^2 - b_2 \cdot \sum_{i=1}^{n} x_i^3$$

$$0 = \sum_{i=1}^{n} x_i^2 \cdot y_i - b_0 \cdot \sum_{i=1}^{n} x_i^2 - b_1 \cdot \sum_{i=1}^{n} x_i^3 - b_2 \cdot \sum_{i=1}^{n} x_i^4 \,.$$

Dadurch erhält man das angegebene Gleichungssystem.

A 3.8 $\sum_{i=1}^{10} x_i = 1\,661,60\,; \quad \sum_{i=1}^{10} y_i = 1\,230,2\,; \quad \sum_{i=1}^{10} x_i^2 = 172\,208,42\,;$

$$\sum_{i=1}^{10} x_i^3 = 20\,071\,852,652\,; \qquad \sum_{i=1}^{10} x_i^4 = 2\,503\,273\,463,53\,;$$

$$\sum_{i=1}^{10} x_i \cdot y_i = 135\,462,11\,; \qquad \sum_{i=1}^{10} x_i^2 \cdot y_i = 16\,386\,245,205 \,.$$

Mit diesen Werten soll das Gleichungssystem aus A 3.7 mit dem Gaußschen Algorithmus gelöst werden.

b_0	b_1	b_2	rechte Seite
20	1 661,60	172 208,42	1 230,2
1 661,60	172 208,42	20 071 852,652	135 462,11
172 208,42	20 071 852,652	2 503 273 463,53	16 386 245,205
1	83,08	8 610,42	61,51
0	34 162,692	5 764 778,78	33 257,094
0	5 764 777,1184	1 020 486 639,79	5 793 705,2908
1	83,08	8 610,42	61,51
0	1	168,744862963	0,973491609
0	0	47 710 114,933	181 743,13828
1	83,08	8 610,42	61,51
0	1	168,744862963	0,973491609
0	0	1	0,0038093185

Hieraus erhält man die Lösung:

$b_2 = 0,0038093185\,;$

$b_1 = 0,973491609 - b_2 \cdot 168,744862963 = 0,330688679\,;$

$b_0 = 61,51 - b_2 \cdot 8\,610,42 - b_1 \cdot 83,08 = 1,236552268 \,.$

Die Regressionsparabel besitzt damit die Gleichung

$$\hat{y} = 1,236552268 + 0,330688679\,x + 0,0038093185\,x^2 \,.$$

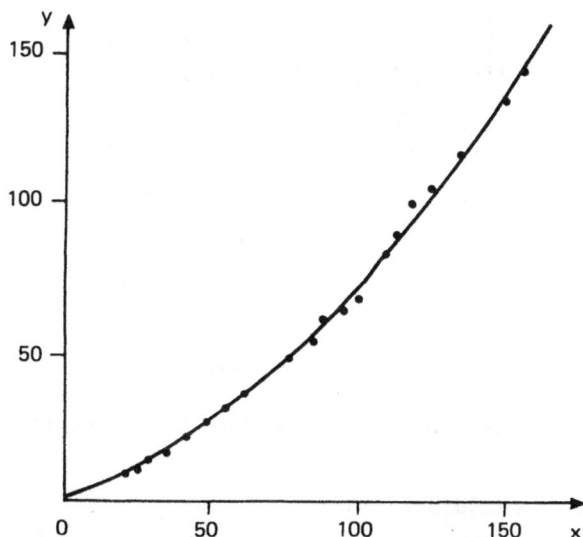

A 3.9 $Q^2(a_1, a_2) = \sum\limits_{i=1}^{n} (y_i - a_1 x_i - a_2 x_i^2)^2 \;\to\; \min.$

Partielle Ableitung nach den zwei Variablen ergibt die Gleichungen

$$\frac{\partial Q^2(a_1, a_2)}{\partial a_1} = -2 \sum_{i=1}^{n} x_i \cdot (y_i - a_1 x_i - a_2 x_i^2) = 0$$

$$\frac{\partial Q^2(a_1, a_2)}{\partial a_2} = -2 \sum_{i=1}^{n} x_i^2 \cdot (y_i - a_1 x_i - a_2 x_i^2) = 0.$$

Hieraus folgt

$$0 = \sum_{i=1}^{n} x_i \cdot y_i - a_1 \cdot \sum_{i=1}^{n} x_i^2 - a_2 \cdot \sum_{i=1}^{n} x_i^3$$

$$0 = \sum_{i=1}^{n} x_i^2 \cdot y_i - a_1 \cdot \sum_{i=1}^{n} x_i^3 - a_2 \cdot \sum_{i=1}^{n} x_i^4.$$

Damit lautet das Gleichungssystem

$$a_1 \cdot \sum_{i=1}^{n} x_i^2 + a_2 \cdot \sum_{i=1}^{n} x_i^3 = \sum_{i=1}^{n} x_i \cdot y_i$$

$$a_1 \cdot \sum_{i=1}^{n} x_i^3 + a_2 \cdot \sum_{i=1}^{n} x_i^4 = \sum_{i=1}^{n} x_i^2 \cdot y_i.$$

A 3.10 Mit den in A 3.8 berechneten Werten erhält man in der Schreibweise des Gaußschen Algorithmus das Gleichungssystem

a_1	a_2	rechte Seite
172 208,42	20 071 852,652	135 462,11
20 071 852,652	2 503 273 463,53	16 386 245,205
1	116,5555282	0,786617228
0	163 786 991,84	597 380,1111
1	116,5555282	0,786617228
0	1	0,00364729888

mit der Lösung:

$a_2 = 0,00364729888$;

$a_1 = 0,786617228 - 116,5555282 \cdot a_2 = 0,361504184$.

Die Regressionsparabel durch den Koordinatenursprung O besitzt
die Gleichung

$$\hat{y} = 0,361504184\, x + 0,00364729888\, x^2 .$$

4. Wahrscheinlichkeiten

A 4.1 Aus $P(A) = P(A \cap B) + P(A \cap \overline{B})$ folgt

$P(A \cap B) = P(A) - P(A \cap \overline{B}) = 0,6 - 0,15 = 0,45$;

$P(\overline{A} \cup \overline{B}) = P(\overline{A \cap B}) = 1 - P(A \cap B) = 0,55$;

$P(\overline{A} \cap B) + P(A \cap B) = P(B)$; $P(\overline{A} \cap B) = P(B) - P(A \cap B) = 0,25$;

$P(\overline{A} \cap \overline{B}) + P(\overline{A} \cap B) = P(\overline{A}) = 1 - P(A) = 0,4$;

$P(\overline{A} \cap \overline{B}) = P(\overline{A}) - P(\overline{A} \cap B) = 0,15$;

$P(A \cup B) = P(A) + P(B) - P(A \cap B) = 0,6 + 0,7 - 0,45 = 0,85$.

A 4.2 Aus $P(A \cup B) = P(A) + P(B) - P(A \cap B)$ folgt

$P(A \cap B) = P(A) + P(B) - P(A \cup B) = 0,5 + 0,6 - 0,8 = 0,3$;

$P(\overline{A} \cap \overline{B}) = P(\overline{A \cup B}) = 1 - P(A \cup B) = 0,2$;

$P(\overline{A} \cap B) + P(\overline{A} \cap \overline{B}) = P(\overline{A})$ ergibt

$P(\overline{A} \cap B) = P(\overline{A}) - P(\overline{A} \cap \overline{B}) = 0,5 - 0,2 = 0,3$;

$P(A \cap \overline{B}) + P(\overline{A} \cap \overline{B}) = P(\overline{B}) \;\Rightarrow\; P(A \cap \overline{B}) = P(\overline{B}) - P(\overline{A} \cap \overline{B}) = 0,2$.

A 4.3 $P(D) = \frac{12}{37}$; $P(I) = \frac{18}{37}$; $P(A) = \frac{12}{37}$; $P(B) = \frac{6}{37}$;

$P(D \cap I) = P(\{1,3,5,7,9,11\}) = \frac{6}{37}$;

$P(D \cup I) = P(D) + P(I) - P(D \cap I) = \frac{24}{37}$;

$P(A \cap B) = P(\{22,23,24\}) = \frac{3}{37}$;

$P(A \cup B) = P(A) + P(B) - P(A \cap B) = \frac{15}{37}$;

$P(D \cap B) = P(\emptyset) = 0$;

$P(I \setminus A) = P(I) - P(I \cap A) = \frac{18}{37} - \frac{6}{37} = \frac{12}{37}$.

A 4.4 a) $P(K \cup D) = P(K) + P(D) = \frac{8}{32} = \frac{1}{4}$.

b) Zu den 8 Kreuzkarten kommen als günstige Fälle noch drei Asse und drei Buben hinzu. $p = \frac{14}{32} = \frac{7}{16}$.

A 4.5 $1 = P(\Omega) = \sum_{i=1}^{N} c \cdot i = c \cdot \sum_{i=1}^{N} i = c \cdot \frac{N \cdot (N+1)}{2} \Rightarrow c = \frac{2}{N \cdot (N+1)}$.

5. Kombinatorik

A 5.1 Modell: Gleiche Buchstaben werden unterscheidbar gemacht. Dann lautet die Anzahl der Auswahlmöglichkeiten unter Berücksichtigung der Reihenfolge $9! = 362\,880$.

a) Wort   S T U T T G A R T
   Auswahlmöglichkeiten   1 4 1 3 2 1 1 1 1

Günstige Fälle: $4 \cdot 3 \cdot 2 = 24$; $p = \frac{24}{362\,880} = \frac{1}{15\,120}$.

b1) Mögliche Fälle: $9 \cdot 8 \cdot 7 = 504$ (unter Berücksichtigung der Reihenfolge); günstige Fälle: $1 \cdot 1 \cdot 4 = 4$; $p = \frac{4}{504} = \frac{1}{126}$.

b2) Mögliche Fälle: $\binom{9}{3} = \frac{9 \cdot 8 \cdot 7}{1 \cdot 2 \cdot 3} = 84$ (ohne Ber. der Reihenfolge); günstige Fälle: die Buchstaben A und R müssen ausgewählt werden und von den vier Buchstaben T einer. Damit gibt es 4 günstige Fälle; $p = \frac{4}{84} = \frac{1}{21}$.

A 5.2 $\binom{10}{2} = \frac{10 \cdot 9}{1 \cdot 2} = 45$.

A 5.3 $\binom{7}{3} \cdot \binom{5}{2} = \frac{7 \cdot 6 \cdot 5}{1 \cdot 2 \cdot 3} \cdot \frac{5 \cdot 4}{1 \cdot 2} = 350.$

A 5.4 Anzahl der möglichen Fälle: $\binom{6}{2} = \frac{6 \cdot 5}{1 \cdot 2} = 15$;

A: Anzahl der günstigen Fälle: 1; $P(A) = \frac{1}{15}$;

B: Anzahl der günstigen Fälle: $1 \cdot 5 = 5$; $P(B) = \frac{5}{15} = \frac{1}{3}$;

C: Anzahl der günstigen Fälle: $\binom{4}{2} = \frac{4 \cdot 3}{1 \cdot 2} = 6$; $P(C) = \frac{6}{15} = \frac{2}{5}$.

A 5.5

a) $p = \dfrac{\binom{5}{0} \cdot \binom{45}{5}}{\binom{50}{5}} = \dfrac{45 \cdot 44 \cdot 43 \cdot 42 \cdot 41}{50 \cdot 49 \cdot 48 \cdot 47 \cdot 46} = 0{,}576639$;

a) $p = \dfrac{\binom{10}{0} \cdot \binom{45}{10}}{\binom{50}{10}} = 0{,}310563$.

A 5.6 a) Da es für jedes einzelne Spiel 3 Tippmöglichkeiten gibt, lautet die gesuchte Anzahl der Tippreihen $3^{11} = 177\,147$.

b) 10 Richtige:
Aus 11 Spielen können 10 auf $\binom{11}{10} = \binom{11}{1} = 11$ Arten ausgesucht werden. Bei diesen Spielen muss das richtige Ergebnis getippt sein. Für das restliche Spiel gibt es 2 Möglichkeiten, falsch zu tippen. Daher gibt es $11 \cdot 2 = 22$ Tippreihen, bei denen 10 Spiele richtig getippt sind.
9 Richtige:
9 Spiele können aus 11 auf $\binom{11}{9} = \binom{11}{2} = 55$ Arten ausgewählt werden. Hier muss jeweils das richtige Ergebnis getippt sein. Für jedes der beiden nicht richtig getippten Spiele gibt es jeweils 2 Möglichkeiten, falsch zu tippen. Daher gibt es $55 \cdot 2 \cdot 2 = 220$ Tippreihen mit 9 Richtigen.

A 5.7 a) Unter Berücksichtigung der Reihenfolge gibt es
$10 \cdot 9 \cdot 8 \cdot 7 = 5\,040$ Auswahlmöglichkeiten.
Anzahl der günstigen Fälle: Für die erste Person gibt es 10 Möglichkeiten, für die zweite nur noch 8, da die zuerst ausgewählte und dessen Ehepartner nicht ausgewählt werden dürfen. Für die dritte Person bleiben 6 und für die vierte Person 4 Auswahlmöglichkeiten. Daher gibt es $10 \cdot 8 \cdot 6 \cdot 4 = 1\,920$ günstige Fälle. Die gesuchte Wahrscheinlichkeit lautet $p = \frac{1\,920}{5\,040} = \frac{8}{21}$.

b) Analog zu a) erhält man die Wahrscheinlichkeit

$$p = \frac{10 \cdot 8 \cdot 6 \cdot 4 \cdot 2}{10 \cdot 9 \cdot 8 \cdot 7 \cdot 6} = \frac{8}{63}.$$

c) Unter 6 ausgewählten Personen muss sich ein Ehepaar befinden. Daher ist die Wahrscheinlichkeit gleich 0.

A 5.8 Mit der Zuordnung

richtige Antwort $\Leftrightarrow$ schwarze Kugel; falsche Antwort $\Leftrightarrow$ weiße Kugel

erhält man das Urnenmodell mit Zurücklegen mit $N = 3$, $M = 1$ und $n = 8$; $p_k = P$(genau k Antworten richtig);

$$p_6 = \binom{8}{6} \cdot \left(\frac{1}{3}\right)^6 \cdot \left(1 - \frac{1}{3}\right)^2 = 0{,}017071;$$

$$p_7 = \binom{8}{7} \cdot \left(\frac{1}{3}\right)^7 \cdot \left(1 - \frac{1}{3}\right)^1 = 0{,}002439;$$

$$p_8 = \binom{8}{8} \cdot \left(\frac{1}{3}\right)^8 \cdot \left(1 - \frac{1}{3}\right)^0 = 0{,}000152;$$

die Wahrscheinlichkeit, durch Raten die Prüfung zu bestehen, lautet

$$p = p_6 + p_7 + p_8 = 0{,}019662.$$

A 5.9 a) Aus 32 Karten werden zwei für den Skat zufällig ausgewählt. Dafür gibt es $\binom{32}{2} = \frac{32 \cdot 31}{1 \cdot 2} = 496$ Auswahlmöglichkeiten.

Zwei Buben können aus 4 auf $\binom{4}{2} = \frac{4 \cdot 3}{1 \cdot 2} = 6$ Möglichkeiten ausgewählt werden.

Gesuchte Wahrscheinlichkeit: $p = \frac{6}{496} = \frac{3}{248}$.

b) Die zwei Karten für den Skat stammen aus den restlichen 22 Karten, worunter sich zwei Buben befinden.

Mögliche Fälle: $\binom{22}{2} = \frac{22 \cdot 21}{1 \cdot 2} = 231$; günstige Fälle: 1; $p = \frac{1}{231}$.

c) Von den restlichen 20 Karten bekommt der erste Gegenspieler zehn, einer davon muss ein Bube sein.

Anzahl der möglichen Fälle: $\binom{20}{10} = 184\,756$;

der Spieler muss von den beiden Buben einen und von den restlichen 18 Karten 9 erhalten.

Günstige Fälle $\binom{2}{1} \cdot \binom{18}{9} = 97\,240$.

Gesuchte Wahrscheinlichkeit: $p = \frac{97\,240}{184\,756} = 0{,}526316.$

A 5.10 Urnenmodell ohne Zurücklegen mit $N = 50$; $M = 2$ und $n = 3$.

$$p_0 = \frac{\binom{2}{0} \cdot \binom{48}{3}}{\binom{50}{3}} = \frac{17\,296}{19\,600} = 0,882449;$$

$$p_1 = \frac{\binom{2}{1} \cdot \binom{48}{2}}{\binom{50}{3}} = \frac{2 \cdot 1\,128}{19\,600} = \frac{2\,256}{19\,600} = 0,115102;$$

$$p_2 = \frac{\binom{2}{2} \cdot \binom{48}{1}}{\binom{50}{3}} = \frac{48}{19\,600} = 0,002449;$$

$p_3 = 0$, da nur 2 fehlerhafte Stücke vorhanden sind.

6. Bedingte Wahrscheinlichkeiten

A 6.1

G	S
G	G
S	S

Auswahlwahrscheinlichkeit

$p_1 = \frac{1}{3}$ G_1: "beim 1. Zug Goldmünze"

$p_2 = \frac{1}{3}$ G_2: "beim 2. Zug Goldmünze"

$p_3 = \frac{1}{3}$ S_i: "die i-te Schublade wird geöffnet

$$P(G_1) = P(G_1 \,|\, S_1) \cdot P(S_1) + P(G_1 \,|\, S_2) \cdot P(S_2) + P(G_1 \,|\, S_3) \cdot P(S_3)$$

$$= \frac{1}{2} \cdot \frac{1}{3} + 1 \cdot \frac{1}{3} + 0 \cdot \frac{1}{3} = \frac{1}{2}; \quad P(G_2 \,|\, G_1) = \frac{P(G_2 \cap G_1)}{P(G_1)} = \frac{\frac{1}{3}}{\frac{1}{2}} = \frac{2}{3}.$$

A 6.2 a) Jeder Korb wird mit Wahrscheinlichkeit $\frac{1}{3}$ ausgewählt (vollständige Ereignisdisjunktion).

$$P(F) = \frac{5}{100} \cdot \frac{1}{3} + \frac{10}{150} \cdot \frac{1}{3} + \frac{15}{200} \cdot \frac{1}{3} = \frac{23}{360}.$$

b) Aus der Bayesschen Formel folgt

$$P(K_1 \,|\, F) = \frac{P(F \,|\, K_1) \cdot P(K_1)}{P(F)} = \frac{\frac{5}{100} \cdot \frac{1}{3}}{\frac{23}{360}} = \frac{6}{23};$$

$$P(K_2 \,|\, F) = \frac{P(F \,|\, K_2) \cdot P(K_2)}{P(F)} = \frac{\frac{10}{150} \cdot \frac{1}{3}}{\frac{23}{360}} = \frac{8}{23};$$

$$P(K_3 \mid F) = \frac{P(F \mid K_3) \cdot P(K_3)}{P(F)} = \frac{\frac{15}{200} \cdot \frac{1}{3}}{\frac{23}{360}} = \frac{9}{23} \ \ (\text{Summe} = 1).$$

c) $P(\overline{F}) = 1 - P(F) = \frac{337}{360}$

$$P(K_1 \mid \overline{F}) = \frac{P(\overline{F} \mid K_1) \cdot P(K_1)}{P(\overline{F})} = \frac{\frac{95}{100} \cdot \frac{1}{3}}{\frac{337}{360}} = \frac{114}{337};$$

$$P(K_2 \mid \overline{F}) = \frac{P(\overline{F} \mid K_2) \cdot P(K_2)}{P(\overline{F})} = \frac{\frac{140}{150} \cdot \frac{1}{3}}{\frac{337}{360}} = \frac{112}{337};$$

$$P(K_3 \mid \overline{F}) = \frac{P(\overline{F} \mid K_3) \cdot P(K_3)}{P(\overline{F})} = \frac{\frac{185}{200} \cdot \frac{1}{3}}{\frac{337}{360}} = \frac{111}{337} \ \ (\text{Summe} = 1).$$

A 6.3 Gegeben sind die Wahrscheinlichkeiten

$$P(F_1) = 0{,}05; \ \ P(F_2 \mid F_1) = 0{,}06; \ \ P(F_2 \mid \overline{F}_1) = 0{,}01.$$

Hieraus folgt

$$P(\overline{F}_1) = 0{,}95; \ \ P(\overline{F}_2 \mid F_1) = 0{,}94; \ \ P(\overline{F}_2 \mid \overline{F}_1) = 0{,}99.$$

p_k sei die Wahrscheinlichkeit, dass ein zufällig ausgewähltes Stück k dieser Fehler hat für $k = 0, 1, 2$.

$$p_0 = P(\overline{F}_1 \cap \overline{F}_2) = P(\overline{F}_2 \mid \overline{F}_1) \cdot P(\overline{F}_1) = 0{,}99 \cdot 0{,}95 = 0{,}9405;$$

$$p_1 = P(F_1 \cap \overline{F}_2) + P(\overline{F}_1 \cap F_2)$$

$$= P(\overline{F}_2 \mid F_1) \cdot P(F_1) + P(F_2 \mid \overline{F}_1) \cdot P(\overline{F}_1)$$

$$= 0{,}94 \cdot 0{,}05 + 0{,}01 \cdot 0{,}95 = 0{,}0565;$$

$$p_2 = P(F_1 \cap F_2) = P(F_2 \mid F_1) \cdot P(F_1) = 0{,}06 \cdot 0{,}05 = 0{,}003.$$

A 6.4 a) p_k sei die Wahrscheinlichkeit für die Augenzahl k für $i = 1, \ldots, 6$.

$$p_1 = \tfrac{1}{3}(0{,}1 + 0{,}05 + 0{,}05) = \frac{0{,}2}{3} = \frac{20}{300};$$

$$p_2 = \tfrac{1}{3}(0{,}12 + 0{,}08 + 0{,}06) = \frac{0{,}26}{3} = \frac{26}{300};$$

$$p_3 = \tfrac{1}{3}(0{,}15 + 0{,}10 + 0{,}06) = \frac{0{,}31}{3} = \frac{31}{300};$$

$$p_4 = \tfrac{1}{3}(0{,}20 + 0{,}15 + 0{,}06) = \frac{0{,}41}{3} = \frac{41}{300};$$

$$p_5 = \tfrac{1}{3}(0{,}20 + 0{,}20 + 0{,}06) = \frac{0{,}46}{3} = \frac{46}{300};$$

$$p_6 = \tfrac{1}{3}(0{,}23 + 0{,}42 + 0{,}71) = \frac{1{,}36}{3} = \frac{136}{300} \ \ (\text{Summe} = 1).$$

b) $P(W_i \mid \{6\}) = \dfrac{P(\{6\} \mid W_i) \cdot P(W_i)}{p_6}$; $P(W_1 \mid \{6\}) = \dfrac{0{,}23 \cdot \frac{1}{3}}{\frac{136}{300}} = \dfrac{23}{136}$;

$$P(W_2 \mid \{6\}) = \dfrac{0{,}42 \cdot \frac{1}{3}}{\frac{136}{300}} = \dfrac{42}{136}; \qquad P(W_3 \mid \{6\}) = \dfrac{0{,}71 \cdot \frac{1}{3}}{\frac{136}{300}} = \dfrac{71}{136}.$$

A 6.5 a) S_i: beim i - ten Zug wird eine schwarze Kugel gezogen.

Wahrscheinlichkeiten beim 1. Zug: $P(S_1) = \frac{4}{15}$; $P(\overline{S}_1) = \frac{11}{15}$.

Mit der vollständigen Ereignisdisjunktion S_1, $\overline{S}_1$ erhält man aus dem Satz von der vollständigen Ereignisdisjunktion die absoluten Wahrscheinlichkeiten beim zweiten Zug

$$P(S_2) = P(S_2 \mid S_1) \cdot P(S_1) + P(S_2 \mid \overline{S}_1) \cdot P(\overline{S}_1)$$

$$= \frac{3}{14} \cdot \frac{4}{15} + \frac{4}{14} \cdot \frac{11}{15} = \frac{12}{14 \cdot 15} + \frac{44}{14 \cdot 15} = \frac{4}{15} = P(S_1);$$

$$P(\overline{S}_2) = 1 - P(S_2) = \frac{11}{15} = P(\overline{S}_1).$$

b) Aus der Bayesschen Formel erhält man

$$P(S_1 \mid S_2) = \frac{P(S_2 \mid S_1) \cdot P(S_1)}{P(S_2)} = \frac{\frac{3}{14} \cdot \frac{4}{15}}{\frac{4}{15}} = \frac{3}{14} = P(S_2 \mid S_1);$$

$$P(\overline{S}_1 \mid S_2) = 1 - P(S_1 \mid S_2) = \frac{10}{14};$$

$$P(S_1 \mid \overline{S}_2) = \frac{P(\overline{S}_2 \mid S_1) \cdot P(S_1)}{P(\overline{S}_2)} = \frac{\frac{11}{14} \cdot \frac{4}{15}}{\frac{11}{15}} = \frac{4}{14} = P(S_2 \mid \overline{S}_1);$$

$$P(\overline{S}_1 \mid \overline{S}_2) = 1 - P(S_1 \mid \overline{S}_2) = \frac{11}{14}.$$

c) Für die ersten beide Züge ist

$$S_1 \cap S_2 = S_1 S_2;\; S_1 \cap \overline{S}_2 = S_1 \overline{S}_2;\; \overline{S}_1 \cap S_2 = \overline{S}_1 S_2;\; \overline{S}_1 \cap \overline{S}_2 = \overline{S}_1 \overline{S}_2$$

eine vollständige Ereignisdisjunktion mit den Wahrscheinlichkeiten

$$P(S_1 S_2) = P(S_2 \mid S_1) \cdot P(S_1) = \frac{3}{14} \cdot \frac{4}{15} = \frac{6}{105};$$

$$P(S_1 \overline{S}_2) = P(\overline{S}_2 \mid S_1) \cdot P(S_1) = \frac{11}{14} \cdot \frac{4}{15} = \frac{22}{105};$$

$$P(\overline{S}_1 S_2) = P(S_2 \mid \overline{S}_1) \cdot P(\overline{S}_1) = \frac{4}{14} \cdot \frac{11}{15} = \frac{22}{105};$$

$$P(\overline{S}_1 \overline{S}_2) = P(\overline{S}_2 \mid \overline{S}_1) \cdot P(\overline{S}_1) = \frac{10}{14} \cdot \frac{11}{15} = \frac{55}{105} \quad (\text{Summe} = 1).$$

Aus dem Satz der vollständigen Ereignisdisjunktion folgt

$$P(S_3) = P(S_3 \mid S_1 S_2) \cdot P(S_1 S_2) + P(S_3 \mid S_1 \overline{S}_2) \cdot P(S_1 \overline{S}_2)$$
$$+ P(S_3 \mid \overline{S}_1 S_2) \cdot P(\overline{S}_1 S_2) + P(S_3 \mid \overline{S}_1 \overline{S}_2) \cdot P(\overline{S}_1 \overline{S}_2)$$
$$= \frac{2}{13} \cdot \frac{6}{105} + \frac{3}{13} \cdot \frac{22}{105} + \frac{3}{13} \cdot \frac{22}{105} + \frac{4}{13} \cdot \frac{55}{105} = \frac{4}{15} = P(S_1);$$

$$P(\overline{S}_3) = 1 - P(S_3) = \frac{11}{15} = P(\overline{S}_1).$$

A 6.6 a) Um eine Tippreihe mit der Anfangszahl k zu erhalten, müssen neben der Zahl k von den restlichen 49 − k größeren Zahlen 5 ausgewählt werden. Dafür gibt es

$$\binom{49-k}{5} = \frac{(49-k) \cdot (48-k) \cdot (47-k) \cdot (46-k) \cdot (45-k)}{1 \cdot 2 \cdot 3 \cdot 4 \cdot 5}$$

Möglichkeiten.

b) Es sei B_k das Ereignis, dass eine zufällig ausgewählte Tippreihe mit k beginnt. Damit gilt

$$P(B_k) = \frac{\binom{49-k}{5}}{\binom{49}{6}}.$$

c) Es sei G das Ereignis, dass eine Tippreihe, die mit k beginnt, bei einer Einzelausspielung die Gewinnreihe ist. Mit der vollständigen Ereignisdisjunktion B_k und $\overline{B}_k$ erhält man aus dem Satz von der vollständigen Wahrscheinlichkeit

$$P(G) = P(G \mid B_k) \cdot P(B_k) + \underbrace{P(G \mid \overline{B}_k)}_{=0} \cdot P(\overline{B}_k)$$

$$= \frac{1}{\binom{49-k}{5}} \cdot \frac{\binom{49-k}{5}}{\binom{49}{6}} + 0 = \frac{1}{\binom{49}{6}} = \frac{1}{13\,983\,816}.$$

Diese Wahrscheinlichkeit ist genau so groß wie bei jeder anderen Tippreihe.

A 6.7 a) Anzahl der Tippreihen aus den n Systemzahlen

$$\binom{n}{6} = \frac{n \cdot (n-1) \cdot (n-2) \cdot (n-3) \cdot (n-4) \cdot (n-5)}{1 \cdot 2 \cdot 3 \cdot 4 \cdot 5 \cdot 6}.$$

b) Anzahl der Vollsysteme mit n Systemzahlen: $\binom{49}{n}$.

c) Sechs der n Systemzahlen müssen die Gewinnzahlen sein. Für deren Auswahl gibt es nur eine Möglichkeit. Die restlichen n − 6 Systemzahlen können aus den 43 von den Gewinnzahlen verschiedenen Zahlen ausgewählt werden. Damit gibt es

$\binom{43}{n-6}$ verschiedene Vollsysteme mit 6 Gewinnzahlen.

d) Einen Sechser erzielt man, wenn sich unter den n Systemzahlen alle 6 Gewinnzahlen befinden. Mit der Anzahl der günstigen Fälle aus c) und der möglichen Fälle aus b) erhält man die gesuchte Wahrscheinlichkeit

$$p = \frac{\binom{43}{n-6}}{\binom{49}{n}} = \frac{\dfrac{43!}{(n-6)! \cdot (49-n)!}}{\dfrac{49!}{n! \cdot (49-n)!}} = \frac{43! \cdot n!}{(n-6)! \cdot 49!} = \frac{\dfrac{n!}{(n-6)! \cdot 6!}}{\dfrac{49!}{43! \cdot 6!}}$$

$$= \frac{\binom{n}{6}}{\binom{49}{6}} .$$

Im Nenner steht die Anzahl aller möglichen Tippreihen, im Zähler die Anzahl der Tippreihen des Systems.

e) n = 8:

Anzahl der Tippreihen im System: $\binom{8}{6} = \binom{8}{2} = \frac{8 \cdot 7}{1 \cdot 2} = 28$;

Anzahl der Vollsysteme: $\binom{49}{8} = 450\,978\,066$;

Vollsysteme mit 6 Gewinnzahlen: $\binom{43}{2} = \frac{43 \cdot 42}{1 \cdot 2} = 903$;

Wahrscheinlichkeit für einen Sechser

$$p = \frac{903}{450\,978\,066} = \frac{28}{13\,983\,816} .$$

A 6.8 F sei das Ereignis, dass ein Werkstück fehlerhaft ist und B, dass bei der Endkontrolle ein Stück beanstandet, also als fehlerhaftes deklariert wird. Dann sind folgende Wahrscheinlichkeiten gegeben

$P(F) = 0,06$; $P(B \mid F) = 0,98$; $P(B \mid \overline{F}) = 0,01$.

Aus dem Satz der vollständigen Ereignisdisjunktion folgt

$$P(B) = P(B \mid F) \cdot P(F) + P(B \mid \overline{F}) \cdot P(\overline{F})$$

$$= 0,98 \cdot 0,06 + 0,01 \cdot 0,94 = 0,0682.$$

Mit Hilfe der Bayesschen Formel erhält man die gesuchten Wahrscheinlichkeiten

a) $P(F \mid B) = \dfrac{P(B \mid F) \cdot P(F)}{P(B)} = \dfrac{0,98 \cdot 0,06}{0,0682} = 0,862170$;

b) $P(\overline{F} \mid \overline{B}) = \dfrac{P(\overline{B} \mid \overline{F}) \cdot P(\overline{F})}{P(\overline{B})} = \dfrac{(1 - P(B \mid \overline{F})) \cdot P(\overline{F})}{1 - P(B)} = 0,998712$.

A 6.9 K: "eine zufällig ausgewählte Person erkrankt an der Grippe" ;

I : "eine zufällig ausgewählte Person ließ sich impfen.

Gegeben sind folgende Wahrscheinlichkeiten:

$P(I) = 0,25$; $P(K \mid I) = 0,1$; $P(K \mid \overline{I}) = 0,2$.

Gesucht sind die bedingten Wahrscheinlichkeiten $P(I \mid K)$; $P(\overline{I} \mid \overline{K})$.

$P(K) = P(K \mid I) \cdot P(I) + P(K \mid \overline{I}) \cdot P(\overline{I}) = 0,1 \cdot 0,25 + 0,2 \cdot 0,75 = 0,175$.

a) $P(I \mid K) = \dfrac{P(K \mid I) \cdot P(I)}{P(K)} = \dfrac{0,1 \cdot 0,25}{0,175} = 0,142857$;

b) $P(\overline{I} \mid \overline{K}) = \dfrac{P(\overline{K} \mid \overline{I}) \cdot P(\overline{I})}{P(\overline{K})} = \dfrac{0,8 \cdot 0,75}{0,825} = 0,727273$.

A 6.10 A: "Werkstück wird von der Kontrolle als Ausschuss deklariert"
F: "Werkstück ist fehlerhaft".

Gegeben: $P(A) = 0,1$; $P(A \mid F) = 0,9$; $P(A \mid \overline{F}) = 0,04$.

Gesucht: $P(F \mid A)$ und $P(F \mid \overline{A})$.

Bestimmungsgleichung für $P(F)$:

$P(A) = P(A \mid F) \cdot P(F) + P(A \mid \overline{F}) \cdot P(\overline{F})$

$\qquad = P(A \mid F) \cdot P(F) + P(A \mid \overline{F}) \cdot (1 - P(F))$

$\qquad = [P(A \mid F) - P(A \mid \overline{F})] \cdot P(F) + P(A \mid \overline{F})$;

$P(F) = \dfrac{P(A) - P(A \mid \overline{F})}{P(A \mid F) - P(A \mid \overline{F})} = \dfrac{0,1 - 0,04}{0,9 - 0,04} = 0,069767$;

$P(F \mid A) = \dfrac{P(F \cap A)}{P(A)} = \dfrac{P(A \mid F) \cdot P(F)}{P(A)} = \dfrac{0,9 \cdot 0,069767}{0,1} = 0,627905$;

$P(\overline{F} \mid A) = 1 - P(F \mid A) = 0,372095$;

$P(F \mid \overline{A}) = \dfrac{P(F \cap \overline{A})}{1 - P(A)} = \dfrac{P(\overline{A} \mid F) \cdot P(F)}{1 - P(A)} = \dfrac{0,1 \cdot 0,069767}{0,9} = 0,00772$.

Die Kontrollstelle deklariert zu viele Stücke zu Unrecht als Ausschuss. Daher sollten die ausgesonderten Teile nochmals nachkontrolliert werden.

A 6.11 R: "richtige Dosierung";   H: "Heilwirkung tritt ein";
N: "Nebenwirkung tritt ein".

Gegeben: $P(R) = 0{,}98$; $P(H \mid R) = 0{,}8$; $P(N \mid R) = 0{,}25$;

$P(H \mid \overline{R}) = 0{,}25$; $P(N \mid \overline{R}) = 0{,}8$.

a) $P(H \mid N) = \dfrac{P(H \cap N)}{P(N)}$;

$$P(N) = P(N \mid R) \cdot P(R) + P(N \mid \overline{R}) \cdot P(\overline{R})$$

$$= 0{,}25 \cdot 0{,}98 + 0{,}8 \cdot 0{,}02 = 0{,}261;$$

$$P(H \cap N) = P(H \cap N \cap R) + P(H \cap N \cap \overline{R})$$

$$= P(H \mid N \cap R) \cdot P(N \cap R) + P(H \mid N \cap \overline{R}) \cdot P(N \cap \overline{R}).$$

Da die Heilwirkung nur von der Dosierung, nicht aber von der Nebenwirkung abhängt, gilt

$$P(H \mid N \cap R) = P(H \mid R) \quad \text{und} \quad P(H \mid N \cap \overline{R}) = P(H \mid \overline{R}).$$

Hiermit erhält man

$$P(H \cap N) = P(H \mid R) \cdot P(N \mid R) \cdot P(R) + P(H \mid \overline{R}) \cdot P(N \mid \overline{R}) \cdot P(\overline{R})$$

$$= 0{,}8 \cdot 0{,}25 \cdot 0{,}98 + 0{,}25 \cdot 0{,}8 \cdot 0{,}02 = 0{,}2;$$

$$P(H \mid N) = \frac{0{,}2}{0{,}261} = 0{,}766284.$$

b) $P(H \mid \overline{N}) = \dfrac{P(H \cap \overline{N})}{P(\overline{N})}$;

aus $P(H \cap N) + P(H \cap \overline{N}) = P(H)$; $P(H \cap \overline{N}) = P(H) - P(H \cap N)$

und

$$P(H) = P(H \mid R) \cdot P(R) + P(H \mid \overline{R}) \cdot P(\overline{R})$$

$$= 0{,}8 \cdot 0{,}98 + 0{,}25 \cdot 0{,}02 = 0{,}789$$

folgt

$$P(H \cap \overline{N}) = 0{,}789 - 0{,}2 = 0{,}589;$$

$$P(H \mid \overline{N}) = \frac{P(H \cap \overline{N})}{1 - P(\overline{N})} = \frac{0{,}589}{0{,}739} = 0{,}797023.$$

7. Unabhängige Ereignisse

A 7.1 W:"Wappen" Z:"Zahl" ;

a) Ergebnismenge: $\{(W,W),(W,Z),(Z,W),(Z,Z)\}$;

$A = \{(W,Z),(Z,W),(Z,Z)\}$; $B = \{(W,Z),(Z,W)\}$

$A \cap B = \{(W,Z),(Z,W)\} = B.$

$P(A) = \frac{3}{4}$; $P(B) = \frac{1}{2}$; $P(A \cap B) = \frac{1}{2} \neq P(A) \cdot P(B).$

A und B sind nicht unabhängig.

b) Ergebnismenge: $\{(W,W,W),(W,W,Z),(W,Z,W),$
$(Z,W,W),(W,Z,Z),(Z,W,Z),(Z,Z,W),(Z,Z,Z)\}$

$A = \{(W,Z,Z),(Z,W,Z),(Z,Z,W),(Z,Z,Z)\}$

$B = \{(W,W,Z),(W,Z,W),(Z,W,W),(W,Z,Z),(Z,W,Z),$
$(Z,Z,W)\}$;

$A \cap B = \{(W,Z,Z),(Z,W,Z),(Z,Z,W)\}$;

$P(A) = \frac{1}{2}$; $P(B) = \frac{3}{4}$; $P(A \cap B) = \frac{3}{8} = P(A) \cdot P(B).$

A und B sind unabhängig.

A 7.2 $p = 0,6$; Wahrscheinlichkeit für k Gewinnspiele

$p_k = \binom{7}{k} \cdot 0,6^k \cdot 0,4^{7-k}$;

$p_4 = \binom{7}{4} \cdot 0,6^4 \cdot 0,4^3 = 0,290304$; $p_5 = \binom{7}{5} \cdot 0,6^5 \cdot 0,4^2 = 0,261274$;

$p_6 = \binom{7}{6} \cdot 0,6^6 \cdot 0,4 = 0,130637$; $p_7 = 0,6^7 = 0,027994$;

$P = p_4 + p_5 + p_6 + p_7 = 0,710209.$

A 7.3 $P(F) = p = 0,03$; $p_0 = 0,97^6 = 0,832972$.

Falls $p = 0,03$ die tatsächliche Ausschusswahrscheinlichkeit ist, gilt

P(mindestens ein fehlerhaftes Stück) $= 1 - 0,832972 = 0,167028.$

Damit wird die Sendung mit der Wahrscheinlichkeit 0,167028 zu
Unrecht zurückgewiesen.

A 7.4 $P(F_1) = 0,06$; $P(F_2) = 0,05$; $P(F_3) = 0,03$.

a) $p_0 = P(\overline{F}_1 \cap \overline{F}_2 \cap \overline{F}_3) = P(\overline{F}_1) \cdot P(\overline{F}_2) \cdot P(\overline{F}_3)$

$= 0,94 \cdot 0,95 \cdot 0,97 = 0,86621$;

$p_1 = P(F_1 \cap \overline{F}_2 \cap \overline{F}_3) + P(\overline{F}_1 \cap F_2 \cap \overline{F}_3) + P(\overline{F}_1 \cap \overline{F}_2 \cap F_3)$

$= 0,06 \cdot 0,95 \cdot 0,97 + 0,94 \cdot 0,05 \cdot 0,97 + 0,94 \cdot 0,95 \cdot 0,03$

$= 0,12767$;

$p_2 = P(F_1 \cap F_2 \cap \overline{F}_3) + P(F_1 \cap \overline{F}_2 \cap F_3) + P(\overline{F}_1 \cap F_2 \cap F_3)$

$= 0,06 \cdot 0,05 \cdot 0,97 + 0,06 \cdot 0,95 \cdot 0,03 + 0,94 \cdot 0,05 \cdot 0,03$

$= 0,00603$;

$p_3 = P(F_1 \cap F_2 \cap F_3) = 0,06 \cdot 0,05 \cdot 0,03 = 0,00009$ (Summe $= 1$).

b) P(ein Werkstück ist fehlerfrei) $= 0,86621$.

P(fehlerhaft) $= 1 - 0,86621 = 0,13379 = p$.

P(unter den 10 ausgewählten Stücken sind k fehlerhafte)

$= p_k = \binom{10}{k} \cdot 0,13379^k \cdot 0,86621^{10-k}$;

$p_0 = 0,86621^{10} = 0,2378110$;

$p_1 = \binom{10}{1} \cdot 0,13379^1 \cdot 0,86621^9 = 0,3673097$;

$p_2 = \binom{10}{2} \cdot 0,13379^2 \cdot 0,86621^8 = 0,2552968$;

P(höchstens 2 fehlerhafte) $= p_0 + p_1 + p_2 = 0,8604175$.

A 7.5 P(k fehlerhafte) $= p_k = \binom{30}{k} \cdot 0,04^k \cdot 0,96^{30-k}$ für $k = 0, 1, \ldots, 30$.

a) $p_0 = 0,96^{30} = 0,293858$;

$p_1 = \binom{30}{1} \cdot 0,04 \cdot 0,96^{29} = 0,367322$;

$p_2 = \binom{30}{2} \cdot 0,04^2 \cdot 0,96^{28} = 0,221924$;

$p_0 + p_1 + p_2 = 0,883104$. $P = 1 - p_0 - p_1 - p_2 = 0,116896$.

b) $1 - \sum_{k=0}^{x} p_k \le 0,01 \quad \Rightarrow \quad \sum_{k=0}^{x} p_k \ge 0,99$.

$$p_3 = \binom{30}{3} \cdot 0{,}04^3 \cdot 0{,}96^{27} = 0{,}086304\,;$$

$$p_0 + p_1 + p_2 + p_3 = 0{,}969408 < 0{,}99\,;$$

$$p_4 = \binom{30}{4} \cdot 0{,}04^4 \cdot 0{,}96^{26} = 0{,}024273\,;$$

$$p_0 + p_1 + p_2 + p_3 + p_4 = 0{,}993681 > 0{,}99 \;\Rightarrow\; x = 4.$$

A 7.6 T_1 : "Kind 1 trifft" ; T_2 : "Kind 2 trifft" ; S : "K_1 gewinnt".

$P(T_1) = p_1\,;\quad P(T_2) = p_2\,.$

a) K_1 gewinnt, wenn es beim ersten Wurf trifft oder wenn beide gleich oft nicht getroffen haben und K_1 beim nächsten Wurf trifft. Damit besitzt S die Darstellung

$$S = T_1 \cup (\overline{T}_1, \overline{T}_2, T_1) \cup (\overline{T}_1, \overline{T}_2, \overline{T}_1, \overline{T}_2, T_1) \cup \ldots\ldots$$

$$P(S) = p_1 + [(1 - p_1) \cdot (1 - p_2)] \cdot p_1 + [(1 - p_1) \cdot (1 - p_2)]^2 \cdot p_1$$
$$+ [(1 - p_1) \cdot (1 - p_2)]^3 \cdot p_1 + [(1 - p_1) \cdot (1 - p_2)]^4 \cdot p_1 + \ldots$$

$$= p_1 \cdot \sum_{k=0}^{\infty} [(1 - p_1) \cdot (1 - p_2)]^k \quad \text{(geometrische Reihe)}$$

$$= p_1 \cdot \frac{1}{1 - (1 - p_1) \cdot (1 - p_2)}\,.$$

$$p_1 = p_2 = p \;\Rightarrow\; P(S) = \frac{p}{2p - p^2} = \frac{1}{2 - p}\,.$$

b) $P(S) = \dfrac{p_1}{p_1 + p_2 - p_1 \cdot p_2} = \dfrac{1}{2}\,;$

$$2\,p_1 = p_1 + p_2 - p_1 \cdot p_2 \Leftrightarrow p_1 = p_2 - p_1 \cdot p_2 \Leftrightarrow p_1 \cdot (1 + p_2) = p_2\,;$$

$$p_1 = \frac{p_2}{1 + p_2}\,.$$

c) $p_2 = \dfrac{1}{n}\,;\quad p_1 = \dfrac{\frac{1}{n}}{1 + \frac{1}{n}} = \dfrac{1}{n + 1}\,.$

8. Diskrete Zufallsvariable

A 8.1 a)

Werte von X	1	2	3	4	5	6
Wahrscheinlichkeiten	0,1	0,1	0,15	0,15	0,2	0,3

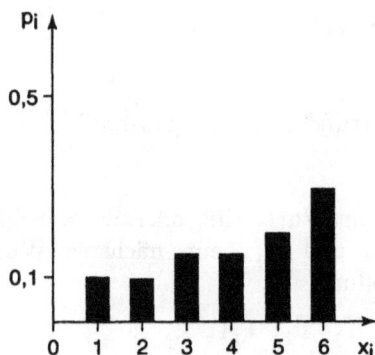

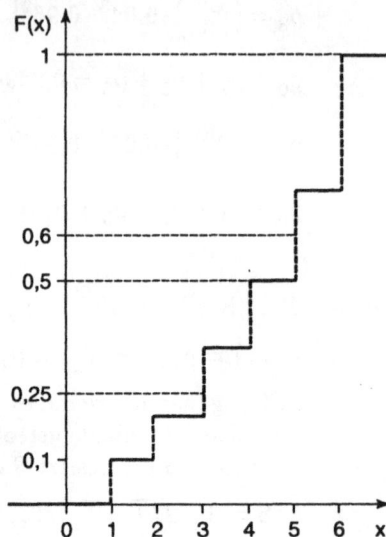

c) $\tilde{\mu} = 4$ und $\tilde{\tilde{\mu}} = 5$; $\xi_{0,25} = 3$; $\xi_{0,6} = 5$.

d) $E(X) = 1 \cdot 0,1 + 2 \cdot 0,1 + 3 \cdot 0,15 + 4 \cdot 0,15 + 5 \cdot 0,2 + 6 \cdot 0,3 = 4,15$;

$E(X^2) = 1^2 \cdot 0,1 + 2^2 \cdot 0,1 + 3^2 \cdot 0,15 + 4^2 \cdot 0,15 + 5^2 \cdot 0,2 + 6^2 \cdot 0,3$
$= 20,05$;

$Var(X) = 20,05 - 4,15^2 = 2,8275$; $\sigma = \sqrt{2,8275} = 1,681517$.

A 8.2 a) Im Todesfall: $X = -100\,000 + 400 = -99\,600$; $p = 0,00285$;

im Überlebensfall: $X = 400$; Wahrsch. $1 - p = 0,99715$;

$E(X) = -99\,600 \cdot 0,00285 + 400 \cdot 0,99715 = 115 \in$;

$Var(X) = 99\,600^2 \cdot 0,00285 + 400^2 \cdot 0,99715 - 115^2$

$= 28\,418\,775 \in^2$; $\sigma_X = 5\,330,92628 \in$.

b) $Y = 5 \cdot X$; $E(Y) = 5 \cdot E(X) = 575 \in$;

$Var(Y) = 5^2 \cdot Var(X)$; $\sigma_Y = 5 \cdot \sigma_X = 26\,654,63$.

c) X_i sei die Zufallsvariable des Reingewinns aus dem Vertrag mit der i-ten Person. Aus a) folgt

$E(X_i) = 115$; $Var(X_i) = 28\,418\,775$;

aus $Z = \sum_{i=1}^{5} X_i$ folgt wegen der vorausgesetzten Unabhängigkeit

$E(Z) = \sum_{i=1}^{5} E(X_i) = 5 \cdot 115 = 575 \in$;

$$\text{Var}(Z) = \sum_{i=1}^{5} \text{Var}(X_i) = 5 \cdot 28\,418\,775 = 142\,093\,875 \in {}^2\,;$$

$$\sigma_Z = 11\,920,31 \in {} = \sqrt{5} \cdot \sigma_X\,.$$

d) Bei der Verteilung auf 5 Personen ist das Risiko mehr gestreut. Die Zufallsvariable $5 \cdot X$ kann nur die beiden Werte $-498\,000$ und $+2\,000$ annehmen. Bei der Summenvariablen Z gibt es noch mehrere Werte dazwischen.

A 8.3 $P(X = 100) = P(\{1111\}) = \dfrac{1}{2\,000}\,;$

$P(X = 50)$

$$= P(\{1\,000, 2\,000, 111\,;\, 222, 1\,222, 333, 1333, \ldots, 999, 1999\}) = \frac{19}{2\,000}.$$

Lose mit den beiden gleichen Endziffern nn (n fest), bei denen nicht alle drei Endziffern übereinstimmen: yxnn mit $x \neq n$, y kann 0 oder 1 sein. Anzahl: $10 \cdot 9 \cdot 2 = 180\,;$

$$P(X = 10) = \frac{180}{2\,000}\,;$$

$$E(X) = 100 \cdot \frac{1}{2\,000} + 50 \cdot \frac{19}{2\,000} + 10 \cdot \frac{180}{2\,000} = 1,425 \in {}.$$

A 8.4 a) $1 = \displaystyle\sum_{i=1}^{N} c \cdot i = c \cdot \sum_{i=1}^{N} i = c \cdot \frac{N \cdot (N+1)}{2}\,; \quad c = \frac{2}{N \cdot (N+1)}.$

b) $E(X) = \dfrac{2}{N \cdot (N+1)} \cdot \displaystyle\sum_{i=1}^{N} i^2 = \dfrac{2}{N \cdot (N+1)} \cdot \dfrac{N \cdot (N+1) \cdot (2N+1)}{6}$

$$= \frac{2N+1}{3}.$$

$N = 2\,; \quad c = \frac{1}{3}\,; \quad p_1 = \frac{1}{3}\,; \quad p_2 = \frac{2}{3}\,; \quad E(X) = \frac{1}{3} + \frac{4}{3} = \frac{5}{3} = \frac{2 \cdot 2 + 1}{3}.$

A 8.5 $P(X = c^k) = \left(\dfrac{5}{6}\right)^{k-1} \cdot \dfrac{1}{6} \quad$ für $k = 1, 2, \ldots$.

$$E(X) = \sum_{k=1}^{\infty} c^k \cdot \left(\frac{5}{6}\right)^{k-1} \cdot \frac{1}{6} = \frac{1}{6} \cdot c \cdot \sum_{k=1}^{\infty} \left(\frac{5c}{6}\right)^{k-1}.$$

Für $\dfrac{5c}{6} \geq 1$, also für $c \geq \dfrac{6}{5}$ ist diese Reihe gegen ∞ divergent. Dann existiert kein Erwartungswert.

Für $\dfrac{5c}{6} < 1$, also für $c < \dfrac{6}{5}$ erhält man

$$E(X) = \frac{c}{6} \cdot \sum_{j=0}^{\infty} \left(\frac{5c}{6}\right)^{j} = \frac{c}{6} \cdot \frac{1}{1 - \frac{5c}{6}} = \frac{c}{6} \cdot \frac{1}{\frac{6-5c}{6}} = \frac{c}{6-5c}.$$

A 8.6 a) Mit bedingten Wahrscheinlichkeiten erhält man die Wahrscheinlichkeiten $p_k = P(X = k)$:

$$p_1 = P(X = 1) = \frac{1}{m}; \quad p_2 = \frac{m-1}{m} \cdot \frac{1}{m-1} = \frac{1}{m};$$

$$p_3 = \frac{m-1}{m} \cdot \frac{m-2}{m-1} \cdot \frac{1}{m-2} = \frac{1}{m};$$

$$p_4 = \frac{m-1}{m} \cdot \frac{m-2}{m-1} \cdot \frac{m-3}{m-2} \cdot \frac{1}{m-3} = \frac{1}{m};$$

allgemein gilt

$$p_k = \frac{m-1}{m} \cdot \frac{m-2}{m-1} \cdots \frac{m-k+1}{m-k+2} \cdot \frac{1}{m-k+1} = \frac{1}{m}$$

für $k = 1, 2, \ldots, m$;

damit ist X auf $\{1, 2, \ldots, m\}$ gleichmäßig verteilt. Nach S. 90 gilt dann

$$E(X) = \frac{m+1}{2}; \quad Var(X) = \frac{m^2-1}{12}; \quad \sigma = \sqrt{\frac{m^2-1}{12}}.$$

$$m = 5 \Rightarrow E(X) = 3; \quad \sigma = \sqrt{2}.$$

b) X ist geometrisch verteilt mit $p = \frac{1}{m}$.

$$E(X) = \frac{1}{p} = m;$$

$$Var(X) = \frac{1-p}{p^2} = \frac{1 - \frac{1}{m}}{\frac{1}{m^2}} = m \cdot (m-1); \quad \sigma = \sqrt{m \cdot (m-1)}.$$

$$m = 5 \Rightarrow E(X) = 5; \quad \sigma = \sqrt{20}.$$

A 8.7 a) P(Schütze gewinnt die Wette) $= \sum_{k=16}^{20} \binom{20}{k} \cdot 0{,}85^k \cdot 0{,}15^{20-k}$

$$= 0{,}829847.$$

b) $P(X = 100) = 0{,}829847$; $P(X = -500) = 0{,}170153$;

$$E(X) = 100 \cdot 0{,}829847 - 500 \cdot 0{,}170153 = -2{,}09 \in.$$

c) $E(X) = 100 \cdot 0{,}829847 - x \cdot 0{,}170153 = 0$; $x = 487{,}71 \in.$

A 8.8 a) X ist binomialverteilt mit $n = 200$ und $p = 0{,}0025$;

$$E(X) = n \cdot p = 0{,}5; \quad Var(X) = n \cdot p \cdot (1-p) = 0{,}49875.$$

b) Binomialv.: $p_k = P(X = k) = \binom{200}{k} \cdot 0{,}0025^k \cdot 0{,}9975^{200-k}$;

Poisson-Verteilung: $p_k = \frac{0{,}5^k}{k!} \cdot e^{-0{,}5}.$

k	0	1	2	3
Binomial:	0,606151	0,303835	0,075768	0,012533
Poisson:	0,606531	0,303265	0,075816	0,012636

A 8.9 a) Die Reihe $\sum\limits_{i=1}^{\infty} \dfrac{1}{a^i} = \sum\limits_{i=1}^{\infty} \left(\dfrac{1}{a}\right)^i = \dfrac{1}{a} \cdot \sum\limits_{j=0}^{\infty} \left(\dfrac{1}{a}\right)^j = \dfrac{1}{a} \cdot \dfrac{1}{1 - \frac{1}{a}} = \dfrac{1}{a-1}$

konvergiert nur für $a > 1$. Daher muss $a > 1$ sein. Aus

$1 = \sum\limits_{i=1}^{\infty} p_i = \dfrac{c}{a-1}$ folgt $c = a - 1$, also

$p_i = P(X = i) = \dfrac{a-1}{a^i}$ mit $a > 1$ für $i = 1, 2, \ldots$.

b) $F(k) = \sum\limits_{i=1}^{k} p_i = (a-1) \cdot \sum\limits_{i=1}^{k} \left(\dfrac{1}{a}\right)^i = \dfrac{a-1}{a} \cdot \sum\limits_{j=0}^{k-1} \left(\dfrac{1}{a}\right)^j$

$= \dfrac{a-1}{a} \cdot \dfrac{\frac{1}{a^k} - 1}{\frac{1}{a} - 1} = (a-1) \cdot \dfrac{\frac{1}{a^k} - 1}{1 - a} = 1 - \dfrac{1}{a^k}$ für $k = 1, 2, \ldots$.

c) $E(X) = (a-1) \sum\limits_{i=1}^{\infty} i \cdot \dfrac{1}{a^i} = \dfrac{a-1}{a} \sum\limits_{i=1}^{\infty} i \cdot \left(\dfrac{1}{a}\right)^{i-1}$.

Für $0 < x < 1$ gilt allgemein mit der Ableitung nach x

$\sum\limits_{i=1}^{\infty} i \cdot x^{i-1} = \sum\limits_{i=0}^{\infty} i \cdot x^{i-1} = \dfrac{d}{dx} \sum\limits_{i=0}^{\infty} x^i = \dfrac{d}{dx} \dfrac{1}{1-x}$

$= \dfrac{1}{(1-x)^2}$.

Mit $x = \frac{1}{a}$ erhält man hieraus

$E(X) = \dfrac{a-1}{a} \cdot \dfrac{1}{\left(1 - \frac{1}{a}\right)^2} = \dfrac{a-1}{a} \cdot \dfrac{1}{\left(\frac{a-1}{a}\right)^2} = \dfrac{a}{a-1}$.

d) $E(X) = \dfrac{1}{p} \Rightarrow p = \dfrac{a-1}{a}$; $1 - p = \dfrac{1}{a}$;

$p_i = p \cdot (1-p)^{i-1} = \dfrac{a-1}{a} \cdot \dfrac{1}{a^{i-1}} = (a-1) \cdot \dfrac{1}{a^i}$;

$\mathrm{Var}(X) = \dfrac{1-p}{p^2} = \dfrac{1}{a} \cdot \dfrac{a^2}{(a-1)^2} = \dfrac{a}{(a-1)^2}$.

A 8.10 a) $W(X) = W(Y) = \{0, 1, 2\}$. Insgesamt gibt es 36 Wertepaare (i, j), wobei jedes die Wahrscheinlichkeit $\frac{1}{36}$ besitzt. Abzählen der jeweiligen Fälle (S. 70) ergibt die Kontingenztafel

x_i \ y_j	0	1	2	Summe
0	$\frac{16}{36}$	$\frac{8}{36}$	$\frac{1}{36}$	$\frac{25}{36}$
1	$\frac{8}{36}$	$\frac{2}{36}$	0	$\frac{10}{36}$
2	$\frac{1}{36}$	0	0	$\frac{1}{36}$
Summe	$\frac{25}{36}$	$\frac{10}{36}$	$\frac{1}{36}$	1

b) $E(X) = E(Y) = 0 \cdot \frac{25}{36} + 1 \cdot \frac{10}{36} + 2 \cdot \frac{1}{36} = \frac{1}{3}$;

$E(X^2) = E(Y^2) = 0 \cdot \frac{25}{36} + 1 \cdot \frac{10}{36} + 4 \cdot \frac{1}{36} = \frac{7}{18}$;

$Var(X) = Var(Y) = \frac{7}{18} - \frac{1}{9} = \frac{5}{18}$.

Wegen $0 = P(X = 2, Y = 2) \neq P(X = 2) \cdot P(Y = 2)$ sind die Zufallsvariablen X und Y nicht unabhängig.

c) $E(X \cdot Y) = \frac{2}{36} = \frac{1}{18}$;

$Cov(X, Y) = E(X \cdot Y) - E(X) \cdot E(Y) = \frac{1}{18} - \frac{1}{9} = -\frac{1}{18}$;

$\rho = \dfrac{-\frac{1}{18}}{\frac{5}{18}} = -\frac{1}{5}$;

$E(X + Y) = E(X) + E(Y) = \frac{2}{3}$;

$Var(X + Y) = Var(X) + Var(Y) + 2 \cdot Cov(X, Y) = \frac{5}{18} + \frac{5}{18} - \frac{2}{18} = \frac{4}{9}$.

A 8.11 $\Omega = \{ZZZ, ZZW, ZWZ, WZZ, ZWW, WZW, WWZ, WWW\}$.

$W(X) = \{0, 1, 2, 3\}$; $W(Y) = \{0, 1, 2\}$;

	$y_1 = 0$	$y_2 = 1$	$y_3 = 2$	Summe
$x_1 = 0$	$\frac{1}{8}$	0	0	$\frac{1}{8}$
$x_2 = 1$	0	$\frac{2}{8}$	$\frac{1}{8}$	$\frac{3}{8}$
$x_3 = 2$	0	$\frac{2}{8}$	$\frac{1}{8}$	$\frac{3}{8}$
$x_4 = 3$	$\frac{1}{8}$	0	0	$\frac{1}{8}$
Summe	$\frac{1}{4}$	$\frac{1}{2}$	$\frac{1}{4}$	1

Wegen $P(X = 1, Y = 1) \neq P(X = 1) \cdot P(Y = 1)$ sind X und Y nicht unabhängig.

$$E(X) = 0 \cdot \frac{1}{8} + 1 \cdot \frac{3}{8} + 2 \cdot \frac{3}{8} + 3 \cdot \frac{1}{8} = \frac{3}{2} \; ; \; E(Y) = 0 \cdot \frac{1}{4} + 1 \cdot \frac{1}{2} + 2 \cdot \frac{1}{4} = 1 \; ;$$

$$E(X \cdot Y) = 1 \cdot \frac{2}{8} + 2 \cdot \frac{1}{8} + 2 \cdot \frac{2}{8} + 4 \cdot \frac{1}{8} = \frac{3}{2} \; ;$$

$$Cov(X, Y) = E(X \cdot Y) - E(X) \cdot E(Y) = \frac{3}{2} - \frac{3}{2} \cdot 1 = 0.$$

X und Y sind unkorreliert, aber nicht unabhängig.

A 8.12 $W(X) = W(Y) = \{0, 1\}$.

F_1: fehlerhaft beim 1. Zug; F_2: fehlerhaft beim zweiten Zug.

a) $P(X = 0, Y = 0) = P(\overline{F}_1 \cap \overline{F}_2) = P(\overline{F}_2 | \overline{F}_1) \cdot P(\overline{F}_1) = \frac{7}{9} \cdot \frac{8}{10} = \frac{28}{45}$;

$\quad P(X = 0, Y = 1) = P(\overline{F}_1 \cap F_2) = P(F_2 | \overline{F}_1) \cdot P(\overline{F}_1) = \frac{2}{9} \cdot \frac{8}{10} = \frac{8}{45}$;

$\quad P(X = 1, Y = 0) = P(F_1 \cap \overline{F}_2) = P(\overline{F}_2 | F_1) \cdot P(F_1) = \frac{8}{9} \cdot \frac{2}{10} = \frac{8}{45}$;

$\quad P(X = 1, Y = 1) = P(F_1 \cap F_2) = P(F_2 | F_1) \cdot P(F_1) = \frac{1}{9} \cdot \frac{2}{10} = \frac{1}{45}$.

	$y_1 = 0$	$y_2 = 1$	Summe
$x_1 = 0$	$\frac{28}{45}$	$\frac{8}{45}$	$\frac{8}{10} = P(X = 0)$
$x_2 = 1$	$\frac{8}{45}$	$\frac{1}{45}$	$\frac{2}{10} = P(X = 1)$
Summe	$\frac{8}{10} = P(Y = 0)$	$\frac{2}{10} = P(Y=1)$	1

X und Y besitzen die gleichen Verteilungen.

Wegen $P(X = 0, Y = 0) \neq P(X = 0) \cdot P(Y = 0)$ sind die beiden Zufallsvariablen beim Ziehen ohne Zurücklegen nicht unabhängig.

b) Beim Ziehen mit Zurücklegen gilt:

$\quad P(X = 0, Y=0) = P(\overline{F}_1 \cap \overline{F}_2) = P(\overline{F}_1) \cdot P(\overline{F}_2) = \frac{8}{10} \cdot \frac{8}{10} = \frac{64}{100}$;

$\quad P(X = 0, Y=1) = P(\overline{F}_1 \cap F_2) = P(\overline{F}_1) \cdot P(F_2) = \frac{8}{10} \cdot \frac{2}{10} = \frac{16}{100}$;

$\quad P(X = 1, Y = 0) = P(F_1 \cap \overline{F}_2) = P(F_1) \cdot P(\overline{F}_2) = \frac{2}{10} \cdot \frac{8}{10} = \frac{16}{100}$;

$\quad P(X = 1, Y=1) = P(F_1 \cap F_2) = P(F_1) \cdot P(F_1) = \frac{2}{10} \cdot \frac{2}{10} = \frac{4}{100}$.

	$y_1 = 0$	$y_2 = 1$	Summe
$x_1 = 0$	$\frac{64}{100}$	$\frac{16}{100}$	$\frac{8}{10} = P(X = 0)$
$x_2 = 1$	$\frac{16}{100}$	$\frac{4}{100}$	$\frac{2}{10} = P(X = 1)$
Summe	$\frac{8}{10} = P(Y = 0)$	$\frac{2}{10} = P(Y=1)$	1

Wegen der Produktdarstellung sind X und Y unabhängig.

A 8.13 a) X_i sei die Augenzahl des i-ten Würfels. X_i ist gleichmäßig verteilt auf $\{1,2,3,4,5,6\}$. Damit gilt (s. S. 90)

$$E(X_i) = \frac{6+1}{2} = \frac{7}{2}; \quad Var(X_i) = \frac{6^2-1}{12} = \frac{35}{12} \quad \text{für } i = 1,2,\ldots,n.$$

Aus $X = \sum_{i=1}^{n} X_i$ erhält man wegen der Unabhängigkeit

$$E(X) = \sum_{i=1}^{n} E(X_i) = n \cdot 3{,}5; \quad Var(X) = \sum_{i=1}^{n} Var(X_i) = n \cdot \frac{35}{12}.$$

b) $Var(\overline{X}) = \frac{1}{n^2} \cdot \sum_{i=1}^{n} Var(X_i) = \frac{1}{n} \cdot \frac{35}{12} < 0{,}1 \quad \Rightarrow \quad n > \frac{35}{12 \cdot 0{,}1} = 29{,}16.$

n muss mindestens 30 sein.

c) Wegen der Unabhängigkeit gilt die Produktdarstellung

$$E(Y) = E(X_1 \cdot X_2 \cdot \ldots \cdot X_n) = E(X_1) \cdot E(X_2) \cdot \ldots \cdot E(X_n) = \left(\frac{7}{2}\right)^n.$$

A 8.14 a) Die Zufallsvariable X der absoluten Häufigkeit ist binomialverteilt mit den Parametern n und p.

$$E(X) = n \cdot p; \quad Var(X) = n \cdot p \cdot (1 - p).$$

Für die Zufallsvariable der relativen Häufigkeit gilt $R_n(A) = \frac{1}{n} \cdot X$. Daraus folgt

$$E(R_n(A)) = \frac{1}{n} \cdot E(X) = p; \quad Var(R_n(A)) = \frac{1}{n^2} \cdot Var(X) = \frac{p \cdot (1-p)}{n}.$$

b) $Var(R_n(A)) = \frac{p \cdot (1-p)}{n} \leq \frac{1}{4n} < 0{,}001; \quad n > \frac{1}{4 \cdot 0{,}001} = 250.$

A 8.15 $E(X^2 \cdot Y) = 1 \cdot 5 \cdot 0{,}1 + 1 \cdot 10 \cdot 0{,}1 + 1 \cdot 15 \cdot 0{,}05$
$$+ 4 \cdot 5 \cdot 0{,}05 + 4 \cdot 10 \cdot 0{,}2 + 4 \cdot 15 \cdot 0{,}15$$
$$+ 9 \cdot 5 \cdot 0{,}05 + 9 \cdot 10 \cdot 0{,}1 + 9 \cdot 15 \cdot 0{,}2 = 58.5.$$

9. Stetige Zufallsvariable

A 9.1 a) $1 = \int\limits_0^{10} f(x)\,dx = c \int\limits_0^{10} x\,dx = c \cdot \left[\frac{x^2}{2}\right]_0^{10} = c \cdot 50; \quad c = \frac{1}{50}$.

b) $0 \le x \le 10$: $F(x) = \frac{1}{50} \cdot \int\limits_0^x u\,du = \frac{1}{50} \cdot \left[\frac{u^2}{2}\right]_0^x = \frac{x^2}{100}$;

$$F(x) = \begin{cases} 0 & \text{für } x < 0; \\ \frac{1}{100}x^2 & \text{für } 0 \le x \le 10; \\ 1 & \text{für } x > 10. \end{cases}$$

c) $F(\tilde{\mu}) = \frac{1}{100} \cdot \tilde{\mu}^2 = \frac{1}{2}; \quad \tilde{\mu}^2 = 50; \quad \tilde{\mu} = \sqrt{50}$;

$F(\xi_q) = \frac{1}{100} \cdot \xi_q^2 = q; \quad \xi_q^2 = 100 \cdot q; \quad \xi_q = 10 \cdot \sqrt{q}$;

$\xi_{0,1} = 10 \cdot \sqrt{0,1} = 3,162278; \quad \xi_{0,95} = 10 \cdot \sqrt{0,95} = 9,746794$.

d) $E(X) = \int\limits_{-\infty}^{\infty} x \cdot f(x)\,dx = \frac{1}{50} \cdot \int\limits_0^{10} x^2\,dx = \frac{1}{50} \cdot \left[\frac{x^3}{3}\right]_0^{10} = \frac{1}{50} \cdot \frac{1000}{3} = \frac{20}{3}$;

$E(X^2) = \int\limits_{-\infty}^{\infty} x^2 \cdot f(x)\,dx = \frac{1}{50} \cdot \int\limits_0^{10} x^3\,dx = \frac{1}{50} \cdot \left[\frac{x^4}{4}\right]_0^{10}$

$\qquad = \frac{1}{50} \cdot \frac{10\,000}{4} = 50$;

$\text{Var}(X) = E(X^2) - [E(X)]^2 = 50 - \frac{400}{9} = \frac{50}{9}$.

A 9.2 a) $1 = \int\limits_c^e \frac{1}{x}\,dx = [\ln x]_c^e = \ln e - \ln c = 1 - \ln c; \ln c = 0; c = 1$.

b) $1 \le x \le e$: $F(x) = \int\limits_1^x \frac{1}{u}\,du = [\ln u]_1^x = \ln x - \ln 1 = \ln x$;

$$F(x) = \begin{cases} 0 & \text{für } x < 1; \\ \ln x & \text{für } 1 \le x \le e; \\ 1 & \text{für } x > e. \end{cases}$$

c) $F(\tilde{\mu}) = \ln \tilde{\mu} = \frac{1}{2}; \quad \tilde{\mu} = e^{\frac{1}{2}} = \sqrt{e} = 1,648721$.

$F(\xi_q) = \ln \xi_q = q; \quad \xi_q = e^q; \quad \xi_{0,8} = e^{0,8} = 2,225541$.

d) $E(X) = \int\limits_{-\infty}^{\infty} x \cdot f(x)\,dx = \int\limits_{1}^{e} x \cdot \frac{1}{x}\,dx = \int\limits_{1}^{e} dx = [\,x\,]_1^e = e - 1;$

$E(X^2) = \int\limits_{1}^{e} x^2 \cdot \frac{1}{x}\,dx = \int\limits_{1}^{e} x\,dx = \left[\frac{x^2}{2}\right]_1^e = \frac{1}{2} \cdot (e^2 - 1);$

$Var(X) = E(X^2) - [E(X)]^2 = \frac{1}{2} \cdot (e^2 - 1) - (e - 1)^2$

$= \dfrac{e^2 - 1 - 2e^2 + 4e - 2}{2} = \dfrac{4e - e^2 - 3}{2}.$

A 9.3 a) $x \geq 1:$ $F(x) = \int\limits_{1}^{x} f(u)\,du = c \cdot \int\limits_{1}^{x} \frac{1}{u^\alpha}\,du = -c \cdot \frac{1}{\alpha - 1} \cdot \left[\frac{1}{u^{\alpha-1}}\right]_1^x$

$= c \cdot \frac{1}{\alpha - 1} \cdot \left(1 - \frac{1}{x^{\alpha-1}}\right).$

Wegen $\lim\limits_{x \to \infty} \frac{1}{x^{\alpha-1}} = 0$ für $\alpha > 1$ folgt hieraus

$1 = F(\infty) = \frac{c}{\alpha - 1} \Rightarrow c = \alpha - 1;$

$f(x) = \begin{cases} 0 & \text{für } x < 1; \\ \dfrac{\alpha - 1}{x^\alpha} & \text{für } x \geq 1. \end{cases}$

b) Mit a) erhält man

$F(x) = \begin{cases} 0 & \text{für } x < 1; \\ 1 - \dfrac{1}{x^{\alpha-1}} & \text{für } x \geq 1. \end{cases}$

c) $F(\tilde\mu) = 1 - \frac{1}{\tilde\mu^{\alpha-1}} = \frac{1}{2}; \quad \frac{1}{\tilde\mu^{\alpha-1}} = \frac{1}{2}; \quad \tilde\mu = 2^{\frac{1}{\alpha-1}};$

$F(\xi_q) = 1 - \frac{1}{\xi_q^{\alpha-1}} = q; \quad \frac{1}{\xi_q^{\alpha-1}} = 1 - q; \quad \xi_q = \dfrac{1}{(1-q)^{\frac{1}{\alpha-1}}}.$

d) $E(X) = (\alpha - 1) \cdot \int\limits_{1}^{\infty} \frac{x}{x^\alpha}\,dx = (\alpha - 1) \cdot \lim\limits_{b \to \infty} \int\limits_{1}^{b} \frac{x}{x^\alpha}\,dx.$

Dieses Intergral konvergiert nur für $\alpha > 2$ mit

$E(X) = (\alpha - 1) \cdot \lim\limits_{b \to \infty} \int\limits_{1}^{b} x^{1-\alpha}\,dx = (\alpha - 1) \cdot \lim\limits_{b \to \infty} \left[\frac{x^{2-\alpha}}{2-\alpha}\right]_1^b$

$= (\alpha - 1) \cdot \left[\underbrace{\lim\limits_{b \to \infty} \frac{b^{2-\alpha}}{2-\alpha}}_{= 0} - \frac{1}{2-\alpha}\right] = \frac{\alpha - 1}{\alpha - 2} \text{ für } \alpha > 2.$

$$E(X^2) = (\alpha - 1) \cdot \int\limits_1^\infty \frac{x^2}{x^\alpha}\, dx = (\alpha - 1) \cdot \lim_{b \to \infty} \int\limits_1^b \frac{x^2}{x^\alpha}\, dx \,.$$

Dieses Intergral konvergiert nur für $\alpha > 3$ mit

$$E(X^2) = (\alpha - 1) \cdot \lim_{b \to \infty} \int\limits_1^b x^{2-\alpha}\, dx = (\alpha - 1) \cdot \lim_{b \to \infty} \left[\frac{x^{3-\alpha}}{3 - \alpha} \right]_1^b$$

$$= (\alpha - 1) \cdot \left[\underbrace{\lim_{b \to \infty} \frac{b^{3-\alpha}}{3 - \alpha}}_{= 0} - \frac{1}{3 - \alpha} \right] = \frac{\alpha - 1}{\alpha - 3} \text{ für } \alpha > 3.$$

$$\mathrm{Var}(X) = E(X^2) - [E(X)]^2 = \frac{\alpha - 1}{\alpha - 3} - \frac{(\alpha - 1)^2}{(\alpha - 2)^2} \text{ für } \alpha > 3.$$

$\alpha = 3$: Hier existiert nur der Erwartungswert $E(X) = 2$, die Varianz existiert nicht.

$\alpha = 4$: $E(X) = \frac{3}{2}$; $\mathrm{Var}(X) = 3 - \frac{3^2}{2^2} = 3 - \frac{9}{4} = \frac{3}{4}$.

A 9.4 a) Gesamtfläche unter f (zwei Dreiecke und ein Rechteck):

$$\frac{c}{2} + 3c + c = \frac{9}{2} \cdot c = 1 \;\Rightarrow\; c = \frac{2}{9};$$

$$f(x) = \begin{cases} \frac{2}{9}x & \text{für } 0 \le x \le 1; \\[2mm] \frac{2}{9} & \text{für } 1 \le x \le 4; \\[2mm] \frac{2}{3} - \frac{1}{9}x & \text{für } 4 \le x \le 6; \\[2mm] 0 & \text{sonst.} \end{cases}$$

$x < 0$: $F(x) = 0$;

$0 \le x \le 1$:

$$F(x) = \int\limits_0^x \frac{2}{9}u\, du = \left[\frac{u^2}{9} \right]_0^x = \frac{x^2}{9};$$

$F(1) = \frac{1}{9}$;

$1 \le x \le 4$: $F(x) = F(1) + \int\limits_1^x \frac{2}{9}\, du = \frac{1}{9} + \frac{2}{9}x - \frac{2}{9} = \frac{2}{9}x - \frac{1}{9}$;

$F(4) = \frac{7}{9}$;

$$4 \leq x \leq 6: \quad F(x) = F(4) + \int_4^x \left(\tfrac{2}{3} - \tfrac{1}{9}u\right) du = \tfrac{7}{9} + \left[\tfrac{2}{3}u - \tfrac{u^2}{18}\right]_4^x$$

$$= \tfrac{7}{9} + \tfrac{2}{3}x - \tfrac{x^2}{18} - \tfrac{8}{3} + \tfrac{8}{9} = -1 + \tfrac{2}{3}x - \tfrac{x^2}{18} \,;$$

$$F(6) = 1\,;$$

$$x \geq 6: \quad F(x) = 1.$$

b) $$E(X) = \tfrac{2}{9} \cdot \int_0^1 x^2\,dx + \tfrac{2}{9} \cdot \int_1^4 x\,dx + \int_4^6 \left(\tfrac{2}{3}x - \tfrac{1}{9}x^2\right)dx$$

$$= \tfrac{2}{9} \cdot \left[\tfrac{x^3}{3}\right]_0^1 + \left[\tfrac{x^2}{9}\right]_1^4 + \left[\tfrac{x^2}{3} - \tfrac{x^3}{27}\right]_4^6$$

$$= \tfrac{2}{27} + \tfrac{16}{9} - \tfrac{1}{9} + 12 - 8 - \tfrac{16}{3} + \tfrac{64}{27} = \tfrac{25}{9}\,;$$

$$E(X^2) = \tfrac{2}{9} \cdot \int_0^1 x^3\,dx + \tfrac{2}{9} \cdot \int_1^4 x^2\,dx + \int_4^6 \left(\tfrac{2}{3}x^2 - \tfrac{1}{9}x^3\right)dx$$

$$= \tfrac{2}{9} \cdot \left[\tfrac{x^4}{4}\right]_0^1 + \tfrac{2}{9} \cdot \left[\tfrac{x^3}{3}\right]_1^4 + \left[\tfrac{2}{9}x^3 - \tfrac{x^4}{36}\right]_4^6$$

$$= \tfrac{1}{18} + \tfrac{2}{9} \cdot \left(\tfrac{64}{3} - \tfrac{1}{3}\right) + 48 - 36 - \tfrac{128}{9} + \tfrac{64}{9} = \tfrac{173}{18}\,;$$

$$Var(X) = E(X^2) - [E(X)]^2 = \tfrac{173}{18} - \left(\tfrac{25}{9}\right)^2 = \tfrac{307}{162} = 1{,}895062.$$

A 9.5 a) X ist in $[0\,;3]$ gleichmäßig verteilt mit der Dichte

$$f(x) = \begin{cases} \tfrac{1}{3} & \text{für } 0 \leq x \leq 3\,; \\ 0 & \text{sonst.} \end{cases}$$

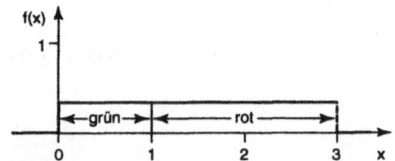

b) $P(T \leq t) = 0$ für $t < 0$;

$F(0) = P(T \leq 0) = P(T = 0) = \tfrac{1}{3}$;

$F(2) = P(T \leq 2) = 1$;

$0 \leq t \leq 2: \quad F(t) = \tfrac{1}{3} + \tfrac{1}{3}t$;

$$F(t) = \begin{cases} 0 & \text{für } t < 0\,; \\ \tfrac{1}{3} + \tfrac{1}{3}t & \text{für } 0 \leq t \leq 2\,; \\ 1 & \text{für } t > 2\,. \end{cases}$$

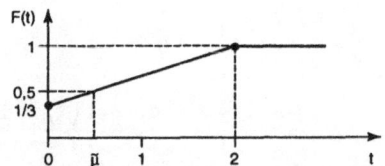

c) $E(T) = 0 \cdot \frac{1}{3} + \int\limits_0^2 \frac{1}{3} \cdot t \, dt = \left[\frac{t^2}{6} \right]_0^2 = \frac{2}{3};$

$E(T^2) = 0^2 \cdot \frac{1}{3} + \int\limits_0^2 \frac{1}{3} \cdot t^2 \, dt = \left[\frac{t^3}{9} \right]_0^2 = \frac{8}{9};$

$\text{Var}(T) = E(T^2) - [E(T)]^2 = \frac{8}{9} - \frac{4}{9} = \frac{4}{9}.$

d) $F(\tilde{\mu}) = \frac{1}{3} + \frac{1}{3} \cdot \tilde{\mu} = \frac{1}{2}; \quad \frac{1}{3} \cdot \tilde{\mu} = \frac{1}{2} - \frac{1}{3} = \frac{1}{6}; \quad \tilde{\mu} = \frac{1}{2}.$

A 9.6 a) $100 \le x \le c: \quad F(x) = \int\limits_{100}^x \frac{200}{u^2} \, du = \left[-\frac{200}{u} \right]_{100}^x = -\frac{200}{x} + 2;$

$1 = F(c) = 2 - \frac{200}{c}; \quad \frac{200}{c} = 1; \quad c = 200.$

b)
$$F(x) = \begin{cases} 0 & \text{für } x \le 100; \\ 2 - \frac{200}{x} & \text{für } 100 \le x \le 200; \\ 1 & \text{für } x \ge 200. \end{cases}$$

c) $F(\xi_q) = 2 - \frac{200}{\xi_q} = q; \quad \frac{200}{\xi_q} = 2 - q; \quad \xi_q = \frac{200}{2-q};$

$q = \frac{1}{2}$ ergibt den Median $\xi_{0,5} = \tilde{\mu} = \frac{200}{\frac{3}{2}} = \frac{400}{3}.$

d) $E(X) = \int\limits_{100}^{200} x \cdot \frac{200}{x^2} \, dx = 200 \cdot \int\limits_{100}^{200} \frac{1}{x} \, dx = 200 \cdot [\ln x]_{100}^{200}$

$= 200 \cdot (\ln 200 - \ln 100) = 200 \cdot \ln \frac{200}{100} = 200 \cdot \ln 2 = 138,6294.$

$E(X^2) = \int\limits_{100}^{200} x^2 \cdot \frac{200}{x^2} \, dx = 200 \cdot \int\limits_{100}^{200} dx = 200 \cdot (200 - 100) = 20\,000;$

$\text{Var}(X) = E(X^2) - [E(X)]^2 = 20\,000 - 40\,000 \cdot (\ln 2)^2$

$= 20\,000 \cdot [1 - 2 \cdot (\ln 2)^2] = 781,8794.$

e) $E(\sqrt{X}) = \int\limits_{100}^{200} \sqrt{x} \cdot \frac{200}{x^2} \, dx = 200 \cdot \int\limits_{100}^{200} x^{-\frac{3}{2}} \, dx = 200 \cdot \left[-\frac{2}{\sqrt{x}} \right]_{100}^{200}$

$= 400 \cdot \left(\frac{1}{\sqrt{100}} - \frac{1}{\sqrt{200}} \right) = 400 \cdot \left(\frac{1}{10} - \frac{1}{10 \cdot \sqrt{2}} \right)$

$$= 40 \cdot \left(1 - \frac{1}{\sqrt{2}}\right) = 40 \cdot \left(1 - \frac{\sqrt{2}}{2}\right) = 11,7157 \,;$$

$$E(\sqrt{X}^2) = E(X) = 200 \cdot \ln 2 \,;$$

$$\mathrm{Var}(\sqrt{X}) = E(\sqrt{X}^2) - [E(\sqrt{X})]^2 = 200 \cdot \ln 2 - 1600 \cdot \left(1 - \frac{\sqrt{2}}{2}\right)^2$$
$$= 1,3711.$$

A 9.7 a) Da die Dichte f symmetrisch zur Achse $x = 0$ ist, gilt

$$\frac{1}{2} = c \cdot \int\limits_0^\infty e^{-\rho \cdot x} dx = c \cdot \lim_{b \to \infty} \int\limits_0^b e^{-\rho \cdot x} dx = c \cdot \lim_{b \to \infty} \left[-\frac{1}{\rho} \cdot e^{-\rho \cdot x} \right]_0^b$$

$$= \frac{c}{\rho} \cdot \lim_{b \to \infty} \left(1 - e^{-\rho \cdot b}\right) = \frac{c}{\rho} \,; \qquad \frac{c}{\rho} = \frac{1}{2} \;\Rightarrow\; c = \frac{\rho}{2} \,;$$

$$f(x) = \frac{\rho}{2} \cdot e^{-\rho |x|}.$$

b) $x \le 0 \,;\; |x| = -x \,;$

$$F(x) = \frac{\rho}{2} \cdot \int\limits_{-\infty}^x e^{\rho \cdot u} du = \frac{\rho}{2} \cdot \lim_{b \to \infty} \int\limits_{-b}^x e^{\rho \cdot u} du = \frac{\rho}{2} \cdot \lim_{b \to \infty} \left[\frac{1}{\rho} e^{\rho u} \right]_{-b}^x$$

$$= \frac{\rho}{2} \cdot \lim_{b \to \infty} \left[\frac{1}{\rho} e^{\rho x} - \frac{1}{\rho} e^{-\rho b} \right] = \frac{1}{2} \cdot e^{\rho \cdot x} \,; \quad F(0) = \frac{1}{2} \,;$$

$x \ge 0 \,;\; |x| = x \,;$

$$F(x) = F(0) + \frac{\rho}{2} \cdot \int\limits_0^x e^{-\rho \cdot u} du = \frac{1}{2} + \frac{\rho}{2} \cdot \left[-\frac{1}{\rho} e^{-\rho \cdot u} \right]_0^x$$

$$= \frac{1}{2} - \frac{1}{2} \cdot (e^{-\rho \cdot x} - 1) = 1 - \frac{1}{2} \cdot e^{-\rho \cdot x} \,;$$

$$F(x) = \begin{cases} \frac{1}{2} \cdot e^{\rho \cdot x} & \text{für } x \le 0 \,; \\ 1 - \frac{1}{2} \cdot e^{-\rho \cdot x} & \text{für } x \ge 0. \end{cases}$$

c) $0 < q \le \frac{1}{2} \,:$ $\frac{1}{2} \cdot e^{\rho \cdot \xi_q} = q \,;$ $e^{\rho \cdot \xi_q} = 2 q \,;$ $\rho \cdot \xi_q = \ln(2 q)$

$$\xi_q = \frac{1}{\rho} \cdot \ln(2 q) \quad \text{für } 0 < q \le \frac{1}{2} \,;$$

$\frac{1}{2} \le q < 1 \,;$ aus der Symmetrie der Dichte zu $s = 0$ folgt

$$\xi_q = -\xi_{1-q} = -\frac{1}{\rho} \ln(2 \cdot (1-q)) \quad \text{für } \frac{1}{2} \le q < 1.$$

d) Aus der Symmetrie der Dichte zu s = 0 erhält man $\widetilde{\mu} = 0$.

e) Partielle Integration ergibt

$$\int \underbrace{x}_{u(x)} \underbrace{e^{-\rho \cdot x}}_{v'(x)} dx = x \cdot (-\tfrac{1}{\rho} \cdot e^{-\rho \cdot x}) + \tfrac{1}{\rho} \int e^{-\rho \cdot x} dx$$

$$= -\tfrac{1}{\rho} \cdot x \cdot e^{-\rho \cdot x} - \tfrac{1}{\rho^2} e^{-\rho \cdot x} ;$$

$$\int_{0}^{\infty} x \cdot e^{-\rho \cdot x} dx = \left[-\tfrac{1}{\rho} \cdot x \cdot e^{-\rho \cdot x} - \tfrac{1}{\rho^2} e^{-\rho \cdot x} \right]_{0}^{\infty} = \tfrac{1}{\rho^2} .$$

Damit existiert das Integral $\int_{-\infty}^{\infty} x \cdot f(x)\, dx$.

Wegen der Symmetrie der Dichte f zu s = 0 gilt $E(X) = 0$.

$$\int_{0}^{\infty} \underbrace{x^2}_{u(x)} \underbrace{e^{-\rho \cdot x}}_{v'(x)} dx = \left[x^2 \cdot \tfrac{1}{\rho} \cdot e^{-\rho \cdot x} \right]_{0}^{\infty} + \tfrac{2}{\rho} \cdot \int_{0}^{\infty} x \cdot e^{-\rho \cdot x} dx$$

$$= 0 + \tfrac{2}{\rho^3} .$$

Wegen der Symmetrie der Dichte zu s = 0 erhält man hiermit

$$E(X^2) = \int_{-\infty}^{\infty} x^2 \cdot f(x)\, dx = 2 \cdot \int_{0}^{\infty} x^2 \cdot f(x)\, dx$$

$$= 2 \cdot \tfrac{\rho}{2} \cdot \int_{0}^{\infty} x^2 \cdot e^{-\rho x} dx = \rho \cdot \int_{0}^{\infty} x^2 \cdot e^{-\rho x} dx = \tfrac{2}{\rho^2} .$$

Aus $E(X) = 0$ folgt $Var(X) = E(X^2) = \tfrac{2}{\rho^2}$.

A 9.8 a) $P(X \geq t) = e^{-\lambda t}$; $P(X \geq 10\,000) = e^{-\lambda \cdot 10\,000} = e^{-2}$;

$\lambda \cdot 10\,000 = 2$; $\lambda = 0{,}0002$;

b) $E(X) = \sigma = \tfrac{1}{\lambda} = 5\,000$;

c) $1 - e^{-0{,}0002 \cdot \xi_q} = q$; $e^{-0{,}0002 \cdot \xi_q} = 1 - q$;

$\xi_q = -5\,000 \cdot \ln(1-q)$.

$q = \tfrac{1}{2}$ ergibt $\widetilde{\mu} = -5\,000 \cdot \ln\left(\tfrac{1}{2}\right) = 5\,000 \cdot \ln 2 = 3\,465{,}74$.

d) $P(3\,000 \leq X \leq 7\,000) = 1 - e^{-0{,}0002 \cdot 7\,000} - (1 - e^{-0{,}0002 \cdot 3\,000})$

$$= e^{-0{,}6} - e^{-1{,}4} = 0{,}302215 .$$

e) Da keine Alterung stattfindet, gilt

$$P(3\,000 \leq X \leq 7\,0000 \,|\, X \geq 3\,000) = P(X \leq 4\,000)$$

$$= 1 - e^{-0,0002 \cdot 4\,000} = 1 - e^{-0,8} = 0,550671.$$

f) In d) wird die absolute Wahrscheinlichkeit berechnet, in e) eine bedingte Wahrscheinlichkeit mit einer zusätzlichen Information über die bereits erreichte Lebensdauer.

A 9.9 a) $P(X \geq 1) = P\left(\dfrac{X-1}{0,01} > \dfrac{1-1}{0,01}\right) = 1 - \Phi(0) = 0,5$.

b) $P(0,98 \leq X \leq 1,03) = P\left(\dfrac{0,98-1}{0,01} \leq \dfrac{X-1}{0,01} \leq \dfrac{1,03-1}{0,01}\right)$

$$= \Phi(3) - \Phi(-2) = \Phi(3) + \Phi(2) - 1 = 0,9759.$$

c) $Y = \sum\limits_{i=1}^{6} X_i$ ist normalverteilt mit dem Erwartungswert 6 und der Varianz 0,0006, also $N(6\,;\,0,0006)$-verteilt.

$$P(Y < 5,95) = P\left(\dfrac{Y-6}{\sqrt{0,0006}} < \dfrac{5,95-6}{\sqrt{0,0006}}\right)$$

$$= \Phi(-2,041241) = 1 - \Phi(2,041241) = 0,020613.$$

d) $0,01 = P(|X-1| > c) = 1 - P(|X-1| \leq c)$

$$= 1 - P(1 - c \leq X \leq 1 + c)$$

$$= 1 - P\left(-\dfrac{c}{0,01} \leq \dfrac{X-1}{0,01} \leq \dfrac{c}{0,01}\right) = 1 - \Phi(\tfrac{c}{0,01}) + \Phi(-\tfrac{c}{0,01})$$

$$= 2 - 2 \cdot \Phi(\tfrac{c}{0,01})\,;$$

$$2 \cdot \Phi(\tfrac{c}{0,01}) = 2 - 0,01 = 1,99\,;\quad \Phi(\tfrac{c}{0,01}) = 0,995\,;$$

$$c = 0,01 \cdot z_{0,995} = 0,01 \cdot 2,575829 = 0,025758.$$

A 9.10 Die Klassengrenzen c_1, c_2, c_3, c_4 erhält man aus

$$\tfrac{1}{4} = P(X \leq c_1) = P\left(\dfrac{X-66}{5} \leq \dfrac{c_1-66}{5}\right) = \Phi\left(\dfrac{c_1-66}{5}\right);$$

$$\dfrac{c_1-66}{5} = z_{0,25} = -z_{0,75}\,;\quad c_1 = 66 - 5 \cdot z_{0,75} = 62,63\,;$$

$$\tfrac{1}{2} = P(X \leq c_2) = \Phi\left(\dfrac{c_2-66}{5}\right);\quad \dfrac{c_2-66}{5} = 0\,;\quad c_2 = 66\,;$$

$$\frac{3}{4} = P(X \leq c_3) = \Phi\left(\frac{c_3 - 66}{5}\right); \quad \frac{c_3 - 66}{5} = z_{0,75};$$

$$c_3 = 66 + 5 \cdot z_{0,75} = 69,37;$$

Gewichtsklassen:

$$(X \leq 62,63); \quad (62,63 < X \leq 66); \quad (66 < X \leq 69,37); \quad (X > 69,37).$$

A 9.11 a) Y ist $N(12\,500; 225)$ - verteilt.

$$P(12\,485 \leq Y \leq 12\,530)$$

$$= P\left(\frac{12\,485 - 12\,500}{15} \leq \frac{Y - 12\,500}{15} \leq \frac{12\,530 - 12\,500}{15}\right)$$

$$= \Phi(2) - \Phi(-1) = \Phi(2) + \Phi(1) - 1 = 0,818595.$$

b) $0,98 = P(X \geq 500) = 1 - P(X \leq 500) = 1 - P\left(\frac{X - \mu}{3} \leq \frac{500 - \mu}{3}\right)$

$$= 1 - \Phi\left(\frac{500 - \mu}{3}\right); \quad \Phi\left(\frac{500 - \mu}{3}\right) = 0,02;$$

$$\frac{500 - \mu}{3} = z_{0,02} = -z_{0,98}; \quad 500 - \mu = -3 \cdot z_{0,98};$$

$$\mu = 500 + 3 \cdot z_{0,98} = 506,16.$$

c) $E(\overline{X}) = \mu = 500; \; Var(\overline{X}) = \frac{9}{n}; \; \overline{X}$ ist $N(500; \frac{9}{n})$ - verteilt.

Für $P(|\overline{X} - 500| \leq 1)$ erhält man aus der Sigma-Regel

$$P(|\overline{X} - 500| \leq c \cdot \sigma_{\overline{X}}) = P(|\overline{X} - 500| \leq c \cdot \frac{3}{\sqrt{n}}) = 2 \cdot \Phi(c) - 1;$$

$$c \cdot \frac{3}{\sqrt{n}} = 0,1; \quad c = \frac{\sqrt{n}}{30}; \quad \Phi\left(\frac{\sqrt{n}}{30}\right) \geq 0,9995;$$

$$\frac{\sqrt{n}}{30} \geq z_{0,999} = 3,090232; \quad n \geq (30 \cdot 3,090232)^2;$$

$$n \geq 8\,595 \; (\text{aufgerundet}).$$

A 9.12 X sei die Anzahl der gekeimten Samenkörner von den 10 000; X ist binomialverteilt mit den Parametern $n = 10\,000$ und $p = 0,94$.

$$E(X) = 10\,000 \cdot 0,94 = 9\,400; \; Var(X) = 10\,000 \cdot 0,94 \cdot 0,06 = 564.$$

Approximation durch die Normalverteilung:

a) $P(X \geq 9\,375) = 1 - P(X < 9\,375) \approx 1 - \Phi\left(\frac{9\,375 - 0,5 - 9400}{\sqrt{564}}\right)$

$$= 1 - \Phi(-1,073744) = \Phi(1,073744) = 0,858531.$$

b) $P(9\,350 \leq X \leq 9\,420)$

$$= P\left(\frac{9\,350 - 0{,}5 - 9\,400}{\sqrt{564}} \leq \frac{X - 9400}{\sqrt{564}} \leq \frac{9\,420 + 0{,}5 - 9\,400}{\sqrt{564}}\right)$$

$$\approx \Phi(0{,}863206) - \Phi(-2{,}126434)$$

$$= \Phi(0{,}863206) + \Phi(2{,}126434) - 1 = 0{,}792470\,.$$

c) $0{,}99 = P(X \geq k) = 1 - P(X < k) = 1 - P\left(\frac{X - 9400}{\sqrt{564}} \leq \frac{k - 0{,}5 - 9400}{\sqrt{564}}\right)$

$$\approx 1 - \Phi\left(\frac{k - 9400{,}5}{\sqrt{564}}\right);$$

$$\Phi\left(\frac{k - 9400{,}5}{\sqrt{564}}\right) = 0{,}01\,; \quad \frac{k - 9400{,}5}{\sqrt{564}} = z_{0{,}01} = -z_{0{,}99}\,;$$

$$k = 9400{,}5 - \sqrt{564} \cdot z_{0{,}99}\,; \quad k = 9\,346 \quad \text{(aufgerundet)}.$$

A 9.13 a) $0 \leq x \leq 1: \quad f_1(x) = \int\limits_0^1 f(x,y)\,dy = \int\limits_0^1 dy = 1\,;$

$$0 \leq y \leq 1: \quad f_2(y) = \int\limits_0^1 f(x,y)\,dx = \int\limits_0^1 dx = 1\,;$$

X und Y sind jeweils in $[0\,;1]$ gleichmäßig verteilt mit

$$f_1(x) = \begin{cases} 1 & \text{für } 0 \leq x \leq 1; \\ 0 & \text{sonst}; \end{cases} \qquad f_2(y) = \begin{cases} 1 & \text{für } 0 \leq y \leq 1; \\ 0 & \text{sonst}. \end{cases}$$

Wegen der gleichmäßigen Verteilung gilt

$$E(X) = E(Y) = \tfrac{1}{2}; \quad \text{Var}(X) = \text{Var}(Y) = \tfrac{1}{12}.$$

Wegen $f(x,y) = f_1(x) \cdot f_2(y)$ sind X und Y unabhängig.

b) $P(Z \leq z) = H(z) = \iint\limits_{x+y \leq z} f(x,y)\,dx\,dy\,.$

Da die Dichte $f(x,y)$ im Einheitsquadrat immer den Wert 1 annimmt, ist $H(z)$ der Flächeninhalt des Bereichs des Quadrats, der unterhalb oder links von der Geraden $x + y = z$ liegt.

Fall I: $0 \leq z \leq 1$;

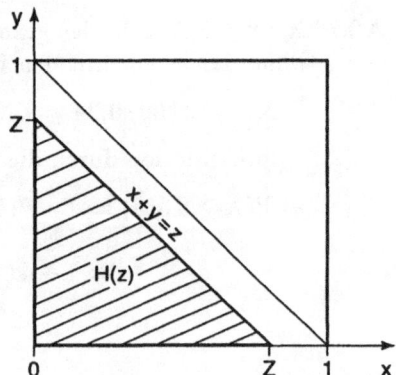

$H(z) = \frac{1}{2}z^2$; $h(z) = H'(z) = z$.

Fall II: $1 \leq z \leq 2$:

durch die Gerade $x + y = z > 1$ wird die obere Quadratseite zerlegt in zwei Teile der Länge $z - 1$ und $2 - z$ (Summe $= 1$). Oberhalb dieser Geraden liegt ein Dreieck mit dem Flächeninhalt

$$\frac{1}{2} \cdot (2 - z)^2;$$

dies ist aber gerade die Wahrscheinlichkeit $P(Z \geq z)$, also

$$P(Z \geq z) = \frac{1}{2} \cdot (2 - z)^2.$$

Daraus folgt

$$H(z) = P(Z \leq z) = 1 - \frac{1}{2} \cdot (2 - z)^2;$$

$$h(z) = H'(z) = 2 - z.$$

Verteilungsfunktion von $Z = X + Y$

$$H(z) = P(Z \leq z) = \begin{cases} 0 & \text{für } z < 0; \\ \dfrac{z^2}{2} & \text{für } 0 \leq z \leq 1; \\ 1 - \dfrac{(2-z)^2}{2} & \text{für } 1 \leq z \leq 2; \\ 1 & \text{für } z \geq 2. \end{cases}$$

Dichte

$$h(z) = \begin{cases} z & \text{für } 0 \leq z \leq 1; \\ 2 - z & \text{für } 1 \leq z \leq 2; \\ 0 & \text{sonst}. \end{cases}$$

Z besitzt also eine Dreiecksverteilung in $[0; 2]$.

c) Nach B 9.18 gilt für diese Dreiecksverteilung

$$E(Z) = 1; \quad \text{Var}(Z) = \frac{1}{6}.$$

Wegen der Unabhängigkeit von X und Y folgt aus a) ebenfalls

$$E(X + Y) = E(X) + E(Y) = 1;$$

$$\text{Var}(X + Y) = \text{Var}(X) + \text{Var}(Y) = \frac{1}{6}.$$

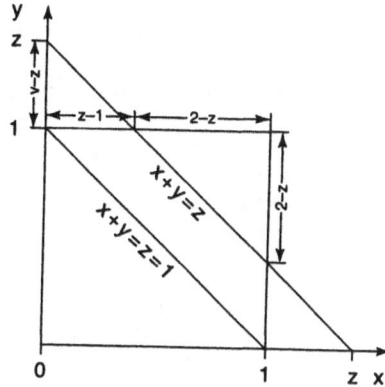

A 9.14 a) $f_1(x) = \int\limits_{-\infty}^{\infty} f(x,y)\,dy$;

$f_1(x) = 0$ für $x \notin [0\,;2]$;

$0 \le x \le 1$:

$f_1(x) = \int\limits_0^x dy = x$;

$1 \le x \le 2$:

$f_1(x) = \int\limits_0^{2-x} dy = 2 - x$

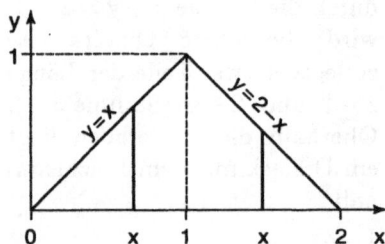

X besitzt die Dreiecksverteilung

$$f_1(x) = \begin{cases} x & \text{für } 0 \le x \le 1; \\ 2-x & \text{für } 1 \le x \le 2; \\ 0 & \text{sonst}. \end{cases}$$

$f_2(y) = \int\limits_{-\infty}^{\infty} f(x,y)\,dx$;

$f_2(y) = 0$ für $y \notin [0\,;1]$;

$0 \le y \le 1: f_2(y) = \int\limits_y^{2-y} dx = 2 - 2y$;

$$f_2(y) = \begin{cases} 2-2y & \text{für } 0 \le y \le 1; \\ 0 & \text{sonst}. \end{cases}$$

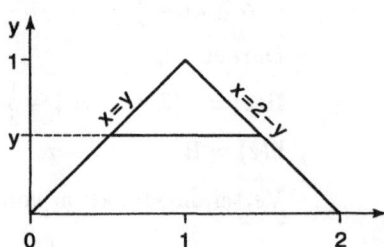

b) Nach B 9.18 gilt

$E(X) = 1$; $Var(X) = \frac{1}{6}$;

$E(Y) = \int\limits_0^1 (2y - 2y^2)\,dy = \left[y^2 - \frac{2}{3}y^3 \right]_0^1 = \frac{1}{3}$;

$E(Y^2) = \int\limits_0^1 (2y^2 - 2y^3)\,dy = \left[\frac{2}{3}y^3 - \frac{1}{2}y^4 \right]_0^1 = \frac{2}{3} - \frac{1}{2} = \frac{1}{6}$;

$Var(Y) = E(Y^2) - [E(Y)]^2 = \frac{1}{6} - \frac{1}{9} = \frac{1}{18}$.

c) $E(X \cdot Y) = \int\limits_{-\infty}^{\infty} \int\limits_{-\infty}^{\infty} x \cdot y \cdot f(x,y)\,dx\,dy$

$= \int\limits_0^1 y \cdot \left(\int\limits_y^{2-y} x\,dx \right) dy = \int\limits_0^1 y \cdot \left[\frac{x^2}{2} \right]_y^{2-y} dy = \int\limits_0^1 y \cdot \left[\frac{(2-y)^2}{2} - \frac{y^2}{2} \right] dy$

$= \int\limits_0^1 y \cdot (2 - 2y)\,dy = \left[y^2 - \frac{2y^3}{3} \right]_0^1 = 1 - \frac{2}{3} = \frac{1}{3}$;

$$\text{Cov}(X,Y) = E(X \cdot Y) - E(X) \cdot E(Y) = \tfrac{1}{3} - \tfrac{1}{3} = 0;$$

$\rho = 0$; X und Y sind nicht unabhängig, aber unkorreliert.

d) Wegen $\text{Cov}(X,Y) = 0$ gilt

$$\text{Var}(X + Y) = \text{Var}(X) + \text{Var}(Y) = \tfrac{1}{6} + \tfrac{1}{18} = \tfrac{2}{9}.$$

e) $H(z) = P(Z \le z)$;

$z < 0 \Rightarrow H(z) = 0$;

$0 \le z \le 2$:

H(z) ist der Inhalt des durch $x + y = z$ begrenzten Teildreiecks. Die Grundseite besitzt die Länge z, die Höhe ist $\tfrac{z}{2}$. Damit gilt

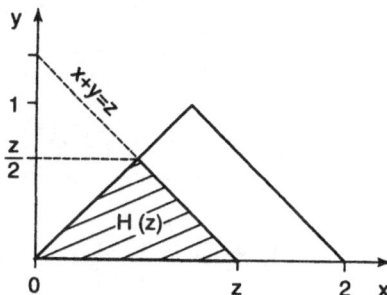

$$H(z) = \tfrac{1}{2} \cdot z \cdot \tfrac{z}{2} = \tfrac{z^2}{4};$$

$$h(z) = H'(z) = \tfrac{z}{2};$$

$$H(z) = \begin{cases} 0 & \text{für } z < 0; \\ \dfrac{z^2}{4} & \text{für } 0 \le z \le 2; \\ 1 & \text{für } z \ge 1. \end{cases} \qquad h(z) = \begin{cases} \dfrac{z}{2} & \text{für } 0 \le z \le 2; \\ 0 & \text{sonst}. \end{cases}$$

$$E(Z) = \int\limits_0^2 \tfrac{z^2}{2}\,dz = \left[\tfrac{z^3}{6}\right]_0^2 = \tfrac{4}{3} = E(X) + E(Y);$$

$$E(Z^2) = \int\limits_0^2 \tfrac{z^3}{2}\,dz = \left[\tfrac{z^4}{8}\right]_0^2 = 2;$$

$$\text{Var}(Z) = E(Z^2) - [E(Z)]^2 = 2 - \tfrac{16}{9} = \tfrac{2}{9} = \text{Var}(X) + \text{Var}(Y).$$

A 9.15 a) Inhalt der Rechtecksfläche $= 2 \Rightarrow c = \tfrac{1}{2}$;

b) $f_1(x) = \int\limits_{-\infty}^{\infty} f(x,y)\,dy$;

$f_1(x) = 0$ für $x \notin [0;4]$;

$0 \le x \le 4$:

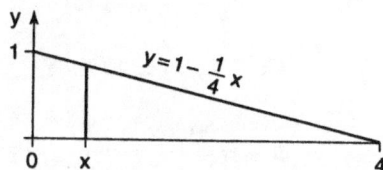

$$f_1(x) = \tfrac{1}{2} \cdot \int\limits_0^{1-\frac{x}{4}} dy = \tfrac{1}{2} \cdot (1 - \tfrac{x}{4}) = \tfrac{1}{2} - \tfrac{x}{8};$$

$$f_1(x) = \begin{cases} \frac{1}{2} - \frac{x}{8} & \text{für } 0 \leq x \leq 4; \\ 0 & \text{sonst}. \end{cases}$$

$$f_2(y) = \int_{-\infty}^{\infty} f(x,y)\,dx; \quad f_2(y) = 0 \text{ für } y \notin [0;1];$$

$$0 \leq y \leq 1: \quad f_2(y) = \frac{1}{2} \cdot \int_0^{4-4y} dx = 2 - 2y;$$

$$f_2(y) = \begin{cases} 2 - 2y & \text{für } 0 \leq y \leq 1; \\ 0 & \text{sonst}. \end{cases}$$

Wegen $f(x,y) \neq f_1(x) \cdot f_2(y)$ für $0 < x < 4; 0 < y < 1$

sind die beiden Zufallsvarialblen X und Y nicht unabhängig.

c) $E(X) = \int_0^4 (\frac{x}{2} - \frac{x^2}{8})\,dx = \left[\frac{x^2}{4} - \frac{x^3}{24}\right]_0^4 = 4 - \frac{8}{3} = \frac{4}{3};$

$E(X^2) = \int_0^4 (\frac{x^2}{2} - \frac{x^3}{8})\,dx = \left[\frac{x^3}{6} - \frac{x^4}{32}\right]_0^4 = \frac{32}{3} - 8 = \frac{8}{3};$

$Var(X) = \frac{8}{3} - \frac{16}{9} = \frac{8}{9};$

$E(Y) = \int_0^1 (2y - 2y^2)\,dy = \left[y^2 - \frac{2}{3}y^3\right]_0^1 = \frac{1}{3};$

$E(Y^2) = \int_0^1 (2y^2 - 2y^3)\,dy = \left[\frac{2}{3}y^3 - \frac{1}{2}y^4\right]_0^1 = \frac{2}{3} - \frac{1}{2} = \frac{1}{6};$

$Var(Y) = E(Y^2) - [E(Y)]^2 = \frac{1}{6} - \frac{1}{9} = \frac{1}{18}.$

d) $E(X \cdot Y) = \int_{-\infty}^{\infty} \int_{-\infty}^{\infty} x \cdot y \cdot f(x,y)\,dx\,dy$

$$= \frac{1}{2} \cdot \int_0^4 x \cdot \left(\int_0^{1-\frac{x}{4}} y\,dy\right) dx = \frac{1}{2} \cdot \int_0^4 x \cdot \left[\frac{y^2}{2}\right]_0^{1-\frac{x}{4}} dy = \frac{1}{4} \cdot \int_0^4 x \cdot (1-\frac{x}{4})^2\,dx$$

$$= \frac{1}{4} \int_0^4 (x - \frac{x^2}{2} + \frac{x^3}{16})\,dx = \frac{1}{4} \cdot \left[\frac{x^2}{2} - \frac{x^3}{6} + \frac{x^4}{64}\right]_0^4 = \frac{1}{4} \cdot (8 - \frac{32}{3} + 4) = \frac{1}{3}.$$

$Cov(X,Y) = E(X \cdot Y) - E(X) \cdot E(Y) = \frac{1}{3} - \frac{4}{3} \cdot \frac{1}{3} = -\frac{1}{9};$

$$\rho = \frac{Cov(X,Y)}{\sqrt{Var(X) \cdot Var(Y)}} = - \frac{\frac{1}{9}}{\sqrt{\frac{8}{9} \cdot \frac{1}{18}}} = -\frac{\frac{1}{9}}{\frac{2}{9}} = -\frac{1}{2}.$$

e) $Var(X+Y) = Var(X) + Var(Y) + 2\,Cov(X,Y) = \frac{8}{9} + \frac{1}{18} - \frac{2}{9} = \frac{13}{18}.$

f) $z < 0 \Rightarrow H(z) = 0$;

$0 \le z \le 4$;

$H(z) = \frac{1}{2} \cdot \Delta(z)$; $\quad \Delta(z) =$ Dreiecksfläche unterhalb bzw. links von

der Geraden $x + y = z$.

1. Fall: $z \le 1$:

$\Delta(z) = \frac{z^2}{2}$;

$H(z) = \frac{1}{2} \cdot \Delta(z) = \frac{z^2}{4}$.

$h(z) = H'(z) = \frac{z}{2}$;

2. Fall: $1 \le z \le 4$:

Schnittpunkt der Geraden:
$y = 1 - \frac{x}{4}$; $x + y = z$; $y = z - x$

$1 - \frac{x}{4} = z - x$;

$x_1 = \frac{4}{3} \cdot (z - 1)$;

$y_1 = 1 - \frac{x_1}{4} = 1 - \frac{z-1}{3} = \frac{4-z}{3}$;

$\Delta(z)$ ist der Inhalt des Trapezes und des restlichen Dreiecks, also

$\Delta(z) = \frac{1}{2} \cdot (1 + y_1) \cdot x_1 + \frac{1}{2} \cdot y_1^2$

$\qquad = \frac{1}{2} \cdot (\frac{7-z}{3}) \cdot \frac{4}{3} \cdot (z-1) + \frac{1}{18} \cdot (4-z)^2$

$\qquad = \frac{2}{9} \cdot (7-z) \cdot (z-1) + \frac{1}{18} \cdot (4-z)^2$

$\qquad = \frac{2}{9} \cdot (-z^2 + 8z - 7) + \frac{1}{18} \cdot (16 - 8z + z^2)$

$\qquad = -\frac{2}{9}z^2 + \frac{16}{9}z - \frac{14}{9} + \frac{8}{9} - \frac{4}{9}z + \frac{z^2}{18}$

$\qquad = -\frac{1}{6}z^2 + \frac{4}{3}z - \frac{2}{3}$;

$H(z) = -\frac{1}{12}z^2 + \frac{2}{3}z - \frac{1}{3}$; $\quad h(z) = -\frac{1}{6}z + \frac{2}{3}$.

$H(z) = 1$ für $z > 4$;

$h(z) = \begin{cases} \frac{z}{2} & \text{für } 0 \le z \le 1; \\ \frac{2}{3} - \frac{1}{6}z & \text{für } 1 \le z \le 4; \\ 0 & \text{sonst.} \end{cases}$

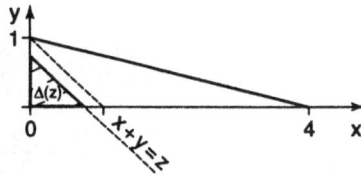

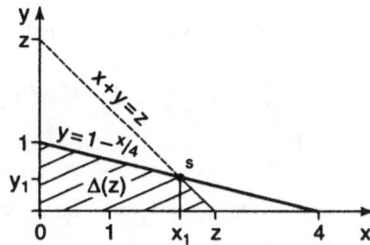

$$E(Z) = \int_0^1 \frac{z^2}{2} dz + \int_1^4 \left(\frac{2}{3} z - \frac{z^2}{6} \right) dz = \left[\frac{z^3}{6} \right]_0^1 + \left[\frac{z^2}{3} - \frac{z^3}{18} \right]_1^4$$

$$= \frac{1}{6} + \frac{16}{3} - \frac{32}{9} - \frac{1}{3} + \frac{1}{18} = \frac{5}{3} = E(X) + E(Y).$$

$$E(Z^2) = \int_0^1 \frac{z^3}{2} dz + \int_1^4 \left(\frac{2}{3} z^2 - \frac{z^3}{6} \right) dz = \left[\frac{z^4}{8} \right]_0^1 + \left[\frac{2 z^3}{9} - \frac{z^4}{24} \right]_1^4$$

$$= \frac{1}{8} + \frac{128}{9} - \frac{32}{3} - \frac{2}{9} + \frac{1}{24} = \frac{7}{2};$$

$$Var(Z) = \frac{7}{2} - \frac{25}{9} = \frac{13}{18}.$$

A 9.16 a) X ist in $[0\,;4]$ gleichmäßig verteilt. $c_1 = \frac{1}{4}$;

$$E(X) = 2; \quad Var(X) = \frac{4^2}{12} = \frac{4}{3};$$

Y ist exponentialverteilt mit dem Parameter $c_2 = \lambda = 0{,}5$.

$$E(Y) = \frac{1}{\lambda} = 2; \quad Var(Y) = \frac{1}{\lambda^2} = 4.$$

b)

$$f(x,y) = f_1(x) \cdot f_2(y) = \begin{cases} \frac{1}{8} \cdot e^{-0,5\,y} & \text{für } 0 \le x \le 4 \text{ und } y \ge 0; \\ 0 & \text{sonst}. \end{cases}$$

c) $h(z) = \int_{-\infty}^{\infty} f_1(x) \cdot f_2(z-x)\,dx$; $\quad 0 \le x \le 4$; $z - x \ge 0 \Rightarrow x \le z$:

1. Fall: $z < 0$: $h(z) = 0$;

2. Fall: $0 \le z \le 4$:

$$h(z) = \frac{1}{8} \cdot \int_0^z e^{-0,5 \cdot (z-x)} dx = \frac{1}{8} \cdot e^{-0,5\,z} \cdot \int_0^z e^{0,5\,x} dx$$

$$= \frac{1}{8} \cdot e^{-0,5\,z} \cdot \left[2 \cdot e^{0,5\,x} \right]_0^z = \frac{1}{4} \cdot e^{-0,5\,z} \cdot (e^{0,5\,z} - 1)$$

$$= \frac{1}{4} \cdot (1 - e^{-0,5\,z});$$

3. Fall: $z \ge 4$:

$$h(z) = \frac{1}{8} \cdot \int_0^4 e^{-0,5 \cdot (z-x)} dx = \frac{1}{8} \cdot e^{-0,5\,z} \cdot \int_0^4 e^{0,5\,x} dx$$

$$= \frac{1}{8} \cdot e^{-0,5\,z} \cdot \left[2 \cdot e^{0,5\,x} \right]_0^4 = \frac{1}{4} \cdot e^{-0,5\,z} \cdot (e^2 - 1).$$

$$h(z) = \begin{cases} 0 & \text{für } z < 0; \\ \frac{1}{4} \cdot (1 - e^{-0,5\,z}) & \text{für } 0 \leq z \leq 4; \\ \frac{1}{4} \cdot (e^2 - 1) \cdot e^{-0,5\,z} & \text{für } z \geq 4. \end{cases}$$

d) $E(Z) = \int\limits_0^\infty z \cdot h(z)\, dz$

$$= \frac{1}{4} \cdot \int\limits_0^4 z \cdot (1 - e^{-0,5\,z})\, dz + \frac{1}{4} \cdot (e^2 - 1) \cdot \int\limits_4^\infty z \cdot e^{-0,5\,z} dz$$

$$= \frac{1}{4} \cdot \int\limits_0^4 z \cdot dz - \frac{1}{4} \cdot \int\limits_0^4 z \cdot e^{-0,5\,z} dz + \frac{1}{4} \cdot (e^2 - 1) \cdot \int\limits_4^\infty z \cdot e^{-0,5\,z} dz$$

$$= \frac{1}{4} \cdot \int\limits_0^4 z \cdot dz - \frac{1}{4} \cdot \int\limits_0^4 z \cdot e^{-0,5\,z} dz + \frac{1}{4} \cdot e^2 \cdot \int\limits_4^\infty z \cdot e^{-0,5\,z} dz$$

$$\quad - \frac{1}{4} \int\limits_4^\infty z \cdot e^{-0,5\,z} dz$$

$$= \frac{1}{4} \cdot \int\limits_0^4 z \cdot dz - \frac{1}{4} \cdot \int\limits_0^\infty z \cdot e^{-0,5\,z} dz + \frac{1}{4} \cdot e^2 \cdot \int\limits_4^\infty z \cdot e^{-0,5\,z} dz \;;$$

partielle Integration ergibt die Stammfunktion

$$\int \underbrace{z}_{u(z)} \cdot \underbrace{e^{-0,5\,z}}_{v'(z)}\, dz = z \cdot (-2 \cdot e^{-0,5\,z}) + 2 \int e^{-0,5\,z} dz$$

$$= -2 \cdot z \cdot e^{-0,5\,z} - 4\,e^{-0,5\,z} = -(2 \cdot z + 4) \cdot e^{-0,5\,z}.$$

Damit erhält man die einzelnen Werte, die auch zur Berechnung von $E(Z^2)$ verwendet werden

$$\int\limits_0^\infty z \cdot e^{-0,5\,z} dz = \left[-(2 \cdot z + 4) \cdot e^{-0,5\,z} \right]_0^\infty = 0 - (-4) = 4 \,;$$

$$\int\limits_4^\infty z \cdot e^{-0,5\,z} dz = \left[-(2 \cdot z + 4) \cdot e^{-0,5\,z} \right]_4^\infty = 0 + 12 \cdot e^{-2} \,;$$

$$E(Z) = \left[\frac{z^2}{8} \right]_0^4 - \frac{1}{4} \cdot 4 + \frac{e^2}{4} \cdot 12 \cdot e^{-2} = 2 - 1 + 3 = 4 \,;$$

$$E(Z) = 4 = E(X) + E(Y).$$

$$E(Z^2) = \int_0^\infty z^2 \cdot h(z)\,dz$$

$$= \frac{1}{4} \cdot \int_0^4 z^2 \cdot dz - \frac{1}{4} \cdot \int_0^\infty z^2 \cdot e^{-0.5\,z}\,dz + \frac{1}{4} \cdot e^2 \cdot \int_4^\infty z^2 \cdot e^{-0.5\,z}\,dz\,;$$

partielle Integration ergibt die Stammfunktion

$$\int \underbrace{z^2}_{u(z)} \cdot \underbrace{e^{-0.5\,z}}_{v'(z)}\,dz = z^2 \cdot (-2 \cdot e^{-0.5\,z}) + 4\int z \cdot e^{-0.5\,z}\,dz\,.$$

Damit erhält man zusammen mit den obigen Integralen

$$\int_0^\infty z^2 \cdot e^{-0.5\,z}\,dz = \left[z^2 \cdot (-2 \cdot e^{-0.5\,z})\right]_0^\infty + 4 \cdot \int_0^\infty z \cdot e^{-0.5\,z}\,dz$$

$$= 0 + 4 \cdot 4 = 16\,;$$

$$\int_4^\infty z^2 \cdot e^{-0.5\,z}\,dz = \left[z^2 \cdot (-2 \cdot e^{-0.5\,z})\right]_4^\infty + 4 \cdot \int_4^\infty z \cdot e^{-0.5\,z}\,dz$$

$$= 0 + 32 \cdot e^{-2} + 4 \cdot 12 \cdot e^{-2} = 80 \cdot e^{-2}\,;$$

$$E(Z^2) = \left[\frac{z^3}{12}\right]_0^4 - \frac{1}{4} \cdot 16 + \frac{e^2}{4} \cdot 80 \cdot e^{-2} = \frac{16}{3} - 4 + 20 = \frac{64}{3}\,;$$

$$Var(Z) = E(Z^2) - [E(Z)]^3 = \frac{64}{3} - 16 = \frac{16}{3}\,;$$

wegen der Unabhängigkeit von X und Y gilt

$$Var(Z) = Var(X + Y) = Var(X) + Var(Y).$$

A 9.17 a) X und Y besitzen die Dichten

$$f_1(x) = \begin{cases} \lambda_1 \cdot e^{-\lambda_1 x} & \text{für } x \geq 0; \\ 0 & \text{sonst;} \end{cases} \qquad f_2(y) = \begin{cases} \lambda_2 \cdot e^{-\lambda_2 y} & \text{für } y \geq 0; \\ 0 & \text{sonst;} \end{cases}$$

und die Verteilungsfunktionen

$$F_1(x) = \begin{cases} 1 - e^{-\lambda_1 x} & \text{für } x \geq 0; \\ 0 & \text{sonst;} \end{cases} \qquad F_2(y) = \begin{cases} 1 - e^{-\lambda_2 y} & \text{für } y \geq 0; \\ 0 & \text{sonst.} \end{cases}$$

Wegen der Unabhängigkeit von X und Y gilt

$$P(X > t, Y > t) = P(X > t) \cdot P(Y > t) = (1 - F_1(t)) \cdot (1 - F_2(t))$$

$$= e^{-\lambda_1 t} \cdot e^{-\lambda_2 t} = e^{-(\lambda_1 + \lambda_2)\,t}\,.$$

b) Für $t > 0$ gilt

$$P(T \leq t) = 1 - P(X > t, Y > t) = 1 - e^{-(\lambda_1 + \lambda_2) t}.$$

T ist exponentialverteilt mit dem Parameter $\lambda_1 + \lambda_2$ und der Dichte

$$g(t) = \begin{cases} (\lambda_1 + \lambda_2) \cdot e^{-(\lambda_1 + \lambda_2) t} & \text{für } t \geq 0; \\ 0 & \text{für } t < 0. \end{cases}$$

$$E(X) = \frac{1}{\lambda_1 + \lambda_2}; \quad Var(X) = \frac{1}{(\lambda_1 + \lambda_2)^2}.$$

c) Für $t > 0$ gilt

$$P(T \leq t) = P(X \leq t, Y \leq t) = (1 - e^{-\lambda_1 t}) \cdot (1 - e^{-\lambda_2 t})$$

$$= 1 - e^{-\lambda_1 t} - e^{-\lambda_2 t} + e^{-(\lambda_1 + \lambda_2) t};$$

Dichte von T:

$$g(t) = \lambda_1 \cdot e^{-\lambda_1 t} + \lambda_2 \cdot e^{-\lambda_2 t} + (\lambda_1 + \lambda_2) \cdot e^{-(\lambda_1 + \lambda_2) t};$$

$$E(T) = \int_0^\infty t \cdot g(t) \, dt = \frac{1}{\lambda_1} + \frac{1}{\lambda_2} + \frac{1}{\lambda_1 + \lambda_2}.$$

Für eine mit dem Parameter λ exponentialverteilte Zufallsvariable Z gilt

$$E(Z) = \frac{1}{\lambda}; \quad \frac{1}{\lambda^2} = Var(Z) = E(Z^2) - \frac{1}{\lambda^2}.$$

Daraus folgt

$$E(Z^2) = \int_0^\infty t^2 \cdot \lambda \cdot e^{-\lambda t} = \frac{2}{\lambda^2}.$$

Daraus erhält man

$$E(T^2) = \int_0^\infty t^2 \cdot g(t) \, dt =$$

$$\int_0^\infty t^2 \lambda_1 e^{-\lambda_1 t} dt + \int_0^\infty t^2 \lambda_2 e^{-\lambda_2 t} dt + \int_0^\infty t^2 (\lambda_1 + \lambda) \cdot e^{-(\lambda_1 + \lambda_2) t} dt$$

$$= 2 \cdot \left(\frac{1}{\lambda_1^2} + \frac{1}{\lambda_2^2} + \frac{1}{(\lambda_1 + \lambda_2)^2} \right);$$

$$Var(T) = E(T^2) - [E(T)]^2$$

$$= 2 \cdot \left(\frac{1}{\lambda_1^2} + \frac{1}{\lambda_2^2} + \frac{1}{(\lambda_1 + \lambda_2)^2} \right) - \left(\frac{1}{\lambda_1} + \frac{1}{\lambda_2} + \frac{1}{\lambda_1 + \lambda_2} \right)^2.$$

A 9.18 a) $Y - X$ ist normalverteilt mit

$$E(Y - X) = E(Y) - E(X) = 2{,}02 - 2 = 0{,}02 ;$$
$$\text{Var}\,(Y - X) = \text{Var}(Y) + \text{Var}(X) = 0{,}00006 + 0{,}00004 = 0{,}0001.$$

b) $P(X + 0{,}001 \le Y \le X + 0{,}04) = P(0{,}001 \le Y - X \le 0{,}04)$

$$= P\left(\frac{0{,}001 - 0{,}02}{0{,}01} \le \frac{Y - X - 0{,}02}{0{,}01} \le \frac{0{,}04 - 0{,}02}{0{,}01}\right)$$

$$= \Phi(2) - \Phi(-1{,}9) = \Phi(2) + \Phi(1{,}9) - 1 = 0{,}948533.$$

10. Gesetze der großen Zahlen

A 10.1 a) X_k sei der Reingewinn beim k-ten Einsatz. Nach B 8.3 gilt

$$E(X_k) = -\frac{1}{37}; \quad \text{Var}(X_k) = \frac{2\,700}{1\,369}.$$

$$X = \sum_{k=1}^{200} X_k; \quad \mu = E(X) = -\frac{200}{37};$$

wegen der Unabhängigkeit gilt

$$\sigma^2 = \text{Var}(X) = 200 \cdot \frac{2\,700}{1\,369} = \frac{540\,000}{1\,369};$$

X ist ungefähr normalverteilt.

b) $P(X > 0) = 1 - P(X \le 0) = 1 - P\left(\dfrac{X + \frac{200}{37}}{\sqrt{\frac{540\,000}{1\,369}}} \le \dfrac{\frac{200}{37}}{\sqrt{\frac{540\,000}{1\,369}}}\right)$

$$\approx 1 - \Phi(0{,}272166) = 0{,}392747 ;$$

c) $P(X \ge 10) = 1 - P(X < 10) = 1 - P\left(\dfrac{X + \frac{200}{37}}{\sqrt{\frac{540\,000}{1\,369}}} \le \dfrac{10 + \frac{200}{37}}{\sqrt{\frac{540\,000}{1\,369}}}\right)$

$$\approx 1 - \Phi(0{,}775672) = 0{,}218971.$$

A 10.2 a) Y ist ungefähr normalverteilt mit

$$E(Y) = \mu = 900 \cdot 4 = 3600 ;$$
$$\sigma^2 = \text{Var}(Y) = 900 \cdot 2{,}56 = 2\,304 ; \quad \sigma = 48 .$$

b) $0{,}95 = P(Y \geq c) = 1 - P(Y < c) = 1 - P\left(\dfrac{Y - 3600}{48} < \dfrac{c - 3\,600}{48}\right)$

$\approx 1 - \Phi\left(\dfrac{c - 3\,600}{48}\right); \quad \Phi\left(\dfrac{c - 3\,600}{48}\right) = 0{,}05\,;$

$\dfrac{c - 3\,600}{48} = z_{0,05} = -z_{0,95}\,;$

$c = 3\,600 - 48 \cdot z_{0,95} = 3\,600 - 48 \cdot 1{,}644854\,;$

$c = 3\,522$ (aufgerundet).

A 10.3 a) $P\left(|X - 200| \geq 50\right) \leq \dfrac{\mathrm{Var}(X)}{50^2} = \dfrac{900}{2\,500} = \dfrac{9}{25} = 0{,}36\,;$

b) $P\left(|X - 200| \geq 50\right) = 1 - P\left(|X - 200| < 50\right)$

$1 - P(150 < X < 250) = 1 - P\left(\dfrac{150 - 200}{30} < \dfrac{X - 200}{30} < \dfrac{250 - 200}{30}\right)$

$= 1 - \left[\Phi\left(\dfrac{5}{3}\right) - \Phi\left(-\dfrac{5}{3}\right)\right] = 2 \cdot \left[1 - \Phi\left(\dfrac{5}{3}\right)\right] = 0{,}095581\,;$

c) c minimal mit $P(|X - 200| \geq c) \leq \dfrac{900}{c^2} \leq 0{,}05\,;$

$c^2 \geq \dfrac{900}{0{,}05} = 18\,000\,; \quad c \geq 134{,}164079.$

A 10.4 $P\left(|R_n - p| \leq 0{,}025\right) \geq 1 - \dfrac{p \cdot (1 - p)}{n \cdot 0{,}025^2}\,;$

a) $1 - \dfrac{p \cdot (1 - p)}{n \cdot 0{,}025^2} \geq 1 - \dfrac{1}{4\,n \cdot 0{,}025^2} \geq 0{,}95\,;$

$\dfrac{1}{4\,n \cdot 0{,}025^2} \leq 1 - 0{,}95 = 0{,}05\,; \quad n \geq \dfrac{1}{4 \cdot 0{,}05 \cdot 0{,}025^2} = 8\,000\,;$

b) wegen $p \geq 0{,}8$ gilt

$1 - \dfrac{p \cdot (1 - p)}{n \cdot 0{,}025^2} \geq 1 - \dfrac{0{,}8 \cdot 0{,}2}{n \cdot 0{,}025^2} \geq 0{,}95\,;$

$\dfrac{0{,}8 \cdot 0{,}2}{n \cdot 0{,}025^2} \leq 0{,}05\,; \quad n \geq \dfrac{0{,}8 \cdot 0{,}2}{0{,}05 \cdot 0{,}025^2} = 5\,120.$

A 10.5 a) Es sei $R_{2\,000}$ die Zufallsvariable der relativen Häufigkeit der sich für diese Partei entscheidenden Befragten mit $E(R_{2\,000}) = p$. Falls das Ereignis $|R_{2\,000}(A) - p| \geq 0{,}02$ eintritt, wird eine Fehlprognose abgegeben. Dabei gilt

$$P(\,|\,R_{2\,000} - p\,| \geq 0,02) \leq \frac{p \cdot (1-p)}{2\,000 \cdot 0,02^2} \leq \frac{1}{4 \cdot 2\,000 \cdot 0,02^2} = 0,3125.$$

b) $P(\,|\,R_n - p\,| \geq 0,02) \leq \dfrac{p \cdot (1-p)}{n \cdot 0,02^2} \leq \dfrac{1}{4 \cdot n \cdot 0,02^2} \leq 0,05\,;$

$n \geq \dfrac{1}{4 \cdot 0,05 \cdot 0,02^2} = 12\,500.$

A 10.6 $P(X \leq 500) = P(X \leq 800 - 300) + \underbrace{P\left(X \geq 800 + 300\right)}_{=\,0}$

$$= P(\,|\,X - 800\,| \geq 300) \leq \frac{900}{300^2} = 0,01\,.$$

11. Parameterschätzung

A 11.1 a) Nach B 11.2 ist $c_k = \dfrac{1}{\sigma_k^2 \cdot \sum\limits_{i=1}^{n} \dfrac{1}{\sigma_i^2}}\,;$

$\sum\limits_{i=1}^{5} \dfrac{1}{\sigma_i^2} = \dfrac{1}{1} + \dfrac{1}{2} + \dfrac{1}{4} + \dfrac{1}{5} + \dfrac{1}{10} = 2,05\,;$

$c_1 = \dfrac{1}{2,05}\,;\quad c_2 = \dfrac{1}{2 \cdot 2,05} = \dfrac{1}{4,1}\,;\quad c_3 = \dfrac{1}{4 \cdot 2,05} = \dfrac{1}{8,2}\,;$

$c_4 = \dfrac{1}{5 \cdot 2,05} = \dfrac{1}{10,25}\,;\quad c_5 = \dfrac{1}{10 \cdot 2,05} = \dfrac{1}{20,5}\quad$ (Summe $= 1$).

$t_n = \dfrac{12}{2,05} + \dfrac{10}{4,1} + \dfrac{14}{8,2} + \dfrac{13}{10,25} + \dfrac{15}{20,5} = 12 = \hat{\mu}\,.$

b) $\hat{\mu} = \bar{x} = 12,8.$

A 11.2 Mittelwert: $\bar{x} = 10,24\,;$

a) $\hat{\sigma}^2 = s^2 = \dfrac{1}{50-1} \sum\limits_{i=1}^{50} (x_i - \bar{x})^2 = \dfrac{1}{50-1} \left[\sum\limits_{i=1}^{50} x_i^2 - 50 \cdot \bar{x}^2 \right]$

$\qquad = \dfrac{1}{49}(10\,213 - 50 \cdot 10,24^2) = 101,4310\,;$

b) $\hat{\sigma}^2 = \dfrac{1}{n} \sum\limits_{i=1}^{n} (x_i - \mu_0)^2 = \dfrac{1}{50} \sum\limits_{i=1}^{50} x_i^2 - 2\mu_0 \cdot \bar{x} + \mu_0^2$

$\qquad = \dfrac{1}{50} \cdot 10\,213 - 2 \cdot 10 \cdot 10,24 + 10^2 = 99,46.$

A 11.3 a) $\hat{p} = \frac{46}{200} = 0,23$.

b) Aus der Tschebyschewschen Ungleichung folgt

$$P\Big(\,|R_n(A) - p| < 0,01\Big) \geq 1 - \frac{p \cdot (1-p)}{n \cdot 0,01^2} \geq 1 - \frac{0,25 \cdot 0,75}{n \cdot 0,01^2} \geq 0,95\,;$$

$$\frac{0,25 \cdot 0,75}{n \cdot 0,01^2} \leq 0,05\,;\quad n \geq \frac{0,25 \cdot 0,75}{0,01^2 \cdot 0,05} = 37\,500.$$

A 11.4 $P(X = k) = \frac{\lambda^k}{k!} \cdot e^{-\lambda}$ für $k = 0,1,2,3,\dots$;

$$L(x_1, x_2, \dots, x_n; \lambda) = \frac{\lambda^{x_1}}{x_1!} \cdot e^{-\lambda} \cdot \frac{\lambda^{x_2}}{x_2!} \cdot e^{-\lambda} \cdot \dots \cdot \frac{\lambda^{x_n}}{x_n!} \cdot e^{-\lambda}$$

$$= \frac{\lambda^{(x_1 + x_2 + \dots + x_n)}}{x_1! \cdot x_2! \cdot \dots \cdot x_n!} \cdot e^{-n \cdot \lambda}.$$

$$\ln L(x_1, x_2, \dots, x_n; \lambda) = \sum_{i=1}^{n} x_i \cdot \ln \lambda - \ln(x_1! \cdot x_2! \cdot \dots \cdot x_n!) - n \cdot \lambda\,;$$

$$\frac{d \ln L}{d\lambda} = \frac{\sum\limits_{i=1}^{n} x_i}{\lambda} - n = \frac{n \cdot \overline{x}}{\lambda} - n = 0.$$

$\hat{\lambda} = \overline{x}$ (Mittelwert der Stichprobe).

$\overline{X}$ ist für den Erwartungswert $\mu = E(X)$ eine erwartungstreue und konsistente Schätzfunktion. Wegen $\lambda = E(X)$ ist die Maximum-Likelihood-Schätzung erwartungstreu und konsistent für λ.

A 11.5 Wahrscheinlichkeit für das eingetretene Ereignis

$$L(h_1, h_2, \dots, h_m, p_1, p_2, \dots, p_m) = p_1^{h_1} \cdot p_2^{h_2} \cdot \dots \cdot p_m^{h_m}\,;$$

$$\ln L = h_1 \cdot \ln p_1 + h_2 \cdot \ln p_2 + \dots + h_m \cdot \ln p_m \rightarrow \text{max}.$$

Aus $\sum\limits_{k=1}^{m} p_k = 1$ und $\sum\limits_{k=1}^{m} h_k = n$ folgt

$$p_m = 1 - \sum_{k=1}^{m-1} p_k\,;\quad h_m = n - \sum_{k=1}^{m-1} h_k\,;$$

damit geht $\ln L$ über in

$\ln L =$

$$h_1 \cdot \ln p_1 + \dots + h_{m-1} \cdot \ln p_{m-1} + \Big(n - \sum_{k=1}^{m-1} h_k\Big) \cdot \ln\Big(1 - \sum_{k=1}^{m-1} p_k\Big).$$

Differenziation ergibt

$$\frac{\partial \ln L}{\partial p_i} = \frac{h_i}{p_i} - \frac{n - \sum\limits_{k=1}^{m-1} h_k}{1 - \sum\limits_{k=1}^{m-1} p_k} = \frac{h_i}{p_i} - \frac{h_m}{p_m} = 0 \text{ für } i = 1,2,\dots,m-1.$$

Diese Gleichung gilt auch noch für i = m. Aus ihr folgt

$h_i \cdot p_m = p_i \cdot h_m$ für i = 1, 2, ..., m.

$$\sum_{i=1}^{m} h_i \cdot p_m = \sum_{i=1}^{m} p_i \cdot h_m \quad \Rightarrow \quad n \cdot p_m = h_m;$$

$$\hat{p}_m = \frac{h_m}{n} = r_m \quad \text{(relative Häufigkeit von } A_m);$$

aus $h_i \cdot p_m = p_i \cdot h_m$ erhält man

$$\hat{p}_i = h_i \cdot \frac{\hat{p}_m}{h_m} = h_i \cdot \frac{h_m}{n \cdot h_m} = \frac{h_i}{n} = r_i \quad \text{(relative Häufigkeit von } A_i)$$

für i = 1, 2, ..., m.

12. Konfidenzintervalle

A 12.1　$\sum_{i=1}^{10} x_i = 102,460; \quad \sum_{i=1}^{10} x_i^2 = 1\,063,1794; \quad \bar{x} = 10,246;$

$$s^2 = \frac{1}{n-1} \cdot \left(\sum_{i=1}^{10} x_i^2 - n \cdot \bar{x}^2 \right) = \frac{1}{9} \cdot (1\,063,1794 - 10 \cdot 10,246^2)$$

$$= 1,486027;$$

a) $\frac{s}{\sqrt{n}} \cdot t_{n-1; \frac{1+\gamma}{2}} = \frac{s}{\sqrt{10}} \cdot t_{9; 0,975} = \frac{\sqrt{1,486027}}{\sqrt{10}} \cdot 2,262157$

$$= 0,872;$$

zweiseitiges Konfidenzintervall für μ:

$[10,246 - 0,872; \ 10,246 + 0,872] = [9,374; \ 11,118].$

b) $\frac{\sigma_0}{\sqrt{n}} \cdot z_{\frac{1+\gamma}{2}} = \frac{\sqrt{2}}{\sqrt{10}} \cdot z_{0,975} = \frac{\sqrt{2}}{\sqrt{10}} \cdot 1,959964 = 0,877;$

Konfidenzintervall für μ:

$[10,246 - 0,877; \ 10,246 + 0,877] = [9,369; \ 11,123].$

A 12.2　Aus $t_{n-1; \gamma} = t_{499; 0,99} \approx z_{0,99}$ erhält man die untere Grenze

$$\bar{x} - \frac{s}{\sqrt{n}} \cdot z_{0,99} = 1\,000,21 - \frac{\sqrt{3,527}}{\sqrt{500}} \cdot 2,326348 = 1\,000,01.$$

Konfidenzintervalle für μ:　$[1\,000,01; \ \infty)$;

gleichwertige Aussage: $\mu \geq 1\,000,01$.

A 12.3 $l = 2 \cdot \dfrac{\sigma_0}{\sqrt{n}} \cdot z_{\frac{1+\gamma}{2}} = 2 \cdot \dfrac{\sqrt{2{,}1}}{\sqrt{n}} \cdot z_{0{,}995} \leq \dfrac{1}{2}$;

Quadrieren ergibt

$4 \cdot \dfrac{2{,}1}{n} \cdot z_{0{,}995}^2 \leq \dfrac{1}{4}$; $n \geq 4 \cdot 4 \cdot 2{,}1 \cdot (2{,}575829)^2$;

$n \geq 223$ (aufgerundet).

A 12.4 Wegen des großen Stichprobenumfangs gilt $t_{n-1\,;\,\frac{1+\gamma}{2}} \approx z_{\frac{1+\gamma}{2}}$.

$\dfrac{s}{\sqrt{n}} \cdot t_{n-1\,;\,\frac{1+\gamma}{2}} = \dfrac{1{,}48}{20} \cdot z_{0{,}975} = \dfrac{1{,}4875}{20} \cdot 1{,}959964 = 0{,}146$;

Konfidenzintervall für μ: $[\,\bar{x} - 0{,}146\,;\,\bar{x} + 0{,}146\,] = [\,3{,}982\,;\,4{,}274\,]$.

A 12.5 a) $\dfrac{s}{\sqrt{n}} \cdot t_{n-1\,;\,\frac{1+\gamma}{2}} = \dfrac{0{,}32}{\sqrt{41}} \cdot t_{40\,;\,0{,}975} = \dfrac{0{,}32}{\sqrt{41}} \cdot 2{,}021075 = 0{,}10$;

Konfidenzintervall für μ: $[\,15{,}21\,;\,15{,}41\,]$;

äquivalente Aussage: $15{,}21 \leq \mu \leq 15{,}41$.

b) Konfidenzintervall für σ^2:

$$\left[\dfrac{(n-1) \cdot s^2}{\chi^2_{n-1\,;\,\frac{1+\gamma}{2}}} \; ; \; \dfrac{(n-1) \cdot s^2}{\chi^2_{n-1\,;\,\frac{1-\gamma}{2}}} \right] = \left[\dfrac{40 \cdot 0{,}32^2}{\chi^2_{40\,;\,0{,}975}} \; ; \; \dfrac{40 \cdot 0{,}32^2}{\chi^2_{40\,;\,0{,}025}} \right]$$

$$= \left[\dfrac{40 \cdot 0{,}32^2}{59{,}341707} \; ; \; \dfrac{40 \cdot 0{,}32^2}{24{,}433039} \right] = [\,0{,}069024\,;\,0{,}167642\,] ;$$

$0{,}069024 \leq \sigma^2 \leq 0{,}167642$;

Konfidenzintervall für σ:

$[\,\sqrt{0{,}069024}\,;\,\sqrt{0{,}167642}\,] = [\,0{,}262724\,;\,0{,}409441\,]$;

$0{,}262724 \leq \sigma \leq 0{,}409441$.

c) $n \cdot \tilde{s}^2 = (n-1) \cdot s^2 + n \cdot (\bar{x} - \mu_0)^2$

$\qquad = 40 \cdot 0{,}32^2 + 41 \cdot (15{,}3 - 15{,}2)^2 = 4{,}506$;

Konfidenzintervall für σ^2:

$$\left[\frac{n \cdot \tilde{s}^2}{\chi^2_{n;\frac{1+\gamma}{2}}} \; ; \; \frac{n \cdot \tilde{s}^2}{\chi^2_{n;\frac{1-\gamma}{2}}}\right] = \left[\frac{4{,}506}{\chi^2_{41;0{,}975}} \; ; \; \frac{4{,}506}{\chi^2_{41;0{,}025}}\right]$$

$$= \left[\frac{4{,}506}{60{,}560572} \; ; \; \frac{4{,}506}{25{,}214519}\right] = [\,0{,}074405\,;\,0{,}178707\,]\,,$$

also $0{,}074405 \leq \sigma^2 \leq 0{,}178707$.

A 12.6   Obere Grenze des Konfidenzintervalls

$$\frac{(n-1)\cdot s^2}{\chi^2_{n-1;1-\gamma}} = \frac{99 \cdot s^2}{\chi^2_{99;0{,}05}} = \frac{99 \cdot s^2}{77{,}046332} \leq 0{,}8\,;\quad \sigma^2 \leq 0{,}622597\,.$$

A 12.7 a) $z_{\frac{1+\gamma}{2}} \cdot \sqrt{\dfrac{m_4 - \left(s^2\right)^2}{n}} = z_{0{,}975} \cdot \sqrt{\dfrac{3\,934{,}85 - 48{,}51^2}{100}} = 7{,}79\,;$

Konfidenzintervall für σ^2 :

$$\left[s^2 - z_{\frac{1+\gamma}{2}} \cdot \sqrt{\frac{m_4 - \left(s^2\right)^2}{n}} \; ; \; s^2 + z_{\frac{1+\gamma}{2}} \cdot \sqrt{\frac{m_4 - \left(s^2\right)^2}{n}}\right]$$

$$= [\,40{,}72\,;\,56{,}30\,]\,.$$

b) $\left[\dfrac{(n-1)\cdot s^2}{\chi^2_{n-1;\frac{1+\gamma}{2}}} \; ; \; \dfrac{(n-1)\cdot s^2}{\chi^2_{n-1;\frac{1-\gamma}{2}}}\right] = \left[\dfrac{99 \cdot 48{,}51}{\chi^2_{99;0{,}975}} \; ; \; \dfrac{99 \cdot 48{,}51}{\chi^2_{99;0{,}025}}\right]$

$$= \left[\frac{99 \cdot 48{,}51}{128{,}421989} \; ; \; \frac{99 \cdot 48{,}51}{73{,}361080}\right] = [\,37{,}40\,;\,65{,}46\,]\,.$$

A 12.8 a) Mit Hilfe der Normalverteilungsapproximation erhält mit

$n = 1\,000\,;\ r_n = 0{,}103\,;\ z = z_{0{,}975} = 1{,}959964$

die Grenzen

$$p_{u,o} = \frac{n}{n+z^2}\left(r_n + \frac{z^2}{2n} \mp z \cdot \sqrt{\frac{r_n \cdot (1-r_n)}{n} + \frac{z^2}{4n^2}}\,\right)$$

$p_u = 0{,}08577\,;\quad p_0 = 0{,}1234\,;$

Konfidenzintervall für p: $[\,0{,}0857\,;\,0{,}1234\,]$.

b) n sehr groß $\Rightarrow$

$$l \approx 2 \cdot z_{\frac{1+\gamma}{2}} \cdot \sqrt{\frac{r_n \cdot (1-r_n)}{n}} \leq 2 \cdot z_{0,975} \cdot \sqrt{\frac{0,15 \cdot 0,85}{n}} \leq 0,01 \, ;$$

Quadrieren ergibt

$$4 \cdot (1,959964)^2 \cdot \frac{0,15 \cdot 0,85}{n} \leq 0,0001 \, ;$$

$$n \geq \frac{4 \cdot (1,959964)^2 \cdot 0,15 \cdot 0,85}{0,0001} \, ; \quad n \geq 19\,592 \text{ (aufgerundet)} \, .$$

A 12.9 a) Wegen des sehr großen Stichprobenumfangs kann die Näherungsformel

$$p_{u,o} \approx r_n \mp z \cdot \sqrt{\frac{r_n \cdot (1-r_n)}{n}}$$

benutzt werden mit

$$z = z_{0,975} = 1,959964 \, ; \, n = 5\,000 \, ; \, r_n = \frac{2\,173}{5\,000} = 0,4346 \, ;$$

$$p_{u,o} \approx 0,4346 \mp 1,959964 \cdot \sqrt{\frac{0,4346 \cdot 0,5654}{5\,000}} = 0,4346 \mp 0,0137 \, ;$$

Konfidenzintervall für den realtiven Stimmenanteil p:

$[0,4209 \, ; \, 0,4483]$, also $0,4209 \leq p \leq 0,4483$.

b) Für den prozentualen Stimmenanteil P erhält man aus a) wegen
$P = 100 \cdot p$ das Konfidenzintervall

$[42,09 \, ; \, 44,83]$, also die Prognose: $42,09 \leq P \leq 44,83$.

A 12 10 Als Schätzwert für den relativen Stimmenanteil p wird die relative
Häufigkeit r_n benutzt. Dies ergibt die Mitte des Konfidenzintervalls für p. Die Grenzen des Konfidenzintervalls für p dürfen vom
Mittelwert höchstens um 0,01 abweichen. Damit darf die Länge
des Konfidenzintervalls höchstens gleich 0,02 sein, also

$$l = 2 \cdot z_{\frac{1+\gamma}{2}} \cdot \sqrt{\frac{r_n \cdot (1-r_n)}{n}} = 2 \cdot z_{0,995} \cdot \sqrt{\frac{r_n \cdot (1-r_n)}{n}}$$

$$= 2 \cdot 2,575829 \cdot \sqrt{\frac{r_n \cdot (1-r_n)}{n}} = 5,151659 \cdot \sqrt{\frac{r_n \cdot (1-r_n)}{n}}$$

$$l^2 = 26,539586 \cdot \frac{r_n \cdot (1-r_n)}{n} \, .$$

a) Da r_n in der Nähe von 0,5 liegen kann, gilt

$$l^2 = 26{,}539586 \cdot \frac{r_n \cdot (1-r_n)}{n} \leq 26{,}539586 \cdot \frac{1}{4n} \leq (0{,}02)^2$$

$$n \geq \frac{26{,}539586}{4 \cdot 0{,}0004} \; ; \quad n \geq 16\,588 \quad \text{(aufgerundet)}.$$

b) Wegen $r_n \leq 0{,}1$ nimmt $r_n \cdot (1-r_n)$ das Maximum an der Stelle 0,1 an mit

$$l^2 = 26{,}539586 \cdot \frac{r_n \cdot (1-r_n)}{n} \leq 26{,}539586 \cdot \frac{0{,}1 \cdot 0{,}9}{n} \leq (0{,}02)^2$$

$$n \geq \frac{26{,}539586 \cdot 0{,}1 \cdot 0{,}9}{0{,}0004} \; ; \quad n \geq 5\,972 \quad \text{(aufgerundet)}.$$

A 12.11 Da $n = 770\,744$ sehr groß ist, kann die Näherungsformel

$$p_{u,o} \approx r_n \mp z_{\frac{1+\gamma}{2}} \cdot \sqrt{\frac{r_n \cdot (1-r_n)}{n}}$$

benutzt werden.

Mit $r_n = \frac{396\,296}{770\,744} = 0{,}514173$ (Schätzwert für p) erhält man

$$p_{u,o} \approx 0{,}514173 \mp 2{,}575829 \cdot \sqrt{\frac{0{,}514173 \cdot 0{,}485827}{770\,744}}$$

$$= 0{,}514173 \mp 0{,}001466\,;$$

Konfidenzintervall für p: $[\,0{,}512707\,; \quad 0{,}515639\,]$.

A 12.12 Konfidenzintervall nach Clopper-Pearson.

Mit $n = 38$; $m = 9$; $\alpha_1 = \alpha_2 = 0{,}05$ erhält man mit den Quantilen der F-Verteilung die Grenzen

$$p_u = \frac{m}{m + (n-m+1) \cdot f_{2 \cdot (n-m+1)\,,\,2m\,;\,1-\alpha_1}}$$

$$= \frac{9}{9 + 30 \cdot f_{60\,,\,18\,;\,0{,}95}} = \frac{9}{9 + 30 \cdot 2{,}016643} = 0{,}1295\,;$$

$$p_o = \frac{(m+1) \cdot f_{2 \cdot (m+1)\,,\,2 \cdot (n-m)\,;\,1-\alpha_2}}{n-m + (m+1) \cdot f_{2 \cdot (m+1)\,,\,2 \cdot (n-m)\,;\,1-\alpha_2}}$$

$$= \frac{10 \cdot f_{20\,,\,58\,;\,0{,}95}}{29 + 10 \cdot f_{20\,,\,58\,;\,0{,}95}} = \frac{10 \cdot 1{,}754197}{29 + 10 \cdot 1{,}754197} = 0{,}3769\,;$$

Konfidenzintervall für p: $[\,0{,}1295\,;\,0{,}3769\,]$,

also $0{,}1295 \leq p \leq 0{,}3769$.

A 12.13 Über die Normalverteilungsapproximation erhält man mit

$z = z_{0,975} = 1,959964$ die Grenzen

$$\lambda_{u,o} = \bar{x} + \frac{z^2}{2n} \mp \frac{z}{2n} \cdot \sqrt{4n\,\bar{x} + z^2}$$

$$= 7,93 + \frac{1,959964^2}{400} \mp \frac{1,959964}{400} \cdot \sqrt{800 \cdot 7,93 + 1,959964^2}\,;$$

$$= 7,9396 \mp 0,3904\,;$$

$\lambda_u = 7,5492\,; \quad \lambda_o = 8,3300\,;$

Konfidenzintervall für λ: $[\,7,5492\,; 8,3300\,]$.

A 12.14 Nach Clopper - Pearson erhält man mit $n = 15\,; n \cdot \bar{x} = 24$ und dem Quantil der Chi - Quadrat - Verteilung die obere Grenze des einseitigen Konfidenzintervalls

$$\frac{1}{2n} \cdot \chi^2_{2n\bar{x}\,;\,\gamma} = \frac{1}{30} \cdot \chi^2_{48\,;\,0,90} = \frac{60,906606}{30} = 2,0302\,;$$

Konfidenzintervall für λ: $[\,0\,; 2,0302\,]$,   also $\lambda \le 2,0302$.

A 12.15 Da jede Mannschaft gegen jede zweimal spielte, gab es insgesamt

$$n = 2 \cdot \binom{18}{2} = 18 \cdot 17 = 306 \text{ Spiele.}$$

Damit lautete die mittlere Torzahl pro Spiel $\bar{x} = \dfrac{1\,214}{306}$.

Über die Normalverteilungsapproximation erhält man mit

$z = z_{0,975} = 1,959964\,;$

$$\lambda_{u,o} = \bar{x} + \frac{z^2}{2n} \mp \frac{z}{2n} \cdot \sqrt{4n\,\bar{x} + z^2}$$

$$= \frac{1\,214}{306} + \frac{1,959964^2}{612} \mp \frac{1,959964}{612} \cdot \sqrt{1\,224 \cdot \frac{1\,214}{306} + 1,959964^2}$$

$\lambda_{u,o} = 3,9736 \mp 0,2233\,;$

Konfidenzintervall für λ: $[\,3,7503\,; 4,1969\,]$;

gleichwertige Aussage: $3,7503 \le \lambda \le 4,1969$.

A 12.16 Nach Clopper - Pearson erhält man mit

$$n = 14\,; n \cdot \bar{x} = 15\,; \alpha_1 = \alpha_2 = \frac{1-\gamma}{2} = 0,05$$

und den Quantilen der Chi-Quadrat-Verteilung die Grenzen des Konfidenzintervalls

$$\lambda_u = \frac{1}{2n} \cdot \chi^2_{2n\bar{x}+2\,;\,\alpha_2} = \frac{1}{28} \cdot \chi^2_{32\,;\,0,05} = \frac{20,071913}{28} = 0,7169\,;$$

$$\lambda_o = \frac{1}{2n} \cdot \chi^2_{2n\bar{x}\,;\,1-\alpha_1} = \frac{1}{2n} \cdot \chi^2_{30\,;\,0,95} = \frac{43{,}772972}{28} = 1{,}5633\,;$$

Konfidenzintervall für λ: $[\,0{,}7169\,;\,1{,}5633\,]$; $0{,}7169 \le \lambda \le 1{,}5633$.

A 12.17 a) Zweiseitiges Konfidenzintervall für λ:

$$\left[\frac{\chi^2_{2n\,;\,\frac{1-\gamma}{2}}}{2n\bar{x}} \;;\; \frac{\chi^2_{2n\,;\,\frac{1+\gamma}{2}}}{2n\bar{x}}\right] = \left[\frac{\chi^2_{90\,;\,0,025}}{90 \cdot 2\,136{,}78} \;;\; \frac{\chi^2_{90\,;\,0,975}}{90 \cdot 2\,136{,}78}\right]$$

$$= \left[\frac{65{,}646618}{90 \cdot 2\,136{,}78} \;;\; \frac{118{,}135893}{90 \cdot 2\,136{,}78}\right] = [\,0{,}00034136\,;\,0{,}00061430\,]\,;$$

$$0{,}00034136 \le \lambda \le 0{,}00061430\,;$$

b) Wegen $\mu = \frac{1}{\lambda}$; $\lambda = \frac{1}{\mu}$ folgt aus a)

$$0{,}00034136 \le \frac{1}{\mu} \le 0{,}00061430\,; \quad \frac{1}{0{,}00061430} \le \mu \le \frac{1}{0{,}00034136}\,;$$

$$1\,627{,}87 \le \mu \le 2\,929{,}48.$$

Damit lautet das Konfidenzintervall für μ:

$[\,1\,627{,}87\,;\,2\,929{,}48\,]$.

A 12.18 Die untere Grenze des Konfidenzintervalls lautet

$$\frac{2n\bar{x}}{\chi^2_{2n\,;\,\gamma}} = \frac{400 \cdot 598{,}21}{\chi^2_{400\,;\,0,96}}\,;$$

für das Quantil der Chi-Quadrat-Verteilung gilt für $n > 100$ die Näherung

$$\chi^2_{n\,;\,\gamma} \approx \frac{1}{2}\left(z_\gamma + \sqrt{2n-1}\right)^2.$$

Damit erhält man

$$\chi^2_{400\,;\,0,95} \approx \frac{1}{2}\cdot\left(z_{0,95} + \sqrt{800-1}\right) = \frac{1}{2}\cdot\left(1{,}644854 + \sqrt{799}\right)^2$$

$$= 447{,}347\,;$$

$$\frac{400 \cdot 598{,}21}{\chi^2_{400\,;\,0,96}} \approx \frac{400 \cdot 598{,}21}{447{,}347} = 534{,}90, \quad \text{also} \quad \mu \ge 534{,}90.$$

A 12.19 $N = 20\,000$ ist die Gesamtanzahl und M die unbekannte Anzahl der fehlerhaften Stücke in der Lieferung. Die Zufallsvariable X sei die Anzahl der fehlerhaften Stücke in einer Stichprobe vom Umfang

$n = 500$. Mit $p = \dfrac{M}{N}$ gilt $E(X) = n \cdot p$.

a) Bei der Binomialverteilung $(n \ll N)$ benutzt man die Varianz $n \cdot p \cdot (1 - p)$.

Damit kann die Formel für asymptotische Konfidenzintervalle für eine Wahrscheinlichkeit p benutzt werden mit den Grenzen

$$p_{u,o} = \frac{n}{n + z^2} \left(r_n + \frac{z^2}{2n} \mp z \cdot \sqrt{\frac{r_n \cdot (1 - r_n)}{n} + \frac{z^2}{4n^2}} \right);$$

$n = 500$; $z = z_{0,975} = 1{,}959964$; $r_n = \dfrac{21}{500} = 0{,}042$;

$$p_{u,o} = \frac{500}{500 + z^2} \left(0{,}042 + \frac{z^2}{1\,000} \mp z \cdot \sqrt{\frac{0{,}042 \cdot 0{,}958}{500} + \frac{z^2}{4 \cdot 500^2}} \right);$$

$p_u = 0{,}027632$; $p_o = 0{,}063352$;

$0{,}027632 \le p \le 0{,}063352$; $0{,}027632 \le \dfrac{M}{20\,000} \le 0{,}063352$;

Multiplikation mit $20\,000$ ergibt das Konfidenzintervall für M, wobei der untere Wert ganzzahlig abgerundet und der obere aufgerundet wird:

$552 \le M \le 1\,268$

b) Die hypergeometrische Verteilung wird durch die Normalverteilung approximiert. Dann wird $\mathrm{Var}(X) = n \cdot p \cdot (1 - p) \cdot \dfrac{N - n}{N - 1}$ benutzt. Nach S. 173 muss bei der Berechnung des asymptotischen Konfidenzintervalls für p das Quantil z ersetzt werden durch

$$z = z_{\frac{1 + \gamma}{2}} \cdot \sqrt{\frac{N - n}{N - 1}} = 1{,}959964 \cdot \sqrt{\frac{19\,500}{19\,999}} = 1{,}935358;$$

$$p_{u,o} = \frac{500}{500 + z^2} \left(0{,}042 + \frac{z^2}{1\,000} \mp z \cdot \sqrt{\frac{0{,}042 \cdot 0{,}958}{500} + \frac{z^2}{4 \cdot 500^2}} \right);$$

$p_u = 0{,}027777$; $p_0 = 0{,}063034$;

$0{,}027777 \le p \le 0{,}063034$; $0{,}027777 \le \dfrac{M}{20\,000} \le 0{,}063034$;

$555 \le M \le 1\,261$.

A 12.20 a) $\dfrac{M}{N} \approx \dfrac{m}{n}$; $\dfrac{300}{N} \approx \dfrac{54}{250}$; $N \approx \dfrac{300 \cdot 250}{54}$; Schätzwert $\hat{N} = 1\,389$.

b) Approximation der Binomialverteilung durch die Normalverteilung ergibt das asymptotische Konfidenzintervall für

$$p = \frac{M}{N} = \frac{300}{N};$$

$$p_{u,\,o} = \frac{n}{n+z^2}\left(r_n + \frac{z^2}{2n} \mp z \cdot \sqrt{\frac{r_n \cdot (1-r_n)}{n} + \frac{z^2}{4n^2}}\right);$$

$$n = 250; \; r_n = \frac{54}{250} = 0,216; \; z = z_{0,975} = 1,959964;$$

$$p_u = 0,169492; \; p_0 = 0,271103; \; 0,169492 \le \frac{300}{N} \le 0,271103;$$

$$\frac{300}{0,271103} \cdot N \le \frac{300}{0,169492}; \quad 1\,106 \le N \le 1770.$$

A 12.21

a) $\left[x_{max} \; ; \; \dfrac{x_{max}}{\sqrt[n]{1-\gamma}}\right] = \left[9,9999 \; ; \; \dfrac{9,9999}{\sqrt[100\,000]{1-\gamma}}\right]$

$\qquad = \left[9,9999; \; \dfrac{9,9999}{\sqrt[100\,000]{0,01}}\right] = \left[9,9999; \; \dfrac{9,9999}{(0,01)^{\frac{1}{100\,000}}}\right]$

$\qquad = [\,9,9999; \; 10,000361\,];$

b) $\left[\dfrac{x_{max}}{\sqrt[n]{\dfrac{1+\gamma}{2}}} \; ; \; \dfrac{x_{max}}{\sqrt[n]{\dfrac{1-\gamma}{2}}}\right] = \left[\dfrac{9,9999}{(0,995)^{\frac{1}{100\,000}}} \; ; \; \dfrac{9,9999}{(0,005)^{\frac{1}{100\,000}}}\right]$

$\qquad = [\,9,999905012 \, ; \, 10,000429841\,].$

A 12.22 Konfidenzintervall für ρ: $\left[\dfrac{e^a - 1}{e^a + 1} \; ; \; \dfrac{e^b - 1}{e^b + 1}\right]$

mit $a = \ln\dfrac{1+r}{1-r} - \dfrac{2z}{\sqrt{n-3}}$; $b = \ln\dfrac{1+r}{1-r} + \dfrac{2z}{\sqrt{n-3}}$; $z = z_{\frac{1+\gamma}{2}}$;

$z = z_{\frac{1+\gamma}{2}} = z_{0,975} = 1,959964$;

$a = \ln\dfrac{1,672}{0,328} - \dfrac{2 \cdot 1,959964}{\sqrt{497}} = 1,452929$;

$b = \ln\dfrac{1,672}{0,328} + \dfrac{2 \cdot 1,959964}{\sqrt{497}} = 1,804595$;

Konfidenzintervall für ρ: $[\,0,620898 \, ; \, 0,717415\,]$.

A 12.23 Die untere Grenze des einseitigen Konfidenzintervalls lautet

$$\bar{x} - \bar{y} - t_{n-1\,;\,\gamma} \cdot \frac{s_d}{\sqrt{n}} = 8{,}73 - 7{,}98 - 1{,}676551 \cdot \frac{\sqrt{1{,}2573}}{\sqrt{49}}$$

$$= 0{,}48\,;$$

Konfidenzintervall für $\mu_X - \mu_Y$: $[\,0{,}48\,;\ \infty)$;

also $\mu_X - \mu_Y \geq 0{,}48$; $\mu_X \geq \mu_Y + 0{,}48$.

A 12.24

$$s_d = \sqrt{\frac{(n_1 + n_2) \cdot \left((n_1 - 1)\,s_x^2 + (n_2 - 1)\,s_y^2\right)}{n_1 \cdot n_2 \cdot (n_1 + n_2 - 2)}}$$

$$= \sqrt{\frac{152 \cdot (99 \cdot 4{,}81^2 + 51 \cdot 4{,}63^2)}{100 \cdot 52 \cdot 150}} = 0{,}812034\,;$$

$$t_{n_1 + n_2 - 2\,;\,\frac{1+\gamma}{2}} \cdot s_d = t_{150\,;\,0{,}975} \cdot s_d = 1{,}975905 \cdot 0{,}812034$$

$$= 1{,}605.$$

Konfidenzintervall für $\mu_X - \mu_Y$:

$$[\,65{,}325 - 78{,}259 - 1{,}605\,;\ 65{,}325 - 78{,}259 + 1{,}605\,]$$

$$= [\,-14{,}539\,;\ -11{,}329\,]\,;$$

$$-13{,}999 \leq \mu_X - \mu_Y \leq -14{,}539\,;\ \mu_Y - 14{,}539 \leq \mu_X \leq \mu_Y - 11{,}329\,.$$

A 12.25 Freiheitsgrade der t-Verteilung nach Behrens-Fisher:

$$\nu \approx \frac{\left(\dfrac{s_x^2}{n_1} + \dfrac{s_y^2}{n_2}\right)^2}{\dfrac{1}{n_1 - 1} \cdot \left(\dfrac{s_x^2}{n_1}\right)^2 + \dfrac{1}{n_2 - 1} \cdot \left(\dfrac{s_y^2}{n_2}\right)^2}$$

$$= \frac{\left(\dfrac{4\,162^2}{100} + \dfrac{3\,782^2}{120}\right)^2}{\dfrac{1}{99} \cdot \left(\dfrac{4\,162^2}{100}\right)^2 + \dfrac{1}{119} \cdot \left(\dfrac{3\,782^2}{120}\right)^2} \approx 228\,;$$

untere Grenze des Konfidenzintervalls:

$$\bar{x} - \bar{y} - t_{228\,;\,0{,}95} \cdot \sqrt{\frac{s_x^2}{n_1} + \frac{s_y^2}{n_2}}$$

$$= 52\,565 - 41\,062 - 1{,}651564 \cdot \sqrt{\frac{4\,162^2}{100} + \frac{3\,782^2}{120}} \approx 10\,610\,;$$

Konfidenzintervall für $\mu_X - \mu_Y$: $[10\,610;\ +\infty)$;

$\mu_X - \mu_Y \geq 10\,610$;

mit einer Sicherheitswahrscheinlichkeit von 0,95 kann davon ausgegangen werden, dass die Lebenserwartung der Reifen vom Typ A um mindestens 10 610 km größer ist als die beim Typ B.

A 12.26 Mit $n_1 = n_2 = 2\,000$, $r_1 = \dfrac{143}{2\,000} = 0,0715$, $r_2 = \dfrac{117}{2\,000} = 0,0585$
erhält man die Grenzen

$$c_{u,\,o} = r_1 - r_2 \mp z_{0,975} \cdot \sqrt{\frac{r_1 \cdot (1-r_1)}{n_1} + \frac{r_2 \cdot (1-r_2)}{n_2}}$$

$$= 0,0715 - 0,0585 \mp 1,959964 \cdot \sqrt{\frac{0,0715 \cdot 0,9285}{2\,000} + \frac{0,0585 \cdot 0,9415}{2\,000}};$$

$c_u = 0,00566$; $\quad c_o = 0,02034$;

Konfidenzintervall für $p_1 - p_2$: $[\,0,00566;\ 0,02034\,]$;

gleichwertige Aussage: $0,00566 \leq p_1 - p_2 \leq 0,02034$.

A 12.27 Untere Grenze der Konfidenzintervalles:

$$\frac{s_x^2}{s_y^2} \cdot \frac{1}{f_{n_x-1,\,n_y-1\,;\,\frac{1+\gamma}{2}}} = \frac{3,81}{5,94} \cdot \frac{1}{f_{500\,;\,200\,;\,0,975}}$$

$$= \frac{3,81}{5,94} \cdot \frac{1}{1,269} = 0,5054;$$

obere Grenze:

$$\frac{s_x^2}{s_y^2} \cdot f_{n_y-1,\,n_x-1\,;\,\frac{1+\gamma}{2}} = \frac{s_x^2}{s_y^2} \cdot f_{200\,;\,500\,;\,0,975}$$

$$= \frac{3,81}{5,94} \cdot 1,254 = 0,8043;$$

Konfidenzintervall für σ_X^2 / σ_Y^2 : $[0,5054;\ 0,8043]$;

gleichwertige Aussage: $0,5054 \leq \dfrac{\sigma_X^2}{\sigma_Y^2} \leq 0,8043$.

Wurzelziehen ergibt hieraus

$\sqrt{0,5054} \leq \dfrac{\sigma_X}{\sigma_Y} \leq \sqrt{0,8043}$; $0,7109 \leq \dfrac{\sigma_X}{\sigma_Y} \leq 0,8968$;

Konfidenzintervall für $\dfrac{\sigma_X}{\sigma_Y}$: $[0,7109;\,0,8968]$.

13. Parametertests im Einstichprobenfall

A 13.1 a) Mit der Zufallsvariablen R_{100} der relativen Häufigkeit der Wappen gilt

$$0,01 = P\left(R_{100} > c \mid p = 0,5\right) = 1 - P(R_{100} \leq c \mid p = 0,5)$$

$$= 1 - P\left(\frac{R_{100} - 0,5}{\sqrt{\dfrac{0,5 \cdot 0,5}{100}}} \leq \frac{c - 0,5}{\sqrt{\dfrac{0,5 \cdot 0,5}{100}}}\right)$$

$$\approx 1 - \Phi\left(\frac{c - 0,5}{0,05}\right); \ \Phi\left(\frac{c - 0,5}{0,05}\right) = 0,99;$$

$$c = 0,5 + 0,05 \cdot z_{0,99} = 0,616317;$$

$$\beta = P(R_n \leq 0,616317 \mid p = 0,7)$$

$$\approx \Phi\left(\frac{0,616317 - 0,7}{\sqrt{\dfrac{0,7 \cdot 0,3}{100}}}\right) = \Phi(-1,826113) = 0,033917.$$

b) $\Phi\left(\dfrac{c - 0,5}{\sqrt{\dfrac{0,5 \cdot 0,5}{n}}}\right) = 0,9999; \quad c = 0,5 + \sqrt{\dfrac{0,5 \cdot 0,5}{n}} \cdot z_{0,9999};$

$$\Phi\left(\frac{c - 0,7}{\sqrt{\dfrac{0,7 \cdot 0,3}{n}}}\right) = 0,0001;$$

$$c = 0,7 + \sqrt{\frac{0,7 \cdot 0,3}{n}} \cdot z_{0,0001} = 0,7 - \sqrt{\frac{0,7 \cdot 0,3}{n}} \cdot z_{0,9999};$$

$$\left(\sqrt{\frac{0,5 \cdot 0,5}{n}} + \sqrt{\frac{0,7 \cdot 0,3}{n}}\right) \cdot z_{0,9999} = 0,7 - 0,5 = 0,2;$$

$$\frac{0,5 + \sqrt{0,7 \cdot 0,3}}{\sqrt{n}} \cdot z_{0,9999} = 0,2;$$

$$\frac{(0,5 + \sqrt{0,7 \cdot 0,3})^2}{n} \cdot z_{0,9999}^2 = 0,04;$$

$$n = \frac{(0,5 + \sqrt{0,7 \cdot 0,3})^2}{0,04} \cdot z_{0,9999}^2; \ n = 318 \text{ (aufgerundet)};$$

$$c = 0,5 + \sqrt{\frac{0,5 \cdot 0,5}{318}} \cdot z_{0,9999} = 0,604276.$$

A 13.2 $\alpha = P(|\overline{X} - 30| > c \,|\, \mu = 30) = 1 - P(|\overline{X} - 30| \le c \,|\, \mu = 30)$

$\qquad = 1 - P(30 - c \le \overline{X} \le 30 + c \,|\, \mu = 30)$

$\qquad = 1 - P\left(\dfrac{30 - c - 30}{2} \cdot 10 \le \dfrac{\overline{X} - 30}{2} \cdot 10 \le \dfrac{30 + c - 30}{2} \cdot 10\right)$

$\qquad = 1 - \Phi(5c) + \Phi(-5c) = 2 \cdot [1 - \Phi(5c)];$

$\dfrac{\alpha}{2} = 1 - \Phi(5c); \quad \Phi(5c) = 1 - \dfrac{\alpha}{2} = 0{,}995;$

$5c = z_{0,995} = 2{,}5775829; \quad c = 0{,}515166;$

Ablehnungsbereich von H_0: $|\overline{x} - 30| > 0{,}515166$.

Gütefunktion

$g(\mu) = P(|\overline{X} - 30| > 0{,}515166 \,|\, \mu)$

$\qquad = 1 - P\left(\dfrac{30 - c - \mu}{2} \cdot 10 \le \dfrac{\overline{X} - \mu}{2} \cdot 10 \le \dfrac{30 + c - \mu}{2} \cdot 10\right)$

$\qquad = 1 - \Phi(5 \cdot (30{,}515166 - \mu)) + \Phi(5 \cdot (29{,}484834 - \mu)).$

Die Gütefunktion ist achsensymmetrisch zu $\mu = \mu_0 = 30$.

Wertetabelle:

μ	30,0	30,1	30,2	30,3	30,4	30,5	30,6	30,7	30,8
$g(\mu)$	0,010	0,020	0,058	0,141	0,282	0,470	0,664	0,822	0,923

30,9	31,0	31,1	31,2	31,3
0,973	0,992	0,998	0,9997	0,99996

$\alpha = g(30)$; für $\mu \ne 30$ gilt $\beta(\mu) = 1 - g(\mu)$; $\beta(31) = 0{,}008$.

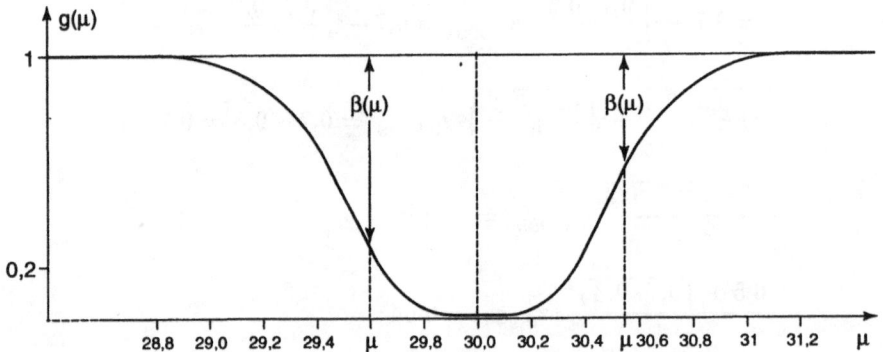

A 13.3 a) $E(R_{900}) = p$; $Var(R_{900}) = \dfrac{p \cdot (1 - p)}{900}$, falls p der tatsächliche Parameterwert ist.

$$\alpha = 0{,}05 = P(R_n > c \mid p = 0{,}08) = 1 - P(R_n \leq c \mid p = 0{,}08)$$

$$= 1 - P\left(\frac{R_{900} - 0{,}08}{\sqrt{0{,}08 \cdot 0{,}92}} \cdot 30 \leq \frac{c - 0{,}08}{\sqrt{0{,}08 \cdot 0{,}92}} \cdot 30 \right)$$

$$\approx 1 - \Phi\left(\frac{c - 0{,}08}{\sqrt{0{,}08 \cdot 0{,}92}} \cdot 30 \right); \quad \Phi\left(\frac{c - 0{,}08}{\sqrt{0{,}08 \cdot 0{,}92}} \cdot 30 \right) = 0{,}95;$$

$$\frac{c - 0{,}08}{\sqrt{0{,}08 \cdot 0{,}92}} \cdot 30 = z_{0{,}95};$$

$$c = 0{,}08 + \frac{\sqrt{0{,}08 \cdot 0{,}92}}{30} \cdot 1{,}644854 = 0{,}094875;$$

Ablehnungsbereich von H_0: $r_{900} > 0{,}094875$.

b) Für $0 \leq p \leq 1$ lautet die Gütefunktion

$$g(p) = P(R_n > c \mid p) = 1 - P\left(\frac{R_{900} - p}{\sqrt{p \cdot (1 - p)}} \cdot 30 \leq \frac{c - p}{\sqrt{p \cdot (1 - p)}} \cdot 30 \right)$$

$$= 1 - \Phi\left(30 \cdot \frac{0{,}094875 - p}{\sqrt{p \cdot (1 - p)}} \right).$$

p	0,07	0,075	0,08	0,085	0,09	0,095	0,10
g(p)	0,0017	0,0118	0,05	0,1441	0,3047	0,5051	0,6958

	0,105	0,11	0,115	0,12	0,125	0,13
	0,8391	0,9265	0,9708	0,9898	0,9969	0,9991

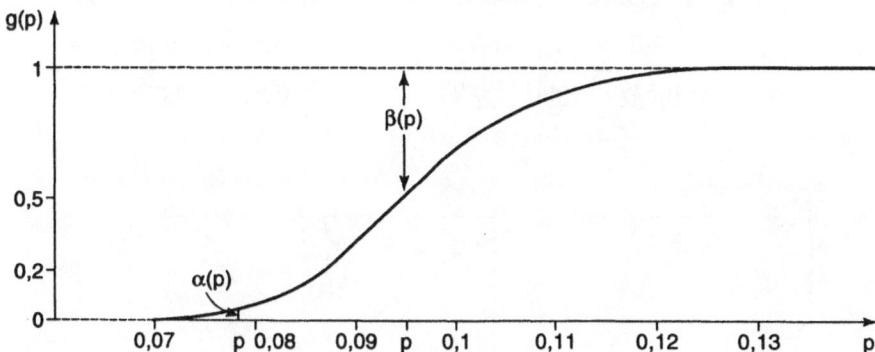

c) $\alpha(p) = g(p)$ für $p \le 0,08$;

$\alpha(0,07) = 0,0017$; $\alpha(0,08) = 0,05 = \alpha$;

$\beta(p) = 1 - g(p)$ für $p > 0,08$;

$\beta(0,085) = 1 - g(0,085) = 0,8559$;

$\beta(0,095) = 1 - g(0,095) = 0,4949$;

$\beta(0,12) = 1 - g(0,12) = 0,0102$.

A 13.4 Falls λ der tatsächliche Parameterwert ist, ist $\overline{X}$ näherungsweise $N(\lambda; \frac{\lambda}{200})$ - verteilt.

a) $\alpha = 0,05 = P(\overline{X} < c \mid \lambda = \lambda_0) = P\left(\dfrac{\overline{X} - 8}{\sqrt{8}} \cdot \sqrt{200} < \dfrac{c - 8}{\sqrt{8}} \cdot \sqrt{200}\right)$

$\qquad = \Phi(5 \cdot (c - 8))$;

$\Phi(5 \cdot (c-8)) = z_{0,05} = -z_{0,95}$; $\quad c = 8 - \dfrac{1,644854}{5} = 7,671029$;

Ablehnungsbereich von H_0: $\overline{x} < 7,671029$.

b) Für $\lambda > 0$ lautet die Gütefunktion

$g(\lambda) = P(\overline{X} < 7,671029 \mid \lambda)$

$\qquad = P\left(\dfrac{\overline{X} - \lambda}{\sqrt{\lambda}} \cdot \sqrt{200} \le \dfrac{7,671029 - \lambda}{\sqrt{\lambda}} \cdot \sqrt{200}\right)$

$\qquad = \Phi\left(\dfrac{7,671029 - \lambda}{\sqrt{\lambda}} \cdot \sqrt{200}\right)$.

λ	7	7,1	7,2	7,3	7,4	7,5
$g(\lambda)$	0,9998	0,9988	0,9935	0,9739	0,9206	0,811

7,6	7,7	7,8	7,9	8,0	8,1	8,2
0,642	0,441	0,257	0,125	0,05	0,017	0,004

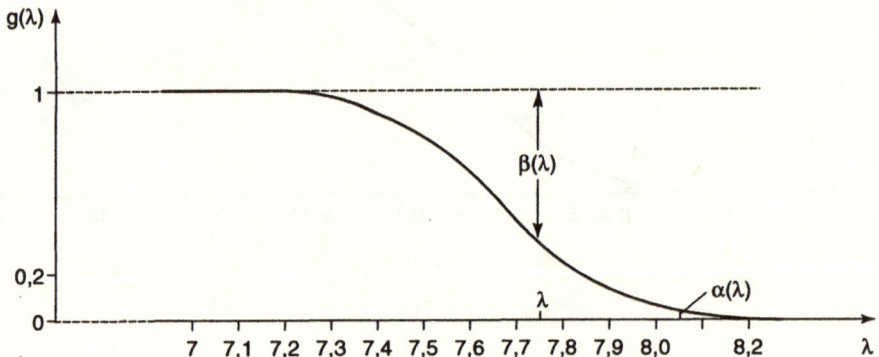

c) $\alpha(8) = g(8) = 0{,}05 = \alpha^*$; $\alpha(8{,}1) = g(8{,}1) = 0{,}017$;

$\beta(7{,}8) = 1 - g(7{,}8) = 0{,}743$; $\beta(7{,}5) = 1 - g(7{,}5) = 0{,}189$;

$\beta(7{,}3) = 1 - g(7{,}3) = 0{,}026$.

A 13.5 X sei die Anzahl der richtigen Antworten, die man durch Raten erzielt. Bei jeder Einzelfrage ist die zufällig ausgewählte Antwort mit Wahrscheinlichkeit $p_0 = \frac{1}{2}$ richtig. X ist binomialverteilt mit

$$E(X) = 80 \cdot \frac{1}{2} = 40; \quad Var(X) = 80 \cdot \frac{1}{2} \cdot \frac{1}{2} = 20.$$

Wegen $n \cdot p_0 \cdot (1 - p_0) = 20 > 9$ darf die Normalverteilungsapproximation benutzt werden. Mit der Stetigkeitskorrektur erhält man

$$\alpha = P(X > c) = 1 - P(X \le c) = 1 - P(X \le c + 0{,}5)$$

$$= 1 - P\left(\frac{X - 40}{\sqrt{20}} \le \frac{c + 0{,}5 - 40}{\sqrt{20}}\right) \approx 1 - \Phi\left(\frac{c + 0{,}5 - 40}{\sqrt{20}}\right);$$

$$\Phi\left(\frac{c - 39{,}5}{\sqrt{20}}\right) \ge 1 - \alpha;$$

$c \ge 39{,}5 + \sqrt{20} \cdot z_{1 - \alpha}$ (ganzzahlig aufrunden).

a) $\alpha = 0{,}05$ $\Rightarrow$ $c \ge 47$;   b) $\alpha = 0{,}01$ $\Rightarrow$ $c \ge 50$;

c) $\alpha = 0{,}001$ $\Rightarrow$ $c \ge 54$;   d) $\alpha = 0{,}0001$ $\Rightarrow$ $c \ge 57$;

e) $\alpha = 0{,}00001$ $\Rightarrow$ $c \ge 59$;   f) $\alpha = 0{,}000001$ $\Rightarrow$ $c \ge 61$.

Für die Wahrscheinlichkeit, eine Einzelfrage richtig zu beantworten, lauten Nullhypothese und Alternative

$$H_0: p = \frac{1}{2}; \quad H_1: p > \frac{1}{2}.$$

A 13.6 Falls k Antworten vorgegeben sind, erhält man durch Raten mit Wahrscheinlichkeit $p_0 = \frac{1}{k}$ die richtige Antwort.

$$E(X) = 80 \cdot \frac{1}{k} = \frac{80}{k}; \; Var(X) = 80 \cdot \frac{1}{k} \cdot \left(1 - \frac{1}{k}\right) = \frac{80 \cdot (k - 1)}{k^2}.$$

$$\alpha = P(X > c) = 1 - P(X \le c) = 1 - P(X \le c + 0{,}5)$$

$$= 1 - P\left(\frac{X - \frac{80}{k}}{\sqrt{80 \cdot (k - 1)}} \cdot k \le \frac{c + 0{,}5 - \frac{80}{k}}{\sqrt{80 \cdot (k - 1)}} \cdot k\right)$$

$$\approx 1 - \Phi\left(\frac{c + 0{,}5 - \frac{80}{k}}{\sqrt{80 \cdot (k - 1)}} \cdot k\right); \quad \Phi\left(\frac{c + 0{,}5 - \frac{80}{k}}{\sqrt{80 \cdot (k - 1)}} \cdot k\right) \ge 1 - \alpha;$$

$$c \geq \frac{80}{k} - 0,5 + \frac{\sqrt{80 \cdot (k-1)}}{k} \cdot z_{1-\alpha} \cdot$$

$$k = 5: \quad c \geq \frac{80}{5} - 0,5 + \frac{\sqrt{80 \cdot 4}}{5} \cdot z_{1-\alpha} = 15,5 + \frac{\sqrt{320}}{5} \cdot z_{1-\alpha} \,;$$

a) $\alpha = 0,05 \quad \Rightarrow \quad c \geq 22$;   b) $\alpha = 0,01 \quad \Rightarrow c \geq 24$;

c) $\alpha = 0,001 \quad \Rightarrow \quad c \geq 27$;   d) $\alpha = 0,0001 \quad \Rightarrow \quad c \geq 29$;

e) $\alpha = 0,00001 \Rightarrow \quad c \geq 31$;   f) $\alpha = 0,000001 \Rightarrow c \geq 33$.

$$H_0: p = \frac{1}{k}; \quad H_1: p > \frac{1}{k}.$$

A 13.7 $H_0: \quad \mu \leq \mu_0 = 8,5$; $H_1: \quad \mu > 8,5$;

a) Ablehnungsbereich: $t_{ber.} = \dfrac{\overline{x} - \mu_0}{s} \cdot \sqrt{n} > t_{n-1\,;\,1-\alpha}$;

$$t_{ber.} = \frac{8,75 - 8,5}{0,75} \cdot 5 = 1,667\,;$$

$$t_{n-1\,;\,1-\alpha} = t_{24\,;\,0,95} = 1,711\,.$$

Wegen $t_{ber.} < t_{n-1\,;\,1-\alpha}$ kann H_0 nicht abgelehnt werden.

b) Ablehnungsbereich von H_0: $z_{ber.} = \dfrac{\overline{x} - \mu_0}{\sigma_0} \cdot \sqrt{n} > z_{1-\alpha}$;

$$z_{ber.} = \frac{8,75 - 8,5}{0,75} \cdot 5 = 1,667\,;$$

$$z_{1-\alpha} = z_{0,95} = 1,645\,.$$

Wegen $z_{ber.} > z_{1-\alpha}$ kann H_0 abgelehnt werden.

c) Da in a) im Gegensatz zu b) die Varianz σ^2 nicht bekannt ist, muss sie durch s^2 geschätzt werden. Diese Schätzung hat eine zusätzliche Unsicherheit zur Folge.

A 13.8 $H_0: \sigma^2 \geq \sigma_0^2 = 0,9 \cdot 0,4 = 0,36$; $H_1: \sigma^2 < \sigma_0^2 = 0,36$.

Ablehnungsbereich von H_0:

$$\frac{(n-1) \cdot s^2}{\sigma_0^2} = \frac{499 \cdot s^2}{0,36} < \chi^2_{n-1\,;\,\alpha} = \chi^2_{499\,;\,0,01} \,.$$

Da Chi-Quadrat-Quantile für so große Freiheitsgrade nicht mehr vertafelt sind, muss die für $n > 100$ brauchbare Näherungsformel benutzt werden

$$\chi^2_{n-1\,;\,\alpha} \approx \frac{1}{2} \cdot [z_\alpha + \sqrt{2(n-1) - 1}]^2 = \frac{1}{2} \cdot [-2,326348 + \sqrt{997}]^2$$

$$= 427,75\,; \quad s^2 < \frac{0,36}{499} \cdot 427,75 = 0,31\,.$$

A 13.9 Ablehnungsbereich $h_{30} \le k_u(0,05)$, k_u maximal mit

$$\sum_{i=0}^{k_u} \binom{n}{i} \cdot p_0^i \cdot (1-p_0)^{n-i} \le 0,05.$$

Die Nullhypothese kann abgelehnt werden, wenn für $h_n = m$ gilt

$$\sum_{i=0}^{m} \binom{30}{i} \cdot 0,3^i \cdot 0,7^{30-i} \le 0,05.$$

Mit der Darstellung der Binomialverteilung durch die F-Verteilung erhält man

$$\sum_{i=0}^{m} \binom{30}{i} \cdot 0,3^i \cdot 0,7^{30-i} = 1 - F_{(2(m+1),2(30-m))}\left(\frac{30-m}{m+1} \cdot \frac{0,3}{0,7}\right);$$

Ablehnung von H_0 für

$$F_{(2(m+1),2(30-m))}\left(\frac{30-m}{m+1} \cdot \frac{0,3}{0,7}\right) \ge 0,95;$$

$m = 5$; $F_{(12,50)}(1,7857) = 0,9234$.

Falls nur eine Tabelle mit den Quantilen der F-Verteilung zur Verfügung steht, erhält man $f_{12,50\,;0,95} = 1,952$; damit erhält man ebenfalls

$$F_{(12,50)}(1,7857) < F_{(12,50)}(1,952) = 0,95.$$

Mit $m = 5$ kann die Nullhypothese H_0 nicht abgelehnt werden.

$m = 4$; $F_{(10,52)}(2,2286) = 0,9698 > 0,95$.

Falls nur bei vier Patienten die Nebenwirkung aufgetreten wäre, könnte H_0 mit $\alpha = 0,05$ abgelehnt werden.

A 13.10 a) $m = 25 \cdot \bar{x} = 9$. Ablehnungsbereich von $H_0 : n\bar{x} \ge k_o(0,1)$ mit k_o minimal mit

$$0,1 \ge \sum_{k=k_o}^{\infty} \frac{(n \cdot \lambda_0)^k}{k!} \cdot e^{-n \cdot \lambda_0} = P\left(\chi^2_{2 \cdot k_o} \le 2n \cdot \lambda_0\right)$$

$m = 9$ liegt im Ablehnungsbereich, falls gilt $m \ge k_o$, also für

$$P\left(\chi^2_{2 \cdot m} \le 2n \cdot \lambda_0\right) \le 0,1;$$

$$P\left(\chi^2_{2 \cdot m} \le 2n \cdot \lambda_0\right) = P\left(\chi^2_{18} \le 50 \cdot 0,3\right) = P\left(\chi^2_{18} \le 15\right) = 0,338.$$

Mit $m = 9$ kann H_0 nicht abgelehnt werden.

b) Mit der Normalverteilungsapproximation erhält man den Ablehnungsbereich

$$\frac{\bar{x} - \lambda_0}{\sqrt{\lambda_0}} \cdot \sqrt{n} = \frac{\bar{x} - 0,3}{\sqrt{0,3}} \cdot \sqrt{250} > z_{1-\alpha} = z_{0,99};$$

$$\bar{x} > 0,3 + \frac{\sqrt{0,3}}{\sqrt{250}} \cdot z_{0,99} = 0,380587;$$

$$m > 250 \cdot 0,380597; \quad m \geq 96 \quad \text{(aufgerundet)}.$$

A 13.11 a) Ablehnungsbereich von H_0: $\chi^2_{ber.} = 2\lambda_0 n \bar{x} > \chi^2_{2n;1-\alpha}$;

$$\chi^2_{ber.} = 2\lambda_0 n \bar{x} = 2 \cdot 0,0005 \cdot 100 \cdot 2\,341,89 = 234,189;$$

wegen $\chi^2_{ber.} > \chi^2_{200;0,95} = 233,994$

kann H_0 abgelehnt werden.

b) Ablehnungsbereich von H_0: $z_{ber.} = \sqrt{n} \cdot (\lambda_0 \cdot \bar{x} - 1) > z_{1-\alpha}$;

$$z_{ber.} = 10 \cdot (0,0005 \cdot 2\,341,89 - 1) = 1,7095 > z_{0,95} = 1,6449.$$

H_0 wird abgelehnt.

c) Wegen $\mu = \frac{1}{\lambda}$ gilt: H_1: $\lambda < 0,0005 \Leftrightarrow \mu > \frac{1}{0,0005} = 2\,000$.

A 13.12 a) Mit $\lambda_0 = \frac{1}{\mu_0} = 0,0005$ erhält man

$$p_0 = 1 - e^{-\lambda_0 \cdot T} = 1 - e^{-0,0005 \cdot 300} = 1 - e^{-0,15} = 0,139292.$$

H_0: $p \geq p_0$; H_1: $p < p_0$.

Ablehnungsgrenze von H_0: $h_{50} \leq k_u(0,05)$; k_u maximal mit

$$\alpha \geq \sum_{i=0}^{k_u} \binom{n}{i} \cdot p_0^i \cdot (1 - p_0)^{n-i}$$

$$= 1 - F_{(2(k_u+1),\,2(n-k_u))}\left(\frac{n-k_u}{k_u+1} \cdot \frac{p_0}{1-p_0}\right);$$

$$F_{(2(k_u+1),\,2(n-k_u))}\left(\frac{n-k_u}{k_u+1} \cdot \frac{p_0}{1-p_0}\right) \geq 1-\alpha.$$

Nur für $F_{(2(m+1),\,2(n-m))}\left(\frac{n-m}{m+1} \cdot \frac{p_0}{1-p_0}\right) \geq 1-\alpha$

liegt m im Ablehnungsbereich.

$m = 5$: $F_{(12,\,90)}(1,213757) = 0,713824 < 1-\alpha$.

Damit kann die Nullhypothese H_0 nicht abgelehnt werden.

b) Weil keine Alterung stattfindet. Daher sind gebrauchte Geräte wie neu.

A 13.13 Für $|\mu - 1\,002| \leq 2$ lautet die Irrtumswahrscheinlichkeit 1. Art

$$\alpha(\mu) = P(|\overline{X} - 1\,002| > 2{,}04 \mid \mu) = 1 - P(|\overline{X} - 1\,002| \leq 2{,}04 \mid \mu)$$

$$= 1 - P(999{,}96 \leq \overline{X} \leq 1\,004{,}04 \mid \mu)$$

$$= 1 - P\left(\frac{999{,}96 - \mu}{0{,}6} \cdot 30 \leq \frac{\overline{X} - \mu}{0{,}6} \cdot 30 \leq \frac{1\,004{,}04 - \mu}{0{,}6} \cdot 30\right)$$

$$= 1 - \Phi(50 \cdot (1\,004{,}04 - \mu)) + \Phi(50 \cdot (999{,}96 - \mu)).$$

$$\alpha(1002) = 1 - \Phi(102) + \Phi(-102) = \Phi(-102) = 0;$$

$$\alpha(1000) = 1 - \Phi(202) + \Phi(-2) = \Phi(-2) = 1 - \Phi(2) = 0{,}0228;$$

$$\alpha(1004) = 1 - \Phi(2) + \Phi(-202) = 0{,}0228.$$

Die maximale Irrtumswahrscheinlichkeit 1. Art $\alpha = 0{,}0228$ (das Signifikanzniveau) wird an den Randstellen $\mu = 1\,000$ und $1\,004$ angenommen.

14. Parametertests im Zweistichprobenfall

A 14.1 $H_0 : \rho = 0$; $H_1 : \rho \neq 0$.

$$t_{\text{ber.}} = \sqrt{n - 2} \cdot \frac{r}{\sqrt{1 - r^2}} = \sqrt{598} \cdot \frac{-0{,}085}{\sqrt{1 - 0{,}085^2}} = -2{,}086;$$

wegen $|t_{\text{ber.}}| \leq t_{598\,;\,0{,}995} \approx z_{0{,}995} = 2{,}576$ kann die Nullhypothese der Unkorreliertheit nicht abgelehnt werden.

A 14.2 $H_0 : \rho \geq -0{,}8$; $H_1 : \rho < -0{,}8$;

$$t_{\text{ber.}} = \frac{\sqrt{n - 3}}{2} \cdot \left(\ln\frac{1 + r}{1 - r} - \ln\frac{1 + \rho_0}{1 - \rho_0}\right)$$

$$= \frac{\sqrt{247}}{2} \cdot \left(\ln\frac{1 - 0{,}84}{1 + 0{,}84} - \ln\frac{1 - 0{,}8}{1 + 0{,}8}\right) = -1{,}9262;$$

wegen $t_{\text{ber.}} < -z_{1-\alpha} = -z_{0{,}95} = -1{,}6449$

kann H_0 abgelehnt werden.

A 14.3 a) Test bei verbundenen Stichproben;

$$H_0: \mu_X - \mu_Y \le 3; \quad H_1: \mu_X - \mu_Y > 3.$$

Person Nr.	1	2	3	4	5	6	7	8	9	10
x_i (vorher)	34	56	45	47	69	93	51	63	54	62
y_i (nachher)	28	52	44	41	70	86	46	57	47	58
$d_i = x_i - y_i$	6	4	1	6	-1	7	5	6	7	4

aus $\sum\limits_{i=1}^{10} d_i = 45$ erhält man $\overline{d} = \overline{x} - \overline{y} = 4{,}5$;

$$\sum\limits_{i=1}^{10} d_i^2 = 265 \quad \text{ergibt } s_d^2 = s_{x-y}^2 = \tfrac{1}{9} \cdot [\,265 - 10 \cdot 4{,}5^2\,] = 6{,}944444;$$

$$t_{\text{ber.}} = \frac{\overline{x} - \overline{y} - c}{s_{x-y}} \cdot \sqrt{n} = \frac{4{,}5 - 3}{\sqrt{6{,}944444}} \cdot \sqrt{10} = 1{,}8;$$

wegen $t_{\text{ber.}} < t_{n-1\,;\,1-\alpha} = t_{9\,;\,0{,}95} = 1{,}833113$

kann H_0 nicht abgelehnt werden.

b) $\dfrac{\overline{x} - \overline{y} - c}{s_{x-y}} \cdot \sqrt{n} = \dfrac{4{,}5 - c}{\sqrt{6{,}944444}} \cdot \sqrt{10} = 1{,}833113;$

$$c = 4{,}5 - 1{,}833113 \cdot \sqrt{0{,}6944444} = 2{,}9724.$$

A 14.4 Test bei verbundenen Stichproben.

$$H_0: \mu_X - \mu_Y \ge -2{,}5; \qquad H_1: \mu_X - \mu_Y < -2{,}5;$$

$$t_{\text{ber.}} = \frac{\overline{d} + 2{,}5}{s_d} \cdot \sqrt{100} = \frac{-2{,}625 + 2{,}5}{0{,}7} \cdot 10 = -1{,}7857;$$

wegen $t_{\text{ber.}} < -t_{n-1\,;\,1-\alpha} = -t_{99\,;\,0{,}95} = -1{,}6604$

kann H_0 abgelehnt, der Verdacht also bestätigt werden.

A 14.5 Behrens-Fisher-Problem:

$$H_0: \mu_X - \mu_Y \le 25; \quad H_1: \mu_X - \mu_Y > 25;$$

mit $n_1 = n_2 = n = 50$ erhält man:

Freiheitsgrade:

$$\nu \approx \frac{(n-1) \cdot (s_x^2 + s_y^2)^2}{s_x^4 + s_y^4} = \frac{49 \cdot (15{,}31^2 + 12{,}42^2)^2}{15{,}31^4 + 12{,}42^4} = 94 \quad \text{(gerundet)}.$$

a) Testgröße:

$$t_{ber.} = \frac{\sqrt{n} \cdot (\overline{x} - \overline{y} - c)}{\sqrt{s_x^2 + s_y^2}} = \frac{\sqrt{50} \cdot (92,28 - 63,48 - 25)}{\sqrt{15,31^2 + 12,42^2}} = 1,363 ;$$

wegen $t_{ber.} < t_{\nu \, ; \, 1 - \alpha} = t_{94 \, ; \, 0,95} = 1,661$

kann die Behauptung nicht bestätigt werden.

b)
$$\frac{\sqrt{50} \cdot (92,28 - 63,48 - c)}{\sqrt{15,31^2 + 12,42^2}} = 1,661226 ;$$

$$c < 92,28 - 63,48 - \frac{1,661226 \cdot \sqrt{15,31^2 + 12,42^2}}{\sqrt{50}} = 24,17 \, \text{g}.$$

A 14.6 σ_Y sei die frühere Standardabweichung der Füllmenge, σ_X die nach der Umstellung.

$$H_0 : \frac{\sigma_X}{\sigma_Y} \geq 0,75 ; \qquad H_1 : \frac{\sigma_X}{\sigma_Y} < 0,75 .$$

Durch Quadrieren erhält man den äquivalenten Test

$$H_0 : \frac{\sigma_X^2}{\sigma_Y^2} \geq 0,5625 ; \qquad H_1 : \frac{\sigma_X^2}{\sigma_Y^2} < 0,5625 .$$

Ablehnungsbereich von H_0: $\dfrac{s_x^2}{s_y^2} < \dfrac{0,5625}{f_{n_y - 1, \, n_x - 1 \, ; \, 1 - \alpha}}$;

wegen

$$\frac{s_x^2}{s_y^2} = 0,419289 < \frac{0,5625}{f_{500, \, 200 \, ; \, 0,99}} = \frac{0,5625}{1,328} = 0,4236$$

kann H_0 abgelehnt werden.

A 14.7 p_1 sei die Wahrscheinlichkeit, dass die Heilung durch das Medikament erfolgt, mit Wahrscheinlichkeit p_2 erfolge die Heilung durch das Placebo.

$$H_0 : p_1 \leq p_2 ; \quad H_1 : p_1 > p_2 .$$

Testgröße

$$z_{ber.} = \frac{r_1 - r_2}{\sqrt{r_{ges} \cdot (1 - r_{ges}) \cdot \left(\frac{1}{n_1} + \frac{1}{n_2} \right)}}$$

mit $r_{ges.} = \dfrac{h_1 + h_2}{n_1 + n_2} = \dfrac{253}{500} = 0,506$;

$$z_{ber.} = \frac{0{,}56 - 0{,}47}{\sqrt{0{,}506 \cdot 0{,}494 \cdot \left(\frac{1}{200} + \frac{1}{300}\right)}} = 1{,}971943;$$

wegen $z_{ber.} > z_{1-\alpha} = z_{0{,}97} = 1{,}880794$ kann H_0 abgelehnt werden.
Das Medikament heilt besser als ein Placebo.

A 14.8 Ablehnungsbereich von H_0:

$$\frac{\frac{1}{2} \cdot \ln\frac{1+r_1}{1-r_1} - \frac{1}{2} \cdot \ln\frac{1+r_2}{1-r_2}}{\sqrt{\frac{1}{n_1-3} + \frac{1}{n_2-3}}} > z_{1-\alpha};$$

Multiplikation mit $2 \cdot \sqrt{\dfrac{1}{n_1-3} + \dfrac{1}{n_2-3}}$ ergibt

$$\ln\frac{1+r_1}{1-r_1} - \ln\frac{1+r_2}{1-r_2} > 2 \cdot \sqrt{\frac{1}{n_1-3} + \frac{1}{n_2-3}} \cdot z_{0{,}98};$$

$$\ln\frac{1+r_1}{1-r_1} > \ln\frac{1{,}673}{0{,}327} + 2 \cdot \sqrt{\frac{1}{97} + \frac{1}{997}} \cdot 2{,}053749 = 2{,}069284;$$

$$\frac{1+r_1}{1-r_1} > e^{2{,}069284} = 7{,}91915;$$

$$1+r_1 > 7{,}91915 \cdot (1-r_1) = 7{,}91915 - 7{,}91915 \cdot r_1$$

$$8{,}91915 \cdot r_1 > 6{,}91915; \quad r_1 > 0{,}776.$$

A 14.9 Mit $n_1 = 500$; $r_1 = 0{,}068$; $n_2 = 750$; $r_2 = 0{,}072$ und $c = 0$ erhält
man die Testgröße

$$z_{ber.} = \frac{0{,}068 - 0{,}072}{\sqrt{\dfrac{0{,}068 \cdot 0{,}932}{500} + \dfrac{0{,}072 \cdot 0{,}928}{750}}} = -0{,}2723.$$

Wegen $|z_{ber.}| < z_{0{,}975} = 1{,}96$ kann auch mit diesem Verfahren die
Nullhypothese der Gleichheit der beiden Ausschusswahrscheinlichkeiten nicht abgelehnt werden.

15. Konfidenzintervalle und Tests für Median und Quantile

A 15.1 $n = 24$; $k = k\,(0{,}025)$ muss maximal bestimmt werden mit

$$\frac{1}{2^n} \cdot \sum_{i=0}^{k} \binom{n}{i} = \frac{1}{2^{24}} \cdot \sum_{i=0}^{k} \binom{24}{i} \leq 0{,}025\,;$$

$$\sum_{i=0}^{k} \binom{24}{i} \leq 0{,}025 \cdot 2^{24} = 419\,430{,}4\,;$$

$$\binom{24}{0} \quad \binom{24}{1} \quad \binom{24}{2} \quad \binom{24}{3} \quad \binom{24}{4} \quad \binom{24}{5} \quad \binom{24}{6} \quad \binom{24}{7}$$

$$1 \qquad 24 \qquad 276 \qquad 2\,024 \qquad 10\,626 \qquad 42\,504 \qquad 134\,596 \qquad 888\,030$$

$$\sum_{i=0}^{6} \binom{24}{i} = 190\,051\,; \quad \sum_{i=0}^{7} \binom{24}{i} = 1\,078\,081 \text{ ist zu groß}; \quad k = 6\,;$$

$$[x_{(1 + k(\frac{\alpha}{2}))}\,;\, x_{(n - k(\frac{\alpha}{2}))}] = [x_{(7)}\,;\, x_{(17)}] = [0{,}71\,;\, 0{,}85].$$

Gleichwertige Aussage: $0{,}71 \leq \tilde{\mu} \leq 0{,}85$.

$$\frac{\alpha^*}{2} = \frac{1}{2^{24}} \cdot \sum_{i=0}^{6} \binom{24}{i} = \frac{190\,051}{2^{24}} = 0{,}011328\,;$$

Konfidenzniveau $\gamma^* = 1 - \alpha^* = 0{,}977344$.

A 15.2 Im einseitigen Konfidenzintervall $[x_{(m)}\,;\, \infty)$ ist m maximal mit

$$\sum_{i=0}^{m-1} \binom{25}{i} \cdot 0{,}25^i \cdot 0{,}75^{\,25-i} \leq 0{,}05\,;$$

Mit der F-Verteilung erhält man

$$\sum_{i=0}^{m-1} \binom{25}{i} \cdot 0{,}25^i \cdot 0{,}9^{\,25-i}$$

$$= 1 - F_{(2m\,;\,2(25-m+1))}\left(\frac{25-m+1}{m} \cdot \frac{0{,}25}{0{,}75}\right)$$

$$= 1 - F_{(2m\,;\,2(26-m))}\left(\frac{26-m}{3m}\right) \leq 0{,}05\,;$$

m muss maximal sein mit $F_{(2m\,;\,2(26-m))}\left(\dfrac{26-m}{3m}\right) \geq 0{,}95$:

$$m = 3:\ F_{(6\,;\,46)}\left(\frac{23}{9}\right) = 0{,}967891 > 1 - \alpha \quad (m = 3 \text{ passt});$$

$$m = 4:\ F_{(8\,;\,44)}\left(\frac{22}{12}\right) = 0{,}903786 < 1 - \alpha \quad (m = 4 \text{ ist zu groß});$$

damit ist m = 3 die Lösung mit

$$[x_{(m)} ; \infty) = [x_{(3)} ; \infty) = [697,2 ; \infty);$$

$$\gamma^* = 0,967891;$$

wegen $\xi_{0,25} \geq 697,2$ sind auf Dauer höchstens 25 % der Füllmengen kleiner als 697,2 ml.

A 15.3 a) Konfidenzintervall für den Median $\tilde{\mu}$: $[x_{(1 + k(\frac{\alpha}{2}))} ; x_{(n - k(\frac{\alpha}{2}))}]$.

Mit der Normalverteilungsapproximation erhält man

$$k(\frac{\alpha}{2}) \approx \frac{1\,600}{2} - 0,5 + \frac{\sqrt{1\,600}}{2} \cdot z_{0,025}$$

$$= 800 - 0,5 - 20 \cdot z_{0,975};$$

$$k(\frac{\alpha}{2}) = 760 \quad \text{(abgerundet)}.$$

$$[x_{(1 + k(\frac{\alpha}{2}))} ; x_{(n - k(\frac{\alpha}{2}))}] = [x_{(761)} ; x_{(840)}].$$

b) Konfidenzintervall für das Quantil $\xi_{0,95}$: $[x_{(m_u)} ; x_{(m_o)}]$

m_u maximal mit $\displaystyle\sum_{i=0}^{m_u - 1} \binom{1\,600}{i} \cdot 0,95^i \cdot 0,05^{1\,600 - i} \leq \frac{\alpha}{2} = 0,025;$

m_o minimal mit $\displaystyle\sum_{i = m_o}^{n} \binom{1\,600}{i} \cdot 0,95^i \cdot 0,05^{1\,600 - i} \leq \frac{\alpha}{2} = 0,025.$

$$\sum_{i=0}^{m_u - 1} \binom{1\,600}{i} \cdot 0,95^i \cdot 0,05^{1\,600 - i}$$

$$\approx \Phi\left(\frac{m_u - 1 + 0,5 - 1\,600 \cdot 0,95}{\sqrt{1\,600 \cdot 0,95 \cdot 0,05}}\right) = 0,025;$$

$$m_u \approx 1\,519,5 - \sqrt{76} \cdot z_{0,975}; \quad m_u = 1\,502 \quad \text{(abgerundet)}.$$

$$\sum_{i = m_o}^{n} \binom{1\,600}{i} \cdot 0,95^i \cdot 0,05^{1\,600 - i}$$

$$= 1 - \sum_{i=0}^{m_o - 1} \binom{1\,600}{i} \cdot 0,95^i \cdot 0,05^{1\,600 - i}$$

$$\approx 1 - \Phi\left(\frac{m_o - 1 + 0,5 - 1\,600 \cdot 0,95}{\sqrt{1\,600 \cdot 0,95 \cdot 0,05}}\right) = 0,025;$$

$m_o \approx 1\,519{,}5 + \sqrt{76} \cdot z_{0{,}975}$; $m_0 = 1\,537$ (aufgerundet).

$[x_{(m_u)} \; ; \; x_{(m_o)}] = [x_{(1\,502)} \; ; \; x_{(1\,537)}]$.

A 15.4 $v^+_{1\,288}$ sei die Anzahl der Stichprobenwerte, die größer als $1\,000$ sind.

Ablehnungsbereich von H_0: $v^+_{1\,288} \geq 1\,288 - k(\alpha)$.

Mit der Normalverteilungsapproximation erhält man

$$k = k(0{,}05) \approx \frac{1\,288}{2} - 0{,}5 + \frac{\sqrt{1\,288}}{2} \cdot z_{0{,}05}$$

$$= 644 - 0{,}5 - \frac{\sqrt{1\,288}}{2} \cdot z_{0{,}95} \; ; \;\; k = 614 \, ;$$

$$v^+_{1\,288} \geq 1\,288 - 614 = 674 \, .$$

A 15.5 Für das $0{,}02$ Quantil $\xi_{0{,}02}$ ist

H_0: $\xi_{0{,}02} \leq 1\,000{,}1$ gegen H_1: $\xi_{0{,}02} > 1\,000{,}1$

zu testen. $v^-_{3\,000}$ sei die Anzahl der Pakete mit einem Gewicht kleiner $1\,000{,}1$ g.

Ablehnungsbereich von H_0: $v^-_{3\,000} \leq m = k_u(0{,}01)$.

$$\sum_{i=0}^{m} \binom{3\,000}{i} \cdot 0{,}02^i \cdot 0{,}98^{\,3\,000 - i} \approx \Phi \left(\frac{m - 3\,000 \cdot 0{,}02 + 0{,}5}{\sqrt{3\,000 \cdot 0{,}02 \cdot 0{,}98}} \right) = \alpha \, ;$$

$$m \approx 59{,}5 + \sqrt{58{,}8} \cdot z_{0{,}01} = 59{,}5 - \sqrt{58{,}8} \cdot z_{0{,}99} \, ;$$

$m = 41$ (abgerundet).

16. Anpassunsgtests

A 16.1 Die Nullhypothese bedeutet

$p_2 = 2 \cdot p_1$; $p_3 = 3 \cdot p_1$.

Wegen $p_1 + p_2 + p_3 = 1$ folgt hieraus

$p_1 \cdot (1 + 2 + 3) = 1$; $p_1 = \frac{1}{6}$; $p_2 = \frac{1}{3}$; $p_3 = \frac{1}{2}$.

Ereignisse	A_1	A_2	A_3
hypothetische Wahrscheinlichkeiten p_i	1/6	1/3	1/2
erwartete Häufigkeiten $600 \cdot p_i$	100	200	300
beobachtete Häufigkeiten h_i	109	213	278

Testgröße:

$$\chi^2_{\text{ber.}} = \frac{(109-100)^2}{100} + \frac{(213-200)^2}{200} + \frac{(278-300)^2}{300} = 3,268;$$

Ablehnungsgrenze: $\chi^2_{r-1;1-\alpha} = \chi^2_{2;0,95} = 5,991;$

wegen $\chi^2_{\text{ber.}} < \chi^2_{2;0,95}$ kann H_0 nicht abgelehnt werden. Das Ergebnis steht nicht im signifikanten Widerspruch zur Nullhypothese. Die Abweichungen der beobachteten von den erwarteten Häufigkeiten sind rein zufällig.

A 16.2 Mit den hypothetischen Wahrscheinlichkeiten $p_i = \frac{1}{6}$ für alle i erhält man mit n = 900 die Bedingung

$$\chi^2_{\text{ber.}} = \frac{1}{n} \sum_{i=1}^{6} \frac{h_i^2}{p_i} - n = \frac{1}{900} \sum_{i=1}^{6} \frac{h_i^2}{1/6} - 900 = \frac{6}{900} \cdot \sum_{i=1}^{6} h_i^2 - 900$$

$$= \frac{1}{150} \cdot \sum_{i=1}^{6} h_i^2 - 900 > \chi^2_{5;1-\alpha};$$

$$\sum_{i=1}^{6} h_i^2 > 150 \cdot (900 + \chi^2_{5;1-\alpha});$$

a) $\alpha = 0,05$; $\sum_{i=1}^{6} h_i^2 > 136\,660$; b) $\alpha = 0,01$; $\sum_{i=1}^{6} h_i^2 > 137\,262$;

c) $\alpha = 0,001$; $\sum_{i=1}^{6} h_i^2 > 138\,077$.

A 16.3 Aus den 36 möglichen Augenpaaren für die beiden unterscheidbaren Würfel erhält man aus S. 70 die in der zweiten Zeile dargestellten Wahrscheinlichkeiten für die Augensummen. Multiplikation mit n = 720 ergibt die erwarteten Häufigkeiten $n \cdot p_i$.

Summen	2	3	4	5	6	7	8	9	10	11	12
p_i	$\frac{1}{36}$	$\frac{2}{36}$	$\frac{3}{36}$	$\frac{4}{36}$	$\frac{5}{36}$	$\frac{6}{36}$	$\frac{5}{36}$	$\frac{4}{36}$	$\frac{3}{36}$	$\frac{2}{36}$	$\frac{1}{36}$
$n \cdot p_i$	20	40	60	80	100	120	100	80	60	40	20
h_i	28	45	58	90	105	120	92	67	59	42	14

Testgröße

$$\chi^2_{\text{ber.}} = \frac{1}{720} \sum_{i=1}^{11} \frac{h_i^2}{p_i} - 720$$

$$= \frac{1}{720} \cdot (36 \cdot 28^2 + 18 \cdot 45^2 + 12 \cdot 58^2 + 9 \cdot 90^2 + \frac{36}{5} \cdot 105^2 + 6 \cdot 120^2$$

$$+ \frac{36}{5} \cdot 92^2 + 9 \cdot 67^2 + 12 \cdot 59^2 + 18 \cdot 42^2 + 36 \cdot 14^2) - 720$$

$$= 10,0608\,;$$

$$\chi^2_{r-1\,;\,1-\alpha} = \chi^2_{10\,;\,0,95} = 18,3070\,;$$

wegen $\chi^2_{\text{ber.}} < \chi^2_{10\,;\,0,95}$ kann der Verdacht des Dozenten statistisch nicht bestätigt werden.

A 16.4 Die fünf Klassen $[0\,;20]\,;\ (20\,;40]\,;(40\,;60]\,;(60\,;80]\,;\ (80\,;100]$ besitzten der Reihe nach die absoluten Häufigkeiten

$$h_1 = 7\,;\, h_2 = 12\,;\, h_3 = 8\,;\, h_4 = 9\,;\, h_5 = 14\,.$$

Da alle Klassen gleich breit sind, besitzt jede die gleiche hypothetische Wahrscheinlichkeit $\frac{1}{5}$.

$$\chi^2_{\text{ber.}} = \frac{1}{50} \sum_{i=1}^{5} \frac{h_i^2}{1/5} - 50 = \frac{1}{10} \sum_{i=1}^{5} h_i^2 - 50 = \frac{1}{10} \cdot 534 - 50 = 3,4.$$

$$\chi^2_{r-1\,;\,1-\alpha} = \chi^2_{4\,;\,0,95} = 9,49\,.$$

Wegen $\chi^2_{\text{ber.}} < \chi^2_{4\,;\,0,95}$ kann die Nullhypothese der gleichmäßigen Verteilung nicht abgelehnt werden.

A 16.5 Die Wahrscheinlichkeit p eines Satzgewinns wird aus allem $200 \cdot 3$ Einzelsätzen durch die relative Häufigkeit

$$\hat{p} = \frac{1}{600} \cdot (42 \cdot 1 + 72 \cdot 2 + 61 \cdot 3) = 0,615 \text{ geschätzt.}$$

Hypothetische Wahrscheinlichkeiten:

$$p_i = \binom{3}{i} \cdot 0,615^i \cdot 0,385^{3-i} \text{ für } i = 0,1,2,3\,;$$

$$p_0 = 0,057067\,;\, p_1 = 0,273475\,;\ p_2 = 0,436850\,;\, p_3 = 0,232608\,;$$

$200 \cdot p_i$ ergibt die erwarteten Häufigkeiten.

Gewinnsätze pro Spiel	0	1	2	3
absol. Häufigkeit h_i	25	42	72	61
erwartete Häufigkeiten	11,413	54,695	87,370	46,522

Testgröße

$$\chi^2_{\text{ber.}} = \frac{(25 - 11,413)^2}{11,413} + \frac{(42 - 54,695)^2}{54,695}$$

$$+ \frac{(72 - 87,370)^2}{87,370} + \frac{(61 - 46,522)^2}{46,522} = 26,331 .$$

Ablehnungsgrenze:

$$\chi^2_{r - m - 1 \,;\, 1 - \alpha} = \chi^2_{4 - 1 - 1 \,;\, 0,99} = \chi^2_{2 \,;\, 0,99} = 9,210 ;$$

wegen $\chi^2_{\text{ber.}} > \chi^2_{4 \,;\, 0,95}$ wird das Vorliegen einer Binomialverteilung abgelehnt.

A 16.6 Die Wahrscheinlichkeit p einer Knabengeburt wird durch die relative Häufigkeit der Knabengeburten unter allen $400 \cdot 3 = 1\,200$ Kindern geschätzt als

$$\hat{p} = \frac{1}{1\,200} \cdot (143 \cdot 1 + 155 \cdot 2 + 54 \cdot 3) = 0,5125 ;$$

hypothetische Wahrscheinlichkeiten:

$$p_i = \binom{3}{i} \cdot 0,5125^i \cdot 0,4875^{3 - i} \quad \text{für } i = 0, 1, 2, 3.$$

$$p_0 = 0,115857 ; \quad p_1 = 0,365396 ; \quad p_2 = 0,384135 ; \quad p_3 = 0,134611 ;$$

Multiplikation mit $n = 400$ ergibt die erwarteten Häufigkeiten $n \cdot p_i$.

Knaben	0	1	2	3
h_i	48	143	155	54
$400 \cdot p_i$	46,3428	146,1584	153,6540	53,8444

$$\chi^2_{\text{ber.}} = \frac{(48 - 46,3428)^2}{46,3428} + \frac{(143 - 146,1584)^2}{146,1584} + \frac{(155 - 153,6540)^2}{153,6540}$$

$$+ \frac{(54 - 53,8444)^2}{53,8444} = 0,1398 ;$$

Ablehnungsgrenze:

$$\chi^2_{r - m - 1 \,;\, 1 - \alpha} = \chi^2_{2 \,;\, 0,95} = 5,9915 ;$$

wegen $\chi^2_{\text{ber.}} < \chi^2_{4 \,;\, 0,95}$ kann das Vorliegen einer Binomialverteilung nicht abgelehnt werden.

A 16.7 Schätzwert des Parameters:

$$\hat{\lambda} = \bar{x} = \frac{1}{100} \cdot (29 + 25 \cdot 2 + 17 \cdot 3 + 10 \cdot 4 + 6 \cdot 5) = 2 ;$$

hypothetische Wahrscheinlichkeiten: $p_i = \frac{2^i}{i!} \cdot e^{-2}$ für $i = 0, 1, \ldots$

$100 \cdot p_i$ sind die erwarteten Klassenhäufigkeiten. Von $i = 5$ an werden alle Werte zu einer Klasse zusammengefasst mit der Klassenwahrscheinlichkeit

$$1 - \sum_{i=0}^{4} p_i = 0,05265;$$

i	0	1	2	3	4	≥ 5
h_i	13	29	25	17	10	6
$n \cdot p_i$	13,534	27,067	27,067	18,045	9,022	5,265

Testgröße

$$\chi^2_{\text{ber.}} = \frac{(13 - 13,534)^2}{13,534} + \frac{(29 - 27,067)^2}{27,067} + \frac{(25 - 27,067)^2}{27,067}$$

$$+ \frac{(17 - 18,045)^2}{18,045} + \frac{(10 - 9,022)^2}{9,022} + \frac{(6 - 5,265)^2}{5,265} = 0,586;$$

wegen $\chi^2_{\text{ber.}} \leq \chi^2_{r-m-1;1-\alpha} = \chi^2_{6-1-1;0,95} = 9,49$

kann das Vorliegen der Poission-Verteilung nicht abgelehnt werden.

A 16.8 Es handelt sich um 80 Stichprobenwerte. Für die Parameter erhält man die Maximum-Likelihood-Schätzungen

$$\hat{\mu} = \bar{x} = 980,24;$$

$$\hat{\sigma}^2 = \frac{n-1}{n} \cdot s^2 = \frac{79}{80} \cdot 6,453^2 = 41,12069; \quad \hat{\sigma} = 6,413.$$

In der nachfolgenden Tabelle sind die Wahrscheinlichkeiten

$$\Phi\left(\frac{z_i - 980,24}{6,413}\right)$$ an den Klassengrenzen berechnet. Subtraktion ergibt

die Klassenwahrscheinlichkeiten und Multiplikation mit $n = 80$ die erwarteten Klassenhäufigkeiten.

Klasssen	h_i	$F(z_i)$	p_i	$80 \cdot p_i$
$x \leq 973$	8	0,129458	0,129458	10,3566
$973 < x \leq 977$	13	0,306701	0,177243	14,1794
$977 < x \leq 980$	16	0,485073	0,178372	14,2698
$980 < x \leq 982$	13	0,608128	0,123055	9,8444
$982 < x \leq 985$	14	0,771030	0,162902	13,0321
$985 < x \leq 988$	9	0,886869	0,115839	9,2671
$988 < x$	7	1,000000	0,113131	9,0505
Summe	80		1,000000	79,9999

Testgröße

$$\chi^2_{\text{ber.}} = \frac{(8 - 10{,}3566)^2}{10{,}3566} + \frac{(13 - 14{,}1794)^2}{14{,}1794} + \frac{(16 - 14{,}2698)^2}{14{,}2698}$$

$$+ \frac{(13 - 9{,}8444)^2}{9{,}8444} + \frac{(14 - 13{,}0321)^2}{13{,}0321} + \frac{(9 - 9{,}2671)^2}{9{,}2671}$$

$$= 1{,}9353;$$

$$\chi^2_{r-m-1\,;\,1-\alpha} = \chi^2_{6-2-1\,;\,1-\alpha} = \chi^2_{3\,;\,0{,}95} = 7{,}815;$$

wegen $\chi^2_{\text{ber.}} < \chi^2_{3\,;\,0{,}95}$ kann das Vorliegen einer Normalverteilung nicht abgelehnt werden.

A 16.9 Aus der hypothetischen Verteilungsfunktion

$$F_0(z) = 1 - e^{-0{,}0004\,z} \quad \text{für } z \geq 0$$

erhält man die hypothetischen Klassenwahrscheinlichkeiten p_i und mit $80 \cdot p_i$ die erwarteten Klassenhäufigkeiten.

Klasssen	h_i	$F(z_i)$	p_i	$80 \cdot p_i$
$x \leq 500$	13	0,1813	0,1813	14,504
$500 < x \leq 1\,000$	14	0,3297	0,1484	11,872
$1\,000 < x \leq 1\,800$	16	0,5132	0,1835	14,680
$1\,800 < x \leq 2\,700$	12	0,6604	0,1472	11,776
$2\,700 < x \leq 4\,500$	14	0,8347	0,1743	13,944
$4\,500 < x$	11	1,0000	0,1653	13,224
Summe	80		1,0000	80,000

$$\chi^2_{\text{ber.}} = \frac{(13 - 14{,}504)^2}{14{,}504} + \frac{(14 - 11{,}872)^2}{11{,}872} + \frac{(16 - 14{,}680)^2}{14{,}680}$$

$$+ \frac{(12 - 11{,}776)^2}{11{,}776} + \frac{(14 - 13{,}944)^2}{13{,}944} + \frac{(11 - 13{,}224)^2}{13{,}224}$$

$$= 1{,}0346;$$

$$\chi^2_{r-m-1\,;\,1-\alpha} = \chi^2_{6-1-1\,;\,1-\alpha} = \chi^2_{4\,;\,0{,}95} = 9{,}488;$$

wegen $\chi^2_{\text{ber.}} < \chi^2_{4\,;\,0{,}95}$ kann das Vorliegen der Exponentialverteilung mit dem Parameter $\lambda = 0{,}0004$ nicht abgelehnt werden.

A 16.10 Schätzwerte

$$\hat{\mu} = \bar{x} = 25{,}9; \quad \hat{\sigma}^2 = \frac{1}{n}\sum_{i=1}^{n}(x_i - \bar{x})^2 = 78{,}748.$$

Mit $F_0(x) = \Phi\left(\dfrac{x - 25{,}9}{\sqrt{78{,}748}}\right)$ erhält man die Tabelle

x_i	$F_0(x_i)$	$F_{20}(x_i)$	$d_i^{(o)}$	$d_i^{(u)}$
11,9	0,0573	0,05	0,0073	0,0573
12,3	0,0627	0,10	0,0373	0,0127
14,5	0,0995	0,15	0,0505	0,0005
16,0	0,1323	0,20	0,0677	0,0177
16,1	0,1347	0,25	**0,1153**	0,0653
19,3	0,2285	0,30	0,0715	0,0215
22,5	0,3508	0,45	0,0992	0,0508
26,7	0,5359	0,50	0,0359	0,0859
27,2	0,5582	0,55	0,0082	0,0582
27,8	0,5848	0,60	0,0152	0,0348
28,0	0,5932	0,65	0,0565	0,0068
29,7	0,6658	0,70	0,0342	0,0158
32,5	0,7715	0,75	0,0215	0,0715
34,8	0,8421	0,80	0,0421	0,0921
35,4	0,8578	0,85	0,0078	0,0578
38,2	0,9171	0,90	0,0171	0,0671
39,0	0,9301	0,95	0,0199	0,0301
41,1	0,9566	1,00	0,0434	0,0066

Der maximale Abstand der empirischen von der hypothetischen Verteilungsfunktion ist $d_{20} = d_5^{(o)} = 0,1153$;
wegen $d_{20} < d_{20\,;\,0,95} = 0,301$ kann das Vorliegen der Normalverteilung nicht abgelehnt werden.

17. Unabhängigkeits- und Homogenitätstetsts

A 17.1

	Mathematik bestanden	Mathematik nicht bestanden	Summe
Statistik bestanden	155	36	191
Statistik nicht bestanden	119	159	278
Summe	274	195	469

$$\chi^2_{\text{ber.}} = \frac{469 \cdot (155 \cdot 159 - 36 \cdot 119)^2}{191 \cdot 278 \cdot 274 \cdot 195} \doteq 68,5343\,;$$

wegen $\chi^2_{\text{ber.}} > \chi^2_{1\,;\,0,999} = z^2_{0,9995} = 10,8276$ besteht zwischen dem Bestehen der beiden Prüfungen eine signifikante Abhängigkeit.

A 17.2

Augen-farbe	hell-blond	dunkel-blond	(Haarfarbe) schwarz	rot	Summe
blau	181	104	55	19	359
grau oder grün	132	159	99	24	414
braun	46	109	61	11	227
Summe	359	372	215	54	1 000

$$\chi^2_{\text{ber.}} = 1\,000 \cdot \left(\sum_{j=1}^{3} \sum_{k=1}^{4} \frac{h^2_{jk}}{h_{j\cdot} \cdot h_{\cdot k}} - 1 \right) = 63,0379\,;$$

$$\chi^2_{(m-1)\cdot(l-1)\,;\,1-\alpha} = \chi^2_{6\,;\,0,999} = 22,4577\,;$$

wegen $\chi^2_{\text{ber.}} > \chi^2_{6\,;0999}$ kann die Unabhängigkeit der Haar- und Augenfarbe abgelehnt werden.

A 17.3

Tore Heim-mannschaft	Tore der Gastmannschaft 0	1	2	≥ 3	Summe
0	12	10	10	5	37
1	17	31	12	10	70
2	21	26	18	11	76
3	19	21	14	7	61
≥ 4	14	20	23	5	62
Summe	83	108	77	38	306

$$\chi^2_{\text{ber.}} = 306 \cdot \left(\sum_{j=1}^{5} \sum_{k=1}^{4} \frac{h^2_{jk}}{h_{j\cdot} \cdot h_{\cdot k}} - 1 \right) = 10,9706\,;$$

Ablehnungsgrenze: $\chi^2_{(m-1)\cdot(l-1)\,;\,1-\alpha} = \chi^2_{12\,;\,0,95} = 21,0265\,;$

wegen $\chi^2_{\text{ber.}} < \chi^2_{12\,;\,0,95}$ kann die Unabhängigkeit nicht abgelehnt werden.

A 17.4

Mittel	von der Krankheit befallen	nicht befallen	Summe
A	11	29	40
B	25	35	60
Summe	36	64	100

Mit der Yates-Korrektur erhält man die Testgröße

$$\chi^2_{ber.} = \frac{100 \cdot \left(|\, 11 \cdot 35 - 25 \cdot 29\,| - \frac{100}{2} \right)^2}{40 \cdot 60 \cdot 36 \cdot 64} = 1,5209\,;$$

wegen $\chi^2_{ber.} < \chi^2_{1\,;\,0,95} = 3,8415$ kann die gleiche Wirksamkeit der beiden Pflanzenschutzmittel nicht abgelehnt werden.

A 17.5 a) Mit den Ereignissen R: "Raucher" und T: "Trinker" ist

$$H_0 : P(R \cap T) \le P(R) \cdot P(T) \text{ gegen } H_1 : P(R \cap T) > P(R) \cdot P(T)$$

zu testen.

b) Kontingenztafel

	Raucher	Nichtraucher	Summe
Trinker	139	104	243
Nichttrinker	72	185	257
Summe	211	289	500

Testgröße:

$$z_{ber.} = \sqrt{500} \cdot \frac{139 \cdot 185 - 104 \cdot 72}{\sqrt{243 \cdot 257 \cdot 211 \cdot 289}} = 6,6045\,;$$

wegen $z_{ber.} > z_{1-\alpha} = z_{0,99} = 2,3263$ kann die Nullhypothese abgelehnt werden.

A 17.6 a) $H_0 : p_1 \le p_2; \qquad H_1 : p_1 > p_2$.

b) Kontingenztafel

	Augenzahl 6	keine 6	Summe
Würfel I	61	189	250
Würfel II	41	209	250
Summe	102	398	500

Testgröße:

$$z_{ber.} = \sqrt{500} \cdot \frac{61 \cdot 209 - 41 \cdot 189}{\sqrt{250 \cdot 250 \cdot 102 \cdot 398}} = 2,2196 ;$$

wegen $z_{ber.} > z_{1-\alpha} = z_{0,95} = 1,6449$ kann die Nullhypothese abgelehnt werden.

Die Wahrscheinlichkeit für eine Sechs ist bei Würfel I signifikant größer als bei Würfel II.

A 17.7

Gruppe	Note 1	2	3	4	5	Summe
I	4	7	20	13	6	50
II	2	5	15	18	10	50
III	0	1	13	17	19	50
Summe	6	13	48	48	35	150

$$\chi^2_{ber.} = 150 \cdot \left(\sum_{j=1}^{3} \sum_{k=1}^{5} \frac{h_{jk}^2}{h_{j\cdot} \cdot h_{\cdot k}} - 1 \right) = 18,4077 ;$$

Ablehnungsgrenze: $\chi^2_{(m-1)\cdot(l-1);1-\alpha} = \chi^2_{8;0,95} = 15,5073$;

wegen $\chi^2_{ber.} > \chi^2_{8;0,95}$ kann die Homogenität abgelehnt werden.

Die drei Unterrichtsmethoden haben also verschiedenen Einfluss auf das Prüfungsergebnis.

A 17.8 Mit den Ereignissen N :"bei einem Patient tritt die Nebenwirkung auf" und den Ereignissen M_i : "der Patient erhielt das Medikament M_i" gilt für die bedingten Wahrscheinlichkeiten

$$p_1 = P(N | M_1) ; \quad p_2 = P(N | M_2) ;$$

$$H_0 : p_1 \geq p_2 ; \quad H_1 : p_1 < p_2 .$$

Für den exakten Test von Fisher benutzt man die Vierfeldertafel

	N	$\overline{N}$	Zeilensummen
M_1	3	11	14
M_2	6	9	15
Spalten-summen	9	20	29

$h_{11} = 3$ gehört zum Ablehnungsbereich von H_0, falls gilt

$$\sum_{k=0}^{3} P(V = 3) \le \alpha.$$

Mit den gleichen Randsummen werden noch die drei Vierfeldertafeln untersucht.

2	12
7	8

1	13
8	7

0	14
9	6

$$P(V = 3) = \frac{9! \cdot 20! \cdot 14! \cdot 15!}{29! \cdot 3! \cdot 11! \cdot 6! \cdot 9!} = 0,1819;$$

$$P(V = 2) = \frac{9! \cdot 20! \cdot 14! \cdot 15!}{29! \cdot 2! \cdot 12! \cdot 7! \cdot 8!} = 0,0585;$$

$$P(V = 1) = \frac{9! \cdot 20! \cdot 14! \cdot 15!}{29! \cdot 1! \cdot 13! \cdot 8! \cdot 7!} = 0,0090;$$

$$P(V = 0) = \frac{9! \cdot 20! \cdot 14! \cdot 15!}{29! \cdot 0! \cdot 14! \cdot 9! \cdot 6!} = 0,0005.$$

Falls die Nullhypothese richtig ist, gilt $P(V \le 2) = 0,2499$.

Mit $\alpha = 0,1$ kann die Nullhypothese nicht abgelehnt werden. Der festgestellte Unterschied ist nicht signifikant.

A 17.9 H_0: Das Interesse am politischen Geschehen ist bei Männern und Frauen gleich.

	Interesse			
	gering	mittel	groß	Summe
Frauen	162	148	95	405
Männer	129	235	217	581
Summe	291	383	312	986

$$\chi^2_{\text{ber.}} = 986 \cdot \left(\sum_{j=1}^{2} \sum_{k=1}^{3} \frac{h_{jk}^2}{h_{j\cdot} \cdot h_{\cdot k}} - 1 \right) = 41,1036;$$

$$\chi^2_{(m-1) \cdot (l-1); 1-\alpha} = \chi^2_{2; 0,999} = 13,8155;$$

wegen $\chi^2_{\text{ber.}} > \chi^2_{4; 0,95}$ kann die Nullhypothese, dass Männer und Frauen am politischen Geschehen gleich interessiert sind, mit $\alpha = 0,001$ abgelehnt werden.

A 17.10 Ablehnungsgrenze

$$d_{200,300;0,95} \approx \sqrt{-\frac{1}{2} \cdot \ln \frac{0,05}{2}} \cdot \sqrt{\frac{200 + 300}{200 \cdot 300}} = 0,124;$$

wegen $d < d_{200,300;0,95}$ kann die Nullhypothese der Gleichheit der beiden Verteilungsfunktionen nicht abgelehnt werden.

A 17.11 Mit $n_1 = n_1 = n$ erhält man den Ablehnungsbereich

$$d > d_{n,n;0,99} \approx \sqrt{-\frac{1}{2} \cdot \ln \frac{0,01}{2}} \cdot \sqrt{\frac{n+n}{n^2}}$$

$$= \sqrt{-\frac{1}{2} \cdot \ln \frac{0,01}{2}} \cdot \sqrt{\frac{2}{n}} = \sqrt{-\frac{1}{n} \cdot \ln 0,005}.$$

a) $d > 0,2302$; b) $d > 0,0728$; c) $d > 0,023$.

18. Vorzeichen- und Rang(summen)-Tests

A 18.1

x_i	9,5	8,2	8.9	9,2	12,5	9,9	11,2	12,4
y_i	9,2	8,4	8.4	9,1	12,9	9,6	10,8	12,5
$d_i = y_i - x_i$	−0,3	**0,2**	−0,5	−0,1	**0,4**	−0,3	−0,4	**0,1**

x_i	10,5	13,4	10,4	10,9	11,8	10,5	12,1	11,7
y_i	10,2	13,5	10,2	11,0	11,5	10,0	11,4	11,1
d_i	−0,3	**0,1**	−0,2	**0,1**	−0,3	−0,5	−0,7	−0,6

x_i	7,9	8,4	9,5	11,7	12,5	10,8	9,8	11,9
y_i	8,1	8,0	9,6	11,2	11,8	10,5	10,3	11,1
d_i	**0,2**	−0,4	**0,1**	−0,5	−0,7	−0,3	**0,5**	−0,8

x_i	14,2	8,7	9,5	10,8	12,1	13,1
y_i	13,4	8,4	9,8	10,1	12,3	13,5
d_i	−0,8	−0,3	**0,3**	−0,7	**0,2**	**0,4**

a) Gewöhnlicher Vorzeichentest.

Anzahl der positiven Differenzen $v_{30}^+ = 11$; beim zweiseitigen Test liegt $v_{30}^+ = 11$ im Ablehnungsbereich, falls gilt

$$v_{30}^+ \le k(\tfrac{\alpha}{2}) \quad \text{oder} \quad v_{30}^+ \ge 30 - k(\tfrac{\alpha}{2}) \,;$$

$$\sum_{i=0}^{11} \binom{30}{i} \cdot \frac{1}{2^{30}} = 1 - F_{(2(11+1),\, 2(30-11))}\left(\frac{30-11}{11+1}\right)$$

$$1 - F_{(24,\,38)}\left(\frac{19}{12}\right) = 0{,}100244 \,;$$

v_{30}^+ liegt nicht im Ablehnungsbereich. Daher kann die Nullhypothese, dass Verbrauchserhöhungen und Verbrauchssenkungen gleichwahrscheinlich sind, nicht abgelehnt werden.

b) Vorzeichenrangtest:
Geordnete Stichprobe der Beträge (die positiven Differenzen sind gekennzeichnet)

Wert	0,1	**0,1**	**0,1**	**0,1**	**0,1**	0,2	0,2	**0,2**	**0,2**	0,3
Rang	3	**3**	**3**	**3**	**3**	**7,5**	7,5	**7,5**	**7,5**	13
Wert	0,3	0,3	0,3	0,3	0,3	**0,3**	**0,4**	0,4	0,4	**0,4**
Rang	13	13	13	13	13	**13**	**18,5**	18,5	18,5	**18,5**
Wert	0,5	0,5	0,5	**0,5**	0,6	0,7	0,7	0,7	0,8	0,8
Rang	22,5	22,5	22,5	**22,5**	25	27	27	27	29,5	29,5

Rangsumme der positiven Differenzen $w_{30}^+ = 107$;

$$w_{30\,;\,\frac{\alpha}{2}}^+ = w_{30\,;\,0{,}025}^+ = 137 \,;$$

wegen $w_{30}^+ \le w_{30\,;\,0{,}025}^+ = 137$ kann die Nullhypothese der Symmetrie der Differenzen zur Stelle 0 abgelehnt werden. Das Stichprobenergebnis spricht signifikant gegen eine symmetrsiche Verteilung um 0 der Differenzen.

c) Für die Differenz $D = Y - X$ ist der einseitige Test von

$$H_0: P(D > 0) \ge P(D < 0) \quad \text{gegen} \quad H_1: P(D > 0) < P(D < 0)$$

durchzuführen. Wegen $v_{30}^+ \le k(0{,}05)$ wird H_0 abgelehnt. Durch den einseitigen Test wird eine signifikante Senkung des Benzinverbrauchs nachgewiesen.

A 18.2 Die Differenzen sind in der dritten Zeile der nachfolgenden Tabelle berechnet.

0,78	0,82	0,95	0,85	0,58	1,20	1,12	0,40	0,31	0,21
0,81	0,78	0,97	0,91	0,57	1,29	1,07	0,30	0,38	0,29
0,03	**−0,04**	0,02	0,06	**−0,01**	0,09	**−0,05**	**−0,10**	0,07	0,08

a) Für den Vorzeichentest wird die Anzahl $v_{10}^- = 4$ der negativen Differenzen benutzt. Beim zweiseitigen Test erhält man für die Testgröße der negativen Differenzen die gleichen Ablehnungsgrenzen wie für die Testgröße der positiven Differenzen. Also

Ablehnung von H_0 für $v_n^- \leq k(\frac{\alpha}{2})$ oder $v_n^- \geq n - k(\frac{\alpha}{2})$.

k maximal mit $\sum_{i=0}^{k} \binom{10}{i} \cdot \frac{1}{2^{10}} \leq \frac{\alpha}{2} = 0,025$;

$$\sum_{i=0}^{k} \binom{10}{i} \leq 2^{10} \cdot 0,025 = 25,6 ;$$

$\binom{10}{0} = 1$; $\binom{10}{1} = 10$; $\binom{10}{2} = 45$; damit ist k = 1 die Lösung.

Wegen $1 < v_{10}^- < 9$ kann die Nullhypothese der Symmetrie nicht abgelehnt werden.

b) Für den Vorzeichenrangtest werden die Beträge der Differenzen der Größe nach geordnet. Die Fett markierten Werte sind die Rangzahlen der negativen Differenzen in der Betragsstichprobe.

0,01 0,02 0,03 **0,04 0,05** 0,06 0,07 0,08 0,09 **0,10**

Die negativen Differenzen besitzen die Rangsummen

$w_{10}^- = 1 + 4 + 5 + 10 = 20$;

wegen $w_{10}^- + w_{10}^+ = \frac{n \cdot (n + 1)}{2}$ sind beim zweiseitigen Test die Ablehnungsgrenzen für die Testgrößen der negativen und der positiven Differenzen gleich. Mit $w_{10;\,0,025}^+ = 8$ erhält man den Ablehnungsbereich von H_0 :

$w_{10}^- \leq 8$ oder $w_{10}^- \geq \frac{10 \cdot 11}{2} - 8 = 47$.

Wegen $8 < w_{10}^- < 47$ kann die Nullhypothese der Symmetrie um 0 nicht abgelehnt werden.

A 18.3 Die Differenzen $x_i - 15,5$ mit den zugehörigen Rangzahlen in der Betragsstichprobe lauten

2,5	−**10,5**	3,5	−**6,5**	−**4,5**	9,5	0,5	12,5
3	11	4	7	5	10	1	23

−**13,5**	14,5	7,5	−**11,5**	5,5	1,5	8,5
14	15	8	12	6	2	9

a) Für den gewöhnlichen Vorzeichentest wird als Testgröße die Anzahl der negativen Differenzen $v_{15}^- = 5$ benutzt; wegen $v_{15}^- < \frac{n}{2}$ kann die Nullhypothese der Symmetrie nur für $v_{15}^- \leq k = k(\frac{\alpha}{2})$ abgelehnt werden.

k maximal mit $\sum_{i=0}^{k} \binom{15}{i} \cdot \frac{1}{2^{15}} \leq 0,025$;

$\sum_{i=0}^{k} \binom{15}{i} \leq 2^{15} \cdot 0,025 = 819,2$.

$\binom{15}{0} = 1$; $\binom{15}{1} = 15$; $\binom{15}{2} = 105$; $\binom{15}{3} = 455$; $\binom{15}{4} = 1\,365$;

k = 3; damit kann H_0 (Symmetrie) nicht abgelehnt werden.

b) Die negativen Differenzen besitzen die Rangsummen

$$w_{15}^- = 11 + 7 + 5 + 14 + 12 = 49 ;$$

$$w_{15\,;\,0,025}^+ = 71 ; \quad \frac{n \cdot (n+1)}{2} - w_{15\,;\,0,025}^+ = 105 ;$$

wegen $w_{15\,;\,0,025}^+ < w_{15}^- < \frac{n \cdot (n+1)}{2} - w_{15\,;\,0,025}^+$

kann die Nullhypothese der Symmetrie nicht abgelehnt werden.

A 18.4 Für den Rangsummentest von Wilcoxon werden alle 25 Stichprobenwerte der Größe nach geordnet. Durch unmittelbares Abzählen erhält man man die Rangzahlen für beide Stichproben

z_j	30	32	35	36	38	39	39	41	42	43
Rang	1	2	3	4	5	6,5	6,5	8	9	10
	45	45	45	**46**	**48**	48	48	**49**	**51**	51
	12	12	12	**14**	**16**	16	16	**18**	**20,5**	20,5
	51	51	55	56	59					
	20,5	20,5	23	24	25					

Die Rangsumme der kürzeren Stichprobe lautet

$$w_{n_1\,;\,n_2}^{(1)} = w_{10\,;\,15}^{(1)} = 106,5 .$$

Bei der Normalverteilungsapproximation ist zu berücksichtigen, dass es bei den Bindungen eine Vierergruppe, zwei Dreiergruppen und eine Zweiergruppe gibt mit

$\sum_{j=1}^{m} (b_j^3 - b_j) = 114$. Damit lautet die Testgröße

$$z_{ber.} = \frac{106,5 - \frac{10 \cdot 26}{2} + 0,5}{\sqrt{\frac{10 \cdot 15}{2} \cdot \left(26 - \frac{114}{25 \cdot 24}\right)}} = -0,522761 ;$$

wegen $|z_{ber.}| < z_{1-\frac{\alpha}{2}} = z_{0,975} = 1,96$ kann eine Wirksamkeit des Düngers nicht signifikant festgestellt werden.

Literaturverzeichnis

Bauer, H. [1991]: Wahrscheinlichkeitstheorie, 4., völlig überarbeitete und neugestaltete Auflage des Werkes: Wahrscheinlichkeitstheorie und Grundzüge der Maßtheorie, Berlin – New York

Bosch, K. [2000]: Elementare Einführung in die Statistik, 7., erweiterte Auflage mit Aufgaben und Lösungen, Braunschweig – Wiesbaden

Bosch, K. [1999]: Elementare Einführung in die Wahrscheinlichkeitsrechnung, 7. Auflage, Braunschweig – Wiesbaden

Bosch, K. [1998]: Statistik für Nichtstatistiker, 3. Auflage, München – Wien

Bosch, K. [1998]: Statistik-Taschenbuch, 3. Auflage, München – Wien

Bosch, K. [1997]: Lexikon der Statistik, München – Wien

Bosch, K. [1996]: Großes Lehrbuch der Statistik, München – Wien

Bosch, K.; Jensen, U.: [1996]: Klausurtraining Statistik, 2. Auflage, München – Wien

Bradley, J.V. [1968]: Distribution-free statistical tests, Englewood Cliffs, New Jersey

Büning, H.; Trenkler, G. [1994]: Nichtparametrische statistische Methoden, 2., erweiterte und völlig überarbeitet Auflage, Berlin – New York

Fisz, M. [1989]: Wahrscheinlichkeitsrechnung und mathematische Statistik, 11. Auflage, Berlin

Hartung, J. H.; Elpelt B. [1999]: Multivariate Statistik, 6. Auflage, München – Wien

Hartung, J. H.; Elpelt, B.; Klöser H. H. [1999]: Statistik, Lehr- und Handbuch der angewandten Statistik, 12. Auflage, München – Wien

Hollander, M.; Wolfe, D. A. [1999]: Nonparametric statistical methods, 2. Auflage, New York

Krengel, U. [2000]: Einführung in die Wahrscheinlichkeitstheorie und Statistik, 5. Auflage, Braunschweig

Pfanzagl, J. [1983]: Allgemeine Methodenlehre der Statistik I: Elementare Methoden, 6. Auflage, und [1978] II: Höhere Methoden, 5. Auflage, Berlin – New York

Rényi, A. [1971], Wahrscheinlichkeitsrechnung, Berlin

Schmetterer, L. [1966]: Einführung in die mathematische Statistik, 2. Auflage, Wien – New York

Witting, H. [1985]: Mathematische Statistik I: Parametrische Verfahren bei festem Stichprobenumfang, Stuttgart

Witting, H. [1978]: Mathematische Statistik, 3. Auflage, Stuttgart

Witting, H.; Nölle, G. [1970]: Angewandte mathematische Statistik: Optimale finite u. asymptotische Verfahren, Stuttgart

Tabellenanhang

Tab. 1: Verteilungsfunktion $\Phi(z)$ der Standardnormalverteilung

z	0,00	0,01	0,02	0,03	0,04	0,05	0,06	0,07	0,08	0,09
0,0	0,5000	0,5040	0,5080	0,5120	0,5160	0,5199	0,5239	0,5279	0,5319	0,5359
0,1	0,5398	0,5438	0,5478	0,5517	0,5557	0,5596	0,5636	0,5675	0,5714	0,5753
0,2	0,5793	0,5832	0,5871	0,5910	0,5948	0,5987	0,6026	0,6064	0,6103	0,6141
0,3	0,6179	0,6217	0,6255	0,6293	0,6331	0,6368	0,6406	0,6443	0,6480	0,6517
0,4	0,6554	0,6591	0,6628	0,6664	0,6700	0,6736	0,6772	0,6808	0,6844	0,6879
0,5	0,6915	0,6950	0,6985	0,7019	0,7054	0,7088	0,7123	0,7157	0,7190	0,7224
0,6	0,7257	0,7291	0,7324	0,7357	0,7389	0,7422	0,7454	0,7486	0,7517	0,7549
0,7	0,7580	0,7611	0,7642	0,7673	0,7704	0,7734	0,7764	0,7794	0,7823	0,7852
0,8	0,7881	0,7910	0,7939	0,7967	0,7995	0,8023	0,8051	0,8078	0,8106	0,8133
0,9	0,8159	0,8186	0,8212	0,8238	0,8264	0,8289	0,8315	0,8340	0,8365	0,8389
1,0	0,8413	0,8438	0,8461	0,8485	0,8508	0,8531	0,8554	0,8577	0,8599	0,8621
1,1	0,8643	0,8665	0,8686	0,8708	0,8729	0,8749	0,8770	0,8790	0,8810	0,8830
1,2	0,8849	0,8869	0,8888	0,8907	0,8925	0,8944	0,8962	0,8980	0,8997	0,9015
1,3	0,9032	0,9049	0,9066	0,9082	0,9099	0,9115	0,9131	0,9147	0,9162	0,9177
1,4	0,9192	0,9207	0,9222	0,9236	0,9251	0,9265	0,9279	0,9292	0,9306	0,9319
1,5	0,9332	0,9345	0,9357	0,9370	0,9382	0,9394	0,9406	0,9418	0,9429	0,9441
1,6	0,9452	0,9463	0,9474	0,9484	0,9495	0,9505	0,9515	0,9525	0,9535	0,9545
1,7	0,9554	0,9564	0,9573	0,9582	0,9591	0,9599	0,9608	0,9616	0,9625	0,9633
1,8	0,9641	0,9649	0,9656	0,9664	0,9671	0,9678	0,9686	0,9693	0,9699	0,9706
1,9	0,9713	0,9719	0,9726	0,9732	0,9738	0,9744	0,9750	0,9756	0,9761	0,9767
2,0	0,9772	0,9778	0,9783	0,9788	0,9793	0,9798	0,9803	0,9808	0,9812	0,9817
2,1	0,9821	0,9826	0,9830	0,9834	0,9838	0,9842	0,9846	0,9850	0,9854	0,9857
2,2	0,9861	0,9864	0,9868	0,9871	0,9875	0,9878	0,9881	0,9884	0,9887	0,9890
2,3	0,9893	0,9896	0,9898	0,9901	0,9904	0,9906	0,9909	0,9911	0,9913	0,9916
2,4	0,9918	0,9920	0,9922	0,9925	0,9927	0,9929	0,9931	0,9932	0,9934	0,9936
2,5	0,9938	0,9940	0,9941	0,9943	0,9945	0,9946	0,9948	0,9949	0,9951	0,9952
2,6	0,9953	0,9955	0,9956	0,9957	0,9959	0,9960	0,9961	0,9962	0,9963	0,9964
2,7	0,9965	0,9966	0,9967	0,9968	0,9969	0,9970	0,9971	0,9972	0,9973	0,9974
2,8	0,9974	0,9975	0,9976	0,9977	0,9977	0,9978	0,9979	0,9979	0,9980	0,9981
2,9	0,9981	0,9982	0,9982	0,9983	0,9984	0,9984	0,9985	0,9985	0,9986	0,9986
3,0	0,9987	0,9987	0,9987	0,9988	0,9988	0,9989	0,9989	0,9989	0,9990	0,9990
3,1	0,9990	0,9991	0,9991	0,9991	0,9992	0,9992	0,9992	0,9992	0,9993	0,9993
3,2	0,9993	0,9993	0,9994	0,9994	0,9994	0,9994	0,9994	0,9995	0,9995	0,9995
3,3	0,9995	0,9995	0,9995	0,9996	0,9996	0,9996	0,9996	0,9996	0,9996	0,9997
3,4	0,9997	0,9997	0,9997	0,9997	0,9997	0,9997	0,9997	0,9997	0,9997	0,9998
3,5	0,9998	0,9998	0,9998	0,9998	0,9998	0,9998	0,9998	0,9998	0,9998	0,9998
3,6	0,9998	0,9998	0,9999	0,9999	0,9999	0,9999	0,9999	0,9999	0,9999	0,9999
3,7	0,9999	0,9999	0,9999	0,9999	0,9999	0,9999	0,9999	0,9999	0,9999	0,9999
3,8	0,9999	0,9999	0,9999	0,9999	0,9999	0,9999	0,9999	0,9999	0,9999	0,9999
3,9	1,0000	1,0000	1,0000	1,0000	1,0000	1,0000	1,0000	1,0000	1,0000	1,0000

Tabelliert sind die Werte der Verteilungsfunktion

$$\Phi(z) = P(Z \leq z) \quad \text{für} \quad z \geq 0 \; .$$

Ablesebeispiel: $\Phi(1{,}75) = 0{,}9599$.

Funktionswerte für **negative** Argumente: $\Phi(-z) = 1 - \Phi(z)$.

Approximation nach Hastings für z > 0:

$$\Phi(z) \approx 1 - \frac{1}{\sqrt{2\pi}} \cdot e^{-\frac{z^2}{2}} \cdot \left(a_1 t + a_2 t^2 + a_3 t^3 + a_4 t^4 + a_5 t^5 \right)$$

mit

$$t = \frac{1}{1 + bz} \; ;$$

$b = 0{,}2316419$; $a_1 = 0{,}319381530$; $a_2 = -0{,}356563782$;

$a_3 = 1{,}781477937$; $a_4 = -1{,}821255978$; $a_5 = 1{,}330274429$.

Für $z > 0$ erhält man Näherungswerte, die auf mindestens 7 Stellen genau sind.

Tab. 2: Quantile z_q der Standardnormalverteilung

q	z_q	q	z_q	q	z_q	q	z_q
0,50	0,00000	0,75	0,67449	**0,950**	**1,64485**	0,9975	2,80703
0,51	0,02507	0,76	0,70630	0,955	1,69540	0,9976	2,82016
0,52	0,05015	0,77	0,73885	0,960	1,75069	0,9977	2,83379
0,53	0,07527	0,78	0,77219	0,965	1,81191	0,9978	2,84796
0,54	0,10043	0,79	0,80642	0,970	1,88079	0,9979	2,86274
0,55	0,12566	0,80	0,84162	**0,975**	**1,95996**	0,9980	2,87816
0,56	0,15097	0,81	0,87790	0,980	2,05375	0,9981	2,89430
0,57	0,17637	0,82	0,91537	0,985	2,17009	0,9982	2,91124
0,58	0,20189	0,83	0,95417	0,987	2,22621	0,9983	2,92905
0,59	0,22754	0,84	0,99446	0,989	2,29037	0,9984	2,94784
0,60	0,25335	0,85	1,03643	**0,9900**	**2,32635**	0,9985	2,96774
0,61	0,27932	0,86	1,08032	0,9905	2,34553	0,9986	2,98888
0,62	0,30548	0,87	1,12639	0,9910	2,36562	0,9987	3,01145
0,63	0,33185	0,88	1,17499	0,9915	2,38671	0,9988	3,03567
0,64	0,35846	0,89	1,22653	0,9920	2,40892	0,9989	3,06181
0,65	0,38532	**0,900**	**1,28155**	0,9925	2,43238	**0,9990**	**3,09023**
0,66	0,41246	0,905	1,31058	0,9930	2,45726	0,9991	3,12139
0,67	0,43991	0,910	1,34076	0,9935	2,48377	0,9992	3,15591
0,68	0,46770	0,915	1,37220	0,9940	2,51214	0,9993	3,19465
0,69	0,49585	0,920	1,40507	0,9945	2,54270	0,9994	3,23888
0,70	0,52440	0,925	1,43953	**0,9950**	**2,57583**	0,9995	3,29053
0,71	0,55338	0,930	1,47579	0,9955	2,61205	0,9996	3,35279
0,72	0,58284	0,935	1,51410	0,9960	2,65207	0,9997	3,43161
0,73	0,61281	0,940	1,55477	0,9965	2,69684	0,9998	3,54008
0,74	0,64335	0,945	1,59819	0,9970	2,74778	**0,9999**	**3,71902**

Für das Quantil z_q gilt $\Phi(z_q) = q$.

Links vom Quantil z_q liegt die Wahrscheinlichkeitsmasse q.

Ablesebeispiel: $z_{0,975} = 1{,}95996$.

Quantile für $0 < q < 0{,}5$ erhält man aus $z_q = -z_{1-q}$.

Approximation nach Hastings für $0{,}5 \leq q < 1$:

$$z_q \approx t - \frac{b_0 + b_1 t + b_2 t^2}{1 + c_1 t + c_2 t^2 + c_3 t^3} \qquad \text{mit} \quad t = \sqrt{-2\ln(1-q)}\,;$$

$b_0 = 2{,}515517\,; \quad b_1 = 0{,}802853\,; \quad b_2 = 0{,}010328\,;$

$c_1 = 1{,}432788\,; \quad c_2 = 0{,}189269\,; \quad c_3 = 0{,}001308\,.$

Die Näherungswerte sind auf mindestens drei Dezimalstellen genau.

Tab. 3: Quantile $t_{n;q}$ der t-Verteilung mit n Freiheitsgraden

q\n	0,900	0,950	0,975	0,990	0,995	0,999	n
1	3,078	6,314	12,706	31,821	63,657	318,309	1
2	1,886	2,920	4,303	6,965	9,925	22,327	2
3	1,638	2,353	3,182	4,541	5,841	10,215	3
4	1,533	2,132	2,776	3,747	4,604	7,173	4
5	1,476	2,015	2,571	3,365	4,032	5,893	5
6	1,440	1,943	2,447	3,143	3,707	5,208	6
7	1,415	1,895	2,365	2,998	3,499	4,785	7
8	1,397	1,860	2,306	2,896	3,355	4,501	8
9	1,383	1,833	2,262	2,821	3,250	4,297	9
10	**1,372**	**1,812**	**2,228**	**2,764**	**3,169**	**4,144**	**10**
11	1,363	1,796	2,201	2,718	3,106	4,025	11
12	1,356	1,782	2,179	2,681	3,055	3,930	12
13	1,350	1,771	2,160	2,650	3,012	3,852	13
14	1,345	1,761	2,145	2,624	2,977	3,787	14
15	1,341	1,753	2,131	2,602	2,947	3,733	15
16	1,337	1,746	2,120	2,583	2,921	3,686	16
17	1,333	1,740	2,110	2,567	2,898	3,646	17
18	1,330	1,734	2,101	2,552	2,878	3,610	18
19	1,328	1,729	2,093	2,539	2,861	3,579	19
20	**1,325**	**1,725**	**2,086**	**2,528**	**2,845**	**3,552**	**20**
21	1,323	1,721	2,080	2,518	2,831	3,527	21
22	1,321	1,717	2,074	2,508	2,819	3,505	22
23	1,319	1,714	2,069	2,500	2,807	3,485	23
24	1,318	1,711	2,064	2,492	2,797	3,467	24
25	1,316	1,708	2,060	2,485	2,787	3,450	25
26	1,315	1,706	2,056	2,479	2,779	3,435	26
27	1,314	1,703	2,052	2,473	2,771	3,421	27
28	1,313	1,701	2,048	2,467	2,763	3,408	28
29	1,311	1,699	2,045	2,462	2,756	3,396	29
30	**1,310**	**1,697**	**2,042**	**2,457**	**2,750**	**3,385**	**30**
40	1,303	1,684	2,021	2,423	2,704	3,307	40
50	1,299	1,676	2,009	2,403	2,678	3,261	50
60	1,296	1,671	2,000	2,390	2,660	3,232	60
70	1,294	1,667	1,994	2,381	2,648	3,211	70
80	1,292	1,664	1,990	2,374	2,639	3,195	80
90	1,291	1,662	1,987	2,369	2,632	3,182	90

q \ n	0,900	0,950	0,975	0,990	0,995	0,999	n
100	1,290	1,660	1,984	2,364	2,626	3,174	100
150	1,287	1,655	1,976	2,352	2,609	3,146	150
200	1,286	1,653	1,972	2,345	2,601	3,131	200
300	1,284	1,650	1,968	2,339	2,593	3,118	300
400	1,284	1,649	1,966	2,336	2,589	3,111	400
500	1,283	1,648	1,965	2,334	2,586	3,107	500
600	1,283	1,647	1,964	2,333	2,584	3,104	600
800	1,283	1,647	1,963	2,331	2,582	3,101	800
1000	1,282	1,646	1,962	2,330	2,581	3,098	1000
∞	1,282	1,646	1,960	2,326	2,576	3,090	∞

Für das Quantil $t_{n;q}$ gilt $F(t_{n;q}) = q$.

Links vom Quantil $t_{n;q}$ ist die Wahrscheinlichkeitsmasse q.

Ablesebeispiel: $t_{20;0,99} = 2,528$.

Quantile für $0 < q < 0,5$ erhält man aus $\mathbf{t_{n;q} = - t_{n;1-q}}$.

Approximation für $0,5 \leq q < 1$:

$$t_{n;q} \approx \frac{c_9 z_q^9 + c_7 z_q^7 + c_5 z_q^5 + c_3 z_q^3 + c_1 z_q}{92\,160 \cdot n^4} \quad \text{mit} \quad \Phi(z_q) = q;$$

$c_9 = 79$; $c_7 = 720\,n + 776$; $c_5 = 4\,800\,n^2 + 4\,560\,n + 1\,482$;

$c_3 = 23\,040\,n^3 + 15\,360\,n^2 + 4\,080\,n - 1\,920$;

$c_1 = 92\,160\,n^4 + 23\,040\,n^3 + 2\,880\,n^2 - 3\,600\,n - 945$.

Formel von **Peitzer und Pratt** für $n \geq 10$:

$$t_{n;q} \approx \sqrt{n \cdot e^{c \cdot z_q^2} - n} \quad \text{mit} \quad \Phi(z_q) = q \quad \text{und} \quad c = \frac{n - \frac{5}{6}}{\left(n - \frac{2}{3} + \frac{1}{10\,n}\right)^2} ;$$

Für $n \rightarrow \infty$ konvergiert die Verteilungsfunktion der t-Verteilung gegen die Verteilungsfunktion der Standardnormalverteilung mit

$$\lim_{n \to \infty} t_{n;q} = z_q ; \quad t_{n;q} \approx z_q \quad \text{für} \quad n > 30.$$

Tab. 4: Quantile $\chi^2_{n;q}$ der Chi-Quadrat-Verteilung (n Freiheitsgrade)

n \ q	0,005	0,010	0,025	0,050	0,100	0,250	0,500
1	$0{,}3927{:}10^5$	$0{,}1571{:}10^4$	$0{,}9821{:}10^3$	$0{,}3932{:}10^2$	0,015791	0,1015	0,4549
2	0,01003	0,02010	0,05064	0,1026	0,2107	0,5754	1,3863
3	0,07172	0,1148	0,2158	0,3518	0,5844	1,2125	2,3660
4	0,2070	0,2971	0,4844	0,7107	1,064	1,9226	3,3567
5	0,4117	0,5543	0,8312	1,145	1,610	2,675	4,351
6	0,6757	0,8721	1,237	1,635	2,204	3,455	5,348
7	0,9893	1,239	1,690	2,167	2,833	4,255	6,346
8	1,344	1,646	2,180	2,733	3,490	5,071	7,344
9	1,735	2,088	2,700	3,325	4,168	5,899	8,343
10	**2,156**	**2,558**	**3,247**	**3,940**	**4,865**	**6,737**	**9,342**
11	2,603	3,053	3,816	4,575	5,578	7,584	10,341
12	3,074	3,571	4,404	5,226	6,304	8,438	11,340
13	3,565	4,107	5,009	5,892	7,042	9,299	12,340
14	4,075	4,660	5,629	6,571	7,790	10,165	13,399
15	4,601	5,229	6,262	7,261	8,547	11,037	14,339
16	5,142	5,812	6,908	7,962	9,312	11,912	15,338
17	5,697	6,408	7,564	8,672	10,085	12,792	16,338
18	6,265	7,015	8,231	9,390	10,865	13,675	17,338
19	6,844	7,633	8,907	10,117	11,651	14,562	18,338
20	**7,434**	**8,260**	**9,591**	**10,851**	**12,443**	**15,452**	**19,337**
21	8,034	8,897	10,283	11,591	13,240	16,344	20,337
22	8,643	9,542	10,982	12,338	14,041	17,240	21,337
23	9,260	10,196	11,689	13,091	14,848	18,137	22,337
24	9,886	10,856	12,401	13,848	15,659	19,037	23,337
25	10,520	11,524	13,120	14,611	16,473	19,940	24,337
26	11,160	12,198	13,844	15,379	17,292	20,843	25,336
27	11,808	12,879	14,573	16,151	18,114	21,749	26,336
28	12,461	13,565	15,308	16,928	18,939	22,657	27,336
29	13,121	14,256	16,047	17,708	19,768	23,557	28,336
30	**13,787**	**14,953**	**16,791**	**18,493**	**20,599**	**24,478**	**29,336**
31	14,458	15,655	17,539	19,281	21,434	25,390	30,336
32	15,134	16,362	18,291	20,072	22,271	26,304	31,336
33	15,815	17,074	19,047	20,867	23,110	27,219	32,336
34	16,501	17,789	19,806	21,664	23,952	28,136	33,336
35	17,192	18,509	20,569	22,465	24,797	29,054	34,336
36	17,887	19,233	21,336	23,269	25,643	29,973	35,336
37	18,586	19,960	22,106	24,075	26,492	30,893	36,336
38	19,289	20,691	22,878	24,884	27,343	31,815	37,335
39	19,996	21,426	23,654	25,695	28,196	32,737	38,335
40	**20,707**	**22,164**	**24,433**	**26,509**	**29,051**	**33,660**	**39,335**
41	21,421	22,906	25,215	27,326	29,907	34,585	40,335
42	22,138	23,650	25,999	28,144	30,765	35,510	41,335
43	22,859	24,398	26,785	28,965	31,625	36,436	42,335
44	23,584	25,148	27,575	29,787	32,487	37,363	43,335
45	24,311	25,901	28,366	30,612	33,350	38,291	44,335
46	25,041	26,657	19,160	31,439	34,215	39,220	45,335
47	25,775	27,416	29,956	32,268	35,081	40,149	46,335
48	26,511	28,177	30,755	33,098	35,949	41,079	47,335
49	27,249	28,941	31,555	33,930	36,818	42,010	48,335

n \ q	0,750	0,900	0,950	0,975	0,990	0,995	0,999
1	1,323	2,706	3,841	5,024	6,635	7,879	10,828
2	2,773	4,605	5,991	7,378	9,210	10,597	13,816
3	4,108	6,251	7,815	9,348	11,345	12,838	16,266
4	5,385	7,779	9,488	11,143	13,277	14,860	18,467
5	6,626	9,236	11,070	12,833	15,086	16,750	20,515
6	7,841	10,645	12,592	14,449	16,812	18,548	22,458
7	9,037	12,017	14,067	16,013	18,475	20,278	24,322
8	10,219	13,362	15,507	17,535	20,090	21,955	26,124
9	11,389	14,684	16,919	19,023	21,666	23,589	27,877
10	**12,549**	**15,987**	**18,307**	**20,483**	**23,209**	**25,188**	**29,588**
11	13,701	17,275	19,675	21,920	24,725	26,757	31,264
12	14,845	18,549	21,026	23,337	26,217	28,300	32,909
13	15,984	19,812	22,362	24,736	27,688	29,819	34,528
14	17,117	21,064	23,685	26,119	29,141	31,319	36,123
15	18,245	22,307	24,996	27,488	30,578	32,801	37,697
16	19,369	23,542	26,296	28,845	32,000	34,267	39,252
17	20,489	24,769	27,587	30,191	33,409	35,718	40,790
18	21,605	25,989	28,869	31,526	34,805	37,156	42,312
19	22,718	27,204	30,144	32,852	36,191	38,582	43,820
20	**23,828**	**28,412**	**31,410**	**34,170**	**37,566**	**39,997**	**45,315**
21	24,935	29,615	32,671	35,479	38,932	41,401	46,797
22	26,039	30,813	33,924	36,781	40,289	42,796	48,268
23	27,141	32,007	35,172	38,076	41,638	44,181	49,728
24	28,241	33,196	36,415	39,364	42,980	45,559	51,179
25	29,339	34,382	37,652	40,646	44,314	46,928	52,620
26	30,435	35,563	38,885	41,923	45,642	48,290	54,052
27	31,528	36,741	40,113	43,195	46,963	49,645	55,476
28	32,620	37,916	41,337	44,461	48,278	50,993	56,892
29	33,711	39,087	42,557	45,722	49,588	52,336	58,301
30	**34,800**	**40,256**	**42,773**	**46,979**	**50,892**	**53,672**	**59,703**
31	35,887	41,422	44,985	48,232	52,191	55,003	61,098
32	36,973	42,585	46,194	49,480	53,486	56,328	62,487
33	38,058	43,745	47,400	50,725	54,776	57,648	63,870
34	39,141	44,903	48,602	51,966	56,061	58,964	65,247
35	40,223	46,059	49,802	53,203	57,342	60,275	66,619
36	41,304	47,212	50,998	54,437	58,619	61,581	67,985
37	42,383	48,363	52,192	55,668	59,893	62,883	69,346
38	43,462	49,513	53,384	56,896	61,162	64,181	70,703
39	44,539	50,660	54,572	58,120	62,428	65,476	72,055
40	**45,616**	**51,805**	**55,758**	**59,342**	**63,691**	**66,766**	**73,402**
41	46,692	52,949	56,942	60,561	64,950	68,053	74,745
42	47,766	54,090	58,124	61,777	66,206	69,336	76,084
43	48,840	55,230	59,304	62,990	67,459	70,616	77,419
44	49,913	56,369	60,481	64,201	68,710	71,893	78,750
45	50,985	57,505	61,656	65,410	69,957	73,166	80,077
46	52,056	58,641	62,830	66,617	71,201	74,437	81,400
47	53,127	59,744	64,001	67,821	72,443	75,704	82,720
48	54,196	60,907	65,171	69,023	73,683	76,969	84,037
49	55,265	62,038	66,339	70,222	74,919	78,231	85,351

Tab. 4 : Quantile der Chi-Quadrat-Verteilung 393

q n	0,005	0,010	0,025	0,050	0,100	0,250	0,500
50	27,991	29,707	32,357	34,764	37,689	42,942	49,335
60	35,534	37,485	40,482	43,188	46,459	52,294	59,335
70	43,275	45,442	48,758	51,739	55,329	61,698	69,334
80	51,172	53,540	57,153	60,391	64,278	71,145	79,334
90	59,196	61,754	65,647	69,126	73,291	80,625	89,334
100	67,238	70,065	74,222	77,929	82,358	90,133	99,334

q n	0,750	0,900	0,950	0,975	0,990	0,995	0,999
50	56,334	63,167	67,505	71,420	76,154	79,490	86,661
60	66,981	74,397	79,082	83,298	88,379	91,952	99,607
70	77,577	85,527	90,531	95,023	100,425	104,215	112,317
80	88,130	96,578	101,879	106,629	112,329	116,321	124,839
90	98,650	107,565	113,145	118,136	124,116	128,299	137,208
100	109,141	118,498	124,342	129,561	135,807	140,169	149,449

Für das Quantil $\chi^2_{n\,;\,q}$ gilt $F(\chi^2_{n\,;\,q}) = q$.

Links vom Quantil $\chi^2_{n\,;\,q}$ liegt die Wahrscheinlichkeitsmasse q.

Ablesebeispiel: $\chi^2_{35\,;\,0,99} = 57{,}342$.

Approximationen für $0 < q < 1$:

$$\chi^2_{n\,;\,q} \approx n \cdot \left[1 - \frac{2}{9n} + z_q \cdot \sqrt{\frac{2}{9n}} \right]^3 \quad \text{für } n > 30\,;$$

z_q = q - Quantil der Standardnormalverteilung.

$$\chi^2_{n\,;\,q} \approx n + \sqrt{2n}\, z_q \quad \text{für } n > 30\,;$$

z_q = q - Quantil der Standardnormalverteilung.

$$\chi^2_{n\,;\,q} \approx \tfrac{1}{2} \left[z_q + \sqrt{2n-1} \right]^2 \quad \text{für } n > 100\,;$$

z_q = q - Quantil der Standardnormalverteilung.

Tab. 5 : Quantile $f_{n_1;n_2;q}$ der F-Verteilung mit (n_1, n_2) Freiheitsgraden

n_2 \ n_1 \ q	1	2	3	4	5	6	7	8	9	10
1 0,990	4052	4999	5403	5625	5764	5859	5928	5981	6022	6056
0,975	647,8	799,5	864,2	899,6	921,8	937,1	948,2	956,7	963,3	968,6
0,950	161,4	199,5	215,7	224,6	230,2	234,0	236,8	238,9	240,5	241,9
0,900	39,86	49,50	53,59	55,83	57,24	58,20	58,91	59,44	59,86	60,20
2 0,990	98,50	99,00	99,17	99,25	99,30	99,33	99,36	99,37	99,39	99,40
0,975	38,51	39,00	39,17	39,25	39,30	39,33	39,36	39,37	39,39	39,40
0,950	18,51	19,00	19,16	19,25	19,30	19,33	19,35	19,37	19,38	19,40
0,900	8,256	9,000	9,162	9,243	9,293	9,326	9,349	9,367	9,381	9,392
3 0,990	34,12	30,82	29,46	28,71	28,24	27,91	27,67	27,49	27,35	27,23
0,975	17,44	16,04	15,44	15,10	14,88	14,73	14,62	14,54	14,47	14,42
0,950	10,13	9,552	9,277	9,117	9,013	8,941	8,887	8,845	8,812	8,786
0,900	5,538	5,462	5,391	5,343	5,309	5,285	5,266	5,252	5,240	5,230
4 0,990	21,20	18,00	16,69	15,98	15,52	15,21	14,98	14,80	14,66	14,55
0,975	12,22	10,65	9,979	9,605	9,364	9,197	9,074	8,980	8,905	8,844
0,950	7,709	6,944	6,591	6,388	6,256	6,163	6,094	6,041	5,999	5,964
0,900	4,545	4,325	4,191	4,107	4,051	4,010	3,979	3,955	3,936	3,920
5 0,990	16,26	13,27	12,06	11,39	10,97	10,67	10,46	10,29	10,16	10,05
0,975	10,01	8,434	7,764	7,388	7,416	6,978	6,853	6,757	6,681	6,619
0,950	6,608	5,786	5,409	5,192	5,050	4,950	4,876	4,818	4,772	4,735
0,900	4,060	3,780	3,619	3,520	3,453	3,405	3,368	3,339	3,316	3,297
6 0,990	13,75	10,92	9,780	9,148	8,746	8,466	8,260	8,102	7,976	7,874
0,975	8,813	7,260	6,599	6,227	5,988	5,820	5,695	5,600	5,523	5,461
0,950	5,987	5,143	4,757	4,534	4,387	4,284	4,207	4,147	4,099	4,060
0,990	3,776	3,463	3,289	3,181	3,108	3,055	3,014	2,983	2,958	2,937
7 0,990	12,25	9,547	8,451	7,847	7,460	7,191	6,993	6,840	6,719	6,620
0,975	8,073	6,542	5,890	5,523	5,285	5,119	4,995	4,899	4,823	4,761
0,950	5,591	4,737	4,347	4,120	3,972	3,866	3,787	3,726	3,677	3,637
0,900	3,589	3,257	3,074	2,961	2,883	2,827	2,785	2,752	2,725	2,703
8 0,990	11,26	8,649	7,591	7,006	6,632	6,371	6,178	6,029	5,911	5,814
0,975	7,571	6,059	5,416	5,053	4,817	4,652	4,529	4,433	4,357	4,295
0,950	5,318	4,459	4,066	3,838	3,687	3,581	3,500	3,438	3,388	3,347
0,900	3,458	3,113	2,924	2,806	2,726	2,668	2,624	2,589	2,561	2,538
9 0,990	10,56	8,022	6,992	6,422	6,057	5,802	5,613	5,467	5,351	5,257
0,975	7,209	5,715	5,078	4,718	4,484	4,320	4,197	4,102	4,026	3,964
0,950	5,117	4,256	3,863	3,633	3,482	3,374	3,293	3,230	3,179	3,137
0,900	3,360	3,006	2,813	2,693	2,611	2,551	2,505	2,469	2,440	2,146
10 0,990	10,04	7,559	6,552	5,994	5,636	5,386	5,200	5,057	4,942	4,849
0,975	6,937	5,456	4,826	4,468	4,236	4,072	3,950	3,855	3,779	3,717
0,950	4,965	4,103	3,708	3,478	3,326	3,217	3,135	3,072	3,020	2,978
0,900	3,285	2,924	2,728	2,605	2,522	2,461	2,414	2,377	2,347	2,323

n_2	n_1 q	11	12	13	14	15	16	17	18	19	20
1	0,990	6083	6106	6126	6143	6157	6170	6181	6192	6201	6209
	0,975	973,0	976,7	979,8	982,5	984,9	986,9	988,7	990,3	991,8	993,1
	0,950	243,0	243,9	244,7	245,4	245,9	246,5	246,9	247,3	247,7	248,0
	0,900	60,47	60,71	60,90	61,07	61,22	61,35	61,46	61,57	61,66	61,74
2	0,990	90,41	99,42	99,42	99,43	99,43	99,44	99,44	99,44	99,45	99,45
	0,975	39,41	39,41	39,42	39,43	39,43	39,44	39,44	39,44	39,45	39,45
	0,950	19,40	19,41	19,42	19,42	19,43	19,43	19,44	19,44	19,44	19,45
	0,900	9,401	9,408	9,415	9,420	9,425	9,429	9,433	9,436	9,439	9,441
3	0,990	27,13	27,05	26,98	26,92	26,87	26,83	26,79	26,75	26,72	26,69
	0,975	14,37	14,34	14,30	14,28	14,25	14,23	14,21	14,20	14,18	14,17
	0,950	8,763	8,745	8,729	8,715	8,703	8,692	8,683	8,675	8,667	8,660
	0,900	5,222	5,216	5,210	5,205	5,200	5,196	5,193	5,190	5,187	5,184
4	0,990	14,45	14,37	14,31	14,25	14,20	14,15	14,11	14,08	14,05	14,02
	0,975	8,794	8,751	8,715	8,684	8,657	8,633	8,611	8,592	8,575	8,560
	0,950	5,936	5,912	5,891	5,873	5,858	5,844	5,832	5,821	5,811	5,803
	0,900	3,907	3,896	3,886	3,878	3,870	3,864	3,858	3,853	3,849	3,844
5	0,990	9,263	9,888	9,825	9,770	9,722	9,680	9,643	9,610	9,580	9,553
	0,975	6,568	6,525	6,488	6,456	6,428	6,403	6,381	6,362	6,344	6,329
	0,950	4,704	4,678	4,655	4,636	4,619	4,604	4,590	4,578	4,568	4,558
	0,900	3,282	3,268	3,257	3,247	3,238	3,230	3,223	3,217	3,212	3,207
6	0,990	7,790	7,718	7,658	7,605	7,559	7,519	7,483	7,451	7,422	7,396
	0,975	5,410	5,366	5,329	5,297	5,269	5,244	5,222	5,202	5,184	5,168
	0,950	4,027	4,000	3,976	3,956	3,938	3,922	3,908	3,896	3,884	3,874
	0,900	2,919	2,905	2,892	2,881	2,871	2,863	2,855	2,848	2,842	2,836
7	0,990	6,538	6,469	6,410	6,359	6,314	6,275	6,240	6,209	6,181	6,155
	0,975	4,709	4,666	4,628	4,596	4,568	4,543	4,521	4,501	4,483	4,467
	0,950	3,603	3,575	3,550	3,529	3,511	3,494	3,480	3,467	3,455	3,445
	0,900	2,684	2,668	2,654	2,643	2,632	2,623	2,615	2,607	2,601	2,595
8	0,990	5,734	5,667	5,609	5,559	5,515	5,477	5,442	5,412	5,384	5,359
	0,975	4,243	4,200	4,162	4,130	4,101	4,076	4,054	4,034	4,016	3,999
	0,950	3,313	3,284	3,259	3,237	3,218	3,202	3,187	3,173	3,161	3,150
	0,900	2,519	2,502	2,488	2,475	2,464	2,455	2,446	2,438	2,431	2,425
9	0,990	5,178	5,111	5,055	5,005	4,962	4,924	4,890	4,860	4,833	4,808
	0,975	3,912	3,868	3,831	3,798	3,769	3,744	3,722	3,701	3,683	3,667
	0,950	3,102	3,073	3,048	3,025	3,006	2,989	2,974	2,960	2,948	2,936
	0,900	2,396	2,379	2,364	2,351	2,340	2,329	2,320	2,312	2,305	2,298
10	0,990	4,772	4,706	4,650	4,601	4,558	4,520	4,487	4,457	4,430	4,405
	0,975	3,665	3,621	3,583	3,550	3,522	3,496	3,474	3,453	3,435	3,419
	0,950	2,943	2,913	2,887	2,865	2,845	2,828	2,812	2,798	2,785	2,774
	0,900	2,302	2,284	2,269	2,255	2,244	2,233	2,224	2,215	2,208	2,201

n_2	n_1 q	25	30	40	50	60	80	100	200	500	∞
1	0,990	6340	6261	6287	6303	6313	6326	6334	6350	6359	6366
	0,975	998,1	1001	1006	1008	1010	1012	1013	1016	1017	1018
	0,950	249,3	250,1	251,1	251,8	252,2	252,7	253,0	253,7	254,1	254,3
	0,900	62,06	62,26	62,53	62,69	62,79	62,93	63,01	63,17	63,26	63,33
2	0,990	99,46	99,47	99,47	99,48	99,48	99,49	99,49	99,49	99,50	99,50
	0,975	39,46	39,46	39,47	39,48	39,48	39,49	39,49	39,49	39,50	39,50
	0,950	19,46	19,46	19,47	19,48	19,48	19,48	19,49	19,49	19,49	19,50
	0,900	9,451	9,458	9,466	9,471	9,475	9,479	9,481	9,486	9,489	9,491
3	0,990	26,58	26,50	26,41	26,35	26,32	26,27	26,24	26,18	26,15	26,13
	0,975	14,12	14,08	14,04	14,01	13,99	13,97	13,96	13,93	13,91	13,90
	0,950	8,634	8,617	8,594	8,581	8,572	8,561	8,554	8,540	8,832	8,526
	0,900	5,175	5,168	5,160	5,155	5,151	5,147	5,144	5,139	5,136	5,134
4	0,990	13,91	13,84	13,75	13,69	13,65	13,61	13,58	13,52	13,49	13,46
	0,975	8,501	8,461	8,411	8,381	8,360	8,335	8,319	8,289	8,270	8,257
	0,950	5,769	5,746	5,717	5,699	5,688	5,673	5,664	5,646	5,635	5,628
	0,900	3,828	3,817	3,804	3,795	3,790	3,782	3,778	3,769	3,764	3,761
5	0,990	9,449	9,379	9,291	9,238	9,202	9,157	9,130	9,075	9,042	9,020
	0,975	6,268	6,227	6,175	6,144	6,123	6,096	6,080	6,048	6,028	6,015
	0,950	4,521	4,496	4,464	4,444	4,431	4,415	4,405	4,385	4,373	4,365
	0,900	3,187	3,174	3,157	3,147	3,140	3,132	3,126	3,116	3,109	3,105
6	0,990	7,296	7,229	7,143	7,091	7,057	7,013	9,987	6,934	6,902	6,880
	0,975	5,107	5,065	5,012	4,980	4,959	4,932	4,915	4,882	4,863	4,849
	0,950	3,774	3,808	3,774	3,754	3,740	3,722	3,712	3,690	3,677	3,669
	0,990	2,815	2,800	2,781	2,770	2,762	2,752	2,746	2,734	2,727	2,722
7	0,990	6,058	5,992	5,908	5,858	5,824	5,781	5,755	5,702	5,671	5,650
	0,975	4,405	4,362	4,309	4,276	4,254	4,227	4,210	4,176	4,156	4,142
	0,950	3,404	3,376	3,340	3,319	3,304	3,286	3,275	3,252	3,239	3,230
	0,900	2,571	2,555	2,535	2,523	2,514	2,504	2,497	2,484	2,476	2,471
8	0,990	5,263	5,198	5,116	5,065	5,032	4,989	4,963	4,911	4,880	4,859
	0,975	3,937	3,894	3,840	3,807	3,784	3,756	3,739	3,705	3,684	3,670
	0,950	3,108	3,079	3,043	3,020	3,005	2,986	2,975	2,951	2,937	2,928
	0,900	2,400	2,383	2,361	2,348	2,339	2,328	2,321	2,307	2,298	2,293
9	0,990	4,713	4,649	4,567	4,517	4,483	4,441	4,415	4,363	4,332	4,311
	0,975	3,604	3,560	3,505	3,472	3,449	3,421	3,403	3,368	3,347	3,333
	0,950	2,826	2,864	2,826	2,803	2,787	2,768	2,576	2,731	2,717	2,707
	0,900	2,272	2,255	2,232	2,218	2,208	2,196	2,189	2,174	2,165	2,159
10	0,990	4,311	4,247	4,165,	4,155	4,082	4,039	4,014	3,962	3,930	3,909
	0,975	3,355	3,311	3,255	3,221	3,198	3,169	3,152	3,116	3,094	3,080
	0,950	2,730	2,700	2,661	2,637	2,621	2,601	2,588	2,563	2,548	2,538
	0,900	2,174	2,155	2,132	2,117	2,107	2,095	2,087	2,071	2,062	2,055

n_2	n_1 q	1	2	3	4	5	6	7	8	9	10
11	0,990	9,646	7,206	6,217	5,668	5,316	5,069	4,886	4,744	4,632	4,539
	0,975	6,724	5,256	4,630	4,257	4,044	3,881	3,759	3,664	3,588	3,526
	0,950	4,844	3,982	3,587	3,357	3,204	3,095	3,012	2,948	2,896	2,854
	0,900	3,225	2,860	2,660	2,536	2,451	2,389	2,342	2,304	2,274	2,248
12	0,990	9,330	6,927	5,953	5,412	5,064	4,821	4,640	4,499	4,388	4,296
	0,975	6,554	5,096	4,474	4,121	3,891	3,728	3,607	3,512	3,436	3,374
	0,950	4,747	3,885	3,490	3,259	3,106	2,996	2,913	2,849	2,796	2,753
	0,900	3,177	2,807	2,606	2,480	2,394	2,331	2,283	2,245	2,214	2,188
13	0,990	9,074	6,701	5,739	5,205	4,862	4,620	4,441	4,302	4,191	4,100
	0,975	6,414	4,965	4,347	3,996	3,767	3,604	3,483	3,388	3,312	3,250
	0,950	4,667	3,806	3,411	3,179	3,025	2,915	2,832	2,767	2,714	2,671
	0,900	3,136	2,763	2,560	2,434	2,347	2,283	2,234	2,195	2,164	2,138
14	0,990	8,862	6,515	5,564	5,035	4,695	4,456	4,278	4,140	4,030	3,939
	0,975	6,298	4,857	4,242	3,892	3,663	3,501	3,380	3,285	3,209	3,147
	0,950	4,600	3,739	3,344	3,112	2,958	2,848	2,764	2,699	2,646	2,602
	0,900	3,102	2,726	2,522	2,395	2,307	2,243	2,193	2,154	2,122	2,095
15	0,990	8,683	6,359	5,417	4,893	4,556	4,318	4,142	4,004	3,895	3,805
	0,975	6,200	4,765	4,153	3,804	3,576	3,415	3,293	3,199	3,123	3,060
	0,950	4,543	3,682	3,287	3,056	2,901	2,790	2,707	2,641	2,588	2,544
	0,900	3,073	2,965	2,490	2,361	2,273	2,208	2,158	2,119	2,086	2,059
16	0,990	8,531	6,226	5,292	4,773	4,437	4,202	4,026	3,890	3,780	3,691
	0,975	6,115	4,687	4,077	3,729	3,502	3,341	3,219	3,125	3,049	2,986
	0,950	4,494	3,634	3,239	3,007	2,852	2,741	2,657	2,591	2,538	2,494
	0,990	3,048	2,668	2,462	2,333	2,244	2,178	2,128	2,088	2,055	2,028
17	0,990	8,400	6,112	5,185	4,669	4,336	4,102	3,927	3,791	3,682	3,593
	0,975	6,042	4,619	4,011	3,665	4,438	3,277	3,156	3,061	2,985	2,922
	0,950	4,451	3,592	3,197	2,965	2,810	2,699	2,614	2,548	2,494	2,450
	0,900	3,026	2,645	2,437	2,308	2,218	2,152	2,102	2,061	2,028	2,001
18	0,990	8,285	6,013	5,092	4,579	4,248	4,015	3,841	3,705	3,597	3,508
	0,975	5,978	4,560	3,954	3,608	3,382	3,221	3,100	3,005	2,929	2,866
	0,950	4,414	3,555	3,160	2,928	2,773	2,661	2,577	2,510	2,456	2,412
	0,900	3,007	2,624	2,146	2,286	2,196	2,130	2,079	2,038	2,005	1,977
19	0,990	8,185	5,926	5,010	4,500	4,171	3,939	3,765	3,631	3,523	3,434
	0,975	5,922	4,508	3,903	3,559	3,333	3,172	3,051	2,956	2,880	2,817
	0,950	4,381	3,522	3,127	2,895	2,740	2,628	2,544	2,477	2,423	2,378
	0,900	2,990	2,606	2,397	2,266	2,176	2,109	2,058	2,017	1,984	1,956
20	0,990	8,096	5,849	4,938	4,431	4,103	3,871	3,699	3,564	3,457	3,368
	0,975	5,871	4,461	3,859	3,515	3,289	3,128	3,007	2,913	2,837	2,774
	0,950	4,351	3,493	3,098	2,866	2,711	2,599	2,514	2,477	2,393	2,348
	0,900	2,975	2,589	2,380	2,249	2,158	2,091	2,040	1,999	1,965	1,937

n_2	n_1 q	11	12	13	14	15	16	17	18	19	20
11	0,990	4,462	4,397	4,342	4,293	4,251	4,213	4,180	4,150	4,123	4,099
	0,975	3,474	3,430	3,392	3,359	3,330	3,304	3,282	3,261	3,243	3,226
	0,950	2,818	2,788	2,761	2,739	2,179	2,701	2,685	2,671	2,658	2,646
	0,900	2,227	2,209	2,193	2,179	2,167	2,156	2,147	2,138	2,130	2,123
12	0,990	4,220	4,155	4,100	4,052	4,010	3,972	3,939	3,909	3,883	3,858
	0,975	3,321	3,277	3,239	3,206	3,177	3,152	3,129	3,108	3,090	3,073
	0,950	2,717	2,687	2,660	2,637	2,617	2,599	2,583	2,568	2,555	2,544
	0,900	2,166	2,147	2,131	2,117	2,105	2,094	2,084	2,075	2,067	2,060
13	0,990	4,025	3,960	3,905	3,857	3,815	3,778	3,745	3,716	3,689	3,665
	0,975	3,197	3,153	3,115	3,082	3,053	3,027	3,004	2,983	2,965	2,948
	0,950	2,635	2,604	2,577	2,533	2,533	2,515	2,499	2,484	2,471	2,459
	0,900	2,116	2,097	2,080	2,066	2,053	2,042	2,032	2,023	2,014	2,007
14	0,990	3,864	3,800	3,745	3,697	3,656	3,619	3,586	3,556	3,529	3,505
	0,975	3,095	3,050	3,012	2,978	2,949	2,923	2,900	2,879	2,861	2,844
	0,950	2,565	2,534	2,507	2,484	2,463	2,445	2,428	2,413	2,400	2,388
	0,900	2,073	2,054	2,037	2,022	2,010	1,998	1,988	1,978	1,970	1,962
15	0,990	3,730	3,666	3,612	3,564	3,522	3,485	3,452	3,423	3,396	3,372
	0,975	3,008	2,963	2,925	2,891	2,862	2,836	2,813	2,792	2,773	2,756
	0,950	2,507	2,475	2,448	2,424	2,403	2,385	2,368	2,353	2,340	2,328
	0,900	2,037	2,017	2,000	1,985	1,972	1,961	1,950	1,941	1,932	1,924
16	0,990	3,616	3,553	3,498	3,450	3,409	3,372	3,339	3,310	3,283	3,259
	0,975	2,934	2,889	2,851	2,817	2,788	2,761	2,738	2,717	2,698	2,681
	0,950	2,456	2,425	2,397	2,373	2,352	2,333	2,317	2,302	2,288	2,276
	0,990	2,005	1,985	1,968	1,953	1,940	1,928	1,917	1,908	1,899	1,891
17	0,990	3,519	3,455	3,401	3,353	3,312	3,275	3,242	3,212	3,186	3,162
	0,975	2,870	2,825	2,786	2,753	2,723	2,697	2,673	2,652	2,633	2,616
	0,950	2,413	2,381	2,353	2,329	2,308	2,289	2,272	2,257	2,243	2,230
	0,900	1,978	1,958	1,940	1,925	1,912	1,900	1,889	1,879	1,870	1,862
18	0,990	3,434	3,371	3,316	3,269	3,227	3,190	3,158	3,128	3,101	3,077
	0,975	2,814	2,769	2,730	2,696	2,667	2,640	2,617	2,596	2,576	2,559
	0,950	2,374	2,342	2,314	2,290	2,269	2,250	2,233	2,217	2,203	2,191
	0,900	1,954	1,933	1,916	1,900	1,887	1,875	1,864	1,854	1,845	1,837
19	0,990	3,360	3,297	3,242	3,195	3,153	3,116	3,084	3,054	3,027	3,003
	0,975	2,765	2,720	2,681	2,647	2,617	2,591	2,567	2,546	2,526	2,509
	0,950	2,340	2,308	2,280	2,256	2,234	2,215	2,198	2,182	2,168	2,155
	0,900	1,932	1,912	1,894	1,878	1,865	1,852	1,841	1,831	1,822	1,814
20	0,990	3,294	3,231	3,177	3,130	3,088	3,051	3,018	2,989	2,962	2,938
	0,975	2,721	2,676	2,637	2,603	2,573	2,547	2,523	2,501	2,482	2,464
	0,950	2,310	2,278	2,250	2,225	2,203	2,184	2,167	2,151	2,137	2,124
	0,900	1,913	1,892	1,875	1,859	1,845	1,833	1,821	1,811	1,802	1,794

n_2	n_1 q	25	30	40	50	60	80	100	200	500	∞
11	0,990	4,005	3,941	3,860	3,810	3,776	3,734	3,708	3,656	3,624	3,602
	0,975	3,162	3,118	3,061	3,027	3,004	2,794	2,956	2,920	2,898	2,883
	0,950	2,601	2,570	2,531	2,507	2,490	2,469	2,457	2,431	2,415	2,404
	0,900	2,095	2,076	2,052	2,036	2,026	2,013	2,005	1,989	1,983	1,972
12	0,990	3,765	3,701	3,619	3,569	3,535	3,493	3,467	3,414	3,382	3,361
	0,975	3,008	2,963	2,906	2,871	2,848	2,818	2,800	2,763	2,740	2,725
	0,950	2,498	2,466	2,426	2,401	2,384	2,363	2,350	2,323	2,307	2,296
	0,900	2,031	2,011	1,986	1,970	1,960	1,946	1,938	1,921	1,911	1,904
13	0,990	3,571	3,507	3,425	3,375	3,341	3,298	3,272	3,219	3,187	3,165
	0,975	2,882	2,837	2,780	2,744	2,720	2,690	2,671	2,634	2,611	2,595
	0,950	2,412	2,380	2,339	2,314	2,297	2,275	2,261	2,234	2,218	2,206
	0,900	1,978	1,958	1,931	1,915	1,904	1,890	1,882	1,864	1,854	1,846
14	0,990	3,412	3,348	3,266	3,215	3,181	3,138	3,112	3,059	3,026	3,004
	0,975	2,778	2,732	2,674	2,638	2,614	2,583	2,565	2,526	2,503	2,487
	0,950	2,341	2,308	2,266	2,241	2,223	2,201	2,187	2,159	2,142	2,131
	0,900	1,933	1,912	1,885	1,869	1,857	1,843	1,834	1,816	1,805	1,797
15	0,990	3,278	3,214	3,132	3,081	3,047	3,004	2,977	2,923	2,891	2,868
	0,975	2,689	2,644	2,585	2,549	2,524	2,493	2,474	2,435	2,411	2,395
	0,950	2,280	2,247	2,204	2,178	2,160	2,137	2,123	2,095	2,078	2,066
	0,900	1,894	1,873	1,845	1,828	1,817	1,802	1,793	1,774	1,763	1,755
16	0,990	3,165	3,101	3,018	2,967	2,933	2,889	2,863	2,808	2,775	2,753
	0,975	2,614	2,568	2,509	2,472	2,447	2,415	2,396	2,357	2,333	2,316
	0,950	2,227	2,194	2,151	2,124	2,106	2,083	2,068	2,039	2,022	2,010
	0,990	1,860	1,839	1,811	1,793	1,782	1,766	1,757	1,738	1,726	1,718
17	0,990	3,068	3,003	2,920	2,869	2,835	2,791	2,764	2,709	2,676	2,653
	0,975	2,548	2,502	2,442	2,405	2,380	2,348	2,329	2,289	2,264	2,247
	0,950	2,181	2,148	2,104	2,077	2,058	2,035	2,020	1,991	1,973	1,960
	0,900	1,831	1,809	1,781	1,763	1,751	1,735	1,726	1,706	1,694	1,686
18	0,990	2,983	2,919	2,835	2,784	2,749	2,705	2,678	2,623	2,589	2,566
	0,975	2,491	2,444	2,384	2,347	2,321	2,289	2,269	2,229	2,204	2,187
	0,950	2,141	2,107	2,063	2,035	2,017	1,993	1,978	1,948	1,929	1,917
	0,900	1,805	1,783	1,754	1,736	1,723	1,707	1,698	1,678	1,665	1,657
19	0,990	2,909	2,844	2,761	2,709	2,674	2,630	2,602	2,547	2,512	2,489
	0,975	2,441	2,394	2,333	2,295	2,270	2,237	2,217	2,176	2,150	2,133
	0,950	2,106	2,071	2,026	1,999	1,980	1,955	1,940	1,910	1,891	1,878
	0,900	1,782	1,759	1,730	1,711	1,699	1,683	1,673	1,652	1,639	1,631
20	0,990	2,843	2,778	2,695	2,643	2,608	2,563	2,535	2,479	2,445	2,421
	0,975	2,396	2,349	2,287	2,249	2,223	2,190	2,170	2,128	2,103	2,085
	0,950	2,074	2,039	1,994	1,966	1,946	1,922	1,907	1,875	1,856	1,843
	0,900	1,761	1,738	1,708	1,690	1,677	1,660	1,650	1,629	1,616	1,607

n_2	n_1 q	1	2	3	4	5	6	7	8	9	10
25	0,990	7,770	5,568	4,675	4,177	3,855	3,627	3,457	3,324	3,217	3,129
	0,975	5,686	4,291	3,694	3,353	3,129	2,969	2,848	2,753	2,677	2,613
	0,950	4,242	3,385	2,991	2,759	2,603	2,490	2,405	2,337	2,282	2,236
	0,900	2,918	2,528	2,317	2,184	2,092	2,024	1,971	1,929	1,895	1,866
30	0,990	7,562	5,390	4,510	4,018	3,699	3,473	3,304	3,173	3,067	2,979
	0,975	5,568	4,182	3,589	3,250	3,026	2,867	2,746	2,651	2,275	2,511
	0,950	4,171	3,316	2,922	2,690	2,534	2,421	2,334	2,266	2,211	2,165
	0,900	2,881	2,489	2,276	2,142	2,049	1,980	1,927	1,884	1,849	1,819
40	0,990	7,314	5,179	4,313	3,828	3,514	3,291	3,124	2,993	2,888	2,801
	0,975	5,424	4,051	3,463	3,126	2,904	2,744	2,624	2,529	2,452	2,388
	0,950	4,085	3,232	2,839	2,606	2,449	2,336	2,249	2,180	2,124	2,077
	0,900	2,835	2,440	2,226	2,091	1,997	1,927	1,873	1,829	1,793	1,763
50	0,990	7,171	5,057	4,199	3,720	3,048	3,186	3,020	2,890	2,785	2,698
	0,975	5,340	3,975	3,390	3,054	2,833	2,674	2,553	2,458	2,381	2,317
	0,950	4,034	3,183	2,790	2,557	2,400	2,286	2,199,	2,130	2,073	2,026
	0,900	2,809	2,412	2,197	2,061	1,966	1,895	1,840	1,796	1,760	1,729
60	0,990	7,077	4,977	4,126	3,649	3,339	3,119	2,953	2,823	2,718	2,632
	0,975	5,286	3,925	3,343	3,008	2,786	2,627	2,507	2,412	2,334	2,270
	0,950	4,001	3,510	2,758	2,525	2,368	2,254	2,167	2,097	2,040	1,993
	0,900	2,791	2,393	2,177	2,041	1,946	1,875	1,819	1,775	1,738	1,707
80	0,990	6,963	4,881	4,036	3,563	3,255	3,036	2,871	2,742	2,637	2,551
	0,975	5,218	3,864	3,284	2,950	2,730	2,571	2,450	2,355	2,277	2,213
	0,950	3,960	3,111	2,719	2,486	2,329	2,214	2,126	2,056	1,999	1,951
	0,900	2,769	2,370	2,514	2,016	1,921	1,849	1,793	1,748	1,711	1,680
100	0,990	6,895	4,824	3,984	3,513	3,206	2,988	2,823	2,694	2,590	2,503
	0,975	5,179	3,828	2,250	2,917	2,696	2,537	2,417	2,321	2,244	2,179
	0,950	3,936	3,087	2,696	2,463	2,305	2,191	2,103	2,032	1,975	1,927
	0,900	2,756	2,356	2,139	2,002	1,906	1,834	1,778	1,732	1,695	1,663
200	0,990	6,763	4,713	3,881	3,414	3,110	2,893	2,730	2,601	2,497	2,411
	0,975	5,100	3,758	3,182	2,850	2,630	2,472	2,351	2,256	2,178	2,113
	0,950	3,888	3,041	2,650	2,417	2,259	2,144	2,056	1,985	1,927	1,878
	0,900	2,731	2,329	2,111	1,973	1,876	1,804	1,747	1,701	1,663	1,631
500	0,990	6,686	4,648	3,821	3,357	3,054	2,838	2,675	2,547	2,443	2,357
	0,975	5,054	3,716	3,142	2,811	2,592	2,434	2,313	2,217	2,139	2,074
	0,950	3,860	3,014	2,623	2,390	2,232	2,117	2,028	1,957	1,899	1,850
	0,900	2,716	2,313	2,095	1,956	1,859	1,786	1,729	1,683	1,644	1,612
∞	0,990	6,635	4,605	3,782	3,319	3,017	2,802	2,639	2,511	2,407	2,321
	0,975	5,024	3,689	3,116	2,786	2,567	2,408	2,288	2,192	2,114	2,048
	0,950	3,841	2,996	2,605	2,372	2,214	2,099	2,010	1,938	1,880	1,831
	0,900	2,706	2,303	2,084	1,945	1,847	1,774	1,717	1,670	1,632	1,599

n_2	q	11	12	13	14	15	16	17	18	19	20
25	0,990	3,056	2,993	2,939	2,892	2,850	2,813	2,780	2,751	2,724	2,699
	0,975	2,560	2,515	2,476	2,441	2,411	2,384	2,360	2,338	2,318	2,300
	0,950	2,198	2,165	2,136	2,111	2,089	2,069	2,051	2,035	2,021	2,007
	0,900	1,841	1,820	1,802	1,785	1,771	1,758	1,746	1,736	1,726	1,718
30	0,990	2,905	2,843	2,789	2,742	2,700	2,663	2,630	2,600	2,573	2,549
	0,975	2,458	2,412	2,372	2,338	2,307	2,280	2,255	2,233	2,213	2,195
	0,950	2,126	2,092	2,063	2,037	2,015	1,995	1,976	1,960	1,945	1,932
	0,900	1,794	1,773	1,754	1,737	1,722	1,709	1,697	1,686	1,676	1,667
40	0,990	2,727	2,665	2,611	2,563	2,522	2,484	2,451	2,421	2,394	2,369
	0,975	2,334	2,288	2,248	2,213	2,182	2,154	2,129	2,107	2,086	2,068
	0,950	2,038	2,003	1,974	1,947	1,924	1,904	1,885	1,868	1,853	1,839
	0,900	1,737	1,715	1,695	1,678	1,662	1,649	1,636	1,625	1,615	1,605
50	0,990	2,625	2,562	2,508	2,461	2,419	2,382	2,348	2,318	2,290	2,265
	0,975	2,263	2,216	2,176	2,140	2,109	2,081	2,056	2,033	2,012	1,993
	0,950	1,986	1,952	1,921	1,895	1,871	1,850	1,831	1,814	1,798	1,784
	0,900	1,703	1,680	1,660	1,643	1,627	1,613	1,600	1,588	1,578	1,568
60	0,990	2,559	2,496	2,442	2,394	2,352	2,315	2,281	2,251	2,223	2,198
	0,975	2,216	2,169	2,129	2,093	2,061	2,033	2,008	1,985	1,964	1,944
	0,950	1,952	1,917	1,887	1,860	1,836	1,815	1,796	1,778	1,763	1,748
	0,900	1,680	1,657	1,637	1,619	1,603	1,589	1,576	1,564	1,553	1,543
80	0,990	2,478	2,415	2,361	2,313	2,271	2,233	2,199	2,169	2,141	2,115
	0,975	2,158	2,111	2,071	2,035	2,003	1,974	1,948	1,925	1,904	1,884
	0,950	1,910	1,875	1,845	1,817	1,793	1,772	1,752	1,734	1,718	1,703
	0,900	1,653	1,629	1,609	1,590	1,574	1,559	1,546	1,534	1,523	1,513
100	0,990	2,430	2,367	2,313	2,265	2,223	2,185	2,151	2,120	2,092	2,067
	0,975	2,124	2,077	2,036	2,000	1,968	1,939	1,913	1,890	1,868	1,849
	0,950	1,886	1,850	1,819	1,792	1,768	1,746	1,726	1,708	1,691	1,676
	0,900	1,636	1,612	1,592	1,573	1,557	1,542	1,528	1,516	1,505	1,494
200	0,990	2,338	2,275	2,220	2,172	2,129	2,091	2,057	2,026	1,997	1,971
	0,975	2,058	2,010	1,969	1,932	1,900	1,870	1,844	1,820	1,798	1,778
	0,950	1,837	1,801	1,769	1,742	1,717	1,694	1,674	1,656	1,639	1,623
	0,900	1,603	1,579	1,558	1,539	1,522	1,507	1,493	1,480	1,468	1,458
500	0,990	2,283	2,220	2,166	2,117	2,075	2,036	2,002	1,970	1,942	1,915
	0,975	2,019	1,971	1,929	1,892	1,859	1,830	1,803	1,779	1,757	1,736
	0,950	1,808	1,772	1,740	1,712	1,686	1,664	1,643	1,625	1,607	1,592
	0,900	1,584	1,559	1,537	1,518	1,501	1,485	1,471	1,458	1,446	1,435
∞	0,990	2,248	2,185	2,130	2,081	2,039	2,000	1,965	1,934	1,905	1,878
	0,975	1,993	1,945	1,903	1,866	1,833	1,803	1,776	1,752	1,729	1,708
	0,950	1,789	1,752	1,720	1,692	1,666	1,644	1,623	1,604	1,587	1,571
	0,900	1,571	1,546	1,524	1,505	1,487	1,471	1,457	1,444	1,432	1,421

n_2 \ n_1 / q	25	30	40	50	60	80	100	200	500	∞
25 0,990	2,604	2,538	2,453	2,400	2,364	2,317	2,289	2,230	2,200	2,176
0,975	2,230	2,182	2,118	2,079	2,052	2,017	1,996	1,952	1,926	1,908
0,950	1,955	1,919	1,872	1,842	1,822	1,796	1,779	1,746	1,726	1,712
0,900	1,683	1,659	1,627	1,607	1,593	1,576	1,565	1,542	1,527	1,517
30 0,990	2,453	2,386	2,299	2,245	2,208	2,160	2,131	2,070	2,032	2,006
0,975	2,124	2,074	2,009	1,968	1,940	1,904	1,882	1,835	1,807	1,787
0,950	1,878	1,841	1,792	1,761	1,740	1,712	1,695	1,660	1,638	1,622
0,900	1,632	1,606	1,573	1,552	1,538	1,519	1,507	1,482	1,467	1,456
40 0,990	2,271	2,203	2,114	2,058	2,019	1,969	1,938	1,874	1,833	1,805
0,975	1,994	1,943	1,875	1,832	1,803	1,764	1,741	1,691	1,659	1,637
0,950	1,783	1,744	1,693	1,660	1,637	1,608	1,589	1,551	1,526	1,509
0,900	1,568	1,541	1,506	1,483	1,467	1,447	1,434	1,406	1,389	1,377
50 0,990	2,167	2,098	2,007	1,949	1,909	1,857	1,825	1,757	1,713	1,683
0,975	1,919	1,866	1,796	1,752	1,721	1,681	1,656	1,603	1,569	1,545
0,950	1,727	1,687	1,634	1,599	1,576	1,544	1,525	1,484	1,457	1,438
0,900	1,529	1,502	1,465	1,441	1,424	1,402	1,388	1,359	1,340	1,327
60 0,990	2,098	2,028	1,936	1,877	1,836	1,783	1,749	1,678	1,633	1,601
0,975	1,869	1,815	1,744	1,699	1,667	1,625	1,599	1,543	1,508	1,482
0,950	1,690	1,649	1,594	1,559	1,534	1,502	1,481	1,438	1,409	1,389
0,900	1,504	1,476	1,437	1,413	1,395	1,372	1,358	1,326	1,306	1,291
80 0,990	2,015	1,944	1,849	1,788	1,746	1,690	1,655	1,579	1,530	1,494
0,975	1,807	1,752	1,679	1,632	1,599	1,555	1,527	1,467	1,428	1,400
0,950	1,644	1,602	1,545	1,508	1,482	1,448	1,426	1,379	1,347	1,325
0,900	1,472	1,443	1,403	1,377	1,358	1,334	1,318	1,284	1,261	1,245
100 0,990	1,965	1,893	1,797	1,735	1,692	1,634	1,598	1,518	1,466	1,427
0,975	1,770	1,715	1,640	1,592	1,558	1,512	1,483	1,420	1,378	1,347
0,950	1,616	1,573	1,515	1,477	1,450	1,415	1,392	1,342	1,308	1,283
0,900	1,453	1,423	1,382	1,355	1,336	1,310	1,293	1,257	1,232	1,214
200 0,990	1,868	1,794	1,694	1,629	1,583	1,521	1,481	1,391	1,328	1,279
0,975	1,698	1,640	1,562	1,511	1,474	1,425	1,393	1,320	1,269	1,229
0,950	1,561	1,516	1,455	1,415	1,386	1,346	1,321	1,263	1,221	1,189
0,900	1,414	1,383	1,339	1,310	1,289	1,261	1,242	1,199	1,168	1,144
500 0,990	1,812	1,735	1,633	1,566	1,517	1,452	1,408	1,308	1,232	1,164
0,975	1,655	1,596	1,515	1,462	1,423	1,370	1,336	1,254	1,192	1,137
0,950	1,528	1,482	1,419	1,376	1,346	1,303	1,275	1,210	1,159	1,113
0,900	1,391	1,358	1,313	1,282	1,260	1,229	1,209	1,160	1,122	1,087
∞ 0,990	1,774	1,696	1,592	1,523	1,473	1,404	1,358	1,247	1,153	1,000
0,975	1,626	1,588	1,484	1,428	1,388	1,333	1,296	1,205	1,128	1,000
0,950	1,506	1,476	1,394	1,350	1,318	1,274	1,243	1,170	1,106	1,000
0,900	1,375	1,342	1,295	1,263	1,240	1,207	1,850	1,130	1,082	1,000

Tabelliert sind nur rechtsseitige Quantile.

Für das Quantil $f_{n_1;n_2;q}$ gilt $F(f_{n_1;n_2;q}) = q$;

Links vom Quantil $f_{n_1;n_2;q}$ liegt die Wahrscheinlichkeitsmasse q.

Ablesebeispiel: $f_{18,12;0,95} = 2{,}568$.

linksseitige Quantile : $f_{n_1,n_2;q} = \dfrac{1}{f_{n_2,n_1;1-q}}$.

Beziehung zur t-Verteilung: $f_{1,n_2;q} = [t_{n_2;q}]^2$.

Beziehung zur Standardnormalverteilung: $f_{1,\infty;q} = [z_q]^2$.

Grenzwerte :
$$f_{n_1,\infty;q} = \frac{\chi^2_{n_1;1-q}}{n_1} \;;\; f_{\infty,n_2;q} = \frac{n_2}{\chi^2_{n_2;q}} \;;\; f_{\infty,\infty;q} = 1 \;.$$

Tab. 6:   Kritische Grenzen beim Kolmogorow-Smirnow-Einstichprobentest

Die Tabelle gibt folgende kritischen Grenzen an:

beim einseitigen Test: $d_{n;1-\alpha}^+$ maximal   mit $P(D_n^+ \leq d_{n;1-\alpha}^+) \leq 1-\alpha$;

beim einseitigen Test: $d_{n;1-\alpha}$ maximal   mit $P(D_n \leq d_{n;1-\alpha}) \leq 1-\alpha$.

einseitig: $d_{n;1-\alpha}^+$ **zweiseitig:** $d_{n;1-\alpha}$	$\alpha = 0,005$ $\alpha = 0,01$	$\alpha = 0,01$ $\alpha = 0,02$	$\alpha = 0,025$ $\alpha = 0,05$	$\alpha = 0,05$ $\alpha = 0,1$	$\alpha = 0,1$ $\alpha = 0,2$
n = 1	0,995	0,990	0,975	0,950	0,900
2	0,929	0,900	0,842	0,776	0,864
3	0,829	0,785	0,708	0,636	0,565
4	0,734	0,689	0,624	0,565	0,493
5	0,669	0,627	0,563	0,509	0,447
6	0,617	0,577	0,519	0,468	0,410
7	0,576	0,538	0,483	0,436	0,381
8	0,542	0,507	0,454	0,410	0,358
9	0,513	0,480	0,430	0,387	0,339
10	**0,489**	**0,457**	**0,409**	**0,369**	**0,323**
11	0,468	0,437	0,391	0,352	0,308
12	0,449	0,419	0,375	0,338	0,296
13	0,432	0,404	0,361	0,325	0,285
14	0,418	0,390	0,349	0,314	0,275
15	0,404	0,377	0,338	0,304	0,266
16	0,392	0,366	0,327	0,295	0,258
17	0,381	0,355	0,318	0,286	0,250
18	0,371	0,346	0,309	0,279	0,244
19	0,361	0,337	0,301	0,271	0,237
20	**0,352**	**0,329**	**0,294**	**0,265**	**0,232**
21	0,344	0,321	0,287	0,259	0,226
22	0,337	0,314	0,281	0,253	0,221
23	0,330	0,307	0,275	0,247	0,216
24	0,323	0,301	0,269	0,242	0,212
25	0,317	0,295	0,264	0,238	0,208
26	0,311	0,290	0,259	0,233	0,204
27	0,305	0,284	0,254	0,229	0,200
28	0,300	0,279	0,250	0,225	0,197
29	0,295	0,275	0,246	0,221	0,193
30	**0,290**	**0,270**	**0,242**	**0,218**	**0,190**
31	0,285	0,266	0,238	0,214	0,187
32	0,281	0,262	0,234	0,211	0,184
33	0,277	0,258	0,231	0,208	0,182
34	0,273	0,254	0,227	0,205	0,179
35	0,269	0,251	0,224	0,202	0,177
36	0,265	0,247	0,221	0,199	0,174
37	0,262	0,244	0,218	0,196	0,172
38	0,258	0,241	0,215	0,194	0,170
39	0,255	0,238	0,213	0,191	0,168
40	**0,252**	**0,235**	**0,210**	**0,189**	**0,165**
Näherung für n > 40	$\dfrac{1,6276}{\sqrt{n}}$	$\dfrac{1,5174}{\sqrt{n}}$	$\dfrac{1,3581}{\sqrt{n}}$	$\dfrac{1,2239}{\sqrt{n}}$	$\dfrac{1,0730}{\sqrt{n}}$

Tab. 7 : Kritische Werte für den Wilcoxon-Vorzeichen-Rangtest   405

Tab. 7 : Kritische Werte für den Wilcoxon-Vorzeichen-Rangtest

n \ α	0,0001	0,0025	0,005	0,01	0,025	0,05	0,1	0,2
4	–	–	–	–	–	–	0	2
5	–	–	–	–	–	0	2	3
6	–	–	–	–	0	2	3	5
7	–	–	–	0	2	3	5	8
8	–	–	0	1	3	5	8	11
9	–	0	1	3	5	8	10	14
10	**0**	**1**	**3**	**5**	**8**	**10**	**14**	**18**
11	1	3	5	7	10	13	17	22
12	2	5	7	9	13	17	21	27
13	4	7	9	12	17	21	26	32
14	6	9	12	15	21	25	31	38
15	8	12	15	19	25	30	36	44
16	11	15	19	23	29	35	42	50
17	14	19	23	27	34	41	48	57
18	18	23	27	32	40	47	55	65
19	21	27	32	37	46	53	62	73
20	**26**	**32**	**37**	**43**	**52**	**60**	**69**	**81**
21	30	37	42	49	58	67	77	90
22	35	42	48	55	65	75	86	99
23	40	48	54	62	73	83	94	109
24	45	54	61	69	81	91	104	119
25	51	60	68	76	89	100	113	130
26	58	67	75	84	98	110	124	153
27	64	74	83	92	107	119	134	141
28	71	82	91	101	116	130	145	165
29	79	90	100	110	126	140	157	177
30	**86**	**98**	**109**	**120**	**137**	**151**	**169**	**190**
31	94	107	118	130	147	163	181	204
32	103	116	128	140	159	175	194	218
33	112	126	138	151	170	187	207	232
34	121	136	148	162	182	200	221	247
35	131	146	159	173	195	213	235	262
36	141	157	171	185	208	227	250	278
37	151	168	182	198	221	241	265	294
38	162	180	194	211	235	256	281	311
39	173	192	207	224	249	271	297	328
40	**185**	**204**	**220**	**238**	**264**	**286**	**313**	**346**
41	197	217	233	252	279	302	330	364
42	209	230	247	266	294	319	348	383
43	222	244	261	281	310	336	365	402
44	235	258	276	296	327	353	384	421
45	249	272	291	312	343	371	402	441
46	263	287	307	328	361	389	422	462
47	277	302	322	345	378	407	441	483
48	292	318	339	362	396	426	462	504
49	307	334	355	379	415	446	482	526

n\α	0,0001	0,0025	0,005	0,01	0,025	0,05	0,1	0,2
50	**323**	**350**	**373**	**397**	**434**	**466**	**503**	**549**
51	339	367	390	416	453	486	525	572
52	355	384	408	434	473	507	547	595
53	372	402	427	454	494	529	569	619
54	389	420	445	473	514	550	592	643
55	407	439	465	493	536	573	615	668
56	425	457	484	514	557	595	639	693
57	443	477	504	535	579	618	664	719
58	462	497	525	556	602	642	688	745
59	482	517	546	578	625	666	714	772
60	**501**	**537**	**567**	**600**	**648**	**690**	**739**	**799**

Tabelliert sind die linksseitigen Quantile $w_{n;\alpha}^+$ mit

$$P(W_n^+ \leq w_{n;\alpha}^+) \leq \alpha \quad \text{und} \quad P(W_n^+ \leq w_{n;\alpha}^+ + 1) > \alpha \,.$$

Die angegebenen Grenzen gehören zum Ablehnungsbereich.

Rechtsseitige Quantile erhält man durch

$$w_{n;1-\alpha}^+ = \frac{n \cdot (n+1)}{2} - w_{n;\alpha}^+ \,.$$

Asymptotische Approximation:

Für $n > 25$ gilt die Näherung

$$w_{n;\alpha}^+ \approx \frac{n \cdot (n+1)}{2} - z_{1-\alpha} \cdot \sqrt{\frac{n \cdot (n+1) \cdot (2n+1)}{24} - \frac{1}{48} \sum_{j=1}^{m}(b_j^3 - b_j)}$$

mit $z_{1-\alpha} = (1-\alpha)$ - Quantil der Standard-Normalverteilung mit

$$\Phi(z_{1-\alpha}) = 1 - \alpha \,;$$

m = Anzahl der verschiedenen Bindungsgruppen mit jeweils b_j ranggleichen Elementen.

Falls keine Bindungen auftreten, setzt man $\frac{1}{48} \sum_{j=1}^{m}(b_j^3 - b_j) = 0$.

Tab. 8 : Kritische Werte für den Wilcoxon-Rangsummen-Test   407

Tab. 8 : Kritische Werte für den Wilcoxon-Rangsummen-Test

n_2	α	2	3	4	5	6	7	8	9	10	11	12	n_2
3	0,005	–	–										3
	0,010	–	–										
	0,025	–	–										
	0,05	–	6										
	0,10	3	7										
4	0,005	–	–	–									4
	0,010	–	–	–									
	0,025	–	–	10									
	0,05	–	6	11									
	0,10	–	7	13									
5	0,005	–	–	–	15								5
	0,010	–	–	10	16								
	0,025	–	6	11	17								
	0,05	–	7	12	19								
	0,10	3	8	14	20								
6	0,005	–	–	10	16	23							6
	0,010	–	–	11	17	24							
	0,025	–	7	12	18	26							
	0,05	–	8	13	20	28							
	0,10	3	9	15	22	30							
7	0,005	–	–	10	16	24	32						7
	0,010	–	6	11	18	25	34						
	0,025	–	7	13	20	27	36						
	0,05	3	8	14	21	29	39						
	0,10	4	10	16	23	32	41						
8	0,005	–	–	11	17	25	34	43					8
	0,010	–	6	12	19	27	35	45					
	0,025	–	8	14	21	29	38	49					
	0,05	3	9	15	23	31	41	51					
	0,10	4	11	17	25	34	44	55					
9	0,005	–	6	11	18	26	35	45	56				9
	0,010	–	7	13	20	28	37	47	59				
	0,025	–	8	14	22	31	40	51	62				
	0,05	3	10	16	24	33	43	54	66				
	0,10	4	11	19	27	36	46	58	70				
10	0,005	–	6	12	19	27	37	47	58	71			10
	0,010	–	7	13	21	29	39	49	61	74			
	0,025	3	9	15	23	32	42	53	65	78			
	0,05	4	10	17	26	35	45	56	69	82			
	0,10	5	12	20	28	38	49	60	73	87			
11	0,005	–	6	12	20	28	38	49	61	73	87		11
	0,010	–	7	14	22	30	40	51	63	77	91		
	0,025	3	9	16	24	34	44	55	68	81	96		
	0,05	4	11	18	27	37	47	59	72	86	100		
	0,10	5	13	21	30	40	51	63	76	91	106		
12	0,005	–	7	13	21	30	40	51	63	76	90	105	12
	0,010	–	8	15	23	32	42	53	66	79	94	109	
	0,025	4	10	17	26	35	46	58	71	84	99	115	
	0,05	5	11	19	28	38	49	62	75	89	104	120	
	0,10	7	14	22	32	42	54	66	80	94	110	127	

n_2	α	2	3	4	5	6	7	8	9	10	11	12	n_2
13	0,005	–	7	13	22	31	41	53	65	79	93	109	13
	0,010	3	8	15	24	33	44	56	68	82	97	113	
	0,025	4	10	18	27	37	48	60	73	88	103	119	
	0,05	5	12	20	30	40	52	64	78	92	108	125	
	0,10	7	15	23	33	44	56	69	83	98	114	131	
14	0,005	–	7	14	22	32	43	54	67	81	96	112	14
	0,010	3	8	16	25	34	45	58	71	85	100	116	
	0,025	4	11	19	28	38	50	62	76	91	106	123	
	0,05	6	13	21	31	42	54	67	81	96	112	129	
	0,10	8	16	25	35	46	59	72	86	102	118	136	
15	0,005	–	8	15	23	33	44	56	69	84	99	115	15
	0,010	3	9	17	26	36	47	60	73	88	103	120	
	0,025	4	11	20	29	40	52	65	79	94	110	127	
	0,05	6	13	22	33	44	56	69	84	99	116	133	
	0,10	8	16	26	37	48	61	75	90	106	123	141	
16	0,005	–	8	15	24	34	46	58	72	86	102	119	16
	0,010	3	9	17	27	37	49	62	76	91	107	124	
	0,025	4	12	21	30	42	54	67	82	97	113	131	
	0,05	6	14	24	34	46	58	72	87	103	120	138	
	0,10	8	17	27	38	50	64	78	93	109	127	145	
17	0,005	–	8	16	25	36	47	60	74	89	105	122	17
	0,010	3	10	18	28	39	51	64	78	93	110	127	
	0,025	5	12	21	32	43	56	70	84	100	117	135	
	0,05	6	15	25	35	47	61	75	90	106	123	142	
	0,10	9	18	28	40	52	66	81	97	113	131	150	
18	0,005	–	8	16	26	37	49	62	76	92	108	125	18
	0,010	4	10	19	29	40	52	66	81	96	113	131	
	0,025	5	13	22	33	45	58	72	87	103	121	139	
	0,05	7	15	26	37	49	63	77	93	110	127	146	
	0,10	9	19	30	42	55	69	84	100	117	135	155	
19	0,005	3	9	17	27	38	50	64	78	94	111	129	19
	0,010	4	10	19	30	41	54	68	83	99	116	134	
	0,025	5	13	23	34	46	60	74	90	107	124	143	
	0,05	7	16	27	38	51	65	80	96	113	131	150	
	0,10	10	20	31	43	57	71	87	103	121	139	159	
20	0,005	3	9	18	28	39	52	66	81	97	114	132	20
	0,010	4	11	20	31	43	56	70	85	102	119	138	
	0,025	5	14	24	35	48	62	77	93	110	128	147	
	0,05	7	17	28	40	53	67	83	99	117	135	155	
	0,10	10	21	32	45	59	74	90	107	125	144	164	
21	0,005	3	9	18	29	40	53	68	83	99	117	136	21
	0,010	4	11	21	32	44	58	72	88	105	123	142	
	0,025	6	14	25	37	50	64	79	95	113	131	151	
	0,05	8	17	29	41	55	69	85	102	120	139	159	
	0,10	11	21	33	47	61	76	92	110	128	148	169	
22	0,005	3	10	19	29	42	55	70	85	102	120	139	22
	0,010	4	12	21	33	45	59	74	90	108	126	145	
	0,025	6	15	26	38	51	66	81	98	116	135	155	
	0,05	8	18	30	43	57	72	88	105	123	143	163	
	0,10	11	22	35	48	63	79	95	113	132	152	173	

Tab. 8 : Kritische Werte für den Wilcoxon-Rangsummen-Test   409

n_2	α	13	14	15	16	17	18	19	20	21	22	n_2
13	0,005	125										13
	0,010	130										
	0,025	136										
	0,05	142										
	0,10	149										
14	0,005	129	147									14
	0,010	134	152									
	0,025	141	160									
	0,05	147	166									
	0,10	154	174									
15	0,005	133	151	171								15
	0,010	138	156	176								
	0,025	145	164	184								
	0,05	152	171	192								
	0,10	159	179	200								
16	0,005	136	155	175	196							16
	0,010	142	161	181	202							
	0,025	150	169	190	211							
	0,05	156	176	197	219							
	0,10	165	185	206	229							
17	0,005	140	159	180	201	223						17
	0,010	146	165	186	207	230						
	0,025	154	174	195	217	240						
	0,05	161	182	203	225	249						
	0,10	170	190	212	235	259						
18	0,005	144	163	184	206	228	252					18
	0,010	150	170	190	212	235	259					
	0,025	158	179	200	222	246	270					
	0,05	166	187	208	231	255	280					
	0,10	175	196	218	242	266	291					
19	0,005	148	168	189	210	234	258	283				19
	0,010	154	174	195	218	241	265	291				
	0,025	163	183	205	228	252	277	303				
	0,05	171	192	214	237	262	287	313				
	0,10	180	202	224	248	273	299	325				
20	0,005	151	172	193	215	239	263	289	315			20
	0,010	158	178	200	223	246	271	297	324			
	0,025	167	188	210	234	258	283	309	337			
	0,05	175	197	220	243	268	294	320	348			
	0,10	185	207	230	255	280	306	333	361			
21	0,005	155	176	198	220	244	269	295	322	349		21
	0,010	162	183	205	228	252	277	303	331	359		
	0,025	171	193	216	239	264	290	316	344	373		
	0,05	180	202	225	249	274	301	328	356	385		
	0,10	190	213	236	261	287	313	341	370	399		
22	0,005	159	180	202	225	249	275	301	328	356	386	22
	0,010	166	187	210	233	258	283	310	337	366	396	
	0,025	176	198	221	245	270	296	323	351	381	411	
	0,05	185	207	231	255	281	307	335	364	393	424	
	0,10	195	218	242	267	294	321	349	378	408	439	

n_2	α	2	3	4	5	6	7	8	9	10	11	12	13	14	n_2
23	0,005	3	10	19	30	43	57	71	88	105	123	142	163	184	23
	0,010	4	12	22	34	47	61	76	93	110	129	149	170	192	
	0,025	6	15	27	39	53	68	84	101	119	139	159	180	203	
	0,05	8	19	31	44	58	74	90	108	127	147	168	189	212	
	0,10	11	23	36	50	65	81	98	117	136	156	178	200	224	
24	0,005	3	10	20	31	44	58	73	90	107	126	146	166	188	24
	0,010	4	12	23	35	48	63	78	95	113	132	153	174	196	
	0,025	6	16	27	40	54	70	86	104	122	142	163	185	207	
	0,05	8	19	32	45	60	76	93	111	130	151	172	194	218	
	0,10	11	24	38	51	67	84	101	120	140	161	183	205	229	
25	0,005	3	11	20	32	45	60	75	92	110	129	149	170	192	25
	0,010	4	13	23	36	50	64	81	98	116	136	156	178	200	
	0,025	6	16	28	42	56	72	89	107	126	146	167	189	212	
	0,05	8	20	33	47	62	78	96	114	134	155	176	199	223	
	0,10	12	25	38	53	69	86	104	123	144	165	187	211	235	

n_2	α	15	16	17	18	19	20	21	22	23	24	25	n_2
23	0,005	207	230	255	280	307	335	363	393	424			23
	0,010	214	238	263	289	316	344	373	403	434			
	0,025	226	251	276	303	330	359	388	419	451			
	0,05	236	261	287	314	342	371	401	432	465			
	0,10	248	274	300	328	357	386	417	448	481			
24	0,005	211	235	260	286	313	341	370	400	431	464		24
	0,010	219	244	269	295	323	351	381	411	443	475		
	0,025	231	256	282	309	337	366	396	427	459	492		
	0,05	242	267	294	321	350	379	410	441	474	507		
	0,10	254	280	307	335	364	394	425	457	491	525		
25	0,005	216	240	265	292	319	348	377	408	439	472	505	25
	0,010	224	249	275	301	329	358	388	419	451	484	517	
	0,025	237	262	288	316	344	373	404	435	468	501	536	
	0,05	248	273	300	328	357	387	418	450	483	517	552	
	0,10	260	287	314	343	372	403	434	467	500	535	570	

Tabelliert sind die **linksseitigen** kritischen Werte für die Rangsummen der kürzeren Stichprobe x mit dem Umfang $n_1 \leq n_2$. Im Falle $n_1 > n_2$ werden die beiden Stichproben vertauscht.

$$w^{(1)}_{n_1,n_2;\alpha} \quad \text{maximal mit} \quad P\left(W^{(1)}_{n_1,n_2} \leq w^{(1)}_{n_1,n_2;\alpha}\right) \leq \alpha.$$

Die **rechtsseitigen** kritischen Werte erhält man aus der Symmetrie

$$w^{(1)}_{n_1,n_2;1-\alpha} = n_1(n_1 + n_2 + 1) - w^{(1)}_{n_1,n_2;\alpha}.$$

Die Grenzen gehören zum Ablehnungsbereich.

Register

Oldenbourg · Wirtschafts- und Sozialwissenschaften · Steuern ·Recht

---

**Weitere sehr erfolgreiche Werke von
Professor Dr. K. Bosch im Oldenbourg Verlag:**

Brückenkurs Mathematik

Mathematik für Wirtschaftswissenschaftler
Eine Einführung

Übungs- und Arbeitsbuch Mathematik

Bosch/Jensen
Klausurtraining Mathematik

Bosch/Jensen
Großes Lehrbuch der Mathematik für Ökonomen

Mathematik-Taschenbuch

Mathematik-Lexikon

Finanzmathematik

Finanzmathematik für Banker

Grundzüge der Statistik

Statistik für Nichtstatistiker

Großes Lehrbuch der Statistik

Übungs- und Arbeitsbuch Statistik

Statistik-Taschenbuch

Lexikon der Statistik

Klausurtraining Statistik

Glücksspiele

Lotto und andere Zufälle

---

www.ingramcontent.com/pod-product-compliance
Lightning Source LLC
Chambersburg PA
CBHW020909210326
41598CB00018B/1815